U0210477

PRACTICAL HORTICULTURE

园艺学与生活

第7版

seventh edition

[加]劳拉·威廉姆斯·赖斯 著
[加]小罗伯特·P. 赖斯

王萌 译

李琳琳 审校

中国友谊出版公司

图书在版编目（CIP）数据

园艺学与生活 /（加）劳拉・威廉姆斯・赖斯，（加）小罗伯特・P. 赖斯著；王萌译 . -- 北京：中国友谊出版公司，2024.2

ISBN 978-7-5057-5836-0

Ⅰ. ①园… Ⅱ. ①劳… ②小… ③王… Ⅲ. ①园艺 Ⅳ. ① S6

中国国家版本馆 CIP 数据核字 (2024) 第 048623 号

著作权合同登记号　图字：01-2024-1122
审图号：GS 京（2023）2444 号

书名　园艺学与生活
作者　［加］劳拉・威廉姆斯・赖斯　［加］小罗伯特・P. 赖斯
译者　王　萌
审校　李琳琳
出版　中国友谊出版公司
发行　中国友谊出版公司
经销　新华书店
印刷　天津中印联印务有限公司
规格　787 毫米 ×1092 毫米　16 开
35.25 印张　826 千字
版次　2024 年 2 月第 1 版
印次　2024 年 2 月第 1 次印刷
书号　ISBN 978-7-5057-5836-0
定价　128.00 元
地址　北京市朝阳区西坝河南里 17 号楼
邮编　100028
电话　（010）64678009

第 7 版前言

这本经典的基础园艺指导将在首次出版 30 年后再版上市。这些年里，我们更新了照片、信息、参考文献并且增加了新的章节，始终坚持做到与园艺学的变化和发展同步。在本次出版的第 7 版图书中，我们增加了如下内容：

· 美国劳工部统计数据所显示的未来园艺职业生涯的新发展和园艺工作的职业前景。

· 在园艺发展成“绿色产业”的章节，增加绿植墙和绿植屋顶的照片。

· 根据最新的科学思维和现代基因组学的研究进展修订植物的定义。

· 在植物对气候适应性策略的章节，增加与现在发生的气候变化密切相关的内容。

· 增加规划生态景观章节，探讨绿色景观及其在能源和环境设计中的决定性作用。这一章节还包括节能材料及选购等内容。

· 增加景观规划章节，介绍节水灌溉、水污染治理、水文规划设计。

· 在第 7 版中，将第 6 版中“草坪”一章的标题调整为“草坪与草坪替代品”，强调在园林绿化中用植物替代草坪的重要性，同时探索家庭园艺中使用人造草皮的利弊。

· 将盆栽基质、肥料、室内植物灌溉组合到一个章节中，该章节还介绍关于收集用于盆栽基质泥炭土的生态影响，以及用椰壳棕榈纤维作为替代品的使用方法等内容。

· 深入讨论现行的低辐射玻璃材料对室内植物生长的影响。

· 介绍 LED（发光二极管）照明的相关信息，LED 属于植物生长可用光源。

此外，我们替换了 30 多张照片和超过 25 张图示，以提高画面质量，术语表也增加了新的内容。本书前 3 章的内容保持不变。前 3 章是园艺学的基础，学生可以通过学习，了解自己感兴趣的课程中所涉及的园艺学分支学科。我们的教学标准和之前保持一致，对不熟悉园艺学的人来说这本书既简单易读，又科学准确。有的人可能认为，本书对一些概念介绍得不够充分深入，但我们相信，教师会针对相关主题额外补充高质量的教学资料。

相关内容的在线补充

网站 www.pearsonhighered.com 为教师提供了在线指导手册和 TestGen。教师可以从主页顶部的下拉菜单中搜索作者、标题、ISBN 及相关学科等内容。在访问在线补充资料时，教师需要提交访问代码。具体方法是登录网站 www.pearsonhighered.com，点击教师资源中心链接，然后注册教师访问代码。48 小时内，你将收到一封含有教师访问代码的确认邮件。收到访问代码后，重新登录网站，根据完整指令注册，即可下载所需资料。

致谢

在此，我们感谢下列专家提出的宝贵意见：威尔明顿大学的蒙特·安德森（Monte Anderson）、明尼苏达大学的埃里克·卡斯尔（Eric Castle）、宾州米拉斯维尔大学的戴维·多宾斯（David Dobbins）、红杉学院的费尔南多·费尔南德斯（Fernando Fernández）、宾夕法尼亚州立大学博克斯学院的迈克尔·菲丹扎（Michael Fidanza）、佐治亚西南州立大学的斯蒂芬妮·G. 哈维（Stephanie G. Harv）、安杰洛州立大学的罗德·里德（Rod Reed）、麦克亨利县学院的布鲁斯·斯潘根贝格（Bruce Spangenberg）、尼亚加拉县社区学院的卡洛琳·A. 斯坦克（Carolyn A. Stanko）、纽约州立大学德里学院的查尔斯·塔兰特（Charles Tarrants）。

特别感谢本书的编辑斯蒂芬妮·凯利（Stephanie Kelly）。在书稿准备期间，她对我们的帮助、对细节的要求和她的工作态度都值得钦佩。

简 目

目　录

第 1 部分　园艺学基础

第 19 章

装饰用栽培植物和鲜花 461

第 20 章

温室及相关环境控制装置 487

第 1 部分

园艺学基础

照片由园艺顾问克里斯汀·拉尔森（Cristin Larson）提供

第 1 章

“绿色产业”和园艺事业

学习目标

- 解释“绿色产业”为何成为美国经济与日常生活的重要组成部分。
- 解释园艺研究如何融入大学课程。
- 列举园艺学的分支学科。
- 列举每个分支下至少两个相关职业。
- 解释农场顾问或者推广服务组织的具体工作。
- 找到所在州推广服务的地址及其网址。
- 解释什么是园艺疗法以及园艺疗法能够帮助到哪类人群。
- 列举园艺师必须具备的三种有代表性的品质和职业行为。

像这样的绿植墙是在城市中纳入更多种植物的一种新方式。照片由“绿色屋顶”（www.greenroofs.org）和兰迪·夏普（Randy Sharp, Sharp & Diamond Landscape Architecture Inc.）提供

1.1 绿色产业

园艺产业是“绿色产业”。绿色产业在我们生活中随处可见，从食物到公园与园林绿化。它通过植物改善我们周围的环境，提高我们生活的质量。

美国农业部（United States Department of Agriculture, USDA）是负责实施和监督绿色产业的政府部门，它关注园林植物、蔬菜、花卉、盆栽、幼苗、扦插，以及其他植物的生长。同时，美国农业部还评估绿化苗圃、圣诞树、水果、坚果等作物的产量。所有上面提到的植物都属于绿色产业从业人员的种植范围。

种植和养护植物同样是绿色产业的一部分。这个行业的从业人员负责管理运动场草坪和高尔夫球场，以及公园、学校、商业场所、私人庭院绿化的设计和施工。

从小型景观企业到大型花园中心都是园艺工作者的工作场所。草地农场、温室、苗圃都需要雇佣工人种植园林绿化所需的绿色植物，尤其是在绿化景观（greenscaping，见第12章）这个新的领域。景观养护公司的工作内容包括除草、维护设备、防治病虫害，以及修剪树木等。几乎所有的机构，如医院、大学、高尔夫球场，甚至购物中心，都需要专人管理景观及其中的植物。喜欢从事与植物相关工作的人在园艺行业中能够找到符合个人兴趣和能力的职位。

园艺产业正处于快速发展的阶段，需要兼具理论知识与实践经验的从业人员。在《职业前景季度报告》中，美国农业部估算从1998年到2002年，温室和苗圃植物的支出增长了约20%。另外，根据美国园艺协会（National Gardening Association）的数据报告，1998—2002年间园林绿化施工的支出翻了一番。

根据劳工统计局（Bureau of Labor Statistics）的预测，植物科学，尤其是景观专业的就业前景良好，该专业在未来5年内将提供大量的工作岗位。2002—2012年的10年间，社会对景观建筑师、景观工人和温室工人数量的需求预计增长22%，这个增长速度高于所有职业的平均就业增长速度。景观专业就业机会的增长主要来自为了让房产增值而进行院落改造的房主。院落的改造增加了对园林规划和植物养护的需求，从而增加了相关人员的就业机会。这一领域的整体趋势使院落景观从施工到日常维护都更加经济，并且对环境的影响越来越小，更加趋于生态环保和可持续发展。例如，本地植物、“绿植屋顶”和“绿植墙”装饰（见本章开头图片）与周围的环境相互协调，并且能够有效地提高空气质量。

遗传学和生物技术是绿色产业中最有发展前景和就业机会最多的专业。园艺学家利用生物技术来增加高品质的产品或减少不合需求的产品。他们可以通过调控植物的遗传物质，使其产量更高、更适合运输、保存时间更长，以及具有更强的抵抗病虫害的能力。

1.2 从事园艺事业

在高等教育中，园艺学是一门科学，学生需要具备数学、化学及其他科学的基础知识。在科学中，园艺学又是一门应用科学，它的知识被用来实现特定的目标，例如增加特定蔬菜或水果品种的产量。园艺学不同于数学、化学等所谓的纯理论科学，这些纯理论学科的知识可能难以被人们直接应用于实践。

如果你想从事绿色产业，那么你需要掌握很多其他学科的知识。例如数学，它可以帮助我们计算和测定肥料与添加剂的用量，做好成本预算，管理商业事务。沟通课程也大有益处，因为你需要与客户和工人沟通。计算机技能也是必备的。语言能力同样重要，如美国很多园艺维护工的英语说得不是很流利，因此园艺工作者最好掌握部分西班牙语。

与园艺学密切相关的纯理论学科是植物学。植物学涉及植物分类学、生物化学、解剖学，它们不直接表现出植物对人类的用途。

大学四年的园艺学课程通常由农学院开设。农业植物科学的主要研究对象为所有被人类利用和栽培的植物，包括两个领域：一个是研究在大面积土地上种植的农作物（玉米、大豆、苜蓿、小麦等）的作物学；另一个是研究价值较高、在小面积土地上种植的园艺作物的园艺学。

培育园艺作物需要大量的投入，包括肥料、病虫害防治、收获后的养护、手工劳作等，这些投入使得单位面积上园艺作物的生产成本昂贵，因此作物的售价水涨船高。

草莓和小麦就是鲜明的对比：草莓是盒装销售的，而小麦是按吨销售的；草莓需要人工采摘，而小麦可以使用机械收割；草莓采摘后必须冷藏，而小麦收割后可以在仓库里存放；草莓采摘后只能存放几天，而小麦可以存放几年。

从事园艺学研究的人，首先要根据个人感兴趣的作物种类缩小研究领域，为投身特定的职业做好准备。喜欢花卉的人可以选择花卉栽培作为自己的研究方向，而想要在高尔夫球场工作的人可以选择草坪学作为自己的研究方向。

绿色产业的从业人员经常在户外工作。对很多人来说，户外工作是绿色产业的一个主要优势之一。有些工作很辛苦，甚至存在一定的危险，比如使用杀虫剂或者种植设备等工作。相比之下，有些工作可以在室内完成，比如记录、记账、调度等。至于与室内植物相关的工作，如温室、实验室研究等工作，大部分也是在室内完成的。

下面介绍园艺学的主要研究领域，并对相关行业进行简短的职业描述。

果树栽培学

果树栽培学既包括果树的种植，如苹果、柑橘等；也包括“小水果”（主要指浆果）的种植，如蓝莓、葡萄、草莓等。

职业

果园主管　果园主管可以是拥有自己土地的个体户，也可以是一个大型水果生产公司的经理。果园主管通常只精通一种特定的水果，例如苹果。果园主管负责监督种植过程中各个方面的工作，包括种植、整枝、修剪、防治病虫害、采收等。

浆果种植者　对于希望经营专属原生态农场的人来说，草莓、蓝莓、覆盆子是很好的选择。喜欢植物，并且喜欢与公众打交道的人是最佳的专属原生态农场的种植者。

葡萄园主管（葡萄栽培者）　葡萄园一般生产两种类型的鲜食葡萄，一种用来直接食用，另一种用来酿造葡萄酒。葡萄园主管负责葡萄的种植、修剪、防治病虫害和采收等工作。

葡萄酒酿造者（酿酒师）　这个职业既要熟悉酿酒技术，又要深入了解葡萄栽培技术。在葡萄的生长和收获期间，酿酒师要在实验室连续工作以明确收获的最佳时机。酿酒师负责葡萄的压榨、发酵、过滤、装瓶、催陈。

此外，酿酒师还要承担监督助理，管理销售人员，安排广告和营销，组织参观酒厂等工作。

蔬菜栽培学

蔬菜栽培学又叫蔬菜园艺学。蔬菜园艺包括所有蔬菜的栽培，包括甜瓜、大黄等通常在菜园种植的作物。

职业

蔬菜种植者（蔬菜农场经理） 负责种植、调度、监测作物生长，监督病虫害防治，监督农作物采收。除了工资外，经理还可以拿到当季作物的利润分红。

罐头生产中间商 即罐头制造商和蔬菜种植者之间的联络人。罐头生产中间商要确保蔬菜种植者按照罐头厂所要求的质量标准种植蔬菜，包括蔬菜的尺寸、颜色、成熟度、无病虫害等。

专用蔬菜种植者 为订购少量高价美食的餐厅提供服务。该职业可以与销售业务相结合。

温室蔬菜种植者 新鲜的番茄和黄瓜是冬季温室中最常种植、最有价值的两种蔬菜作物。温室蔬菜种植者必须监控作物从幼苗移栽到采摘全过程中的各方面工作。

香草种植者 既可以种植直接销售的香草，也可以种植用于精加工的农作物。香草种植者通过农贸市场、餐馆、路边摊销售香草，或将新鲜香草出售给大型香料生产商。此外，种植者还可以将干燥香草卖给批发商或者零售商。

景观园艺学

园艺学中的关于户外观赏植物的研究被称为环境园艺学或者景观园艺学。景观园艺的行业特点决定了该行业的人力需求量大，有数百个工种（图 1.1）。

气候、地点和具体的职业选择会影响绿色产业从业人员的工作环境。例如，气候温暖的州，生长季节较长，能创造更高的植物产量，为园林行业持续提供就业机会。

职业

景观设计师 为住宅和小型商业建筑的绿化区域做规划，规划包括铺砌区、围栏、墙体、植物和灌溉系统（图 1.2）。景观设计师不同于景观建筑师。景观建筑师更关注商业设计，而且需取得相关的职业资格。

景观预算师 为景观设计师设计的方案估算成本。景观预算师必须估算所有成本，包括道路铺砌费、植物采购费、草坪铺设费等，还要预估项目的利润。

图 1.1 普渡大学学生参与景观工程的实践活动。照片由普渡大学农业通信服务部提供。拍摄者：汤姆·坎贝尔（Tom Campbell）

图 1.2 学生使用计算机辅助绘图软件（Computer Aided Design, CAD）进行景观设计。照片由普渡大学农业通信服务部提供。拍摄者：汤姆·坎贝尔

景观承包商 大型景观承包商主要承接商业园区和房地产项目的大型景观工程。大型景观承包商需要聘请大量的工作人员，包括设计师、安装人员、专业灌溉人员、树木移栽人员等。而小型景观承包商只为个人住宅提供景观安装和养护服务。

苗圃销售人员 帮助客户根据庭院的实际情况挑选合适的植物。苗圃销售人员必须了解该地区苗圃植物的基本情况，并擅长与人打交道。

苗圃经营者 负责小型苗圃的所有业务，包括客户服务、记账、养护植物等。可以在苗圃培育有特色的植物，如专门种植室内植物或景观植物，也可以将两者进行组合。

邮购苗圃经营者 在运输给客户前，培育园艺植物。邮购苗圃经营者专门种植稀奇的植物，并利用互联网和企业名录来进行销售。

景观施工主管 负责景观施工，包括通道、墙体、围栏、天井、屋顶、灌溉系统等各个方面。

苗圃生产主管 全面负责乔木或灌木的培植工作（温室培育、盆栽、定植、松土、销售）。苗圃生产主管为苗圃或者花卉商店工作。

苗圃部门主管 负责一个独立生产部门的管理工作，是苗圃生产主管的下级。

产品管控员 负责管控大型苗圃所种植物的质量。产品管控员和客户、苗圃生产主管一起确保苗圃所培育的植物达到验货标准。

苗圃运输经理 负责协调大型苗圃植物的库存、包装、运输等工作。

后勤主管 监督负责剪枝、种植、清洁、灌溉、施肥等相关工作人员。

公园或动物园景观主管 负责监督所有景观区域的养护，包括安排养护工作、监督养护工人工作，必要时安排树艺师对树木进行养护。

专业灌溉人员 在全年降雨量较少的地区，灌溉系统是园林种植公司所必需的设备。专业灌溉人员的工作包括推销灌溉设备，为大型苗圃或景观设计和安装灌溉系统。

园林、植物园、树木园主管 部分公有或私有的园林、植物园、树木园为公众提供科普教育。园林、植物园、树木园主管负责管理公园的日常运营，包括对公众开放、提供讲座、

举办日常展览和季节性专题展览、保管档案和植物标本，并负责管理整个园子的业务，包括资金预算、人事管理、融资等工作。

树木栽培学

树木栽培意为种植树木，包括商业用途的大型林业（一般在大学下属的林业系），也包括城市林业（景观园艺学的一个分支）。城市林业主要研究城市及其周边树木的健康和养护。

最新的研究结果表明，在城市种植树木有益于居民心理健康：减少暴力，增加安全感，提高社交能力，提高儿童的创造力，促进孩子和成人之间的互动。另外，在城市中种植树木还能降低空气污染，特别是减少空气中的颗粒物，还能降低大气温度从而节省夏季使用空调的费用。

职业

树艺师 树艺师的工作是照顾树木。成为一名树艺师有两种途径：一种是通过大学里景观园艺学树木栽培专业的学习；另一种是通过认证树艺师的岗位培训。树艺师的具体工作包括树木移栽、爬树修剪、使用电动喷雾设备防治病虫害等。通信公司和电力公司聘请树艺师为其工作，以确保树枝远离电线和电话线。市政部门也会聘请树艺师养护公共道路两侧的树木（图 1.3）。

图 1.3 一名树艺师爬上一棵大树。照片由马克西姆·拉瑞维（Maxim Larrivée）提供

圣诞树种植者 种植圣诞树需要投入 5 年甚至更长的时间和劳动，才能获得第一笔利润。因此，圣诞树的种植一开始被当作种植其他作物的副业。圣诞树种植者需要找到一块长期租赁或者售价便宜的土地来进行种植。

树木苗圃经营者 种植裸根植物的苗圃经营者通常也是果树或落叶树苗圃的经营者。树木苗圃经营者可以通过育种或嫁接的方式繁殖植物，之后进行田间定植。植物经过几年的生长，达到销售要求的尺寸后，经由设备挖出，冷藏保存直至售出。树木苗圃经营者可以通过互联网进行销售，也可以由园艺中心或苗圃零售商代为销售。

树木园主管 需要掌握有关树木的分类、繁殖、培育等方面的知识，必须具有强大的人际交往能力，能够与工作人员、工人、志愿者以及公众协同合作。

草坪

草皮（草坪）是园艺学中与草地有关的一个分支。

由于下面两方面的原因，管理草坪的从业人员的数量在过去的 10 年里急剧增加：一是使用草坪作为比赛场地的职业体育和个人体育事业发展迅速；二是越来越多的房主选择用专业化的草坪养护服务代替自己养护草坪。

除此之外，城市和郊区公园、校园、墓地

和学校运动场都有大量需要养护的草坪。

很多大学提供 2 年制的草坪管理课程并颁发证书，学生毕业后的就业情况相当不错。有些课程可以自学完成。很多学生对户外工作感兴趣，喜欢高尔夫、足球等运动。这些兴趣爱好可以让学生在前途光明的园艺行业中找到工作。

草坪管理的课程包括基础植物学、植物分类鉴定、乔木和灌木的种植与养护、排水技术、灌溉原理与方法、草坪及观赏植物的病虫害防治、除草、施肥、灌溉、农药的使用及处理。其他课程还包括数据统计、计算机、人事管理。对口单位的在职培训也是教育过程的一部分。

职业

草种种植者　负责种子生产，包括种植、虫害防治、采收、清洁、包装、针对业务范围内大客户的营销等工作。

高尔夫球场、墓地、公园管理人员（草坪管理员）负责管理草坪维护工作，安排保养维修设备，提供专业意见、建议、帮助，为董事会或管理机构服务，参加所有长期规划会议。草坪管理员负责管理喷雾和维护灌溉系统的工作人员，以确保达到高标准的草坪质量要求。目前，全国高尔夫球场数量的增加为这一领域的专业人才提供了很多工作机会。

草皮种植者　利用种子种植不同品种的高质量草皮。草皮种植者的工作包括灌溉、修剪、病虫害防治、采收（图 1.4）。草皮种植者将种植出来的草皮销往景观施工单位。

草坪养护服务经营者　监督相关工作人员的工作，保证业主及商户的草坪长势良好。草坪养护专业人员需要视察其负责的区域，监督割草及其他工作、检测植物的整体长势、决定农药的使用、推荐肥料、监督其他必要的维护。

运动场经理　负责专业运动场上高品质草坪的养护。

花卉栽培学

切花或者温室种植花卉的种植和销售是园艺学的分支，花卉栽培学又称花卉园艺学。花

图 1.4　为了收割草皮，草皮种植者会使用 Trebro QuadLift® 这样的大型收割机。照片由 Trebro 制造商提供

卉栽培学还包括室内观叶植物的种植（图 1.5）。

花艺师既可以从事批发，也可以从事零售；既可以在温室内种植花卉，也可以在户外种植花卉。

大量产品是通过花店卖给普通消费者的。花店的花艺师会搭配不同品种的花做成花束、胸花等。室内植物商店和露天花亭是花卉零售中的小型企业，这是农业经营者自主创业的一种方式。有的室内植物商店还拓展了植物租赁业务，并雇人去养护办公室和酒店所租赁的植物。

职业

球茎植物种植者　这些专业人员在户外种植和繁育球茎植物。他们将球茎培育到能够开花的尺寸后，利用互联网和零售商店进行销售；或者将一些球茎植物预先种植在容器中，到了春季接近花期时上市。

玫瑰种植者　玫瑰是北美地区最受欢迎的花卉，因此有专门研究玫瑰的园艺学家。玫瑰种植者的工作包括温室切花种植、春季园林植物苗圃种植以及大城市切花批发市场的玫瑰销售。

干花生产者　这类专业人员首先在田间种植花卉，然后在鲜花的盛花期用干燥棚将鲜花烘干，最后在花店、礼品店、工艺品店及其他批发商店销售干花。

观叶植物种植者　通常情况下，观叶植物适合在气候温暖的地区种植，如佛罗里达州和加利福尼亚州。观叶植物种植者要监督田间植物的繁殖情况，将它们种植在温室里，最后销往全国各地。

观叶植物养护员　走访客户（商场、政府部门、企业、家庭）并提供浇灌、修剪、清洁、检查病虫害等服务。

室内景观设计师　负责建筑物中植物的摆放造型及照明，设计灌溉系统，并确定所需植物。

花店植物种植者　专门种植花店植物的温室私营业主或栽培者，所种植的花卉包括一品红、复活节百合、盆栽菊花等，一般作为节日礼物。花店植物种植者必须监督温室的运营、制订种植计划、监控植物的长势、安排市场销售及产品的运输。

花卉零售商　喜爱插花且有商业头脑的优

图 1.5　可用于种植许多花卉的温室。照片由 Manchil IPM 提供

秀的私营业主。花卉零售商为婚礼、葬礼、聚会等场合采购、储存花卉并制作插花。

花卉采购员　为签约的花卉零售商服务，为其选购且持续供应高品质的花卉。

花卉供应批发商　根据零售花店对物品和设备的需求，包括花瓶、电线、化学防腐剂、花篮等，从制造商那里订购这些产品，然后转售给花卉零售商。批发商也可以将大批量的切花出售给零售商。

花艺设计师　制作插花，为婚礼、葬礼以及其他特殊场合设计花束。

花卉市场专员　美国花店营销协会（AFMC）、美国花店协会（SAF）、全球花店速递（FTD）、美国花艺设计师协会（AIFD）以及其他花卉销售组织聘请花卉市场专员为公众普及花卉知识，开展营销活动，根据公众对花卉的需求举办花卉种植者会议，协调广告商。

观叶植物开发人员　寻找新奇的植物，为消费者提供更多种类的观叶植物。其主要工作包括寻找罕见的植物或者产生颜色突变的植物。这些新发现的植物被申请专利后，将由专业种植者移植栽培。

种植者联络员　负责与种植者联络，确保其运用最好的园艺技术，沟通预计采收时间，从而保证产品质量。种植者联络员必须具备良好的团队合作能力。

繁育

这些职业负责给园艺产业提供种子和幼苗，种植者利用这些种子和幼苗来种植在市场上销售的园艺作物，比如果树和番茄。

职业

繁育者　负责种植所有符合零售商和公众要求的植物。繁育者的工作地点在温室或者户外。他们必须全面掌握作物选育的相关知识。

嫁接繁育者　将两种亲缘关系较近的植物做亲本，培育新的嫁接植物，新的嫁接植物具备两个亲本植物的优良性状。嫁接繁育者主要为果树苗圃工作，他们的手艺决定了嫁接植物的成活率。

签约种子种植者　为育种员或者种子公司工作，将少量种子繁育到足够用于商业销售的数量。种子种植者收获的种子通常被销售给提供原始遗传物质的育种员，或为其提供种子的种子公司所指定的种子经销商。

现场管理员　与签约种子种植者一起工作并为其提出建议，保证农作物的质量，向公司汇报预期的产量，安排将种子运到加工厂。

现场办事员　与种子种植者签订新栽培品种种子的合同，监控植物种植过程，为种植者做技术指导，并在一定程度上监督种子的质量和数量。

种子加工员　负责为大规模商业种子公司监控种子的干燥、清选、包装、运输过程。

仓库管理员　对签约种子种植者提供种子运输服务，并对种子进行清选（必要时使用化学药品处理）、包装，系统地登记入库。

种子库存管理员　在田间工作，负责保持所种植种子的纯度。种子库存管理员负责剔除田地里的突变植物和所有已经变质的库存种子。种子库存管理员帮助育种员维护库存的育种植物。

种子分析员　在实验室工作，负责检查特定种子样本的纯度和种子发芽率，还要检查种子样本中是否受到杂草种子、病害、土壤或叶片颗粒等非活性物质的污染，最后为检验合格的种子开具证明。种子生产商和大学里都有种子分析员从事相关工作。

种子销售员（批发） 拜访蔬菜、花卉种植者，向他们推荐最新上市的栽培品种，为其介绍新品种的优点，处理种植种子的供应订单，安排从仓库运输种子。

移栽生产者 种子种植者种植的种子萌发后，长到足够尺寸时便可以移栽到温室或田间，此时需要手工劳作，包括种植、灌溉、施肥。移栽生产者还需要在生长关键期照料大批植物。

组织培养实验室技术员 专门从事植物繁育工作（方法见第5章）。

独立种子生产者 种植、零售稀有植物种子（如鲜为人知的开花植物和古代植物品种）的小型企业。独立种子生产者通常在互联网上向公众进行销售。

育种员 负责研发种植户所需的新栽培品种。育种员负责制订育种计划、评估育种结果、研究杂交统计分析、决定何种新品种能够用于商业化种植。

助理育种员 与育种员一起工作，研发具有商业用途的植物新品种（图1.6）。助理育种员必须掌握园艺学实践与过程的基础知识，接受过遗传学、植物育种等方面的培训，还要精通计算机。

图1.6 采收种子是育种的一项工作内容。照片由美国农业部提供

1.3 相关领域的职业

园艺学与下列几个领域密切相关。所有园艺学专业的学生都要完成这些领域的课程，并且在做适当的准备后有望在这些领域就业。

昆虫学

昆虫学是研究昆虫，包括相关害虫（不一定是园艺作物害虫）的学科。

职业

农药顾问 经过执业资格认证的专业人员。农药顾问为种植者提供防治病虫害、合理选择农药的建议，并且提供实操上的指导。病虫害防治顾问通常为大型化工企业工作，并负责维护需定期拜访的客户。

植物检疫员 在植物获准进入某些州之前，负责检查并确保植物没有病虫害。植物检疫员还要检测从美国和加拿大以外国家运输过来的园艺作物的农药残留。

公共关系专家 受聘于生产园艺作物杀虫剂的公司，他们经过园艺相关培训后解答与产品相关的所有问题。这些专家负责处理客户的需求、参加园艺产品展示会议、撰写新闻稿件，并在其他情况下与公众沟通交流。

土壤学

土壤学包括土壤排水和营养成分等方面的内容。

职业

土壤学家 与农民一起工作，以确保植物最佳生长的同时保持土壤健康。土壤学家的工作要和化肥及种植实践打交道。土壤学家为种植者提供关于预防和改善土壤侵蚀或土壤质量下降等问题的信息和建议。

营养专家 负责确定有营养障碍植物的致病原因和治疗方法。他们主要在实验室工作，有时需要走访种植地。

灌溉专家 与灌溉供应公司和小型水果、果树、蔬菜以及其他农作物的种植者一起工作。灌溉专家为农民提供最佳的灌溉方式，设计灌溉系统，监督灌溉系统的安装（图 1.7）。

植物病理学

植物病理学是有关植物病害的研究。

职业

植物病理学家 专门从事影响园艺作物的病害研究。植物病理学家为花卉、蔬菜、果树等园艺植物做健康诊断，并研究其病害。植物病理专家与植物育种员、种植者、昆虫与杂草专家一起开发系统化、合理化、生态化的植物病害管理方法。

商业农药顾问 为植物病害做诊断并提供控制和治疗方案。

杂草控制

不受控制的杂草对作物减产、造成损失的影响比任何病虫害都要多。因此，杂草控制是

图 1.7 学生练习安装灌溉系统。照片由贝齐·冯霍利（Betsy Von Holle）提供

蔬菜、水果、观赏植物的园艺种植中一个重要的组成部分。

职业

病虫害综合治理（IPM）专员 掌握与杂草控制、病害、虫害相关的综合知识，以确保植物整体健康。病虫害综合治理专员采用系统方法来保证植物的健康，该方法对植物进行实时监控，采用最低程度干扰环境的方法促进植物健康生长，如减少灌溉时间以减少疾病传播。当使用农药时，病虫害综合治理专员要做出明智选择，以达到杀虫效果最佳、环境影响最小的目的。

媒体

职业

植物摄影师 为园艺杂志、种子包装、产品目录、书籍拍摄植物照片。定期刊登园艺专题文章的杂志通常有专职植物摄影师。

植物插画师 为植物照片、书籍、产品目录、植物说明标签、杂志创作植物插画。

园艺作家 园艺产品制造商聘请园艺作家来设计产品包装、撰写广告文案、监督摄影，并且参与市场营销。公布年度产品名录的种植者会聘请园艺作家来编写植物产品介绍，对出版物的照片质量进行把关，设计产品目录并监督印刷。

园艺作家还可以为报纸、家庭杂志、园艺杂志写作，如撰写全新的、独特的故事，安排拍摄，与主编协调在适当的季节发表文章等。

政府部门

职业

美国农业部和国际援助机构为园艺工作者提供教学、研究、检验、咨询等职位（图 1.8）。

合作推广专员 负责诊断和解答种植者在种植生产中遇到的问题，提供植物种植方面的书刊，为种植者提供信息，为种植者举办讲座。（详见本章休闲园艺部分，其中对合作推广专员有更多的介绍。）

病虫害防治顾问（PCA） 在大学或小企业中为花卉、蔬菜、草坪等不同作物提供诊断服务的植物问题诊断专家。病虫害防治顾问要在实验室与感病植物打交道，有时还需要到实地观察受影响的植物。

国际园艺师 在海外工作，指导或监督出口蔬菜、水果、花卉的种植。美国政府聘请国际园艺师开发园艺项目，很多跨国公司也是如此。海外工作经验和通晓多国语言是国际园艺师的加分项。

实验室技术员 在大型企业或者大学里配合研究人员工作（图 1.9）。

图 1.8 一个政府植物检疫员检查装运的兰花是否有害虫。照片由中国台湾动植物卫生检验检疫局基隆分局提供

图 1.9 实验室技术人员从事多种园艺学方面的专业研究。照片由普渡大学农业通信服务部提供。拍摄者：汤姆·坎贝尔

1.4 休闲园艺

强调人和植物打交道的情感和娱乐价值，包括两方面内容：园艺疗法和家庭园艺。

园艺疗法

园艺学用于针对身体、智力、情绪障碍的治疗，它的价值在很多年前就已经被认可。患有视力障碍、听力障碍、行动障碍或其他身体障碍的人士可以适当参加一些园艺活动，因为人在种植植物的过程中会体会到很多感觉。一朵盛开的鲜花可以通过视觉被很多人欣赏，通过触觉被另一些人欣赏，通过嗅觉被几乎所有人欣赏。

因心理问题或智力障碍而无法获得就业机会的人在获得育苗、移栽、扦插、灌溉、移盆等技能后，可以从事相关的工作并为社会做出自己的贡献。老人和行动不便的人士可以在与植物打交道的过程中，找到愉悦感、满足感和成就感。犯人种植或者出售植物，可以为获释后的生活存钱。

家庭园艺

作为一项休闲活动，园艺是美国最受欢迎的消遣方式。种植家庭蔬菜、葱翠的室内植物、美丽的绿化景观给人带来的满足感使家庭园艺成为无数人的业余爱好。由数十个盆栽组成的阳台花园在城市里正在蓬勃兴起，这也打破了园艺是一种郊区或农场活动的观念。

《神经科学》最近发表了一篇文章，文章中报道了牝牛分枝杆菌（*Mycobacterium vaccae*）这种特殊的土壤细菌可以用于缓解抑郁症。文章的作者肿瘤学家玛丽·奥布赖恩博士将灭活牝牛分枝杆菌制作的疫苗注射到肺癌患者体内。研究结果显示，这些接受治疗的患者生活质量获得了提高，恶心和疼痛的症状得到了缓解。

看到这篇文章后，英国布里斯托大学的神经科学家克里斯托弗·劳里研究员提出假设，牝牛分枝杆菌可能会改变大脑中血清素水平。血清素是一种控制情绪的神经递质，会让人感觉轻松。克里斯托弗·劳里博士给小白鼠注射牝牛分枝杆菌，然后把它们放入水中，测试它们的压力水平。感到有压力的小白鼠不会游泳，而注射了牝牛分枝杆菌的小白鼠快乐地游泳。之后又对小白鼠的大脑进行血清素路径的追踪检查，发现牝牛分枝杆菌能够刺激肺、心脏等器官的树突状细胞分泌细胞活素。通过跟踪细胞活素对器官感觉神经的作用，发现细胞活素给大脑发送了血清素的释放信息。这一结果和百忧解等抗抑郁药物的作用机制类似。研究还表明，牝牛分枝杆菌可以有效对抗皮肤过敏问题：细菌激活免疫细胞，免疫细胞释放被称为细胞活素的化学物质，然后作用于感觉神经上的受体以增强其活性。克里斯托弗·劳里博士进一步推测，这些研究有助于帮助我们理解身体与大脑的沟通方式，以及为什么健康的免疫系统对于保持精神健康至关重要。研究也告诫我们：是不是应该花更多时间在泥土里玩耍呢？（详见 http://discovermagazine.com/2007/jul/raw-data-is-dirt-the-new-prozac）。

想要在园艺方面获得成功有两个前提条件：保持对植物种植的兴趣；关注如何种好植物的信息。与普遍看法不同，园艺才能不是天生的，而是通过经验和观察慢慢积累的。

当地图书馆、书店或者互联网都是园艺信息的来源。市面上有大量书籍，涵盖了从园艺基础到兰花与盆景种植等专业性内容。当地的苗圃是第二个可以获得本地园艺信息的来源。那里的员工有能力并且很乐意回答园艺问题。

也许最容易被忽视的园艺帮助来源是合作推广服务组织。这个政府机构是联邦、州、县的合作机构，旨在提供免费的农业和家庭经济信息。在美国，几乎每个县都有合作推广办公室，办公室的电话被列在县政府的电话簿里。办公室的名称在每个州不尽相同，但通常的叫法是推广服务站、合作推广服务站、农业推广服务站，或者农场顾问。

很多服务站的工作内容包括免费的园艺出版物、当地园艺师提供建议、诊断病虫害等。在办公室场地足够大的情况下，服务站还会提供一些额外的服务，如土壤检测、举办讲座、记录信息等。

县推广服务站满足了大多数园艺师的信息需求。每个州都至少有一个农业试验站。农业试验站进行相关农业课题的研究，有时感兴趣的园艺师也会参与到课题的研究中。课题的研究成果会公开发表，公众可以免费或花少量费用获得研究成果。出版物的名录会定期发布，通过写信或使用每个州农业推广服务组织（详见附录C）的网站可以订购这些出版物。

1.5 专业出版物和组织

一个称职的专业人员必须跟上行业的发展变化。为了做到这一点，园艺师通过加入专业组织、参加课程来更新他们的专业技能。参加专业会议也是紧跟当前研究技术的一个重要方法。

附录A是园艺师加入的专业组织名录，其中包括花卉种植、草坪、苗圃等方面的专业组织，也包括园艺零售终端的行业组织、大学园艺学研究的学术组织，还有公共部门。这些组织为其会员不断提供短期教育培训课程。

附录B是特殊园艺学（如城市树木）或者昆虫学（昆虫研究）等相关领域的专业期刊或者行业杂志名录。附录B中的很多杂志是由附录A所列的专业组织出版的。

1.6 园艺行业的职业道德

不论是从事销售、批发、生产、维护、咨询、设计，还是其他行业，规范个人日常行为的道德标准都是一个重要基础。伦理道德问题事关何为“应该”，何为“对错”，但不以宗教信仰为基础。当前正被广泛讨论的两个伦理道德问题是转基因植物食品、外来务工人员的就业和医疗。

在下面的讨论中，我们会结合哲学上的伦理学理论。这些理论并不是相互排斥的，中立的观点可能是几种理论的平衡组合。

自然理论

自然理论认为，无论自然和人类关系如何，自然都有其内在价值，尽管所谓的“价值”显然出于人类的认识。换种说法，自然界中的所有物体通过自身的存在体现价值，完全独立于其为人类提供的功用和效益。因此，应该在伦理道德决策中优先考虑自然的福祉，即使对人类有害，因为人类也是自然的一部分。

当一个人成为园艺师，自身行为举止的伦理和道德标准开始发挥作用。园艺师在日常生活中的道德和行为标准举例如下：

· 尊重客户及其他有业务往来的人。

· 避免公开谴责、批评、贬低其他园艺师的工作或声誉。

· 确保书面通知每一位客户将要进行的工作的所有费用，客户在付款之前要接受收费标准。

· 紧跟最新的专业资讯和发展，保持自身的专业能力。

· 承担保护社区和环境避免接触实际或潜在的危害的责任。

关于园林绿化和苗圃专业人员的完整道德标准的例子，请参阅阿尔伯塔景观苗圃行业协会（LANTA）许可并采用的准则（图 1.10）。

当食品（水果和蔬菜）的种植被当作伦理道德问题被讨论，就会出现一些其他问题。例如，如何平衡农作物的种植，涉及如下方面：

· 经济效益（土地单位产量，需要考虑化肥、农药等成本的投入）

· 社会责任（例如，因为某些种植方法，农作物的营养价值是否会明显降低？粮食作物基因工程是否会以减少植物物种的遗传多样性为代价来提高产量？）

· 环境协调性（为了短期收益最大化而采用的生产技术会导致长期的土壤、水质退化吗？）

自然资本

自然资本是地球的一部分，它将在未来为我们提供有价值的产品和服务。自然资本还包括回收废物、节约用水和侵蚀控制。存在争议的问题如下：用于作物种植的生产技术会保护自然资本还是消耗自然资本？例如，用在同一块土地上连续多年使用的土壤挖掘的方法种植同一种作物，如草莓，这种耗尽土壤自然肥力的方法使得土地几乎再无法种植任何作物。这是一个在伦理道德上忽略自然资本重要性的典型例子。

功利理论

一个问题必须从几个不同的角度进行分析，解决问题的方法必须带来最大的利益。

权利理论

权利理论基于这样一个观念，它认为人们有权选择影响他们命运的道路，并期待他们的权利（如隐私权、知情权、免受伤害的权利等）受到尊重。

共同利益理论

共同利益理论认为，道德行为是体现集体所有成员利益的行为。

道德准则：

以诚信、知识和创新能力为客户服务。

始终保持对专业的自信与信任。

积极鼓励开展园艺学方面的教育和研究。

依据公认的行业标准、加拿大苗圃景观协会规定和合同约定的规范来执行工作，提供产品。

引进正直、礼貌、诚信、有能力的高水平专业人才。

通过从事观赏园艺事业，不断努力改善我们生活的环境。

在任何时候，保证职业的公平性，保护客户和公众的利益。

行为准则：

1. 会员应当诚实正直，公平处事，在某种意义上要为了捍卫观赏园艺实践做好准备。
2. 会员应当努力以诚信、知识和创新能力为客户服务，要为客户和行业其他人员提供最高水平的专业服务。
3. 为了确保产品和服务的质量，必要时会员有责任提出有建设性的专业意见。
4. 会员不能制造伤害其他会员专业声誉的虚假或者恶意言论。
5. 会员应该努力保持对观赏园艺行业的信心和信任。
6. 会员发布的广告既不能是虚假的，也不能误导消费者。
7. 为了保护客户利益，会员在可接受的范围内，有义务为客户提供高效、划算的商品和服务。
8. 会员有义务不断提高自身的专业知识和技能，并紧跟所属行业的新发展。
9. 会员应积极开展园艺学领域的教育和研究。
10. 会员应该努力引进正直、礼貌、诚信、有能力的高水平专业人才。
11. 会员有义务向供货商付款。
12. 会员应当按照公认的行业标准和合同注明的加拿大苗圃景观协会规定或规范来执行工作、提供产品。
13. 会员应当遵守联邦、省、市政府法律来管理商业经营。
14. 会员应当通过从事观赏园艺事业，不断努力改善我们生活的环境。

加拿大阿尔伯塔省埃德蒙顿市阿尔伯塔景观苗圃行业协会许可使用。

图 1.10 阿尔伯塔景观苗圃行业协会道德标准

问题与讨论

1. 在下面的几项研究中都包括哪些类型的植物：
   a. 景观园艺学
   b. 花卉栽培学
   c. 蔬菜栽培学
2. 列举2—3个在问题1中提到的各研究领域（a, b, c）可从事的职业名称。
3. 推广服务的目的是什么？
4. 学习草坪管理与维护专业可以在什么单位找到工作？
5. 园艺学的职业道德指的是什么？用一种哲学理论加以说明。
6. 列举3条LANTA道德标准。
7. 举例说明绿色产业如何影响你的日常生活。

参考文献

American Horticultural Society. 1998. *North American Horticulture*. 2nd ed.(Barrett, T.M., ed.). New York: Macmillan.

American Horticultural Therapy Association. *AHTA Newsletter*. Denver, Colo.: American Horticultural Therapy Association.

American Horticultural Therapy Association, Friends of Horticultural Therapy, and S.E. Wells, ed. 1997. *Horticultural Therapy and the Older Adult Population*. New York: Routledge.

Bruce, H., and T.J. Folk. 2004. *Gardening Projects for Horticultural Therapy Programs*. Sorrento, Fla.: Petals & Pages Press.

Bruce, H., and E. Lampert, eds. 1999. *Gardens for the Senses: Gardening as Therapy*. Sorrento, Fla.: Petals & Pages Press.

Camenson, B. 2004. *Careers for Plant Lovers and Other Green Thumb Types*. 2nd ed. New York: McGraw-Hill Professional.

Camenson, B. 2007. *Opportunities in Landscape Architecture, Botanical Gardens and Arboreta Careers*. New York: McGraw-Hill Professional.

Dehart, M.R., and J.R. Brown, eds. 2001. *Horticultural Therapy: A Guide for All Seasons*. St. Louis, Mo.: National Garden Clubs.

Flagler, J., and R.P. Poincelot. 1994. *People-Plant Relationships: Setting Research Priorities*. Boca Raton, Fla.: CRC Press.

Flemer, W., III. 1990. *Rewarding Careers in the Nursery Industry*. Chicago: American Nurseryman Publishing.

Greenstein, D. 1995. *Backyards and Butterflies: Ways to Include Children with Disabilities in Outdoor Activities*. Brookline, Mass.: Brookline Books.

Haller, R., and C. Kramer. 2007. *Horticulture Therapy Methods: Making Connections in Health Care, Human Service and Community Programs*. Boca Raton, Fla.: CRC Press.

Hewson, M.L. 1998. *Horticulture as Therapy: A Practical Guide to Using Horticulture as a Therapeutic Tool*. Enumclaw, Wash.: Idyll Arbor.

Janick, J. 1986. *Horticultural Science*. 4th ed. New York: Freeman.

Relf, D., ed. 1992. *The Role of Horticulture in Human WellBeing and Social Development*. Portland, Ore.: Timber Press.

Shoemaker, C.A., E.R. Messer Diehl, J. Carman, N. Carman, J. Stoneham, and V.I. Lohr, eds. 2002. *Interaction by Design: Bringing People and Plants Together for Health and Well-Being*. Ames, Iowa:

Wiley-Blackwell.

Simson, S.P., and M.C. Straus. 2003. *Horticulture as Therapy: Principles and Practice*. Boca Raton, Fla.: CRC Press.

Woy, J. 1997. *Accessible Gardening: Tips and Techniques for Seniors and the Disabled*.Mechanicsburg, Pa.: Stackpole Books.

第 2 章

植物命名法、解剖学和生理学

学习目标

- 利用植物的学名查找它的属、种加词、栽培种 / 变种。
- 列举单子叶植物和双子叶植物的主要区别。
- 能够图解植物主要的营养结构和生殖结构。
- 识别纤维、主根、肉质根系统。
- 解释呼吸作用、光合作用、运输和吸收过程及其重要性。

照片由美国农业部农业研究局提供

2.1 什么是植物

曾经，人们认为区分植物和动物是件很容易的事情（动物会动，而植物不会动），于是就有了植物界和动物界。然而，显微镜的发明揭示了一些既不是动物也不是植物的生物，它们同时具备动植物的特点。最终，简单两个界（植物界和动物界）的生存模式被三个界所取代：真核生物界、细菌界和古生菌界。植物隶属于真核生物界。目前为止，对于到底什么是植物还没有一个被普遍接受的定义，但是基于基因分析，植物界被分成三类。

通过利用现代基因组学的方法，目前的分类系统以系统发育学（与遗传相关的生物群体的进化，有利于个体生物的发育）为基础对生物进行分类。一些科学家认为只有有胚植物（有胚胎的植物）属于植物界，而另一些科学家则认为植物界应该包括部分或所有绿藻。

已知现存的植物大约有 35 万种，并且不断有新的植物种类被发现。截至 2004 年，科学家已经命名了 287 655 种植物，其中开花植物 258 650 种，其他的是苔藓植物、蕨类植物和绿藻。植物已经占据了地球表面除极端的山顶、沙漠和极地地区外的大部分地区。植物既存在于淡水系统，也存在于海洋系统中。而在本书中，植物指的是陆地植物。

2.2 植物的命名与分类

植物命名法是为植物有序分类和命名的方法。不熟悉植物命名法的人会认为它很难学，以为使用这个系统必须懂拉丁语。然而植物命名系统不是很复杂，也不需要任何拉丁语背景。事实上，很多植物的常用名和学名相同，如鸢尾（iris）、倒挂金钟（fuchsia）、柑橘（citrus）。

用植物学名代替常用名有如下两个原因。首先，植物学名具有普遍性。在交流植物的身份时，拉丁名是标准的世界通用系统。在亚洲、非洲、美洲和欧洲等熟悉植物命名法的地区，西洋梨的拉丁名（*Pyrus communis*）和常用名一样被广泛接受。

第二个原因是植物学名具有准确性。常用名如“菊花”（daisy）或“常春藤”（ivy）可以指任何类似的植物。如果只用常用名来识别这些植物，就会出现混乱的现象。

了解植物的学名也可以为其栽培繁育提供线索。例如，常用名“兔耳朵”（bunny ear）、“海狸尾巴”（beaver tail）、“仙人球”（prickly pear）并不能表明这些植物有什么共同点，但是它们的学名都是以仙人掌属（*Opuntia*）开头，说明它们的栽培方式是相似的。用属名和种加词来命名物种的方法被称为“双名法”（binomial）（拉丁语中 bi 意为数字 2，nomin 意为名字）。

植物学名的起源和确立

研究植物名称的植物学的分支学科被称为植物分类学（taxonomy），从事这个学科的一线工作人员是植物分类学家（taxonomists）。植物命名系统的起源可追溯到 250 年前的瑞典植物学家卡尔·林奈（Carolus Linnaeus），他发表了第一篇有关动植物命名的文章，文章中使用了一种双名命名方法对很多植物命名，这个系统要求植物的名字必须至少由两个部分组成。

例如，法国万寿菊的拉丁名 *Tagetes patula* 中，*Tagetes* 叫作属（genus，单数；genera，复数），第二个词 *patula*，叫作种加词（specific epithet）。当两者结合在一起，这两个词就组成了植物的种名（species）。

为了便于理解，属名被认为是植物的姓。这表明这种植物与其他同属的植物是有关系的。种加词被认为是植物的名，这个名（通常是一个描述性的形容词）可以把它和同属的近缘种区分开来。

比较法国万寿菊和万寿菊（*Tagetes erecta*）这两种植物，法国万寿菊植株较小，花朵大小近似拇指甲，而万寿菊植株较高，花朵大小近似拳头。显然，这两种植物都属于万寿菊属，但因为它们的生长情况不同，因此有不同的种加词，成为两个单独的物种。

对许多野生植物来说，双名法足以用来区别那些相似的、亲缘关系密切的植物。然而，有些突变产生的或者从现有植物物种培育出的新植物不断地出现，为了区别于它们的亲本植物，通常在种加词后增加变种或栽培种的名称。例如，常见的万寿菊栽培品种 *Tagetes patula* 'Lemondrop' 和 *Tagetes patula* 'Petite Harmony'。

变种（variety）是自然产生的突变体或者明显不同于上一代亲本且在自然界稳定遗传的子代。例如，通常只开白色花朵的物种会自发产生突变，出现开粉红色花朵的新变种。

栽培种（cultivar）是人工培育出的植物变种。例如，橙子树可以生长出无籽的橙子。在自然界中这种橙子无法繁殖，因为它没有种子，因此这种橙子新品种将不会被确立，也不会被称为变种。通过人工培育，无籽橙子可以利用枝条进行繁殖，无籽橙子栽培种由此可以被确立。事实上，无籽脐橙就是这样起源的。

植物命名不是随意的。当命名植物新物种时，要严格遵守国际植物命名法规（*International Code of Botanic Nomenclature*）。虽然属名和种加词必须采用拉丁语的形式，但它们的词源不一定来自拉丁语。著名植物学家、政治家甚至是探险家的名字经常被拉丁化并用到植物的学名里。通常，植物的拉丁名会传达它所代表植物的信息。种加词 *rubra*（红色的）、*alba*（白色的）、*atropurpurea*（深紫色的）、*variegata*（绿色的）代表着颜色被用于很多植物的学名。表 2.1 列出了一些常见的种加词。

表 2.1　常见种加词和栽培种的拉丁名

拉丁名	中文翻译
alba	白色的
atropurpurea	深紫色的
aureum	金色的
carnosa	多肉的
compacta	紧密的
esculentus	可食用的
fastigiata	笔直的
floribunda	自然开花的
glauca	有白色或灰色外膜的
grandiflora	有大型或艳丽花朵的
horizontalis	水平的
nanus	矮小的
nidus	巢
occidentalis	来自西半球的
officinalis	药用的
pendula	悬挂的
rotundifolia	圆叶的
rubrum	红色的
sativus	栽培的
semperflorens	连续开花的
stellata	星形的
sylvestris	森林的
tuberosum	变形块茎
variegata	杂色的
vulgaris	普通的

植物学名的书写和发音方法

植物学名的书写要遵循规定的模式。属名通常要大写，后面的种加词以小写字母开头，这两个词都要用斜体（首选）或者下划线。变种的名字前用“v.”或“var.”与种加词分开。“cv.”被用来特指栽培种。变种或者栽培种的名字加单引号。例如，白蜡树的变种叫作莫德斯托白蜡树，可以写成：

Fraxinus velutina ‘Modesto’

F. v. v. Modesto

F. v. var. Modesto

注意列表中的属名和种加词首次出现会完整书写，之后可以缩写。

另一种植物学的缩写方式是在属名后跟“species”、“sp.”或“spp.”。“species”或“sp.”表示的是该属里的未知种。“spp.”是复数，用来指该属的所有种。当讲到栎属（*Quercus* spp.）的疾病这种宽泛的话题时，“spp.”缩写方法是很有用处的。

不同于标准化的植物学名命名和书写方法，植物学名的发音方法就显得有些随意了。对于某些发音来说，植物学家们自己都不同意，他们通常按照自己的习惯发音。

植物分类

种子植物和孢子植物　90%的栽培植物会开花并且利用产生的种子进行繁殖，但有少数生长的植物不能开花结果。例如，蕨类植物（Pteridophytes）有完全不同的生殖系统，它们利用孢子进行繁殖（见第3章）。蕨类是最广为人知的蕨类植物，它们属于植物界的一个分支，出现在植物进化的早期（图2.1）。苔藓植物也是最早出现的植物种类之一。

种子植物又被进一步分为两大类，裸子植物和被子植物。裸子植物（种子是裸露的）是两类中种类较少的那一类，主要包括常绿的球果类植物如松树、云杉、杜松和紫杉。球果类植物的叶子一般是针形的，并且没有花或多汁的果实。就室内植物而言，苏铁、罗汉松和小叶南洋杉是常见的裸子植物。在景观中受欢迎的银杏树也是裸子植物。银杏树没有球果，而是从每朵花中生长出一个单独的种子。

绝大多数栽培植物是被子植物，包括玫瑰、卷心菜和棕榈等。所有的开花植物和几乎所有的食用植物都属于被子植物。被子植物最主要的识别特征是花，花的结构包括植物的子房，子房里面的种子会膨胀发育成果实（见第3章）。

单子叶植物和双子叶植物　被子植物进一步被分为单子叶植物纲（Monocotyledoneae）和双子叶植物纲（Dicotyledoneae），或简称单子叶植物（monocot）和双子叶植物（dicot）。

单子叶植物的数量很少（大约是所有种子植物的22%），通常是尚未木质化的植物，茎较短，叶子螺旋状重叠排列，这种排列方式被称为莲座状。单子叶植物的叶子通常是狭长的，有平行脉。其他明显的识别特征包括花瓣的数量是3的倍数，有纤维和肉质根结构［详见本章后面的“变态根”（Modified Roots）］。草、百合、鸢尾、洋葱、香蒲及大多数开花球茎类植物都属于单子叶植物。它们不能生产木材。

有些单子叶植物看上去像木本植物，例如棕榈，它们有茎内结构，类似于图2.11（右图）。然而事实上，看上去像木材一样的棕榈树的树干实际上是纤维状的假木材，并不是真正的木材。

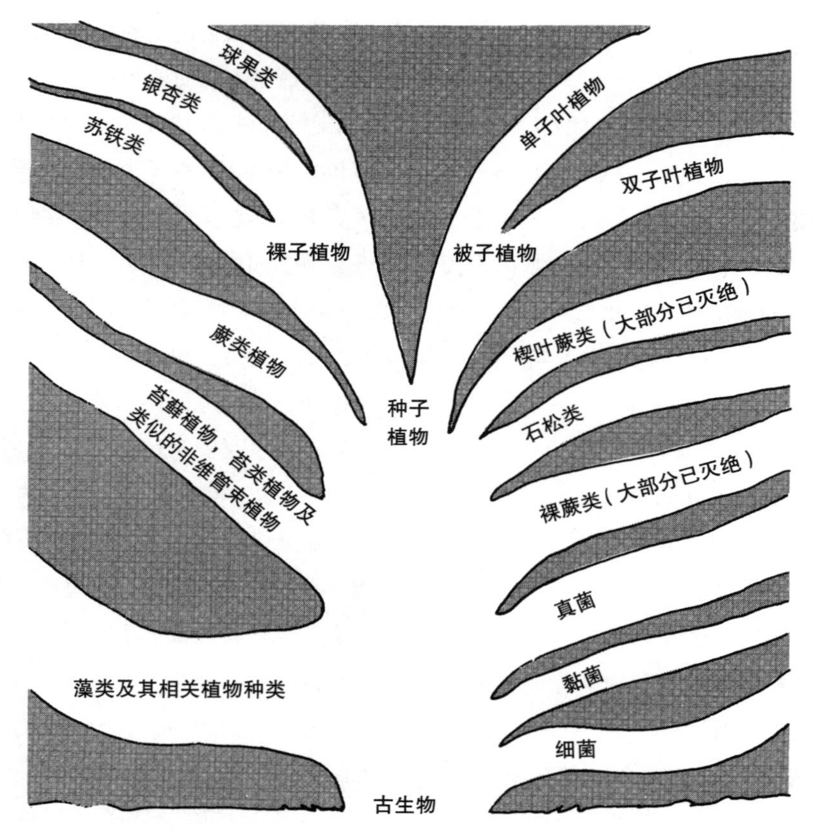

图 2.1 常见种和栽培种的进化

许多双子叶植物可以生长到很大的尺寸。它们的叶子有网状的叶脉分支，花瓣的数量是 4 或 5 的倍数，例如，苹果的花瓣是 5 瓣。大多数乔木和灌木都是双子叶植物，大多数的水果和蔬菜也都属于双子叶植物。它们的茎内结构不同于单子叶植物。

能够区分单子叶植物和双子叶植物不单单是出于学术兴趣。一种植物是双子叶植物还是单子叶植物决定了它的繁殖方式和对除草剂的敏感度。

植物的科 植物最终的分类单元是种或者栽培种（图 2.2）。只有植物分类学家才会对除了植物科、属、种之外的大部分中间分类单元感兴趣。科是把有相似特征的多个属聚合在一起。植物的科既有学名又有常用名。表 2.2 列举了植物的一些科，并列举了其中有代表性的属及其主要的识别特征。

了解植物科的基本知识可以帮助我们识别陌生的植物。例如，通过记住所有豆科植物都有豆荚形的果实这一特征，你可以推断出含羞草和豆角这两种不同的植物同属于豆科。

另外，同一科的植物通常容易感染同一种疾病。通过熟悉植物每个科的特征，受同一种植物疾病反复困扰的园艺师可以避免采购到有类似敏感性的植物。

园艺植物的分类

植物学家们主要对植物间的进化关系感兴趣。园艺学家通常根据植物的用途另外对植物

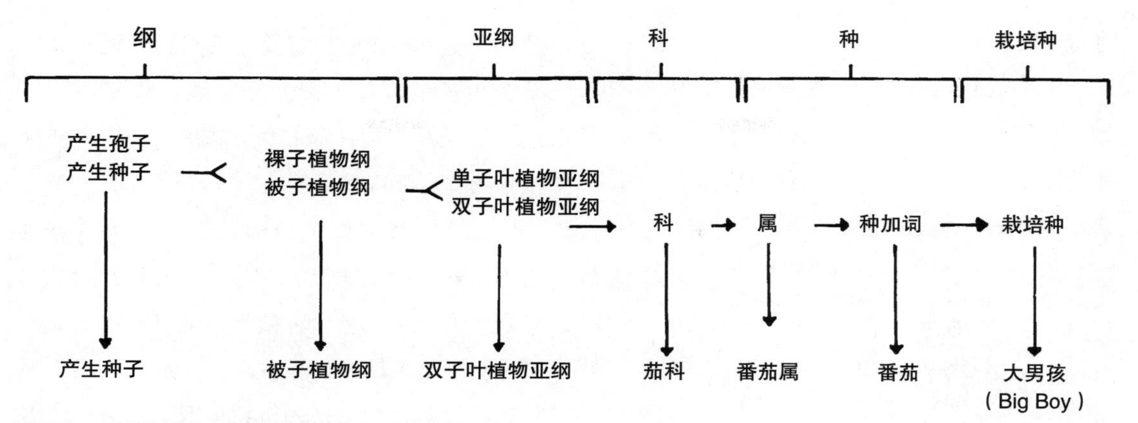

图 2.2 番茄栽培种大男孩（Big Boy）的植物分类

表 2.2 常见植物科及其主要的识别特征			
科名	**主要识别特征**	**代表属**	**代表植物**
仙人掌科	肉质，带刺	乳突球属	针叶仙人掌
		蟹爪兰属	蟹爪兰
		仙人掌属	仙人掌
菊科	由许多花瓣一样的小花组成头状的花序	千里光属	千里花
		菊属	菊花
		金光菊属	黑心金光菊
十字花科	4 个花瓣，十字形排列	芸薹属	卷心菜
		香雪球属	香雪球
禾本科	平行叶脉的叶子环绕在茎的基部	早熟禾属	蓝草
		燕麦属	燕麦
唇形科	茎四棱形，花两唇形	鞘蕊花属	鞘蕊花
		薄荷属	薄荷
		马刺花属	香妃草
豆科	长豆荚状的果实，特有的蝶形花冠	山黧豆属	香豌豆
		菜豆属	豆角
百合科	扁平叶，6 个花瓣，钟形花冠	吊兰属	吊兰
		百合属	百合
蔷薇科	花瓣为 5 的倍数，雄蕊多数	苹果属	苹果
		李属	樱花
		火棘属	火棘
伞形科	伞形花序	胡萝卜属	胡萝卜
		莳萝属	莳萝
		欧芹属	香菜
龙舌兰科	叶子狭窄，肉质或齿形，许多小花聚集成大花球	丝兰属	丝兰

进行分类。

大多数栽培植物的应用价值是作为观赏植物或食用植物，还有一些植物有多种用途，例如药用植物和观赏蔬菜。在食用植物中，植物通常按表 2.3 所示进行分类。

表 2.3　根据用途分类的栽培植物类型

类别	例子
果树	苹果、桃子、李子、橙子、鳄梨
坚果	胡桃、核桃、榛子、杏仁
小水果	黑莓、树莓、草莓、无花果、葡萄
蔬菜	花椰菜、番茄、甜玉米、辣椒、南瓜
草本植物	迷迭香、罗勒、莳萝、百里香
谷物	小麦、大米、玉米、燕麦

最后一类——谷物——通常不包括在园艺范围里。谷物被归类于农作物，属于作物学或者农学的研究范围。在观赏植物里，分类系统与植物的形态和用途密切相关（表 2.4）。

表 2.4　根据形态和用途分类的栽培植物类型

类别	例子
树	橡树、木兰、松树、桉树
灌木	杜松、紫杉、丁香花、杜鹃花
藤本植物	铁线莲、常春藤
草本植物	筋骨草、长春花
园林花卉	郁金香、万寿菊、萱草
草坪与草坪替代品	蓝草、野牛草、马蹄金
室内盆栽	伞莎草、非洲紫罗兰、吊兰

植物的鉴定

如果一种植物是常见的栽培植物，确定它的身份是件容易的事情。但如果是野花或者其他野生植物，确定它的身份就是件耗时费力的事情了。鉴定植物的第一步，剪断长有叶子、花、果实的茎。没有花朵和果实，鉴定植物是件不可能的事情，观叶盆栽植物除外。为了减轻植物萎蔫的情况，将标本装入塑料袋中，可能的话，预先用水喷洒标本。不论标本是木本植物还是草本植物，都要记录植物的相对尺寸及其生长的环境（阳光充足地、荫凉地、湿地、景观及其他任何相关情况）。这些信息对植物的鉴定都很有帮助。

鉴定一种未知的植物首先可以从向当地苗圃里熟悉相关知识的专业人员询问开始。如果专业人员不熟悉这种植物，可以利用植物名录、图谱类书籍或在互联网上通过彩色照片进行查找比对。如果这种植物是野生植物，就需要使用具有“检索表”的植物学参考书。若还是无法鉴定，可以将标本进行干燥，即把标本夹在几层报纸中间压平，并把书放在上面压制。几周后，当标本完全干燥后，用胶带将标本固定安放在纸板上。然后将制作好的标本邮寄到大学的植物系或者园艺系，邮寄标本的同时还要附上包括标本尺寸、采集地点及本文前面提到的其他特征在内的相关信息。

2.3　植物解剖学

了解植物的各部分结构及这些结构如何组成完整的植物个体对于成功种植植物是非常必要的。这部分内容属于植物营养学或植物生殖学的范畴。

植物的营养器官及其功能

几乎所有的栽培植物都是由数量有限的几个基本组成结构或者器官构成的：叶、茎、芽和根（图 2.3）。它们都是营养器官，因为它们不是植物生殖系统的组成结构，即使幼嫩的植物也都会有最简单形式的器官。

叶　叶是大多数植物最明显的结构。叶通常由两个主要结构组成：叶片和叶柄，或者茎叶。叶柄与其支撑茎之间形成的夹角被称为叶腋，在叶腋里会发育出芽。叶最主要的功能是进行光合作用。

图 2.4 是一个单叶的示意图，图 2.5 是几种复叶的示意图。复叶由很多单独的小叶组成，但在整片叶子的基部只有一个芽。

图 2.4 和图 2.5 是被子植物中几种常见的叶子类型。球果类裸子植物的叶子通常是鳞形的或者针形的，见图 2.6。

具体而言，叶片由以下六个部分组成：

1. 叶缘。叶缘是叶子外围的边缘。叶缘可以是全缘的（即光滑的）、锯齿状的、有刺的、分裂的，或不同于全缘的其他任何类型（图 2.7）。有刺的叶缘可以保护植物免受食草动物的侵食。识别叶缘特征是鉴定植物的一种手段。

2. 叶脉。在光下拿住叶片透过光向上仔细

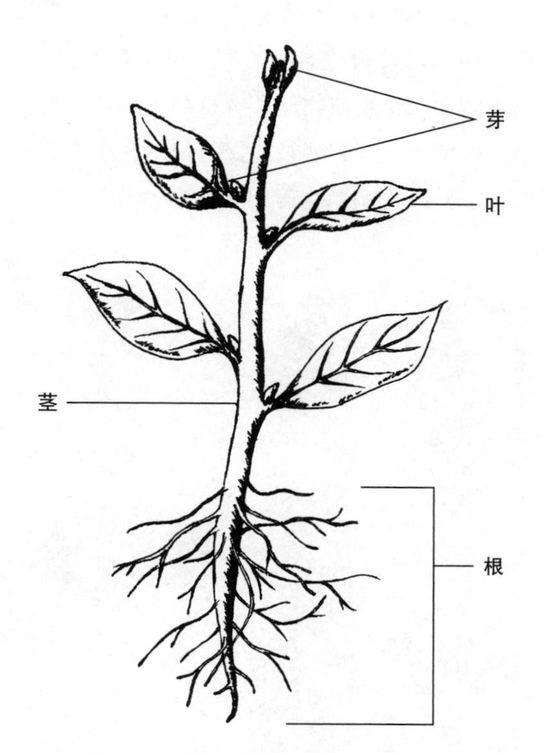

图 2.3　植物的营养器官。图片由贝瑟尼（Bethany Layport）绘制

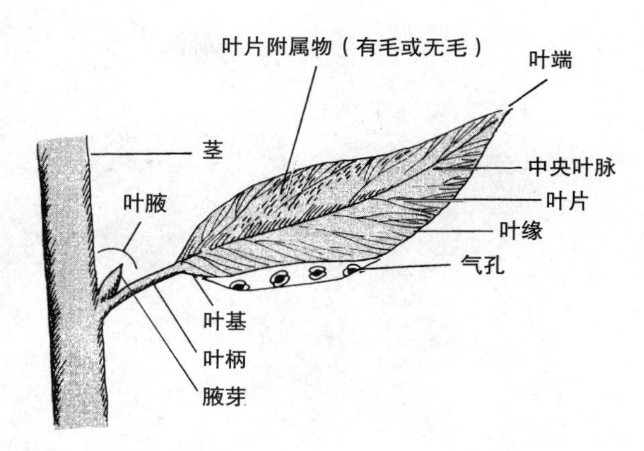

图 2.4　单叶的结构

观察可以看到植物叶脉的结构。双子叶植物的叶子通常是由一个中央叶脉和许多分支叶脉组成的，但也有一些叶子是由很多大小相同的叶脉组成的掌状叶。单子叶植物的叶子是平行叶脉，沿着叶子长度的方向生长（图 2.8）。

3. 叶端。叶端是叶子的尖端。叶端有尖的、钝的、锯齿的或其他各种形状。

4. 叶基。叶基是叶片中连接叶柄或直接连接茎（如果叶子没有叶柄）的结构。

5. 叶片附属物。叶片上的任何毛、鳞、膜都可以被称为叶片附属物。几乎所有叶子都有一层看不见的蜡层，它被称为角质层。角质层可以起到防止叶表面水分流失的作用。除了角质层，叶子还会有毛（毛状体）或鳞。毛状体对叶子的水分流失起到了额外的隔离作用，同时可以通过破坏叶子的口感来阻止食草动物侵食。

6. 气孔。气孔复合体是气孔周围的细胞群，它可以在一分钟内打开。大量的气孔主要分布在叶片的底部（图 2.4）。中央气孔的两侧有保卫细胞，它们根据环境条件的变化控制气孔的打开和关闭。气孔复合体可以调节叶片内外空气和水蒸气的流动。

图 2.5 复叶类型。照片由里克·史密斯（Rick Smith）提供

叶片下方可能有托叶。托叶很小，通常位于叶柄的基部，看上去像叶子的附属物。并不是所有的植物都有托叶，很多植物的托叶在叶子发育完成后不久就凋零、枯萎并自然脱落。悬铃木（*Platanus* sp.）是一种托叶特别大的植物，它的托叶环绕在茎的周围，看上去像叶子一样。

在史前时代，托叶可能用于保护植物的嫩叶或新叶。现在托叶可以进行轻微的光合作用或变态发育成植物的刺或者卷须。

一些叶片由于功能、形态和结构的改变，被称为变态叶。变态叶已经进化到可以完成除光合作用以外与叶子有关的其他功能。一品红的“花瓣”就是一种名叫苞片的变态叶。缠绕的卷须和刺也可能是变态叶。

茎 茎的生长增加植物的高度和宽度。植物的茎负责运输水分和其他物质。植物的茎也是叶和花附属物的生长位点。某些植物的茎还可以进行光合作用。

一些茎由于功能、形态和结构的改变，被称为变态茎。并不是所有植物的茎都长在地面上。地下鳞茎包括地下短茎和附属鳞（例如洋葱），这些附属鳞实际上是变态叶。我们日常烘焙用的马铃薯就是地下茎，又被称为块茎，它不断增大，是植物储存有机物的部位。在植物的繁殖中，变态茎被频繁地使用。本书的第5章对这部分内容有详细介绍。

图 2.6 裸子植物的叶子。照片由柯克（Kirk Zirion）提供

图 2.7 叶缘的类型。图片由柯克提供

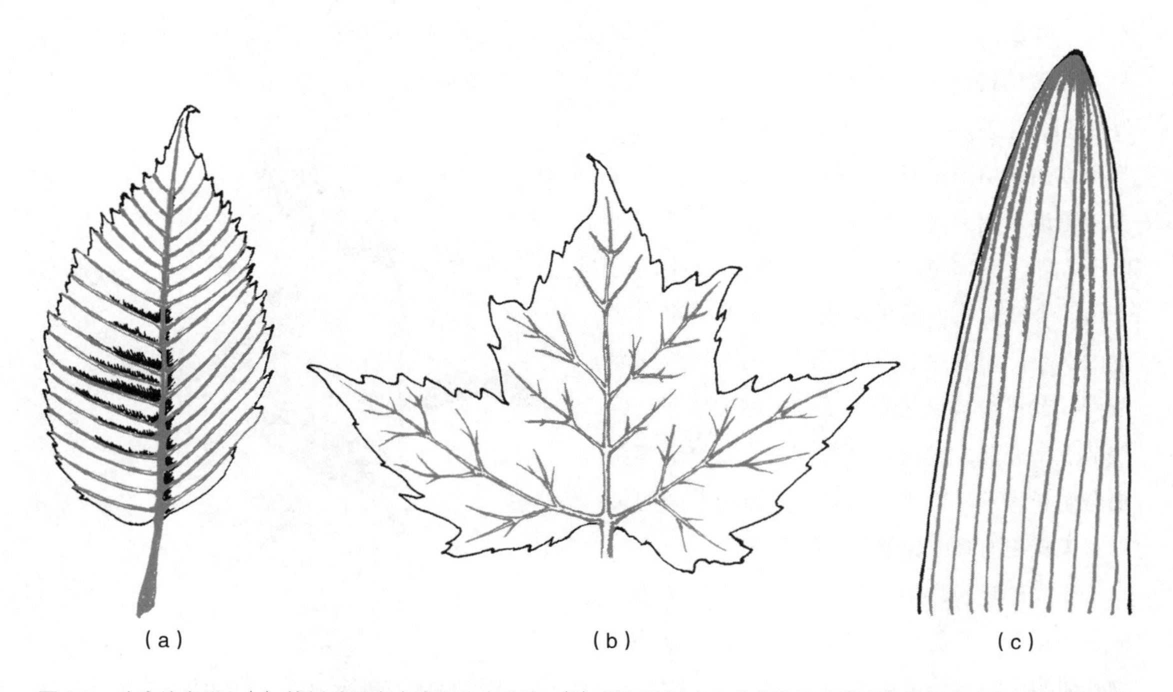

图 2.8 叶脉的类型。(a) 榆树叶子有中脉和分支叶脉；(b) 枫树叶子有 3 个主要的叶脉及其他分支叶脉；(c) 孤挺花的叶子有平行叶脉。图片由贝瑟尼绘制

图 2.9 有代表性的莲座状植物

植物地上部分的短茎生长成莲座状植物形态（图 2.9）。莲座状植物很容易识别，因为它们的茎很短；叶子从一个中心点长出，像重叠的玫瑰花瓣一样向外辐射生长。许多植物都以莲座状形态生长，包括非洲紫罗兰、卷心菜、草莓、萱草。

在植物的茎上，叶子的排列方式有对生、互生和轮生。茎上叶的排列方式是很重要的，且可以用来鉴定植物。从叶子排列方式的名称上就可以看出，对生的叶子成对生长，互生的叶子在茎上阶梯式生长（图 2.10）。轮生的叶子由 3 个或更多的叶子组成，所有叶子都由茎上的一个点开始生长。叶子附着的位置被称为节点，节点与节点之间的结构被称为节间。虽然节点未充分发育时很难被识别，但每个节点都会生长出芽。熟悉茎上各个节点与节间的位置对于植物的修剪和繁殖是很重要的。

植物的生长取决于其内部维管束系统功能的正常运转，维管束是运输有机物、水分及植物其他物质的网状结构。

维管束分为木质部和韧皮部，是植物的循环系统。木质部负责将从植物根部吸收的水分和营养物质通过茎部往上运输，最后从叶子排出。植物的叶子负责制造有机物（植物的“食物”），韧皮部负责将这些有机物运输到根部及其他需要的结构中。韧皮部细胞也负责将有机物从一个存储器官运输到其他需要有机物的结构，例如嫩叶。

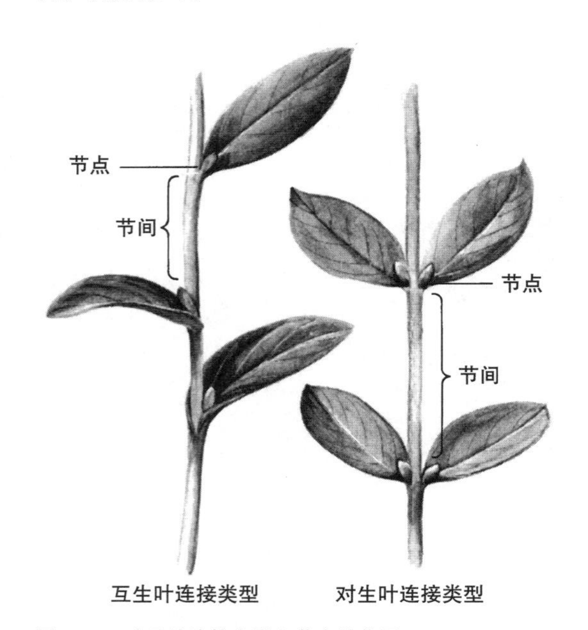

图 2.10 叶子的连接类型和节点的位置

尚未木质化的乔木或灌木等木本双子叶植物的木质部和韧皮部在茎内按同心圆排列（图2.11）。在其幼嫩时期，并不会发育出木材。木本双子叶植物长成后，会发育出次生木质部和韧皮部。韧皮部位于木质部的外部。树的年轮是由位于树木中心的次生韧皮部每年扩大一圈所形成的。

然而，单子叶植物茎内的木质部和韧皮部是生长在一起的，散生于维管束中。木质部和韧皮部不仅贯穿植物的茎，还延伸到植物的所有器官。

双子叶植物茎部的第三个结构是维管束形成层。维管束形成层是植物茎内木质部和韧皮部之间的薄薄一层快速分裂细胞，能够产生新的木质部和韧皮部细胞来维持或增加维管系统的运输能力（图2.11）。

木本植物中有另一类形成层，被称为栓皮形成层，它分布在树皮表面下方，能够产生皮细胞（严格地说，木本植物的“树皮”是茎内维管束形成层以外的所有组织）。

芽 植物的芽含有不成熟的植物结构，它有三种类型：叶芽、花芽和混合芽。叶芽是新的叶和茎生长的位点，指发育成一片及多片叶子的芽，有时包括胚芽。花芽指发育成花和花序的芽，它一般比叶芽要大。混合芽包括可能发育成为叶和花的芽。

在植物的茎上，芽的排列位置是腋生或顶生（terminal）（图2.4和2.12）。腋芽位于植物的叶腋，叶腋通常位于叶柄与茎连接的位置的上面。顶芽位于茎的顶端。

在某些情况下，芽还可以出现在其他位置上，例如沿着叶脉、叶柄及叶片连接处。在这些不寻常位置的芽叫作不定芽。

根 根是植物第四个营养器官，其中与植物的地上部分联系的结构是根冠。根将植物固定在它所生长的位置，还可以吸收和运输光合作用所需的水分和营养物质。这种吸收作用主要通过幼嫩的植物根尖而不是根系中较老的结构来完成。另外，有机物储存在根系中较老的结构里。植物根的储存能力是非常重要的，因为如果植物的根尖受损，有机物就是它春天萌新芽、长新叶的能量来源。

根有四种类型 在种子发育成植物的过程中，最先产生的是主根。对很多植物来说，植物的主根实际上不分支，并保持在一个固定的位置不动。这种根的类型被称为直根系。直根系的代表植物有柑橘、蒲公英和胡萝卜等（图2.13）。

多数植物的根是被称为须根系的网状根群（图2.13）。草就是一个典型的例子。须根系是由主根附近的剩余结构开始发育的，种子萌发后不久主根就死亡了，侧面的根生长发育成须根系。

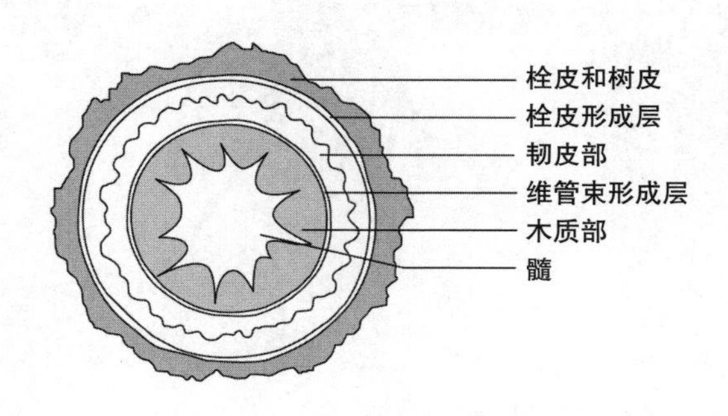

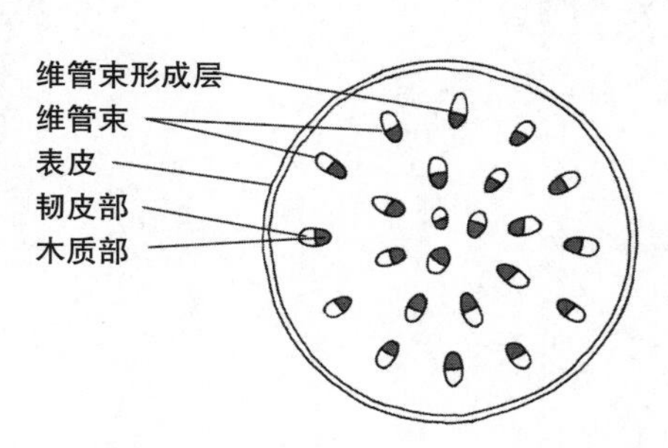

图2.11 木本双子叶植物和单子叶植物的茎内维管组织排列的横截面

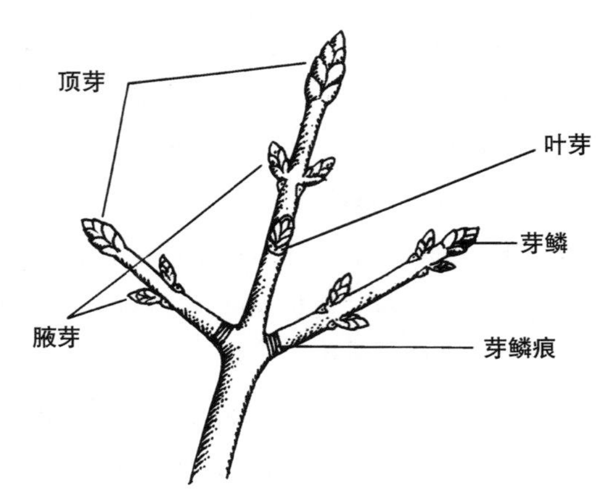

图 2.12 生有腋芽和顶芽的茎

根的第三种类型是肉质根（图 2.13），也就是说这种根的肥厚程度类似于主根，而不是须根。

根的第四种类型是不定根。除根以外的任何组织都可以发育成不定根。常春藤和兰花的不定根使植物附生在树上（图 2.14）。玉米的不定支柱根（图 2.14）起到防风固定作用。

观察根系并试图对植物进行分类时，会出现一些让人困惑的问题。以非洲紫罗兰为例，非洲紫罗兰通常生长在岩缝中，发育出网状根系。它似乎属于须根系，并有须根系的功能。但它只有分支根系，它的根是由茎发育来的，因此它是不定根。如果非洲紫罗兰是从种子发育来的，它会有一个主根。

无论植物的根系是主根、须根还是不定根，根尖的结构都是相同的。每一个根的顶部都是根冠。根冠由一层细胞组成，防止根的其他结构在与土壤接触的过程中受损伤（图 2.15）。根冠的上面是分生组织，分生组织又称分生区，可以产生新的细胞去替换根冠在土壤中磨损掉的细胞，并且可以让根部变长。

分生区的上面是伸长区。在伸长区，分生区产生的细胞将被伸长，使植物的根部变长并

图 2.13 根系的类型

深入土壤。

伸长区的上面是成熟区，水分和营养物质在这里被吸收。成熟区的细胞形成大约1—2毫米长的脆弱的根毛（图2.16）。土壤中的水分和营养物质通过根毛进入植物体内。

根毛通常只能存活几个星期，之后就会被新细胞发育的根毛所代替。通过这种方式，根毛能不断接触新鲜的土壤，保证营养物质的稳定供应。

虽然大多数根类似于图2.13，但和变态叶、变态茎一样，变态根也存在。最常见的变态根是贮藏根，贮藏根是储存大量有机物的结构。红薯就是变态根的代表植物。

植物的生殖器官

大多数栽培植物在生命周期的某一段时间里都会开花结果。花和果实的出现可能是持续的、季节性的，也可能只出现一次，这取决于植物的种类及其生长状况。虽然花的生物学功能是产生种子，但通常花对于植物物种的延续并不是必需的，因为自然和人类都能够利用植物的营养器官来进行繁殖，草莓就是如此。

花的类型 花的类型是根据花的生殖结构来进行划分的。其中既有雄花又有雌花的花被称为雌雄同花或雌雄同体，大多数植物的花是雌雄同花。然而，花还可以只有雄花或者只有雌花，这种类型的花在形成种子时，还需要另一种性别的花才能完成。有些植物的同一植株上既有雄花又有雌花，这种类型被称为雌雄异花同株，代表植物有黄瓜、甜玉米和美洲山核桃。另一些植物的雄花长在一个植株上，雌花长在另一个植株上，这种类型被称为雌雄异株（dioecious），代表植物有冬青、枣椰树、苦茄和猕猴桃。

植物的花偶尔会出现不育的情况，既没有雄花也没有雌花。不育花的植物备受园艺师们的青睐，因为这种类型的植物因突变而具有两

（a）

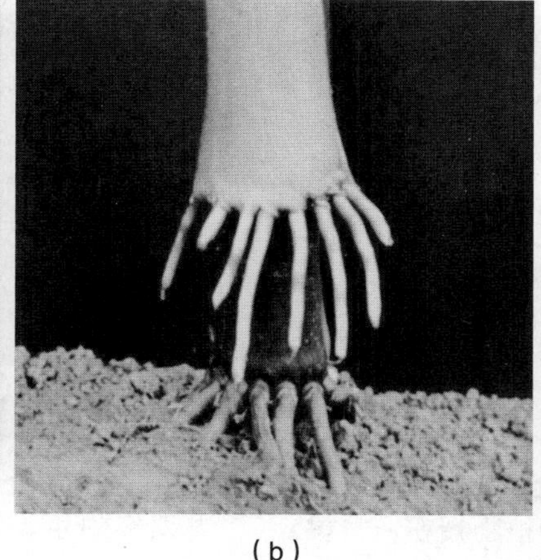

（b）

（c）

图 2.14 不定根

（a）常春藤的根让植物爬上墙。照片由莫林·基尔默（Maureen Gilmer）提供

（b）玉米的支柱根帮助支撑玉米的茎。照片由威尔逊植物园提供

（c）兰花的根都附生在它依附生长的植物上，像海绵一样吸收水分。照片由鲍勃·霍夫曼（Bob Hoffman）提供

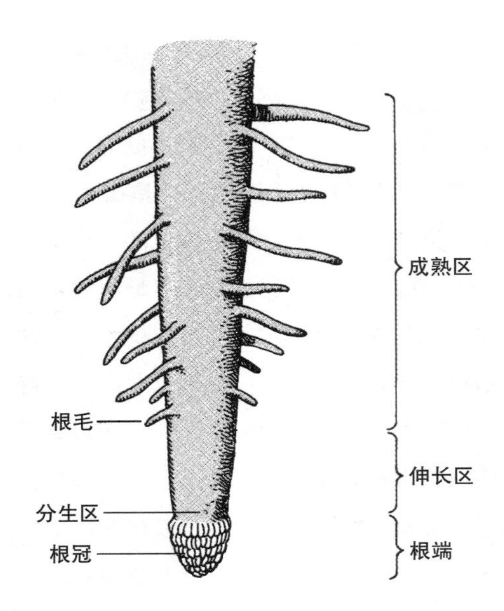

图 2.15　根尖的结构

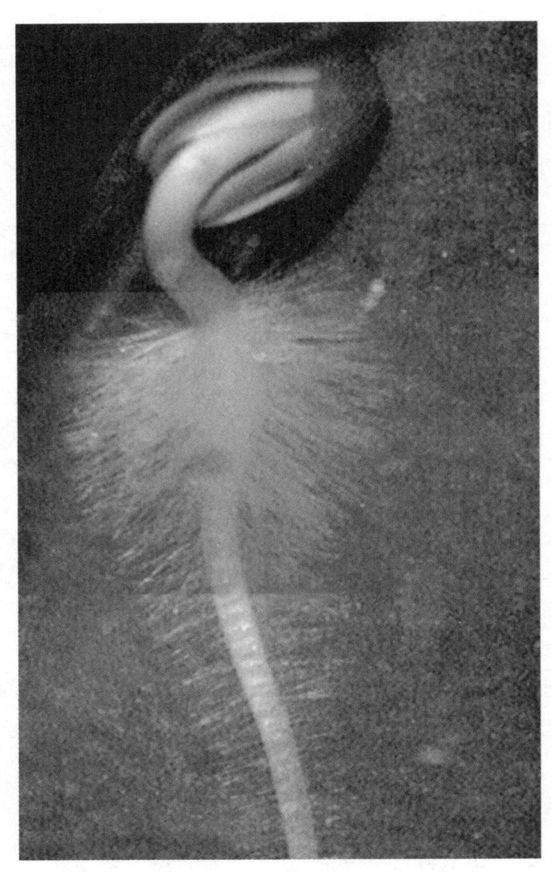

图 2.16　萝卜苗的根毛。照片由俄亥俄州立大学迈克尔·尼（Michael Knee）提供

套花瓣。

花的结构　花的典型结构由位于中间的雌性结构（雌蕊）和周围的雄性结构（雄蕊）及非生殖结构（花被）共同构成（图 2.17）。

雌蕊（又被称为心皮）的典型结构包括 3 个主要部分。最上面的结构是柱头，柱头下面细直的结构是花柱，花柱下面球状的基部结构是子房。子房里面的胚珠将会发育成种子。

雄蕊顶端的结构是花药，用来产生花粉（功能与精子类似），下面起支撑作用的茎状结构是花丝。

在花的生殖结构周围的结构是花瓣和花萼（靠近花瓣的叶状基部结构）。花萼的下面是花托，整个花位于这个膨大的结构上。各种颜色的花瓣吸引昆虫，昆虫会帮助植物授粉，将雄花的花粉授到雌花的柱头上。花瓣还可以保护雌蕊和雄蕊免受天气的影响。花萼是花蕾发育时外面的被片结构，起到保护花蕾的作用。

图 2.17 展示了一朵花的典型形态，但并非所有的花都有这样容易区分的部分，相反，由于植物科属不同，这些部分可能呈现出各种形态，图 2.18 展示了其他有代表性的花的结构。

此外，并不是所有的花都是单独生长的。通常它们成簇生长，虽然每一朵花很小，但它们生长在一起就形成了一个明显的花簇。花簇（花序）的类型是以花的位置为基础命名的（图 2.19）。

果实的生长发育及类型　卵细胞受精后，包括花被（全部或部分）和雄蕊在内的一部分花的结构会退化并脱落。子房及里面新受精的卵细胞继续发育，成熟的子房将发育成果实，里面含有一个或者多个种子。

在生物学上，果实的类型是根据花结构中

发育成为果实的部分来进行分类的。实际上，果实就是子房或膨大的子房。但实际的因素导致果实的类型是根据其外在形态来进行分类：果实外在形态最主要的区别是果实是肉质果还是干果。肉质果里含有相当多的水分，代表植物有水果（李子、草莓、橙子）、大多数蔬菜（黄瓜、南瓜、茄子）、各种园艺植物（海棠、玫瑰、倒挂金钟）。干果的代表植物有向日葵、美洲山核桃以及其他只有少量水分的植物。

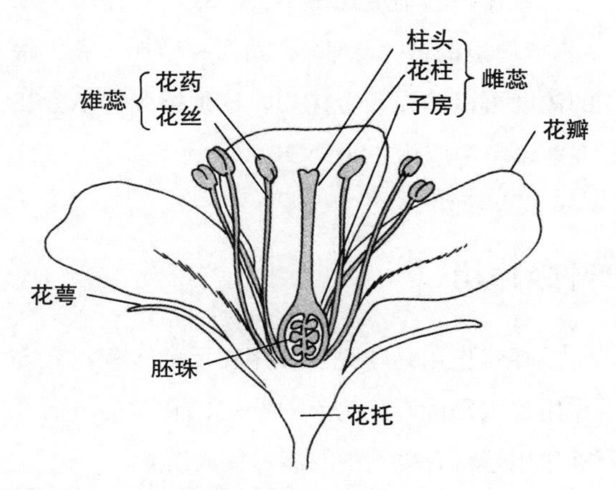

图 2.17　一朵完美的花的各部分

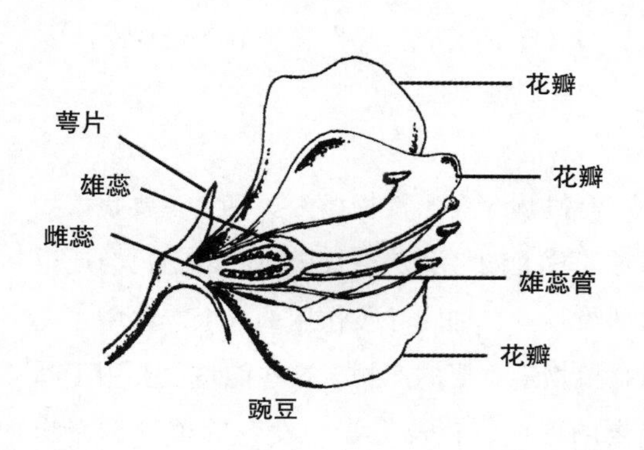

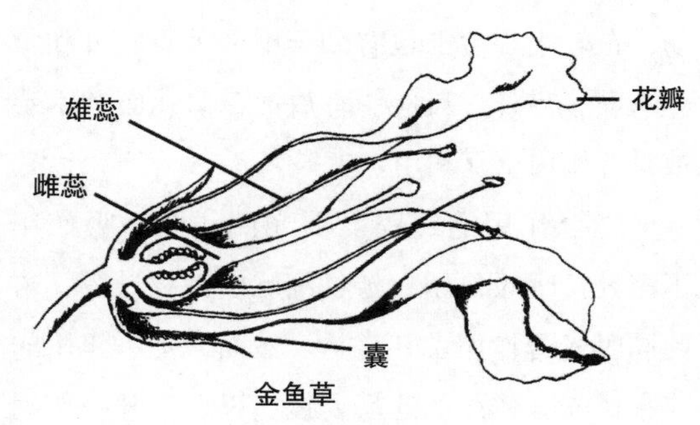

图 2.18　其他有代表性的花的结构

果实外在形态的另一个区别是果实成熟后是否开裂并释放里面的种子。会开裂的果实是开裂果，不会开裂的果实是闭果。豆子和豌豆等豆科植物的豆荚就是典型的闭果。

果实还可以根据种子在果实中的位置来进行分类。核果是由外部多汁的果肉和包裹着坚硬外壳的种子组成的。核果的代表植物是桃子和李子。

梨果是由含有很多种子的子房发育形成的。梨果的代表植物是苹果和梨。

浆果是由一个或多个种子组成的，它的外面是多汁柔软的果肉。因此，从专业的角度来说，葡萄和番茄都是浆果。覆盆子和蓝莓也符合浆果的定义，但它们的果实是每一个单独的小子房紧贴在一起形成一个共同的结构（聚合果）。

瘦果是种子附着在多汁的果肉外面，种类较少。草莓虽然是浆果，但在生物学上它也属于瘦果。向日葵种子和枫树种子也属于瘦果。

2.4　植物生理过程

光合作用、呼吸作用、运输、吸收作用和蒸腾作用是持续发生在植物体内复杂的生理过程。理解这些生理过程是了解植物的基础。

光合作用

光合作用在叶绿素复合体中发生，是植物体为自身生长发育所需制造淀粉和糖类等有机物的生理过程。光合作用是在叶绿素的作用下，将水分、光照、二氧化碳转化成有机物，同时释放出氧气的过程。

水 + 光 + 二氧化碳
在叶绿素的作用下
↓
有机物 + 氧气

光照是光合作用的第一要素。光照通常来自太阳。除了一些可以在阴暗的环境下自然生长的植物外，较强的光照和较长的光照时间可以增强光合作用，并且加快植物生长。

水是光合作用的第二要素。水是植物通过吸收作用从土壤中吸收来的。缺乏充足的水分会减慢光合作用，严重缺乏水分会让光合作用完全停止。因为当水分不充足时，叶片上的气孔会关闭，从而阻断叶片吸收二氧化碳，而二氧化碳对光合作用来说是必需的。

二氧化碳是光合作用的第三要素。它通过气孔被植物吸收进体内。通过这一相同的途径，反应产生的多余氧气被释放到空气中。室外二氧化碳的不足几乎不会导致光合作用不足（水分胁迫的情况除外）。然而，增加二氧化碳的浓度可以增强光合作用，这种情况偶尔会在商业温室中应用（见第 20 章）。

（a）雏菊

（b）唐菖蒲

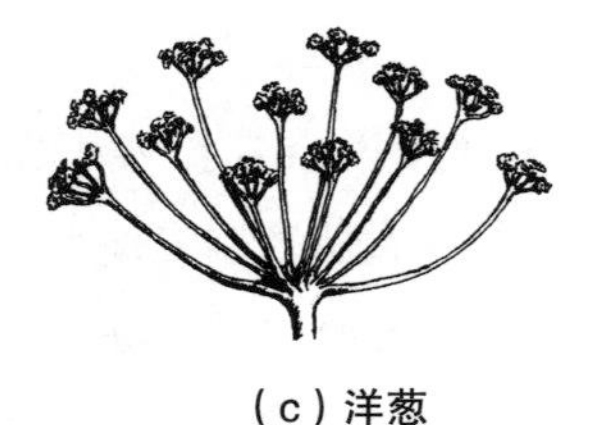
（c）洋葱

图 2.19 3 种花簇：(a) 头，(b) 穗，(c) 伞

呼吸作用

呼吸作用是与光合作用相反的过程。光合作用将太阳能转化为有机物中的化学能，而呼吸作用是将有机物中的能量释放出来。

细胞呼吸作用：有机物 + 氧气→能量 + 水 + 二氧化碳

有机物存在于植物体内。氧气主要是植物通过叶片上的气孔从空气中吸收的，也会通过根部吸收。在细胞呼吸作用的 3 个产物中，能量是植物最主要的产物。这些能量主要用于叶绿素的形成、花及果实的发育等植物生命活动，在较小程度上也有助于根部吸收水分和营养物质。另外，反应中释放的二氧化碳和水会被光合作用重复利用。

光合作用的过程需要光照，但呼吸作用不需要。呼吸作用在植物细胞中持续进行，与此同时光合作用也在进行。然而，呼吸作用的速率比光合作用的速率要慢，以至于呼吸作用消耗的碳水化合物比光合作用产生的碳水化合物少，剩余的碳水化合物储存在植物体内。例如，可以储存在植物的根部或发育的果实里。另外，一些有机物还可以转化为纤维素和其他分子结构，用于加强植物的结构。

呼吸作用和光合作用的相对速率控制着植物的健康状况和生长率。为了成功种植蔬菜作物，光合作用的速率应该大约是细胞呼吸作用速率的8—10倍，这样才能够确保大多数的碳水化合物累积在植物体内或用于植物新的生长。适当的环境条件对获得高光合作用速率（低细胞呼吸速率）是至关重要的。适度提高光照强度、增加土壤中的水分、提高温度可以促进光合作用。另一方面，较低的温度可以减缓呼吸作用，而降低温度就会降低光合作用，因此最好的生长环境是白天温暖，夜晚凉爽。在这样的条件下，夜晚细胞呼吸作用降低，而白天光合作用不会受到影响。

当光合作用和呼吸作用的速率相同时，植物没有新的生长。光合作用制造的碳水化合物完全用于现有的呼吸作用，植物只是维持生存。

在少数情况下，植物的呼吸速率会高于光合作用速率。一棵生长在大树环绕中的小树就是这样的例子。大树的阴影减少了小树的光合作用，而呼吸作用仍在稳定持续进行。所有产生的有机物及植物储存的备用有机物都用于呼吸作用。因此小树没有足够的有机物维持现有细胞生存，小树停止生长后慢慢死去。另一个例子是当植物缺乏水分时，气孔会关闭以减少水分流失，但这样做的后果是植物失去了二氧化碳，导致光合作用减缓或停止。

运输

植物体的碳水化合物、矿物质、水的移动被称为运输。正如前文所述，木质部主要的功能是运输水分和矿物质，而韧皮部负责整个植物体糖类物质的运输。

利用木质部促进水分和矿物质向上运输的压力是很复杂的，这部分内容也超出了本书的范围。我们可以认为叶子的蒸腾作用是水分运输的动力，这种运输作用原理有点类似于用吸管吸水。

水分在木质部中的运输速度非常快。这一点我们可以通过观察一朵枯萎的花放在水中复苏的时间来证明。15厘米长的茎上的一朵花在15—30分钟内就能完全复苏。

糖类物质在韧皮部内的运输被称为源库运输，因为糖类物质被从制造或储存（源）的位置运输到另一个存储或利用（库）的位置。从植物开花一直到果实成熟，恒定的糖类物质流向果实的发育，这一过程也解释了为什么水果通常是甜的。

植物体内的碳水化合物主要的库器官是根部。有机物以淀粉的形式储存在根部，许多单糖分子连接在一起形成一个复杂的淀粉分子。这种淀粉的分子间连接紧密，能量集中，能够提高储存的效率。

碳水化合物的其他库器官有：

①发育中的花、果实、叶子和种子。种子在离开亲本植株后为了生存下来，必须具备有机物、脂肪、蛋白质等形式的能量以供应给呼吸作用并保持种子的活力，直到种子发芽后长成一个新的植株。

②茎部和根尖生长区（分生组织）。这些结构需要持续的糖类供应来产生和制造化合物，例如花和果实中的色素、形成角质层的蜡质、支撑茎部的木质纤维。

源库运输会随季节的变化而变化。春天里，根部是源器官，这些储存的能量会运输到新生叶子中去促进其发育。到了秋天，叶子是源器官，这些能量会运输到根部用于有机物的积累，为冬天储存能量，也为下一个春天所用。

吸收作用

水分和矿物质的吸收是植物体内的第 4 个生理过程。吸收作用是植物根部的主要功能，但也可以发生在植物叶子中，这一过程被称为叶片吸收。

通过根部细胞进行的矿物质吸收过程是非常复杂的，至今学界仍在进行大量的研究工作。研究已经证明，吸收由两个过程组成：主动运输和被动运输。主动运输主要负责无机化合物的吸收和运输，是一个消耗能量和氧气的过程。被动运输是通过渗透作用进行的，渗透作用只包括通过细胞膜进行的水分运输，也是水分被吸收进植物体并在细胞间运输的主要方式。

蒸腾作用

蒸腾作用是植物体内的第 5 个生理过程。就植物体的水分流失来说，蒸腾作用是与吸收作用相反的过程。植物体中的液态水从植物的叶、茎、花中以水蒸气的形式释放到空气中。吸收作用从土壤中吸收的水分，只有相对较少的水分用于光合作用，其余的大部分都通过蒸腾作用散失了。

正如前文所述，叶子散失水分的主要结构是气孔（图 2.4）。气孔的开闭通过肾形的保卫细胞进行控制。叶子和保卫细胞中水分的增加是气孔打开的主要原因。保卫细胞在饱含水分鼓起时，就会突然打开气孔，令蒸腾作用发生。当叶子缺乏水分时，保卫细胞变得柔软，气孔就会关闭，从而减少蒸腾作用。

环境因素如温度、湿度、风力的变化，会增强或减慢蒸腾作用。较高的温度会增强蒸腾作用。较高的湿度会减慢蒸腾作用，因为潮湿的空气几乎容纳了水蒸气的全部容量，从而抑制叶子中更多水分的散失。风力通常会通过吸收叶子新蒸发的水蒸气的方式来增强蒸腾作用。叶子周围干燥的空气又会导致快速蒸腾作用再次发生。

蒸腾作用对植物来说是至关重要的。没有蒸腾作用，矿物质或植物激素无法在植物体内运输。蒸腾作用还会帮助植物体适当降低温度，以将液态水转变成气态散失热量的方式完成，然后通过蒸发作用排出植物体。

以上 5 个生理过程——光合作用、呼吸作用、运输、吸收作用和蒸腾作用是植物学的基本概念。了解各生理过程及其之间的联系对于掌握植物的生长至关重要。

问题与讨论

1. 组成植物学名的两个部分分别是什么?
2. 变种和栽培种两者有什么区别?
3. 区分被子植物和裸子植物的关键特征是什么?
4. 莲座形的含义是什么?
5. 如何保存植物以便用于植物的鉴定?
6. 植物的主要营养器官有哪些?
7. 植物的主要营养器官的功能是什么?
8. 画出植物叶子示意图，并标注叶柄、叶片和叶腋的位置。
9. 什么是植物的角质层，它有什么功能?
10. 叶子中哪个结构负责气体交换和水蒸气的散失?
11. 植物茎中运输导管的两种类型分别是什么?
12. 植物茎或根中维管束形成层的功能是什么?
13. 什么是植物的根毛，它有什么功能?
14. 举出植物根部的 3 种功能。
15. 雌雄异体的含义是什么?
16. 光合作用的主要反应物和产物分别是什么?
17. 为什么说呼吸作用是与光合作用相反的过程?
18. 在源库运输中，来源和去路是什么?
19. 当呼吸作用的速率超过光合作用的速率的时候，植物会发生什么情况?
20. 植物除了根部还有哪些部位可以进行呼吸作用?
21. 水蒸气是如何从叶子的蒸腾作用中散失的?
22. 以下因素如何影响蒸腾作用?
    a. 湿度
    b. 温度
    c. 风力
23. 植物体内分生组织生长的典型位置在哪里?

参考文献

Brako, L., D.F. Farr, and A.Y. Rossman, (eds.) 1995. *Scientific and Common Names of 7000 Vascular Plants in the United States*. Saint Paul, Minn.: American Phytopathological Society.

Esau, K. 1977. *Anatomy of Seed Plants*. 2nd ed. New York: Wiley.

Hopkins, W.G., and N.P.A. Hüner. 2003. *Introduction to Plant Physiology*. 3rd ed. New York: Wiley.

Judd, W.S., C.S. Campbell, E.A. Kellogg, P.F. Stevens, and M.J. Donoghue. 2007. *Plant Systematics: A Phylogenetic Approach*. 3rd ed. Sunderland, Mass.: Sinauer Associates.

National Gardening Association, D. Els, B.R. Rogers, and J. Ruttle. 1996. *Dictionary of Horticulture*. New York: Viking Penguin Books.

Taiz, L., and E. Zeiger. 2006. *Plant Physiology*. 4th ed. Sunderland, Mass.: Sinauer Associates.

Wells, D. 1997. *100 Flowers and How They Got Their Names*. Chapel Hill, N.C.: Algonquin Books.

第 3 章

植物生长与发育

学习目标

· 区分一年生、二年生和多年生植物。
· 描述种子萌发的过程和阶段。
· 列举可以用来区分未成熟植物和成熟植物的特征。
· 描述植物开花过程的各个阶段。
· 明确植物休眠、衰老和脱落这几个阶段的定义。
· 列举 4 种植物激素及其主要作用。

照片由美国农业部农业研究局提供

3.1 植物的生命周期

植物在一个生命周期中将经历两种状态：生长和休眠。生长发生在环境条件（温度、降雨量等）适宜的情况下，以开花、发芽、长叶等活动为特点。休眠反映了环境条件的不利影响，如寒冷、干旱或光线不足。休眠的特点是生长减缓或停止、落叶、植物整个地上部分死亡。

休眠并非室外植物所特有，许多室内植物也会出现休眠的情况，这是因为冬天的日照时间短，或虽然生活在室内但遵循室外生长周期。

为了理解生长和休眠在植物生命中的重要性，让我们先根据植物生命时间的长度来对植物进行分类（图 3.1）。植物共分为 4 类：一年生植物、二年生植物、多年生植物和一次结实植物。

一年生植物

一年生植物依靠种子进行自身繁殖。在生长的季节里，一年生植物生长至成熟、开花、产生种子，并在同一个生长季节中死亡。只有种子会经历休眠阶段。

对大多数园艺师来说，一年生植物是在夏季生长、易罹霜害的开花植物或蔬菜。在温暖

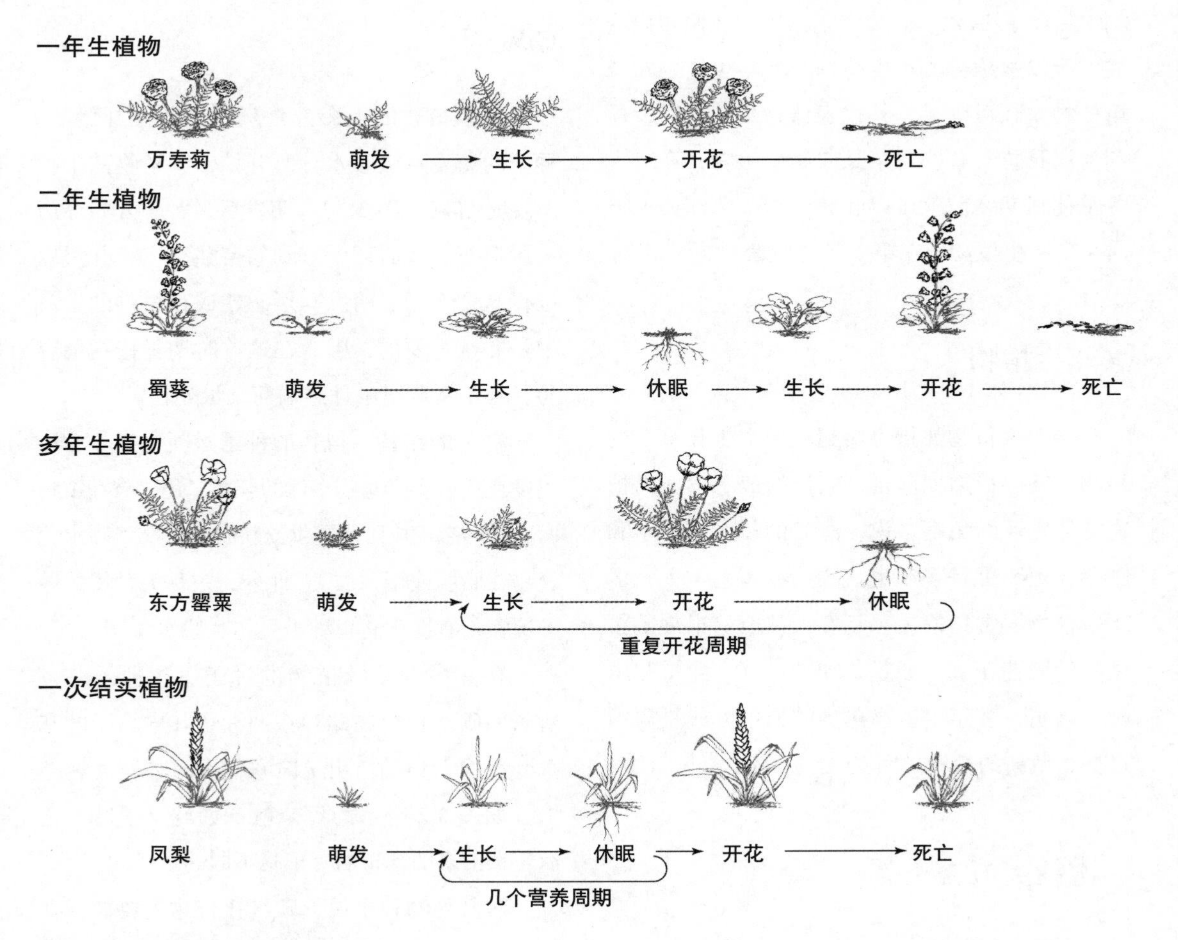

图 3.1　4 种类型植物的生命周期

的气候里，也有在秋天种植、在冬天开花的冬季一年生植物。一年生植物常用的定义与其生物学定义通常是不矛盾的。然而，在本地温暖的气候中能生存一年以上却不能在寒冷地区过冬的植物是例外。这类植物并不是真正的一年生植物，只是由于气候的原因能够像一年生植物一样生长。这类植物包括番茄等蔬菜和马缨丹、凤仙花等开花植物。

二年生植物

二年生植物从种子开始进行生长发育，在第一年里长出莲座状的叶子，冬季休眠，然后在翌年春天恢复生长，产生一个垂直的花梗（抽薹），最后死亡。整个生命周期在两年内完成，所以被称为二年生植物。二年生植物在栽培植物中相对少见，其代表植物是蜀葵、欧芹和美洲石竹。有些蔬菜是二年生植物，在进入冬季休眠期之前就可以收获。卷心菜和胡萝卜属于二年生植物，在第一年里收获。

多年生植物

多年生植物是指寿命超过两个生长季节的植物。就生命周期而言，它们构成了第三类植物。从专业的角度来说，所有的树木、灌木和鳞茎类植物都是多年生植物；在园艺学上，多年生植物通常指的是每年春天都能从根部重新生长的园艺花卉，如萱草和鸢尾等。除了利用种子繁殖，多年生植物典型的繁殖方式是利用母株繁殖新的植株（称为无性繁殖）。

一次结实植物

一次结实植物能活很多年，但在它的生命里只开一次花，开花后不久整个植株就会死亡。凤梨和龙舌兰［龙舌兰属（*Agave* spp.）］就是一次结实植物的两个代表。这些植物在经历数年的生长后才能开花，然后顶部会死亡，老的植物根系会重新长出新的植物个体。

3.2　植物的成熟阶段

植物不论寿命有多长，都将经历4个阶段：萌发期、未成熟期、成熟期、衰老期。这几个阶段及其在植物生命中的作用将在下面的章节中进行讨论。

萌发期

许多植物的生命都是从种子萌发开始的。种子的萌发从吸收水分时开始，到植物的主根出现时结束（图3.2）。萌发后，种子开始经历一段形态建成时期，直到幼苗独立生长并可以进行光合作用。萌发和形态建成在植物的生命中是非常重要的，因为在这段时期里植物最容易受到不良环境条件影响而大量死亡。

种子的结构　植物的种子必须包含一个可以发育成一个新植物个体的胚胎，还要有在植物萌发和形态建成阶段提供给胚胎的能量（碳水化合物、脂肪或蛋白质）。此外，被称为种皮的种子覆盖物有助于防止种子受伤和脱水（图3.2）。

在许多双子叶植物的种子中，种子萌发所需的碳水化合物储存在两片子叶中。子叶和真叶很像，当幼苗出土时它们有时还附着在茎上，如图3.2所示的豆苗就是如此。子叶与之后生长出来的真正的叶子是不同的。

对其他物种来说，碳水化合物主要储存在胚乳中。胚乳是一个单独的器官（图3.3），只

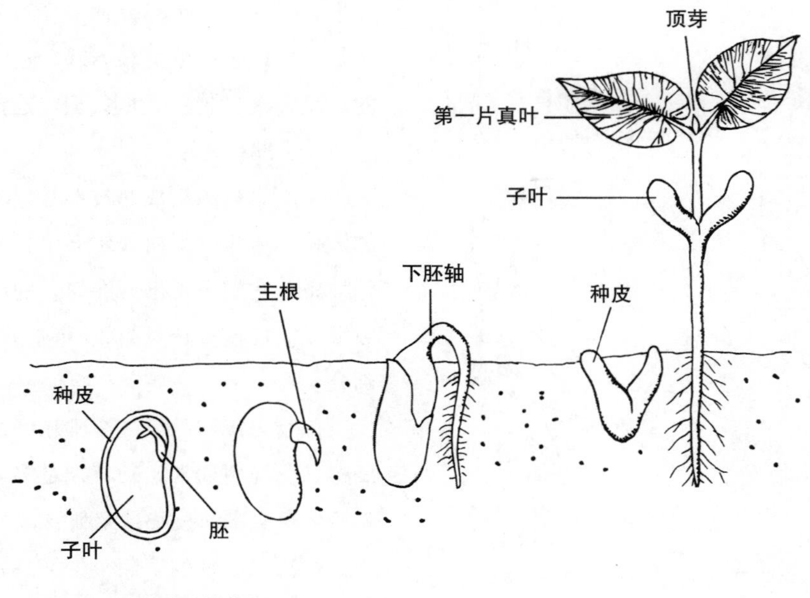

图 3.2 豆类种子的萌发

用于储存碳水化合物。子叶不仅是储存结构，还是光合作用的器官，是胚和胚乳间的运输组织。

萌发的环境要求 对种子的萌发和新植株的形态建成来说，适宜的环境条件是必要的。首先，必须有水。其次，必须有充足的氧气。最后，温度必须在该植物可承受的范围内。

吸收水分是萌发过程的第一步。植物吸水会使种子膨胀并引发许多化学反应，包括呼吸作用速率的增加。碳水化合物被呼吸作用所利用，产生的能量被释放出来并用于胚的生长。

氧气对呼吸作用来说是必需的，没有氧气，呼吸作用就无法进行，种子就不能发芽。下面的实验可以证明这个事实。种子放在一杯水中后会吸水膨胀，开始萌发。如果一天后把种子从水中拿出来种植，萌发会继续进行下去。但如果种子继续留在水里不接触氧气，膨胀后萌发过程将会停止。

合适的温度是种子萌发所需的第三个重要条件。过高或过低的温度都会杀死胚或阻止萌发进行，21—27℃可以促进大多数种子迅速萌发，但原产于寒冷气候的植物可以在持续低温环境下萌发。

种子充分吸水并开始细胞呼吸后，胚根或主根将会出现。它向下生长，伸入土壤，开始吸收过程，不久之后萌发产生了芽。

大多数双子叶植物的第一个芽呈弓形从土壤中拱出，芽上面长有幼苗形成的茎环，被称为下胚轴（图 3.2）。一旦暴露在阳光下，下胚轴的弓形结构会变直，把子叶和幼苗其他脆弱的尖部结构拉出土壤，植株就会直立成垂直的姿势。这种从土壤中拉伸芽尖的方式可以避免直接从土壤中拉出幼苗所造成的损伤。在单子叶植物中，萌发的能量来源是胚乳，它留在土壤中，如图 3.3 所示的玉米。

芽出现后，植物开始进行光合作用。芽尖发育出叶子，子叶（双子叶植物上的）通常枯萎并从茎上脱落。

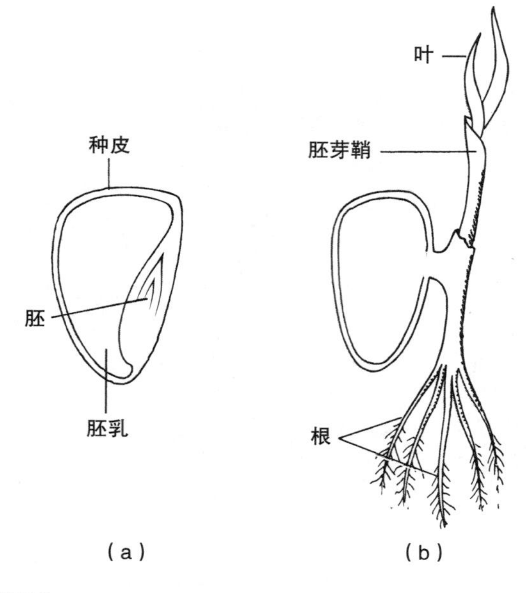

图 3.3

(a) 一个胚乳增大的玉米粒

(b) 发芽后的玉米粒，注意已经没有子叶结构

未成熟期

植物萌发后，大多数植物进入到未成熟阶段，这个阶段可以持续几周甚至几年。植物在这个阶段快速生长，但不会开始生殖过程。

植物未成熟的确切原因还未完全已知。修剪、温度变化和生长调节物质的使用都可以使植物从未成熟阶段进入成熟阶段或从成熟阶段回到未成熟阶段。

未成熟的特征 在大多数情况下，植物未成熟的外在形态与成熟形态类似，但有些植物具有处于未成熟阶段的识别特征。

植物未成熟的第一个常见特征是与成熟植物不同的叶形。例如，一些金合欢属植物的叶子在未成熟阶段是复叶，而到了成熟阶段是单叶。其他植物（如黄樟）在幼年期叶子是深裂并分叉的，但到了成熟期叶子变成不裂的。

植物未成熟的第二个常见特征是与成熟植物不同的成长方式。最有代表性的例子是常春藤［常春藤属（*Hedera* spp.）］：未成熟的常春藤是蔓生或攀缘的生长方式，它的叶子是深裂的；而成熟的常春藤生长出无支撑的直立枝条，它的叶子没有裂片。

年幼果树的未成熟枝形是像鞭子一样垂直的嫩枝。成年的果树偶尔会生长出这样的未成熟枝条，它们通常出现在树干的底部，被称为吸根或徒长枝（详见第 13 章中的“树木修剪”部分）。

植物未成熟的第三个常见特征是棘刺。柑橘树和刺槐树通常在幼年期是多刺的，植物成熟后生长出来的枝条是无刺的。

植物未成熟的第四个特征是未成熟结构在冬季会保留叶子，大多数的树木表现出这一现象（图 3.4）。

植物未成熟的表现除通过肉眼可见的外在特征体现外，在繁殖方面，未成熟的结构几乎总是比成熟结构生根要快。

成熟期

成熟期是植物生长的第三个阶段。在这个阶段里植物进行有性生殖，下文将介绍有性生殖过程。

开花诱导 开花诱导是成熟的第一个标志，也是开花的三个阶段中的第一个。这是开花过程最初的化学反应，发生在植物体内所有物理变化之前。诱导开花的因素中有一些还未被研究清楚。通常情况下，植物年龄越大，开花的可能性也越大。

诱导开花有时是由环境因素引起的，如温度和夜晚的长度。在自然情况下，这些因素使开花具有季节规律，使植物每年都在相同的时间开花。为了在预计的时间开花，人们模拟这些诱导开花的条件。例如，为了让一品红和复

图 3.4 橡树留在冬天的枯叶是其未成熟的特点。照片由佐治亚大学克劳德·L. 布朗（Claud L. Brown）博士提供

活节百合在节日里销售，常用的做法是在商业温室中控制其周围环境条件。

低温是诱导许多植物开花的一个重要的环境因素。一些在寒冷的北方能大量生长并开花的植物到了温暖的地区要么死亡，要么只能无性生长。它们必须进行春化处理（低温处理）才能成功生长。由于春化作用不足，苹果、樱桃和梨等水果在佛罗里达州的大部分地区无法生长。

除了某些果树，二年生植物也需要春化才能开花。紧接着第一年生长后的冬季的寒冷气候诱导植物开花，完成植物的整个生命周期。卷心菜、胡萝卜和甜菜都属于需要春化的二年生植物。但是，因为它们已经生长出了根部和叶子，并在第一年被收获，所以春化作用就不是很重要了。

郁金香、风信子和番红花等植物的鳞茎的春化是很重要的，因为种植它们是为了让它们开花。在温暖的地区，这些植物的鳞茎要预先经过冷处理后再进行销售；也就是说，它们已经通过冷藏完成春化处理。无论种植气候如何，它们第二年春天都会开花。但是，开花不会超过一年，除非把它们种植在每年都能获得自然春化的气候条件下。

夜晚的持续时间是控制植物开花的第二个环境因素。冬天夜晚时间最长，夏天夜晚时间最短，春天和秋天夜晚时长居于两者中间。离赤道越远，夏季最短夜晚时长和冬季最长夜晚时长之间的差异就越大。植物应对夜晚时长的这些改变被称为光周期现象，这在赤道附近热带气候地区以外的所有地区都很常见。

光周期植物已成为研究的热点，有两种主要类型：长日照植物和短日照植物（而实际上夜晚的时长才是诱导植物开花的因素）。根据日照时间长短来命名这两类植物令人困惑，其实这来自对光周期植物的早期研究。当时这项研究错误认为白天的时长是诱导植物开花的因素。这两个名称延续至今。

短日照植物只有当每日光照时间短于其临界光周期（如 12 小时）时才会开花。长日照植物只有当每日光照时间超过其临界光周期时或将其夜晚时长减为两个较短的时长时才会开花。在持续光照或夜晚被 1 小时左右的光照中断的情况下，长日照植物也会开花。在漫长的夜晚，短时间光照将整个夜晚时长切分成两个较短的时长。假如这两个短时长均小于临界光周期，长日照植物就好像只经历了短暂的夜晚一样，不久之后就会开花。（图 3.5）

夜晚时长诱导植物开花的方式涉及一种被称为光敏色素的物质。它在两种不同的形式间转换，每一种形式都对红光和远红光范围内不同波长的光很敏感（见第 17 章关于光波长的讨论）。

光照强度也可以控制植物开花。光周期钝感且不受夜晚时长影响的植物对光照强度有反应。一般来说，诱导开花所需的光照强度要大于植物无性生长所需的光照强度。因此，很多开花的室内植物从温室搬到室内后再也不会开花。因为光照强度太低，不能诱导植物开花。

干旱或根部拥挤等胁迫作用也能刺激植物开花。可能是当植物濒临死亡时，成熟植物中天然产生的诱发开花的化合物增加，植物体内储存的碳水化合物为植物开花和物种延续提供能量。

花芽形成 花芽的形成是植物开花的第二阶段。与开花诱导阶段相似，花芽形成的阶段是肉眼看不见的，但是植物的微观结构不断发生着变化。在这个阶段里，植物茎尖和叶腋的分生组织发育成花的分生组织，这些分生组织有能力发育成植物的花。这种从营养结构到生殖结构的彻底转变发生在几天或几周内。之前呈丘状的营养分生组织的中心变得不再活跃。细胞的小突起在中心周围呈螺旋状出现（图 3.6），意味着花瓣、雄蕊和花的其他结构的生长。这时分生组织停止细胞伸长，但发育仍在继续。

花的发育 植物从诱导直到开花这段时间的长度各有不同，从几个星期到 6—8 个月不等。在寒冷的气候下，木本植物通常会经历一段很长的发育阶段，在夏末形成花芽，在冬天完成春化，在早春完成发育并开花。花的开放是花的发育过程的最后一个阶段。

授粉与受精 植物开花后，通常能够授粉。不论它是自己进行授粉（自花授粉）还是

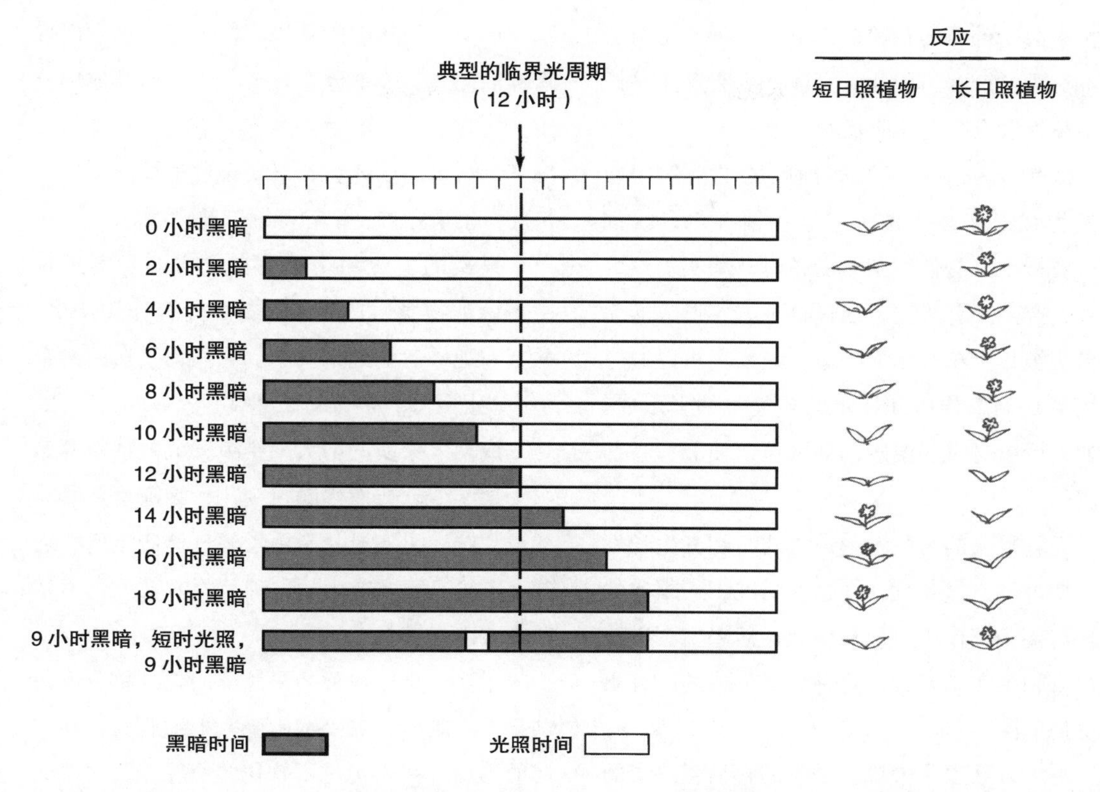

图 3.5 在不同的光照比率下短日照植物和长日照植物的开花反应。保证植物健康生长所需的最短光照时间是 6 小时

利用另一植物进行异花授粉，都会影响产生的种子。

在授粉的过程中，其他植物花药释放出来的灰尘大小的花粉借助风力或者昆虫授到植物的柱头上。然后它们像种子一样发芽并向下朝着有卵细胞分布的子房的方向生长（图 3.7）。到达子房后，精子（包含在花粉中）和卵细胞（在子房里）的结合发生在受精作用的过程中。

在某些情况下，花产生的花粉可能无法使同一朵花产生的卵细胞受精。大约有 40% 的栽培植物会出现这种自交不亲和现象（见第 9 章），花粉粒根本不发育或花粉粒发育但生长不良，不能到达卵细胞所在的位置。

因此异花授粉是很常见的。在果园里，为了避免自交不亲和的问题，处于果期的果树和授粉的果树通常是分开种植的。因为未授粉和未受精的花不会发育成果实。

异花授粉既是一种障碍，也是一种优势。甜玉米和饲料玉米种植在一起，两者会进行异花授粉，使得甜玉米吃起来像粮用玉米。甜椒和辣椒也会进行异花授粉，从子房发育而成的

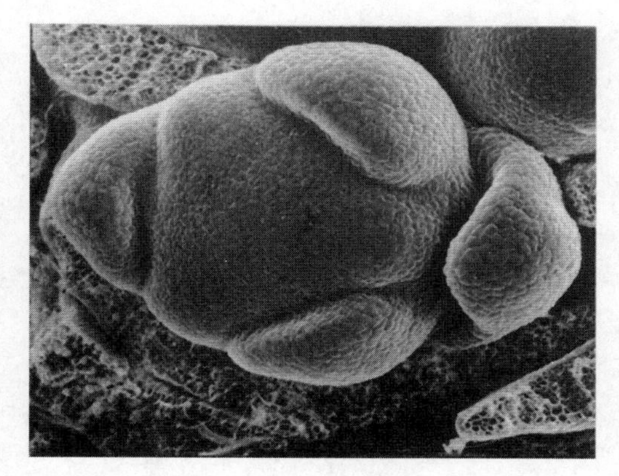

图 3.6 在电子显微镜下复活节百合花的分生组织的发育照片。照片由犹他州 H. 保罗·拉斯穆森博士（Dr. H. Paul Rasmussen）提供

果实不会受到新的花粉源影响，但种子是两个亲本交配的产物，因此有可能产生有辣味种子的不辣辣椒或产生其他基因变化。

虽然花粉中精子与卵细胞的受精作用通常发生在果实发育前，但有些情况例外。例如，当精子没有使卵细胞受精时，果实仍然会发育，产生无籽果实。通过这种方式形成的无籽果实被称为单性结实。单性结实还可以通过使用生长调节物质和特定的环境条件来形成。例如，授粉时过于温暖的环境可以使无籽番茄形成。

无籽果实的另一种形成方式是在其生长发育早期种胚自然死亡。在这种情况下，果实的生长需要受精作用，但种胚死亡后果实会继续成熟直到果实足够大。这种方式形成的无籽果实也是单性结实。

对大多数水果来说，种子的存活对果实的正常发育来说是必需的。例如，如果苹果中只有一半卵细胞受精，果实就只有一边会生长，从而产生一个畸形的苹果。黄瓜有时也会出现这样的问题，一部分会一直很小，而其他部分正常发育（图 3.8）。在果实只有一个种子的情况下，如果胚胎死亡，果实会过早掉落。这种情况会发生在杏、桃和樱桃等植物中。

果实的发育和增大 在果实的发育过程中，糖类物质通过叶子进行的光合作用产生，并不断地被运输到果实中。它们为子房的发育供应能量，子房将发育成果实。

成熟 果实的增大期结束，成熟期就开始了。果实变软或发生颜色变化，味道也从酸味变成甜味。果实成熟是由乙烯气体产生所引起的，乙烯是果实产生的一种植物激素（见本章植物激素内容）。

果实变软是被称为果胶质的化合物分解的结果，果胶质有巩固细胞壁并把细胞胶合在一起的作用。在果实过度软化的情况下，太多的果胶质被分解，就会出现糊状物。绵软的苹果就是这种过度软化的结果，苹果细胞间很容易

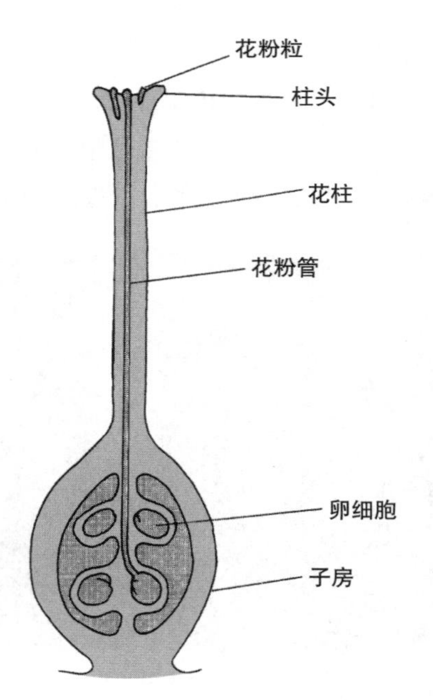

图 3.7 发芽的花粉粒朝向子房方向生长。花的这些雌性结构统称为雌蕊

图 3.8 未充分授粉导致不能正常发育的温室黄瓜。照片由加州大学合作推广服务站提供

分离，以至于被咀嚼时不会破碎，也不会释放出苹果的味道。

果实颜色的变化是由叶绿素的分解和其他色素积累所产生的。叶绿素不断减少，其他色素不断增加，直到果实着色完成。胡萝卜素是让果实变成橙色的色素，如橙子和柿子的果实。花青素是让成熟的草莓和苹果呈现红色的色素。

衰老期

衰老是植物或植物任一结构的老化过程。这一过程的特点是代谢过程发生了显著的变化，包括呼吸作用增强，光合作用减弱；脂肪、蛋白质、碳水化合物等大分子化合物被分解成小分子。衰老是植物自然生命周期的一个部分，也可能是由环境因素所导致的。

植物自然的寿命往往决定了衰老开始的时间。一年生植物的衰老开始于植物的开花阶段，在种子形成后很快就会死亡。对开花前要生长好几年只结一次果的植物来说，衰老的过程发生在繁殖之后。

衰老并不意味着整株植物死亡。多年生植物的衰老通常被称为衰退。芦笋的衰退问题令人困扰。芦笋的寿命通常是20—25年。植物一旦开始衰退，产量就会大幅下降，需要重新进行移植。

多年生草本植物和鳞茎植物的顶部结构每年都会衰老，但是它们的根系仍然活着。千年木（*Dracaena marginata*）和裂坎棕（*Chamaedorea erumpens*）等盆栽植物的叶子和树的较低分枝通常会死亡，但顶端很快又会继续生长。

秋天，当树叶衰老的时候，叶子的颜色变化会呈现出五彩斑斓的景象。这种色素变化与水果成熟时发生的色素变化相同。因为秋天日照长度较短，气温凉爽，环境条件引发了衰老。

脱落 叶子、花、果实及植物其他结构的掉落叫作脱落。这一过程包括植物激素的产生和离区的形成。单叶的离区形成在叶柄与茎部的连接点（图3.9）。复叶的离区不仅在叶柄与茎部的连接点形成，单独的小叶也可以形成离层（离区包括离层）并脱落。

落花通常与授粉、激素（植物生长素）有关。花粉中含有植物生长素，携带生长素的花粉被授到雌蕊后会引发花的脱落。因为不再需要花瓣、雄蕊、柱头和花柱来吸引昆虫传粉，它们的功能已经行使完成，它们的脱落令更多的碳水化合物转移到发育的果实中。

落果可以发生在植物发育过程中的任何时候，但最常发生在果实成熟之后。成熟果实的掉落是种子传播的一种方式。与落叶一样，落果的离层通常形成在果实掉落之前。

休眠期

休眠是植物发育的一个阶段，在这个阶段里植物生长缓慢或停止。休眠影响植物发育的所有阶段，从播种到成熟，在植物适应其所生活的环境的过程中发挥着重要的作用，并确保植物能够存活下来。

由于季节性的原因，植物休眠阶段不适合植物生长。在寒冷地区，植物通常在冬季休眠。在有明显干湿季节的其他地区（如加利福尼亚州），植物在旱季休眠。

虽然光合作用可以发生在0℃以下，但干燥的冷空气会导致植物受损或死亡，特别是在地下水结冰无法利用的情况下。云杉和松树等常青树叶子面积很小，它们会尽可能减少水分流失来适应环境。

对另一些植物来说，落叶是休眠最常见的

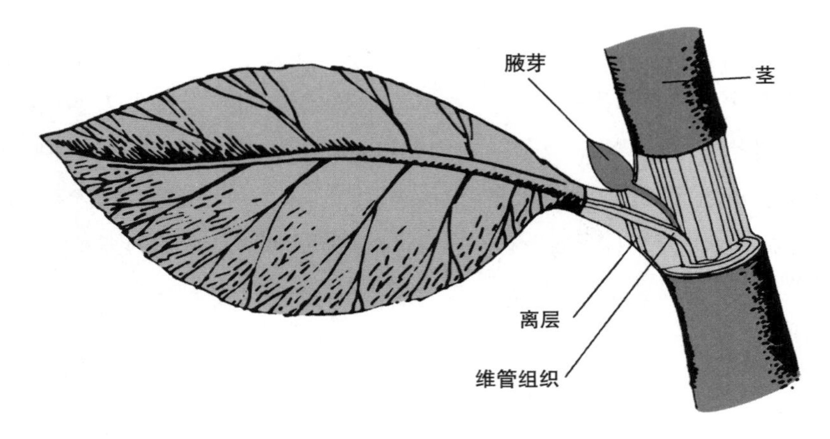

图 3.9 脱落前的叶子

标志，是落叶树木进入冬季的信号。这些植物的树叶适应不了 0℃以下的温度。它们太脆弱，所以会在秋天脱落，新的树叶将以叶芽的形式存活下来。

解除休眠 植物从休眠状态到活跃生长状态的转换被称为解除休眠。这一过程通常是由环境条件的改变而诱导发生的——从诱导植物休眠的环境条件转变成促进植物光合作用和生长的环境条件（阳光、温暖、水分充足）。

种子进入休眠阶段通常要早于果实脱落或亲本植物的衰老阶段。调整植物解除休眠开始发芽所需的环境条件是为了保证幼苗能够存活下来。

例如，很多种子在解除休眠和发芽之前需要进行春化处理。这可以保证植物只会在春天发芽，那时植物有充分的时间和合适的温度来生长。因为如果种子在秋天落地后就发芽的话，植物幼苗很难在即将到来的冬天存活。在商业化的苗圃生产中，为了解除休眠，有时会对种子进行模拟春化处理。这一过程被称为层积处理：将潮湿的种子放在接近 0℃的环境中储存一个月甚至几个月。例如桃树和苹果树的种子在种植前就需要进行层积处理。

另一个解除休眠的环境条件是高温。森林火灾会烧毁树木，但也会使休眠的松树种子发芽。因为这些松果类植物的种子是木质的，并且很厚，只有森林火灾产生的高温才能让它们变软，使其吸收水分，长出胚芽。

大多数有坚硬种皮的种子不太需要激烈的方法来解除休眠，经受风雨侵蚀到一定程度就会发芽，但是人们也可以利用“破皮”的方式人为地对种子进行处理。破皮处理包括以切割、刮擦或其他破坏植物种皮的方法让种子吸收水分后发芽。化学破皮处理也能让种皮变软，一种自然发生的方法是让动物吞咽种子。动物的胃酸可以消化掉种皮而留下未受影响的胚。然后，准备发芽的种子随动物的排泄物一起被排出动物体外。这些排泄物富含营养物质，可以用作肥料。

低温、高温和风化都是解除休眠的方法，但不常见。在大多数的情况下，让种子发芽一般只需要灌溉，只有要保存种子或者使用已经保存很久的种子的时候才会采取其他方法。

3.3 植物激素和生长调节物质

植物激素是由植物产生的可以改变植物生长状况的化学物质。微量的植物激素就可以有效地发挥作用，引发很多反应，如根的形成、无籽果实的形成、落叶、茎的伸长等。植物生长调节物质是人工合成的化学物质，类似于植物激素。它们具有与植物激素一样的作用，在化学性质上也非常相似，但它们不是由植物自身产生的。

至少有 9 类植物激素已经被鉴定出来，很可能还有其他植物激素将被发现。科学家研究植物激素面临着很多难题：首先，对不同种类的植物来说，植物激素的作用是不同的；其次，植物激素浓度发生微量的变化就能完全改变其作用；最后，两种或多种植物激素通常同时被发现，很难确定这些植物激素中到底哪种激素起主要作用。表 3.1 列举了一些生长调节物质及适合施用这些物质的植物种类。

植物生长素

植物生长素是最先被发现的植物激素。不同浓度的植物生长素在不同的生理过程中起着不同的作用，如促进扦插生根、促进地下块茎和鳞茎的形成、阻止果实形成、抑制叶和花果脱落。植物顶芽产生的植物生长素能够抑制植物茎下部腋芽发芽（见第 15 章，“打尖”）。

人工合成的植物生长素可以在园艺商店里买到，使用较为普遍。市面上出售的促进扦插生根的粉末就是以滑石粉为基质的人工合成的植物生长素和 IPA（吲哚丙酸），商品名是 IBA（吲哚丁酸）、NAA（萘乙酸）。市面上出售的用来控制草坪杂草的除草剂 2, 4-D（2, 4- 二氯苯氧乙酸）也属于植物生长素。高浓度的植物生长素可以抑制植物生长甚至杀死植物，但较低浓度的植物生长素有促进植物生长的作用。

高浓度的植物生长素还可以用来防止观赏植物结果，如银杏和七叶树，可以在春天对其外施生长素来防止果实形成。在商业化的农业生产中，人们会使用人工合成的植物生长素在收获前让植物落叶，防止存储的马铃薯发芽，以及防止未成熟的果实脱落。

赤霉素

赤霉素是第二类植物激素。与赤霉素有关的植物活动首先是茎的伸长，此外还有解除种子、芽和块茎的休眠，诱导需要春化处理或特殊光周期的植物开花，增大植物的花、叶、果实。人们猜测赤霉素将成为农业生产中的一种“神奇”的化学物质，但是这种情况并未发生。不过，因为赤霉素有伸长茎部的能力，在温室中，它被用于倒挂金钟和天竺葵，让其形成高大的树形。赤霉素还可以通过伸长头状花序结构的方式，使单个果实有更大的发育空间，从而增大葡萄的个头。在南部地区，赤霉素还可以被用于杜鹃花和果树，以代替对它们的春化处理。

细胞分裂素

细胞分裂素的作用是利用光来促进细胞的分裂和增大。它还可以阻止叶绿素退化，解除腋芽休眠。细胞分裂素在商业园艺中的唯一用途是在组织培养中刺激愈伤组织生长。

生长抑制剂

人工合成和自然产生的生长抑制剂是第四

表 3.1 植物生长调节物质的选用列表

目的	选育植物	生长调节物质
控制植物高度	杜鹃	嘧啶醇、烯效唑
	花坛植物	嘧啶醇、丁酰肼＋矮壮素、多效唑、矮壮素
	鳞茎	嘧啶醇、多效唑
	康乃馨	多效唑、嘧啶醇、矮壮素
	菊花	嘧啶醇、丁酰肼
	孤挺花	多效唑
	马蹄莲	多效唑
	大丽花	嘧啶醇、丁酰肼、矮壮素、多效唑、烯效唑
	龙血树属	嘧啶醇
	栀子	嘧啶醇、丁酰肼
	天竺葵	多效唑、烯效唑、矮壮素
	草	多效唑、古罗酮糖、抗倒酯
	冬青	嘧啶醇
	绣球花	嘧啶醇、丁酰肼
	百合	多效唑
	龟背竹	嘧啶醇
	喜林芋属	嘧啶醇
	冷水花属	矮壮素
	一品红	嘧啶醇、丁酰肼、烯效唑、多效唑、丁酰肼＋矮壮素
	石柑属	嘧啶醇
	紫鹅绒	矮壮素
	玫瑰（盆栽）	矮壮素
	金鱼草	嘧啶醇、多效唑、烯效唑
	鹅掌柴	矮壮素、嘧啶醇
	向日葵	矮壮素
	白花紫露草	嘧啶醇
	郁金香	嘧啶醇、多效唑
	百日菊	嘧啶醇、多效唑
诱导开花	杜鹃	丁酰肼、多效唑、矮壮素
	天竺葵幼苗	矮壮素
	白鹤芋	赤霉素
	凤梨科	乙烯利
	大青属	嘧啶醇
促进开花	山茶	赤霉素
	天竺葵	赤霉素
	仙客来	赤霉素
	荷兰鸢尾	乙烯
诱导分枝	杜鹃	古罗酮糖、乙烯利
	叶子花	古罗酮糖
	菊花	乙烯利
	倒挂金钟	古罗酮糖、乙烯利
	栀子	古罗酮糖
	天竺葵	古罗酮糖、乙烯利
	菱叶白粉藤	古罗酮糖
	伽蓝菜	古罗酮糖

（续表）

表 3.1 植物生长调节物质的选用列表

目的	选育植物	生长调节物质
	马缨丹	古罗酮糖、乙烯利
	口红藤	古罗酮糖
	鹅掌柴	古罗酮糖
	马鞭草	古罗酮糖、乙烯利
替代开花所需的春化处理	杜鹃	古罗酮糖
阻止开花	杜鹃	古罗酮糖
	倒挂金钟	赤霉素
促进生根	切花	IBA（吲哚丁酸）、IPA（吲哚丙酸）、NAA（萘乙酸）

来源：部分内容来自 D. A. 贝利（D. A. Bailey），《商业花卉中应用于花卉作物的生长调节剂》，《种植者通讯》42(5)：1–12,1997.

类生长调节化学物质。它们是以商品名 A–Rest（嘧啶醇）、B–Nine（丁酰肼）、Bonzi（多效唑）、Sumagic（烯效唑）、Cycocel（矮壮素）出售的，作用于一品红和菊花等花卉作物。生长抑制剂可以减慢茎部的伸长，从而使植物更加粗壮饱满。对于水果而言，它们可以帮助水果着色，并延长水果的储存期。生长抑制剂还可以被用于树篱和草坪，从而减慢其生长速度，并减少养护次数（图 3.10）；也可以被用于花坛植物，使其保持紧凑的结构，从而使园林绿化中的植物有整齐的外观。

脱落酸（ABA）是一种诱导脱落、休眠并抑制种子发芽的生长抑制剂。脱落酸的作用可以被植物生长素、赤霉素、细胞分裂素这几种诱导植物生长的化学物质中和。脱落酸和植物的抗逆性（如导致气孔关闭的抗旱性）有关。

一些生长抑制剂被用于控制草坪生长，以减少定期修剪的次数。如在市面上都可以买到的抑芽丹和矮抑安，可以从根本上减慢植物的生长速度或阻止其开花。茵草敌和乙酰胺也可以减慢植物的生长速度或开花速度，但不能完全阻止其生长或开花。使用这些化学物质时务必小心，因为它们可能会导致植物的颜色缺失和损伤，也可能会降低草皮自身从病虫害中恢复的能力。

乙烯是另一种生长抑制剂。对它的使用可以追溯到中国古代，那时人们就有使用有香熏的房间来促进果实成熟的习俗。后来的研究结果表明，香熏产生的烟中含有乙烯，它具有加速果实成熟的作用。成熟的果实、植物的伤口、切花等也能产生乙烯，乙烯也可以工业化生产。

乙烯除有促进果实成熟的作用以外，还可以促进植物的结构（比如花等）成熟，使其脱落。乙烯还可以诱导少数植物开花。用乙烯处理菠萝和其他凤梨科植物（许多凤梨科植物被用作室内栽培植物）后，植物将会开花。日常家庭制造乙烯的方法是将一个成熟的苹

图 3.10 使用过生长抑制剂古罗酮糖的灌木（左）和未使用过生长抑制剂古罗酮糖的灌木（右）。照片由密苏里州堪萨斯城 PBI/ 戈登公司提供

果（乙烯来源）和植物一起装入一个塑料袋中大约 1 个星期，如果植物足够成熟，它将会在 1—2 个月后开花。在商业化的温室里，制造乙烯的方法是使用乙烯利。

打尖药剂

在商业化生产中，打尖化学药剂被用于杀死顶端的营养芽，促进植物分枝，从而使植物更加茂盛。为了达到这一效果，常用的 2 种化学物质是脂肪酸甲脂和古罗酮糖。

维生素

维生素，特别是维生素 B 偶尔也会作为植物生长的促进剂来出售并使用。它们和人类使用的维生素一样，但效果更像植物激素。

维生素在改善植物生长方面的效果还没有完全明确。当维生素作用于豆类种子时，少数实验结果表明，维生素可以提高萌发率，并减少种子从播种到收获的时间。据报道，有些植物在使用维生素后产量会增加。维生素与植物生长素一起使用时，会促进扦插生根，但还不能确定此作用到底是来自维生素还是植物生长素。总的来说，维生素在某些情况下有可能改善植物的生长，但并不能够替代肥料或那些已被证明有效的化学物质。

问题与讨论

1. 下列生长类型的植物可以活多久？
    a. 一年生植物
    b. 二年生植物
    c. 多年生植物
    d. 一次结实植物
2. 种皮的功能是什么？
3. 种子发芽所需的能量来源是什么？
4. 幼苗何时可以被视为已完成形态建成？
5. 种子发芽的第一个阶段是什么？
6. 植物何时可以从未成熟阶段发育到成熟阶段？
7. 哪些环境条件可以诱导植物开花？
8. 解释光周期如何控制植物开花。
9. 解释授粉和受精的区别。
10. 为什么知道果树自交不亲和非常重要？
11. 授粉或施肥不当如何造成果实畸形？
12. 果实成熟的过程是什么？
13. 什么是脱落？举一个你亲身经历的脱落的例子。
14. 可以导致植物休眠的 2 个气候因素是什么？
15. 举出 2 种你生活的地区的休眠植物。
16. 植物激素可以调节哪些植物活动？
17. 乙烯对植物有什么作用？
18. 乙烯是由植物的哪些结构产生的？
19. 植物生长素有什么实际用途？
20. 植物打尖的目的是什么？

Black, H.D., M.P. Brown, and G.L. Howell. 1991. *Exercises in Plant Biology*. 4th ed. Winston-Salem, N.C.: Hunter Textbooks.

Capon, B. 2005. *Botany for Gardeners*. Portland, Ore.: Timber Press.

Galston, A.W., P.J. Davies, and R.L. Satter. 1980. *The Life of the Green Plant*. 3rd ed. Redwood City, Calif.: Benjamin Cummings.

Kozlowski, T.T., and S.G. Pallardy. 2008. *Growth Control in Woody Plants*. San Diego, Calif.: Academic Press.

Nickell, L.G. 1982. *Plant Growth Regulators: Agricultural Uses*. Berlin: Springer Verlag.

Srivastava, L.M. 2002. *Plant Growth and Development: Hormones and Environment*. Amsterdam: Academic Press.

Steeves, T.A., and I.M. Sussex. 1988. *Patterns in Plant Development*. 2nd ed. New York: Cambridge University Press.

University of California, Agricultural and Natural Resources. Plant Growth Regulators. 2003. *Official Study Guide for Studying for the California Pest Control Adviser License*. Davis, Calif.: Author.

Wolpert, L. 1998. *Principles of Development*. Oxford, England: Oxford University Press.

第 4 章

气候与植物生长

学习目标

· 叙述植物生长的季节性特征。

· 解释霜冻、雪、雨夹雪、冰雹和冻土对植物生长的影响。

· 识别自己附近区域的小气候。

· 在美国农业部植物耐寒区地图和美国园艺协会耐热区地图上进行区域定位。

· 识别全日照、半日照、无日照的室外区域。

照片由苏珊·布兰特·格雷厄姆（Susan Brandt Graham）提供

所有室外植物（甚至室内植物在某种程度上）都会受到所在地理区域的气候影响。人类虽然能够以有限的方式改善植物的生长条件（如通过灌溉来弥补降水不足），但大部分的植物生长还是受到自然气候条件的限制。因此在种植植物时，人们最关注的是基本气候因素如何影响植物生长的相关知识。

图 4.1 荒漠化。气候变化导致沙漠扩大，这将影响现存植物的生存能力。照片由 stock.xchng/felipedan/ 提供

4.1 气候与季节

除了夏威夷和波多黎各，美国和加拿大大部分地区的气候都属于温带气候，有正常的 4 个季节：春季、夏季、秋季和冬季。因为部分地区不经历霜冻和结冰，所以这些地区被视为"热带"或"亚热带"。然而，这些地区严格来说并不属于热带，因为它们并不位于北回归线和南回归线之间。而真正的热带地区全年的温度变化几乎可以忽略不计，不像美国加利福尼亚州和佛罗里达州的热带地区，其全年白天最高气温和夜晚最低气温差异可达 11.1—16.7℃。

除了根据四季进行分类，美国的部分地区的气候还可以分为"干"和"湿"两季。加利福尼亚州的气候是特有的冬季潮湿的"地中海气候"，其短暂的春天从 2 月开始，随后雨水会慢慢逐渐减少，之后是较长的夏天和秋天，一直持续到 10 月，在此期间的几个月内几乎都没有降雨。

西南部的沙漠地区也是如此。冬天的降雨过后是春天短暂而壮观的花季，春天过后紧接着的是一个漫长、炎热又完全干旱的夏季（图 4.1）。

不同类型的植物在各季节里的生长模式相差很大。有些植物会在春季里开花，但另一些植物要到秋季才开花；有些植物，如芦笋，当不再下雪时就会开始生长，而另一些植物，如百合，则要等到所有霜冻都过去后才生长。

春季

对生长在温带地区的大多数植物来说，全年大部分的生长发育都发生在春季。这个蓬勃生长的过程又被称为"生长突增"，包括树木发叶、鳞茎形成并增大、果树开花结果、乔木和灌木长新芽等。葡萄等植物在 1—2 个月的时间内会完成全年的生长发育。植物的叶和芽在春季产生，在夏季成熟，但在最初的爆发生

长后不会再长出新的叶子。不过，草坪草等植物在天气良好的情况下会继续生长。

夏季

夏季是植物发育成熟的时期。夏季是一些植物（如番茄和玉米）开花的季节，而对于那些在春季开花的植物（如果树）来说，夏季是果实增大并成熟的季节。春季长出的嫩叶发育成坚韧的革质叶。对大多数的植物来说，夏季是积累能量的季节，这些能量能够帮助植物度过漫长的冬季。冬季植物没有叶子，完全依赖夏季储存在植物根部和枝条里的养料生存。

秋季

对多年生植物来说，秋季是一个过渡的季节。而对一年生植物来说，秋季是生命结束的季节。在秋季，越冬植物开始启动确保植物能在冬季生存下来的机制：落叶、停止生长、进入几乎静止的状态，它们在此期间等待适宜生长条件的恢复。

一年生植物必须在秋季产生能够在下个生长季节发芽的种子，并能够通过自身进化出的特有方式将这些种子传播到各地去。例如，马利筋属植物毛茸茸的种子能够飘散到新的地方去；鸟类排泄物中的浆果类植物的种子会被鸟类带到新的地方去；附着在动物皮毛上的苍耳属植物的种子会被动物带到新的生长区域。

冬季

对大多数植物来说，冬季是一个等待的季节。当温度低于0℃时，水被冻成固态冰，因此不能通过植物的根部和茎部运输。加上大多数植物在冬季没有叶子，这将大幅减慢植物体内的各项生化过程和生命活动，大多数植物处于暂停生长的状态，直到适宜生长条件恢复。

常绿植物如松树、云杉、冷杉、杜松等是例外。这些植物在冬季仍然长有树叶并按照高于落叶树木的生长速度进行生命活动。考虑到这一点，在冬季土壤解冻、能够吸收水分期间浇灌常绿树木是明智的做法。只要地面的土壤已经解冻，植物就能利用根部吸收水分。在某种程度上，这将帮助常绿树木避免由于寒冷干燥的冬季风吹过叶子引发水分过多流失所造成的冬季日灼（针叶死亡）。

4.2 气候要素

气候的5个主要组成要素是温度、降水、湿度、光照和风。每个要素都有大范围的变化，并对植物的生长产生巨大的影响。

温度

温度，尤其是冬季的最低温度很大程度上决定了植物生长的地理范围。植物所能承受的最低温度又被称为耐寒性或抗寒性，通常用华氏度或摄氏度来表示。

对很多植物来说，-2℃是它们可以生存的最低温度。因为在低于-2℃的环境下，植物细胞中的液体成分凝固，植物会死亡。这些植物易罹霜害，包括许多蔬菜和花卉。

能够在0℃以下生存的植物被称为耐寒植物。耐寒植物对低于0℃的环境的耐受性相差很大。有些植物能在-12℃存活，还有一些植物能在-21℃存活，有的甚至可以耐受-35℃的低温。某些情况下，植物的木质结构或根系是耐寒性的，而植物的花和叶不是。例如，春末的霜冻会导致果树的花和嫩叶死亡，但枝条可以重新发出新叶并继续生长。一些园林花卉的地上部分会在秋季死亡，到了第二年的春季又会从根部重新长出新的植株。

既然有耐寒植物，相反，也有一些室内盆栽植物和热带植物在低于10℃的温度下就会遭受冷害。这就是香蕉在冰箱里会变黑的原因。

冬季最低温度限制了很多植物生长的区域，但对一些需要寒冷环境的植物来说，低温可以保证它们存活。为了使苹果和樱桃等果树以及牡丹和郁金香等花卉能够正常生长发育，人们需要用低温将它们处理一段时间。由于热带地区冬季相对温暖，这些植物不易在热带地区生长（第3章开花诱导部分讨论了植物对寒冷的要求）。

对苹果和樱桃等温带的水果来说，需冷量是每年冬天植物正常生长和果实形成所必需的低温时间。每种水果都有自己特定的生长要求。例如，苹果的需冷量是250—1700小时，桃子的需冷量是50—400小时。这也说明了为什么桃子主要生长在南方，而苹果主要生长在北方。

接下来我们从相反的角度来看有关温度的问题。任何农作物都需要一定的有效的温暖时间才能发育成熟，这也被称为生长期有效积温。每种农作物都有一个发育下限温度，低于这个温度它们基本上就不会生长。在特定的一天，植物生长期有效积温的计算要用平均温度减去发育下限温度。例如，在7月10日这一天，如果一种农作物的发育下限温度是10℃，平均温度是28℃，那么这一天的生长期有效积温就是18℃。如果温度是10℃或不到10℃，就不会积累生长期有效积温。用这种常用的计算方法与已经确立的标准进行对比，即可确定农作物何时能够发育成熟。用特定植物的生长期有效积温信息与指定区域的标准进行对比，还可以确定农作物是否能够在这个区域按照预期顺利生长发育。

霜冻　了解霜冻的类型和各类型易于发生的天气条件是非常重要的，因为有些植物容易遭受霜冻的损害。

霜冻分成两种类型。第一种是辐射霜冻，发生在空气寒冷而平静、天空晴朗的气象条件下。伴随着霜冻，来自白天太阳的积累到土壤和植物中的热量在夜晚以热能的形式辐射向上散失。如果白天天气温暖，夜晚的温度略低于0℃，土壤和植物中储存的热量也许就能够维持整个晚上并能够防止霜冻。否则，霜冻害就会发生。

在植物上覆盖一层保温层可以防止热流向空中散失，起到预防辐射霜冻的作用。在多云的夜晚，云层形成了保温层，辐射霜冻很少发生。在天空晴朗容易发生霜冻的夜晚，用一层报纸、布料、烟雾或塑料薄膜来保护植物可以起到同样的作用。

喷灌植物也可以用来防止霜冻发生。当温度降至0℃时将洒水装置打开进行喷灌，直到早上温度上升到0℃以上时，装置关闭。当水结冰时能够释放热能，这些能量足以保证植物的温度比周围的空气温度高几度，从而防止伤害发生。然而，在有风的情况下，使用喷灌植物这种防止霜冻的方法是危险的，因为此时水不是结冰而是蒸发了，植物组织周围的空气变得更冷，从而加重了霜冻害。

第二种霜冻是由进入该区域的冷气团所引起的。这股冷气团流过地面，从植物中带走能量，植物就会被霜覆盖。无论空中是否有云层出现，这种类型的霜冻都会发生。

清晨霜冻经常会在植物上和地面上结成冰

晶，这些晶体沉积的霜被称为白霜。由于温度下降，潮湿空气中的水分凝结到植物上，形成白霜。

如果空气中含水量很低，空气温度达到冰点而没有水汽凝结，此时植物仍然会受损伤。这种霜冻被称为黑霜，黑霜产生最先出现的迹象是受损植物变黑。

一些地区霜冻，而附近其他地区却没有，这通常是由海拔差异造成的。寒冷的空气比温暖的空气重，会向下流动并盘旋在低海拔的区域。因此，地势低洼的霜穴比周围其他地区出现霜冻的时间要早 2—3 个星期。

土壤冻结 美国北部地区和加拿大的大部分地区冬季都会出现地面结冰的情况。地面结冰的时间、结冰的深度以及植物根部区域的温度因气候而异。当然，由于冬季的严寒程度不同，每年的情况也不尽相同。在异常寒冷的年份里，许多植物根系周围区域温度太低，以至于植物无法存活。

土壤冻结导致土壤中的水分膨胀，出现冻胀现象。在土壤冻胀的地方，植物根部周围的土壤被大块地往上推，在整个根部区域留下很深的裂缝。这种情况对植物是有害的，因为植物根部被暴露在冬季干燥的冷风中。因此，园艺师通常会在该地区不那么耐寒的植物的根部区域铺上一层厚厚的木片、树皮屑及类似的物质。这个隔层将地面与外界隔离开，减少了冬季土壤冻胀和水分散失。

降水

降水包括雨、雪、冰雹和雨夹雪等多种形式。对室外植物来说降雨是最有价值的降水形式。

雨 在全年或在其他气候条件（主要是温度）有利于植物生长的时期，降雨不足严重限制植物生长。特别是在美国西部地区，与那些能适应干旱环境的植物相比，灌溉对于栽培植物是至关重要的。

降雨过多、不合时宜的降雨和降雨不足对植物生长都是不利的。过多的降雨会令那些已经适应了干旱环境的植物死亡，特别是在水分不能从根部排走的情况下。在水果收获期前后，不合时宜的降雨会使草莓的口感变淡、苹果和葡萄开裂。降雨会将微生物从一片树叶溅落到另一片树叶上，并通过这种方式传播植物病害。降雨还能够诱导植物中正在休眠的有害微生物恢复生长。

雪 在冬季寒冷的地区，积雪层对植物的存活起着至关重要的作用。持续一整个冬季的雪可以保护矮生植物不受寒风的伤害，否则会产生由风寒效应或低温引起的低温伤害和由植物体内的冰晶升华引起的失水风干损伤。雪如同潮湿而挡风的屏障一样包围着植物。

风寒效应是指当空气经过潮湿物体后导致温度降低。空气导致水分蒸发，这一过程需要的能量以热能的形式输入，植物现有的少量热量为这一过程提供能量。当温度已经很低的时候，蒸发所导致的这部分额外热量散失是决定植物能否存活的关键性因素。

升华是指结冰的水不经过融化过程直接转化成气态。这一过程被用在食品保存技术中，叫作冷冻干燥技术。这一过程同样需要热能形式的能量，这些能量来自植物。植物内部和表面的水分散失也会造成植物损伤。

冰雹、雨夹雪和冻雨 冰雹、雨夹雪和冻雨（图 4.2）对植物的健康是非常有害的。冰雹和雨夹雪会打落叶子或碰伤、打落发育中的果实，这些形式的降水下落时的力量大到可以将幼嫩的植物完全击倒在地上。冻雨经常会造

图 4.2 大雪和冻雨对蔷薇灌丛的影响。图片由苏珊·布兰特·格雷厄姆提供

成树上枝条损毁。雨水落到冰冷的植物上后，很快就会结冰，冰层增加了枝条的重量，使其弯曲甚至损毁。严重的降雪因为其重量也会导致植物损毁。

露水 温暖湿润的气候条件最容易产生露水。太阳落山后，气温下降，空气不再能够容纳像白天那么多的水分，它们会凝结成小水滴，这些小水滴就是露水。当早晨太阳升起照耀在植物的叶子上时，叶子变暖，使得露水蒸发。

露水对植物生长的作用并不是非常重要，但它是草坪疾病传播的一个因素。对于那些善于利用叶子吸收水分的植物来说，露水是重要的水分来源。

湿度

湿度是植物生长状况的决定性因素之一。湿度是在某一特定温度下空气中的含水量，这一含水量是相对于其能够容纳的水量来说的。温度越高，空气能够容纳的水分越多（见第 16 章有关湿度的进一步讨论）。通常，较高的湿度通过降低植物叶片水分散失的速度来促进植物的生长；但只要其根部周围有充足的水分，较低的湿度也不会阻碍大多数室外植物的生长。

在寒冷的气候条件下，湿度不足会对室内植物的生长造成伤害。开暖气时的室内空气相对湿度只有 10%—25%。很多室内种植的植物原产于潮湿的热带地区，如果湿度从植物所适应的 50%—90% 下降到 25%，植物可能会出现一些生长问题（见第 16 章）。

浓雾和薄雾 浓雾和薄雾是湿气的另外两种形式，它们极大地影响着植物的生长。在加利福尼亚州沿海气候下，植物从浓雾和薄雾中吸收水分，以弥补降雨量的严重不足（图 4.3）。与此同时，雾气可以减慢叶子水分散失的速度。

光

光照持续时间、光照强度、光照质量影响着室内植物和室外植物的生长，并且能够控制植物的开花和生长速度。光照持续时间取决于植物所在地区与赤道之间的距离和季节。在赤道附近，全年昼夜的时长是相等的。在赤道以北或以南地区，夏季白天的时长会变长，冬季白天的时长会变短。距离赤道越远，夏季白天最长时长与冬季白天最短时长之间的差距越大。在美国的最北部地区，夏季一般的日照时长是 16 小时。

每天接受光照的时间对植物来说是非常重要的，因为它决定了植物能在多长时间内制造出生长所需的碳水化合物。光合作用的

图 4.3 加利福尼亚州红杉林中的雾。在干燥的夏季，饱含水分的空气是唯一的水分来源。图片由里克·史密斯提供

过程需要光照，白天光照持续时间越长，植物制造的碳水化合物越多。夜晚持续时间也会影响到植物开花等生长发育过程（见第 3 章）。

光照强度或光照亮度也会影响植物的光合作用。通常情况下，光照强度越大，光合作用进行得越多。中等至较强光照强度有利于大多数植物的生长。纬度可以改变光照强度。在赤道附近的地区，全年太阳从空中直射植物。但在美国北部地区，夏季太阳从空中直射，而到了冬季从天空南侧较低的方向照射。冬季光照强度较低，因为光线穿过大气层必须经过一段距离（见第 17 章进一步讨论）。

秋季光照强度降低是诱导室外植物进入休眠状态的信号。在较低的温度下，一些植物进入休眠阶段。对常绿植物来说，冬季较低的光照强度足以让它们维持光合作用，有时还能使它们生长。

冬季光照的减少会严重影响室内植物的生长，因为很多植物接收到的光照只能勉强维持其生存。光照持续时间减少和光照强度减弱是两个不利因素，因此冬季的光照对室内植物而言至关重要。

全日照、半日照、无日照 为花园选购植物时，必须知道所购买植物的光偏好。在房屋周围寻找栽种植物位置时，为了能让植物健康生长，必须知道附近区域的光照情况。如果不清楚某一特定位置能接收到多少光照，应该全天每隔两个小时观察一次，记录下该种植区域接受光照的时长。

房屋周围的区域可以分为 3 种类型：无日照，半日照，全日照。无日照区域几乎不能接受到阳光直射，大概只在太阳光线最弱的清晨和傍晚能接受 1 个小时左右的太阳直射。这个区域包括房屋的北面，房子之间的狭窄地带，大树的下面以及树木、房屋或其他建筑物形成全天阴影区域。

局部遮阴的区域（即半日照区域）全天有 1/3—1/2 的时间能够接受阳光直射。这部分区域包括房屋的东面和西面（如果屋檐不是很宽，不会全天都有阴影）。阳光照射在叶子细小的植物上形成了斑驳的“过滤阳光”，植物的下面也会形成局部遮阴的区域。

全日照区域分布在房屋的南面或其他没有树木、灌木或建筑物遮挡阳光的区域。全日照区域也分布在美国西部的房屋的西边，尽管这些地区阳光只照射几个小时，但下午的光照非常强烈。

苗圃出售的大多数植物都有分类和养护标签，上面附有植物生长所需光照情况的详细说明。将需要全日照的植物种植在半日照的环境下通常会减少植物开花，并使植物生出瘦弱的新芽，导致它们失去本应具有的天然特征，变得不美观。相反地，如果将喜阴的植物种植在全日照的环境下，则会导致植物发育不良，叶子褪色变黄。

风

风是植物生长的第 5 个决定性气候因素。海风限制了生长在海岸线附近植物的数量，盐雾使植物的叶子变成褐色，强风能吹打并折断植物的枝叶。在干旱的地区，炎热的沙漠风暴加快了土壤和植物叶片的水分流失速度，使干旱更加严重。

即使在寒冷的北方地区，风也是影响植物健康的因素之一。0℃以下的寒风损害植物的方式是带走常绿树叶中的水分，这种方式本质上是对其进行冷冻干燥处理。冰冻的地面令植物无法补充水分，造成的损害与干旱的后果是相似的。

4.3 影响气候的因素

影响气候的自然因素包括纬度、海拔、地形和附近的大片水域。

海拔

对植物的生长来说，海拔的变化可以给相距不远的区域带来完全不同的气候。海拔越高，全年的平均温度越低。海拔每上升 100 米，平均温度降低 0.6℃。

地形（地貌）

地形的变化也会改变气候，特别是降雨。北美地区大部分的暴雨是由西向东移动的。在丘陵地区，与东面山坡相比，西面山坡的降雨通常会更多。雨云中的水很重，在大部分降水释放之前，它们无法越过山脉。东部山坡的干燥地区常常被称为雨影。

斜坡地形还可以影响温度，从斜坡顶部到山谷底部，温度会相差几度。寒冷的空气要比温暖的空气重，它顺着斜坡下降并聚集在山谷底部，这种现象被称为冷空气流泄（图 4.4）。因此，与山谷底部的植物相比，在山坡上面生长的植物不太容易受到冷空气的伤害。

水域

大型水体如北美五大湖和海洋对附近陆地气候会产生强烈的影响。夏季，巨大的水域吸收热量，使附近陆地温度降低而变得凉爽；到了冬季，水体释放热量，使附近陆地温度升高而变得温暖。因此，大型水体可以调节全年的气温，使其比内陆地区的夏季更凉爽，冬季更温暖。

在北美地区，大型水体对农业的影响相当大。五大湖周围温暖的冬季气候使这些地区成

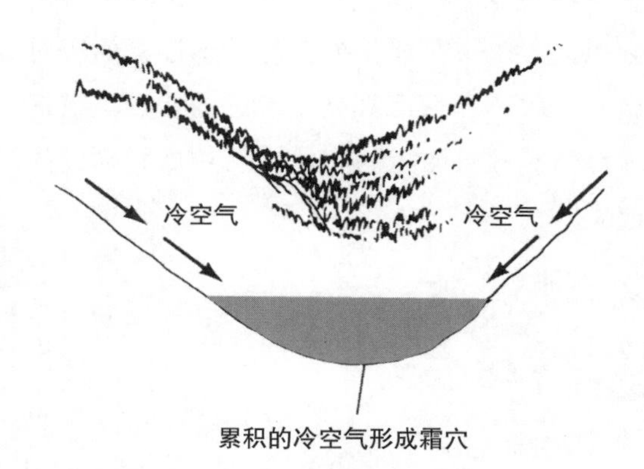

图 4.4 斜坡上典型的冷空气流泄

为水果（如葡萄、樱桃和桃子）的大面积商业种植区，而距湖岸较远的区域就无法种植这些水果。同样地，大多数的太平洋海岸足够温暖，在整个冬季都可以种植蔬菜，但在内陆地区这些植物就会冻死。

人为干预气候

人类能够有意或无意地改变气候。最普遍的无意识改变气候的因素是空气污染和随之产生的烟雾。

空气污染由气体（如一氧化碳）和飘浮在空气中的小颗粒状的微粒物质共同组成。两者结合后变成了一层黄褐色的烟雾，笼罩在一些大城市的上空。

烟雾影响植物生长的一种方式是改变温度。烟雾云就像一个区域的隔热层，防止热量散失到大气中。因此，有烟雾笼罩的地区比没有烟雾笼罩的地区夏季更加炎热，植物可能会因温度过高而受损。

烟雾还会降低地面的光照强度，减少了植物进行光合作用制造碳水化合物这一过程所需要的光。微粒物质附着在叶子上，进一步降低了照射到植物上的光的强度。

烟雾影响植物生长的主要方式是树叶吸收有毒气体后，会部分变成褐色，有些甚至会死亡。植物在烟雾损伤的敏感性方面有对烟雾不敏感和对烟雾高度敏感的差异。松树等对烟雾敏感的植物不能生长在烟雾弥漫的地区。

4.4 微气候

微气候是与周围地区的气候特征略有不同的小区域的气候。它们可能风更小、更阴凉、更潮湿、更温暖，或存在与典型气候不同的其他情况。这些差异影响着植物生长，有时会促进植物生长，有时会抑制植物生长。

微气候既有自然发生的，也有人为造成的。它们可以由自然的地形和植被造成，也可以由建筑物、围墙、道路等在无意间造成。虽然它们经常被忽视，但细心的园艺师可以利用微气候为不同植物提供特有的生长条件（图4.5）。在某些情况下，微气候让通常被认为在该地区不具备抗寒性的植物得以种植。

室外微气候

霜穴是自然微气候的一个例子，它比周围环境更冷，水分更不易流失，因此更潮湿，更适合不易被冻伤的喜湿植物的生长。

树下的环境是另一种自然微气候。这种区域更阴凉，夏季更凉爽，有利于喜阴植物的生长。这种微气候还为夏季在室外种植室内观叶植物提供了理想的条件。

房子屋檐下的区域形成的是人造微气候，在大多数住宅周围都能够找到。与远离房屋

图 4.5 树下或北墙的墙根处适合蕨类植物生长。照片由加利福尼亚州索诺马州立大学 B. J. 丰达罗（B. J. Fundaro）提供

生长的植物相比，这种微气候中的植物生长在不同的环境条件下。首先，屋檐为这些植物遮挡了雨水，所以这种微气候中的土壤更干燥一些。此外，墙壁保护植物免受寒冷而干燥的风的影响，供暖的住宅也通过墙壁辐射了热量。在凉爽的日子里，这些额外的热量加速了植物的生长或延长了植物的生长期，但如果墙壁是南向的话，夏季过分炎热可能会对植物造成损伤（图 4.6）。停车场的树木也经常出现这种情况，由于沥青高温辐射而变得过热。

夜晚当气温降低时，白天吸收了热量的物体开始将热量散发到凉爽的夜晚空气中。从地面和建筑物辐射出的热量可以保护植物免受霜冻，并且能够延长它们的生长期。

在微气候中，风会增强或减弱。靠墙的植物通常背风，除非它正好在盛行风的路径中。然而，两面墙平行，可以形成穿堂风，与完全不受保护的区域相比，这个区域的风况会变得更糟。这样的穿堂风经常会在密集的建筑物之间形成。

室内微气候

微气候通常是指室外的微气候。然而，在同一座房屋或公寓内可以发现不同温度、光照、湿度的室内微气候。因为热量增加了，楼上房间的温度要比楼下房间的温度高几度。在炎热的日子里，地下室的温度可能比房子其余地方的温度要低 11℃，房子北边比房子南边要凉爽很多。在冬季寒冷的地区，即使是在同一个房间内，窗户附近也会出现凉爽的微气候，因为寒气会通过玻璃透进来。

不同湿度的微气候是很常见的。在厨房和浴室等用水的地方，蒸发会增加湿度。地下室通常也是比较潮湿的。

光照微气候很容易被发现，它由窗户的大小和位置决定。很显然，植物生长的位置距离窗户越远，它所能接受到的光照越少，间隔 1 米的距离都可以被认为有不同的微气候。此外，由于北半球太阳角度的原因，南向的窗户有光线最亮的微气候，西向和东向的窗户有光线中等的微气候，北向的窗户有光线最暗的微气候。

图 4.6 高温导致枫叶焦枯。图片由俄亥俄州哥伦布市 R. E. 帕尔季卡（R. E. Partyka）博士提供

4.5 植物对气候耐受的适应策略

植物能够在地球上几乎所有地方生长，这是因为植物已经进化出了适应策略来应对不良环境条件。大多数人所熟知的适应策略是冬季休眠。当生长的环境太寒冷，或光照质量较差、光照总数较少，或可利用的水分不足时，很多树木会落叶以适应不良环境。冬季里，多年生的开花植物地上部分会死亡，只有根部仍然存活。

在沙漠地区生长的植物（旱生植物）进化出了利用叶子储存水分的能力，所以它们的叶子是肉质的，很厚。仙人掌采取了一种极端的适应策略，它们没有叶子，只有增厚的球根状的茎。

沙漠植物还可以保护自身免受过度暴晒的伤害。原产南非开普省的一种小锥形的植物五十铃玉（窗玉属），几乎完全生长在地下，在土壤表面只有一个透明的结构，光可以通过这个结构穿透到植物细胞内部进行光合作用（图 4.7）。

在不那么干燥的气候条件下，植物分泌覆盖在叶子上的蜡层或长出覆盖在叶子上的银色毛，能够减少叶子散失的水分。这层银色毛能反射阳光，还能够把叶子与空气隔离开（图 4.8）。

在高海拔地区，低温和干燥的风都是影响植物生存的因素。林木线是指极端气候使树木不再生长的海拔。但其他植物可以在那里生长，它们为了防风，紧贴着地面紧凑地生长。

图 4.7 五十铃玉，一种适应极端干燥气候的南非植物。照片由西班牙哈恩的帕洛马·科洛梅尔·阿罗约（Paloma Colomer Arroyo）提供

图 4.8 绵毛水苏长有浓密的植物毛，原产于土耳其北部和伊朗南部地区，主要生长在岩石山丘上。照片由玛丽·汉克斯（Mary Hanks），www.maryhanks.com/ 提供

在没有太多阳光的生长条件下，植物的叶子通常非常大，可以最大限度地将叶面暴露在阳光下。在热带森林里，这些植物是森林地被植物。它们也适合在光照有限的室内种植。

4.6 北美植物栽培区

特定植物适合种植地的选择对园艺师来说是一个非常重要的问题。不用担心从当地苗圃所购买的植物能否生长，因为苗圃主们很少销售在当地无法生长的植物。但是，消费者从邮购苗圃那里订购植物，必须检查，以确保他们订购的植物能在他们所在的地区生长。

因为冬季的最低温度往往决定着植物能够在哪里生长，所以了解植物生存的最低温度是至关重要的。它通常和其他有价值的信息一起记录在植物的说明书中。这方面的信息也可以通过图书馆里的园艺书籍或者互联网查找到。

美国农业部植物耐寒区地图

在确定了植物的最低生存温度后，还需要确定所在地区的冬季最低温度。为了简化这个过程，美国农业部已经绘制了地图来说明美国和加拿大各地区冬季最低温度（请检索 USDA Plant Hardiness Zone Map）。地图一共列出了 11 个区，从佛罗里达州、得克萨斯州和加利福尼亚州的完全无霜区到加拿大 -46℃甚至温度更低的寒冷区。地图还考虑到了温暖地区的寒冷山区气候，如科罗拉多州。但在大多数情况下，地图是由与冬季最低温度和与距赤道的距离相关的带状区域构成的。

美国农业部植物耐寒区地图虽然不是唯一的植物耐寒区地图，但在美国，它的使用是最广泛的。气候受到多种因素影响的州，如加利福尼亚州，设计出了更详细的地图。受到太平洋和山脉的影响，加州大学戴维斯分校将加利福尼亚州划分为 21 个不同的气候区。

美国园艺协会耐热区地图

该地图与美国农业部植物耐寒区地图相反（请检索 American Horticultural Society Plant Heat-Zone Map），反映了植物对高温的适应性。因为地球变暖，有关热带地区的知识在未来可能会变得更加重要，特别是在干旱时期。

炎热对植物所造成的伤害比寒冷所造成的伤害明显要小，炎热导致的植物死亡通常是渐进式的，要经过几个月甚至是几年的时间。除图 4.6 所示的焦枯外，花蕾无法绽放、叶子褪成苍白色、植物未能以正常的速度生长、无法结出果实等症状都有可能出现。例如，在温度超过 30℃时，番茄花粉的活力会大幅降低。即使定期灌溉，叶子也有可能凋萎下垂。植物在虚弱的状态下变得更加容易吸引昆虫，这也加速了它的死亡。

美国园艺协会耐热区地图根据每年超过 30℃的平均天数将美国划分成 12 个耐热区。这些区域每年高温天数在 0—210 天不等。

在园艺学参考书、养护标签和商品名录中，植物耐热性等级被列在美国农业部耐寒性等级旁边。一种植物将有 2 种不同等级，例如：

百合 3—8，8—1。

第一个等级（3—8）根据冬季最低平均温度的记录标明了植物的耐寒性。第二个等级（8—1）标明了植物的耐热性。所以，如果你住在美国农业部植物耐寒区第 7 区或美国园艺协会耐热区第 7 区，你就会知道百合花在你所在地区的寒冷冬季和炎热夏季都能存活。当阅读这些新的标示时，你会发现人们认为的一些一年生植物（如茄子）在温暖的气候里可以成为多年生植物。

并不是所有的植物都在美国园艺协会耐热区中有编码。即使植物有编码，在异常温暖或寒冷的年份里，一些植物也未能在为它们指定的区域里存活下来，或未能茁壮成长。此外，光线不足、微气候、土壤的特性及植物营养状况等方面的因素会单独或共同改变植物在某一特定耐热区的生长能力。在所有情况下，制定等级的前提是假定植物接受了足够水分。

问题与讨论

1. 从冬季温度、夏季温度和降雨的模式等方面来比较地中海气候、温带气候、热带气候和沙漠气候。
2. 描述植物在夏季发生的变化。
3. 植物冬季灼伤的原因是什么?
4. 抗寒性和耐寒性的含义是什么?
5. 与辐射霜冻有关的天气条件是什么样的?
6. 怎样预防辐射霜冻?
7. 黑霜和白霜有什么区别?
8. 土壤冻胀现象对植物生长会产生哪些影响?
9. 哪些植物问题与过多的雨水或不合时宜的降雨有关?
10. 雪层对植物生长有哪些有利的影响?
11. 描述适应于半日照环境的植物生长在全日照环境下会发生什么变化。
12. 海拔的变化如何影响温度?
13. 解释什么是冷空气流泄，它如何影响植物生长。
14. 大型水体如何影响附近陆地的温度?
15. 什么是微气候?
16. 分别举一个人造微气候和自然微气候的例子。
17. 美国农业部植物耐寒区地图分类的依据是什么?
18. 美国园艺协会耐热区地图的用途是什么?
19. 说出植物能够用来适应如下生长条件的策略名称：
    a. 寒冷
    b. 干燥
    c. 光照不足

参考文献

Cathey, H.M., and L. Bellamy. 1998. *Heat-Zone Gardening: How to Choose Plants that Thrive in Your Region's Warmest Weather.* Alexandria, Va.: Time-Life Books.

Chawan, D.D., and D.N. Sen. 1995. *Environment and Adaptive Biology of Plants*. Jodhpur, Rajasthan, India; Scientific Publishers.

Fitter, A., and R.K.M. Hay. 2002. *Environmental Physiology of Plants*. 3rd ed. San Diego, Calif.: Academic Press.

Kruckeberg, A.R. 2002. *Geology and Plant Life: The Effects of Landforms and Rock Types on Plants*. Seattle: University of Washington Press.

Roberts, E.A., and E. Rehmann. 1996. *American Plants for American Gardens*. Athens: University of Georgia Press.

第 5 章

植物的繁殖

学习目标

· 解释营养繁殖和有性繁殖的差异以及各自的优势。

· 设计一套室内种子发芽装置，以便将来在户外种植。

· 描述感染立枯病的种子的特点并解释致病原因。

· 描述种子炼苗和移植的过程。

· 对户外植物进行硬枝扦插、半硬枝扦插和嫩枝扦插。

· 对室内植物进行茎尖扦插、叶芽扦插、茎段扦插、叶扦插。

· 区分合适的和不合适的生根基质并解释原因。

· 描述商业雾化系统各部分结构及该系统的功能。

· 组装杂草丛生的观叶植物空中压条所需的材料。

· 描述芽接和枝接的过程并解释为什么这两个过程在园艺中产生作用。

· 列举 5 种转基因植物并解释为什么这些植物要进行转基因。

卡梅隆·比克博士（Dr. Cameron Beeck），2006 年农林牧渔科技创新奖得主。照片由澳大利亚政府农林牧渔部门提供

5.1 有性繁殖与营养繁殖

植物通过有性繁殖和营养繁殖两种方式来进行增殖或繁殖。有性繁殖是利用精子和卵细胞结合产生的种子进行繁殖。营养繁殖是利用植物现有的营养器官繁殖产生新的植物。营养繁殖得到的子代植物与亲代植物有相同的特征。

几乎所有的栽培植物都能利用种子进行有性繁殖，这种方式被广泛使用。然而，营养繁殖的应用同样广泛，由于种种原因，营养繁殖在园艺中更为重要。首先，营养繁殖的速度比种子繁殖的速度快。更重要的是，营养繁殖能够准确获得亲本植株的基因副本，这种基因复制被称为克隆，对保存优良性状（如生长快或产量高）至关重要，而这些优良性状在有性繁殖中可能会丢失。虽然有性繁殖产生的幼苗和亲本植株很相似，但它们几乎不会完全相同。这就是雌性所携带的基因与雄性所携带的基因重组的结果。就像所有兄弟姐妹都是由相同的父母生出来的，长相却各不相同一样，同一植物产生的种子也不会长成完全相同的植物。基因混合导致产生的子代植物具有不同的性状。

植物究竟是进行有性繁殖还是营养繁殖取决于很多因素：种子发芽的难易程度、植物的植株数量、保存来自亲本的特殊性状的重要性。有时植物利用营养繁殖是为了获得无病的子代植株（见本章后面组织培养部分）。表 5.1 根据用途列出了植物类型，并说明了这些植物通常的繁殖方式。

表 5.1 栽培植物的主要繁殖方式

栽培植物类型	主要繁殖方式
一年生花卉	种子繁殖
一年生蔬菜	种子繁殖
果树	利用种子繁殖砧木，然后嫁接是利用营养繁殖的接穗
地被植物	营养繁殖中的扦插
室内盆栽植物	营养繁殖中的扦插
观赏树木	种子繁殖
多年生花卉和种球	营养繁殖中的扦插
地下储存器官或多年生蔬菜	营养繁殖中的分冠法
草坪用草	种子繁殖
藤本植物	营养繁殖中的扦插

种子的形成

种子可以通过植物自身受精（自花授粉）或与另一种植物受精（异花授粉）产生。异花授粉产生的子代植株被称为杂种，它携带两个亲代的性状。虽然“杂种”这个名词适用于所有异花授粉产生的种子，但是标有“杂种”这个词的种子包装表明该种子是特殊育种的结果，通常优于其他品种。挑选出来的杂交种子能够生长出更健康、生长速度更快的植物，这种现象叫作杂种优势。

杂交种是由两组已知的植物杂交产生的，一组是雌性亲本，另一组是雄性亲本。杂交种由已知的基因组成。两个基因纯系亲本杂交后能够产生兼具两个亲本优良性状的子代（表 5.2）。

杂种植物产生的种子在下一年不能生长出具有优良性状的植物，因为只有原始杂交种才遗传了亲本的优良性状。杂种所结果实中的种子由随机杂交或自花授粉产生。它们不会发育成相同的优势植物，在某些情况下，它们的生育能力很低甚至会完全死亡。

表 5.2 样本黄瓜的杂交		
亲本植物	亲本的性状	杂交后代的性状
黄瓜 A 系（雌性亲本）	细长形（优良性状） 白色（不良性状） 季初成熟（优良性状） 种子大而结实（不良性状）	细长形 深绿色 季初成熟 种子小而柔软
黄瓜 B 系（雄性亲本）	短粗形（不良性状） 深绿色（优良性状） 季末成熟（不良性状） 种子小而柔软（优良性状）	

孟德尔遗传学

以上所述的遗传学知识最初是由 19 世纪奥地利帝国西里西亚（今属捷克）一名叫格雷戈尔·孟德尔（Gergor Mendel）的修道士研究出来的。孟德尔的研究工作最初从观察开始，他发现不管是动物还是植物，子代都和亲代相似。孟德尔以豌豆为实验材料，开始了一系列植物育种实验，他坚持做了很多年实验并做了详细的科学记录。他研究了很多不同类型的植物性状，在这些性状中，最关键的性状是植株的高度、花的颜色、花在植物上的位置、种子的颜色、种子的形状、豆荚的颜色和豆荚的形状。

孟德尔做出假设，子代的性状取决于从两个亲本遗传来的“特征”，而从亲本遗传来的特有性状会直接遗传到子代中，而不是混合后才遗传到子代中，这使子代看起来像是两个亲本的结合。换句话说，一个子代尽管是由两个亲本共同产生的，但看起来可能与雌性亲本更相似。子代实际具有的遗传物质被称为基因型，而子代表现出来的可见性状被称为表现型。

正如孟德尔所假设的那样，这些性状的遗传物质在亲本中成对出现，这些遗传物质后来被称为基因，根据其在子代性状中的表现能力（表现型），被分为“隐性”和“显性”。我们现在已经知道了性状与基因之间的关系。在一

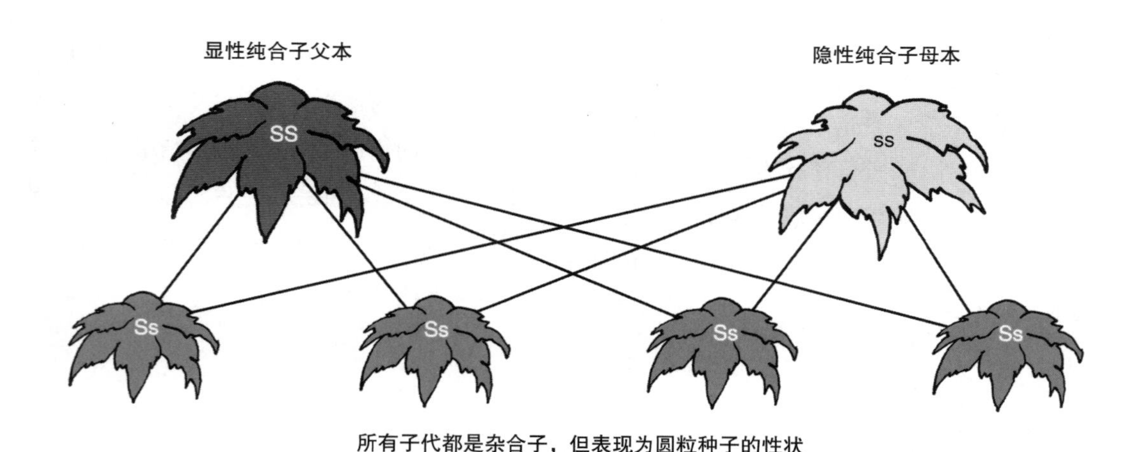

图 5.1 纯合子亲本产生下一代（F1）中的所有子代。图片由贝瑟尼绘制

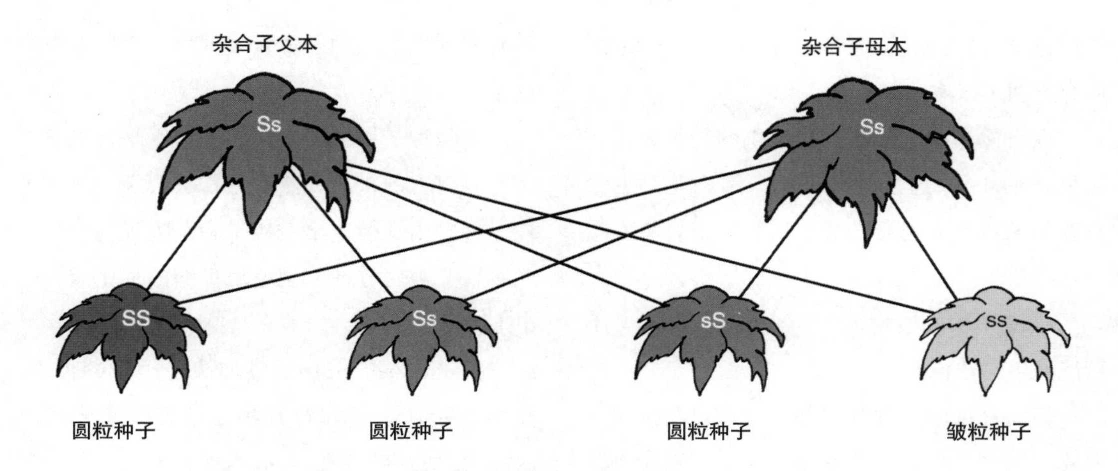

图 5.2 F1 代中的杂合子后代杂交产生的 F2 代中既有杂合子又有纯合子。图片由贝瑟尼绘制

些基因中存在着不完全显性基因，这意味着当这些基因结合时，子代会表现为两个亲本的中间性状。

图 5.1 是孟德尔所做的植物育种实验中最典型的一个。在这个实验中，选用种子性状是皱粒的豌豆和圆粒的豌豆进行杂交。s 代表决定种子性状的隐性基因（皱粒种子），S 代表决定种子性状的显性基因（圆粒种子）。按照惯例，隐性基因用小写字母表示，显性基因用大写字母表示。

杂交所用的豌豆亲本其中一个是表现为皱粒种子的纯合子，这意味着亲本中决定这一性状的基因都是隐性的"s"，基因型为 ss，因为每个亲本的基因都是成对的。这个亲本与种子性状表现为圆粒种子的纯合子亲本进行杂交，后者决定性状的基因是 S，基因型为 SS。两者杂交子一代（F1）中会得到 4 个子代，所有的子一代都是杂合子（Ss），亲本双方各提供一个基因。虽然子一代植株都携带有决定皱粒种子性状的基因，但子代却都表现为圆粒种子（表现型）。

图 5.2 是上面两个子一代杂交后最可能出现的关于种子性状的结果，杂交又产生了 4 个子代植株的子二代（F2）。基因重组产生了两个杂合子子代（Ss 和 sS）和两个纯合子子代（SS 和 ss）。子二代的表现型（基因的外在表现）中，有 3 个表现为圆粒种子，因为 S 是显性基因，另外一个表现为皱粒种子。

植物育种技术

植物育种是一项有趣的研究，但是利用植物育种很难得到罕见的植物。在大多数情况下，获得理想的性状要靠运气。例如，红色的喇叭花和白色的喇叭花杂交，很多人假设产生的子代是粉红色的，因为红色和白色会混合在一起。但植物遗传学是一门复杂的科学，所以杂交的实际结果既可能是红色，也可能是白色和红白之间渐变的颜色。

在进行植物育种时，必须遵守一些遗传学基本规则。首先，进行杂交的两种植物必须属于同一个属，通常是同一种植物。在大多数情况下，同种植物的栽培品种会进行异花授粉。

只有在少数的情况下，不同属的植物才会进行杂交。例如用洋常春藤（常春藤属）和八角金盘（八角金盘属）杂交产生受欢迎的熊掌木属植物，它的叶子类似常春藤，灌木丛的高度介于两个亲本之间。

在自然界中，异花授粉产生的种子只占所有种子的4%。这很容易理解，因为花朵上含有花粉的花药靠近雌性柱头，所以最容易发生自花授粉。

雌雄异株的植物（如冬青和欧白英），不可能发生自花传粉。

植物育种的原理其实并不难。自花授粉只需要在植物开花前（通常是清晨）用纸袋将花朵密封。植物套着纸袋，不会接触到其他花粉源，只会进行自花授粉。此方法可以避免其他花粉的干扰，以便让自身的花粉授到柱头上。

异花授粉要从两个亲本植株上选出将要开放的花朵。用小剪刀将母本植株的花瓣和花药剪掉，然后将花蕊套在一个纸袋里。之后对父本植株进行处理，用手掰开花朵，然后用小笔刷插到里面蘸起花粉。然后将这些花粉授到母本植株上，用蘸有花粉的笔刷轻轻刷过柱头（图 5.3），并重新套上纸袋。

几天后，花粉会向下生长进入柱头到达子房与卵细胞结合，受精完成后柱头会枯萎脱落。然后就可以摘掉纸袋并用亲本的名字标记花朵。当种子成熟可以收获时，通常种荚会裂开并掉到地上。种子发育成熟后，它的颜色会变深。

图 5.3 对香荚兰进行手工授粉，香荚兰是天然香草的原材料。照片出自 www.spicelines.com/

清除种子周围的子房组织。干果，如豆荚和许多树木的果实成熟后通常会开裂，里面的种子可以用手指取出。桃子和南瓜等肉质果实成熟后要被切分开，挑取出里面的种子放在纸巾上晾晒几天。

种子保存的最佳条件取决于植物的种类。常用的储存蔬菜和花卉种子的方式是先将其放在密封的容器中，再放入冰箱进行保存。玻璃瓶、塑料容器和冰袋适用于所有植物，因为它们能够保证湿度恒定。平均温度在 4℃的冰箱可以减慢呼吸作用并最大限度地延长种子的寿命。

不同植物种子的储存期限从几天到几年不等。多余的蔬菜种子通常被储存起来，用于下一年的种植。本书的第 8 章会介绍在推荐储存条件下常见蔬菜种子的最长储存时间，在此情况下种子仍然能够正常进行发育。

即使在理想的储存条件下，种子储存的时间越长，能够萌发的种子越少，种子发育后的幼苗越弱。因此在播种时，应该进行种子发芽试验：种植一定数量的种子，等到它们发芽，统计幼苗的数量，计算发芽率。这样，种植者在播种时可以撒下更多的种子来弥补种子发芽率的不足。

商业化种子生产

许多花卉和蔬菜都是从种子进行生长发育的，因为种子是最廉价的植物材料来源。挑选蔬菜种子要考虑其可运输性、抗病性、抗除草剂、机械采收能力及消费者喜好的性状（大小、颜色、口感等）等。挑选花卉种子要考虑其生长习性、大小、花色、抗病性及其他性状。

5.2 利用种子进行植物繁殖

户外播种

户外播种被称为直播，这种播种方式用于很多商业化蔬菜、花卉和香草种植（见第8章）及家庭园艺。因为植物会在播种的地点发育成熟，所以地点的选择十分重要。播种的地点必须能为植物提供合适的光照，并且排水良好（降雨后不积水），土壤疏松透气。对于板结或成块的土壤，需用铁锹铲出30厘米深的土坑后再进行播种，以确保为植物根系提供合适的土壤条件（见第6章）。弄碎土块，清除土壤中所有岩石及碎屑。

应按照包装上推荐的播种深度和间距来进行播种。如果没有播种说明，可以参考一般的播种规则：深度应为种子直径的1或1.5倍；种子的间距根据植物成熟后的大小进行估算。有的播种说明会建议播种深度要适当增加，这样做的目的是让成熟的植物有适当的间距，淘汰掉弱苗。

为了使新发出来的芽轻松钻出土壤表面，要把土壤放在手掌间摩擦碾碎到适当的程度。

户外播种的时机是很重要的。如果在春季播种过早，种子会因为天气寒冷而无法发芽或发芽缓慢；如果播种过晚，它们无法在生长季节内成熟。种子包装上的说明是种植信息的最佳来源。

在潮湿土壤中播种的种子不需要立即灌溉，它们能够从土壤中吸收水分并开始发芽。在干燥的土壤中，灌溉能为种子周围的土壤提供水分并使土壤坚实，使新生出来的根能够立即接触到水分和养料。

在植物萌芽和定植的阶段中，干燥的土壤对幼苗是致命的，维持土壤中水分的充足至关重要。

土壤在降雨或灌溉后会出现板结的情况。土壤板结会让土壤表面看起来很平滑，阻碍空气和水进入土壤，减少发芽。如果土壤开始板结，应该用耙子或其他手工工具轻轻地弄碎土壤表面，这样就不会伤到新长出来的幼苗。

液体种肥（见第6章）被施用于萌发完成后的幼苗。尽管这不是必需的，但研究表明种肥能够大幅提高幼苗的生长速度。植物长出真叶后，幼苗可以进行定植（见第3章）。长出的真叶表明根系可以从土壤中吸收水分和养料，植物不再依赖于储存在种子中的碳水化合物来生长。

户外植物的自然播种

番茄、玉米和矮牵牛等多种栽培植物产生的种子会在下一季自然发芽，这种类型的植物被称为自生植物，它们通常不会产生和亲本植物品质一样的子代。

家庭园艺的室内种子种植

蔬菜、花卉和香草的幼苗在室内育苗，6—8周之后可以移植到室外。

育苗对容器的要求不高，可以使用牛奶盒或乳制品塑料盒，并在底部扎出一些洞，排出水分。如果育苗数量大，则需要使用塑料、聚苯乙烯泡沫塑料或木制的育苗盘。压缩泥炭花盆（图5.4）有利于保持水分，可以用于种植幼苗，也可以用于花园中。塑料蛋托型的单元格可以用于单个幼苗的育苗。使用闲置的花盆来育苗也是不错的选择。

种植种子所用的材料被称为生长基质，它必须排水良好、易于包装。为便于育苗，市场

图 5.4 压缩泥炭花盆。照片由缅因州格洛斯特松树种子花园提供

上售有符合这些要求的盆栽植物专用的土壤。不可使用纯菜园土，因为其不适合幼苗的生长。

在室内播种需完成一项重要的预防措施：对生长基质进行灭菌处理，因为灭菌可以杀死生长基质中引起植物病害的菌类。只要生长基质中含有户外土壤就必须进行灭菌。灭菌的过程是，先把生长基质弄湿，然后放在烤盘中，盖上锡纸或盖子。烤箱的温度设定在 160—180℃，中火烤大约 1 个小时。如果生长基质没有一次性用完，应将剩下的生长基质装在密封的塑料袋中保存，以防再次污染。

对室内植物盆栽土灭菌后不需要对其再做处理，待土壤冷却，将其倒入干净的育苗盘后就可以立即播种。如果长出幼苗后很快进行移植的话，种子的间距可以适当近一些。

每当生长基质变干，要通过喷洒或雾化的方式给幼苗灌溉。最简单的方法是给播种完成的种子灌溉后，将育苗盘放在一个透明的塑料袋中。塑料袋可以防止水分蒸发，直到种子发芽移除塑料袋前都不用再灌溉。如果育苗盘是由塑料或其他防水材料制成的话，没有必要将整个容器装入塑料袋内。为了保持湿度，可以将保鲜膜覆盖在容器上面。此外，还可以使用家用育苗装置（图 5.5）。

为了让种子快速萌发，已完成播种的容器应放置在 21—27℃的环境中。不能在阳光充足的地方进行种子萌发或放置用塑料覆盖、包裹的容器。因为阳光产生的热量会在塑料袋中积聚，进而杀死种子。

虽然强光或直射光不是种子萌发的必要条件，但在长出幼苗后是必要的。从窗户照射进来的光照是有限的，即使从明亮的南面窗户照进来的光照也不足以保证移植的幼苗长势良好。如果幼苗纤细柔弱（图 5.6），长成后的园艺植物长势也会比较差。为了提高移植的成功率，最好采用人造光（第 17 章）、温室、温室窗来提高光照强度。不过，棕榈和异叶南洋杉等室内植物的幼苗是例外，第 17 章将加以介绍。

图 5.5 商业化家用育苗装置。照片由俄亥俄州伦纳德公司提供

图 5.6 光照不足的环境中的纤细番茄幼苗。照片由柯克提供

温室幼苗的商业化种植

花坛植物是在春季和秋季出售的商业化植物类型。花坛植物通常包括一年生植物、一年生蔬菜和多年生植物的幼苗，在美国每年花坛植物的交易额（批发）有12亿美元。这些幼苗装在不同类型的容器中进行销售。零售给个人的花坛植物的标准尺寸是4个或6个植物组合的育苗盘（图5.7）或直径20厘米的花盆。切花、蔬菜的种植者一般使用塑料穴盘（商品名又叫加热成型的穴盘；图5.8）。

这些育苗盘由100—800个小单元格组成，

图 5.7 天竺葵育苗盘。照片由美国国家园林局提供

图 5.8 加热成型的穴盘。照片由密歇根州贝尔维尔布莱克默公司提供

每个单元格种植一个植物。种植装置高度机械化，有时还是自动化的。使用商业化的播种机器对育苗盘进行机械播种（图5.9），然后让其在温度精确控制的生长室中发芽。几周后搬到温室或户外，在此期间，使用棚顶上的灌溉系统进行灌溉和施肥（见第20章）。培育的幼苗出售给蔬菜种植者等商业种植者，这些种植者会将幼苗直接移栽到田里。商业花卉种植者会将幼苗移植到营养钵等容器中进一步培育，直到最终零售。

立枯病

植物从种子萌发产生幼苗到长出真叶的这个生长阶段是最容易感染立枯病的时期。如果生长基质中存在真菌，微生物会侵染幼苗的茎，地面上的茎会褪色并枯萎。几天之后，植物就会倒伏死亡（图5.10）。

图 5.9 小规模的商业化播种机。照片由密歇根州贝尔维尔布莱克默公司提供

植物一旦感染了立枯病，立枯病会迅速传播并杀死大部分幼苗。真菌土壤淋洗（见第18章）能在一定程度上有效阻止病菌传播，但最好的预防措施是在种植前对生长基质进行消毒。使用蛭石、珍珠岩等无机材料覆盖在种子上也有助于预防立枯病。

家庭幼苗移植

当幼苗互相挤在一起时，建议将幼苗移植到更大的容器中。因为邻近植物的叶子重叠，每个幼苗接受的光照会减少，植物的生长也相应地放缓。挤在一起的根部对营养物质的竞争同样会导致幼苗发育不良。此时通常也是植物长出真叶之时，应该将幼苗移植到单独的容器中。幼苗是非常纤弱的，移植时一定要十分小心，避免伤到幼苗。使用铅笔或小刀将幼苗团挖起，然后用手指轻轻将它们分开。拿起幼苗时要拿住叶子，而不是茎部，因为茎部损伤会导致幼苗死亡。

在进行移植时，应该给每个植物灌溉以确保根部与生长基质接触。当植物根部受损时，应该将幼苗放置在背阴处2—3天，这样能够减少植物蒸腾作用散失的水分，同时让根部在移植的阶段恢复吸水。

恢复阶段过后，应将幼苗放回强光环境下，每周施加稀释的液体肥料（第6章）。

炼苗期

在人为控制的环境中种植的幼苗，其生长环境比花园中露天生长的幼苗要好得多。为了让幼苗适应室外环境，应该让幼苗在移植之前经历一段炼苗期。在天气条件合适的情况下，每天将幼苗移到室外放置几个小时。渐渐地，不断延长炼苗的时间，直到只有在晚上气温低于植物所能接受的温度范围时才把幼苗移到室内。大概经过一周之后，移植的幼苗会变得坚实，肉质减少。炼苗后的植物在移植过程中不容易枯萎或死亡。

图 5.10 感染立枯病的幼苗。照片由俄亥俄州哥伦布市 R. E. 帕尔季卡博士提供

户外移植

在条件允许的情况下，尽量选择在阴天进行户外移植，以最大限度降低植物萎蔫。如果条件不允许，应在傍晚进行移植，这样植物暴露在第二天强光和干燥环境下之前可以用一个晚上的时间进行根部恢复。给植物灌溉后，尽量不要去扰动植物的根部。移植后的幼苗出现萎蔫是正常现象，但如果萎蔫严重或持续 2 天以上，就应该在恢复阶段对植物采取保护措施：用报纸或纸板搭棚为幼苗遮阴。要一直保持土壤潮湿，这样植物可以通过根部吸水，补充蒸腾作用散失的水分。

5.3 利用孢子进行植物繁殖

在所有常见的栽培植物中，只有蕨类这一种类型的植物利用孢子进行繁殖。在种子植物中，卵细胞（胚珠）和精子（花粉）结合并在亲本植株上发育成种子。在蕨类植物中，孢子落到地上生长发育成原叶体（图 5.11），然后原叶体产生精子和卵细胞，两者结合形成新的植物体。

发育成熟、长势良好的蕨类植物叶状体（除不育的高度皱叶类型外）的背面能产生数以百计的孢子囊（图 5.12）。孢子囊形似棕色

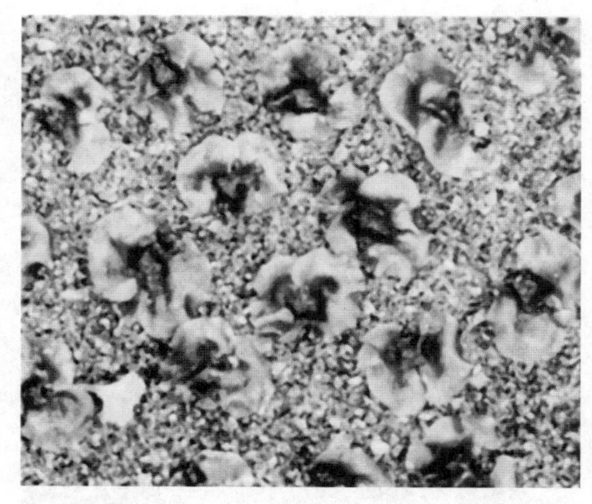

图 5.11 蕨类植物原叶体。照片来自威尔逊《植物学》(1971 年)，www.cengage.com 许可转载

的小点或线，孢子囊保护并释放孢子。

蕨类植物从产生孢子直到孢子发育成熟需要几个月的时间。当孢子成熟时，孢子囊会打开并向空中释放孢子。孢子看起来很像棕色的粉末。

在孢子释放前收集孢子，要先测试孢子囊的成熟情况，方法是在一张白纸上轻敲植物的叶状体。当白纸上出现棕色斑点时，剪断叶状体，将植物装入密封袋里保存几天。孢子囊会在密封袋中打开，在底部产生极少量的孢子。

孢子的生长要求和种子相同：温暖、潮湿、通风和生长基质。将潮湿的室内栽培植物用土填充到小的育种盘或花盆中，然后进行雾化处理，将孢子撒到土壤表面。为育种盘或花盆覆盖塑料膜，然后放置在阴凉的地方。几周后孢子开始发芽，长成绿色扁平的原叶体。在原叶体的生长期，应该每天对原叶体进行雾化处理，因为卵细胞和精子必须在水中才能结合进行受精作用。待到原叶体的中心位置发育出叶状体后，原叶体会慢慢死亡。叶状体发育到足够大小时，就可以把蕨类植物的幼苗移植到单独的花盆中。

图 5.12 冬青蕨叶背面的孢子囊。照片由里克·史密斯提供

5.4 营养繁殖

植物的营养繁殖是指利用植物的叶、茎、根等无性器官繁殖。利用种子繁殖不能发育出与亲本相同的子代，但利用营养繁殖几乎总是能获得与亲本相同的子代。因此，营养繁殖的第 1 个特点是，它能够保存植物育种员的研究成果和自然突变产生的有价值的植物。

营养繁殖的第 2 个特点是，它可以对很少开花或只产生不育花的植物进行繁殖。观叶植物和脐橙就属于这种情况。

营养繁殖的第 3 个特点是，利用营养繁殖获得成熟植物所需的时间相对较短。扦插枝条生根只需要 2 周，而用种子种植出相同大小的植物至少需要 1 个月。

扦插

扦插（也称插条）是最常用的营养繁殖方式，即利用植物的叶、茎和根等营养器官再生成新的植物。扦插所用到的枝条是从被称为母树的亲本植物上剪下来的。扦插枝条所需的生长环境和种子发芽所需的条件相同：温暖、潮湿、通风、生长基质。

生根基质 营养繁殖的大部分结构来自植物的地上部分，因此植物必须再生出新的根。支撑并包围在根部周围的生长基质是决定根部形成及其长势的关键。对于生根基质的基本要求是排水迅速，这样可以保证根部区域有空隙并且一定程度上保持湿润。生根基质是由很多材料组成的，包括:（按体积）2 ∶ 1 混合的沙子和泥炭土，1 ∶ 1 混合的珍珠岩和蛭石，蛭石，珍珠岩，沙子。第 16 章会对基质中的成分进行详细介绍。和种子繁殖的生长基质一样，营养繁殖的生根基质也要进行消毒。

室外植物扦插　灌木、藤本、香草、地被植物和少数多年生植物可以在一年中不同季节进行扦插繁殖。室外木本植物的扦插根据木质化程度被分为硬枝扦插、半硬枝扦插、嫩枝扦插、草本扦插（主要用于非木本的草本植物，如地被植物）和根扦插。

硬枝扦插的枝条是从深秋直到下一年的早春，从上一季生长的成熟木本植物上剪下来的（图 5.13）。枝条的长度通常是 15—25 厘米，它既可以来自落叶植物，也可以来自杜松、荚蒾和苹果等常绿植物。

扦插生根的具体过程因具体植物而异，但通常都要用塑料袋将插条包裹起来置于冰箱中保存整个冬季。到了春季，拆掉包裹在扦插外面的塑料袋，将扦插下端 2.5—5 厘米插入潮湿的生根基质中。将插条装入塑料袋内以防止水分散失并放置在 21—27℃的环境下，不到 6 周的时间根部就会形成，不久之后休眠芽开始生长。几周后，对扦插进行炼苗处理后进行移植。

半硬枝扦插的枝条是在夏季从新长出的部分成熟的木本植物上剪下来的。扦插的长度是 8—15 厘米，因为它们的叶子散失水分非常

图 5.13　杜松（左）、无患子（中）、黄杨（右）的硬枝扦插。照片由柯克提供

快，所以剪下插条后应立即将其放入预先弄湿的塑料袋中。半硬枝扦插生根的步骤和硬枝扦插一样，但生根的速度更快。

嫩枝扦插的枝条是在晚春从当季新长出的肉质植物上剪下来的。与硬枝扦插和半硬枝扦插相比，嫩枝扦插的生根通常更迅速。在适当的植物成熟阶段剪掉扦插对扦插来说至关重要。生长过快的芽太过柔弱，容易腐烂。在理想的情况下，新长出的芽应该略带柔韧性，当弯曲 90 度时会突然折断。应该将嫩枝插条放入湿塑料袋中，使用与硬枝扦插相同的方法进行生根。

通常情况下，植物较幼嫩的结构要比较成熟的结构容易生根，所以嫩枝扦插对于大多数室外木本植物来说是最可行的营养繁殖方法。

草木扦插和嫩枝扦插使用相同的枝条，是从鞘蕊花和凤仙花等非木质的草本植物上剪下来的。大多数室内盆栽植物都是草本植物，在下一章中介绍。

可以在草本植物生长季的任何时间剪下枝条并进行生根。草本扦插的长度通常是 5—10 厘米，从茎尖剪下。和前面讲过的所有扦插类型一样，草本扦插的基部应插入潮湿的生根基质中，用塑料袋缠绕包裹来增加湿度。从剪下扦插直到插入生根基质的整个过程都要保证扦插是湿的，这样可以减少植物萎蔫。

根扦插使用的是没有叶和茎附着的根部切段。大多数室外植物可以利用一种或多种顶芽扦插进行繁殖，只有少数植物可以通过根扦插的方式进行繁殖。这些植物能够在根切片上再生出不定芽。

大多数室外植物的根扦插最好在早春新生长还没有开始时剪下来。此时，储存的碳水化合物最多，植物已经为摆脱休眠状态做好了准备。和其他的扦插一样，应该将根插条放在塑

料袋中避免干燥。根的切段应该剪成 8 厘米，在生根基质水平面下 1—2 厘米深处进行种植。植物在培养基中应保持潮湿，4—6 周后会发出新芽。

室内植物扦插 室内植物扦插生根的步骤和室外植物是一样的，包括茎尖扦插、叶芽扦插、茎段扦插和叶扦插。

茎尖扦插是最常见的扦插类型（图 5.14），扦插由茎尖端 5—10 厘米组成。

叶芽扦插的插条（图 5.14 和图 5.15）由已经剪掉茎尖的植物结构组成。每个扦插都包含完整叶片和带叶芽的短茎。当扦插的基部生根时，叶芽会打破休眠并形成植物的新茎。虽然叶芽扦插这个方法的速度较慢，但所有利用茎尖扦插进行繁殖的植物都能够利用叶芽扦插进行繁殖。

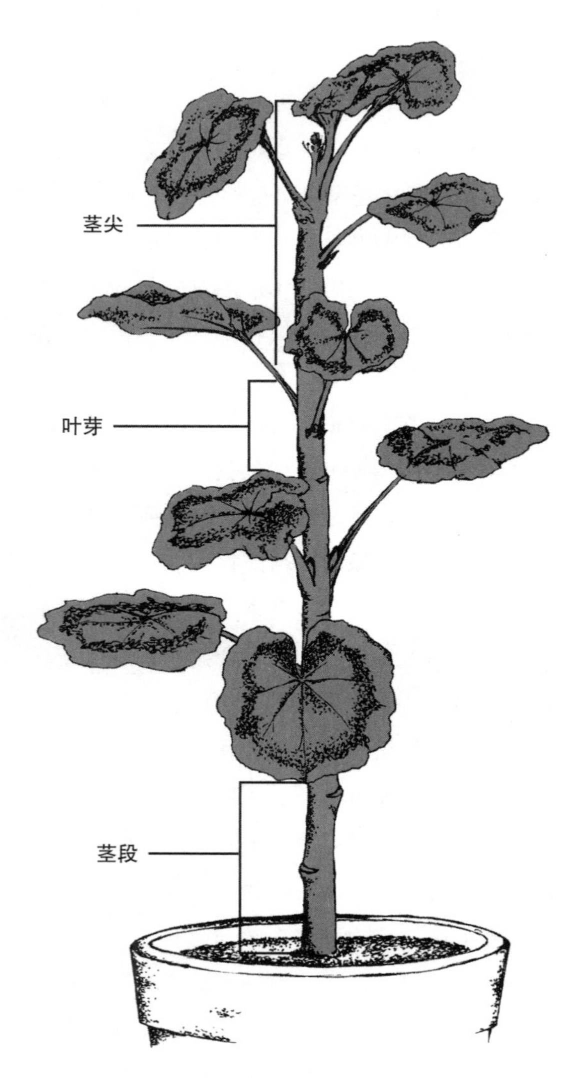

图 5.14 典型的双子叶植物的茎尖、叶芽和茎段的位置。图片由贝瑟尼绘制

茎段扦插的插条（图 5.14 和图 5.15）是增厚且无叶的短茎。茎段扦插主要用于获得大量子代植株，如黛粉芋属和朱蕉属。首先，剪掉植物的顶端用于茎尖扦插。然后，将剩下的茎切成含有 2—3 个茎节的茎段。在生根基质中水平地半埋茎段。如果生根基质仍然是潮湿的，那么不必使用塑料覆盖，1—3 个月后会长出根和芽。

叶扦插所使用的枝条由一片单独的叶子，有时还有叶柄组成。大多数室内栽培植物仅用一片叶子是不能够进行繁殖的；只有某些植物种类能够在叶片和叶柄之间或沿着叶脉或叶缘的位置产生芽（表 5.3）。不同属植物繁殖的过程是不同的。对非洲紫罗兰属和草胡椒属植物进行叶扦插时，要取有叶柄的叶子。叶子在生根基质中要埋到叶片的位置，新的植物会在土壤线的位置上长出来（图 5.16）。

对落地生根属和青锁龙属、石莲花属等

表 5.3 适用叶扦插进行繁殖的植物种类

常用名	拉丁名
大王秋海棠	*Begonia rex-cultorum*
燕子掌	*Crassula avata*
石莲花属	*Echeveria* spp.
落地生根属	*Kalanchoe beauverdii*、*K. laxiflora*、*K.pinnata*
草胡椒属	*Peperomia* spp.
非洲紫罗兰	*Saintpaulia ionantha*
虎尾兰属	*Sansevieria* spp.
翡翠景天	*Sedum morganianum*
虹之玉	*Sedum* × *rubrotinctum*

图 5.15 生根的茎尖（左）、茎段（中）、叶芽（右）。照片由里克·史密斯提供

其他多肉植物来说，可以直接从植株上摘下叶子，置于生根基质的表面。它们是多肉植物，生根基质最好是由沙子组成；不能使用塑料袋密封。对落地生根属植物来说，其叶缘处能生长出多达 20 株新植物。其他多肉植物能在叶子从植物折断的位置生长出单个的植物。

毛叶秋海棠等秋海棠属的植物是沿着成熟叶片的叶脉和叶柄与叶片连接的位置生长出新的植物。整个叶子或叶片应该被放置在潮湿的生根基质中以便叶脉接通。用小刀切断植物的叶脉以促进芽的形成，每片叶子切 3—5 下。

将成熟的叶子横向切成 3 厘米长的切片，然后将每一片的基部插到生根培养基中。切记，切片的方向是至关重要的。在植物植株生长时，朝上的切片末端必须向上，下面的结构要在生根基质中培养。倒置插入的切片是无法生根的。在叶子切片生根后，新的植物会在底部产生并在叶子切片附近逐渐生长（图 5.16）。

叶扦插繁殖缓慢。不定芽和不定根的形成过程需要消耗能量。幼嫩的植物需要几个月的时间才能生长到足够移植的程度。

室内扦插成功生根的方法 利用扦插成功进行繁殖有不同的等级，取决于个人是否精心管理和该植物生根的难易程度。对大多数植物来说，按照下列方法能最大限度地成功扦插；但对于那些很难扦插繁殖的植物来说，可以参考本章最后所列参考文献的内容。

首先，选择没有花和花芽的枝条进行扦插。如果找不到这样的枝条，可以去掉枝条上的花。带有花的扦插会将能量用于生殖结构，从而使植物生根缓慢或不能生根。

其次，记录扦插上茎节的位置。因为通常这些位置会首先生根，所以扦插的基部至少要有一个茎节。

再次，多叶的扦插很容易枯萎，一旦枯萎严重就很难生根。因此在剪下扦插插到生根基质之前应该保持湿润，减少叶子的水分散失。使用半透明贮藏盒的潮湿环境，最大限度地减少蒸腾作用（图 5.17）。

在扦插插入生根基质后，要去掉所有叶子。如果扦插上留有叶子，叶子会腐烂并成为病菌的滋生地。

(a)

(b)

图 5.16 叶扦插。(a) 非洲紫罗兰。图像版权 © 2008，Paul Postuma/Ars Informatica，经许可使用。(b) 燕子掌。照片由吉姆·默瑟（Jim Mercer）提供

同样，在扦插生根的过程中，从扦插上掉落的叶子应该连同整个死亡的扦插一起被清除。

在培养箱的底部生根的位置放置热源，能够提高扦插生根的速度和成活率。保温盘能够为底部提供热量。

最后，使用生根激素能够提高生根的速度和成活率。在扦插插入生根基质之前，可以用第 3 章介绍的植物生长素以滑石粉为基底的粉末的形式、与水混合的可溶解粉末形式涂在扦插的茎部。

图 5.17 半透明储藏盒制成的生根培养箱。这一方法来自范德堡大学的珍妮·瓦利（Janie Varley）。照片由得克萨斯州生态农业推广服务中心杰克逊县农业推广员、家庭消费科学教育学硕士詹妮弗·芬尼·詹森（Jennifer Finney Janssen）提供

每个星期轻微地拉拽生根扦插一次，来确定扦插是否已经生根。如果扦插很容易被拽出来，表明固定根还没有形成。查看扦插是否出现腐烂的情况，如果扦插生长状况良好，重新将扦插插入生根基质中。如果轻微地拉拽扦插无法将其拽出来，表明扦插已经生根。然后可以将塑料盖子打开一部分，让植物适应正常的湿度，几天后完全去掉塑料盖子。1 周后将扦插移植到花盆中。

柳树和黄花柳等少数室外植物和很多热带植物（表 5.4）能够在水中生根并进行生长。很多植物无法在水中生根的最主要的原因是水培的环境中缺少氧气。对于水培的情况来说，水就是生根培养基。如果向水中注入空气（如利用水箱泵），更多的植物能够通过这种方式生根。

水培通常使用茎尖扦插，去掉插条下面的叶子，利用底部的切面吸收水分直到长出根部。最简单的一种方法是将玻璃瓶装满水，在瓶口盖上锡纸。在锡纸上戳个洞，将插条插入瓶中，锡纸能够让插条保持笔直。为了使蒸腾作用最小化，要避免阳光直射插条。

表 5.4　适用水中生根的植物种类

常用名	拉丁名
广东万年青属	*Aglaonema* spp.
虎克四季秋海棠	*Begonia cucullata* v. hookeri
秋海棠属	*Begonia* spp.
菱叶白粉藤	*Cissus alata*
彩叶草	*Coleus hybridus*
黛粉芋属	*Dieffenbachia* spp.
龙血树属	*Dracaena* spp.
熊掌木	× *Fatshedera lizei*
印度榕	*Ficus elastica*
网纹草	*Fittonia albivenis*
新娘草	*Gibasis geniculata*
洋常春藤	*Hedera helix*
红点草	*Hypoestes phyllostachya*
苏丹凤仙花	*Impatiens wallerana*
血苋	*Iresine herbstii*
豹斑竹芋	*Maranta leuconeura*
喜林芋属	*Philodendron* spp.
马刺花属	*Plectranthus* spp.
非洲紫罗兰	*Saintpaulia ionantha*
绿玉菊	*Senecio macroglossus*
合果芋	*Syngonium podophyllum*
吊竹梅属	*Zebrina* spp.
紫露草属	*Tradescantia* spp.

商业化扦插生根

商业温室大量生产插条，适用于菊花、一品红等花店植物和观叶植物。通常，灌木利用嫩枝扦插和茎尖扦插的方法进行扦插繁殖，因为这些扦插生根最快，可以减少植物生产所需的时间。

温室通常有一个或多个专有繁殖工作台，并配有间歇式雾化系统（图 5.18）。这一系统是为了在扦插生根前保持蒸腾作用最小化并吸收水分和养料而设计的。带有光照的雾化喷水装置作用于扦插的叶子，使其始终保持湿润，作用时间是每间隔 2—10 分钟喷洒 2—10 秒。两次雾化作用的间隔时间取决于温室内的蒸发率。间歇式雾化系统的目的是在叶子完全干燥之前再次雾化，但又不使其过度湿润。过度湿润的环境会损失叶子中的养分，还会增加其疾病感染的概率。

间歇式雾化系统由以下几部分组成：计时器、控制雾化开关的电动电磁阀、覆盖在植物上面的管道和雾化喷头。

在某些情况下，电子叶状开关（图 5.19）可以代替计时器。电子叶状开关是一个与电子装置连接以控制电磁阀的小型金属感应板。每次雾化开关打开时，感应板会变湿，重量增加会导致它落下，从而连接电路。当水分从感应板上蒸发时，电路断开，触发雾化并回到原来的状态。电子叶状开关比计时器更好，因为电子叶状开关控制的雾化可以配合环境变化，如从多云到晴朗的变化；同时还可以避免计时器控制所发生的过度雾化的情况。

根区加温系统不仅被用于扦插基部的加热，还用于增加叶子的蒸腾作用（图 5.20）。热量能够促进扦插更快、更稳定地生根。

分根法

分根法是最常用、最可靠的家用繁殖方法。它适用于多种多年生草本植物、少数灌木和大多数室内盆栽植物，如蕨类、文竹、非洲紫罗兰、吊兰。利用分根法可以将一个植物分离成两个或者多个，其中的每一个植物都包括根和树冠（图 5.21）。

分根法可以用于植物生长的任何阶段；但是，在植物生长活跃的时期进行时必须精心照料，最低限度地减少叶子的水分散失。因此，冬季寒冷的地区的园艺师通常在早春对休眠植

图 5.18 雾化喷水装置。照片由得克萨斯州卢博克市 CEV 多媒体公司提供

物进行分根。

进行分根的灌木必须是多茎乔木，也就是对许多长出地面的茎进行分根，而不是对一个短树干的分枝进行分根。尽量在植物休眠的时候进行分根，用铁锹将树冠切断，这样树冠就被分成了几个，然后挖出每个部分，尽量多保留根部结构，然后将其移植到新的位置，修剪后尽量不去干扰其生长。要保留一部分母树树冠的结构以恢复灌木的生长。对多年生草本植物来说，要挖出整个植物后将其切分开，然后

图 5.19 带有电子叶状开关的雾化系统。照片由格里芬温室苗圃提供

图 5.20 适用于花盆或育苗盘的根区加温系统。照片由格里芬温室苗圃提供

图 5.21 利用分根法将玉簪花分成几小丛。照片由乔治·塔卢米斯（George Taloumis）提供

将各部分重新种植并灌溉。

对室内栽培植物分根时，可以从花盆中移出母本植物并切开，然后将其移栽到花盆中种植。通常情况下不必修剪。如果分根后植物出现萎蔫的现象，可以将新移栽的植物放在塑料袋中，在间接或过滤光照的环境下生长几周（避免被光直接照射）直到根部重新生长。

压条法

压条是另一种常用的繁殖方法，主要适用于藤本植物和具有柔韧性、易弯曲的枝条或具有蔓生习性的灌木。在植物活跃生长的任何时候，生长较低并且柔韧的枝条能够弯曲到地面，利用石头和弯曲的金属线将其固定在适当的位置上，然后用土堆覆盖枝条尖端下面的一小段。几个月以后，在用土覆盖部分的茎上会长出根部，从母株上切离压条后进行移植。

空中压条法 空中压条技术主要适用于大型室内栽培植物，如印度榕。它们仍保有自己根系，可以诱导茎生根。空中压条法从高大枝条的植物中获得新植株，以矮化那些长得过高的植物，使那些长得高大又无叶的植物重新变得低矮又茂密。如果有需要的话，利用空中压条法形成的新植株也可以长得很高大，有的可以长到 1 米高。

许多木本植物可以利用空中压条法进行繁殖（图 5.22）。第一步，选择茎，新植株的根系会在茎上生长出来。第二步，用锋利的小刀在茎上环切掉宽度约为 2 厘米的树皮。环状剥皮去掉的是形成层和韧皮部，而不是木质部，所以植株仍然能把水分运输到植物的顶部。

接下来，将一两把泥炭土放在环剥的位置，并用塑料薄膜包裹。用编织袋或胶带封住两端，确保两端的藓不会露出来，密封住水分。空中压条暴露于阳光直射的地方时，要在塑料外面覆盖一层锡纸，以避免根部过热。

2—3 个月后，泥炭土中会生长出根。在此期间，每 1—2 周检查泥炭土的湿度，如果需要的话，重新加湿泥炭土，因为泥炭土一旦干燥，压条就不会生根。当新长出的根长度达到 5—8 厘米时，空中压条就可以被从母株上切下来并被移植到单独的花盆中。如果压条萎蔫严重，要在潮湿的环境中培养 1 周左右。

长匐茎、根状茎、匍匐茎

这 3 种水平茎的结构类型是营养繁殖的自然方法。长匐茎（图 5.23）生长于地面上，其代表植物是草莓、蕨类、吊兰和虎耳草等。根状茎和匍匐茎生长在地平面或地下，其代表植

图 5.22 空中压条。照片由作者提供

物是竹子、草和鸢尾。这 3 种类型在植物学上只有细微的差别，繁殖方式也基本相同。

这几种变态茎的结构类型包括芽、节点和节间。长匍茎只有一个顶芽，而匍匐茎和根状茎有几个。茎的节点是新植株形成的位置。对于作为室外植物的长匐茎来说，茎是其开始形成新植株的位置。这也是避免草莓植株生长过密的一种常用的方法（见第 10 章）。长匐茎不需要额外的处理就能够生根，生根后可以按需将其与母株分开并移植。

因为室内栽培植物被种植在花盆中，所以长匐茎植物不会单独接触生根基质，可以无限期依附在母株上生长。如果需要新植株，可以在长匐茎植物下面放置一个装有生长基质的小花盆。不到一个月，植物就会生根，然后可以将长匐茎分离出来。当这种方法不可行时（如对于悬挂植物），可以把长匐茎当作未生根的茎尖扦插处理。

利用根状茎和匍匐茎进行植物繁殖的方法与上面的方法类似。当适量的根生成后，切下连接新植株和母株的茎，将新的植株移植到新的位置进行生长。

图 5.23 吊兰长匐茎的生根。照片由柯克提供

吸根和吸芽

吸根和吸芽（图 5.24 和图 5.25）是从成熟植物的根或茎生长出来的新嫩枝，功能类似于根状茎和匍匐茎。在许多灌木和室内盆栽植物中常见，如凤梨、多肉植物和仙人掌等。仙人掌上的吸芽通常生于植物顶部，脱落后很容易生根。生长于植物底部的吸根能否发育出根系取决于母株。如果能够发育出根系，可以直接对吸根进行移植；如果不能，可以把吸根当作扦插进行处理。

储存器官：鳞茎、球茎和块茎

百合、唐菖蒲和朱顶红等多年生草本植物拥有地下贮藏器官，是储存碳水化合物的地下结构。从植物学的角度来说，这些结构是变态茎上的节点、芽和变态叶。营养繁殖的自然方式是在亲代植株的周围（图 5.26）进行自我繁殖（鳞茎、球茎和块茎），掰断这些结构（最好在植物休眠期）并将其种植到新的位置。存储器官要在移植 2—3 年后才能开花，因为在开花之前它们必须生长到足以开花的最小尺寸。

枝接和芽接

枝接和芽接是非常复杂的繁殖方法，适用于苗圃中极具开发价值的水果和观赏植物品种，在本书中只简要介绍。想要尝试枝接和芽接方法的园艺爱好者可以提前设计方案，并从本章最后所列的参考文献资料中获取更多信息。

事实上，枝接和芽接是使两种不同的植物接合在一起，让它们愈合并且行使单一植物的功能。芽接是将一个植物的芽嫁接到另一个作

图 5.24 有 2 个幼嫩吸根的虎尾兰。照片由柯克提供

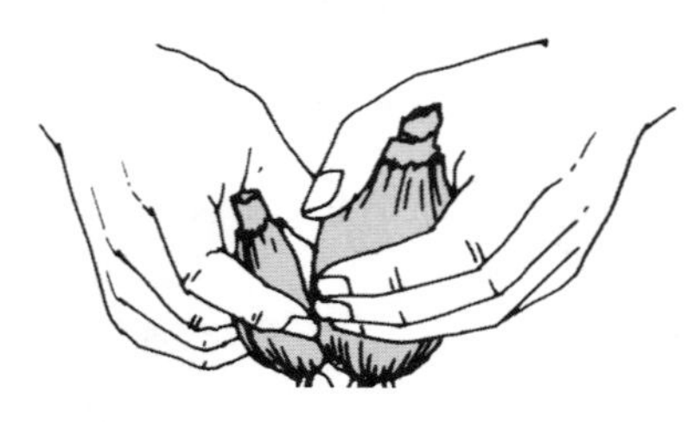

图 5.26 从母鳞茎上掰断子鳞茎

图 5.25 有吸芽的针叶仙人掌。照片由里克·史密斯提供

为根系行使功能的植物上；而枝接是将小枝接合到另一个植物上。

通常情况下，枝接和芽接能够将两个栽培品种接合成一个，并且获得的植株能够表现出两者的优良性状。例如，将观赏价值很高但根系较弱的植物（接穗）接到根部茂盛但观赏价值较低的植物上（砧木）。

枝接还有其他几个目的：修复环剥后将要死去的树木；培育少见的植物形式，如树状月季或高大茂盛的树干上长有垂枝的树木；将老果园中的果树培育成新的品种。

枝接和芽接依赖于形成层细胞的活跃状况，因此要在形成层细胞分裂活跃的时期进行，这样枝接的位置很快就能愈合。为了确定最佳的枝接时机，对树皮进行去皮测试。如果树皮容易和下面的木质部分离，说明形成层细胞分裂活跃，利用最常用的技术进行枝接或芽接是可行的。枝接或芽接通常在植物还没有开始生长的早春进行，因为此时能最大限度地降低蒸腾作用所造成的水分散失，并且能够增加两个植物形成层生长并结合到一起的机会。其他的嫁接技术还可以用于休眠植物。

嫁接有很多种类型。采用何种嫁接类型取

决于植物的种类和嫁接的目的。嫁接的一般规则如下：

一是砧木的直径必须大于或等于接穗的直径，但接穗的直径通常只有铅笔一般粗，或比铅笔稍粗。

二是砧木和接穗的形成层必须接触，最好让尽可能多的形成层彼此接触。如果形成层无法接触到一起，嫁接处将无法愈合，接穗会死亡。

三是砧木和接穗必须紧密贴合，接合处要防止干燥。嫁接接合处用特殊的胶带或蜡线将砧木和接穗缠绕在一起。在接合处表面蜡涂可以防止干燥。图 5.27 介绍的是嫁接类型中的镶接法的基本步骤。

芽接（图 5.28）是指从接穗上取下一小片带芽的树皮，把它直接放在砧木的形成层上。与枝接相比，芽接的风险小，因为如果接合处不能愈合的话，砧木只受到轻微的损害。对于枝接来说，接合处必须用胶带来防止干燥。

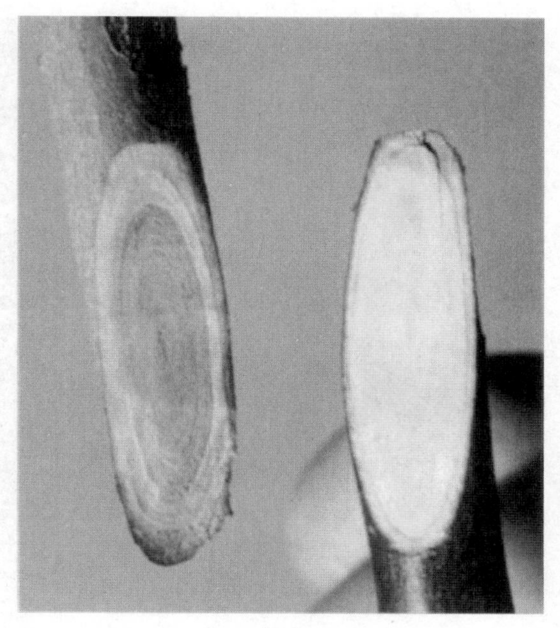

（a）

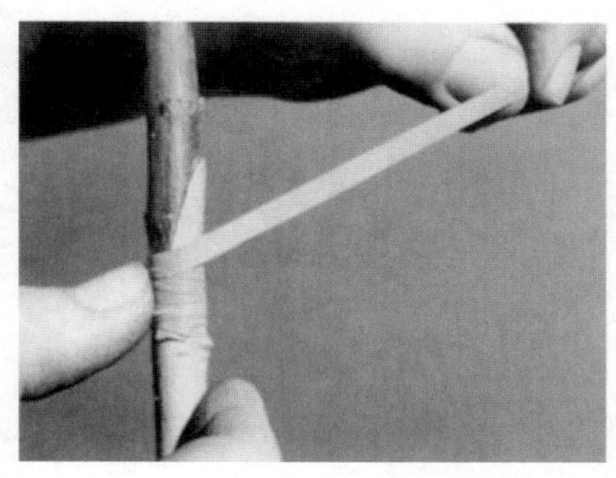

（b）

图 5.27 镶接法的基本步骤：(a) 将砧木和接穗切成同等尺寸并为嫁接做好准备工作；(b) 将砧木和接穗接合在一起并用胶带固定。照片由得克萨斯州卢博克市 CEV 多媒体有限公司提供

组织培养

组织培养也叫作植物快繁，是利用亲本植物的微观部分进行植物繁殖的方法（图 5.29）。在过去的 10 年里，组织培养技术迅猛发展，从最初的高校实验室采用的实验程序发展成具有重要经济地位的商业化繁殖方法。与传统的繁殖方法相比，组织培养技术具有两点明显优势：能够利用有限数量的亲本和相对较小的区域进行大规模栽培品种培养；能够消除快繁苗中来自亲本材料的致病病毒，而通过使用农药很难达到繁殖大量脱毒健康有活力的子代。最近未知病毒感染的危害已经逐渐暴露出来，所以利用脱毒亲本进行组织培养的重要性越来越受到人们重视。

最简化的组织培养包括以下步骤：

1. 在无菌条件下，使用外科手术刀和镊子去除预先消毒过的茎尖分生组织。

2. 在无菌条件下，将外植体接种到含有植物激素的凝胶型生长培养基试管里。用消毒棉球塞住试管，防止致病微生物进入。

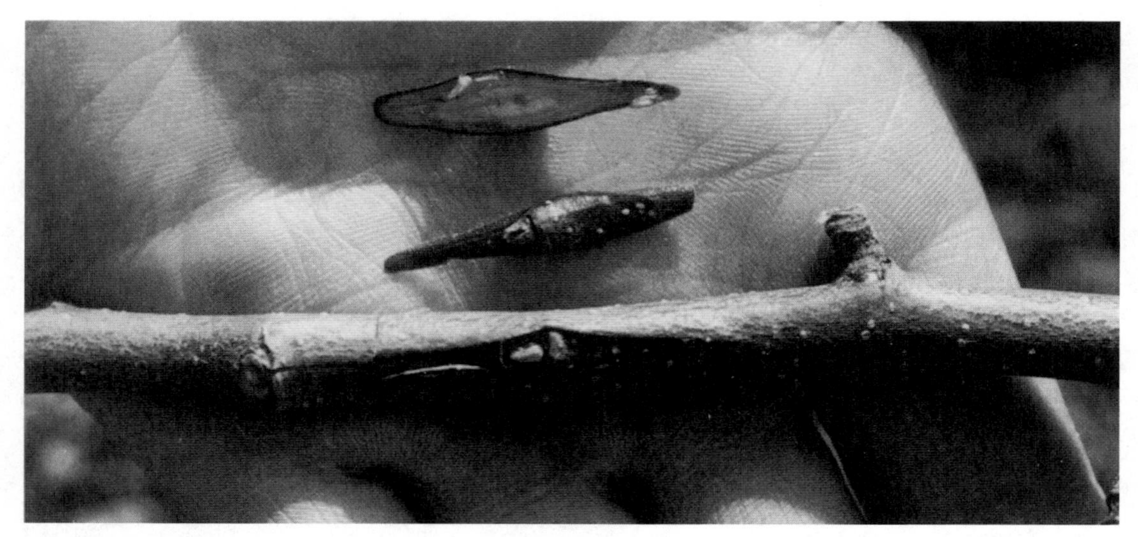

图 5.28 上面的是芽接所用的芽片，下面的是已经补在枝条适当位置的芽片。照片由罗伯特·F. 卡尔森（Robert F. Carlson）博士提供

图 5.29 草莓的组织培养。照片由科瓦利斯市国家种质资源库芭芭拉·M. 里德（Barbara M. Reed）提供

3. 培养几个星期或几个月，在这一生长和增殖阶段，外植体的大小会是原来的几倍。

4. 在无菌条件下，将愈伤组织细胞团进行切分，并分装到含有更多植物激素的生长培养基试管中，用棉球塞住试管口。

5. 培养基中的激素诱导根和芽生长。

6. 在温室生长环境下，将小植株从试管中转移到花盆中，在正常的生长培养基中进行培养。

7. 将植株移栽到室外生长条件下进行种植。

组织培养是一项专业活动，因为要确保达到组织培养所必需的无菌条件。然而，组织培养的植物作为一项新奇的商品，偶尔会在苗圃出售。特别是兰花，它是组织培养主要的种类，已经培育了很多年。试管是密封的，就像一个微型玻璃容器。当植物太大不适于在试管中生长，可以将其移植到花盆中，但这一过程并不一定总会成功。

5.5 基因工程

基因工程是生物工程的一个分支，它能够利用细菌和病毒等生物体培育难以获得的植物品种，减轻基因所致的病害，提高植物对不良环境条件的耐受性，以及达到其他类似目标。基因工程作为一种植物改良方法，既不是利用育种也不是利用自然选择等传统改良方法，而是改变了植物的基因组成。它的主要优点是，通常植物育种和自然选择只涉及一个物种的基因，而基因工程可以在完全无关的植物或细菌之间进行基因转移，在极少数情况下，甚至可以将动物的基因导入植物中。

例如，大多数花卉缺乏蓝色的栽培品种，因为植物个体没有携带这一颜色的基因，所以不可能找到并培育出蓝色的品种。但是利用基因工程技术，可以将矢车菊的蓝色基因转入玫瑰中。目前，澳大利亚已经利用基因工程技术培育出了蓝玫瑰。

基因工程最明显的优势是，由于基因库有限（自然植物物种携带的基因），当利用植物育种和自然选择进行植物改良已经很难培育出新的植物品种时，还能通过导入外来基因的方式继续进行物种改良。

基因工程的程序

当然，基因工程的程序是很复杂的，但简化版的经典程序概述如下：

1. 确定所要改良的植物性状，例如，抗病性、抗寒性或颜色。

2. 或人工合成，或从供体植物中分离出能决定所要改良性状的目的基因。为了分离出目的基因材料，研磨供体植物，然后用化学方法清除所有的细胞内含物，直到只剩下目的基因。

3. 提取目的基因，将其连接到载体上，载体能够将基因转入目标植物中。第一个载体是质粒，在细菌细胞中存在的环状的 DNA 分子，生物工程公司可以提供可用数量的质粒。酶（引起或加速化学反应，但自身不发生变化的化学物质）可以打开质粒，插入新的目的基因片段后重新连上质粒。并不是所有的质粒都能接受新的目的基因。处理后的质粒被导入实验室培养的专用细菌受体细胞中。

4. 针对细菌中的质粒，检查转化是否发生。目的基因随着细菌受体细胞在凝胶培养基中繁殖、复制。培养基经过了专门设计，可以通过颜色或其他明显的迹象做出相应的反应，从而将已经发生转化的细菌筛选出来。

5. 将已经发生转化的细菌转接到新的凝胶培养基中进行培养，然后检测目的基因是否存在。这一步骤是必要的，因为虽然已经证实了目的基因的转化，但是如果不做进一步的检测，就无法确定是否存在目的基因。检测的方法之一是化学分析。如果转化的是决定抗病性的目的基因（例如，目的基因引发植物产生毒素，杀死病菌），可以通过化学分析的方法检测细菌毒素是否存在。

6. 将细菌载体中的目的基因导入第二个质粒载体中，携带这一载体的微生物将目的基因导入目标植物体。基因工程所选择的微生物通常是导致冠瘿病的细菌（见第 7 章）。这种细菌具有惊人又罕见的能力，能够把基因导入宿主植物的转化过程当作其生命周期的一部分。它还能够导入其他基因，这一特性是它的价值所在。

在自然情况下，冠瘿病能够导致植物长瘤，产生细胞分裂素和吲哚乙酸。为了消除癌瘤引起的特征，并只利用其易感染的潜能，细菌首先要变成感受态细胞，如此一来细菌没有能力造成癌瘤。

7. 用导入了目的基因的冠瘿病细菌去侵染受体植物。将其接种到植物的根、叶或其他植物结构，被侵染的受体植物（再次利用培养基中化学物质的反应进行检测）可以通过组织培养再生成一个完整的植物体。新的植物体被称为转基因植物，因为它们含有除自身基因以外的外源基因。新的目的基因已经成为植物基因组成的一部分，并在每个新的细胞中进行自我复制。

除了上述最常用的方法，还有一些其他的方法也被使用。其中一种方法使用了一种被称为基因枪的装置，它实际上是发射包裹了含有外源基因质粒的钨颗粒子弹。在真空中准确射击转基因植物，将目的基因推射导入细胞壁并成为植物基因组成的一部分。

另一种方法是原生质体转化法。使用化学方法将来自受体植物细胞的细胞壁清除（这样就成了原生质体），然后将其浸泡在质粒中，插入新的目的基因。新的质粒转化到原生质体中，利用组织培养的方法将原生质体再生成一个完整的植物体。

5.6 基因工程的商业化应用

在商业化园艺种植生产中，研究主要集中在蔬菜和水果作物的基因工程领域，只针对少数鲜花和其他作物。虽然人们已经广泛种植转基因作物，但大多数作物都不是园艺作物。一般来说，园艺作物基因工程的研究都集中在抗病性、抗虫性、除草剂抗性、延长作物的保鲜时间（保质期）、改变颜色（如花卉的颜色）、耐低温（给予草莓和桉树耐低温性）等方面。在污染防治方面的一项有趣的基因工程研究显示，在实验室条件下，转基因杨树能够清除91%的三氯乙烯（一种地下水污染物），相比之下正常杨树只能清除3%的三氯乙烯。在用来生产药物的药用植物这一新兴领域，研究人员正在对番茄、莴苣和羽扇豆等在内的园艺作物进行相关的试验。

最著名的一种转基因园艺作物是莎弗番茄（Flavr Savr tomato）。这种番茄经过基因工程改良后比正常的番茄保存的时间更长。番茄适合鲜食，为了防止擦伤，需要在番茄的硬果期进行采收，不像要制作为罐头的番茄，后者可以利用机械进行采收（这一方式比较便宜）。必须仔细包装并迅速运输新鲜的番茄，保证它们上市时的卖相良好，能够吸引买家购买。

莎弗番茄中含有一种基因，能够抑制果实成熟时变软的基因表达。因此，虽然番茄的味道继续变化，但减缓了果实成熟时变软的过程。这使得番茄能够利用机械进行采收，增加运输的时间，延长番茄在超市货架上的保鲜时间。

第二种得到广泛关注的转基因园艺作物是具有病毒抗性的汤普森无籽葡萄。汤普森无籽葡萄是被最普遍栽培的鲜食葡萄，同时也是混合葡萄酒的组成成分。科学家们希望转入的病毒抗性基因既能够减少化学药品的使用，又能够减少其进入环境中，因为正常情况下为了防治疾病需要喷洒化学药品。目前人们只在木瓜和南瓜中成功转入了病毒抗性基因，并已投入生产。表5.5列举了一些目前正在进行转基因研究的园艺作物。

转基因的反对者提出了一些质疑。一些人担心非自然的转基因可能会以未知的方式破坏生态系统。他们认为（与传统育种方法相比）转基因加速了基因的改变，培育出经过高度专门设计的植物品种，这些怪异的植物会在生态环境中泛滥，导致不稳定的生态状况。

另一种反对意见针对一种细菌——苏云金杆菌。它是目的基因被导入植物从而引起产生昆虫毒素的来源，这使得它们耐受虫害的能力很强。由于其广泛整合了很多植物的抗虫性，一些有机植物种植者担心用来控制蠕虫侵扰的生物农药将不再有效。这使有机植物种植者失去了一种他们已经广泛应用的最重要的天然杀虫剂。

美国环境保护署（EPA）已经批准了一批转基因植物。1997年，超过300万英亩的转基

表 5.5 适用于转基因技术的园艺作物

苹果	生菜
芦笋	木瓜
西蓝花	豌豆
胡萝卜	辣椒
白菜	杨树
康乃馨	马铃薯
菊花	覆盆子
玉米	南瓜
黄瓜	草莓
蔓越莓	番薯
茄子	番茄
唐菖蒲	胡桃
葡萄	西瓜

注：截至目前，只有转基因番茄、南瓜、木瓜和玉米已经进行种植。

因玉米、棉花和马铃薯已经在美国进行种植。然而，31个团体提起集体诉讼，反对美国环境保护署，他们指责美国环境保护署在对转基因作物批准的管理上存在疏忽。

问题与讨论

1. 与有性繁殖相比，植物的营养繁殖的优势是什么？
2. 为了维持种子的发育能力，如何在家里保存？
3. 液体基肥是什么？应该在何时将其施加于植物？
4. 如果没有对种子发芽的生长基质进行消毒会发生什么情况？
5. 如果种子发芽的生长基质变得干燥会发生什么情况？
6. 如何确定植物幼苗是否患有立枯病？
7. 在进行植物移植时，应该拿起幼苗的哪一部位？为什么？
8. 在幼苗移植到室外前，幼苗炼苗期的作用是什么？
9. 合适的生根基质有什么特征？
10. 嫩枝扦插和硬枝扦插，哪种生根快？
11. 嫩枝扦插和硬枝扦插，在生根之前哪种更容易腐烂？
12. 每年什么时候剪下硬枝来进行扦插比较合适？
13. 进行室外植物繁殖时，采用的最常用的扦插类型是什么？
14. 对于一种高大且无叶的室内栽培植物，应该采用哪两种扦插类型以繁殖出更多的植物？
15. 当扦插生根时，为什么要除去扦插上的枯叶？
16. 解释如何利用压条法繁殖灌木。
17. 鳞茎是如何进行繁殖的？
18. 枝接和芽接的目的是什么？
19. 如何利用吸根和吸芽进行植物繁殖？
20. 与其他繁殖技术相比，组织培养技术有什么优势？它的缺点是什么？
21. 概要介绍一下组织培养的基本步骤。
22. 为什么有时优先选择基因工程进行植物育种？
23. 列举园艺作物要进行转基因的几个原因。

参考文献

American Horticultural Society, and A. Toogood. 1999. *American Horticultural Society Plant Propagation: The Fully Illustrated Plant-by-Plant Manual of Practical Techniques*. New York: DK Publishing.

Arbury, J., R. Bird, M. Honour, C. Innes, and M. Salmon. 1997. *The Complete Book of Plant Propagation*. Newtown, Conn.: Taunton Press.

Bajaj, Y.P.S. 1997. *High-Tech and Micropropagation V*. Biotechnology in Agriculture and Forestry, 39. Berlin: Springer.

Bates, C., and D. Hamrick, eds. 2003. *Ball Redbook*. 17th ed. Batavia, Ill.: Ball Publishing.

Clarke, G., and A.R. Toogood. 1992. *The Complete Book of Plant Propagation*. London: Ward Lock.

Dirr, M.A., and C.W. Heuser, Jr. 1987. *The Reference Manual of Woody Plant Propagation: From Seed to Tissue Culture*. Athens, Ga.: Varsity Press.

Garner, R.J. 1988. *The Grafter's Handbook*. Published in association with the Royal Horticultural Society [by] Cassell.

Hartmann, H., D. Kester, F.T. Davies, and R.L. Geneve. 2002. *Hartmann and Kester's Plant Propagation: Principles and Practices*. 7th ed. Upper Saddle River, N.J.: Prentice Hall.

Kyte, L., and J.G. Kleyn. 1996. *Plants from Test Tubes: An Introduction to Micropropagation*. Portland, Ore.: Timber Press.

MacDonald, B. 1986. *Practical Woody Plant Propagation for Nursery Growers*. London: Batsford.

Nau, J. 1999. *Ball Culture Guide: The Encyclopedia of Seed Germination. Batavia*, Ill.: Ball Publishing.

Nau, J. 1995. *Ball Perennial Manual: Propagation and Production*. Batavia, Ill.: Ball Publishing.

Porter K., and P. Matthews. 1996. *Plant Reproduction.* Cycles of Life: Exploring Biology. Olathe, Kans.: RMI Media Productions.

Razdan, M.K. 2003. *Introduction to Plant Tissue Culture*. 2nd ed. Enfield, N.H.: Science Publishers.

Van Patten, G.F., and A.F. Bust. 1997. *Gardening Indoors with Cuttings*. Washougal, Wash.: Van Patten Publishing.

第 2 部分

室外植物种植

照片来源于 http://philip.greenspun.com/

第 6 章

室外土壤与肥料

学习目标

- 区分 3 种基本的土壤类型。
- 描述聚合土和非聚合土的特征。
- 比较黏土、肥土和沙壤土的保水力、养分含量、压实趋势、干燥特性和孔隙空间大小。
- 解释不同类型土壤水的差异。
- 说出并区分室外土层的名称。
- 说明土壤中阳离子交换量（CEC）的功能和过程。
- 列举改良土壤的 5 种方法，并说明每种方法适用的情况。
- 区分植物所需的大量元素和微量元素，并各列举出 6 种。
- 鉴别下列 3 袋化肥，从中选出最好的：

  第 1 袋：5 磅（1 磅约合 0.45 千克） 7.5 美元　10-10-10

  第 2 袋：2.5 磅　10 美元　20-20-20

  第 3 袋：10 磅　15 美元　5-10-10
- 说明追肥、侧施肥、针施肥、钻孔施肥和叶面喷肥等施肥技术。
- 解释土壤 pH 值如何影响营养素有效性，哪种营养元素受到的影响最大？

照片由美国农业部提供

土壤是覆盖在地球大部分陆地表面的一层松散物质。它是一种动态的矿物质混合物，含有腐烂的动植物体（有机物）、微生物、水和空气。土壤对植物有两个主要的作用：第一，植物的根生长在土壤中，从而为植物提供机械支撑；第二，土壤提供了植物健康生长所需的水、空气和养分。土壤上述各项功能的发挥很大程度上取决于土壤的肥力，也就是说，土壤能够允许生长多少植物。

6.1 土壤的分类

虽然矿质土壤中含有少部分有机物，但土壤还是根据其中矿质颗粒的大小和数量进行分类的。土壤颗粒的范围包括体积很小需要使用显微镜才能够看到的黏粒以及肉眼可见的粉粒和沙粒。每种类型的土壤颗粒都具有能够影响植物生长的独特属性。然而，粉粒的属性在很多方面介于黏粒和沙粒之间，在很多土壤中现存的粉粒相对较少。因此，参考黏粒和沙粒颗粒的主要属性可以对土壤有基本了解。掌握这些属性能够提高栽培技术，从而使土壤环境更有利于植物茁壮地生长。

有机土壤（包括泥炭土和腐殖土）主要包括含有少量矿质元素的腐烂有机物。它们主要分布在美国和加拿大的中部和东北部的小块地区，还包括佛罗里达州的大片沼泽地。有机土壤虽然肥沃，但需要精心管理；有机土壤在很多方面并不作为矿质土壤使用。因为有机土壤对于家庭花园土壤不太重要，所以在本书中这部分内容暂不做介绍。使用有机土壤从事园艺的人应该查阅土壤相关资料或向该地区技术指导人员寻求更多的信息。

土壤很少只含有一种类型的颗粒。相反地，土壤中含有的颗粒类型占有不同的百分比，土壤类型是根据其中最主要的颗粒结构类型进行划分的（表 6.1）。例如，如果土壤含有的主要颗粒是黏粒，同时还包括少量沙粒，该种土壤类型是黏土；当土壤中沙粒的比例增加，几乎等于黏粒的比例，该种土壤类型是壤土；当土壤中沙粒的比例大大超过黏粒的比例，此时土壤的类型是沙壤土。对于种子种植来说，它的理想土壤叫作“壤土”，指的是土壤中沙粒和黏粒所占百分比几乎相同的土壤类型。

表 6.1　样本土壤颗粒类型的分类

土壤类型	平均粒径	园林用土适宜程度
黏土	最小	一般
壤质黏土	小	一般
黏壤土	中等	好
壤土	中等	好
沙壤土	中等	好
壤质沙土	大	好
沙土	最大	一般

如上所述，黏粒和沙粒具有各自的特点。壤土的属性介于黏土和沙土之间。一种类型的颗粒的比例越高，土壤的属性与该类型颗粒的属性越接近。例如，壤质黏土大多具有黏粒的特点，其中所含有的沙粒会稍微改变土壤的属性。另一方面，黏壤土中主要是壤土，还包括少量黏土。

黏土的特点

黏土（表 6.2）通常被称为重壤土，主要由层状的黏粒组成。这些颗粒呈扁平的盘状，也正是因为其较小的体积和扁平的形状，颗粒间能够紧密接触在一起。这种紧密的联系使得单个黏粒间的空间相比沙粒等圆形颗粒的空间要小。可以将黏粒比作堆放在罐子里的一枚枚硬币，而沙粒则是一个个玻璃球。硬币间的空间比玻璃球间的空间小得多（图 6.1）。相反，被比作装满罐子的玻璃球的沙土虽然含有的颗粒较少，但空间较大。这些构成黏土主要特点的黏粒间的狭小空间被称为孔隙空间。黏土是指水和空气移动缓慢的土壤。

通过孔隙空间，土壤中的水分移动会使土壤迅速或缓慢排水，并且能决定其排水良好（迅速）或不良（缓慢）。因此主要由黏土组成的土壤被认为排水不良。黏土能够长时间保存住水分，这可能不利于植物的生长。

黏土的另一个特点是具有可塑性，这是由于土壤中的颗粒是扁平状的。黏土可塑性的特点是指湿润时土壤具有黏性和可塑性（图 6.2），干燥时土壤坚硬呈团块状。因为黏土湿润时高度可塑，它们也会受到挤压，实际上就是排出所有的孔隙空间向下压紧土壤颗粒（图 6.3）。压实是由在土壤湿润时有人在土壤上面走路或开车所产生的压力造成的。压实后的土壤水分渗透和排水变差，从而使土壤中缺少空气，导致植物生长不良。黏土可塑性的另一个结果是当土壤中水分增加时，体积会扩大；当

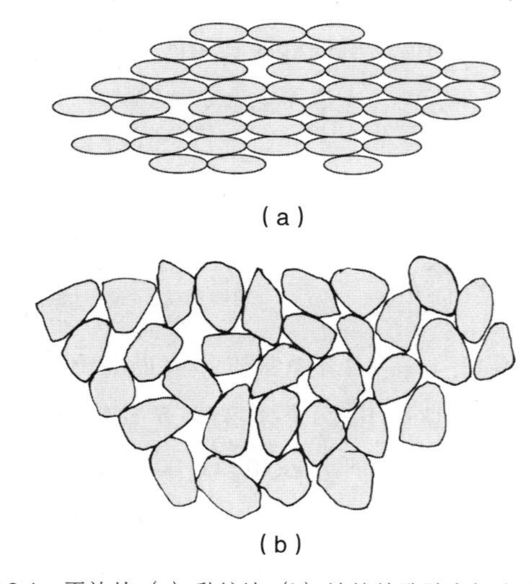

图 6.1 平放的 (a) 黏粒比 (b) 沙粒的孔隙空间小。图片由贝瑟尼绘制

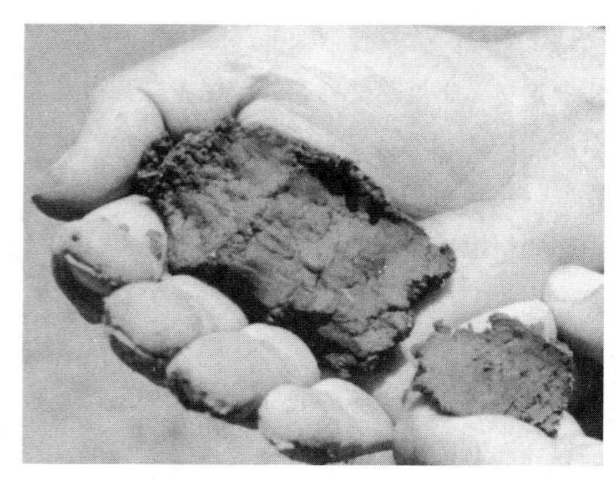

图 6.2 潮湿时，黏土的可塑性使其形成带状。照片由得克萨斯州卢博克市 CEV 多媒体有限公司提供

土壤变干时，体积会缩小。在土壤变得非常干燥时，这种扩大和收缩的倾向会导致土壤出现明显的表面开裂。

黏土也有强大的能力，那就是能够吸收和保持养分。这一属性（即阳离子交换量）会在后面进行详细的介绍。基本上，这种能力意味着养分能够储存在黏土中，而不被降雨或用来灌溉的水冲走。

沙土的特点

沙土（表 6.2），或称轻壤土，具有与黏土相反的特点。水分流经黏土较小的孔隙空间时，速度会变得缓慢；而在沙土中水分流经较大的孔隙空间，移动自由并且速度很快。沙土既不能保存水分；也不会扩大和收缩，从而不会变得有黏性或呈团块状，也不容易压实。沙土的阳离子交换能力很差，所以当有水流经土壤时，养分很容易被冲走。

黏土和沙土间的属性差异主要是由于沙粒尺寸较大，呈圆形或不规则的形状。由于形状不规则，沙粒不能紧密挤压在一起（压实）。当沙粒湿润时，它们不能像黏粒那样彼此间轻

表 6.2 黏土和沙土的属性

黏土	沙土
保水力很好	无法存水
土壤中空气和水缓慢流动（排水不良）	土壤中空气和水迅速流动（排水良好）
小，有少量孔隙空间	大，有大量孔隙空间
潮湿时膨胀，干燥时收缩并出现裂缝	不会因为水分的变化而膨胀或收缩
吸收和持有植物所需营养物质的能力强（阳离子交换量大）	吸收和持有植物所需营养物质的能力弱（阳离子交换量小）
潮湿时受到压力会变得紧密	没有压缩的倾向
潮湿时可塑形	潮湿时无法塑形

易滑动。因此，沙土缺乏黏土固有的可塑性。

壤土的特点

壤土所具有的黏粒和沙粒的属性与壤土中黏粒和沙粒的相对数量成比例。对于大多数植物来说，壤土是理想的土壤类型，因为它们没有沙土和黏土的极端属性。例如，黏土土地在连续多天降雨的情况下会变涝而无法使用，而沙土土地因无法存水而必须经常进行灌溉。然而，壤土能够吸收大量水分且不需要频繁进行灌溉。与黏土相比，壤土能够在更短的时间内变得干燥、可使用。与沙土相比，壤土能够持有更多的养分。然而，壤土不像黏土那样，易于结成土块或被压实。

土壤结构三角关系

图 6.3 是土壤结构的三角关系图。可以根据重量（轻或重）或类型名称（沙土、黏土、壤土等）对土壤进行分类。它将每个主要成分的相对百分比结合并转换成如壤土、黏土、粉质黏壤土等结构类型名称。粉沙不是三角形的轴，因为当沙子和黏土结合在一起时，它们会自动分解成其他的成分。

例如，如果土壤中含有 45% 的沙子、25% 的黏土和 30% 的粉沙，它属于壤土（L, loam），通常是理想的土壤类型。如果土壤中含有 50% 的黏土和 30% 的沙土，它属于黏土（C, clay）。如果土壤中含有 15% 的黏土和 60% 的沙土，属于沙壤土（SL, sandy loam）。

商业化实验室已经能够按重量测定每个成分的百分比，在本章最后所列的参考网址中解释了如何在没有实验室设备的情况下进行测定。

6.2 土壤中的有机质

除了沙土和黏土等矿质成分，有机物也是土壤中有价值的成分。实际上，植物可以在不含有任何沙土和黏土的纯有机质中茁壮地生长。土壤中的有机质是树叶、树根和动物粪便等营养物质重新回归到土壤中分解产生的。虽然有机质在大多数土壤中数量相对较少（几个百分点），但会极大地影响土壤的属性。例如，有机质通常负责土壤中阳离子交换量的一半。在沙土中，有机质能够增加保水力和养分含量；在黏土中，有机质能够改善排水和空气流

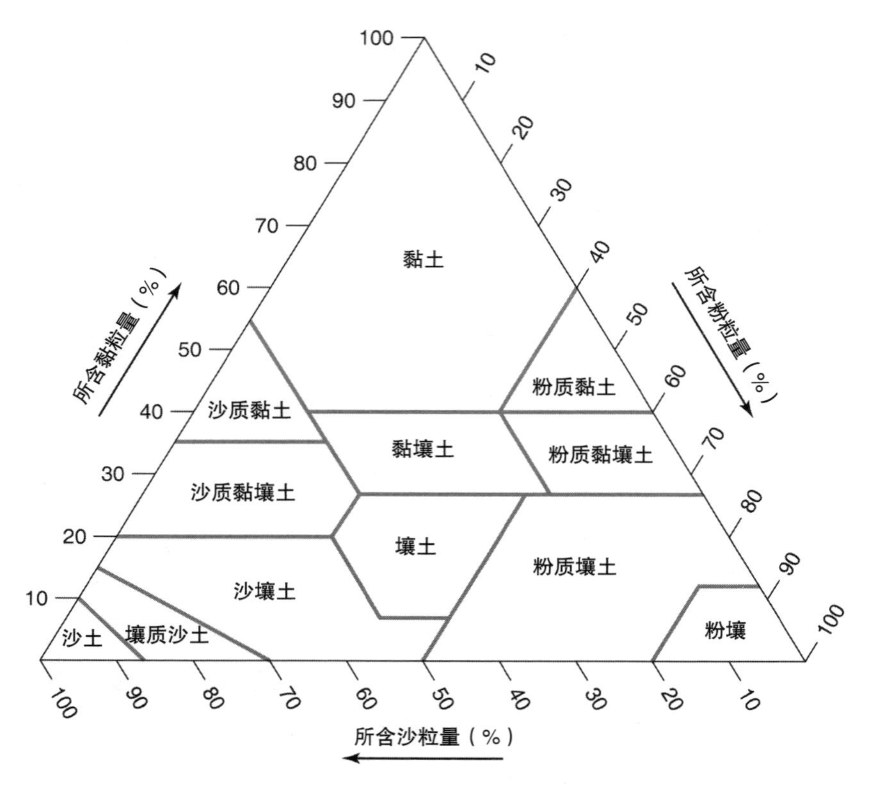

图 6.3 土壤结构的三角关系图。图片由美国农业部提供

动，还能够降低土壤的压实度和可塑性。因此，它的净效应是改善所有添加了有机质的土壤。

有机质对黏土最主要的一个影响是导致土壤聚合。黏粒具有彼此间能够排除空气并紧密接触在一起的趋向。当有机质被分解，产生的腐殖酸可以作为黏合剂将黏粒松散地聚集成团（图 6.4）。小的黏粒会聚集在一起，形成更大的颗粒结构，功能更像沙土。这种聚合的效果是因为土壤有较大的孔隙空间，排水和空气运动得到了改善，从而使植物更好地生长。如果在土壤湿润时使用，这些聚合物会分解，导致结构较差。因此，在土壤足够干燥可以轻易地用手捏碎前，不应去干扰土壤。

土壤中的有机质的另一个有益作用是减少土壤板结的趋势。土壤板结是指土壤表面形成一层薄而坚硬的土层，阻碍土壤中水和空气运动并从根本上阻碍种子的发芽。土壤板结最常见的原因是土壤中缺乏有机质，对土壤进行精

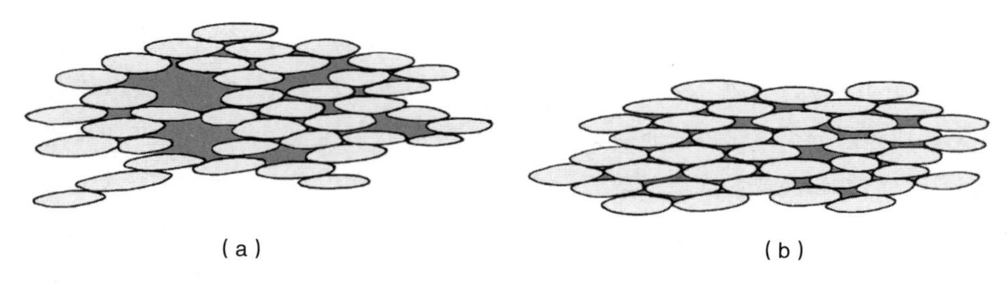

图 6.4 (a) 聚合黏土，(b) 压实的黏土。压实的黏土孔隙空间减少

心管理，定期添加有机质能够避免出现土壤板结的问题。

6.3 阳离子交换量

土壤的阳离子交换量（CEC）是指土壤中的土壤颗粒表面吸收和保持养分（阳离子）的相对能力。土壤和有机质颗粒带有负电荷，因为带有相反电荷的粒子会相互吸引，它们能够从土壤水分中吸引带正电荷的离子，在土壤颗粒表面持有这些阳离子（图 6.5）。这一过程叫作吸附。在阳离子交换量较差的土壤中，如沙土，每个沙粒能够吸引的阳离子数量非常少，主要原因是每个颗粒的表面积很小。因此，当养分添加到土壤中时，只有少量的土壤颗粒能够持有养分，剩下的养分仍会溶解在土壤水中，随着降雨和灌溉被冲走。

在黏土及其他富含养分、阳离子交换量高的土壤中，土壤颗粒能够持有大量的养分。因此，当土壤中添加钾等肥料时，土壤会持有大量的养分。通过灌溉不能淋溶掉这些吸附的养分，相反地，它们会被储存在土壤中，以备植物生长所需。这种缓冲能力使土壤易于管理，这意味着相比在阳离子交换量较低的土壤中，添加到交换量高的土壤中的化学物质对土壤造成的影响小。

对施肥来说，了解土壤阳离子交换能力

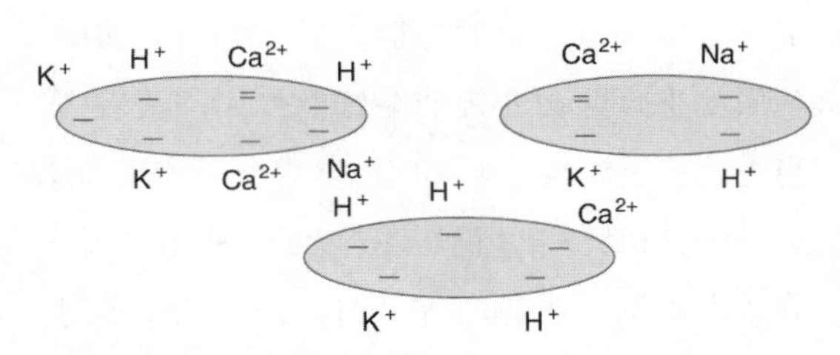

图 6.5 带负电荷的黏粒吸引并持有阳离子，储存养分

是很重要的。阳离子交换量高的土壤不需要频繁进行施肥，因为这种土壤具有储存养分的能力。

化肥中广泛应用的3种营养元素是氮、磷、钾。氮和钾在阳离子交换量较低的土壤中容易被淋溶，因此，必须通过频繁施肥来补充这两种元素。如果肥料中含有尿素、硝酸铵等氨态氮形式的物质，对阳离子交换量高的土壤可以减少施肥次数。

6.4 土壤中的空气和水

所有的土壤中都含有不同数量的空气和水。大多数高等植物的根部需要接触到足量的水和空气。因此，理想的土壤能够提供水和空气的平衡。当土壤中缺乏水和空气时，植物将会死亡。沙土能够提供充足的空气，但不能很好地保持水分，而缺水通常会限制植物的生长。另一方面，排水不良的重黏土使植物根部缺乏足够的空气，从而限制了植物的生长。

在所有土壤中，孔隙空间中充满了水和空气。在给定的时间里，充满了水和空气的孔隙空间百分比是由孔隙的大小和空气或水的相对丰度决定的。因此，空气和水之间的平衡是由土壤本身（孔隙大小和数量）和供水量来决定的。

孔隙大小影响着土壤中空气和水的比率，因为孔隙小的土壤比孔隙大的土壤含水率要高。当土壤中添加了水，在重力的作用下水具有向下移动的趋势。附着力是指固体物质（土壤颗粒）对液体的吸引力，这种力量能够让土壤保持住水分。将大理石浸在水中，依附在其表面的水薄膜说明了附着力；当从水中拿出大理石时，形成于大理石底部的水滴说明了凝聚力（图 6.6）。水滴由直接依附在大理石上的一层水分子和凝聚在第一层分子上的另一层分子组成。当足够多的水分子层凝聚在第一层分子上时，使其保持在一起的力量不足以支持水滴的重量，液滴将从大理石落下。同样的现象也发生在土壤中。如果孔隙空间很小，在附着力和凝聚力的共同作用下，土壤能保持更多的水分。

通过黏土和沙土中孔隙空间大小的相关信息和知识，很容易了解为什么黏土比沙土的储水能力要高。黏土中大量的小孔隙和沙土中更少更大的孔隙解释了两者的差异。

土壤中的水分除了向下移动外，还可以向侧面或向上移动。这些方向的水分移动是由于附着力和凝聚力共同起作用，被称为毛细管水。毛细管水类似于放置在水杯中的吸管会出现水分向上移动的现象（图 6.7）。在这种情况下，水分附着在吸管边上，然后水分子凝聚在一起，因此产生了一个高于杯中水平面的水柱。在土壤中，通过根的孔隙吸收水分或在植株表面蒸发水分这些方式，水分子能够向上移动。通过毛细管水移动的过程，植物所利用或蒸发掉的水分不断地被下面的水所取代。毛细管作用说明了深度灌溉对植物的生长非常重要，只在土壤表面少量灌溉是远远不够的。

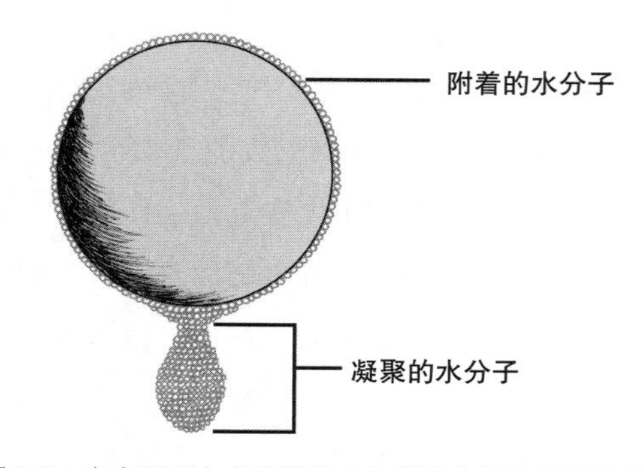

图 6.6 在大理石上水的附着力和凝聚力显示了土壤是如何含水的。图片由贝瑟尼绘制

图 6.7 在毛细管作用下，吸管中的水分向上移动，在土壤中水分以相同的方式向上移动。图片由贝瑟尼绘制

如果水分通过降雨或灌溉的方式进入土壤，土壤最终会达到完全饱和的状态，不能再容纳更多的水。达到这一饱和点时，所有多余的水（重力水）流走后，土壤达到了田间持水量。随着时间的流逝，土壤中的水分被蒸发掉或被植物所吸收，土壤的含水量下降，直到不再有任何植物可以利用的水分，这个点叫作永久萎蔫点，土壤中所剩下的水分被称为吸湿水，这些水与土壤颗粒紧密地结合在一起而无法移动。因此，植物生长所需可用水是指介于田间持水量和永久萎蔫点之间的水分。

图 6.8 说明了从土壤中吸收水分所需要的能量。为了从土壤中吸收水分，植物必须克服土壤的基质势。基质势是指在土壤基质的作用下，土壤水所产生的势能。在非饱和土壤中，基质势来自前面介绍的毛细管作用和附着力。当土壤基质势高，土壤中饱含水分（田间持水量）时，植物可以很容易地利用根部吸收水分；当土壤基质势低，土壤中含水量较少时，植物吸收水分变得不那么容易；当临近永久

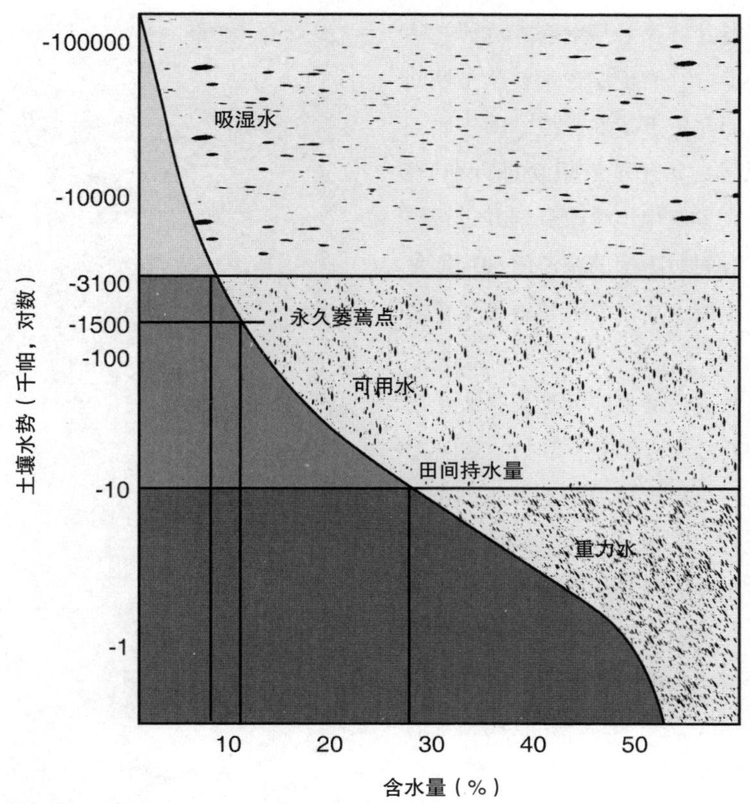

图 6.8 土壤持水曲线

萎蔫点时，植物越来越难从土壤中吸收水分，直到最终无法从土壤中吸收水分。

表 6.3 列出了土壤中植物可用的土壤水相对量：田间持水量和永久萎蔫点两者的区别。因为黏土和重黏土的持水量更多，所以它们含有的作物可用水分（重黏土中占 29%）要比沙壤土（8%）多。

表 6.3 土壤的保水力

土壤类型	田间持水量（%）	永久萎蔫点 *（%）	作物可用水分（%）
沙壤土	17	9	8
壤土	24	11	13
黏土	36	20	16
重黏土	57	28	29

* 此处永久萎蔫点是作物的平均值。即使永久萎蔫点是 9%，许多耐旱植物仍然可以从土壤中吸收水。

6.5 土层

大多数土壤具有不同的层，影响着植物的生长。土壤学家将土壤的分层称为土层。地层的最上面称为 A 层或表土层。在原状土中，表土层可能会延伸至 30 厘米深，也可能只有几厘米浅。A 层的特点是有机质的含量相对较高，颜色要比下面较深的土层深，土壤的肥力通常较高。表土层通常涉及整地活动，为植物生长提供最好的基质。

A 层的下面依次是 B 层和 C 层，它们统称为底土层。这些土层的有机物含量较低，肥力相对较差，颜色要比表层土浅。植物的根部可以延伸至 B 层，但除了较大的木本植物，大部分植物几乎都不能延伸至C层。在家庭园艺师想要建造花园的地方，表土层通常在施工期间就已经被移走，而只留下了底土层。由于底土层本身的肥力较差，为了能够成功进行种植，园艺师们不得不大量使用土壤改良剂并进行精心管理。随着长时间对土壤的精心管理，即使是在最贫瘠的底土层上，也能够建造出一个美丽的花园。

对于园艺师来说，最重要的地层是表土层和底土层（图6.9）。除了自然存在的表土层和底土层，偶尔还会出现另一个地层是黏土层（图6.10）。黏土层是一层压实土，它减缓或阻止了水和空气的流动，并且阻止植物根部进入到下面土层进行生长。这导致大孔隙和微孔隙中的空气被完全取代，由于没有空气，植物的根系遭到破坏。当缺少空气时，植物的根部容易感染土壤中的病菌而导致生长不良或死亡。

黏土层可以在自然情况下产生，也可以由重型设备在土壤上面作业等人为活动所导致。如果存在黏土层，最好的解决方法是使用桩穴挖掘机进行挖掘。如果这个方法不行，还可以建造架高花盆。想要确定是否还有黏土层及排水不良情况可以使用下面的方法：将种植穴中灌满水，记录水分流走所需的时间。如果半小时后种植穴中仍然有水，说明存在黏土层。

图6.9 表土层和底土层。照片由美国农业部提供

6.6 侵蚀

侵蚀是土壤颗粒从一个地方移动到另一个地方，是一个对土壤肥力有损害的过程。水和风是土壤移动的动因，土壤要么被大雨冲走，要么因灌溉不当被水冲走，要么被风吹走。

虽然对于商业化农业生产来说，侵蚀是一个非常严重的问题（参见本章后面土壤保持部分内容），但家庭园艺师也应该注意可能出现的侵蚀问题。陡峭的河岸最可能出现侵蚀问题，因为水侵蚀会导致土壤从河岸的顶部移动到底部。为了减少侵蚀，园艺师要使用适当的植物材料遮盖河岸。具有大量须根系和传播生长习性的植物有利于控制侵蚀。当在河岸进行种植时，园艺师应该尽量不去干扰土壤，为灌木和地被植物提供单独的种植穴要比用碎土机耕碎整片河岸更可取。然而，如果对整个河岸整地是十分必要的，例如在播种草的情况下，整地后则应立即进行种植，在草定植完成前，土壤表面应该用农用地膜固定。

在种植期间，即使是在受干扰最小的河岸，都应该使用塑料薄膜或黄麻网等材料来减

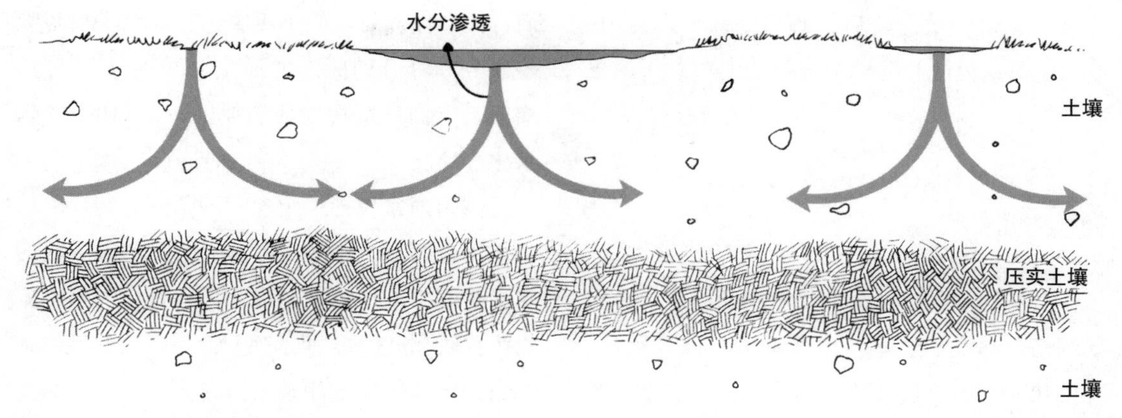

图 6.10 土壤黏土层

少侵蚀。河岸使用的灌溉系统与土壤的水分渗透速率相匹配，这样水分会渗入土壤，而不是携带土壤冲下斜坡。

商业育种通常选择在广阔的河堤区进行。喷播是一种将种子与水、化肥、土壤稳定剂混合后在河岸进行喷射播种的方法。在陡峭的河岸，喷播是一种种植防治水土流失植物的有效方法。

6.7 土壤生物学

在土壤中生活着大量数量不断变化的小型微观植物、真菌、细菌和动物，这些生物在很多方面影响着土壤和高等植物的生长。它们改善土壤的排水和通气状况，协助分解有机物，帮助植物吸收养分和水分，引发病害，直接以植物、昆虫和病原体为食。在这些生物中，虽然有一些是有害的，会造成植物受损或病害，但大多数是有益的，能够形成土壤复合体的基本部分。在土壤中生活的生物包括蚯蚓、昆虫、线虫、有益的菌根真菌、藻类和细菌等。

土壤生物的相关研究称为土壤生物学。近年来，土壤生物学的研究表明土壤中相互依存的生物群构成了一个相互关联的生态系统或食物链，而在之前，人们对这方面知之甚少。

根据分解土壤的大小和类型，土壤生物分为如下几类。

动物群

动物群包括囊鼠、老鼠等哺乳动物和蟋蟀、甲虫、蛆、蜘蛛、蚂蚁、潮虫（又称团子虫）、蜈蚣、蚯蚓、鼻涕虫、蜗牛等穴居昆虫。它们通过挖地道不断地把底土带到土壤表面。

花园里最常见的动物是蚯蚓。蚯蚓可以利用自己的身体，在消化酶和砂囊中肌肉摩擦的作用下，从土壤中吸收有机质，并将其转化为自身所需的养分，而排泄出蚯蚓体外的部分成为蚓粪。蚓粪中的有机质和养分含量比周围土壤高得多。此外，蚯蚓洞能够改善土壤的通气和排水。

蚯蚓最喜欢在富含有机质的黏土和壤土中生活。在寒冷的气候里蚯蚓最少，夏天蚯蚓的数量不断增加。裸露的土壤中的蚯蚓在初秋会被冻死，在家庭花园，园艺师们为了维持土壤中较高数量的蚯蚓，应该使用表面薄膜保护裸露的土壤。在第一次寒流后，蚯蚓提高耐寒能力，并向土壤深处迁移，因为那里的温度对蚯蚓更有利。

微生物群

微生物群是指生活在土壤中的微生物，包括细菌、藻类、真菌、原生动物，以及跳虫、线虫和阿米巴原虫等微小的动物。这些微生物给土壤添加了大量的有机物。它们在土壤中发挥着很多重要的作用，包括在有机物和杀虫剂的分解中发挥作用。

虽然单个微生物的个体很小，但群体的总重量可以达到给定土壤总重量的 0.5%，并在生态系统中起到重要的作用。微生物能够将死亡的动植物残体分解成腐殖质，微生物活动的副产物是使土壤颗粒聚集在一起，并带给土壤粗糙的质感，既能促进通气，又能减少潜在的侵蚀。

微生物群的种群数量取决于土壤条件，如水分、通气性、有机物含量、温度和植物的种类；土壤的酸碱度也会影响种群数量。因此在不同的土壤中要建立不同的微生物生态系统和平衡。

细菌　有一种特别重要的细菌是根瘤菌，它与豆科植物的根系存在一种共生关系（这种关系对两种生物都是有益的）。根瘤菌可以将空气中的氮转化成植物可以吸收利用的形式，这一过程被称为固氮作用。

蓝藻　一种含有叶绿素的特殊类型的细菌。蓝藻和高等植物一样能够进行光合作用。因为蓝藻也能够固氮，所以在稻田和湿地里非常重要。

真菌　菌根真菌也和很多植物的根细胞存在共生关系。它们寄生在植物根部的里面或外面，但会伸入附近的土壤中，有效地将根系吸收水分和养分的能力增强至 10 倍左右。作为交换，它们从植物根部消耗了 5%—10% 的碳水化合物。

真菌通常包括一个丝状的菌丝系统，菌丝的作用是探测土壤和吸收养分。虽然大多数的真菌是腐生的（也就是说它们从死亡的腐烂生物体获取有机物），但有一种真菌具有黏性的菌环结构，能够缠绕住蛔虫，真菌的原丝体穿透并进入虫子的尸体中，吸收里面的有机物。还有一种食肉性的真菌具有细长的菌环，当蛔虫偶然经过菌环时，身体摩擦引起菌环细胞膨胀而诱捕了蛔虫，通常在 0.1 秒后，蛔虫就被吞食了。真菌也是引发多种疾病的病因（病原体）。

放线菌　放线菌是具有菌丝体结构的细菌类型，是链霉素、放线菌素和新霉素等多种人类抗生素的来源。大多数的放线菌生活在中性土壤中，在降雨后会导致“清新的泥土”气味的产生。在土壤生态学方面，它们对纤维素（木质纤维素）和甲壳素（某些昆虫硬外壳的主要成分）等难降解材料的分解特别有效。一些放线菌还能够将土壤中的氮用于它们的寄主植物，这些植物并不属于豆科植物（详见本页“细菌”部分）。

6.8　土壤 pH 值

土壤 pH 值是土壤酸度和碱度的指数。虽然 pH 值的范围是 0—14，然而土壤 pH 值低于 4 或高于 9 的情况并不常见（图 6.11）。pH 值等于 7 是中性，高于 7 是碱性，低于 7 是酸性。绝大多数植物 pH 值的最适范围是 6.5—7。在这个范围内，大部分的养分是可溶的，因此，这个 pH 值范围对植物来说是最有效的。

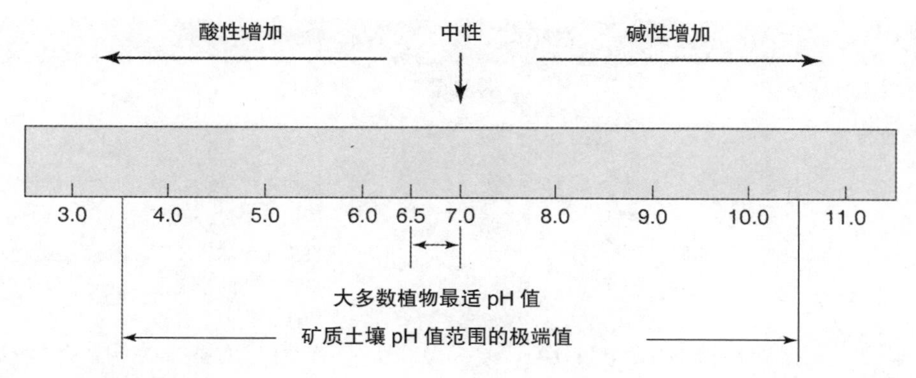

图 6.11 土壤 pH 值范围

很多适应于低 pH 值的植物被称为喜酸性植物，而另一些植物能够耐受碱性土壤。

如果土壤酸碱度不理想，可以通过向土壤中添加物质来调节。因为 pH 值的范围是对数，pH 值为 6 的土壤要比 pH 值为 7 的土壤酸性强 10 倍，因此，pH 值为 5 的土壤要比 pH 值为 7 的土壤酸性强 100 倍。也就是说，必须添加大量的酸性或碱性物质到土壤中，特别是黏土中，才能引起土壤 pH 值的微小变化。表 6.4 列举了一些调节土壤 pH 值的常见土壤改良剂。

石灰是一种能够提高土壤 pH 值的物质。它有几种不同的等级和类型，都能够使土壤变得碱性更强。地面石灰岩和钙质石灰石（$CaCO_3$）是常见又便宜的可用类型。虽然白云石灰岩（$Ca\cdot MgCO_3$）比钙质石灰岩价格稍贵，但它所添加的镁是一些土壤所缺乏的必需元素，能够发挥新的作用。使用任何类型的石灰，都需要 3—6 个月的时间才能达到所预期的 pH 值，这是因为石灰溶解的速度很慢。为了加快 pH 值的变化，要选用细碎的石灰，将其彻底混合到土壤中。石灰的作用只对最低限度地提高土壤表面以下的土壤 pH 值是有效的。

土壤酸化是通过使用硫元素或硫酸铝实现的，但硫酸铝的过度使用会导致铝中毒。此外，还可以使用橡树叶、松针或泥炭苔藓等酸性的有机改良剂进行土壤酸化（表 6.4 和表 6.5）。当使用有机改良剂时，需要的量很大而 pH 值的变化很慢。虽然很多硫酸铵、硫酸钾等化肥也是酸性的，可用于土壤酸化，但因为过量施肥会对植物造成伤害而不能大量使用。硫元素或硫酸铝也可以改变土壤的 pH 值，但只有大量使用后 pH 值才能发生变化。由于酸化物质的成本较高，所以大规模的土壤酸化一般不使用硫元素或硫酸铝。喜酸植物周围的土壤能够立即发生 pH 值的改变。农业硫黄是最常用的酸化剂，它要比硫酸铝的费用低；它的用量要比硫酸铝多，效果慢。硫酸铝的酸性比硫黄强，但必须谨慎使用。因为如果使用过量，铝会对植物产生毒性。与缓冲能力弱的土壤相比，缓冲能力强（能抵抗酸碱度的变化）的土壤需要更多的酸碱度调节剂。

6.9 土壤改良

土壤测试

确定土壤 pH 值和养分含量的最好方法是对其进行专业测试。测试结果可以用于土壤改良项目。在美国大部分地区，合作推广服务部执行土壤测试需要收取少量费用。通常的流程是将土壤样本提供给推广员，推广员会将土壤

表 6.4　常见土壤改良剂

土壤改良剂名称	用途	需氮量	备注
无机土壤改良剂			
珍珠岩	用于重壤土，帮助改善排水和通风，减少土壤板结	无	价格贵；持续时间长；对种植者来说最实用；重量轻；能漂浮
沙子（粗）	与珍珠岩相同	无	价格比珍珠岩便宜，但为了实质性改善黏土，需要的量很大；重；不要使用沙滩上的沙子，因为含盐
表土层（壤土）	用于完全沙壤土，帮助改善保水力和保持养分的能力	无	价格便宜但是很重；可能含有杂草种子、线虫、真菌及其他不需要的生物体
蛭石	改善沙质土壤的保水力和保持养分的能力	无	价格高；重量轻；如果频繁用于土壤，会破坏蛭石的结构，作用效果会降低
火山渣（火山岩、火山渣岩）	与珍珠岩相同	无	比珍珠岩价格便宜；中等重量
有机土壤改良剂			
树皮	与重壤土混合在一起，改善排水和通风，减少土壤板结；提高沙壤土的保水力和保持养分的能力	每立方米添加大约 0.5 千克氮	一般很便宜；分解非常缓慢；最好是细碎的树皮
堆肥（腐殖质）	既可以改善黏土又可以改善沙土；含有一定的营养素	无	不稳定；可能含有大量灰分
腐叶	与堆肥类似，差别在于其原材主要来自树叶	无	可能会轻微地酸化土壤
粪肥（堆肥）	既可以改善黏土又可以改善沙土；含有一定的营养素	无	灰分含量和含盐量可能会较高；可能有强烈的气味；价格便宜
密歇根泥炭（泥灰炭、淤泥）	如果大量使用既可以改善黏土又可以改善沙土	无	价格便宜，但是需要量大；灰分含量高；落基山脉西部没有分布
红杉堆肥	最适用于黏土土壤，对沙壤土有一些改善	每立方米添加大约 0.1 千克氮	价格便宜，但是保水力和保持养分的能力均不好
锯末	改善黏土土壤	每立方米添加大约 0.5 千克氮	价格很便宜；分解迅速以至于虽然添加了氮元素但也可能出现氮缺乏；土壤改善时间相对较短；如果选用锯末，最好与另一种更好的土壤改良剂混合在一起使用；如果使用新鲜的锯末可能会有一定的毒性
水藓泥炭苔藓	适用于黏土或沙壤土；保水力和保持养分的能力高	无	价格贵，但需要量少；当其完全干燥后很难再变湿；酸化土壤
污水污泥（活性淤泥肥料）	改善沙壤土和黏土；添加了一定的营养素	无	价格便宜；灰分含量可能较高，有强烈的气味；如果种植的是根用蔬菜，不能在菜园里使用
稻壳	改善黏土和沙壤土	每立方米添加大约 0.1 千克氮	价格便宜；保水力好

表 6.5 调节 pH 值和补充微量元素的化学土壤改良剂			
名称	化学公式	起效速度	用途
石灰石	$CaCO_3$	缓慢	提高土壤 pH 值
熟石灰	$Ca(OH)_2$	迅速	提高土壤 pH 值
石膏或硫酸钙溶液	$CaSO_4$	中等	添加钙元素，取代土壤中的钠元素，改善排水
硫	S	缓慢	添加硫元素，降低土壤 pH 值
泻盐	$MgSO_4 \cdot 7H_2O$	迅速	添加镁元素
硫酸铝	$Al_2(SO_4)_3$	迅速	添加硫元素，降低土壤 pH 值
硝酸钙	$Ca(NO_3)_2 \cdot 2H_2O$（成分测定 15-0-0）	迅速	添加钙和氮元素，提高土壤 pH 值
硫酸铵	$(NH_4)2SO_4$（成分测定 20-0-0）	迅速	添加硫和氮元素，大幅降低土壤 pH 值
硫酸镁	$MnSO_4$		添加镁元素，缓慢降低土壤 pH 值
硫酸铁	$FeSO_4$		添加铁元素，缓慢降低土壤 pH 值
螯合铁	9%—12% 铁		添加可被吸收形式的铁元素
硼砂	$Na_2B_4O_7 \cdot 10H_2O$		添加硼元素
硫酸铜	$CuSO_4$		添加铜元素，缓慢降低土壤 pH 值
常用微量元素肥料	含有最常用微量元素组合肥料		添加缺乏的微量元素

样本提交给大学里的土壤测试实验室。在其他的地区，则通过商业化的土壤测试实验室完成土壤测试。

土壤测试最重要的步骤是采集土壤样本。所测试的样本必须能够代表所测试区域，否则样本没有任何意义。为了获得具有代表性的样本，应该采集该区域的组合样本。最好的方法是在该区域使用网格采样法进行采样（图 6.12），然后在每个网格交点采集小样本。采集每个样本时，最好挖一个 15—20 厘米深的洞，然后从洞口到洞底垂直采一小部分土壤（图 6.13）。至少将 12 个样本放在一个塑料桶中彻底混合成组合样本，然后从中采集 0.5 升的样本。

通过添加土壤改良剂改良园林土壤

土壤改良剂是一种添加到土壤中改善其排水、阳离子交换量、通风和保水等物理性能的材料。改良剂的种类决定其能否为土壤提供养分。通过添加土壤改良剂进行土壤改良是一种基本的园艺方法，并且在很大程度上是种植成功的关键。

如何选择最好的改良剂要考虑待改良土壤的问题及其严重性、可用改良剂的属性和价格等因素。通常最好的改良剂价格太高，因此实用性并不高；价格便宜的改良剂的实用性更高。

在使用任何土壤改良剂时必须牢记一条最重要的原则 —— 必须使用大量的土壤改良剂才能达到预期效果。添加少量土壤改良剂

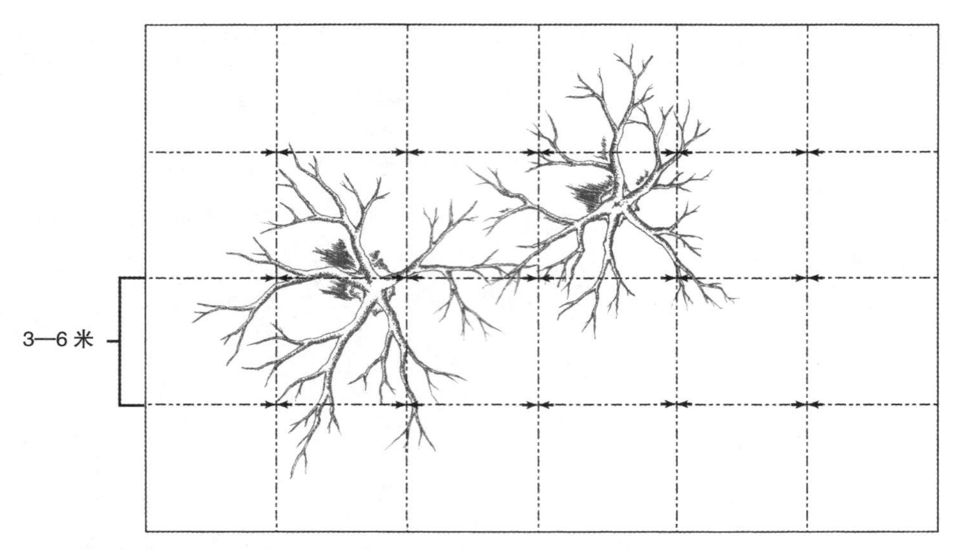

图 6.12 使用网格采样法进行土壤测试能够保证土壤样本具有代表性。图片由贝瑟尼绘制

图 6.13 采集未受干扰的土壤进行土壤测试

不会在土壤特性上产生任何明显的影响。土壤改良剂的所需用量取决于所选择的土壤改良剂种类及土壤问题的严重程度。作为一般原则，土壤改良剂的用量应该等于土壤体积的 25%。

使用土壤改良剂最简单的方法是将其撒在土壤表面，厚度 8—10 厘米，然后用人工铲或旋耕机将其混入土壤中。土壤改良剂层的厚度取决于人工铲或旋耕机所翻土壤的深度和土壤改良剂的用量。例如，如果土壤改良剂层的深度是 5 厘米，那么土壤应铲 20 厘米深，所添加的改良剂约等于土壤体积的 25%。如果添加了大量的改良剂，这个过程最好重复进行几次，每次改良剂层的深度应为 5 厘米。

在决定土壤改良剂的适宜性时，必须对每种类型土壤改良剂的特性进行评估。土壤改良剂中碳元素与氮元素的相对含量（C：N）和土壤改良剂的分解速度是重要的参考指标。如果土壤改良剂的含氮量低且分解速度快，氮元素会从土壤中被吸收并被用于土壤改良剂的分解过程。当分解过程完成后，氮元素会释放出来，但同时，该区域的植物生长通常也会出现缺氮症状。如果土壤改良剂被碾磨得非常碎并且土壤温暖潮湿的话，作用效果会增强，因为这种条件有助于土壤改良剂的分解速度达到最大值，从而使氮缺乏达到最大值。为了解决这个问题，应在土壤改良剂中添加含氮的化肥。溶解有大量氮元素的土壤改良剂包括锯末和麦秆。

其他参考指标有含盐量和灰分含量。某些土壤改良剂中含有较高的钠盐和铵盐等化学物质。在降雨量充沛的美国东部地区和加拿大，土壤中盐分过多的问题并不严重；在较干燥的美国西部地区降雨不是十分充分，盐分不会被冲走，导致植物出现盐害。粪肥中通常铵盐含量较高，因此，当粪肥的用量很大时，肥料将会“烧伤”植物。

灰分含量指的是改良剂中矿物质的含量。在有机土壤改良剂中灰分含量较大是不利的，灰分并不能改善土壤。腐叶土、粪肥和堆肥通常含有大量的灰分。

蛭石和珍珠岩等无机改良剂（不来自动植物的改良剂）虽然常被用于盆栽土中，但因其价格太高，一般不被使用。有时进行土壤改良还会用到沙子，但必须使用大量沙子才会有效果。这些无机改良剂通常会产生长期的效果，而有机改良剂必须定期添加。表 6.4 列举了常见土壤改良剂的名称、属性及用途。

堆肥

堆肥（图 6.14）由部分腐烂的植物、杂草、草屑、落叶和植物残枝等腐烂的园艺垃圾组成。现在很多城市都有绿色垃圾再生循环系统。园艺垃圾被回收并运到回收中心，在这里园艺垃圾被切碎并腐烂分解，然后产生的堆肥可用于商业。

家用的堆肥的制作方法可以相对简单，也可以相当复杂。其中最基本的方法是，植物垃圾被直接堆积到偏僻的地方慢慢地分解。通过这种方法制作堆肥的速度很慢，需要 3—4 个月才能获得可用的堆肥。

为了加快堆肥的形成速度，要建造一个堆

图 6.14 堆肥。照片由美国农业部提供

肥堆。如图 6.15 所示，堆肥堆是由铁丝和木制箱子搭建而成。然后在堆肥堆的底部铺开一层 15—23 厘米厚的垃圾，撒上一把含氮量高的肥料，再覆盖上一层薄土以提供微生物，稍微将其弄湿。重复分层和润湿的过程，直到容器填满。有必要的话在堆肥材料上洒水使其保持湿润。每 4 周用草耙翻动并混合堆肥以保证整个堆肥堆能够充分分解。如果不翻动的话，堆肥堆的热量产生与分解主要发生在中心区，而外层腐烂得非常慢。当堆肥堆已经变成均匀的深色且达到原材料辨识不出来的程度时，堆肥就可供使用了。堆肥被用于土壤改良或覆盖地膜。

可以用于堆肥的其他材料有果皮、腐烂的蔬菜、咖啡渣和除杂碎肉外的其他厨房垃圾。感病植物不应该被用于制作堆肥，因为尽管有分解作用产生的热量（通常可以达到 66℃），但致病有机物仍然有存活的机会。细枝和小树枝等木质材料可以被用来制成堆肥，但其分解速度非常慢。在这些材料添加到堆肥堆之前，要将其切成小段以加快分解速度。

图 6.15 堆肥堆。照片由美国农业部自然资源保护服务部门提供

6.10 土壤保持

虽然土壤退化通常由风和水的侵蚀造成，但盐和有毒化学物质的累积也会导致土壤退化。为了保护土壤，要用到下面的技术。

等高栽植

等高栽植是指沿着陆地海拔的自然变化在弯曲的行列中种植植物（图 6.16），目的在于抵消斜坡水分排走的自然趋势，可以避免形成侵蚀冲沟。特别是在降雨快速且频繁的地区，等高栽植是非常重要的，因为这种降雨模式最易导致快速径流和冲沟的形成。

防护林

防护林（图 6.17）是作为防风屏障的树木种植区域。在饱受风侵蚀的地区，防护林有利

图 6.16 为了控制水土流失进行的等高栽植和“带状种植”。照片由美国农业部提供

于土壤保持，可以使作物产量增加25%。选择适合的植物种类进行栽植是很重要的，选择合适的植物种类的决定性因素是气候，因此最好的信息来源是合作推广服务部门。

过滤带

过滤带是指位于潜在的污染源区域（如经常使用农药和肥料的作物区）和接受径流的地表水体之间的种植植物或原生植物区域，有时也被称为缓冲带。设置过滤带的目的是截住含有沉积物的地表径流，以及可能与沉积物化学结合或者溶解在水里的有机物、植物养分和农药。在径流进入溪流、湖泊和池塘之前，过滤带通过减少或停止沉积物、有机物、植物养分和农药的移动来保持所有下坡水流的纯净。

草本植物作为过滤带优于阔叶植物，因为它们能够形成致密的草皮，具有能够紧密持有土壤的须根系，并且能够提供更完整的土壤覆盖层。固体覆盖物能够防止溅蚀，如大雨造成土壤颗粒的移动和流失。另一种防止溅蚀的方法是在行、列间距很近的情况下进行种植，这种做法使得植物的树冠能够在长成时完全遮住土壤。

通常过滤带的宽度是3—6米：在坡度小于1%的情况下宽度约为3米；在坡度高达3%的情况下宽度可达6米。为了达到最大的过滤效率，径流必须以浅而均匀的形式经过过滤带。因此，在形成自然排水通道之前，必须设置过滤带以保证拦截径流。此外，过滤带植物应该种植在等高线上，为浅而均匀的水流提供最好的条件，使其等速流过过滤面积。

图 6.17 防护林

可持续农业

可持续农业，又被称为替代农业或可持续农耕，是一种减少使用化学制品的耕作方法。可持续农业改进了包括连作在内的标准农业形式。在连作的商业化农业生产中，实质上，土壤根据生产作物的能力被“开采”。连作是指年复一年的种植，通常种植的是同一种一年生作物，肥料和农药的使用量相对较大。连作会导致土壤总体肥力降低，土地产量的降低归因于土壤压实和土壤微生物活性的降低，以及植物害虫天敌数量的减少。

不要把可持续农业和第7章要介绍的有机园艺混淆在一起。可持续农业的特点是用劳动力的增加（既包括体力劳动，又包括脑力劳动）代替肥料和农药。可持续农业还包括其他土壤管理方法，如轮作、非标准耕作方法（带状种植）、非标准种植方法（间作）。

1970—1980年，可持续农业把家畜以及植物整合在一起开始进行研究。这项研究的目的是将关键部分（轮作、非标准耕作方法、土壤肥力精细管理、水资源保护和水质保护）整合在一起。有害生物防治方法强调化学物质的限制性使用和有害生物综合治理（见第7章）。1990年一项名为“可持续农业研究和教育项目”（SAREP）的美国国会法案为开展作物、畜牧业的综合研究和宣传可持续农业技术知识的合作推广服务部提供了资金支持。

目前，可持续农业受到美国国家和地方政府的资金支持，这些资金被用于覆盖作物、绿肥作物和带状种植（只利用带状土壤的耕作方法，带与带之间是休耕区域）等“最佳管理方法”的研究。此外，农民每年最高可以收回3500美元，补贴其为实施轮作、生物防治、土壤测试和购买专用设备所投入的费用。这些技术保护了土壤及生活在其中的微生物与昆虫的生态系统。

可持续农业主要关注的问题是，它是否有足够的生产力、利润与采用单一栽培（每块地只种植一种作物）等标准农业生产技术的标准化农业竞争。从标准化农业改变为可持续农业的阶段，农民在经济上会很难。除草需要投入大量劳动力，人力费用与使用治理杂草的化学物质相比价格要高很多。一般来说，一个可持续农场要比传统农场要小很多。

6.11 植物营养学

所有的植物都能从土壤中获得大量的矿质营养。众所周知，很多养分被植物所利用，为了便于讨论，本书根据植物使用营养元素的相对数量将其分为两大类：第一类被称为大量元素，包括被植物大量使用的养分。大量元素包括氮（N）、磷（P）、钾（K）、钙（Ca）、镁（Mg）和硫（S）。第二类被称为微量营养素或微量元素，它们和大量元素同样重要，但植物对其使用量较少。最重要的微量元素是铁（Fe）、铜（Cu）、锌（Z）、硼（B）、钼（Mo）、氯（Cl）和钴（Co）。下面是植物吸收不同数量的营养元素的例子：0.4公顷玉米可以很容易从土壤中吸收60千克的氮，但是只能吸收不足28克的钴。

为了优化植物生长，植物生长所需的所有营养元素不仅应存在于土壤中，还应存在于植物可以利用的其他形式之中。

大量元素

大量元素是指植物所需的数量很大的营养元素，所以它们是大多数园艺肥料的主要成分。植物所需的六大营养元素都可以从土壤中获得，通常钙、镁和硫元素数量较多，足够植物多年生长所需，施肥时很少需要额外添加。对于缺乏这些营养元素的情况，表6.6给出了肥料资源列表。植物处在最佳生长状态时经常缺乏氮、磷，特别是钾元素，因此，它们是肥料中最主要的大量元素。

氮 当缺乏氮元素时，植物生长变得缓慢，失去原本的深绿色。施氮肥通常会促进枝叶生长，1—2周后植物就能恢复原来的深绿色。为草坪施氮肥能促进植物快速生长，但也会增加修剪的频率。

因为氮元素能够促进植物快速生长，所以应该经常被用于叶用植物，如草坪草、叶用蔬菜和室内观叶植物。氮元素还应该被用于植物幼苗，促进叶子的快速发育，叶子通过光合作用产生的糖类能够为后来开花结果提供能量。然而，高水平的氮肥有利于促进叶子生长，通常会导致植物不能开花结果。一个常见的例子是，蔬菜园艺师在番茄上施太多高氮草坪肥料，导致番茄植株长势良好且大得十分惊人，叶子是深绿色的，但是从不开花结果。在这种情况下，施用一次低氮肥料，就足够使植物生长。

高氮肥料的另一个缺点是使灌木和树木的多汁生长持续时间太长，当冬天到来时会导致冻伤。因此，在使用氮肥时，必须对后果进行评估并对每次施用的时间和数量进行合理管

表 6.6　肥料及其特点

名称	成分测定	营养素释放速度	对 pH 值的影响
无机和化学制造的肥料			
硝酸铵	33–0–0	迅速	酸性
硫酸铵	20–0–0	迅速	强酸性
磷酸氢二铵	18–46–0	迅速	酸性
平衡肥料	10–10–10, 5–10–10 等	不同	不同
磷酸二氢铵	11–48–0	迅速	酸性
氯化钾	0–0–60	迅速	中性
硝酸钾	13–0–44	迅速	中性
硝酸钠	15–0–0	迅速	碱性
含硫尿素	37–0–0	缓慢	酸性
过磷酸钙	0–20–0	中等	中性
重过磷酸钙	0–40–0	中等	中性
尿素	46–0–0	迅速	酸性
脲甲醛	38–0–0	缓慢	中性
有机肥料			
活性污泥（微生物）	6–5–0	中等	弱酸性
生骨粉	4–22–0	缓慢	碱性
熟骨粉	2–27–0	缓慢	碱性
牛的粪便（干）	2–3–3	缓慢	弱酸性
牛的粪便（新鲜）	0.5–0.3–0.5	缓慢（沤熟后除外）	弱酸性
鸡的粪便（新鲜）	0.9–0.5–0.8	缓慢	弱酸性
棉籽粕	6–2–1	中等	酸性
血粉	12–0–0	中等	酸性
蹄角粉	13–0–0	缓慢	碱性
兔子的粪便（干）	2.25–1–1	缓慢（沤熟后除外）	弱酸性
海藻	1.7–0.75–5	缓慢	中性
污水污泥	2–1–1	中等	酸性
羊的粪便（新鲜）	0.9 –0.5 –0.8	缓慢	弱酸性
猪的粪便（干）	2.25–2–1	缓慢（沤熟后除外）	弱酸性
猪的粪便（新鲜）	0.6–0.5–0.4	缓慢	弱酸性
木灰	0–2–6	中等	碱性

注：未列入表格中的加工后的干燥粪肥各项数值可以按照新鲜粪肥的 4 倍进行估算。

理，以保持土壤中有充足而非过量的氮。

氮元素的特点是可以极大地影响施肥速率和频率。不同于其他营养元素，硝态氮不能与土壤颗粒结合在一起。几乎所有添加到土壤中的硝态氮仍然能够溶解在土壤水中，因此，它很容易被从土壤中过滤出去。这意味着每当施肥后有大雨时，大部分的氮元素都会经过土壤过滤而流失。因此，在决定施氮肥的频率时，要对土壤的排水特点进行评估。

特别是对沙质土壤来说，降雨会使土壤中的氮元素被淋溶掉，最好是施用缓释肥或少量多次施用速效（硝酸盐）肥料，而不是一次施用大量肥料。本章在“肥料”部分中会介绍缓释肥、速效肥料和施用于植物的化肥中含有的氮元素形式。在排水缓慢的黏土中，氮的流失速度较慢，缓释肥的优势就不是那么突出了。

缺氮的另一个原因是几乎所有的硝酸盐仍能溶解在土壤水里。如果施用肥料过多，可能会导致植物出现严重的根损伤。随着营养元素被吸附，植物很难通过新陈代谢转化能量，一部分营养元素会被土壤颗粒吸附。

氮元素以很多不同的形式被添加到土壤中，每种形式都有各自的特点，可以根据其特定的用法决定它的适用性。表 6.6 所列的一些常见氮源的特点可作参考。

磷 磷是第二种大量元素，影响着植物开花、结果、根部发育、抗病性和成熟等很多功能。

磷元素在土壤中的表现和氮元素差别很大。磷元素不溶于土壤水，很容易与铝、铁、钙以及其他元素发生反应，形成植物无法利用的多种化合物。因此，任何时候土壤水中的磷元素量都相对较小，淋溶也可忽略不计，用量过多时几乎不会对植物造成伤害。为了保证土壤水中含有足够的磷元素，最好的做法是将土壤的 pH 值控制在 6—7，保证土壤中含有大量的有机物，尽可能将肥料施用在植物附近以减少土壤接触。

磷元素不易溶解，它被施用后不能经过淋溶渗入土壤。因此，磷元素必须被施用在植物根部。施用在土壤表面的磷元素对根深的植物来说收效甚微。

磷元素的一个重要的专业用途是被用作移植肥料或底肥（底肥最具代表性的特点是氮、钾元素含量低且磷元素含量高）。在植物移植时，底肥作为液态肥料被施用，能够减少移栽效应并促进植物快速恢复生长。施用了底肥的番茄比没有施用底肥的番茄结果时间更早，通常结出果实的时间会提前几周。

钾 第三种大量元素是钾，它是形成淀粉、糖分移动、形成叶绿素、花果着色的必要元素。它还在气体交换时气孔开闭的过程中发挥着重要的作用。

很多土壤中都含有大量的钾元素。然而，大多数的钾元素并不能被用于植物生长，所以需要向土壤中添加植物可用形式的钾元素。与磷元素不同，当施用钾元素后出现降雨，钾元素很容易淋溶并流失。在黏土中，淋溶问题不是那么严重，因为土壤颗粒会吸收或吸附钾元素，从而阻止其淋溶，一段时间后这些钾元素会被植物所利用。

大量施用钾元素是不可取的，因为植物会吸收比它们所需用量还要多的钾元素。这对植物生长及外形没有好处，并会造成肥料浪费，还会被称为“奢侈消费”。此外，过量的钾元素会杀死植物根尖而伤害或“烧伤”植物（过量的氮元素更有可能出现这样的情况）。

最有效的利用方法是多次少量添加钾肥，而不是一次添加大量的钾肥。

微量元素

虽然对于植物的生长来说，微量元素与大量元素同样重要，但土壤只需要含有少量的微量元素就可以满足大多数植物生长。然而，尽管土壤中含有大量的微量元素，植物仍然经常出现微量元素缺乏的情况。当土壤 pH 值处在某些特定情况下，营养元素和土壤中的其他元素发生化学反应，形成植物不能利用的化合物。每种营养元素都有一个最适的 pH 值范围，在这一范围内，营养元素最容易被植物吸收利用。在土壤中大多数营养元素的最适 pH 值范围是 6.5—7.0（图 6.18）。如果 pH 值超出了这个范围，某些元素可能就会变成植物所不能利用的形式。如果植物持续出现微量元素缺乏的症状，最好检查土壤的 pH 值。

调整微量元素缺乏的情况包括校正土壤 pH 值，如果这个方法可行的话，将微量元素施用于植物的叶子和根部。当微量元素被施用于土壤时，最好是购买螯合形式的营养元素。这种形式的营养元素价格较贵，但经过论证，这种营养元素形式不会与土壤中其他元素发生反应，可以更好地被植物所利用。在叶片上外施微量元素（在后面“施肥”部分会介绍）能加速消除缺肥症状。最佳的土壤水分和温度也能减少微量元素缺乏症出现的概率。

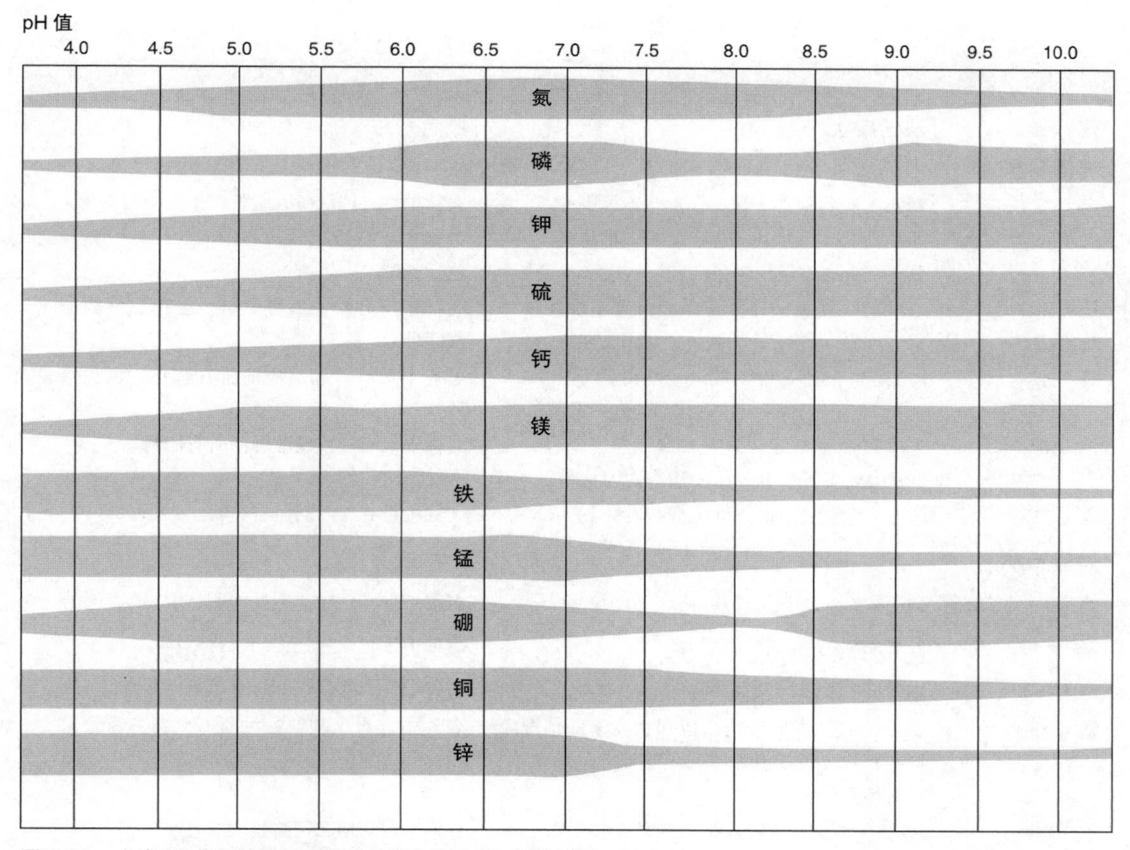

图 6.18 土壤 pH 值与植物所需营养元素有效性的一般关系图

6.12 营养元素缺乏

所有大量元素和微量元素的缺乏或无法吸收都会妨碍植物正常的生长发育。根据植物所表现出的不同症状，单靠肉眼观察通常很难诊断不太常见的营养元素缺乏。例如，番茄钙元素的缺乏表现为果实顶部而不是叶子上会长出棕色的烂斑（脐腐病）。表 6.7 列出了最常见的植物营养元素缺乏的可见症状。

确定营养元素缺乏原因的方法是在植物实验室中进行专业组织分析。组织分析测量了植物叶片中基本营养元素成分的实际数量，然后与该物种理想营养元素的含量进行对比。对大规模种植户来说，在作物生长季节定期进行组织分析有助于施肥效率最大化，减少肥料成本，成本效益比最高且生产成本最低，使植物生长速率最大化。

6.13 肥料

肥料是一种化合物，正确使用肥料能够为植物生长提供必要的营养元素。常用的肥料分为有机肥料和无机肥料（化肥）两种类型。

有机肥料的来源是动植物残体的分解产物，包括血、骨粉、粪便和污水污泥。有机肥料的优点除了为植物提供营养元素，还可以作为土壤改良剂使用。因为在分解的过程中，有

表 6.7　植物缺乏营养元素的症状

营养素	缺乏症状	肥料来源
大量元素		
钙（Ca）	新叶（植物顶部）扭曲或形状不规则	名称中带有钙的所有肥料，也包括石膏
氮（N）	通常是老叶（植物底部）变黄，植株的其他部分通常呈浅绿色	名称中带有铵、硝酸和尿素的所有肥料，也包括粪肥
镁（Mg）	老叶边缘变黄，在叶子中心位置呈绿色箭头状	名称中带有镁的所有肥料，也包括泻盐（硫酸镁）
磷（P）	叶尖烧伤状，老叶变成深绿色或紫红色	名称中带有磷和骨质的所有肥料，也包括湿砂
钾（K）	老叶可能会枯萎，看上去像烧焦了一样；嫩叶从基部开始，从叶子的边缘向内枯萎	名称中带有钾或碳酸钾的所有肥料
硫（S）	嫩叶先变黄，有时老叶也会跟着变黄	名称中带有硫酸的所有肥料
微量元素		
硼（B）	顶芽死亡，出现丛枝病	名称中带有硼砂或硼酸的所有肥料
铜（Cu）	叶子深绿色；植物发育不良	名称中带有铜和亚铜的所有肥料
铁（Fe）	嫩叶的叶脉之间变黄	名称中带有螯合铁的所有肥料
锰（Mn）	嫩叶的叶脉之间变黄，但和铁元素的情况不同。植物（叶、芽、果实）等器官尺寸减小，长有坏死的斑点	名称中带有锰和亚锰的所有肥料，通常需要与锌一起使用
钼（Mo）	通常是老叶（植物底部）变黄，植物的其他部分是亮绿色	名称中带有钼和钼酸盐的所有肥料
锌（Zn）	叶子末端呈莲座状，嫩叶的叶脉之间变黄	名称中带有锌的所有肥料

出处：亚利桑那大学合作推广部

机肥料中的营养元素释放缓慢，土壤中一次性溶解大量肥料导致植物烧伤的情况不太可能发生。一般来说，据供应量来看，无机肥料营养元素的供应量更高，有机肥料要比化肥价格更高。此外，由于有机肥料在寒冷的土壤中分解缓慢，在冬季和早春，对于大多数地区来说，有机肥料并不是最适宜的肥料。

无机肥料是用天然气和磷矿等原材料制造出来的。与有机肥料相比，无机肥料更加浓缩。有的无机肥料能够迅速释放营养元素，植物对肥料快速发生响应；其他的无机肥料要在一段时间内慢慢释放营养元素。这两种肥料也可以说成是缓释肥料和速效肥料。尿素等合成有机肥料虽然更加浓缩，但与一般无机肥料的反应是一样的。

最近，将有机肥料的土壤改良与化肥的相对浓缩成分两个特点结合在一起的新产品已经上市。这些产品结合了浓缩的有机碱，富含腐殖酸，以缓释的形式施用。它们富含腐殖酸，无须添加其他必要的有机物质就能够促进黏土聚合。浓缩肥料成分测定意味着这些产品具有植物生长所需的充足肥料。这些产品通过改良土壤和富含足够肥料等优势克服了化肥和有机肥料的缺点。

为了了解有机肥料和化肥的区别，了解氮循环是很有帮助的。氮循环是指环境中氮元素经历的一系列转换过程（图 6.19）。

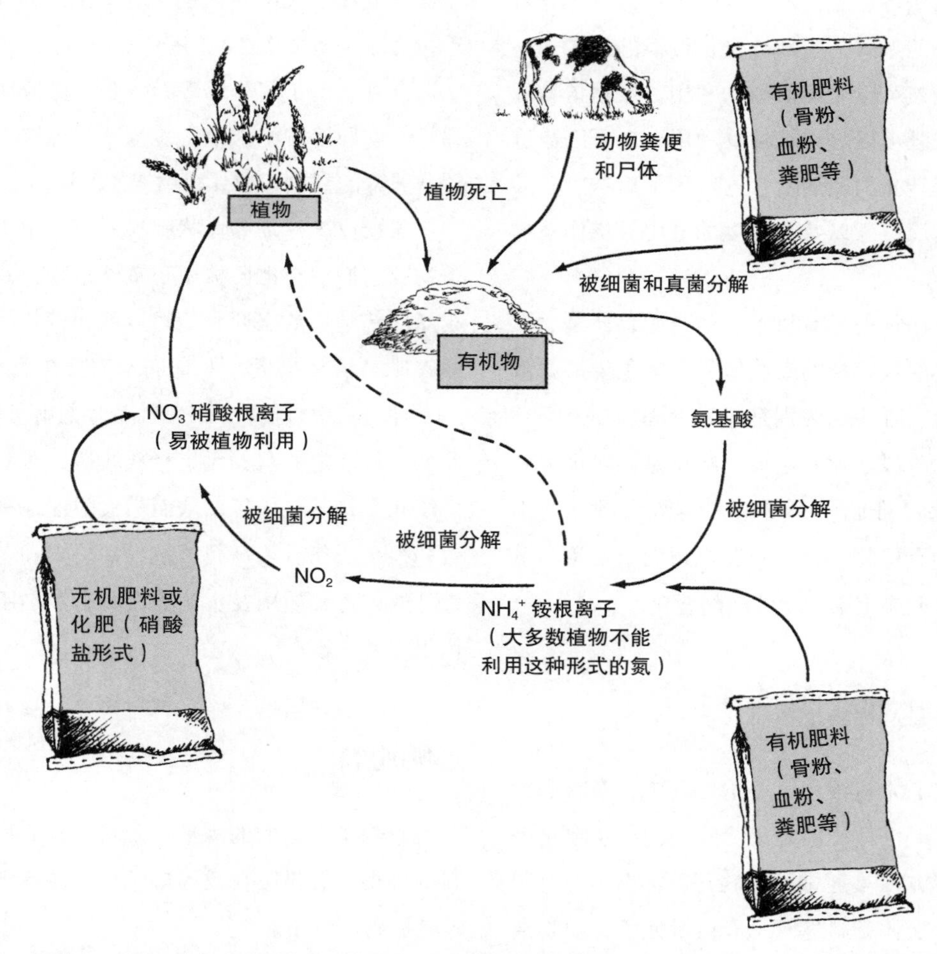

图 6.19 氮循环，显示了有机物中的含氮化合物的分解过程及植物利用氮元素的过程。图片由贝瑟尼绘制

氮气占空气的70%。然而，除豆科和少数禾本科植物以外，植物都不能利用空气中的氮。豆类（大豆、豌豆、花生及其他豆类）植物借助生活在其根瘤的细菌能够肥田，这些细菌能够将大气中的氮固定到土壤中。

只有当土壤中氮元素以硝酸根（NO_3^+）或铵根（NH_4^+）这两种形式存在时，大多数植物才可以利用。虽然有些植物可以利用铵这种有效形式的氮，但大多数园林植物利用氮的最主要的形式是硝态氮。这意味着大量分解必须发生在氮元素（例如，以叶子或血粉的形式添加）在分解周期中形成可用的硝酸盐这一关键点之前。这也说明了有机肥料缓释的特点。

硝酸铵等化肥被添加到土壤中，一部分氮是硝酸根的形式，一部分氮是铵根的形式。一部分硝酸铵可以立即被植物利用。根据植物的种类，铵既可以立即被植物利用，也可以通过分解过程转化为硝酸盐。这解释了植物对硝酸铵的快速反应，以及高浓度的可用氮烧伤植物的可能性。

无论添加的是有机形式的畜肥，还是化学形式的硝酸铵，植物吸收氮元素的主要形式都是硝酸盐，唯一的区别是氮元素添加在氮循环中不同的阶段。化肥主要的缺点是如果土壤中没有（通过堆肥、天然植物残留物或其他手段）添加有机物，土壤中有机物的数量将会下降，从而造成土壤物理性质的恶化。

肥料种类

肥料通常有液体、可溶性粉末、颗粒和片剂等种类。液体肥料是最受欢迎的，主要是因为其使用方便（通常配有软管喷雾器）并且肥效迅速。液体肥料通常含有微量元素，植物通过叶面吸收这些微量元素，可以缓解微量元素缺乏症。因为所有的营养元素都以水溶性的形式存在，所以如果施用过多肥料很容易烧伤植物。此外，如果施肥后发生强降雨或灌溉，大部分氮元素将会被淋溶掉，肥料只能在短期内发挥作用。

可溶性粉末肥料很受欢迎，因为它们很容易溶解在水中，与液体肥料的使用方法相同，优缺点也是一样的。但与液体肥料相比，可溶性粉末肥料较便宜。它们通常含有会使手和衣服染色的蓝色染料，同时也会提醒软管喷雾器的使用者喷雾机是否可以正常工作。

最常见并广泛使用的家用和商用肥料是颗粒肥料。在颗粒肥料的生产过程中，营养元素被压缩成珠子大小的颗粒，这些颗粒重量足够重，消除了易被吹走的问题。

此外，由于营养元素不需要（像液体肥料那样）立即溶解于水中，缓释制剂可被用于延缓营养素的释放，减少植物烧伤的风险。

长期以来片剂和钉状肥料一直被用于室内植物，它们现在也已被用于室外植物，并越来越受园艺师们的欢迎。虽然片剂和钉状肥料比颗粒肥料价格更贵，但它们不需要进行测量，一个种植穴中直接放入1—2个片剂就可以了。此外，片剂中的营养元素释放缓慢，时间可以持续几个月甚至一年，从而最大限度地减少浪费和根系烧伤。片剂肥料是为种植穴和花盆所设计的，将其施用在土壤表面时，片剂肥料的作用效果一般。

选购肥料

影响肥料选购的因素：肥料成分分析、肥料的种类、有机肥料或无机肥料、缓释肥料或速效肥料、价格。

肥料成分分析是指肥料中所含有的营养元

素的种类和数量说明，美国法律规定在每袋肥料包装上要印刷肥料成分分析。肥料成分分析说明的标准格式是 3 个数字 1 组，用连字符分开，例如，5–10–20。每个数字代表肥料中含有的特别的营养元素所占的比例（图 6.20）。第一个数字总是代表氮元素的含量，第二个数字代表五氧化二磷（P_2O_5）这一化学形式的磷元素的百分比，第三个数字代表碳酸钾（K_2CO_3）这一化学形式的钾元素的百分比。因此，上面列举的成分测定（5–10–20）是指肥料中含有 5%的氮、10%的磷化合物、20%的钾化合物。换一种说法是，在 100 克的肥料中含有 5 克氮、10 克磷化合物和 20 克钾化合物。

根据肥料中含有的氮、磷、钾元素的相对含量，通常将肥料分为 3 类。第 1 类被称为平衡肥料，因为成分分析中的所有数字都是一样的（8–8–8）。第 2 类被称为完全肥料，肥料含有氮、磷、钾元素，但是它们的数量不同（5–10–15）。最后一类是单元素肥料，肥料中只含有 3 种营养元素中的一种，如尿素（46–0–0）。

选购肥料时，首先看成分测定，因为营养元素是肥料重要的组成成分。其他成分使肥料的体积变大，这些填充材料可以被用作土壤改良剂，但在选购肥料时应注意它们的实际价值远低于肥料。

选购肥料时既要考虑营养元素（通过成分测定中的数字）的总量，又要考虑氮、磷、钾元素的相对含量。如果你要购买草坪肥料，肥料中最需要的营养元素是氮，所以主要考虑的是氮元素的含量分析。对大多情况来说，应该选择含有相同比例氮、磷、钾元素的平衡肥料。

接下来是看肥料的种类。很难去比较液体肥料、颗粒肥料和不溶性粉末形式肥料的价格，因为它们的含水量不同；但后两种肥料可以进行比较，粉末状肥料的价格明显要比颗粒肥料的价格便宜。如果肥料的价格不存在实质

图 6.20 印有大量元素测定的 3 袋肥料。照片由得克萨斯州卢博克市 CEV 多媒体有限责任公司提供

性差异的话，没必要选购粉末状肥料。

如果你要求肥料含有专用的有机材料，则需要考虑肥料是否是有机肥料。如果选择了有机肥料，即使其与普通肥料营养元素含量相同，你也要为其支付更高的费用，并且不能期望有机肥料的成分测定会比普通肥料更高。这是因为，根据定义，有机肥料是含有大量营养元素的有机物质，运输成本通常是决定价格的实质性因素。缓释肥料和速效肥料都有有机肥料的形式，但缓释肥料的价格要更高一些。是否值得为化肥额外付出更多费用，取决于如何利用它们。

家庭选购肥料时，价格往往是最主要的考虑因素。为了选购最划算的肥料，应该综合考虑所有上述介绍的因素。

施肥

追肥　根据植物所施肥料种类的不同，施肥的方法也是多样的，但基本的规则是肥料必须接触到植物的根区。对草坪草、地被植物、一年生花卉和一些灌木等浅根植物来说，表面施肥又被称为追肥，随后出现的降雨或进行的灌溉足以为植物根区提供养分。在追肥时，要把肥料播撒在植物周围，并小心地除去落在植物茎和叶上的肥料。

种植前的整合　可以将肥料和土壤改良剂掺和后一起施用到土壤中。这种种植前掺和施肥方法的优点是磷元素可以接触到植物的根区。

侧施肥　对菜园和某些景观成排种植的植物而言，侧施肥这种表面施肥的形式是很有用的。使用这种方法，一条窄窄的如条带一般的肥料被施用在成排（图 6.21）种植植物的一侧或两侧，并被施用在植物的根部区域远离根尖

图 6.21　对一排豌豆进行的侧施肥。照片由里克·史密斯提供

的位置，因为肥料与根尖的接触会导致植物烧伤。这种条带使得对成排植物施肥变得相对简单，可以避免追肥时可能发生的遗漏和肥料浪费等情况。这种方法还可以减少肥料颗粒与土壤的接触，因此，有助于防止磷等化学性质活跃的营养元素与土壤成分发生反应。

对于大型灌木和乔木等根深的植物来说，表面施肥并没有效果，因为植物的根部位于土壤表面以下 45 厘米或更深的位置，大部分的磷元素和大量的钾元素不能淋溶到植物的根部。此外，如果经常使用表面施肥的话，会促进植物的表根生长，从而减弱植物的耐旱能力。

针施肥　有两种方法可以将肥料施用在植物的根区。一种方法是使用施肥针，通常被称为根部给料器。这个装置（图 6.22）连接在花园灌溉用软管上，装置包括一个肥料盒和一根带有尖端的管道。当灌溉开关打开时，水分流经肥料盒，肥料溶解在水中后通过管子从尖端流出。水分从尖端流出时能够帮助管理员将管子推送到土壤的预期深度。这种方法很简单，在植物根区几个点位注入就能够为植物根区提

图 6.22 液体施肥针。照片由俄亥俄州 A. M. 伦纳德有限公司提供

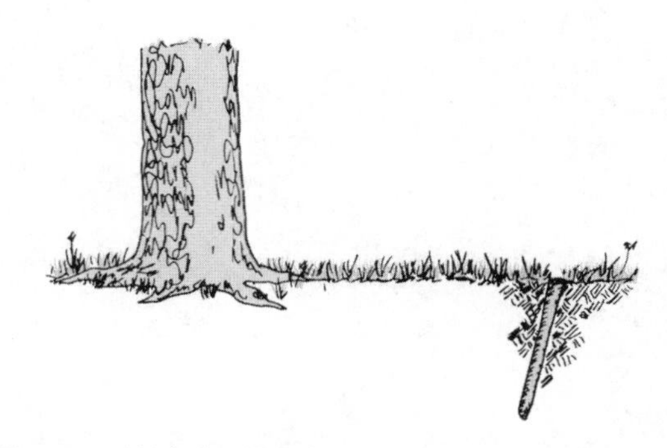

图 6.23 对树木进行钻孔施肥

供所需的水分和养分。

钻孔施肥 另一个有效的方法是钻孔施肥，这个方法不需要购买任何特殊设备，从地面向下钻 30—45 厘米深的孔洞，遍及树的根区（图 6.23）。然后根据推荐比例在这些孔洞中填充颗粒肥料，再用泥炭土或表土进行覆盖。为了达到效果，树干直径每增加 2.5 厘米，整个植物根区就要增加 10—20 个孔洞。钻孔可以使用撬杠、钢筋、管子和螺旋钻等工具。

肥料钉是钻孔施肥的一个改进方法。这个方法可以获得与采用钻孔施肥法相同的效果，而且其费用较低。

叶面喷肥 为植物提供少量容易发生移位（流失）营养元素的另一种方法是叶面喷肥。将稀释后的水溶性肥料喷洒在植物的叶子上，然后植物会通过叶子吸收少量的肥料。因为叶子只能吸收少量的营养元素，所以这种方法最好被用于微量营养元素。叶面喷肥的优点是，如果植物营养缺乏症状明显，施肥几天后就会有明显改善。此外，土壤中缺乏微量元素不可用叶面喷肥来解决，可以利用土壤施肥的方法来补充。一般来说，叶面喷肥不能提供充足的养分，不能完全满足植物生长的需求。除叶面喷肥以外，还应该向土壤中添加常规肥料，潮湿的土壤中应该施用足量的液体肥料。

问题与讨论

1. 矿质土壤与有机土壤有什么区别?
2. 在没有进行实验室土壤分析的情况下，如何判断你所在地区土壤中所含黏土的比例是否很高?
3. 土壤中黏土有什么优点和缺点?
4. 黏土的持水力是高还是低? 为什么?
5. 黏土保持养分的能力（阳离子交换量）是高还是低?
6. 沙质土壤有什么优点和缺点?
7. 黏土和沙土哪一种更加紧密?
8. 土壤压实如何影响植物根部生长? 为什么?
9. 土壤中有机物的优点是什么?
10. 举例说明常见有机物类型有哪些。
11. 轻壤土和重壤土分别是什么意思?
12. 为什么说在土壤中存有容纳空气的孔隙空间非常重要?
13. 当你在进行挖掘时，如何知道已经到达底土层?
14. 表土和底土哪一种更有利于植物生长，为什么?
15. 造成水土流失的两个最主要的气候因素是什么?
16. 土壤 pH 值如何影响植物生长?
17. 向土壤中添加土壤改良剂通常会提高或降低土壤 pH 值吗?
18. 堆肥是由什么制成的?
19. 下列哪一种物质不应该添加到堆肥堆中?
    a. 生菜叶
    b. 草屑
    c. 变质的红肠
    d. 甜瓜皮
20. 在可持续农业中，最佳管理方法指的是什么?
21. 植物施用氮肥后最主要的表现是什么?
    a. 根部增长
    b. 叶片生长茂盛
    c. 开出花朵
    d. 打破休眠
22. 大量元素这一名词是什么意思?
23. 有必要给植物施用含有微量元素的肥料吗? 为什么?
24. 市面上出售的肥料最常见的种类有哪些?
25. 在肥料包装袋上的数字（例如 5-5-20）代表什么意思?
26. 下列植物应该施用什么类型的肥料?
    a. 草
    b. 胡萝卜
    c. 大树

参考文献

Biondo, R.J., and J.S. Lee. 2003. *Introduction to Plant and Soil Science and Technology*. AgriScience and technology series. Danville, Ill.: Interstate Publishers.

Black, C.A., and S. DeWall. 1993. *Soil Fertility Evaluation and Control*. Boca Raton, Fla.: CRC Press.

Bush-Brown, J., L. Bush-Brown, and H.S. Irwin. 1996. *America's Garden Book*. Rev. ed. New York: John Wiley and Sons.

Cameron, K., and R.G. McLaren. 1996. *Soil Science: Sustainable Production and Environmental Protection*. 2nd ed. New York: Oxford University

Press.

Eash, N.S., and M.I. Harpstead. 2008. *Soil Science Simplified*. 5th ed. Ames, Iowa: Blackwell.

Foth, H.D., and B.G. Ellis. 1997. *Soil Fertility.* 2nd ed. Boca Raton, Fla.: CRC Press.

Hausenbuiller, R.L. 1985. *Soil Science: Principles and Practices*. 3rd ed. Dubuque, Iowa: W. C. Brown.

Leeper, G.W., and N.C. Uren. 1993. *Soil Science: An Introduction*. 5th ed. Carlton, Vic: Melbourne University Press.

Plaster, E.J. 1997. *Soil Science & Management.* 3rd ed. Albany, N.Y.: Delmar Publishers.

Singer, M.J., and D.N. Munns. 2006. *Soils: An Introduction*. 6th ed. Upper Saddle River, N.J.: Pearson Prentice Hall.

第 7 章

室外植物病害的诊断与防治

学习目标

- 描述室外植物的 3 个主要致病原因：虫害、病害和生理问题。
- 识别由以下几种昆虫所造成的虫害损害：蓟马、咀嚼类害虫和介壳虫。
- 描述下列几种疾病的症状：霉病、根腐病、真菌叶斑病和锈病。
- 描述 6 种植物受到威胁并表现出生理问题的环境条件。
- 描述在使用杀虫剂时需要注意的最基本的安全预防措施。
- 识别农药商标的 5 个主要内容及其提供的信息。
- 叙述有机园艺的 4 个主要技术。
- 明确有害生物综合治理的定义并且说明其重要性。
- 列举 3 条主要的关于环境保护和工人安全的美国法律及其与园艺的关系。

照片由芬兰约恩苏大学托米·尼曼（Tommi Nyman）提供

有些植物病害的诊断很容易做出，例如，植物萎蔫通常表明植物缺水，如果发现有毛毛虫咀嚼叶子证明其正遭受虫害。但是通常情况下，有些问题很难判断，应该采用系统研究法来解决问题。

7.1 鉴定感病植物

诊断植物病害的第一步是鉴定患病的植物。知道水果、坚果和蔬菜的通用名就可以，因为在全国范围内通用名基本是统一的。对于观赏植物来说，了解植物的学名是必不可少的。

鉴定植物可以缩小可能致病原因的范围，因为不同种类的植物对不同疾病的敏感性是不同的。某种植物通常会反复遇到同样的问题，经验丰富的苗圃工人通常在只有植物名和症状的情况下就能够进行诊断。

7.2 确定致病原因

植物病害问题几乎都是由寄生生物和环境条件引起的。寄生生物包括昆虫、啮齿动物、细菌和真菌等微生物。环境条件包括高温、干旱和寒冷等。在后面的内容将会介绍这些造成植物受损的因素及其典型症状。

危害植物的昆虫

昆虫的成熟过程要经历几个阶段，在其中一个或几个阶段里，昆虫会危害植物。众所周知，蝴蝶是一种经历变态发育的昆虫。它们的生命周期是从成体在寄生植物上产的卵开始的。然后卵会孵化成幼虫或毛毛虫，在这一阶段里，昆虫以植物为食并危害植物。昆虫长到足够大后，毛毛虫会结茧（化蛹），最后发育为成体蝴蝶，成为一种吸蜜性的昆虫形态。虽然蝴蝶本身是无害的，但它会产生下一代毛毛虫的卵。

很多常见昆虫的发育顺序都是卵、幼虫、蛹、成虫（图 7.1）。幼虫通常被称为蠕虫、毛毛虫或蛴螬。成虫有很多种，除了蝴蝶，常见的还有甲虫、蝇类及蛾类。

昆虫及其相关的害虫对植物的破坏几乎都是由两种取食类型造成的：咀嚼和吮吸。咀嚼类害虫包括蚱蜢、蛀虫、蜗牛和甲虫等昆虫的幼虫（如毛毛虫和蛴螬）。咀嚼类害虫取食植物的速度很快，随着它们逐渐发育成熟，其体形会变得更大并且更具破坏性。吮吸类害虫不会咀嚼产生孔洞。它们是将口器插入韧皮部以植物汁液为食，或者磨碎一小块结构后以伤口渗出的汁液为食。吮吸类害虫包括蚜虫、介壳虫和螨虫等，它们所造成的取食损害较难判断。

咀嚼类害虫所造成的植物危害相对容易识别，主要表现为植物叶子上出现不规则的孔洞（图 7.2），或者植物的茎部被完全切断。昆虫破坏植物后仍然会留在植物上进食，也可能在

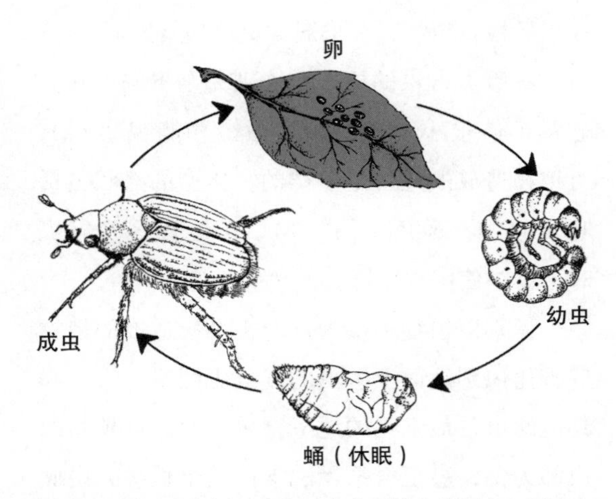

图 7.1 以甲虫为例，变态昆虫典型的发育顺序。图片由贝瑟尼绘制

图 7.2 以毛毛虫为例，咀嚼类昆虫对植物的破坏。蛞蝓和蜗牛也会造成类似的破坏。照片由美国农业部提供

植物上留下粪便。

如果怀疑有咀嚼类害虫破坏植物但没有找到害虫，应该搞清楚有哪些昆虫能够造成这种危害，这将决定采用何种防治方法。首先检查植物叶子下面、芽附近和取食位点。如果没有发现害虫，它们可能存在于植物基部的土壤里。很多害虫白天隐藏起来，晚上出来觅食。天黑后检查植物，害虫通常更容易暴露。

吮吸类害虫的检查方法则完全不同。它们通常个体很小（有些用显微镜才能观察到），对植物造成的危害是多样的。典型的症状包括叶子起皱、褪色（图 7.3）。在检查这些害虫时，可以使用放大镜。

识别以植物根部为食的害虫所造成的植物危害比识别地面上害虫的侵染更困难。蛴螬和其他幼虫是最常见的地下害虫，它们以植物的根部为食，直至根系无法支撑整个植物。由此产生的症状和所有破坏植物根部的情况相同：发育不良、叶子泛黄、枯萎直至最终死亡。挖出植物时，可以明显看到昆虫危害的痕迹（通常还能够看到昆虫）。

下面将介绍家庭园艺中发现的大多数咀嚼类和吮吸类害虫。

咀嚼类害虫

毛毛虫 毛毛虫是一种咀嚼类昆虫，它每天消耗大量叶子，重量相当于自身体重的几倍，有时还能够根据所进食的植物改变颜色。

蛴螬和蛀虫 蛴螬和蛀虫是甲虫的幼虫。它们生活在地下，以植物根部为食（蛴螬）或钻进植物的茎部和果实中去（蛀虫）。如日本金龟子等某些昆虫在其幼虫和成虫阶段对植物都是有害的。

叶蛆 叶蛆是极小的蠕虫状昆虫，它可以从叶上表面到下表面挖掘虫道。最常见的是潜叶蝇的幼虫，它们会在受损的叶子上留下杂乱

图 7.3 下方叶子由于吮吸类昆虫以其为食而变皱，上方叶子是正常的。照片由美国农业部提供

的白色图案。

蚱蜢 蚱蜢是咀嚼类昆虫，在整个生命周期中都会导致植物落叶。在它们的发育过程中，没有明显不同的幼虫、蛹和成虫阶段；蚱蜢幼虫与成虫类似，但没有翅膀。

甲虫 甲虫通过咀嚼能够危害大量植物，尤其是在夏末的时候较严重。

蜗牛和蛞蝓 这类动物在夜晚和潮湿的天气进食，它们会在植物的叶子、花和果实上咀嚼出孔洞。因为它们不是昆虫，所以大多数杀虫剂对它们不起作用。

蠼螋 它们是夜晚进食的昆虫。它们的体色是棕色，长 2.5 厘米左右，根据腹部的大钳子很容易鉴别出它们。

吮吸类昆虫

蚜虫 蚜虫是体形很小的吮吸类昆虫，通常它们会聚集在植物顶部。它们取食植物会导致叶和芽发育缺陷（图 7.4），同时会产生蜜露，这些蜜露实际上是它们的粪便。它们也会传播病毒。

粉虱 粉虱（图 7.5）是一种与蚜虫有关的吮吸类昆虫。所有的粉虱都寄生在叶子的背面。粉虱的成虫是白色的，体表被蜡覆盖。它们在叶子背面产卵，卵会孵化成可以移动的爬虫，它们会找到取食位点，插入口器，褪去

图 7.4 飞燕草被蚜虫破坏后出现的典型症状（注意，新长出的部分是扭曲的）。照片由美国农业部提供

腿部，然后变得很小，像介壳虫。最终它们换羽，发育成有翅膀的粉虱成虫并完成生命周期。粉虱是害虫，因为它们能够迅速繁殖形成很大的群体，吸食大量的植物汁液。另外，它们会传播很多病毒性病害并产生吸引蚂蚁的黏性蜜汁，在这些蜜汁上生长的黑色真菌虽然不起眼，但能够阻止光线照射进植物的叶子，从而减少光合作用。

介壳虫和粉蚧 这类吮吸类昆虫在植物的叶和茎附近终生群体生活在一起。介壳虫（图7.6）看起来很像凸起的斑点，粉蚧（图18.2）很像棉花。它们独特的外表来源于昆虫定居并开始进食后背部渗出的蜡泌物。这些害虫一旦以这种方式被保护后，就不会受到大多数杀虫喷雾剂的影响。大多数此类昆虫也能产生蜜汁。

螨虫 红叶螨不是昆虫，与蜘蛛的关系更密切，聚集在植物叶子的背面并吮吸汁液，通常在叶片顶部表面形成针刺图案。在严重侵染植株时，一些种类会结出细网。因为它们很小，用显微镜才能看到，放大镜和强光有助于诊断螨虫问题。倒挂金钟、仙客来、非洲堇和其他植物的螨虫能够产生如图7.7所示的症状。

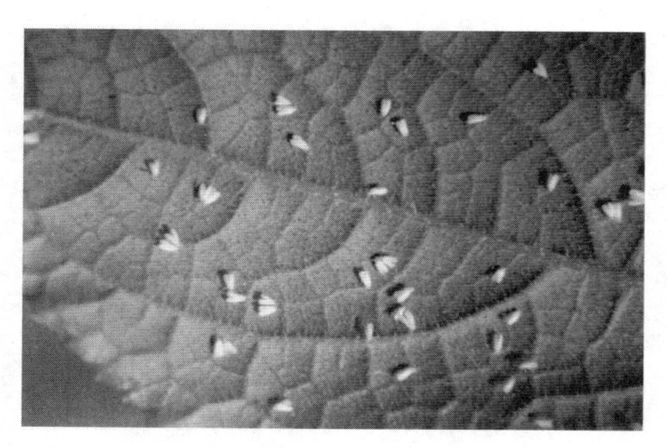

图7.5 粉虱，通常是长在倒挂金钟上的害虫

图7.6 介壳虫。照片由汤姆·弗什肯（Tom Fsakeit）提供

蓟马 蓟马是一种略大于螨虫的吮吸类昆虫。它们破坏植物的叶和花，导致植物出现条斑病、褪色小斑点或畸形叶子（图7.8）等症状。它们还能够传播凤仙花坏死斑病等病毒。

成瘿昆虫 螨虫和蚜虫及其他昆虫和疾病能够导致植株出现不正常的肿块，这些肿块被称为"虫瘿"。虫瘿与瘤类似，由大量未分化的细胞组成，它们没有实用功能。虽然虫瘿难看，但大多数不会对植物生长造成严重伤害。大量的虫瘿能够导致植物生长发育迟缓，因为植物中的有机物被转移到了虫瘿细胞中。

线虫 线虫是用显微镜才能观察到的微小的蠕虫。大多数线虫生活在土壤里，穴居在植物的根部，影响植物根系的生长。它们会导致植物变黄，缺乏活力。虽然根线虫有时用放大镜就能看到，但线虫中最常见的类型——根结线虫需要通过其取食植物根部导致的根部膨

图7.7 红叶螨及它们造成的破坏。照片由美国农业部提供

图 7.8 倒挂金钟叶子的扭曲是植物遭受蓟马破坏的标志。照片由作者提供

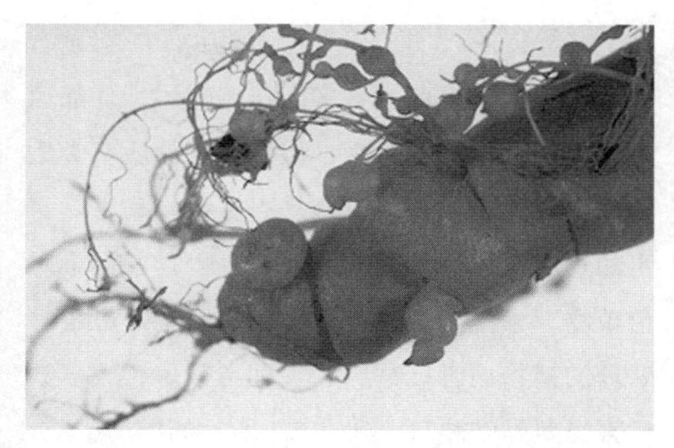

图 7.9 根结线虫破坏胡萝卜的根部。照片由加州大学合作推广部提供

大才能辨识（图 7.9）。

叶面线虫对植物造成的损害不太常见。但有些种类会从地面爬到覆盖有一薄层露水或雨水的叶子上，然后它们会通过气孔进入叶子内部开始取食。这种虫害的典型症状是叶子会出现不规则形状的枯死部分和斑点。

破坏植物的微生物

有几种类型的微生物会导致叶片死亡或根部腐烂，破坏植物并引起病害。这些微生物可以分成 4 种类型：真菌、细菌、病毒和类病毒生物。下面的内容将介绍这几种微生物类型。

真菌 真菌（图 7.10）是没有叶绿素的单细胞或多细胞生物。典型的真菌有细长的丝状菌丝体，通过细胞分裂，菌丝体会增大。到了成熟期，真菌的繁殖方式是利用产生的粉尘状

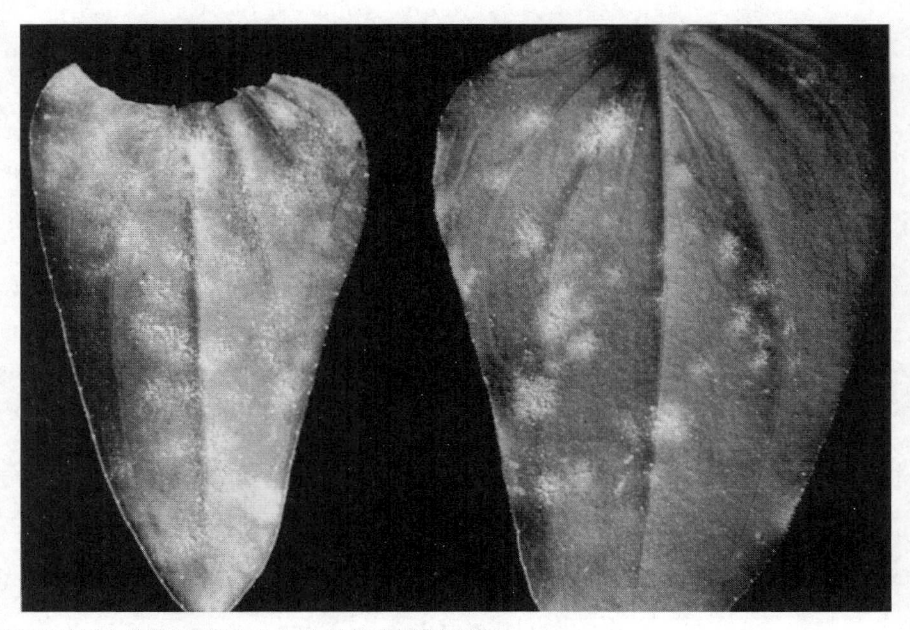

图 7.10 百日菊叶子上的霉菌。照片由 R. E. 帕尔季卡博士提供

孢子进行传播。

虽然很多真菌有很多有益的作用，如加速土壤中死亡植物体腐烂，但是与其他所有类型的微生物相比，真菌更容易引发植物病害。寄生的真菌要依靠其他来源获取有机物并侵染绿色植物。幸运的是，寄生真菌的感染是最容易处理的植物病害。这类病害种类很多，大多数病害类型可以被归类到表 7.1 所示的类型中。

细菌　细菌是单细胞生物，通常不含叶绿素，群体生长在一起形成菌落。细菌相对很少会引起植物病害，但所引起的病害很难治疗。细菌会导致植物出现叶斑病、腐烂病、溃疡病、枯萎病等病害。此外，细菌还能导致植物出现菌瘿。它们通常是通过溅水、受污染的园艺工具或携带传染病的昆虫进行传播的。

病毒　病毒（图 7.14）实际上并不是活的，所以并不属于微生物。但病毒确实有 DNA 并能够像微生物一样影响植物，因此病毒被分到了这一类中。只有少数病毒会导致严重的植物病害（表 7.2）。

表 7.1　栽培植物中常见的真菌疾病

疾病	症状和寄生方式
霉病（图 7.10）	生长于植物叶和茎的表面。菌丝体细长，很容易用肉眼看到，其有白色粉末状覆盖物。感染的叶片最终会枯萎、脱落，随后整个植物死亡
萎蔫病	真菌侵入植物的韧皮部和木质部并进行繁殖，造成堵塞并限制植物体内的运输。植物整个或只有部分枯萎，并且不会恢复
腐烂病	植物根部、地下储存器官和茎的下部会受到这些土壤真菌的破坏。感染病菌的植物细胞会死亡并腐烂，还会影响植物的吸收和运输，并导致植物死亡
叶斑病（图 7.11）	叶片会长出斑点，有时还会出现在植物的茎和花上，并迅速蔓延至整个植物。斑点通常看起来很特别，黑色的中心周围环形分布着不同颜色的组织细胞。斑点会逐渐减少叶子进行光合作用的面积，从而导致植物死亡
锈病（图 7.12）	引起锈病的真菌很特别，需要借助两种不同种类的宿主植物来完成整个生命周期。通常情况下，一个宿主是栽培植物，另一个宿主是野生植物或野草。锈病的常见症状是植物的茎和叶上出现红褐色斑点。在某些种类中，长出孢子的部位有 2.5 厘米大小、外表奇怪的橘色凝胶状突起
溃疡病（图 7.13）	一种出现在木本植物中的相对少见的疾病。真菌会导致树干和树枝周围树皮凹陷，最后导致植物受感染区域以上的部分死亡
黑穗病	一种较罕见的疾病，通常作用于玉米。感染的部位隆起并且外形奇异，最后会破裂开并释放大量粉状的黑色孢子
丛枝病	主要出现在木本植物中的疾病，不常见。真菌感染整个植物，但症状首先出现在小树枝上，随后大量细枝迅速蔓延进行生长，形似鸟巢。这种疾病有时是致命的
枯萎病	通常影响木本植物，导致花朵和嫩枝等新生组织迅速枯萎并死亡。能够向下扩散并杀死更成熟的植物结构

表 7.2　病毒和类病毒生物引起的植物疾病

疾病	病原生物	症状
生长受阻	病毒和支原体	在适宜的生长条件下生长缓慢或停止生长，没有其他明显的致病原因
卷顶病	病毒	导致叶子扭曲和畸形；症状与除草剂所造成的损害类似
花斑病	病毒	植物叶子和果实上长有斑驳的亮和暗的斑点
枯黄病	支原体	在良好的生长条件下树叶泛黄，发育不良，枝条丛枝状生长，且不是由其他明显致病原因所导致的

图 7.11　草莓叶子上的叶斑病。照片由美国农业部提供

图 7.12　玫瑰叶子背面的锈病，照片由巴尔多·比列加斯（Baldo Villegas）提供

图 7.14　南瓜上，花叶病毒形成的斑驳颜色。照片由纽约州伊萨卡康奈尔大学合作推广部提供

图 7.13　植物茎的上部是溃烂的树皮，底部是正常健康生长的树皮。照片由 R. E. 帕尔季卡博士提供

病毒利用昆虫在植物中传播。昆虫以病毒浸染的植物为食，摄取里面的病毒，将其移到未浸染植物上，传播疾病。蚜虫、粉虱、螨虫、叶蝉和线虫能够传播植物病毒。一些病毒还可以通过与受感染植物接触后，再与未浸染植物接触的方式进行传播，或通过使用修剪过受浸染植物的未消毒剪刀，再去修剪未浸染植物的方式进行传播。枝接、芽接和扦插等营养繁殖方法通常也会传播病毒。有些病毒甚至可以通过种子进行传播。

病毒病害的症状有很多，但都会表现为发育不良、叶和花颜色不均匀、坏死斑和黄化等。病毒最终会导致植物死亡，尽管死亡的速度很慢。到目前为止，在很大程度上病毒类病害实际是很难恢复的，所以应该清除受浸染的植物防止病毒传播，还应该对帮助病毒传播的昆虫进行防治。

危害植物的大型有害动物

花园里很多啮齿类动物和类似的动物会危害植物。下面的内容将介绍较常见的危害植物的大型有害动物的种类及其危害表现：

兔子 在美国很多地区，兔子都是一种麻烦的动物。它们以蔬菜和牡丹、大丽花等在春天生长的观赏植物为食。

老鼠 老鼠主要在冬季食物稀缺的情况下会破坏植物，它们穴居在覆盖物或积雪层的下面，以果树树皮为食。老鼠围绕着树取食，从而导致果树死亡。

囊鼠 这些穴居的啮齿类动物造成的危害是在花园地下挖洞和地道（图 7.15）。它们还以植物根部为食，会在一两天内导致一株很大的植物死亡。囊鼠对植物的破坏很容易诊断：植物会突然枯萎，提起植物时很容易从地面拔

图 7.15 囊鼠的破坏。照片由得克萨斯州卢博克市 CEV 传媒公司提供

起，并且植物的根部已经没有了。

鼹鼠 鼹鼠也是穴居动物，但主要以土壤中的昆虫为食。鼹鼠的洞穴会破坏植物，它们的洞穴会在一个区域留下带有丘状洞口的凸起。鼹鼠主要对草坪造成破坏，因为它们钻过草根，导致地上的草皮死亡。

鹿 在农村和半城市化地区，鹿已经成为日益突出的问题。它们以灌木和乔木的树枝为食，还会破坏种植的蔬菜和花卉。它们通常会在夜晚出来觅食。

鸟 在果树种植区，鸟类会破坏植物。它们吃樱桃、树莓及其他水果作物。

狗 狗尿对植物叶子是有毒的，会导致其变成褐色或黄色。雄性和雌性的狗都会破坏灌木低处的叶子或在草皮上留下圆形的斑点。

危害植物的环境因素和其他非寄生因素

霜冻 霜冻对植物所造成的危害，因植物的种类和株龄而异：幼嫩的组织比成熟组织要脆弱；木本植物比草本植物的抗冻性要强。因此，轻微霜冻偶然侵袭，会破坏一株植物而并不会影响附近的另一株植物。霜冻危害最明显

的症状是植物会在一夜间突然枯萎，特别是植株最上面的叶和芽。

冻害 冻死是指低温所导致的常见耐寒的多年生植物部分或全部死亡。在少数情况下，一些树枝会枯萎，植物会从较低的茎部和树冠处的芽里重新萌发。完全被冻死的植物的顶部和根部都会死亡。在寒冷的冬季，当温度低于植物根部存活的临界温度时，植物会出现冻害的情况。

在寒冷的气候里，冻死表现为常绿植物"灼伤"的情况屡见不鲜。植物叶组织变成褐色，因为常绿植物不会每年重新生出新叶，所以植物的外观遭到了永久性的破坏。这种灼伤通常是由于冬季土壤水分缺乏，再加上持续的水分需求，冬季寒风导致植物针叶干燥。因此，建议在冬季土壤没有冻结时进行覆盖和灌溉。

干旱 干旱对植物造成的危害最主要的表现症状是萎蔫，在干旱的条件下灌溉能够使植物复苏。遭受旱灾的植物通常能够完全恢复，除非植物的叶子已经变脆或变得如皮革般粗糙。除此之外，在地上部分完全死亡后，很多植物会从根部重新生长出来。

排水不良和淹水 在排水不良的情况下，植物的根部长期在水饱和的土壤中，会导致大多数植物死亡。但在沼泽和其他低地地区土生土长的植物除外。这是由缺氧导致的。植物在积水中不受损害的存活时长各不相同，但在偶尔淹水的情况下大多数植物能存活几天甚至一个星期。

土壤养分不足 土壤缺乏足够的养分会阻碍植物正常生长并使植物褪色，但不会很快导致植物死亡。不同种类的植物缺乏必需营养元素时会表现出不同的症状，这使得营养缺乏很难进行诊断。但是，差不多80%的营养缺乏都是缺乏氮、磷、钾、镁和铁元素，这些营养元素缺乏所引起的症状详见表7.3。

pH值相关的土壤养分失效 在土壤pH值过高或过低的情况下，即使是土壤中含有基本营养元素，植物也无法吸收。铁元素和锰元素最容易受到pH值影响。这种情况下的表现症状与正常缺乏所引起的症状相同（表7.3）。

土壤盐分过剩 盐分过剩通常被称为盐积累。虽然过度施肥会产生有害物质，其中氮元素是最主要的危害元素，但正常灌溉水和碱性土壤中含有的化合物也是有危害的。

土壤盐分过剩时，植物的表现症状是叶缘枯萎并变褐。高盐会导致植物脱水，致使植物根部死亡，它的作用效果与干旱很相似，难以辨别。处理方法是淋溶，详见第13章。

过热 过热损伤（图4.6）通常发生在已铺筑的路面或南向的墙壁上，它们表面能反射来自太阳的热量，导致出现过热损伤。叶脉间的叶缘和叶面会变成褐色，新生植物会死亡。不同种类的植物对过热和反射热量的耐受性是不同的（详见第4章）。

土壤压实 持续踩踏或设备挪移会导致

表7.3 常见营养元素缺乏所引起的症状

营养元素	症状
氮	通常情况下，叶子会变黄，首先出现于老叶；秋季落叶树木落叶时间提前
磷	通常情况下，新长出的嫩叶会变黄，嫩枝一般会呈现紫色
钾	老叶的边缘死亡，嫩枝会生长缓慢，叶片难以增大；边缘灼伤会早于叶片变黄出现，在生长季的晚期最为严重
铁	新叶上叶脉间的区域黄化
镁	随着老叶上叶脉间的区域黄化，植物生长受阻，随后黄化会蔓延到新叶

植物周围的土壤压实。土壤中存在的孔隙空间被压实，水分吸收和空气渗透受到抑制。压实土壤中的植物生长缓慢，植物的一些部分会枯萎。在严重的情况下，整株植物都会死亡。

化学物质使用不当　如果农药喷雾剂使用不当、浓度过高或用于不应该喷洒农药的植物上时，会破坏植物。草坪除草剂 2，4–D 是最具破坏性的化学物质之一。喷雾漂移会将化学物质扩散到邻近的周边地区，植物的叶片会出现卷曲和畸形（图 7.16）。当喷雾器既被用来喷洒除草剂，又被用来喷洒病虫害喷雾剂时，也会出现类似的植物危害。即使是少量的除草剂残留物也会破坏植物。

另一种能够破坏植物的常见除草剂是草甘膦。植物的叶子能够吸收草甘膦，然后在植物体内将其转运到生长点。植物生长点典型的损伤是黄化，接着会褐变直至死亡。

在使用草甘膦时要格外小心，防止它被风吹到附近的植物上。另外，在喷洒植物基部时，化学物质会被植物的吸根以及幼嫩乔木和灌木绿色的薄树皮吸收。如果不慎将草甘膦喷洒到这样的植物上，要立即冲洗或剪掉已喷洒上草甘膦的部分。

图 7.16　2, 4-D 除草剂破坏木瓜。照片由得州农工大学植物病理学和微生物学托马斯·伊萨基特（Thomas Isakeit）博士提供

使用西玛津等化学物质所造成的损伤症状是植物叶子出现黄化病（叶子持续黄化但不死亡）。可以通过下面突发的症状来区分这种除草剂所造成的损伤和营养缺乏：除草剂所造成的损伤会持续 2—3 周，而营养缺乏会越来越严重并持续几个月的时间。对于除草剂所造成的损伤还没有实用的治疗方法，植物的致死率取决于化学物质的吸收量。虽然植物叶子的损伤会持续 1—2 个生长季，但植物在危害中也会生长出新的叶子并恢复到正常的样子。

喷洒的农药浓度过高或喷洒在未经批准的植物上时，会表现出不同的症状。使用化学物质后植物最常见的症状是突然出现的褐变，然后是脱叶（落叶病）。疾病和虫害很少造成只落叶的情况。

水平面变化　上升的土壤水平高度超过植物根部 5 厘米会导致植物死亡，因为流向植物根部的水分和空气会受到限制。因此，当水平面发生变化时，树坑是必要的。树坑应该越大越好，可以延伸到树根的末梢。还应该安装补充的排水管。（图 7.17）。

空气污染　少数地区会出现空气污染的问题。空气污染只会影响易感病的植物，如松树。空气污染对植物的破坏有很多表现形式，但通常的表现是叶子褐变和死亡。空气污染对植物的危害很难诊断，只在经常出现烟雾积聚的地区，需要怀疑存在空气污染损伤的可能性。

化感作用　化感作用是指一种植物通过分泌有毒物质对另一种植物造成破坏。黑胡桃和桉树都会对其他植物产生化感作用。

7.3　植物病害的防治

感病植物恢复健康的过程与致病原因密切

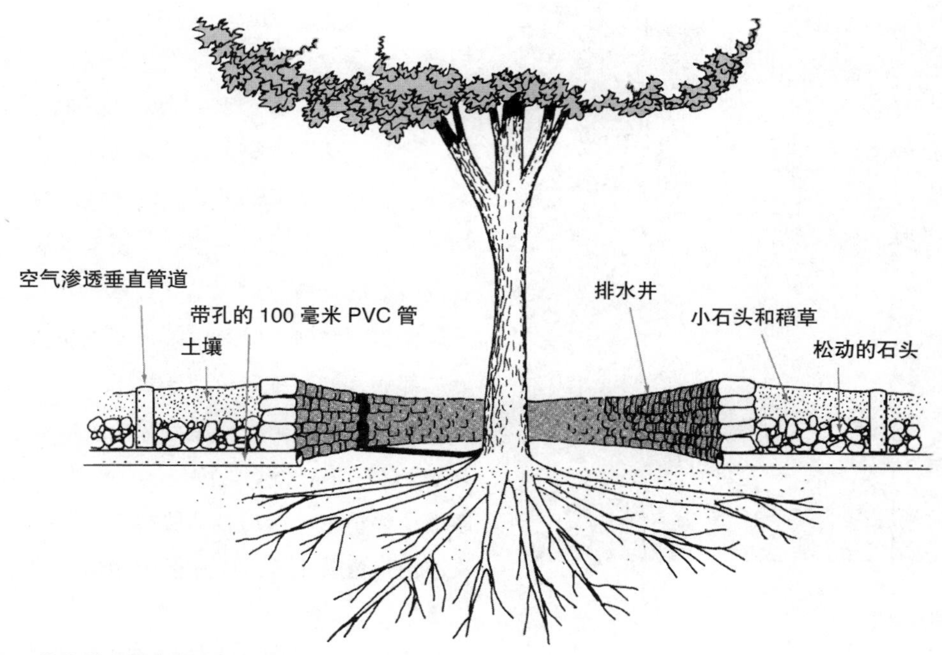

图 7.17 带有排水铺砖的树坑

相关。面对环境问题，有两种选择：第一种是改善对植物不利的环境；第二种是寻找能够耐受这种环境的植物。高盐、干旱、土壤压实和酸碱度问题等都可以被改善。另一方面，虽然空气污染、冻害和热反射的问题无法消除，但可以重新进行植物选育。

动物对植物的破坏可以通过预防来避免，也可以通过移走或杀死动物的方式进行处理。栅栏可以阻挡兔子、狗、鹿，为防止鹿闯入，所需栅栏的高度是 2.4 米。血粉也可以充当鹿和兔子的驱避剂，或者夜间移动传感器被触发后会打开喷洒装置。拦网和噪声设备最有助于解决鸟类对植物危害问题。移走植物根部的覆盖层或用较宽的锡筒或编织网合围树干可以避免老鼠和兔子环剥树皮（图 7.18）。

鼹鼠、囊鼠和地松鼠对植物的危害难以避免。使用毒饵是消灭囊鼠和地松鼠的最好方法，但鼹鼠不太可能被毒饵诱杀。虽然针对鼹鼠特别设计的诱捕器很容易成功捕获鼹鼠，但有效的诱捕器必须被放置在动物经常出没的洞穴。大批鼹鼠在草坪出没，往往是因为草坪里有它们喜欢吃的蛆。在土壤淋洗时使用杀虫剂，能够摧毁鼹鼠的食物来源，使它们离开。

微生物引起的植物病害的防治

植物病害防治包括栽培方法和化学方法。了解这两种方法对恢复和保持植物健康生长是必不可少的。

病害防治栽培方法 病害防治栽培方法是使用能够减少病害侵染和传播的植物栽培技术。

灌溉 灌溉是植物病害感染和传播的主要因素。很多真菌孢子在没有水的条件下一直处于休眠状态，只有在有水的情况下才会开始生长，然后侵染宿主植物。因此，让易感病的植

图 7.18 保护植物免遭兔子破坏的铁丝保护罩，对于更小的啮齿动物要使用更小的网格。照片由美国农业部自然资源保护服务局提供

物避免接触水分能够减少感病的机会。土壤水分过多还易滋生根腐病病菌，灌溉过量也会引发这种病害。

溅开的水通常是植物病害传播的一个因素，它会将感病植物上携带的微生物传播到未感病的植物上。灌溉时多注意，浇灌用的水仅用于土壤，能够减少易感病物种的病害问题。灌溉的时机也能减少或增加病害的传播。傍晚浇灌的植物能够整夜保持湿润，很容易感病；早上到中午这段时间浇灌的植物能够迅速干燥，也不会那么容易感病。

卫生管理 卫生管理包括清除所有寄生有病菌的物资以减少微生物的数量。很多病菌呈季节性循环，有休眠期和活跃期。很多植物病菌会在夏季被侵染的落叶里过冬。因此，感病植物下面的树叶和树枝应该在秋季被迅速清除，防止其成为下一个生长季的传染源。这些已感染的植株部位应该被烧掉或移走，不能用于堆肥。

除草是另一种卫生管理措施。一种植物病害经常会侵染几种关系密切的植物。如果其中一种植物是杂草，它会成为栽培植物的感染源。例如，锈菌类病菌需要侵染两种植物才能完成它们的生命周期，其中一种通常是杂草。如果附近没有杂草宿主植物，锈菌类病菌就不能侵染栽培植物。

修剪 修剪是针对菌瘿、萎蔫病和腐烂病等局部病害的一种有效防治技术。一旦植物感染了这些病菌，植株受侵染部位就应该被修剪并被烧掉，一般修剪掉 5—10 厘米，剪到健康的植物组织。在切口处修剪后，应该用酒精浸泡消毒修剪工具以防止微生物通过刀片进行传播。

选株 选株是指拔除感病的植株，防止其传播给其他植物。对一年生植物和只有少数植物感病的情况来说，这种方法是有效的。另外，选株是病毒性疾病唯一的防治方法，也是防治类病毒生物和大多数细菌最实用的方法。

轮作 轮作通常与蔬菜作物有关，但也适用于花卉作物。轮作是指每年种植不同的植物，而不是每年总是种植一样的植物。对土壤带有的病害来说，轮作是一种有效的防治方法，大多数土壤带有的病害通过化学手段很难防治。轮作令寄生在一种作物的微生物每年都所剩无几，因为它们不能侵染新的作物。

抗病品种 种植抗病品种是最有效的病害防治技术。很多蔬菜和花卉通过育种具有抗病性，这些较少的额外费用是非常值得的。园林植物同样被培育成具有抗病性，其中一些园林植物具有天然抗病虫的能力。选择种植这些观赏植物代替易感病植物能够大大地减少植物养护费用。

植物选种和培育 减少植物病害最重要的方法是选择不易感病并能很好地适应其所生长

环境的植物种类。例如，种植在阳光充足环境中的玫瑰，在这种开放式的环境中，它不容易出现白粉病和锈病的问题，但如果种植在阴暗的环境中，它就需要被不断地喷洒农药来控制这些病害。此外，适当的植物养护有助于减少病害问题。例如，修剪植物冠层可以增加空气流动，减少那些容易在相对湿度较高的环境中滋生的病害。

病害防治化学方法 化学制品对有些病害问题是非常有帮助的，但对另一些病害问题却几乎是没用的。叶斑病、锈病、霉病、黑穗病和萎蔫病通常可以采用化学方法进行防治；但枯萎病、腐烂病、溃疡病、丛枝病和所有病毒性病害采用化学方法是不可控的或只有少数是可控的。幸运的是，大多数的常见病害都在可控的范畴内。

农药顾问和农药作业人员必须获得国家执业许可。这种许可确保了只有经过严格培训、能够正确选择和使用农药的人才能从事这项工作。农药顾问和农药作业人员通过参加继续教育保持有效的从业资格，并了解最新批准的农药及其使用技术，从而保护了环境和消费者。

杀真菌剂 杀真菌剂是一种最常见的用于病害防治的化学制品，大多数的杀真菌剂可用于多种植物的许多病害的防治。包装标签和合作推广服务部门的出版物会提供病害防治产品的相关信息。

虽然大多数杀真菌剂都是叶面喷洒，但有少数杀真菌剂被施用于植物根部，用来防治土壤带有的病害。这种杀菌方法被称为杀真菌土壤淋洗。仅有少数的杀真菌剂被用于刚刚介绍的方法中，它们会被植物吸收而不是简单地形成一个保护层。这种杀真菌剂被称为内吸杀菌剂。

很多杀真菌剂只是一种阻止真菌孢子萌发和生长的保护剂，实际上并没有杀死植物中的真菌。在病原体成功侵染植物并对植物造成严重危害之前，在真菌侵染的早期阶段，保护剂是最有效的。因此，在其成为传染病之前，监测植物长势对控制病害侵染是至关重要的。此外，为了给植物提供持续的保护作用，必须频繁施用保护剂。喷涂杀真菌剂后，不需要对新生长的植物进行保护，但需要额外喷涂杀真菌剂。

少数杀真菌剂被归类为药物（化学药物）。药物能够完全杀死现有的真菌，同时还能预防孢子萌发和生长。

杀细菌剂 杀细菌剂通常是抗生素，包括链霉素和四环素。与杀真菌剂相比，杀细菌剂不太常见，只被用于少数细菌和支原体引起的病害，如枯萎病。含铜喷雾剂也被用于细菌防治。

种子和鳞茎处理方法 通常所购买的种子颜色比较奇怪（通常是粉红色或蓝色），因为种子和鳞茎在包装之前使用杀真菌剂进行了处理。处理的方法是喷洒液体杀真菌剂或在其中迅速浸泡种子（然后立即干燥）。杀真菌剂可以保护植物免受立枯病。

如果植物经常出现立枯病的问题，在种植种子之前可以通过将一茶匙杀真菌剂粉末与种子一起放入袋子中摇动的方式自行处理，这样可以预防立枯病。如果购买的鳞茎上面长有霉菌（通常是青霉菌），在种植前将鳞茎浸泡在合适施药浓度的杀真菌剂中进行处理。这种浸泡处理能够减缓或阻止土壤中生物体的生长发育。

菌剂 很多杀真菌的菌剂能在植物根部及其周围土壤中固定，产生分泌物，阻碍植物病原真菌生长与有害真菌竞争，从而减少其侵染植物的机会。这类产品要么被施用于盆栽土壤，要么掺水后用含有有机体的溶液给植物灌溉，使其被植物吸收。采用较好的栽培技术时，这些菌剂能减少植物根部病害问题。这些有益真菌中的两类是木霉属和粘帚霉属，它们以不同的商品名出售。

另外，使用某些堆肥也是有效的，它们被称为病害抑制型堆肥，这些堆肥中天然含有能够抑制根部病害的有机质。一般情况下，为正常微生物生态系统提供养分的土壤与有机物含量低、盐分含量高或因过量施用肥料及其他化学物质而被污染的土壤相比，为病原体提供养分要少。

使用含有枯草杆菌（Rhapsody®）等有益真菌的菌剂喷雾也可以抑制叶部病害。

线虫和昆虫问题的防治

栽培防治　防治昆虫问题的栽培方法没有防治植物病害的栽培方法成功率那么高，但有时是有效的。一种方法是清除昆虫的藏身之所，因此，植物基部的杂草防治和垃圾清理是有效的。还有一种方法是修剪植物上布满昆虫的部位。

在白天或晚上，根据昆虫的活跃程度，采用人工摘除的方式能够有效地除去植物体上的蠕虫等大型昆虫。强劲的水流可以冲洗掉蚜虫。

另一个栽培方法是为植物健康生长提供充足的养分，并满足它们的其他生长需求。长势良好的植物与那些受胁迫的植物相比，不容易受到昆虫和病害问题的影响。

缺乏充足水分的植物容易出现螨虫问题。另外，施肥过量的植物，特别是氮肥过量，能够长出大量新生组织，这对蚜虫是很有吸引力的。

栽培防治的另一个方法是规划一个多样化的园林，里面邻近种植很多不同类型的植物。这个方法有两个好处：第一，因为不是只种植一种植物，假如害虫侵袭一个物种，将仅仅是一个小爆发，因为它们的食物来源是有限的；第二，植物的多样性会产生出不同类型的益虫，因为它们有不同的食物来源。很多有益生物体存在于园林中，包括昆虫、螨虫、鸟类和吃昆虫的蝙蝠、能够侵染土壤中昆虫和线虫的土壤真菌以及其他生物。必须把园林看成一个生态系统，确保这个生态系统的土壤富含有机物并且是不同种类生物的栖息地，保持其处于健康的环境条件。还可以将生物防治有机体引入到园林中。

化学防治　和其他防治方法相比，很多园艺师都更倾向于使用化学制品进行害虫防治，因为他们认为化学防治方法简单且有效。尽管如此，化学防治应该是园林中最后使用的方法，因为大多数化学制品对园林生态系统的破坏性很大。园林中广泛使用化学制品通常开始了反复使用化学制品的循环，因为有益生物被杀死后，自然防治不再能够控制大多数的害虫。化学制品只应该在病虫害严重时进行使用，应该尽可能针对具体的害虫选择所使用的化学制品并进行现场处理。在环境中能够迅速分解的化学制品要更好一些，因为即使化学制品导致害虫的天敌死亡，新的天敌也会从外面迁移过来，不会被植物上有活性的残留物杀死。

使用化学制品防治害虫最常用的方式是将其制成喷雾剂、土壤淋洗液和颗粒剂施用于植物，通过杀死害虫的方式来保护植物。引诱并杀死昆虫的饵剂和驱虫剂是另外两种化学防治方法。

喷雾剂　叶面喷洒要么直接杀死能接触到的昆虫，要么在昆虫经过喷洒后的叶面时被昆虫所吸收。这些喷雾剂对大多数害虫是有效的，但对那些带有保护层的害虫来说是没用的，如成熟的介壳虫和粉蚧等。

适用于叶面喷洒的胃毒剂对咀嚼类昆虫是有效的，这类昆虫在吃植物时就摄入了有毒物质。胃毒剂对吮吸类昆虫的作用效果较差，因为这类昆虫以未经处理的汁液为食。

矿油　矿油是第 3 种喷雾剂类型，用于休眠的落叶植物。在早春时节使用矿油，是防治介壳虫和粉蚧的主要方法。在植物树干、树枝和细枝涂一层矿油，排除其中的空气，闷死昆虫及其产的虫卵。在生长季的最后阶段，可以使用对树叶安全的轻质油。矿油喷施 30 天内，不能在植物上使用硫黄。

昆虫生长调节剂（IGRs）　昆虫生长调节剂是第 4 种喷雾剂类型。昆虫生长调节剂的作用是阻碍昆虫的生长发育。昆虫生长调节剂对成虫可能是有毒的，所以它的使用效果通常比较缓慢但可能是持久的，因为昆虫不再进行繁殖。一种最常见的昆虫生长调节剂是印楝素，它是被称为印楝（印度苦楝树）的热带树木中含有的一种水溶性提取物。当被用于未成熟的昆虫时，印楝素阻碍了它们蜕皮（脱落外壳从而进行生长）并使昆虫慢慢死去。印楝素还有驱虫的功效。当调查显示昆虫成虫的数量很少而未成熟的昆虫数量迅速增长时，虽然可以单独使用印楝素，但印楝素可以与传统杀虫剂组合使用来消灭成虫。这种组合能够迅速持久地进行昆虫防治，并且产生抗药性的机会很小。

土壤淋洗　土壤淋洗被用来消灭生活在地下的害虫。土壤淋洗具有触杀性和内吸性，只是浓度更低。它通常和叶面喷洒的化学制品相同。

内吸剂　内吸杀虫剂能够被植物吸收，并且只能杀死那些吸食植物汁液的害虫。内吸剂的使用方法和叶面喷洒剂、土壤淋洗一样（通过根部吸收渗透），少数情况下会被注射和灌输到植物的树干（见第 18 章）。当使用杀虫剂进行叶面喷洒时，杀虫剂既有触杀作用又有内吸作用。土壤用内吸剂对害虫天敌的危害通常比喷雾剂要小。

饵剂　饵剂是最常用的防治蚂蚁、蜗牛、蛞蝓、鼠妇、蠼螋、蜈蚣和啮齿类动物的药物。饵剂作为胃毒剂，应该谨慎使用，要注意将其放置在其他动物不会误食的地方。

驱虫剂　除了驱鼠剂，很少有驱虫剂可以商业化使用。然而，按照有机园艺书中提供的指导可以制作不同用途的驱虫剂。印楝、胡椒和除虫菊产物能够驱除某些昆虫。

农药的选择

选择农药的标准是有效防治害虫，并尽可能地对人和有益生物无毒。

有关农药的毒性和使用方法最好的信息来源是政府出版物（美国农业部农业顾问合作推广部）和产品标签。

表 7.4 列举了很多常见农药、杀真菌剂和杀菌剂的 LD_{50}，LD_{50} 是“半致死剂量”的缩写。半致死剂量的含义是导致实验用动物半数死亡所需杀虫剂的剂量，单位是毫克 / 千克。因此，LD_{50} 数值越大，杀死动物所需的杀虫剂的量越大，毒性越小。为了进行比较，表格列举了盐、咖啡因和阿司匹林的 LD_{50}，但这种比较并不意味着比这些毒性低的农药就可以被滥用。

选择农药的另一个标准是要转换不同的作用机理以避免出现抗性，这个标准在商业用途中非常重要，但在家庭园艺偶尔使用农药的情况下几乎不太可能出现。农药的作用机理是指农药杀死害虫的方式。例如，有机磷酸酯类农

表 7.4　所选择的园艺用化学制品的口服 LD_{50}

化学名称及商品名称	用途	LD_{50}*
乙酰甲胺磷（高灭磷®）	杀虫剂	700
2,4- 二氯 -6-（邻 - 氯代苯胺基）- 均三氮苯（敌菌灵®）	保护性杀真菌剂	2 710
阿司匹林	—	750
印楝素	杀虫剂（生长调节剂）	5 000
金龟子芽孢杆菌孢子病	适用于日本金龟子幼虫的杀虫剂	5 000
苏云金芽孢杆菌、苏云金杆菌	杀虫剂	在测试剂量下无毒
恶虫威	杀虫剂	40
苯菌灵（苯来特）	治疗性杀真菌剂	9 590
咖啡因	—	200
克菌丹	杀菌剂	9 000—15 000
胺甲萘（西维因®）	杀虫剂	500—850
四氯异苯腈（百菌清®）	保护性杀真菌剂	10 000
氯吡硫磷（乐斯本®毒死蜱®）	杀虫剂	97—276
铜	保护性杀真菌剂、杀菌剂	毒性较低
氯酞酸二甲酯（敌草索®）	除草剂	3 000
二嗪农	杀虫剂	300—400
乐果	杀虫剂	215
乙拌磷（敌死通®）	杀虫剂	2—12
毒死蜱	杀虫剂	96
硫丹（赛丹®）	杀虫剂	23
EPTC（扑草灭®）	除草剂	1 600
汽油	—	150
苯丁锡（克螨锡®）	杀螨药	2 630
开乐散	杀螨药	100—1 000
轻油和重油	杀虫剂	15 000
马拉硫磷	杀虫剂	1 000—1 375
代森锰锌（代森锌®）	保护性杀真菌剂	4 500
四聚乙醛	杀虫剂，蜗牛、蛞蝓杀手	600—1 000
砜吸磷	杀虫剂	65
甲氧滴滴涕	杀虫剂	6 000
辛醇	适用于土壤昆虫的杀虫剂	20
氨磺乐灵（黄草消®）	除草剂	10 000
恶草灵（农思它®）	除草剂	8 000
五氯硝基苯	土壤杀真菌剂	1 650—2 000
除虫菊	杀虫剂	820—1 870
灭虫菊	杀虫剂	4 240
杀虫畏	杀虫剂	4 000—5 000
鱼藤酮	杀虫剂	50—75
鱼尼丁	杀虫剂	750—1 200
盐	—	3 320
西玛津（普林塞普®）	除草剂	5 000
肥皂（安全肥皂®）	杀虫剂	毒性很低

（续表）

化学名称及商品名称	用途	LD_{50}*
小卷蛾斯氏线虫、有益线虫	杀虫剂	无
链霉素	杀菌剂	9 000
硫黄	保护性杀真菌剂	17 000
胺菊酯	杀虫剂	4 640
甲基硫菌灵	治疗性杀真菌剂	15 000
三唑酮（百理通®）	治疗性杀真菌剂	363
嗪胺灵（哌嗪®）	治疗性杀真菌剂	16 000

表 7.4　所选择的园艺用化学制品的口服 LD_{50}

*一级：剧毒（1—50）；二级：中度毒性（50—500）；三级：低度毒性（500—5 000）；四级：毒性很低（5 000+）

药（马拉松和高灭磷）的作用机理是乙酰胆碱酯酶浓度的降低，影响神经冲动传导，从而导致死亡。当反复使用这些化学物质时，昆虫和螨虫种群会对其产生抗性，使农药不再产生作用效果。更换不同作用机理的农药，可以延缓抗性的发展并且更有效地进行虫害防治。

农药与人类健康

在园艺学中，可能没有其他话题能像人们争论农药是否对人体健康有害这一话题这样激烈。关于这个话题争论的特点是争论的双方都带有情感和伪科学的成分。因为大多数人不理解科学原理，所以他们理解和参与争论的能力有限。使用农药的支持者们认为，没有农药，食物就不能被低成本、高质量地生产出来。因此，农药的支持者们认为禁止使用农药会对人类健康产生负面影响，因为人们现在食用的营养丰富的水果和蔬菜会减少。使用农药的反对者们认为，有机食物比农药处理过的食物味道更好、更安全、更健康。哪一方的说法才是正确的呢？和大多数的争论一样，正确的说法应该介于两者之间。下面的这些事例应该会影响园艺工作者生产园艺作物，影响园艺工作者选择种植有机蔬菜和水果还是常规的蔬菜和水果。

通常情况下，要对农药生产和使用进行监督管理。在农药使用之前，生产商要出具合理参数证明农药是安全的。这一过程要经历 7—10 年广泛测试，在此期间实验室动物的食物和生活环境会暴露于农药中。经过几代后，这些动物要进行暴露引起的癌症、先天畸形及其他问题的检测。研究人员设定了一个无作用剂量，低于这一剂量的农药不会对实验动物造成任何危害。然后以无作用剂量 1% 以下的水平设定了一个耐受水平或人类食物接受水平。食品，包括从其他国家进口的食品，要对商品是否使用无商标（法律上允许使用于作物）的农药和存在超出耐受水平的残留物（农药在商品中的量）进行相关检测。如果检测发现有这种情况，要丢弃处置这些食物并对生产者处以罚款。我们相信，通过监管和检测的过程，能够使公众了解使用农药的风险，通过必要的安全措施减轻使用农药的危险。

尽管如此，我们永远不可能知道所有的风险，在偶然的情况下，与某一特定农药或农药组合相关的新的风险就可能会被发现。当发生这种情况时，要进一步规范农药的使用，或者将农药完全撤出市场。毋庸置疑的是农药的使用会破坏环境，并对频繁接触农药的从业人员造成危害。出于这个原因，相关部门制定了大量的安全法规，适当地减少了这些风险。

与农药暴露相关的发病风险是癌症、先天畸形、神经系统疾病和内分泌系统疾病。研究表明，所有这些风险可能和人们与农药接触有关。孩子、发育中的胎儿以及那些与农药接触较多的人更容易受影响。内分泌失调（内分泌系统由人体内分泌激素的腺体组成，调节很多生理过程）是最近发现的与农药暴露有关的发病风险，这在之前的筛查中没有发现。1996年，美国颁布了食品质量保护法案。这一法案要求所有农药要有内分泌紊乱的相关筛查，法案增加了额外评估程序，以进一步减少农药可能产生的危害。因为与农药和其他化学制品接触可能产生危险，所以应该谨慎使用，避免与其接触。要做到这一点，必须了解农药接触源。

农药接触源

农药能够通过多种途径进入人体内，包括通过皮肤或黏膜（鼻子和嘴巴中的黏膜）、呼吸、食物和水摄入。对于那些使用农药的人来说，通过皮肤接触和呼吸是最可能暴露的方式。而对于不使用农药的普通人来说，最可能的方式是从食物和水中摄入。在食用前清洗食物，能够减少农药暴露。对于那些使用农药的人来说，采用安全应用技术使用农药并穿着防护服是必要的。对于那些在农药处理区域工作的人来说，减少农药暴露的方法是采取与农药处理区域保持安全距离等简单的安全措施（施用农药后的这段时间农药残留物很多，法律禁止工作人员进入该区域），接触施用农药的植物后洗手，每天穿着防护服进行工作。

农药施用防护服

施用农药时，农药最容易通过皮肤进入人体。有时，农药也会从眼睛、鼻子和嘴进入人体。穿着普通防护服可以减少农药中毒的风险。当处理浓缩液体和剧毒物质，或喷雾漂移会把防护服弄湿时，可能需要穿着专业防护服。农药商标会给出使用何种防护服类型的建议。

农药中毒的风险随时可能发生，包括农药搅拌、装载、使用以及设备清洗与维修等各个环节。然而，在农药搅拌和装载的过程中，农药操作员面临的风险最大。在农药搅拌和装载时，农药操作员接触的是未稀释的化学药品。稀释后的可施用浓度的农药通常毒性很小。

常常被人们所忽视的危险发生在规定禁止入内时间段内，人和动物被允许进入农药处理区域。在禁止入内时间段结束之前，进入农药处理区域一定要穿着防护服和防护装备。

农药商标上的警示语——“小心”“警告”和“危险”——被用于确定穿着防护服的类型。很多农药商标会提供额外有用的信息。例如，粉尘、可湿性粉剂、颗粒剂中的碎颗粒很容易被人体吸入。很多这类产品的商标都带有“吸入后对人体有害”“吸入后可致命”这样的说明。在使用这类产品时，应该戴上口罩。

农药的商标还介绍了产品配方，这会影响使用农药前的准备工作，这一过程中农药会被吸收。例如，油性液体（可乳化浓缩液）很容易通过皮肤被吸收，所以要格外小心注意保护皮肤。

使用农药时，无论农药的毒性如何，都需要穿着最基本的防护装备，包括长袖衣服、长裤、鞋子和袜子、橡胶手套和防溅式的护目用具。施用毒性中度或高度的农药时，使用的专业防护服包括橡胶靴、防护面罩和防毒面具。美国环境保护署建议穿着两层防护服，可以将工作服穿在长裤、长袖衣服外面，橡胶靴穿在鞋袜外面。

耐洗衣物 建议穿着厚重、针织紧密、耐洗的长衣、长裤或工作服。不要穿着皮鞋、皮带，因为它们会吸收农药并且不能清洗。

手套 佩戴无衬里、防渗漏、长及手肘的手套。在使用毒性很强的农药时要强制佩戴手套。建议使用无衬里的橡胶和氯丁橡胶（丁腈类）手套。每次使用后，应该彻底清洗手套的里面和外面。在从事大部分工作时，手套的袖口应该放在衬衣袖子的里面，这样可以防止农药流进手套。然而，在从事高架工作时，手套的袖口应该放在衣袖的外面。每次清洗手套时，检查橡胶类手套是否破漏。检查的方法是将手套灌满水，挤压手套中的水。如果手套有漏洞，水会漏出来。扔掉有漏洞的手套。在使用农药时，千万不要使用布制或皮制的手套。

靴子 选择穿着高帮无衬里的氯丁橡胶或橡胶靴。在搅拌及使用农药时，靴子应穿在工作鞋外或用靴子代替工作鞋。要用裤腿遮挡靴子的顶部，这样可以防止农药洒进靴子里。每次使用后，用肥皂和水清洗靴子。千万不要穿着布靴或皮靴。

围裙 在搅拌、装载及处理未稀释的农药时，要在工作服外面穿着耐化学性的围裙。

防毒面具 防毒面具（不能与防尘口罩混淆）能够防止吸入有毒气体和尘雾，具有呼吸时能够吸收农药的特殊化学滤芯。如果商标指定要求使用防毒面具的话，在农药搅拌及使用时应该佩戴防毒面具。要根据所使用的农药选择适合的滤芯类型。制造商和供应商会为正确选择滤芯提供指导。当农药气味变得明显或呼吸变得困难时，就要更换滤芯。滤芯的使用寿命由防毒面具周围农药的浓度、呼吸频率、温度、湿度及滤芯类型所决定。

防毒面具不能为有胡子的人提供足够的保护。选择和脸之间密封良好的合适型号防毒面具，防止农药泄漏到防毒面具中并被吸入人体内。

每次使用后，必须用水清洗面罩和绑带。干燥后，在下次使用前要把防毒面具和滤芯放在一个干净的塑料袋中。选择的防毒面具要经由美国国家职业安全与健康机构（NIOSH）批准生产。

防护面罩 如果农药飞溅，操作者要佩戴护眼罩、护面罩和护目镜。当施用农药时，需要佩戴防飞溅式护目镜。农药不仅可以通过眼睛被吸收，而且农药的酸度会对眼部造成永久性的伤害。在倾倒或搅拌浓缩液时，最好使用全脸面罩来保护脸部。使用后要用肥皂清洗护目镜和面罩。

帽子 在搅拌和使用农药时要佩戴防水帽，因为农药很容易通过头皮被吸收。帽子应该带有帽檐，防止农药漂移或飞溅到耳朵和脖子上。使用农药时适合佩戴塑料安全帽，每次使用后应该用肥皂和水清洗。布帽子会吸收农药并使农药接触戴帽者，所以不能佩戴布帽子。

农药操作员穿过的衣服每天都要清洗，这样能够减少农药积累在衣服上的风险。千万不要把接触过农药的衣服和其他要洗的衣服放在一起清洗。带有很多农药的衣服应该妥善进行处理。

农药安全

安全使用农药要求操作员必须熟悉农药暴露的途径和农药破坏环境的方式。第一个要

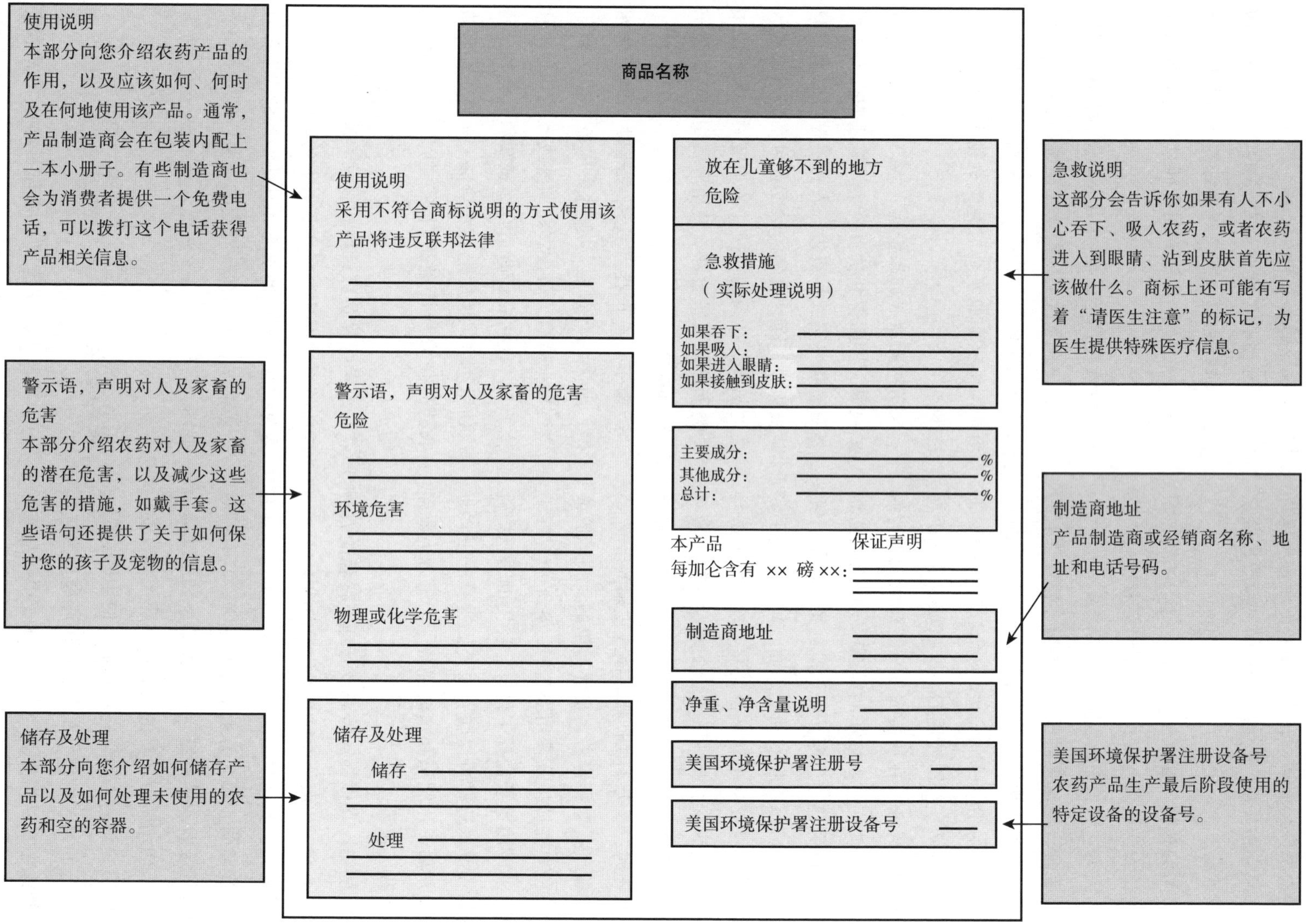

使用说明
本部分向您介绍农药产品的作用，以及应该如何、何时及在何地使用该产品。通常，产品制造商会在包装内配上一本小册子。有些制造商也会为消费者提供一个免费电话，可以拨打这个电话获得产品相关信息。
警示语，声明对人及家畜的危害
本部分介绍农药对人及家畜的潜在危害，以及减少这些危害的措施，如戴手套。这些语句还提供了关于如何保护您的孩子及宠物的信息。
储存及处理
本部分向您介绍如何储存产品以及如何处理未使用的农药和空的容器。
商品名称
使用说明
采用不符合商标说明的方式使用该产品将违反联邦法律
警示语，声明对人及家畜的危害
危险
环境危害
物理或化学危害
储存及处理
储存
处理
放在儿童够不到的地方
危险
急救措施
（实际处理说明）
如果吞下：
如果吸入：
如果进入眼睛：
如果接触到皮肤：
主要成分：%
其他成分：%
总计：%
本产品
每加仑含有 ×× 磅 ××：
保证声明
制造商地址
净重、净含量说明
美国环境保护署注册号
美国环境保护署注册设备号
急救说明
这部分会告诉你如果有人不小心吞下、吸入农药，或者农药进入到眼睛、沾到皮肤首先应该做什么。商标上还可能有写着“请医生注意”的标记，为医生提供特殊医疗信息。
制造商地址
产品制造商或经销商名称、地址和电话号码。
美国环境保护署注册设备号
农药产品生产最后阶段使用的特定设备的设备号。

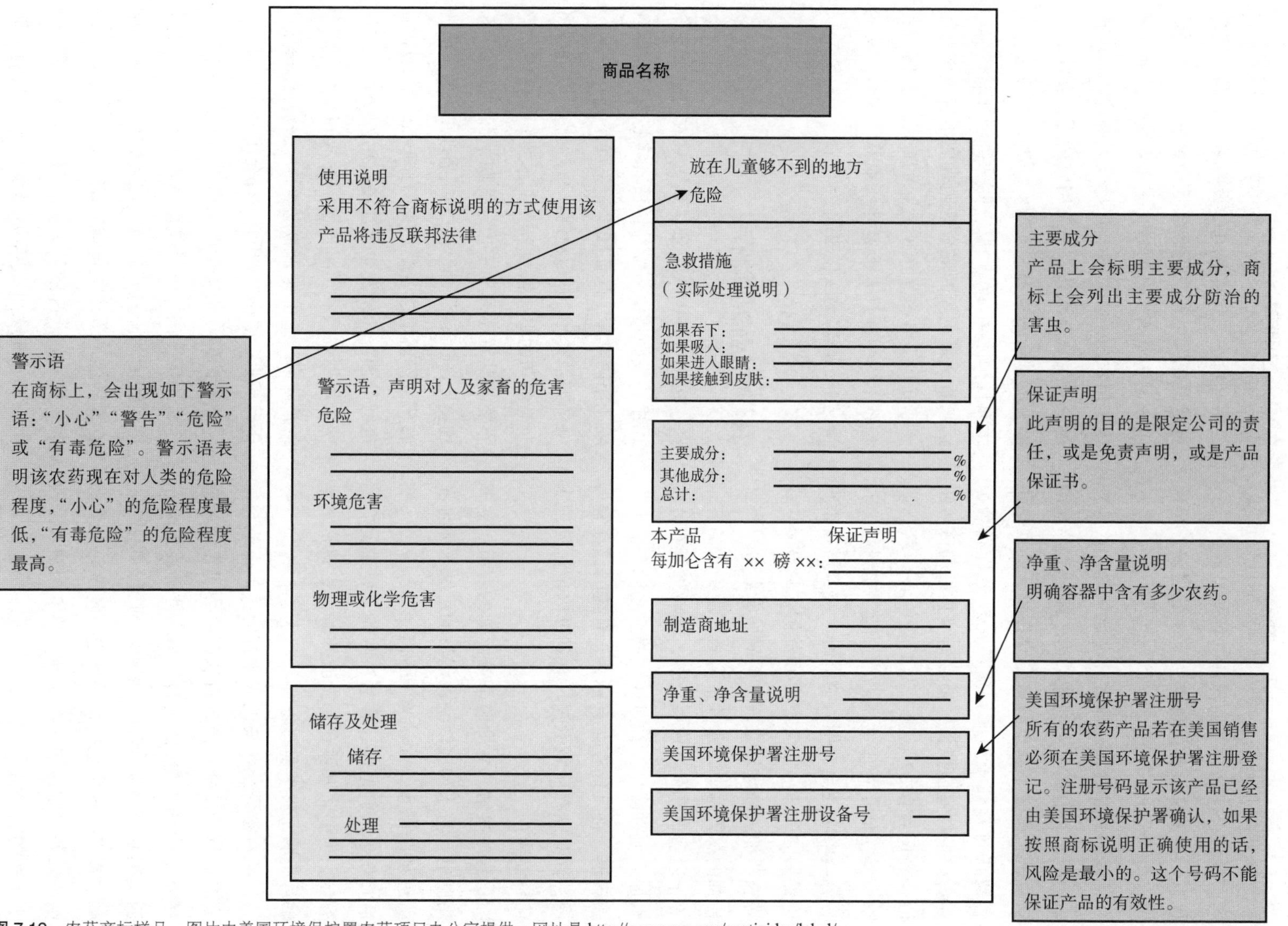

图 7.19 农药商标样品。图片由美国环境保护署农药项目办公室提供，网址是 http://www.epa.gov/pesticides/label/

点是阅读并严格遵照商标说明进行操作（图7.19）。阅读商标后，操作前要仔细进行计划，然后选择合适的设备并保证其处于良好的运行状态。接下来操作员要遵照下面的建议安全使用农药。

搅拌与装载操作流程 在搅拌之前，检查防护服是否有破损和缝隙。为了避免农药泄漏到靴子和手套里，要将裤子穿在靴子外面，手套戴在衬衫袖子里面。要在室外进行农药搅拌。如果在室内搅拌，要在通风良好的区域进行。要佩戴防护眼镜。为了避免农药溅入眼睛，要在低于视平线的位置测量和配制农药。将容器中农药全部倒入喷淋罐，使容器在垂直位置保持30秒，让农药尽可能倒入喷淋罐。在将农药加入喷淋罐之前，要确保农药是可湿性粉剂的悬浮液。用水冲洗容器3次，水的容量等于容器体积的20%—25%，然后将所有冲洗水加入喷淋罐中。经过3次冲洗之后，清空农药容器，将其储存在有标签、有盖的储存容器内，并对储存区域上锁，直到可以依法处理农药容器为止。

身体接触 立即脱下被污染的衣服。立即用肥皂和清水彻底清洗被污染的皮肤。如果农药进到眼睛里，用清水冲洗至少15分钟，然后将伤者送到医院。在去医院时，要带上农药容器，但要将其放在乘客舱外面（也就是汽车的后备厢或皮卡车的后面）。

所有被农药污染的衣服都应丢弃，或与家庭衣服分开洗涤。当进行农药喷洒工作时，要穿着干净的衣服。在农药喷洒期间禁止吃东西、喝水或者吸烟。在农药喷洒后，吃东西、喝水或者吸烟之前要彻底地进行清洗。在农药喷洒的各个阶段之后，要彻底地淋浴清洗并换上干净的衣服。

避免环境污染 必须按照要求施用农药，严格遵守所有警示语和使用说明。在刮风时，不适宜施用农药，这样可以避免农药漂移。要使用合适的、保养良好的设备施用农药，这样可以避免发生胶皮管破损等安全事故。采用适用于农药喷洒类型的喷嘴施用农药，并采用低压施用农药，控制液滴保持较大的体积，这样可以减少农药漂移。在施用农药后，要注意农药可能带来的危害。施用农药后，农药是否易于通过径流和侵蚀扩散到非期望的地点？从长远来看，最重要的安全规则是使用者应该专注于手头的工作并了解所使用的产品。在使用者精神不集中并且未能遵守所推荐的安全方法的情况下，最容易发生事故。

农药的运输与储存

运输农药的人员依法负责对农药进行安全运输，最好是由一级经销商直接将农药运输到农业用储藏库，从而减少相关责任。

如果农药必须运输到另一个地点，要确保将装有农药的集装箱放置在卡车的开放区域，绝不能将其置于驾驶室内。为防泄漏，要在卡车内垫上猫砂等吸水材料，利用猫砂来吸收泄漏的农药，然后把这些受污染的猫砂当作化学制品进行处理。如果发生大泄漏，用沙子和泥土建一个堤坝来吸收、阻挡泄漏的农药，并打电话给消防部门请求专业的化学品溢漏清理队支援。千万不能用水冲洗，因为这样会使污染扩散。

农药储存最安全的做法是将农药储存在一个专用房屋内。农药储存室要上锁并对极端温度、湿度和阳光等环境条件采取相应措施。储存农药的地方应该选择阴暗、凉爽、干燥、通风良好并且防冻的环境。农药储存室必须符合国家和当地关于储存易燃及可燃材料的消防规范。

7.4 联邦农药法

联邦政府（通过美国环境保护署）和州政府对所有归类于农药的材料的用途进行严格管理。

针对农药，美国环境保护署已经具有广泛而详细的登记手续。这套登记手续对于农药的搅拌、记账、运输、储存和处理过程、农药使用与收获或出售园艺产品的时间间隔，以及农药使用其他方面的内容都有严格的规定。这些规定旨在防止出现人身意外或无意伤害，以及不当使用农药对环境造成破坏。随着新农药的开发以及对现有农药有效性（抗病性和抗虫性的发展）和环境影响两方面的综合评估，这些标准不断地被调整。根据历史上主要的法规，下面介绍一下与农药相关的主要联邦立法。

1947 年颁布的联邦杀虫剂、杀菌剂和灭鼠剂法案

1947 年颁布的联邦杀虫剂、杀菌剂和灭鼠剂法案（FIFRA）制定了关于杀虫剂使用的核心法律，沿用至 1972 年，直到联邦环境农药防治法案（FEPCA）通过。联邦杀虫剂、杀菌剂和灭鼠剂法案的重点是维护消费者免受农药产品欺诈，联邦环境农药防治法案将上述法案的重点转移到保护公众健康和环境。

1972 年颁布的联邦环境农药防治法案

在联邦环境农药防治法案颁布的前两年，国会设立了环境保护署并授予其所有的农药监管权。在此之前，农药监管由美国农业部管辖。在美国，未经环境保护署审查、许可、登记并给定产品注册号码，不得分配或使用农药。到目前为止，大约有 5 万种农药已经在美国环境保护署注册登记。

在美国环境保护署成立和当前科学标准建立之前所使用的农药已经根据“无不合理负面影响”指导被评估过并被应用到新型农药中。

其他给予环境保护署的强制性权力如下：

· 审批产品商标上的信息内容。

· 对农药进行分类，将其归类为公共“通用”或“限制使用”（只有经许可的害虫防治使用者才可以购买使用）。

· 判决不当使用、非法储存及处理农药的惩罚。通常惩罚是处以 1 000—25 000 美元的罚款及（或）最高 1 年的有期徒刑，这取决于是有意还是无意违反相关法规。

· 依据 1938 年颁布的食品、药品和化妆品法案，明确未加工的水果蔬菜和加工食品农药残留的最大容许量。环境保护署还被许可进行粮食作物的农药残留的监测和强制执行农药残留容许量标准。

· 制定关于从业者免受农药伤害的法律法规（司法解释），包括强制从业者使用手套、帽子、口罩和耐化学性套装等防护装备（图 7.20）。

· 拒绝登记或逐步从市场上撤出农药，并鼓励采用替代化学制品或技术的发展。

图 7.20 当混合浓缩农药时，要穿着防护装备。照片由美国农业部提供

· 如果该机构认定农药已经造成迫在眉睫的危险，定期或在紧急情况下暂时停止使用农药，直至决定注销该农药之前的注册。

1970 年颁布的职业安全与健康法案

职业安全与健康法案（OSHA）是由美国劳工部颁布的一项主要法律（目前仍然有效）。法律规定所有雇用员工数量大于、等于 11 的雇主必须记录所有与工作相关的死亡、伤残、疾病情况并定期进行报告。轻伤只需要紧急救治，不需要进行记录。如果伤残涉及医疗、丧失意识、影响工作和行动能力或需要转岗时，必须进行记录。

法案还要求对有关农药使用，未经许可前进入农药处理区，或意外接触农药等员工投诉进行调查。

危险通信标准法案

危险通信标准法案（HCS）是职业安全与健康法案的一部分。该法案提出了如下要求：

· 雇主必须阅读标准并理解关于雇主的相关规定和职责。

· 工作场所必须有危险化学品名录（农药属于危险化学品）。

· 雇主必须根据名录上所有有害物质得到材料安全数据表（MSDS）。表中的内容详细说明了每种农药的所有风险。

· 所有装有农药的容器必须贴有标签。

· 必须制定并实施书面通信流程。

· 必须根据化学品名录、材料安全数据表和标签内容进行员工培训。

· 雇主必须创建一个危险通报文件，并应要求提供给所有员工。

1973 年颁布的濒危物种法案

在美国，受 1973 年颁布的濒危物种法案（ESA）保护的动植物种类大约有 1 400 种。

美国环境保护署负责确保经注册的农药不太可能进一步危及濒临灭绝的物种。为此，美国环境保护署估算了每种农药的最大环境浓度。如果这个估算的浓度可能会影响一个濒临灭绝的物种，有关农药的数据会提供给美国鱼类和野生动物署，这一机构会确定农药使用是否有可能危及濒临灭绝的物种。在受影响的物种栖息地，该机构可以推荐替代和（或）限制农药的使用。

美国环境保护署以改变农药标签的方式响应美国鱼类和野生动物署的决定。新的标签上会列出有关农药的限制条件，或是指导农药使用者阅读濒危物种公告，其中包含可能影响濒危物种的农药使用说明。

1974 年颁布的运输安全法案（交通部）

1974 年由美国交通部颁布的运输安全法案覆盖了所有危险品运输的安全内容，包括包装、重新包装、处理、说明、标签、标记、危险告示以及规定运输路线。许多州都采用并执行了这些联邦法规。许多农药没有被交通部定义为危险品，而有些则被定义。

1976 年颁布的资源保护及恢复法案

1976 年颁布的资源保护及恢复法案（RCRA）规定每月累积含有规定极危化学品的垃圾量大于、等于 1 千克或含有规定危险化学品的垃圾量大于、等于 1 000 千克的所有农民必须作为危险品垃圾所有者进行登记，要从美国环境保护署获得ID号并遵守相关的处理要求。化学品列表所规定的极危化学品和危险化学品可以通过拨打美国环境保护署资源保护及恢复法案热线电话1-800-424-9346进行查询。

那些能够妥善处理农药废弃物、过量农药、三重清洗[①]容器的小农户一般来说不受这项法律约束，而且当地州政府的要求往往要比国家政府的要求严格。然而，这些农户必须在美国环境保护署批准的卫生填埋场处理经过三重清洗的农药容器。

1986年颁布的超级基金修正案和再授权法案（SARA第三部分）

1986年颁布的超级基金修正案和再授权法案（SARA第三部分）旨在告知社区附近危险化学品的位置，以便发生意外事件时社区可以在适当的位置实施突发事件应急预案。本法案涉及农药生产商、分销商、零售商和一部分农药使用者。

有关农药处理方面的相关法律要求有关于介绍安全措施的应急释放报告，当有意外释放（如泄漏）的有害农药达到法案规定的数量这种情况发生时，要执行安全措施。在发生泄漏时，必须将泄漏事件上报给州应急委员会（SERC）和当地应急计划委员会（LEPC）；同时还必须报告给国家应急中心（1-800-424-8802）。

①三重清洗是一种成熟的技术，具体方法说明如下：将一个容器中装满水后再清空，重复3次，容器中残留的农药浓度被认为是可以接受的水平，这样可以避免不必要的环境污染。

1992年颁布的工人保护标准

1992年颁布的工人保护标准（WPS）是由美国环境保护署公布的一套法规，此法规旨在保护在温室、工厂、葡萄园等场所工作的工人避免意外农药中毒。在工人保护标准中详细说明了必须实施的安全措施，实施的对象是从事农药搅拌、装载、施用、清洁及设备检修的农药操作者、担当副手的工人，也包括正式工。例如，工人不穿着防护服不允许进入农药处理区域。在这种情况下，该区域必须贴出公告，宣告该区域为禁区。该法规也保护那些工人避免因农药漂移导致的意外接触到农药。

工人保护标准还要求在使用农药时，去污用品和紧急援助随时随地都是可用的。根据法律规定，必须通过安全培训、安全海报、查看标签信息及查看农药处理区域的特定信息等方式告知工人农药的危害。

1996年颁布的食品质量保护法

1996年颁布的食品质量保护法（FQPA）是由国会全票通过的法案，该法律要求所有的农药对婴儿和儿童是安全的。法律进一步规定，在制定安全标准时要考虑农药复合暴露的情况。即使在农药对胎儿、婴儿和儿童的毒性和接触反应没有确定性的情况下，该法律也要求美国环境保护署为保护婴儿和儿童健康采取行动。这对先前的法律要求是一个巨大的逆转，此前在缺乏关于农药风险的完整数据情况下，美国环境保护署没有授权，无法采取行动去保护公众健康，甚至是儿童健康。现在法律有明确的要求。在缺乏关于农药使用前后和农药接触毒性的完整且可靠的数据的情况下，美国环境保护署必须站在保护儿童安全的一边，并对农药采用额外的10倍食品安全裕度要求。条款还指导美国环境保护署通过化学检测来确定农药是否会导致先天畸形和生殖障碍问题。新的法律只允许每百万接触农药的人群中只有不超过一个癌症发病病例的农药产品出现在市场上。当时至少有30种正在使用的化学制品不符合法律要求的百万分之一的标准并被淘汰掉，还有一些化学品因没有达到对儿童安全的要求而被淘汰。根据法律规定，各州政府禁止颁布自行实施的更加严格的食品安全标准。

农药的使用

使用农药需将适当浓度的农药喷洒在目标物上。很多设备都可以实现这一操作，可以根据特定使用类型进行设计。一般来说，适用于叶片的农药（如杀虫剂和杀菌剂）以小液滴形式被均匀地施用于叶片的顶部和底部时，效果最好。这就要对喷雾器进行设计，可以形成雾化液滴并将其喷洒在目标物上。另一方面，适用于土壤的农药（如除草剂、杀菌剂和杀虫剂）通常不需要细雾化，适合较大的液滴，甚至可以采用灌溉系统进行喷洒。在温室和苗圃里，土壤用杀菌剂和杀虫剂通常采用被称为淋洗的灌溉系统进行喷洒。因为大液滴最不可能漂移偏离目标物，使用较大的液滴能够增加使用者和周围环境的安全性。表7.5列出了园艺中使用的一些常见的喷雾器。

喷雾器校准

根据农药使用的目标，农药标签上详细说明了混合两种农药及使用农药的方法。第1种方法被称为撒施，要求给定的农药均匀分布在一个特定区域。通常情况下，标签上会说明每公顷喷洒1升（农药数量/单位面积）。标签说明还可能有进一步的建议，如与农药混合的水量范围，或说明在施用各类芽前除草剂（只杀

表7.5　园艺中使用的喷雾器的常见类型

喷雾器类型	说明
高压液压喷雾器	适用于苗圃、果园和菜园等全覆盖稀释喷雾剂。适用于大容量，但可能出现漂移问题
静电喷雾器	适用于苗圃、果园和菜园等全覆盖稀释喷雾剂。适用于小容量，为了增大覆盖面积并减少漂移，采用了带静电式喷雾液滴。由于减少了径流和浪费，单位面积的农药量通常会减少。压缩空气辅助雾化并将液滴喷到目标物上
雾化器	采用多种技术产生气雾式液滴，包括高温和高压。适用于温室。可能会增加覆盖率并减少农药使用率，这取决于设备的类型
背包式和桶式喷雾器	适用于小规模商业用地和住宅区。低压导致液滴相对较大，覆盖率较差，会引起径流，使农药使用量增加
液滴可控式喷雾器	离心力能够产生均匀的、适用于所有应用场合的液滴，具体取决于喷嘴的选择。这可能会减少漂移和农药的使用。喷嘴可以和喷管一起安装，也可以单独使用
鼓风喷雾器	喷淋溶液被注入高速移动的气流中，这股气流会将农药喷到目标物上并增加农药的覆盖率。虽然会有漂移问题，但覆盖率很好
液压喷管式喷雾器	大容量喷嘴被安装在喷管上。根据喷嘴类型的不同，该喷雾器的特点不同。有可能出现漂移问题。适用于全覆盖和喷洒使用，取决于喷嘴的类型和安装方式
飞机和直升机喷雾器	喷雾雾化并被注入飞机或直升机向下的气流中，飞机和直升机能够产生涡流，将喷雾喷洒到树冠。会出现漂移问题。当土壤太泥泞无法使用传统地面设备时，采用此种喷雾器
颗粒播撒器	播撒或重力分布农药，呈干燥颗粒状的农药被施用于土壤

死发芽的杂草种子）时，稀释可能并不重要。第2种使用方法是按标签上的说明混合给定浓度的农药并喷洒，使农药得到良好覆盖。通常，每100升水使用1升的农药，然后喷到滴水为止。这个使用方法被称为全覆盖喷洒。全覆盖喷洒不需要校准喷雾器。但是，农药要混合到合适的浓度后由操作者熟练地喷药，这样才能保证喷施整株植物。

一般来说，撒施要求对喷雾器进行校准。校准意味着在应用条件下确定单位面积的喷雾量。很多因素影响着输出率，但最重要的是喷嘴的大小、类型和条件，喷洒速度，喷雾压力，喷雾液的浓度。

喷雾器的校准 可以采用很多校准方法，最准确的方法如下：

1. 使用卷尺，对手动喷雾器来说要准确测量至少10平方米，对安装在拖拉机上的喷雾器来说要测量同等面积的田间的若干条带，测量的土地面积越大，校准越精确。校准区域应该与实际喷洒区域的地形相同，因为喷雾器在不同的地形上的实际喷洒速度是不同的。

2. 在喷雾器中放入一些水进行测试，确保喷雾器能够正常运行。对可调喷嘴的喷雾器进行压力设置并调整喷嘴。

3. 在喷雾器中放入一定量的水，确保喷洒于校准区域的喷雾量是充足的。

4. 尽量采用与喷洒农药完全相同的方式喷洒校准区域。

5. 将喷雾器里剩余的水倒入校准容器，然后记录剩余的量。

6. 用最初放入的量减去剩余的量，得到的是用于喷洒的量。例如：你在喷雾器中放入了2升，喷洒了10平方米后，容器中还剩下1升。因此，你的喷雾器被校准为每10平方米喷洒1升。

7. 根据上面的校准，喷洒量如下：

1升/10平方米=x升/4 047平方米（1英亩）

交叉相乘:10 x =4 047

解得 x= 404.7（升/英亩）

因此，如果每0.4公顷建议使用2.25千克芽前农药，你要把2.25千克农药加入喷雾器中然后添加足够的水，使总量达到404.7升。如果你采用与校准时完全相同的方法使用农药，在药液完全耗尽前，喷雾器应该正好喷洒了0.4公顷。

如果你校准的是手动喷雾器，建议你通过重新喷洒校准区域的方式检查你的校准。重复这一过程，直到你能够调节你的速度令每次使用的液体量相同。当真正开始喷洒农药时，将区域先分成几个部分，然后喷洒每个部分并检查农药使用量。如果按照这个方法进行操作的话，操作员可以相应地调整自己的速度，这样能够增加精准度。

颗粒撒布机的校准 颗粒撒布机必须像喷雾器一样进行校准，但颗粒撒布机的校准会比较难。

有两种通用方法可以用于撒布机校准。第一种方法要求对已铺设区域进行精心打扫和测量。将颗粒喷施于测量区域，然后仔细地清扫和称重。实际使用的颗粒重量要与预定重量进行比较。然后相应地打开或关闭撒布机的孔径，重复进行操作，直到达到预定用量。这是一个耗时的过程，所以一旦确定，一定要注意撒布机的设置。由于喷雾器喷嘴有磨损，所以必须定期进行调整，与喷雾器不同的是，颗粒撒布机的磨损变化缓慢。因此，通常没有必要频繁进行调整。另一种校准撒布机的类似方法是称重放入撒布机中的农药，将其施用在一个已知区域，然后称重剩下的农药。将用量与推荐用量对比后，撒布机的孔径被打开或关闭，然后重复这一过程。这一方法要比前一种方法速度快，但会造成农药的浪费。

当对直升机型撒播器校准时，可以在开口的位置放置袋子来接住农药颗粒，然后对已知区域进行“处理”，就像实际使用了农药一样。最后，称重袋子里的药量，并与预想的药量进行比较。与前面的方法一样，调整孔径后重复进行这一过程。另一种方法是在已知区域上放置一个确定尺寸（比如0.3平方米）的托盘在地面上，在该区域（包括托盘的位置）上使用农药，然后称重托盘的农药重量。例如，如果托盘接住10克的农药并且它的尺寸是0.3平方米的话，那么农药的使用率是每0.3平方米10克。然后使用喷雾器校准方法步骤7校准每英亩或公顷的使用率，并像之前的方法那样调整孔径开口。

7.5 有机园艺

有机园艺是园艺中的一种流行方式，不允许使用任何复合生产的颗粒化肥、杀虫剂、病害喷雾剂等物质。有机园艺师认为这些物质对种植不利，对自然也不利，它们破坏环境中生物的自然平衡，它们所造成的问题要比它们所解决的问题更多。为替代常规生产的化学制品，有机园艺师提倡主要用栽培方法防治植物病害，必要时使用环境中自然产生的杀虫剂、驱虫剂和饵料。有机园艺师们认为利用自然产生出来的这些物质的优点是：减少了化学制品对环境的危害，同时不会对人类构成威胁。

下文介绍的用于控制病虫害的栽培防治方法在本质上和有机园艺师使用的方法是一样的。另外，虽然到目前为止还没有经实验证明其中部分方法的有效性，但有机园艺师们提倡下面介绍的这些害虫防治方法。

套种和驱虫种植

在套种和驱虫种植中，某些植物是吸引有益昆虫还是排斥有害昆虫，这取决于植物的种类。例如，抗虫植物种植在敏感植物旁边，为敏感植物驱赶潜在的害虫。又如，万寿菊的根部能够散发出一种可以驱赶线虫的物质，洋葱和大蒜被认为能够抵御多种害虫。大蒜作为驱虫植物已经成功地被用于对抗某些细菌和真菌病害。共生植物也可能会生长有益生物。

诱虫作物

诱虫种植被认为是与驱虫种植相反的方法。通常来说害虫有明确的植物喜好。理论上，在主要农作物旁种植更吸引昆虫的植物，能够引诱潜在的害虫，使其远离农作物。据报道莳萝可以吸引番茄上天蛾的幼虫，日本金龟子容易受百日菊引诱。

诱虫作物的效果是存疑的。两种诱虫作物种植在一起有可能会加重而不是减轻虫害问题。

诱捕器

诱捕器是通过为昆虫提供食物和住所的方式来吸引昆虫。糖浆、啤酒和腐烂的水果是著名的诱捕饵料，昆虫被吸引进来吃东西后会被淹死或被困在诱捕器内。因为许多昆虫白天会待在植物垃圾中，可以在地面铺上一块木板，将其伪装成隐藏区域。蛞蝓、鼠妇等聚集在这个区域后被集中消灭。还可以购买更加复杂的灯诱捕器和电击诱捕器。诱捕器也可以用来监测少量昆虫的存在，以便在最有效的时间内进行防治。

有两种诱捕器类型特别有效。信息素诱捕器内涂有黏性材料，上面使用少量的昆虫性诱剂（信息素）。昆虫被性诱剂所吸引，被困于诱捕器内。另一种类型的诱捕器主要对烟粉虱、蕈蚊、苍蝇和蓟马等昆虫有效，诱捕器是黄色黏胶卡片或黄色的胶带。因为这些昆虫会被黄色所吸引，它们飞上诱捕器并被黏性材料粘住。在菜园里，黄色黏胶诱捕器与锡纸表面等反光薄膜一起使用时特别有效。因为蚜虫、烟粉虱、蓟马依靠紫外线指引方向，反射光会使它们迷失方向从而增加黏性胶带的捕获量。

障碍物

设置障碍物能够阻止昆虫到达植物。例如，在植物茎干周围放置粘蝇纸能够阻止昆虫从地面爬上来；在植物根部撒上木灰或硅藻土能够使蜗牛和蛞蝓不敢靠近；为菜园移栽植物套上纸袋并用曲别针将纸袋口夹在一起能够保护其免受地老虎的侵扰；轻质织物覆盖物也可以阻止昆虫进入植物。

生物防治

生物防治是一种利用有益生物防治害虫的方法。很多昆虫以其他昆虫为食，或利用其他昆虫进行繁殖。这些益虫可以使害虫的数量降到不需要使用额外方法再进行防治的水平。这些昆虫包括瓢虫、螳螂、萤火虫、草蛉、蜘蛛、某些螨虫和多种黄蜂。表 7.6 介绍了有用益虫的相关信息。

在花园里，提倡使用有益的昆虫（图 7.21）来防治害虫以减少广谱化学制品的使用，因为这些广谱化学制品在杀死害虫的同时也杀死了益虫（无害或有益的昆虫）。购买并释放捕食者是一个有效的方法，但它们不能长久地待在花园里。例如，瓢虫待在花园里的时间不会超过两天。然而，在这段时间里，它们可以清除附近几乎所有蚜虫。

细菌、真菌、线虫和病毒能够侵染并杀死害虫，但它们侵染该区域的速度很慢，只有少

表 7.6　常见的商业用生物防治剂

害虫	生物防治	说明
蚜虫	*Aphelinus semiflavus*（寄生蜂）、*Aphelinus ervi*（寄生蜂）、瓢虫、草蛉	寄生蜂具有物种特异性，所以必须对蚜虫进行物种鉴定。瓢虫会迁徙，可能要经常重新引入
土壤昆虫（蛴螬、蕈蚊、毛毛虫、日本金龟子幼虫）	格氏斯氏线虫、小卷蛾斯氏线虫、夜蛾斯氏线虫	在线虫出没的区域，有益线虫渗透到土壤中
毛毛虫	赤眼蜂	寄生蜂属在毛毛虫体内产卵
粉蚧	粉蚧消灭者、草蛉、丽扑跳小蜂	粉蚧消灭者是一种黑色的瓢虫，其幼虫与粉蚧的幼虫很相似。丽扑跳小蜂是一种寄生蜂
温室粉虱	丽蚜小蜂（寄生蜂）	
银叶粉虱	蚜小蜂属浆角蚜小蜂（寄生蜂）	
红叶螨	智利小植绥螨、绥螨属（捕食性螨）	在每个栖息地释放一些捕食螨
西方花蓟马	黄瓜新小绥螨	螨虫通常被放置在挂于植物上的缓释包中，能够在 6 周时间内释放

(a)

(b)

图 7.21 (a)寄生于蚜虫中的一种蚜虫寄生蜂(蚜茧蜂);(b)捕食性螨、智利小植绥螨。在室外和温室两种环境下对二斑叶螨的有效防治。照片由苏珊·霍弗(Susan Hofer)提供

数种类可以家用。最终证明,这种方法是最昂贵的昆虫防治方法之一。

苏云金芽孢杆菌是一种对昆虫有致病作用的细菌,能够杀死飞蛾和蝴蝶幼虫。菜青虫、地老虎、玉米蛀虫和天幕毛虫都是昆虫防治的对象。一旦检测到有蠕虫,就采用细菌喷雾的形式外施于植物。摄入细菌后,蠕虫就会停止进食并在 2—4 天后死亡。已死亡的昆虫成为以后产生出的蠕虫的感染源。苏云金芽孢杆菌对除幼体外的动植物是完全无害的。

不同菌株的苏云金芽孢杆菌能够感染不同的昆虫。因为它们特异性强,所以要根据现有的问题选购合适的菌株。例如,有一种菌株对防治马铃薯甲虫非常有效。通过基因工程,该菌株产生的基因已经被导入马铃薯商业品种中,赋予马铃薯产生苏云金芽孢杆菌的能力,进而杀死甲虫。另一种有用的菌株能够杀死蚊子的幼虫。农场主可以购买这一环状蛋糕形的菌株并将其放入水中,它们能够迅速杀死现有的蚊子并且不会伤害鱼及其他生物。成功使用苏云金芽孢杆菌制剂的关键是要在害虫活跃进食时使用,因为苏云金芽孢杆菌制剂作用于昆虫的肠道并在阳光下迅速杀死它们。

第三种生物防治方法是有益线虫中的小卷蛾斯氏线虫。这种线虫能够在土壤中有效消灭蛀虫、象鼻虫、金龟子、地老虎、蕈蚊和一些寄生线虫。这种线虫对非昆虫的生物种类是无害的。这种线虫能够进入宿主昆虫的体内,并在消化道内进行繁殖,杀死幼虫。使用这一产品能够减少鼹鼠和臭鼬的损害,因为杀死的土壤昆虫是鼹鼠和臭鼬的食物来源。

低风险农药

低风险农药由美国环境保护署指定，其对人类与环境的毒性比传统农药要小，常常是用于害虫防治的最好选择。每一种低风险农药都是独一无二的，和传统农药相比大多数的低风险农药作用方式不同，因此，为了避免产生抗药性，交替使用低风险农药是极好的。大多数低风险农药在作用时更具有选择性，并且可以作为蜕皮抑制剂或昆虫和螨虫生长调节剂进行使用。由于其毒性较低，在农业应用中使用低风险农药时，限制进入间隔常常很短。与所有农药一样，有效地使用产品很重要。

无公害农药是一种与天然材料化学性质类似的低风险农药，能够最低限度地破坏环境。因此无公害防治方法是病虫害治理的有效方法。无公害的例子有除虫菊酯、印楝产物、脂肪酸和油脂。因为新的无公害的发现是一个目前活跃的研究领域，预计会有新的产品不断研发出来。下面介绍一下当前应用最有效的产品。

除虫菊酯是来源于生长在高地热带地区的除虫菊干花中的一种杀虫剂。这种杀虫剂能够杀死大多数昆虫并可以充当驱虫剂，但当暴露在阳光下时，它在一天内就能分解。虽然它会杀死益虫，但因为没有有害残留物，益虫能够迅速再度回到喷施过杀虫剂的植物上。接触除虫菊酯时，有些人会有过敏反应，主要是咳嗽。

印楝产物来源于原产自印度的楝树。油溶性和水溶性的产物都是可用的。印楝素是一种水溶性产物，可用作昆虫生长调节剂，防止蜕皮，对蚜虫、烟粉虱、蕈蚊和毛毛虫等大多数软体昆虫是有效的。它也有驱虫的作用。油溶性产物有杀虫特性，还会阻碍真菌生长。它的作用主要是使昆虫窒息，可用于多种昆虫的防治。

脂肪酸和肥皂可以杀虫和除草。它们作用的方式主要是将溶解蜡覆盖在植物和昆虫表面，使其变干。它们能够杀死那些被直接喷洒到的益虫，但不能杀死那些在处理后迁入的益虫。

油能够使昆虫窒息而死。油有很多种类型，所有的油都能够任意杀死所有其接触到的昆虫。然而，就像肥皂一样，它们对那些喷雾干燥后移到植物上的昆虫作用效果甚微。油通常分为夏季油（轻）和冬季油（重）。油越轻，植物性毒素（对植物的危害）可能就越少。冬季油通常会为喷洒无叶的休眠植物保留下来，而当植物生长活跃时，夏季油可用于大多数植物。由于油有损害植物的潜在可能，当天气炎热潮湿时和使用任何含硫产品30天内，不应使用或不应频繁使用油。

自制喷雾剂

使用家庭常用材料防治昆虫的方法也是可行的。有机园艺师建议可以将脱脂乳、肥皂水、小苏打、涂在抹布上的松节油和各种食用油作为农药和驱虫剂使用。

在家里，可以把很多常见的植物当作植物驱虫剂。使用洋葱、大蒜、辣椒、番茄叶、荨麻和辣根等与水混合后制成的喷雾，可以达到驱虫的作用。

7.6 病虫害综合治理

现在最被广泛接受的害虫管理方法是病虫害综合治理（IPM）。病虫害综合治理采用长期生态平衡的方法来阻止或抑制害虫，而不是利用化学制品的短期方法。在病虫害综合治理中，害虫被认为是作物生态系统的一部分，目标是将其破坏减少到一个较低的水平，低于所谓的经济阈值，这一水平以上的损害是不能接受的，必须进行防治。当达到这一损害作物的治理指标时，必须采取防治措施。

病虫害综合治理的基础是尽可能了解更多病虫害问题（生命周期、宿主植物、最利于其生长的气候等），利用这些信息来预测问题并制订控制计划。农作物保护的首要任务是通过在不同作物间进行轮作、除草、种植抗虫品种等栽培技术预防病虫害问题。接下来就是经常监测并观察作物来发现可能会出现的问题（如由天气条件所引起的问题）。一旦预测或监测出了问题，并确定问题很严重，病虫害综合治理从业人员就会使用多种技术来进行防治：抗病或抗虫品种、调整灌溉时间、诱捕、生物防治（包括干扰害虫交配的信息素在内的低风险化学物、设置诱捕器等机械防治）等栽培管理方式改进。有针对性的农药喷洒仅适用于受影响的区域，非特异性农药的全方位喷洒是最后的方法。一个好的病虫害综合治理系统的结果是害虫管理者的干预最小，该系统能够可持续发展。

所有的化学制品要考虑到其有效性、对益虫的毒性、在环境中的持久性和对人类的危害，并进行慎重选择。在一种毒性较小、药效持久性较短的农药也能起到同样作用的情况下，不要使用药效持久的有毒农药喷雾进行害虫防治。同样地，当系统性土壤淋洗能够只杀死危害植物的昆虫时，既能杀死害虫又能杀死益虫的多功能农药喷雾就不是环保且合理的选择。

尽管对于园艺师来说熟悉所有植物病虫害的生命周期是很难的事情，但他们可以通过下面的步骤使用病虫害综合治理方法将其控制在有限程度：

1. 确定致病原因。根据症状分析、害虫检测，在必要时使用参考书查找信息，确定其是否是由昆虫、疾病、啮齿动物、营养不良或其他原因所导致的。

2. 确定所造成的损害需要进行防治。设置一个可耐受损害的标准。例如，深秋侵染一年生植物的霉菌应该比春天的霉菌耐受性强，因为植物很快就要霜冻，对植物进行治疗并不太合理。同样，如果有些植物已经被昆虫啃食严重，喷洒就是多余的了，因为其（如生菜）已经不能恢复。

3. 如果栽培方法和生物防治方法实用并可行，就使用这两种方法来解决问题。用手摘掉一些吃甘蓝的害虫或捕获蛞蝓的方式要比喷施农药对生态更好，并且作用效果几乎相同。类似的情况下可以使用苏云金芽孢杆菌作用于毛毛虫，用软管冲洗掉蚜虫和螨虫。

4. 喷施农药是最后的防治手段，或者可以说，当农药是唯一可用的防治手段时可喷施农药。谨慎选择化学制品，尽可能选择无毒、非持久并对害虫具有针对性的化学制品。例如，杀螨药应该只用于防治螨虫，而不是通用的。化学制品应该用于受损植物。喷洒在未受影响的邻近植株上起不到预防作用，这会造成过度伤害和不必要的环境污染，并且会杀死益虫。

问题与讨论

1. 吮吸性昆虫造成的植物损伤的典型特征有哪些?
2. 说出几种能够把植物叶片嚼出孔的昆虫种类。
3. 如果植物叶子上面长有小白点且下面结有细网，最有可能是由哪种害虫造成的?
4. 你注意到植物叶子上出现了大孔但从没有看到害虫。喷洒农药后，植物的损害并没有停止，这可能是什么原因?
5. 描述下列害虫可能造成的损害类型:
   a. 潜叶虫
   b. 线虫
   c. 蚜虫
   d. 螨虫
6. 哪种化学制品可用于治疗植物病毒病?
7. 草坪长出黄色圆形斑点最可能的原因是什么?
8. 怎么做有助于防止常绿植物冻死或“灼伤”?
9. 植物营养不足的普遍症状是什么? 营养过剩的普遍症状是什么?
10. 街道边上种植了一株宽叶灌木，虽然经常灌溉，但每年夏季叶子边缘都会变成褐色。造成这种情况的最有可能的原因是什么?
11. 你的房屋边上的树篱一直都很健康，但树篱的一部分在几天时间内突然变成白色，最有可能的原因是什么?
12. 下列栽培方法是怎么防治病害的?
    a. 修剪
    b. 灌溉时不打湿叶子
    c. 除草
    d. 清理患病植物周围的落叶
13. 为什么病虫害综合治理比传统的预防性农药喷洒防治方法好?
14. 非系统性农药和系统性农药作用方式的区别是什么?
15. 在选择用于解决花园里害虫问题的农药时，应该考虑哪些因素?
16. LD_{50}高的农药比LD_{50}低的农药毒性高还是毒性低?
17. 苏云金芽孢杆菌是什么? 它在花园里如何被使用?
18. 为什么病虫害综合治理比一出现虫害问题就喷洒杀虫剂要好?
19. 解释下列农药标签:
    a. 警告语
    b. 美国环境保护署注册号
20. 解释职业安全与健康法案的重要性。
21. 濒危物种法案对园艺生产有什么影响?
22. 在使用农药时，穿着防护服的最低要求是什么?

参考文献

Agrios, G.N. 1997. *Plant Pathology*. 4th ed. San Diego, Calif.: Academic Press.

Bohmont, B.L. 1996. *The Standard Pesticide Users Guide*. Upper Saddle River, N.J.: Prentice Hall.

Driestadt, S.H. 2001. *Integrated Pest Management for Floriculture and Nurseries*. Oakland, Calif.:University of California Statewide Integrated Pest Management Project, Division of Agriculture and Natural Resources.

Dreistadt, S.H., and J.K. Clark. 1994. *Pests of Landscape Trees and Shrubs: An Integrated Pest Management Guide*. Oakland, Calif.: University of California Division of Agriculture and Natural Resources.

Ellis, B.W., and R. Yepsen. 1996. *The Organic Gardener's Handbook of Natural Insect and Disease Control: A Complete Problem-Solving Guide to*

Keeping Your Garden and Yard Healthy Without Chemicals. Rev. ed. Emmaus, Pa.: Rodale Press.

Ellis, B.W. 1997. *Organic Pest and Disease Control: How to Grow a Healthy, Problem-free Garden*. Taylor's weekend gardening guides, 1. Boston: Houghton Mifflin.

Fermanian, T.W., and M.C. Shurtleff. 1997. *Controlling Turfgrass Pests*. Upper Saddle River, N.J.: Prentice Hall.

Flint, M.L., S.H. Driestadt, and J.K. Clark. 1998. *Natural Enemies Handbook: The Illustrated Guide to Biological Pest Control*. Oakland, Calif.: UC Division of Agriculture and Natural Sciences.

Gardens Alive. Retail Catalog. 5100 Schenley Place, Lawrenceburg, Ind., 47025.

Johnson, W.T., and H.H. Lyon. 1994. *Insects That Feed on Trees and Shrubs*. Ithaca, N.Y.: Comstock Pub. Associates.

Lloyd, J. 1997. *Plant Health Care for Woody Ornamentals: A Professional's Guide to Preventing and Managing Environmental Stresses and Pests*. Savoy, Ill.: International Society of Arboriculture.

Moorman, G.W. 1996. *Diseases of Ornamental Plants*. Chicago, Ill.: American Nurserymen.

Olkowski, W., S. Daar, and H. Olkowski. 1995. *The Gardener's Guide to Common-Sense Pest Control*. Newton, Conn.: Taunton Press.

Pierce, P.K. 1996. *Environmentally Friendly Gardening: Controlling Vegetable Pests*. Des Moines, Iowa: Meredith.

Pirone, P.P. 1978. *Diseases and Pests of Ornamental Plants*. 5th ed. New York: Wiley.

Sinclair, W.A., and H.H. Lyon. 2005. *Diseases of Trees and Shrubs*. 2nd ed. Ithaca, N.Y.: Comstock Pub. Associates.

Smith, M.D. 2008. *The Ortho Problem Solver*. 7th ed. Marysville, Ohio: Ortho Information Services.

Ware, G.W. 2005. *Complete Guide to Pest Control: With and Without Chemicals*. 4th ed. Willoughby, Ohio: MeisterPro Information Resources.

Ware, G.W. 2005. *The Pesticide Book*. 5th ed. Fresno, Calif.: Thomson.

Westcott, C., and R.K. Horst. 2008. *Westcott's Plant Disease Handbook*. 7th ed. SpringerLink. Berlin: Springer. http://rave.ohiolink.edu/ebooks/ebc/9781402045851.

第 8 章

蔬菜园艺

学习目标

- 根据食用部位说出蔬菜的 3 种类型。
- 为蔬菜种植选址，并解释为什么该位置适合种植蔬菜。
- 设计 1 个能够满足两口之家所需的菜园，菜园里的蔬菜都是当地最常见的品种。
- 说出 3 种菜园杂草防治方法，并解释杂草防治的重要性。
- 指出哪些蔬菜种类最需要被经常修剪，并说明每种蔬菜该如何被修剪。
- 制作“防冻罩”及其他蔬菜防冻设备。
- 找出本地区使用的地膜材料，并评估每种地膜材料是否适合在菜园里使用。
- 说明寒季型蔬菜作物和暖季型蔬菜作物的种植需求。
- 解释连作、某种蔬菜作物的全生育期天数、间作、穴植的定义。
- 概述商业化蔬菜生产的基本过程。
- 掌握蔬菜采后处理的定义，并列举采后处理所包含的 4 个步骤。

照片由肯尼·普安（Kenny Point）提供，蔬菜园艺相关网址是 http://www.veggiegardeningtips.com/

蔬菜园艺是家庭园艺中最重要的，也是最有意义的一项活动。它既能使人们感受到植物栽培的乐趣，又能使人们在蔬菜作物生长的过程中以及在其味道和成熟度最佳时感受到收获的喜悦。大多数人认为“家庭种植”的蔬菜要比“店里买的”蔬菜味道好，原因有以下几点：商业规模生产的蔬菜品种必须具备一定的特点，包括运输良好，没有碰伤和过度成熟。因此很多商业化蔬菜品种都被培育得含水量较少。为了保证蔬菜到达消费者手中时完好无损，在蔬菜没有完全成熟时就要进行采摘和运输，这样做通常会降低蔬菜最终的风味和品质。如果在蔬菜成熟时将其采摘下来，蔬菜的品质通常会慢慢变坏。例如，部分甜玉米品种的糖分会立即转化成淀粉，蔬菜的味道在两小时内会完全变化。虽然也不总是这样的，但“越新鲜的蔬菜，味道越好”这个规律是非常可靠的。

菜园在减少食品支出上的经济效益已经受到广泛好评。研究表明，指定大小的菜园能够满足一个家庭一年所有的蔬菜需求。虽然集约菜园能够做到对所有蔬菜进行密集、系统栽培并在蔬菜成熟后准确利用，但是这对大多数家庭并不适用。更合理的做法是把蔬菜园艺当成具有娱乐休闲价值的一种省钱方式，能够提供优良的蔬菜，在其生长旺盛的时候收获并食用。

8.1 蔬菜类型

和其他所有植物一样，蔬菜分为一年生蔬菜、两年生蔬菜和多年生蔬菜。大多数蔬菜属于一年生蔬菜，包括辣椒、南瓜和豆类。有一些蔬菜是二年生蔬菜，但被当作一年生蔬菜进行种植，因为这类蔬菜只有茎叶部分是可食用的，如甜菜等。还有少数蔬菜属于多年生蔬菜，包括芦笋和大黄。比较特殊的是番茄，它是一种多年生蔬菜，但不耐寒，所以被当成一年生蔬菜进行种植。表 8.1 列举了常见的园艺蔬菜，并说明了它们是一年生蔬菜还是多年生蔬菜。

比一年生还是多年生更重要的问题是蔬菜属于寒季型作物还是暖季型作物（表 8.1）。暖季

表 8.1　园艺栽培蔬菜

蔬菜品种	寒季型 / 暖季型	一年生 / 多年生	食用部位	适合四口之家的种植量	栽距	行距
菊芋	无	多年生	块茎	10—15 株	0.3 米	1.5 米
芦笋	无	多年生	新芽	30—40 株	0.3 米	1.5 米
青豆	暖季型	一年生	果实	5—8 米（行）	15 厘米（丛），0.6 米（竿）	0.5 米
菜豆、绿豆	暖季型	一年生	果实	5—8 米（行）	8 厘米（丛），0.6 米（竿）	0.6 米
甜菜	寒季型	一年生	叶、根	3—4.5 米（行）	5 厘米	0.5 米
花椰菜	寒季型	一年生	花芽	7—10 株	0.6 米	1 米
抱子甘蓝	寒季型	一年生	腋芽	7—10 株	0.6 米	1 米
卷心菜	寒季型	一年生	叶	10—15 株	0.6 米	1 米
胡萝卜	寒季型	一年生	根	6—9 米（行）	5 厘米	0.5 米

（续表）

表 8.1 园艺栽培蔬菜						
蔬菜品种	寒季型 / 暖季型	一年生 / 多年生	食用部位	适合四口之家的种植量	栽距	行距
菜花	寒季型	一年生	花	10—15 株	0.6 米	1 米
芹菜	寒季型	一年生	叶柄	6—9 米（行）	13 厘米	0.5 米
白菜	寒季型	一年生	叶	3—5 米（行）	0.3 米	0.75 米
羽衣甘蓝	寒季型	一年生，多年生	叶	3—5 米（行）	0.5 米	1 米
玉米	暖季型	一年生	种子	6—9 米（行）	15 厘米	1 米
黄瓜	暖季型	一年生	果实	6 株	0.6 米	1.2 米
茄子	暖季型	一年生	果实	4—6 株	0.6 米	1 米
莴苣	寒季型	一年生	叶	3—5 米（行）	25 厘米	0.5 米
无头甘蓝	寒季型	一年生	叶	3—5 米（行）	25 厘米	0.6 米
甘蓝	寒季型	一年生	膨大茎基	3—5 米（行）	8 厘米	0.6 米
韭菜	寒季型	一年生，多年生	膨大茎基	3 米（行）	5 厘米	0.6 米
生菜	寒季型	一年生	叶	3—5 米（行）	0.3 米（叶球），15 厘米（叶）	0.6 米
瓜	暖季型	一年生	果实	5—6 穴堆	15 厘米	2 米
芥菜	寒季型	一年生	叶	3 米（行）	20 厘米	0.5 厘米
秋葵	暖季型	一年生	果实	3—6 米（行）	0.5 米	1 米
青葱	寒季型	一年生	叶	3—5 米（行）	2—3 厘米	0.5 厘米
洋葱	寒季型	一年生	鳞茎	9—12 米（行）	8 厘米	0.5 厘米
欧洲防风草	寒季型	一年生	根	3—5 米（行）	8 厘米	0.5 厘米
豌豆	寒季型	一年生	种子	9—12 米（行）	5 厘米	1 米
荷兰豆	寒季型	一年生	果实	9—12 米（行）	5 厘米	1.2 米
辣椒	暖季型	一年生	果实	5—10 株	0.6 米	1 米
马铃薯	暖季型	一年生	块茎	30 米（行）	0.3 米	0.75 米
南瓜	暖季型	一年生	果实	1—3 株	1.2 米	2 米
小萝卜	寒季型	一年生	根	1.2 米（行）	2—3 厘米	0.5 厘米
大黄	无	多年生	叶柄	3 株	1 米	1.2 米
芜菁甘蓝	寒季型	一年生	根	3—5 米（行）	8 厘米	0.5 厘米
菠菜	寒季型	一年生	叶	3—6 米（行）	8 厘米	0.5 厘米
西葫芦、意大利青瓜	暖季型	一年生	幼果	2—4 株	0.6 米	1.2 米
笋瓜	暖季型	一年生	成熟果	2—4 株	1.2 米	2 米
甘薯	暖季型	一年生	根	15 米（行）	0.3 米	1 米
唐莴苣	寒季型	一年生	叶	3—4 株	0.3 米	0.75 米
番茄	暖季型	一年生	果实	10—20 株植物	0.6 米（丛），0.3 米（桩）	1 米
萝卜	寒季型	一年生	根	3—5 米（行）	5 厘米	0.5 厘米

型蔬菜生长所需的温度，白天是18—32℃，夜间不低于13℃。暖季型蔬菜在低温环境下生长缓慢，如番茄等蔬菜在低温下不能结果，而辣椒等另一些蔬菜虽然能结出果实，但只能结出非肉质或不饱满的小果实。经历了霜冻后这些蔬菜将无法存活。

寒季型蔬菜却恰恰相反。寒季型蔬菜能够耐受轻度霜冻并在白天温度为10—18℃时长势最好。在气候温暖的环境下，寒季型蔬菜通常长势较差，如生菜会变苦。一些叶用寒季型蔬菜会开花，这种情况并不是期望的结果。这种开花现象被称为抽薹，是夏季蔬菜对夜晚变短和天气变热的一种反应。

影响蔬菜栽培的另一个因素是蔬菜是叶菜、根菜还是果菜（表8.1）。首先，必须考虑选择何种肥料。富氮肥料对叶菜类蔬菜最有效，它能促进蔬菜的生长。而配方中氮含量较少的肥料对根菜类和果菜类蔬菜最有效。事实上，氮含量过多会阻碍蔬菜开花结果。另外，叶菜类和很多根菜类蔬菜在半荫区域环境下长势较好。果菜类蔬菜通常需要充足的光照，因为如果没有光照，它们无法进行光合作用制造出花期和果期所需的碳水化合物，在阴暗的条件下它们只能长出叶子。这个事实对那些菜园被高层建筑遮挡的城市居民和受阴暗区域所局限的园艺师来说是非常重要的。没必要把时间和精力浪费在不能结果的水果作物上，把空间分配给其他更容易生长的蔬菜能够获得更大的成功。

8.2 气候因素

大多数人认为蔬菜园艺应该是在春季和夏季从事的活动。春季播种，夏季收获，直到第一次霜冻到来。但在暖冬地区，蔬菜园艺可以持续一整年。在其他大部分地区，通过选择合适的作物和栽培方法，蔬菜园艺的持续时间可以远超出传统的生长季。

暖冬地区的蔬菜园艺

北美的暖冬地区（图8.1）是蔬菜种植区。这里所种植的大多数新鲜蔬菜用于冬季消费。这个地区的园艺师是幸运的，他们可以整年种植新鲜蔬菜，并且菜园可以很容易提供他们所需的所有蔬菜。

该地区的气候特征决定了每个季节能够生长的蔬菜种类。在南方，冬季凉爽，几乎没有霜冻，而夏季非常炎热。寒季型蔬菜能够在冬季生长，当温度超过了前者可接受的范围时，暖季型蔬菜能够在夏季生长。在佛罗里达群岛，这里是墨西哥以北，北美唯一的热带地区，在这里冬季的温度适中，约为10—24℃，对暖季型蔬菜来说温度足够高，但对寒季型蔬菜来说不合适。夏季只有暖季型蔬菜才能够生长。沿着加州海岸，太平洋导致温度变化小，这里冬季和夏季的温度差异最小。该地区气温达不到暖季型蔬菜可接受的范围，在这个地区园艺师全年主要种植寒季型作物。

温带中的蔬菜园艺

北美大部分地区冬季和夏季的气温差异很大。春季温度缓慢上升，在夏季达到最高，随着冬季的临近温度慢慢降低。在这样的气候里，春季和秋季是种植寒季型作物最好的季节，而夏季最有助于暖季型作物的生长。

暖季型作物的生长期是指从春季最后一次霜冻到秋季第一次霜冻的平均天数。无霜期

图 8.1 黑点示意美国本土冬季所有能够种植蔬菜的地区（本插图系原文插图）

是蔬菜园艺中的一个重要概念，随纬度变化很大，从美国南部地区的 250 天到北达科他州部分地区的 60 天不等。

了解一个地区无霜期天数的重要性体现在它与暖季型作物品种选择的密切相关。现代植物育种为家庭园艺师提供了蔬菜品种的多种选择，满足不同的味道、罐头生产和成熟率需求。成熟的天数是从种子或移栽（取决于蔬菜种类）种植开始一直到作物准备收获为止。例如，有的番茄品种成熟时间是 54 天，而有的番茄品种成熟时间需要 80 天甚至更长的无霜期。

在遥远的北方地区，早熟蔬菜的好处显而易见。即使是在气候温暖地区的园艺师也很重视早熟蔬菜，因为他们可以在这个生长季提早收获。

寒季型蔬菜并不仅限于在无霜期种植。它们不仅能耐受轻微的霜冻，而且味道也会有所提升。在温带地区，延长蔬菜园艺时间主要利用春季和秋季的生长阶段，在这两个季节里，偶尔的霜冻通常有利于寒季型蔬菜的生长。

例如，早春适宜播种豌豆、生菜、胡萝卜及其他寒季型蔬菜，也很适宜移植西蓝花、甘蓝和菜花，虽然一开始它们可能会生长缓慢，但在生长期里能够定植并迅速生长。寒季型作物的种植应该从地面充分解冻干燥后就开始进行。

秋季蔬菜园艺 在秋季从事蔬菜园艺活动是延长作物生长期的第二个方法。它涉及延迟寒季型蔬菜的种植，也就是在其他作物收割后它们才会成熟。虽然很多寒季型蔬菜在春季种植是从移植植株开始，但秋季作物通常是从种子播种开始。这为指定品种增加了 6—8 周的成熟时间，在决定播种时就必须考虑好这点。莜麦菜和萝卜等蔬菜是从夏末甚至秋季开始播种的，因为它们的成熟速度很快，但生长较慢的作物应该在初夏进行播种。下面是适合在夏季播种、秋季收获的蔬菜。

适合在夏季播种、秋季收获的蔬菜	
甜菜根	韭菜（春季播种或越冬幼苗）
西蓝花	生菜（叶和部分头状花序）
卷心菜	芥菜
胡萝卜	欧洲防风草（春季播种）
菜花	豌豆、豆荚可食用豌豆
甜菜	萝卜
大白菜	菠菜
羽衣甘蓝	红萝卜
莴苣	
无头甘蓝	
甘蓝	

连续收获的地面越冬蔬菜　耐寒的根菜很不寻常，春季它们能够在雪后生长并仍然具有食用价值。有时生菜和欧芹等叶菜在积雪的覆盖下仍然能保持绿意盎然并在春季恢复生长。

这种越冬现象不仅是因为蔬菜本身的抗寒能力，也是积雪的隔绝效果和地表的潜热作用（第 20 章）。当这两个条件结合在一起，尽管气温远低于 0℃，但是整个冬季土壤可能不会结冰或接近冰点。

冬季利用这些条件在地下储存根菜并增大采收量是实际可行的方法。这项技术非常简单，留出花园的一块地用作冬季采收区，所种植的根菜成熟期是在夏末和秋季。这类蔬菜包括甜菜、胡萝卜、韭菜、防风草、大萝卜（中国品种及锥形品种）、芜菁甘蓝、红萝卜。秋季，这块地应该使用堆肥、报纸、树叶或其他合适的地膜材料进行覆盖。覆盖层的作用是防止结冰，深度取决于预计的冬季气温。如果冬季气温只有 -7—-4℃，覆盖层的厚度在 15—20 厘米就足够了；如果气温低于 -18℃，应该增加覆盖层的深度至 60 厘米。覆盖层上持续的积雪将起到很好的隔绝效果。作为一项预防措施，冬季园艺要选择在地面热量有保护措施区域的房子附近。

采收蔬菜可以在任何时候进行。要先移除覆盖层，采收根菜，然后每次把覆盖层重新放好。

8.3　菜园规划

选择合适的位置

对适宜用作蔬菜种植的土地有两个要求：一是排水良好，这有利于根部的快速生长；二是全光照，能够满足植物最大生长速率和开花的需要。因此，菜园应该远离高大的树木和建筑物。虽然以前耕种过的土地要比草地的土壤质量好，但正如第 6 章所介绍的，任何土壤都可以通过添加改良剂进行改良；或如本章后面内容所介绍的，还可以通过绿肥进行改良。

确定菜园的规模

没有经验的园艺师更适合选择较小的菜地。在第一个园艺季节过后，就会明确相关的工作量和所生产的蔬菜量。园艺师可以根据实际情况相应地扩大或缩小菜园的规模。8 米 ×8 米的菜地足够一个新手园艺师种植蔬菜，甜瓜和马铃薯等需要较大空间的蔬菜除外。

园艺设计

园艺设计的第一项任务是选择种植何种蔬菜并在图纸上列出它们在菜园中的分布位置。为防止出现阴影，栽植行应该种植在东西方向上；较高的作物和支撑作物应该种植在北侧，较矮的作物应该种植在南侧。图 8.2 是种植多种蔬菜的菜园经典布局。

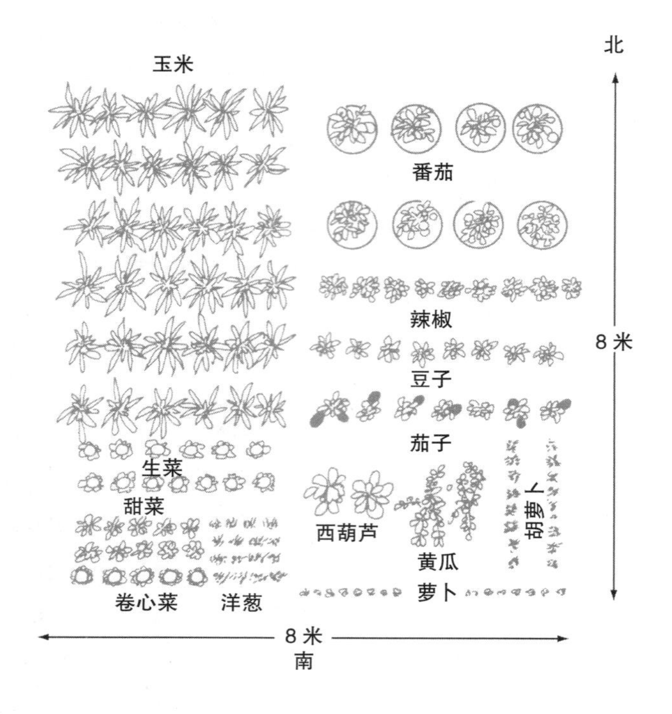

图 8.2 菜园经典布局

通常情况下很难预估每种蔬菜的种植量。表 8.1 列出了一个四口之家每种蔬菜的平均种植量。在使用这些估值时，最好将种植量分成 2—3 份交错进行播种，这样可以保证整个生长季能够连续采收。这种做法称为连作，这样做能够保证持续的蔬菜供应，也不会过量。

例如，春季莜麦菜间隔两周播种两次，一直到夏季能够持续供应。夏末第 3 次播种将产生秋季的收获。一共有 3 次连作的莜麦菜。连作需要对园地空间进行精心管理。虽然连作比直接种植采收的工作量大，但整个生长季的收成也更多。除了晚熟的作物，几乎所有的早熟蔬菜作物都可以采用连作的方式进行种植。

集约园艺和块植园艺 在集约园艺和块植园艺中（图 8.3 和图 8.4），蔬菜是采用块植法进行种植的而不是成行种植的。在发明犁之前，这是园艺种植的原始形式，在土地稀缺的国家这种方法仍然是最流行的。在美国和加拿大，块植法在城市中是很有用处的，因为这种方法能够在最小的空间得到最高的产量。

对块植法来说，花园应该设计成宽度不超过 1.2 米的正方形或矩形，保证能够在过道上触及植物。种子采用散种的方式进行播种，使其均匀或成行分布。

原始的块植法是在高位栽培床上种植蔬菜。在栽培床上种植优良蔬菜作物的土壤是有条件限制的，要进行彻底的施肥。

蔬菜品种选育及种子采购

大多数州政府的合作推广服务部门每年会对新的和现有的蔬菜品种进行评估，确定适合该州气候的最佳品种。然后将推荐品种编辑成册并出版，提供给公众。这是园艺师可用的关

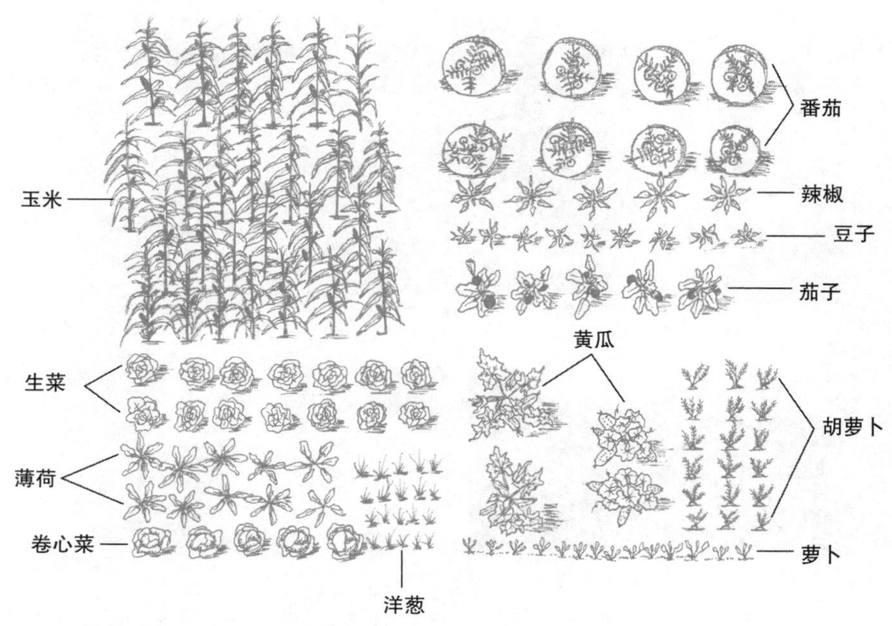

图 8.3 由 4 块地组成的块植园艺。图片由贝瑟尼提供

于蔬菜品种最重要的信息来源。

种子名录中列举了众多品种及其优点，但很少提到缺点。园艺师们必须根据植物的生长需求、气候、全生育天数、抗病性以及其他因素对每个品种的适宜性进行评估。最好的做法是使用与自己所在区域气候条件相似的公司所提供的名录，这样该公司所提供的品种能够适应相似的气候。例如，南方地区的园艺师应该避免使用北方地区公司所提供的名录。通过图片挑选植物品种的方式是不可取的，因为这种植物在当地的气候条件下生长状况可能并不好。

图 8.4 在高位栽培床上进行的块植园艺。照片由作者提供

很多人从商店和苗圃购买种子，这样每年都应该检查种子包装。如果生产日期不是当年，种子就已经老了，发芽效果可能不佳。此外，种子上架的品种有限，有的适合该地区，有的不适合该地区。

种子带（图 8.5）是一种花费较高的选购种子方法，但能够节省劳动力。种子被夹在类似塑料的材料层之间，当灌溉时，这些材料层能够分解。

买进过多蔬菜种子是一个常见误区，结果是在生长季结束时剩余很多种子。大多数蔬菜

图 8.5 使用种子带种植一排蔬菜。照片由宾夕法尼亚州沃明斯特的一家大种子公司 W. Atlee Burpee 提供

种子可以在冰箱里冷藏储存，用于下一个生长季（详见第 5 章植物育种技术部分种子储存内容）。表 8.2 列举了多种蔬菜种子的相对耐藏性能。

观赏蔬菜品种 蔬菜不仅可以食用，还可以用来观赏（图 8.6 和图 8.7）。例如，莜麦菜可以形成引人入胜的花境。花、叶和果实颜色丰富的蔬菜品种可以利用种子名录来购买。表 8.3 列出了其中的一部分。

观赏蔬菜也可以栽培在露台盆栽花园中。观赏辣椒和甜菜在种植箱中长势良好。圣女果可以种植在挂篮里，红花菜豆可以用线绳穿起来被用作玄关和阳台的隔断。当使用蔬菜作为观赏植物时，空间受到限制的园艺师能更好地利用有限的土地面积。

表 8.2 在低温条件下蔬菜种子的储存时间

蔬菜	储存年限
芦笋	3
豆子	3
甜菜	4
西蓝花	5
球芽甘蓝	5
白菜	3
菜花	5
芹菜	5
甜菜	4
大白菜	5
羽衣甘蓝	5
玉米	1—2
黄瓜	5
茄子	5
莴苣	5
无头甘蓝	5
甘蓝	5
韭菜	3
生菜	5
甜瓜	5
芥末	4
秋葵	2
洋葱	1—2
欧芹	2
欧洲防风草	1—2
豌豆	3
辣椒	4
西葫芦	4
小萝卜	5
芜菁甘蓝	5
菠菜	5
南瓜	5
番茄	4
萝卜	5
西瓜	5

整地

整地所需的时间取决于该地之前是否种植过植物。如果种植过植物，且该地土壤条件良好（例如土壤未变实），整地所需时间较少，但种植前仍需除草和搅拌肥料，这被称为种植前整合处理。预先掺入肥料补充了前一季度作物使用的养分，并在根部区域提供了新鲜养分。第 6 章介绍了预先掺入肥料的具体方法。如果杂草还很小且可以在土壤水平面上防治的话，可以使用锄头挖开土壤表面的方法处理一

图 8.6 种植在花坛里的羽衣甘蓝和红叶生菜。照片由美国全国花园办公室提供

图 8.7 盆栽辣椒（右）与盆栽金盏花混种在一起。照片由美国全国花园办公室提供

表 8.3 观赏蔬菜品种

蔬菜	观赏品种	备注
菜蓟	*Cardunculus*（刺棘蓟）	灰色的大叶子和蓟形紫色的花；叶柄和根可食用
	Scolymus（洋蓟）	紫色的头状花序，灰色的叶子；比刺棘蓟的植株小
菊芋	所有	成熟的植株高 2 米，与向日葵形似的黄色花朵
芦笋	所有	柔软的叶子，秋天长有红色浆果
矮菜豆	"Royalty"	紫色豆荚
豇豆	红花菜豆	紫红色的花；耐阴和低温
菜花	紫球菜花、蓝紫球菜花	成熟时花球淡紫色
	绿球菜花	成熟时花球绿色
甜菜	大黄	红色叶柄
玉米	印第安玉米彩虹	红、黄、白色玉米粒
	草莓玉米	小的，草莓形的红色玉米粒
	纤细玉米	植株矮小
	日本玉米	叶子带有白色和粉红色条纹
羽衣甘蓝	油菜杂交品种	叶子边缘褶皱，淡紫色、粉色和绿色；不会卷成团
莜麦菜	橡树叶丝	深绿色浅裂叶子
	红色沙拉莜麦菜	淡红色叶子
	红宝石	红色叶子
甜椒	"Golden Calwonder"	黄色果实
	"Bell Boy Hybrid"	红色果实
	"Midway"	红色果实
辣椒	"Fiesta"	红色、黄色和绿色果实
茄子	"Morden Midget"	深紫色小果实
向日葵	无	1.8—3.6 米，茎上长有黄色的大花序；种子炒制后可食用
番茄	"Patio"	植株较矮，0.3 米高，果实紫色，高尔夫球大小
	"Small Fry"	蔓生植物，能结出大量樱桃番茄，悬篮良好
	"Tiny Tim"	植株高 15 厘米，果实小
	"Goldie"	植株高 35 厘米，产生直径约 3 厘米的李子形黄色果实

年生杂草幼苗。不应该采用翻土的方式清除该地的一年生杂草，因为这会使新的种子裸露出来并促使其发芽，从而无法达到清除杂草的目的。由根部重新生长出来的多年生杂草如果数量少的话，可以单独挖出来清除掉；如果数量多的话，可以使用除草剂进行处理。虽然当地的苗圃会有防治现有多年生杂草的化学制品，但应该将样品送到苗圃去处理，这样才能确定哪一种化学制品对样品有效。苗圃也应该了解该地是用作菜园种植，这样的话应该选择有效周期（称为残留期）短的化学制品进行防治，保证不会影响作物。如果这块地以前是草坪，这种情况很常见，则必须除去草皮，尽管秋季已经开始进行种植准备，可以简单地将其翻到下面，让它就地腐烂。在这种情况下，如果草坪含有能够利用根状茎进行繁殖的、生命力强的草种，有必要使用除草剂清除杂草，因为采用人工方式不可能清除所有杂草的根状茎，杂草根状茎留在土壤里会不断重新发芽，再次引发杂草问题。

除去草皮后，要向土壤中混入有机质来改善土壤结构，使其变松，这样土壤中会有更多的孔隙空间。为此，苗圃还会出售腐烂的肥料、树皮和其他多种土壤调节剂，以达到这个目的。

8.4 菜园种植

播种

除了块植法，利用种子进行蔬菜种植一般采用条播和穴播。在条播时，每行都有一个带有标记的木桩作为记号，然后根据包装上的说明进行播种。一般情况下种子播种得很密，这样能够保证在发芽不良的情况下萌发出足够多的植物。

发芽较快的种子有时和胡萝卜等发芽缓慢的种子种植在同一行，在后者萌发之前用来标记其位置。在易于板结的土壤中，发芽较快的种子还能冲破地面，帮助生命力较差的作物出苗。萝卜通常可以在 3 天内发芽，并被用作条播的标记。当主要作物发芽后萝卜就可以被拔出来，但通常会保留在原地。因为萝卜在 21 天内就可以成熟，及时采收萝卜能够防止其影响主要农作物。这种方法称为套作，可以节省空间并用于种植萝卜和莴苣等矮小且成熟快的农作物。例如，在定植韭菜之间利用种子可以种植出一茬长叶莴苣（图 8.8）。

一般南瓜和黄瓜等蔓生蔬菜包装上的使用说明指定要采用穴播进行种植。穴播是指将几种植物插种于穴底，而不是将种子种到土堆里。

图 8.8 在韭菜之间种植长叶莴苣。图片由贝瑟尼提供

播种后，最重要的一点是要保持土壤表面潮湿。正在萌发的种子周围土壤的干燥会导致新萌发的幼苗死亡，这就需要重新进行补种。

购买移栽植株

选购长势良好的移栽植株有助于菜园取得成功，不应该为了优惠的价格而牺牲所购买植株的质量。移栽植株应该选择矮小、壮实、植物基部长有叶片的个体。不要选择叶子发黄和裸茎的植株，因为这样的植株在移植容器中生长的时间太长，很可能已经抑制根系生长了。在某些情况下，这类植物开花过早且没有收成，因为发育不足而无法结果。

开始移栽

可能的话，尽量选择阴天或傍晚进行移栽，以减少对植物的影响。同时应该在将植物从包装取出移栽之前灌溉。

如果植物种植在单独的塑料包装容器里，移栽的过程对植物根部的影响较小。但是，如果植物移栽后，还出现了生根满盆的情况，应该将根团周围稍微剪掉一些（图 8.9）。这样的处理能够促使植物的根部分支深插入土壤中。

图 8.9 剪掉没有生长空间的移栽植株被包裹的根团。照片由里克·史密斯提供

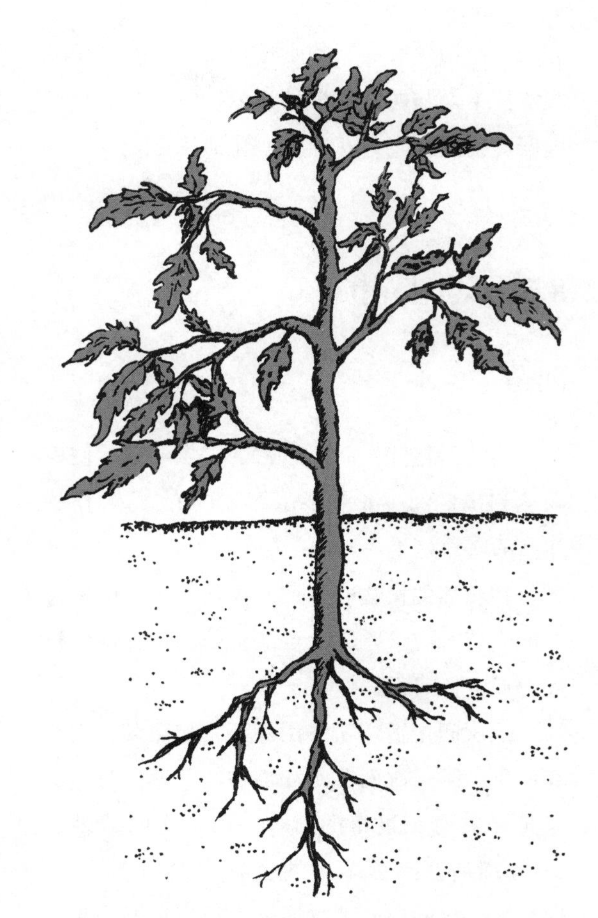

图 8.10 番茄的深植有利于茎部生根。图片由贝瑟尼绘制

如果不进行处理，原有的根团会继续生长，植物定植会很缓慢。

虽然长在压缩泥炭钵中的待移栽植株能够将整个钵一起移植，但顶部要打破，露出土壤。如果边缘没被破坏且暴露于空气中，它会从泥炭钵中吸收水分，限制根部的渗透作用，从而影响植物生长。

蔬菜移栽后种植的深度应该要比最初生长的深度深一些。番茄应该埋得更深，让大部分茎都在土壤表面以下（图 8.10），因为沿着土下生长的茎会长出不定根，这些茎根会形成一个更大的根系并长出生命力很强的植物。

定植后，移栽植株应该采用第 6 章介绍的方法，使用含有底肥的水进行灌溉。土壤灌溉能够使土壤与植物的根部充分接触，并使土壤湿度达到最大值，以防止幼苗发生生长休克。

8.5 菜园养护

间苗

间苗是指除去间隔过密的多余幼苗，使植物达到最佳的生长效果（图 8.11）。每种作物间苗的次数是 1—2 次。

在相邻的植物叶子彼此挨在一起时应进行一次间苗，应该除去尽可能多的幼苗，达到蔬菜合理生长间距。

二次间苗适用于叶用蔬菜，如甜菜、生菜和白菜。第一次间苗是在植物幼苗期进行，但只是除去避免过密的植物。第二次间苗是在 2—4 周后，除去多余的植物达到最终间距。通过第二次间苗，植物能够生长到足够采收和食用的正常大小。

除草

杂草防治对一个成功的菜园来说是至关重要的。杂草对植物生长的不利影响并不明显，表现为植物生长速度放缓，因为杂草与作物竞争水、营养和光照。很多园艺师会把作物增长滞缓错误地归因于土壤贫瘠和不利天气，却不知道真正的原因是杂草影响了作物生长。

因为作物幼苗根系有限，它们太脆弱以至于不能与长在同一行的生命力强的杂草竞争。如果不加以控制，杂草最终会完全排挤掉种植的作物。

如果杂草入侵植物幼苗，拔草可能是唯一的控制方法。拔草之后，锄草和覆盖也是有效的方法。因为蔬菜作物的根部较浅，所以锄杂草时应该采用铲除的方式而不是挖掘的方式。铲除法能够在土壤线上除去杂草幼苗，如果它们是一年生杂草，就不会重新生长。

(a)

(b)

图 8.11 (a) 间苗前的萝卜；(b) 间苗后达到正常生长间距的萝卜。照片由肯尼·普安提供，有关蔬菜园艺技巧的网址是 http:// www.veggiegardeningtips.com/

覆膜

覆膜是铺设在植物根部土壤表面的一层植物源或合成材料。覆膜能够大大减少除草所花费的时间，并且能够保持土壤湿度。在炎热的南部和西南地区，覆膜有助于防止土壤过热，从而有利于植物根系生长。因为菜园每年都要耕种，很多人发现使用能够在土壤中腐烂掉的植物源覆盖层更加容易。没有经除草剂处理过的堆肥、树叶和草坪的草屑是很好的原材料。

覆膜的厚度一般要求是 5—8 厘米。移栽植株应该用 3 厘米厚的少量覆盖物覆盖植物幼苗，随着植株的长高，逐渐增加覆盖物的厚度至 8 厘米。对生菜和萝卜等低矮作物来说，覆膜应该位于行的两侧，厚度为 4—5 厘米。对西瓜等蔓生作物来说，应该在爬藤生长的整个土地上都用覆膜处理。覆盖该片土地有助于保持果实清洁，并减少由蔬菜落到土壤上出现腐烂病所带来的损失。

用土壤压住的报纸也适合用作菜园覆膜。虽然不美观，但是便宜好用。

塑料薄膜（图 8.12）是北方菜园非常实用的一种覆膜，因为在阳光照射下它们能够在塑料下面积累热量并将其辐射到塑料下面的土壤中。塑料薄膜能够通过加热土壤来加速暖季型作物的生长，使其能够比正常作物提前一星期成熟。透明或黑色的塑料薄膜都可以用作覆膜。透明的塑料薄膜要比黑色的升温快，但容易长杂草。

为了能够特别早地收获，塑料薄膜被用于移栽的黄瓜和西瓜。使用移植植物获得的时间与塑料薄膜提供的温暖一起帮助作物快速生长并坐果。

塑料薄膜的使用方法有两种：对于行栽作物，将塑料膜放置在行的两侧，植物在中间的位置；对于穴栽作物，整块都要覆盖塑料膜，

图 8.12 商业化蔬菜种植中覆盖的塑料薄膜。照片由美国农业部提供

图 8.13 菜园里用来覆盖植物的太阳能保温罩。照片由缅因州新格洛斯特松树花园种子公司提供

并在作物生长的位置剪开一个豁口，以便幼苗钻出地面。

保温罩及其他霜冻保护装置

早春，在植物上放置报纸和塑料的圆顶——保温罩（图 8.13）——是促进植物生长的另一个办法。光照可以从保温罩照射进来且没有热损失，从而使移栽植株周围的空气温度比外面的空气温度要高几度。在早春时节，虽然温度只是略微上升几度，但通常能够促进植物快速生长。作为一个附加性能，保温罩还有防霜的作用。在保温罩的作用下，园艺师可以在最后所预测的霜冻期之前的几周对暖季型蔬菜进行移栽和播种。

秋季，因为植株较大，所以对暖季型作物防霜更加困难。如果只是轻霜，植物周围盖上一层报纸通常就能够起到充分的保护作用。

灌溉

播种后就应该尽快对菜园进行灌溉，为防止植物出现萎蔫，灌溉是非常必要的。但并不是每次植物萎蔫都要对菜园进行灌溉。在一天中最热的时间，大叶南瓜和黄瓜屡次出现萎蔫的情况是因为植物无法吸收足够的水分来弥补从叶片中流失的水分，这一现象称为日间萎蔫。如果植物夜晚无法恢复，就需要对植物进行灌溉。如果灌溉后，植物仍然无法恢复，植物有可能是感染了枯萎病或线虫病。

灌溉菜园时，土壤浇透的深度要在 0.5 米左右。芦笋和洋蓟等多年生蔬菜灌溉的深度还要更深一些。

施肥

如果在菜园种植前的准备阶段将肥料添加到土壤中，这些肥料足以满足作物生长成熟的需要。沙质土壤或低肥力的土壤如果出现了缺肥症状，盛夏使用平衡颗粒肥料追肥能够促进植物生长。氮肥能够促进植物长叶，减少植物结果，当植物达到成熟时应有的大小后应该谨慎使用。

整枝

豌豆、红花菜豆、番茄和黄瓜都是藤蔓植物，可以使用桩、线绳和金属丝等材料对其进行整枝（图 8.14）。整枝能够防止果实接触土壤从而防止植物变脏，并且减少植物腐烂的概率。整枝还能够优化菜园空间使用情况，便于采收。

圆锥形整枝 圆锥形整枝适用于黄瓜或豆类植物群。理想情况下，首先要搭建一个圆锥形结构，然后在每个木桩底部播种。藤蔓植物架在木桩上，间隔距离是 0.3 米。

定桩 一个单独的木桩（图 8.15）能够支撑一棵番茄或两三棵红花菜豆。不需要任何人工处理，豆类植物就能够爬上木桩，但种植番

图 8.14 黄瓜整枝。照片由肯尼·普安提供，有关蔬菜园艺技巧的网址是 http:// www.veggiegardeningtips.com/

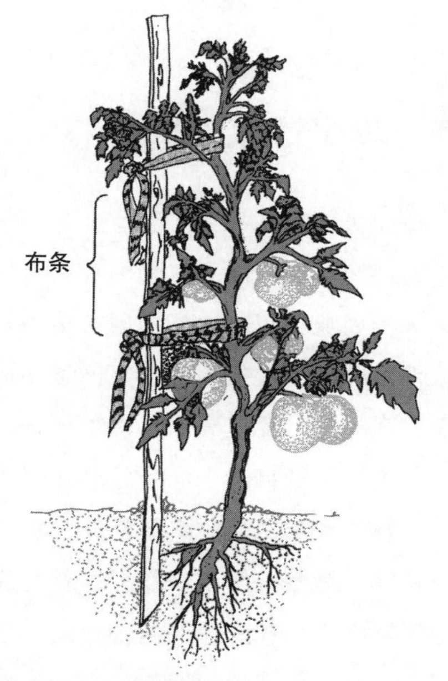

图 8.15 定桩是常用的番茄整枝方法

茄时，沿着茎每隔一段要用布条将其宽松地捆扎在木桩上进行固定。

线绳格架 红花菜豆和豌豆在格架上很容易整枝，格架是由杆子之间系上的线绳搭成的（图 8.16）。为了给格架和藤蔓提供坚固的支撑，这些搭架的杆子要被钉进土壤中固定，间距小于 3 米。

番茄笼 番茄笼是一个金属网筒，可以购

图 8.16 支撑豆类植物所用的线绳格架。照片由作者提供

图 8.17 长在番茄笼中的番茄。照片由肯尼·普安提供，有关蔬菜园艺技巧的网址是 http:// www.veggiegardeningtips.com/

买也可以自制（图 8.17），是支撑番茄的一种简单工具。番茄笼选用的坚固钢丝能够达到理想强度和合适的网眼尺寸。很多种类的电镀围栏材料（不是铁丝网）也是制作番茄笼的

合适材料。网格大小必须适当，这样才能满足采摘果实的需求。使用番茄笼时不需要捆扎藤蔓。

8.6 轮作

轮作是指在同一块田地上每年轮换种植不同作物的一种种植方式，比如，每年轮换豆类作物和卷心菜的种植位置。轮作能够阻止与某一特定作物有关的病虫害的形成。轮作不是必需的种植方式，却是一种既不需要花费太多精力又合理的方式。

轮作最简单的形式是依次轮换每年的菜园种植计划，对于高大的植株要避免出现阴影问题。图 8.18 所示是另一个轮作顺序。

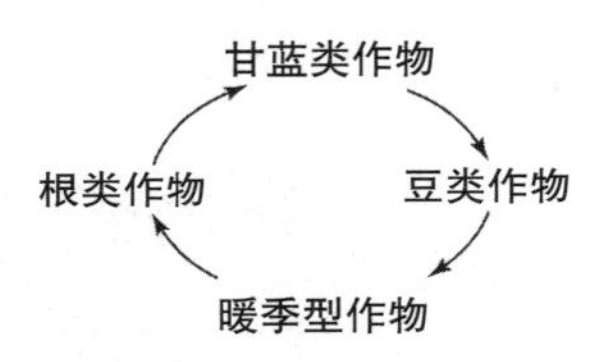

图 8.18 推荐采用的家庭轮作顺序

8.7 覆盖作物和绿肥作物

覆盖作物适用于已种植作物的菜园，具有保持土壤肥力的作用；绿肥作物适用于未种植作物的菜园，具有改善贫瘠土壤的作用。在大多数地区，覆盖作物在秋天被种植在菜园里。它们在秋季和冬季生长，春季耕翻，它们腐烂时，为土壤提供有机物并增加肥力。绿肥作物的作用与其类似，但在每年的所有季节都可以种植，它们生长到一半就会成熟，随后翻耕直至腐烂。

绿肥作物被用于替代所添加的有机土壤改良剂，并且比有机土壤改良剂便宜很多。播种绿肥作物的一般做法是，当植物长到 20—25 厘米高（如果是豆类植物要等到其开花）时，进行翻耕，再等待 10—14 天，然后在 3 周内重新补种另一种绿肥作物。根据需要进行耕地并重新补种，直到土壤质量合格。豆科植物如紫花苜蓿、三叶草、豇豆、大豆以及一些野豌豆品种是最好的绿肥作物和覆盖作物。在这些植物根部生长的细菌能够从空气中吸收氮，当它们被翻耕至腐烂时，这些细菌会将氮释放到土壤中。冬季生长的覆盖作物包括小麦、黑麦、黑麦草和荞麦。荞麦对不利的土壤条件的耐受能力很强，特别合适在贫瘠的土壤中种植。

8.8 商业化蔬菜生产

虽然美国有些州专注于适合其土壤和气候条件的特定作物，但面向夏季鲜菜市场及加工的大规模商业化蔬菜生产已遍布美国各州。例如，芹菜的整个生长期都需要低温环境，而番茄能够在炎热的夏季高温环境下茁壮成长。因此，芹菜通常产自太平洋附近的加州较凉爽地区，而番茄则在夏季生长在南部地区。

秋季，为冬季鲜菜市场提供新鲜蔬菜的生产地区转向南部和较远的西部地区，冬季转向佛罗里达州、加利福尼亚州、亚利桑那州的部分地区、得克萨斯州及南部部分地区。加拿大生产蔬菜的主要省份是安大略、魁北克和不列颠哥伦比亚省。温室生产番茄、辣椒和黄瓜在美国的很多州和加拿大都是很常见的，但其他作物则很少在温室中种植。

新鲜的蔬菜比罐装、冷冻、干燥及熬汤等加工处理的蔬菜价格要高，这是因为消费者对新鲜蔬菜的质量要求非常高。用于加工处理的蔬菜，允许有轻微的次品、不同大小的混合和少量的虫害，因为这些都不会出现在成品中。然而，新鲜的蔬菜必须完全没有病虫害才能被消费者所接受。

出售的新鲜蔬菜种类有生菜、番茄、洋葱、芹菜、卷心菜、甜玉米和胡萝卜。用于蔬菜加工的蔬菜种类有豌豆、马铃薯、番茄、玉米、菠菜和甜菜。近年来的趋势是新鲜蔬菜的生产越来越多而深度加工蔬菜的生产越来越少。这反映出人们越来越关注饮食健康。

田间生长的蔬菜作物

商业化蔬菜生产商首先要评估土地是否适合种植蔬菜，然后选择种植何种蔬菜。对高质量肥沃的土壤来说，大多数蔬菜都会有良好的收成。要针对该地特定作物最优质量对土壤进行调整和整地。国家推广服务部会在土壤测试、选址、整地的过程中提供建议并给予帮助。

与其他商业企业一样，在经济生产中商业化蔬菜生产的主要策略是生产最大化的同时投入最小。生产投入包括种子（种苗）、肥料、农药、水以及包括采收在内的所有劳动力（机械化采收方法除外）。

苗床整地　苗床整地在播种之前进行。苗床整地的目的是把土壤弄平，并使土壤存有大量允许氧气和水自由进入的孔隙空间。苗床整地的效果取决于土壤类型。首先找平。找平能够消除排水不匀的问题，排水不匀会导致田里作物出现不规则生长。如果田地没有找平的话，在降雨或灌溉后有的地方就会形成水坑。长时间浸泡在水中的植物，根部通常会受损，因为植物根部淹没在水里会缺氧。

作物大多种植在大约1米宽的高位苗床上。这个宽度能够保证工人们在手工除草和采收时接触到所有的作物。图8.19所显示的是高位苗床的整地过程。

图8.19　在高位苗床上采用机械化的方式进行种植。照片由澳大利亚沃东加可持续农业机械公司提供

尽量选择在含水量适中的情况下耕地，土地既不能太干也不能太湿。因为这样土壤的表面质地良好，种子能够顺利发芽。

如果一块土地在灌溉和机械化喷洒及类似养护的情况下已经种植了好几季作物，那么该地的土壤已经形成黏土层（详见第6章）。必须每隔几年在生长季结束后采用深耕的方式将土壤下面的黏土打碎，否则，土壤就会出现排水不良的问题。

板结破坏土壤结构，因为土壤丧失了聚合力，土壤表面变得光滑、干裂，有时还会出现排水能力不足的情况。这是由于降雨或灌溉使土壤所包含的有机物不足以维持聚合力，土壤表面的聚合力丧失。苗床的整地过程刚完成就立即进行种植是土壤板结形成的主要原因。土壤板结形成之后，植物很难长出幼苗。使用稀硫酸和磷酸等抗板结剂能够有效预防土壤板结。碎草等有机覆盖物通过减轻水滴力量的方式也能防止土壤板结，同时还能保持土壤表层的水分。

播种 大多数商业化蔬菜播种采用机械化的方式进行。这种方式在播种阶段能降低劳动力成本，后续所需的人工也更少，以确保达到最佳生长间距。旋耕机虽然速度较慢，但是播种精准，在某些情况下，播种的同时还能形成苗床、施肥并施用除草剂。

利用移栽植株进行种植 有些蔬菜作物在田里是从移栽植株开始种植的，包括西蓝花、菜花、茄子、白菜（图 8.20）。这种方式能够使种植者更好地控制作物萌发和定植的关键阶段，特定的移栽作物能够在最佳温度和灌溉条件下生长，而不像种植在田里的种子那样遇到各种气候变化（详见第 5 章）。

图 8.20 工人正在装入蔬菜幼苗板。照片由作者提供

可以采用人工的方式将移栽作物移栽到田地里，在某些情况下移栽机经过设计后，在种植的同时还能给移栽作物灌溉施肥（图 8.21）。

图 8.21 商业化生产用的蔬菜幼苗移栽机。照片由莱嫩种植系统公司提供

图 8.22 商业化生产用的蔬菜除草剂。照片由澳大利亚沃东加可持续农业机械公司提供

田地作物的养护 在农作物的种植过程中，必须完成几个生产过程。耕地对打破土壤板结来说是必要的。根据不同的作物，可以采用人工翻地或采用拖拉机牵引机具来完成（图 8.22）。

如果自然降雨不足，灌溉也是必要的（图 8.23）。即使只是轻微的水分胁迫（即水分不足），没有明显萎蔫的情况，也会影响植物生长。有时土壤盐含量高会使植物无法从潮湿的土壤中吸收水分，植物的叶子会变厚，但植物不会枯萎。尽管如此，蔬菜的品质也会降低。

有时，淹水的土壤会使植物根部受损。在湿土中，植物根部因为缺氧而死亡。死亡的根部无法吸收植物所需的水分，最终的结果是和干旱所致的水分缺乏一样。

在干旱所致的水分缺乏的情况下，植物最先表现出来的症状是萎蔫。植物细胞不再有膨压。膨压是叶子的刚度，可以使细胞最大限度地饱含水分。如果细胞没有膨压，叶子会萎蔫，最终破坏植物细胞。在这种情况发生之前，缺水也会导致气孔关闭。细胞无法吸收二氧化碳，光合作用减弱或停止，植物生长也会停止。

图 8.23 越过蔬菜幼苗平地的吊杆灌溉系统。照片由作者提供

所以种植者必须根据作物根系类型进行灌溉，作物根系类型有浅根系、中根系和深根系。表 8.4 列举了一些蔬菜作物的生根深度。

水分胁迫的关键期主要取决于植物的种类。最重要的关键期是最初定植、开花和果实膨大的过程。洋葱和萝卜的关键期是鳞茎形成的过程。油菜作物的关键期是叶球形成的过程。

灌溉技术取决于地区、资金、作物种类和很多其他因素。使用高压或低压洒水装置是最常见的灌溉技术。以前是采用人工移动洒水管的方式灌溉整片田地，现在洒水管在轮子上沿

表 8.4 蔬菜作物及其生根深度

生根深度		
浅	**中**	**深**
甘蓝类蔬菜	豆类	芦笋
芹菜	辣椒	西瓜
玉米	南瓜	甜瓜
马铃薯	黄瓜	西葫芦
萝卜	除洋葱外的块根作物	笋瓜
洋葱及其同属作物		红薯

着栽植行移动或绕着圆圈旋转进行灌溉。

为了节约用水，探测器测量了土壤表面以下1—1.5米的含水量。探测器根据土壤类型进行校准。借助专门设计的计算机程序，根据调查的数据，形成了包括土壤湿度图表、推荐灌溉量和推荐灌溉时间的报告。精确的土壤湿度测量能够将现有记录的含水量和能量节约10%—20%。

采收和采后处理 采收过程可以人工完成，也可以使用机器完成。很多鲜食的蔬菜为了避免碰伤必须人工手动采收，蔬菜如果出现碰伤就会滞销。但在某些情况下，采收可以采用机械和人工相结合的方式完成。“骡车”是采收时在工人旁边的机械设备。工人把生菜或其他作物放在传送带上，传送带会将其运送到地里的包装装置上去。

所有马铃薯、番茄、番薯、豌豆和其他豆类是采用机械化方式进行采收的。大多数胡萝卜、萝卜、甜菜、腌菜用黄瓜、某些玉米和洋葱也是采用机械化的方式进行采收的。

采后处理是指蔬菜从地里采收之后、销售运输之前的处理方法。蔬菜采后处理包括清洗、分拣（部分机械化）和冷藏，有时在出售前为了防止植物萎蔫还要喷洒植物移栽保湿蜡。

消除田间热是采后处理的一个重要部分。田间热是指来自太阳存留在田间植物上的热量。这些多余的热量必须被清除掉，这样蔬菜才能达到适宜的储存温度，使蔬菜保存的时间最长。这一过程采用的冷却方法被称为水冷却，该方法是将冰块放置在清洗蔬菜的水中。真空冷却是在冷藏库中，冷空气进入盒装的蔬菜中，吸收其中的热量并将蔬菜迅速冷却至适宜的储存温度。同时还对湿度和通风进行了调整，使其达到适宜存储作物的理想条件。

8.9 常见的园艺栽培蔬菜

芦笋

石刁柏（*Asparagus officinalis*）俗称芦笋，是一种多年生蔬菜，食用部分是其柔嫩的嫩茎。有些园艺师种植芦笋是因为它的植株较高，叶子与蕨类植物很像，还有观赏用的红色浆果。在温带地区它的芽在早春生长，在热带地区全年都能发芽。

虽然种植芦笋最好选用富含有机质的沙壤土，但芦笋在所有的土壤中都能被成功种植。如果在壤土和黏土中，根冠要被种植到13—15厘米深；如果在较轻的土壤中，根冠要被种植到15—20厘米深。

芦笋可以从种子开始进行种植，也可以从1—2年的根冠开始进行种植。种子被种下后，直到第3年才会长成明显的作物，因此，从根冠开始进行种植是首选的方法。

和其他蔬菜品种一样，芦笋品种的选择要根据对当地生长条件的适应性情况而定。除了这个基本的必要条件，近期全雄芦笋栽培品种已经培育出来并且可以从种子开始进行种植，了解这一信息对芦笋种植是非常有帮助的。通常芦笋是雌雄异株的植物，栽培品种既有雌株又有雄株。然而，雌株通常产量较低，因为雌株将一部分能量转移用于制造果实和种子。雄株只开花不结果，所以将剩余的碳水化合物储存在根部，额外增加了嫩茎形式营养体的产量。

芦笋根冠应该在春季或秋季进行种植，每行间隔20—30厘米。采收时间应该推迟到第2年植物定植后进行。在此期间，应该经常对植物进行灌溉并用平衡肥料进行施肥。在第2年里，在两周内可以采收嫩茎，然后等待植物生叶。到了第3年，直到植株长势变弱前皆可采收嫩茎，变弱的表现是嫩茎的直径较小或分枝贴近地面。主要采收时间不要间隔太久，因为这样根冠会变弱从而导致下一年产量降低。

当芦笋嫩茎长到15—20厘米高时采收，然后它们就会开始分枝。采收最好的办法是用手掐断尖端（图8.24）。掐断嫩茎的位置要选择在其开始纤维化、无法食用的部位以上。在温暖的气候里，通常每天都要进行采收，甚至每天采收两次。如果出现霜冻，所有长出的嫩茎无论多长都要采收，因为它们无法耐受霜冻。

芦笋采收后应该立即冷藏，因为在高温条件下，它的品质会迅速降低。在高湿度和略高于0℃的温度条件下，芦笋的味道能够最大限度地被保留下来。

豆类

常见的豆类植物包括很多不同种类，如菜豆（*Phaseolus vulgaris*）、豇豆（*Vigna unguiculata*）、绿豆（*Vigna radiata*）和豌豆（*Pisum sativum*）。豆类植物可以是蔓生类型和红花菜豆之类的攀缘植物，也可以是生长缓慢的丛生型豆类和矮秆类型的丛生植物。可食用豆荚应该在种子膨大成熟之前被采摘下来食用。采收后品质会迅速降低，豆类植物应该冷藏并保存在高湿环境下，在24小时之内食用味道最佳。

图8.24 使用掐尖的方法采收芦笋。照片由美国农业部提供

豆类植物是一年生暖季型作物，对低温和霜冻耐受力不强，因此只有春季天气变暖后才能开始进行种植。所有排水良好的土壤都适合种植豆类植物。最适土壤pH值范围为6.5—7。

豆类植物的种植深度应该是2—3厘米，间距是5—8厘米，并且不需要间苗。种植丛生类型豆类不需要进行定桩；种植蔓生类型豆类，在栽植期需要打桩。如果豆类植物的叶子不是深绿色，应该在开花之前使用平衡肥料进行侧施肥。

为了防止落花，在炎热、干燥、常有大风天气的地区，夏季需要对作物进行灌溉。炎热干燥的大风会加重落花情况。

丛生型豆类比蔓生型豆类采收时间早，但采收的时间要短。为了延长采收时间，连续种植应该间隔2—3周的时间。蔓生型豆类需要更长的生长时间才能开始采收，如果采摘所有豆荚的话，通常直到霜冻导致所有植物死亡之前，蔓生型豆类都一直会结果。

甜菜

甜菜（*Beta vulgaris* var. *crassa*）是最容易种植的蔬菜之一。夏季甜菜可以在所有的气候区进行种植，在温暖地区可以作为冬季作物进行种植。甜菜植株只有30厘米高，叶子淡红色，根部较大，也是红色的。甜菜主要的食用部位是根部，叶子也可以食用。事实上，甜菜的叶比根更有营养。

可以随时采收并食用甜菜的根部，但根部直径长到 8 厘米时，品质最好。在植物间苗时采收叶子，也可以从长势最好的植株上采摘一部分叶子。一株植株上被采摘的叶子不能超过两片，否则会影响根部的形成。在摘除甜菜顶部的情况下，甜菜的根部可以在冰箱中存储 3—5 个月。

种植甜菜首选排水良好、较轻的土壤，pH 值在 6.5 以上；但甜菜通常可在大多数的菜地土壤中种植。因为甜菜能够耐受较轻的霜冻，应该在春季尽早地进行种植，在暖冬地区全年都可以进行种植。对大多数甜菜品种来说，种子含有多个胚胎，这会导致好几株植物长在同一个生长位置。因此间苗是必不可少的，且要保证植物有 5 厘米的间隔。如果种植是为了采收叶子，要推迟间苗的时间，直到植株长出几片长 8—10 厘米的叶子。当植株生长较快时，长出的植株最嫩，所以播种 4—5 星期后要使用平衡肥料进行侧施肥。在降雨不足的情况下要对作物进行灌溉。在采收根部时，可以在根部直径达到 3 厘米时拔出甜菜，这样能为剩下的甜菜提供更多的生长空间。

胡萝卜

胡萝卜（*Daucus carota* var. *sativus*）是一种在所有的气候区都容易生长的块根作物。它们是寒季型作物，在所有的气候区可以作为夏季作物，在暖冬地区可以作为冬季作物。

种植在排水良好、松散、深厚的土壤中的胡萝卜品质最好。在重壤土中，胡萝卜的根部通常会弯曲分叉（图 8.25）；短根品种在重壤土中生长效果最佳。

应该浅浅地将胡萝卜的种子播种在已经处理好的土壤中。有板结问题的土壤，应该将有机质与土壤混合后覆盖在种子上。

胡萝卜种子较小，生长缓慢。为了帮助种子萌发并标记播种的位置，通常将萝卜的种子与胡萝卜的种子混合在一起进行种植。萝卜种子发芽较快，能够钻出板结土壤表面，同时还可以标记胡萝卜的位置。在胡萝卜发芽后，就可以拔除萝卜的幼苗。

胡萝卜间苗最主要的目的是为根部的生长提供足够的空间。间苗可以进行几次，直到胡萝卜的间距达到 3—5 厘米。最后一次间苗通常较晚，直到胡萝卜的根部如铅笔般大小、可以食用时才进行。胡萝卜根部直径达到 3—5 厘米时就可以进行采收。采收后，胡萝卜应该在高湿的条件下冷藏。如果胡萝卜完全成熟，可以在上述条件下储存 4—5 个月。较嫩的胡萝卜一般只能储存 4—6 周。

图 8.25 胡萝卜的变形是由岩石、压实土和过多水分所造成的。照片由纽约法布罗斯托克种子公司提供

如果胡萝卜的叶子呈亮绿色，使用平衡肥料进行侧施肥能够提高产量。与大多数块根作物一样，快速生长的胡萝卜，根部会更嫩，味道也会更好。

莙荙菜

莙荙菜（*Beta vulgaris* var. *cicla*；图 8.26）是家庭园艺中最容易种植、最常见的叶菜。从植物学名中可以看出，莙荙菜实际上是甜菜的一种。种植莙荙菜不是为了采收它的根部，而是采收形似菠菜的叶子。栽培莙荙菜的方法与甜菜是一样的。当莙荙菜生长到可食用的大小时，从它的底部将其外部切断，将叶子单独采收下来。在温暖地区，全年都能够种植莙荙菜，让其生产叶子；而在较寒冷的地区，种植的时间是从早春到深秋。莙荙菜几乎不会出现虫害问题，因此我们强烈推荐家庭园艺师选择种植。

图 8.26 莙荙菜。照片由美国农业部提供

甘蓝类蔬菜

甘蓝类蔬菜是指卷心菜及与其栽培要求类似的一些寒季型作物。包括西蓝花、甘蓝、卷心菜、菜花、羽衣甘蓝、无头甘蓝，以及一些不太常见的蔬菜。

所有甘蓝类蔬菜都能在低温条件下茁壮生长，在轻霜冻情况下存活。在炎热地区，甘蓝类蔬菜被当作春季或秋季作物进行种植；而在冬季温暖的地区，甘蓝类蔬菜被当作冬季作物进行种植。只有羽衣甘蓝对炎热的夏季气候耐受力很强。

甘蓝类蔬菜可以种植在所有排水良好的土壤中。理想的土壤 pH 值是 5.5—6.5，但在实践中略微超出这个范围也是可以的。所有的甘蓝类蔬菜的种子被种植在 6 毫米深时很容易发芽，也可以从移栽植株开始进行种植。保证足够的水分并使用高氮肥料进行侧施肥有助于甘蓝类蔬菜的生长。种植甘蓝类蔬菜最重要的问题是防治毛毛虫和蚜虫。

个性化需求

西蓝花（*Brassica oleracea*, Italica Group）“抽芽”品种应该选择长有大量小头状花序的植株进行种植，而不是选择长有一个大头状花序的。西蓝花可食用的部位是它的头状花序，在花芽开放之前就应该采收。如果主要的头状花序被采摘下来，西蓝花还能够生长数月（图 8.27）。

抱子甘蓝（*Brassica oleracea*，Gemmifera Group）的可食用部位是长在主茎上的小腋芽。随着植株越长越高，要摘除长在下面的叶子，直到叶子只生长在植物的顶端。此时植株类似于棕榈树，有些侧增生看起来像小的卷心菜。

当抱子甘蓝的花芽长到 2—3 厘米宽，还没有开放就可以进行采收了。如果天气温暖，抱子甘蓝往往柔嫩且多叶。秋季凉爽的气候会增加抱子甘蓝的品质和香味。如果打算长期储存抱子甘蓝，要在秋季拔起整个植物并重新种植在阴冷地窖潮湿的沙子里。通过这种方式抱子甘蓝可以储存数月。

卷心菜（*Brassica oleracea*，Capitata Group）要在叶球变硬时进行采收。如果在菜园里种植的时间过长，叶球会裂开，特别是在大雨之后。因为卷心菜的叶球往往在同一时间趋于成熟，合适的方法是连续种植或选择种植采收日期不同的几个品种。在低温和高湿条件下卷心菜可以储存 1 个月或更长时间。

菜花（Brassica oleracea，Botrytis Group）是甘蓝类蔬菜中较难种植的一种作物。为了达到最佳种植效果，要不断给菜花灌溉并施肥；在它的生长过程中，任何影响生长速度的因素都会导致所种植菜花的头状花序较小并且品质较差。要避免选择种植生命力旺盛的移栽植株，因为移植后植株的头状花序的直径通常只有 2.5 厘米左右，这种现象被称为抽薹。

和西蓝花一样，菜花可食用的部位是未成熟的花蕾。当花蕾还紧密地挨在一起时菜花的头状花序就要被采收下来。一旦花蕾开始彼此分离，菜花的品质就会迅速下降。为了使种植出的白色头状花序和市场上能够买到的一样，必须遮挡阳光使头状花序白化。具体做法是当头状花序开始形成时，为了遮挡阳光，将几片上部的叶子系在头状花序上面（图 8.28）。有些天然白化的品种也是能购买到的，这些品种的叶子自然地覆盖在发育中的花蕾上面，但前提是在气候凉爽的情况下。白化失败的菜花头状花序的颜色是淡绿色的，这样的菜花更有营养，味道会很浓。菜花只能长出一个头状花序，并且采收完头状花序后要将整个植株拔除。

不结球甘蓝（*Brassica oleracea*，Acephala Group）既能耐受寒冷的天气，又能耐受夏季炎热的天气，因此，不结球甘蓝是最可靠的绿叶蔬菜之一。可以随时采收它的单个的叶子，在炎热的天气里它的味道会很浓。

羽衣甘蓝（*Brassica oleracea*，Acephala Group）是另一种很容易生长的绿叶蔬菜，但在炎热的夏季羽衣甘蓝无法存活。羽衣甘蓝通常能在最冷的冬季存活下来，当雪一旦融化就能长出幼嫩的绿叶。采收时，要摘掉个别外叶。与其他甘蓝类蔬菜相比，羽衣甘蓝不容易出现虫害问题。

玉米

甜玉米（*Zea mays* var. *saccharata*）是最受

图 8.27 西蓝花最主要的头状花序已被采收，但它仍然能够长出可食用的侧嫩枝。照片由美国全国花园办公室提供

图 8.28 菜花白化。照片由美国农业部提供

欢迎的家庭园艺蔬菜之一。甜玉米是暖季型作物，但只能在霜冻过去之后进行种植。

玉米能够在排水良好的多种土壤中茁壮生长。最适土壤 pH 值为 6—6.5。玉米的种植深度为 2.5—5 厘米，间距为 20—25 厘米。短的栽种行比较长的栽种行要合理，这样能够确保授粉。在玉米发芽后，一定要注意除杂草、补充水分，并使用高氮肥料在一侧或两侧进行侧施肥。因为所种植的玉米基本上同时进入成熟阶段，所以可以连续种植。

因为市场上能够买到的甜玉米品种有数百种，园艺师可以在从不到 1 米的矮株到 2 米的高株中挑选。但是，无论选择什么品种，为了防止异花授粉和籽粒品质较差的情况出现，爆米花玉米和饲料玉米应该与甜玉米保持 30 米的距离。

玉米穗里的丝（雌花）变成深褐色，谷粒圆鼓，里面充满乳白色汁液时，就可以采收玉米了。因为（除了"超级甜"品种）采摘后，糖开始转变成淀粉。采摘后，甜玉米应该立即被煮熟。

瓜类蔬菜

瓜类蔬菜包括很多种植需求相似的暖季型蔓生作物。瓜类蔬菜包括黄瓜、南瓜、西瓜和西葫芦。所有瓜类蔬菜的食用部位都是果实。

为了使植物生长和果实发育达到最佳效果，瓜类蔬菜需要温暖的气候条件。当夏季炎热而漫长时，瓜类蔬菜的果实品质最优。不排除有些北部地区种植瓜类蔬菜，但是需要没有霜冻后开始种植，并且夜晚温度要始终高于 7℃。因为甜瓜种植所需的温度最高且种植的时间最长，所以要仔细选择适合当地气候条件的甜瓜品种。

瓜类蔬菜可以在春末播种，深度为 1—2 厘米；也可以移栽植株进行种植。因为瓜类蔬菜不容易移栽，所以应该购买长在泥炭钵及其他种植用容器中的幼苗。

瓜类蔬菜可以行栽，也可以穴植。如果只种植少量植物，最好选择穴植法，因为这种方法能够更好地利用种植空间。藤蔓植物既可以在地面上自然生长，也可以用线绳格架支撑。线绳格架适用于黄瓜种植，但一般不用于甜瓜和南瓜种植，因为它们的果实太重。园艺师通常会为瓜类蔬菜的产量不如年初预计的产量高而苦恼。但是，对大多数的品种来说这是很自然的，因为瓜类是雌雄异花的植物，正常的生长模式是先开雄花，然后开雌花，两者授粉后坐果。

个性化需求

与甜瓜相比，黄瓜（*Cucumis sativus*）的种植时间较短，所需的温度较低，因此，适合种植于较大范围的气候。

有两种常见的家庭园艺种植的黄瓜类型，具体选择取决于其用途。这两种类型是加工型黄瓜和切片黄瓜。加工型黄瓜主要用来制作腌菜，在长到正常大小之前采摘。切片黄瓜主要用来鲜食，较大，皮厚一些，外形看起来较好，瘤刺较少。在黄瓜长到正常大小、里面的种子没有长出坚硬的种皮之前进行采摘。对那些想要实现两种黄瓜类型的用途的园艺师来说，最好选择加工型黄瓜，因为它们既适合鲜食，也适合腌菜。

黄瓜的苦味是由多种因素所造成的，包括遗传组成、高温和缺水等。虽然黄瓜的苦味不可避免，但充足的水分能够减轻黄瓜的苦味。

种植最普遍的甜瓜是哈密瓜（*Cucumis melo*，

Reticulatus Group)、西瓜(*Citrullus lanatus*)和光皮甜瓜(*Cucumis melo*, Inodorus Group)。所有的甜瓜都需要很长的生长期、炎热的天气和充足的水分。虽然种植甜瓜最好的地区是美国的温暖地区,但是一般甜瓜品种能在美国和加拿大大部分地区进行种植。光皮甜瓜生长需要的温度最高,西瓜和哈密瓜次之。因为它们对气候条件的要求非常严格,所以必须选择适应当地气候条件的品种。一般来说,在夏季凉爽的地区,结小型果实的品种长得最好。

当果实成熟时,家庭甜瓜种植者所面临的最大的困难是确定其成熟度。西瓜的茎枯萎了,就可以采收了,但是哈密瓜应该在用拇指轻压茎、果实很容易从茎上滑落时进行采收。哈密瓜的外皮变成黄色、甜味浓郁时,成熟度最好。

南瓜和中国南瓜(*Cucurbita maxima, C. pepo, C. mixta* 或 *C. moschata*)是最容易种植的瓜类蔬菜,它们能结出大量的果实。根据食用的果实是成熟的还是未成熟的,将南瓜分成两种类型。所食用的果实成熟且外皮坚硬的南瓜类型是冬南瓜(图 8.29)。冬南瓜成熟的时间是深秋,在阴凉处可以储存将近一整个冬季。中国南瓜本质上也是一种冬南瓜。夏南瓜未成熟时即可食用,包括西葫芦、黄色的曲颈南瓜和黄色的长南瓜(图 8.30)。它们很容易腐烂,采收后应该尽早食用。

图 8.29 挑选储存的冬南瓜。照片由美国全国花园办公室提供

图 8.30 挑选储存的夏南瓜:左边是扁圆南瓜,右下角是黄色的曲颈南瓜,篮子里左边的是意大利青瓜,篮子里右边的是西葫芦。照片由美国全国花园办公室提供

冬南瓜应该在外皮变硬(用拇指指甲无法戳穿)后采收。冬南瓜的成熟过程通常伴随着颜色的变化。夏南瓜要在外皮变硬之前采收,但也不必在它们很小的时候采收。如果夏南瓜长得很大,在烹饪之前将果实中间的种子抠掉后还是可以食用的。

在选择南瓜和中国南瓜品种时,要选择丛生类型而不是藤蔓类型,因为在果实质量相同的前提下,丛生类型所需要的种植空间更少。

茄子

茄子(*Solanum melongena* var. *esculentum*)与番茄、辣椒一样属于暖季型蔬菜。茄子植株浓密,叶子心形,花朵星形,紫色。茄子可食用的部位是蛋形的果实,一般果实很大,紫色。在植物长到该品种正常大小、外皮失去自然光泽之前应当采收。茄子的理想储存条件是在 10—13℃。茄子不宜被放置在冰箱中冷藏,否则会受损。

茄子需要很长一段时间的温暖气候来坐果并发育成熟。在北方种植茄子时，应该种植早熟品种。应该从移植植株开始种植茄子，因为如果从种子开始种植会发育很慢。应该给移栽植株施用底肥，当长出第一个果实时，应该用平衡肥料进行侧施肥。因为茄子容易遭受几种土壤带有的疾病，为了避免和相关植物（番茄、辣椒和马铃薯）种植在同一个地点，茄子应该在菜园不同的地点轮换种植。

生菜

生菜是一种寒季型作物，有很多种不同的食用类型（图 8.31）：能形成结实球形的是西生菜或结球生菜，半结球的类型有长叶生菜，不结球的类型有莜麦菜。结球和半结球生菜的采收方式是当生菜发育成熟时从根部切下球部。莜麦菜的采收方式是摘取个别叶子或切掉整棵植株。结球生菜和长叶生菜能够在冰箱中冷藏保存 1—2 周，莜麦菜和比布生菜的保存时间不宜超过 2 天。

生菜能够在大多数土壤中进行种植，但是在重壤土中，土壤板结会阻碍种子发芽。为了改善这种情况，在土壤中混入过筛的有机物，然后覆盖在种子上。生菜的生长需要低温环境，因此，最佳的种植时间是春季和秋季。在没有严寒的暖冬地区，生菜也可以作为冬季作物进行种植，前提是没有出现严寒冻害。在高温环境下，生菜会变得萎蔫，而且过早开花结

图 8.31 4 种生菜类型，顺时针方向从左上角依次是西生菜、散叶卷心生菜、长叶生菜和球叶生菜。照片由宾夕法尼亚州沃敏斯特市 W. Altee Burpee 公司提供

籽不宜食用。为了预防这种情况发生，生菜应该种植在凉爽的环境里或选择耐高温的生菜品种进行种植。

通常情况下，生菜和半结球生菜品种播种的深度较浅，然后进行间苗使植物间距保持在25 厘米。结球生菜和生菜既可以利用种子进行种植，也可以利用移植方式进行种植。移植植株的间距应该至少为 25 厘米；利用种子进行种植时，当植物长得过于茂密，就要间苗使植物保持相同的间距，如果不间苗，生菜就会腐烂且无法结球。

生菜无法发芽是因为土壤温度太高。如果要在这样的土壤中种植生菜，种植前要将种子浸泡在水里并放置于冰箱中过夜。在种植生菜的过程中，要保证水分充足并用富含氮肥的肥料进行侧施肥。

洋葱

洋葱（*Allium cepa*）是一种很受欢迎、容易种植的蔬菜作物，在富含腐殖质的沙质土壤中长势最好。在重壤土中种植洋葱前，应该添加大量有机物。

洋葱属于寒季型作物，但可以在较大温度范围环境下进行种植，包括霜冻环境。在种植季的初期，温度较低并且水分充足时洋葱鳞茎长得最好。洋葱的种植可以从种子开始，也可以从移植植株和洋葱头开始。洋葱苗（有时被误认为青葱）可以很容易从种子中长出来，移植植株和洋葱头能让鳞茎成熟得更快。种植的间距是 8—10 厘米，也可以种得密一些，以便将每隔一株的洋葱拔出来做洋葱苗。在种植过程中，要保证定期灌溉，并使用平衡肥料进行侧施肥 1—2 次。

影响洋葱生长最主要的因素是光周期。只有当夜晚时长短于该品种临界光周期时，洋葱才会长出鳞茎。当洋葱播种后很快达到临界光周期时，植物长到正常大小之前就长出鳞茎，最后长出的鳞茎会很小；如果一直没有达到临界光周期，洋葱无法长出鳞茎。

为了避免出现上述鳞茎问题，要选择适合该地区的品种进行种植。在既可以种植冬季作物又可以种植夏季作物的地区，要针对不同的季节选择不同的品种进行种植，因为不同季节的夜晚时长不同。

洋葱可以在成熟期的所有阶段进行采收，取决于其用途。无论什么品种，幼嫩的洋葱，如洋葱苗和叶葱，在长出鳞茎前就可以采收。在此期间洋葱易腐烂，应该放置在冰箱中保存。对于成熟的洋葱，当需要的是它的鳞茎时，要选择耐储存的品种，洋葱要在菜园里一直生长到茎秆倒伏，这也是鳞茎成熟的标志。在挖出鳞茎后，将鳞茎上面的叶子剪掉 2—3 厘米。如果天气温暖，鳞茎应该被放置在室外晾干，或在温暖的室内被放置在板条箱或网格袋中进行干燥。干燥几周之后，将洋葱储存在凉爽阴暗的位置。

豌豆

豌豆（*Pisum sativum*）是一种寒季型园艺作物，在家中种植时可在食用前采摘，品质明显比买来的好。豌豆在低温环境且水分充足的情况下长势最好。它们能够耐受中等程度的霜冻，无法耐受高温。最好作为早春或深秋作物，在暖冬地区也可以作为冬季作物进行种植。在不利于豌豆生长的气候温暖的地区，应该选择种植“Wando”等耐热品种。

豌豆种子的播种间距为 2—3 厘米，不用间苗。常用的种植方法是双行播种相隔 20 厘米，并且两行使用同一行线绳格架进行整枝。

对豌豆的种植来说最重要的是定期灌溉，当豌豆成熟时要立即采摘以延长收获期。当作物长到 10—15 厘米高，建议使用平衡肥料进行侧施肥。

豌豆采收应该在豆荚变得丰满但没有变老前进行。不建议储存豌豆，但如果储存不可避免，建议储存在冰箱温度最低的位置。

青椒

青椒（*Capsicum annuum*）也称甜椒或辣椒。甜椒包括钟形、灯笼形、墨西哥馅料（阿纳海姆椒）和甜香蕉形。辣椒通常是有很多籽，呈锥形，有绿色、红色和黄色。当果实达到正常大小以及特定品种发生颜色特征变化时，甜椒可以随时采摘。灯笼椒长到正常大小没被采摘，它们最终会变成红色，可以食用，但不辣，有的人喜欢吃这种情况下采摘的辣椒。辣椒的采摘应该在果实长到正常大小且变成适当颜色时进行，也可以让其在植株上晾干以供冬季食用。但是，在果实成熟时采摘能够增加果实的总产量。

种植甜椒和辣椒的家庭园艺师常遇到的问题是异花授粉。青椒品种之间可以自由进行杂交，虽然果实保留其本身的味道，但是种子会具有两个亲本的特征。因此长在辣椒附近的甜椒种子应该在食用前除去。

另一个问题是坐果率较低，这通常与天气相关。过高的气温和潮湿多云的天气会影响坐果。

新鲜青椒应在冰箱中冷藏保存，保存时间在一个星期以上。青椒种植所需的土壤、气候和栽培方法等要求和茄子相同。

图 8.32 冰锥萝卜。照片由宾夕法尼亚州沃敏斯特市 W. Altee Burpee 公司提供

萝卜

萝卜（*Raphanus sativus*）是生长速度最快的蔬菜，21—30 天就能够长出可食用的根部。这类成熟较快的萝卜是球形红萝卜。第二种萝卜是中国萝卜，也叫冰锥萝卜、白萝卜，成熟时间虽然较长，但长出的根部较大，白色。球形萝卜适合在春天进行种植，当其长到正常可食用大小时进行采收，否则就会变老、变糠。在气候温暖的地区冰锥萝卜（图 8.32）是首选的秋季作物。

这两种萝卜都是寒季型作物，在温度低于 21℃时长势最好。在温度较高的条件下，它们容易长得过猛进而过早开花结籽。为了避免高温所致的生长缓慢及过早开花结籽，萝卜应该在早春进行播种。萌发后不久，应该对植株进行间苗，间距 2—3 厘米。建议每隔一周分几次播种，这样能够确保供应稳定。萝卜可以和韭菜、胡萝卜一起进行播种，也可以在其他作物的移植植株之间进行播种，因为萝卜成熟较快，可以在大规模作物成熟前进行收获。

夏南瓜

夏南瓜包括黄色长南瓜、黄色曲颈南瓜和意大利青瓜。详见瓜类蔬菜。

冬南瓜

笋瓜包括橡果形南瓜、胡桃南瓜、意面南瓜和厚皮南瓜。详见瓜类蔬菜。

番茄

番茄（*Solanum lycopersicum* 或 *Lycopersicon lycopersicum*）是最受欢迎的蔬菜。虽然番茄是多年生草本植物，但在菜园中被当作一年生蔬菜进行种植。番茄可以长成带有复叶和黄色花朵的分枝灌木或藤蔓植物。

番茄从分类上来说和茄子、青椒属于同一类植物，但比它们更容易种植。当番茄的果实完全成熟时味道最好。未熟的番茄可以用来腌菜或油炸。

番茄可以在排水良好的多种土壤类型中成功种植。但是，番茄不应该在同一个地方连续种植多年，因为这会增加枯萎病和线虫的危险性。番茄的最适土壤 pH 值是 6—6.8。

和青椒、茄子一样，番茄属于暖季型作物。为了更好地坐果，生长环境必须温暖，因为当夜晚温度低于 15℃或超过 27℃时无法释放出花粉。在夏季凉爽且霜期很短的地区，应该种植早熟品种，因为它们不仅成熟较快，并且在低温环境下长势更好。果实小的品种，如樱桃番茄，能够耐受的温度范围更广。

虽然番茄很容易从种子开始生长，但为了更早采收，番茄通常是从移植植株进行种植。植株的间距取决于所种植番茄的品种。确定品种的番茄被系在木桩上、长在番茄笼中，或让其沿着地面蔓生能够长成浓密丛生的植株。不确定的蔓生番茄品种生长时间较长，也需要支撑。

在种植前要使用平衡肥料，一个月后施用含氮侧边肥，此后要限制使用氮肥。当从移栽植株开始种植番茄时，底肥是必不可少的。

虽然有时主张家庭种植番茄时要进行修剪，但大多数专家认为修剪只会降低番茄产量并增加日灼病。暴露在阳光下的那一侧果实会出现脱色的情况。

芜菁

芜菁（*Brassica rapa*）是芸薹属的寒季型块根作物。虽然芜菁的根部是其主要食用部位，但它的叶子也是可以食用的；事实上，有些品种主要是叶用蔬菜。芜菁不易储存，应在采摘后立即食用。如果将芜菁的顶部去掉然后将其保存于阴冷潮湿的环境中，可以储存较长一点时间。当根部直径长到 5—8 厘米时可以采收。

在较轻或中等重量、富含有机物的土壤中，芜菁的长势最好。只要排水良好，几乎在所有土壤中芜菁都能够生长。在大部分地区芜菁可以作为春季或秋季作物进行种植；在暖冬地区可以作为冬季作物进行种植；在夏季炎热的地区，秋季种植最容易成功。

在菜园里利用种子种植芜菁发芽较快。幼株茁壮生长，需要进行间苗，当其 8 厘米高时，间距应在 8 厘米左右。如果只是获取叶子，不需要进行间苗。

在芜菁生长的过程中，应保证水分供应充足，并使用少量平衡肥料进行侧施肥 1—2 次，这有助于植物迅速生长并保护幼嫩的根部。

8.10　次要蔬菜

洋蓟

洋蓟通常指两种不同的植物：一种是菜蓟（*Cynara scolymus*），种植在无霜冻地区的柔嫩多年生植物；另一种是菊芋（*Helianthus tuberosus*），遍布美国和加拿大地区的耐寒多年生植物。

菜蓟　菜蓟是一种蓟形植物，植株较大，直径有 1.8 米。每年的春末夏初长出的大花蕾是菜蓟的食用部位（图 8.33）。

菜蓟最适合生长于冬季气候温和、夏季凉爽的地区。夏季多雾的加州海岸沿线地区是最佳地点。在夏季炎热的地区，菜蓟能够迅速长出革质花蕾并开放。在美国农业部植物耐寒区 1—7 区，洋蓟夏季种植在容器中，到了冬季移到室内来，或者在叶子死亡后将其挖出根冠，储存于潮湿的锯末中直到春季。在 8 区和 9 区，为了使根冠顺利过冬，人们通常还会用较厚的覆盖层加以保护。

图 8.33　一片菜蓟。照片由美国农业部提供

洋蓟通常是利用带有木质茎、根部和叶子的结构进行种植的。这一结构应该竖直地进行种植，使基部的叶子略低于土壤表面。在大多数地区，洋蓟最佳种植时间是冬末或早春。植物间距应在 1—1.2 米。底肥有利于洋蓟的种植。

洋蓟种植后，应提供充足的水分和氮肥。当长出花蕾时，在其开放之前应该采收，采收方式是切下低于花朵基部 1—3 厘米的茎部并在食用前放置在冰箱中保存。将洋蓟放入塑料袋中，然后再放于冰箱中最冷的位置，可以保存 2—3 周。

切下花蕾后，洋蓟的支撑茎就会枯萎，应该修剪使其健康生长。新芽会从基部萌发以供下一年采收。在冬季寒冷的地区，盛夏过后不应该再给洋蓟施用氮肥以增强其耐寒性。

菊芋　菊芋是一种向日葵，它的叶子粗糙多毛，植株高度可达 1.8 米。菊芋的可食用部位是地下块茎，主要在秋季大量成熟。在霜冻过后可以收获菊芋块茎，也可以在冬季将其留在地下，当需要时再将其挖出。收获后，在高湿和接近于零度的条件下块茎可以保存 2—5 个月。

菊芋可以在 2—9 区进行种植。但是，在寒冷地区生长的菊芋品质最好、产量最高。菊芋在排水良好的土壤中长势良好。菊芋在氮含量较低的土壤中产量最高，所以菊芋大多种植在菜园土壤最贫瘠的地方。

菊芋是利用块茎进行繁殖，可以从种子公司、苗圃及商店农产品部购买。块茎要在春季进行种植，种植深度是 8—13 厘米（深度不是关键），间距是 13—25 厘米。菊芋植株生命力很强，收获前一般不需要施肥或进行任何处理。

收获时，除了少数用于下一季的作物，所有块茎都要采收。如果将很多块茎留在地里，菊芋会出现杂草问题。

豇豆

豇豆（*Vigna unguiculata*）是暖季型作物，播种间距是5—10厘米，行间距是2米。弱酸性土壤最适合种植豇豆。豇豆与豆类植物相似，植株是笔直的，通常不需要整枝。但有些品种，如 *V. s. sesquipedalis* 是蔓生的，需要支撑，结出1米长的豆荚。当长出豆荚时就可以采收，豆荚长度是8—20厘米，颜色略黄，一定要在豆荚里面的种子干燥之前收获。

芹菜

旱芹（*Apium graveolens*）是家庭园艺最难种植的蔬菜，因为芹菜除偏爱富含有机物的土壤外，还需要时间很长的生长期和低温环境（18—21℃）。如果温度太高，芹菜就会变老，让人嚼不动；如果温度低于10℃且持续很久，芹菜就会在茎和叶发育之前过早开花结籽。

从移植植株开始的芹菜种植间距是25厘米，移植植株高度是8—10厘米。芹菜种子发芽需要3个星期，1个月后可以达到可移植大小。定期灌溉并经常使用含氮量高的肥料施肥能在最大程度上促进作物生长。从播种到收获预计需要5个月左右。

白化能够阻止光照射植物茎部并降低叶绿素含量。过去最常用的做法是在位置较低的茎周围堆土，这样能够遮挡阳光使其无法照射茎部。现在大多数园艺师不再白化芹菜，因为这样做会降低芹菜的营养成分，很多芹菜品种是天然白化的。

芹菜的收获方式是切下地面以上的植物部分或根据需要摘下个别茎秆。如果冷藏并保持湿润，芹菜可以保存几个星期。

白菜

白菜（*Brassica rapa*，Pekinensis Group），有时也称大白菜，是一年生寒季型作物，食用部位是叶子（图8.34）。大白菜的播种时间应该在早春或早秋，这样能够避免炎热天气使其开花。

当白菜幼苗长得过于茂密时，应该进行间苗使其间距为20厘米。然后单个进行采收。白菜是一种生长迅速的叶用蔬菜，在中华美食中很重要。根据叶形的不同有几种不同的种植类型。

图8.34 白菜。照片由宾夕法尼亚州沃敏斯特市W. Altee Burpee公司提供

擘蓝

擘蓝（*Brassica oleracea*，Gongylodes Group，图 8.35）与白菜不同，可食用部位是增大的茎。当甘蓝茎的直径达到 5—10 厘米时，可以进行采收。详见甘蓝类蔬菜的栽培内容。

图 8.35 擘蓝。照片由宾夕法尼亚州沃敏斯特市 W. Altee Burpee 公司提供

图 8.36 韭葱。照片由美国农业部提供

韭葱

南欧蒜（*Allium ampeloprasum*，图 8.36）是无鳞茎植物，比洋葱的味道温和一些，俗称韭葱。韭葱通常是从种子开始进行种植，需要温度较低、时间较长的生长期。白色的地下茎任何大小都可以食用。在植物周围堆土能够使茎部变白，这样生长出的可食用部分会更多。

芥菜

芥菜（*Brassica juncea*）是生长迅速的寒季型作物，可食用的部位是味道强烈的绿叶。早春芥菜种子可以直接播种，当叶子长到 8—10 厘米时，可以采摘单片叶子。尽早种植是很重要的，因为当天气变得温暖时，芥菜就会开花然后死亡。

秋葵

咖啡黄葵（*Abelmoschus esculentus*，图 8.37）

图 8.37 咖啡黄葵的花。照片来源 www.stevesphoto.org/

是一种生长快速的大型植物，俗称秋葵，可食用部位是种荚。为了生长得好，秋葵的生长需要较高的气温、排水良好的土壤和相对较长的生长期。秋葵的种荚在长到7.6厘米之前应该采摘下来。

防风草

欧防风（*Pastinaca sativa*，图8.38）的根部白色，胡萝卜形，味道很甜，与坚果很像。防风草是寒季型蔬菜，应该于早春较深地播种在翻耕土中，种植方式与胡萝卜一样。防风草的根部在任何大小时都可以收获，也可以留在地里以供冬季和春季食用。防风草种子保存时间很短，所以不建议储存陈种子。

图8.38 欧防风。照片由宾夕法尼亚州沃敏斯特市W. Altee Burpee公司提供

马铃薯

马铃薯（*Solanum tuberosum*）的食用部位是地下块茎，在大多数气候区都可以种植。但在夜晚凉爽的气候下种植的品质最好。

马铃薯通常从马铃薯种薯开始进行种植，种薯至少要含有一个芽眼或芽。只有无病的脱毒种薯才能用于种植。也可以选用从种子开始种植、8周后移植的品种。

新长出的马铃薯皮很薄，当植物开花、块茎还很小时，便可以收获未成熟的马铃薯。夏季挖出马铃薯后应该立即食用。如果马铃薯是储存到冬季食用的话，收获时间要推迟到秋季直到植物地上部分枯萎。

除非菜园空间很大，否则不推荐家庭菜园种植马铃薯。家庭种植的马铃薯与超市购买的品质没有明显区别，价格差别不大。此外，家庭种植马铃薯需要格外注意病虫害防治。

大黄

波叶大黄（*Rheum rhabarbarum*）是一种多年生蔬菜，食用部位是叶梗，味道较酸，有水果味。大黄能够在美国所有农业区种植。在春季种下一年或两年的根冠，下一年春季采收，每株植物要摘掉1—2片叶子。大黄的叶子不能食用，因为含有草酸并且有毒。

如果长出的花梗转移了植物营养生长所需的能量，就应该摘掉花梗。每年施肥1—2次就能够满足植物生长，成丛生长的植物团应该每隔4年分离一次。

蔓菁甘蓝

蔓菁甘蓝（*Brassica napus*，Napobrassica Group）的食用部位是很大的萝卜形根部，它的味道与萝卜类似。栽培方法也与萝卜类似。

沙拉用绿叶蔬菜

沙拉用绿叶蔬菜最近在餐馆和超市中很流

行。它们在生菜沙拉的基础上增添了颜色和其他的味道，很容易利用种子种植，大约 1 个月的时间就可以收获。幼嫩的菠菜叶、甜菜、甘蓝、唐莴苣和白菜都可以用于制作沙拉。这些蔬菜中的彩叶品种，成熟后食用味道更好，专门作为沙拉用绿叶蔬菜进行种植。

一些沙拉用绿叶蔬菜的混合种子与绿叶蔬菜和彩叶生菜的混合种子都可以购买到。春季，每周种植约 1.5 米长的沙拉用绿叶蔬菜栽植行，秋季开始降温后重新种植。在温暖的天气里沙拉用绿叶蔬菜会开花，此时应该将开出的花采收食用，然后将植物清除掉。

当植物长到 10—13 厘米高时，采收单片叶子或用剪子剪下顶部 5—8 厘米，然后让其再生，可收获更多的蔬菜。或者当植物长到 8 厘米高时整株切下，但只切下地上部分。采收叶子时要小心避免碰伤。

图 8.39 苦苣。照片由宾夕法尼亚州沃敏斯特市 W. Altee Burpee 公司提供

个性化需求

芝麻菜（*Eruca vesicaria* ssp. *sativa*）味道略苦，有刺激性气味。不适合在高温环境下种植。在炎热的天气里要种植在有部分遮阴的地方。

细叶芹（*Anthriscus cerefolium*）与欧芹属于同一类植物，有甘草的味道，在凉爽的季节里长势最好，一旦天气变得温暖，细叶芹就会开花。

家独行菜（*Lepidium sativum*）或旱地冬芥（*Barbarea verna*）等好几种植物都是使用同一个通用名（如山芥）进行销售的。它们与生长在溪流中的水芹不同，但都有辛辣的味道。

苦苣（*Cichorium endivia*）与菊苣（*Cichorium intybus*）是同一类植物，略带苦味。如果苦苣生长成熟（图 8.39），外叶遮住内叶使其变白。

菊苣有两种类型：一种是白色的，菜球紧密，呈火箭形；另一种是白色和红色，菜球是火箭形或白菜形。家庭园艺师通常喜欢在其长到正常菜球大小之前食用。

歧缬草（*Valerianella locusta*）植株长有 2 厘米宽、鲜绿色的小叶。它的味道和生菜很类似，但更浓一些，通常进行整株收获。

豆瓣菜（*Nasturtium officinale*）主要生长在溪流中，但在春季潮湿、中性土壤并且阳光充足的环境里也可以在菜园里种植。

豌豆和豆荚（*Pisum sativum* var. *macrocarpon*）

栽培方法与豆类植物相同。详见图 8.40 和图 8.41。

图 8.40 豌豆，也叫荷兰豆。照片由美国全国花园办公室提供

图 8.41 豆荚可食的“甜豌豆”。照片由美国全国花园办公室提供

菠菜

菠菜（*Spinacia oleracea*）是一种营养丰富的寒季型蔬菜，可食用部位是味道浓郁的叶子。在早春直接将菠菜播种在菜园里，在天气变热之前进行采收，因为在温暖的天气里植物会开花。

番薯

番薯（*Ipomoea batatas*）生长在天气温暖无霜冻的环境里，生长期为 120 天甚至更长。番薯需从移栽植株进行种植，间距是 0.6—0.7 米，当其达到可食用大小时收获。如果打算储存番薯在冬季食用，收获时间要向后延迟。直到霜冻致使地上部分枯萎，然后将根部挖出，在 30℃下风干处理 3 周，然后在 13℃的环境下储存。要小心保护好番薯的根部，避免碰伤，风干时要正确进行处理；否则，番薯无法很好地进行储存。

问题与讨论

1. 为什么在种植寒季型蔬菜时，本地无霜生长期的长度是非常重要的信息？
2. 列举 3 种常见的寒季型蔬菜和 3 种常见的暖季型蔬菜。
3. 最合适你所在区域种植的蔬菜品，这类信息最好的信息来源是什么？
4. 什么是连续种植？
5. 块植园艺的优势是什么？
6. 什么是间作？间作的原因是什么？
7. 在选购蔬菜移植植株的时候，应该注意哪些品质？
8. 为什么最好选择在多云或阴天移植蔬菜幼苗？
9. 植物周围长有杂草时，为什么植物长势不好？
10. 除了防治杂草，菜园覆膜还有什么好处？
11. 在较冷的气候里在菜园使用塑料地膜的好处是什么？
12. 什么是保温罩，它的功能是什么？
13. 为什么南瓜和甜瓜等大叶蔬菜在下午会出现暂时萎蔫的情况？
14. 列举需要整枝的 2 种蔬菜。
15. 为什么这两种需要整枝的蔬菜不能在地面上生长？
16. 绿肥是如何提高土壤肥力的？
17. 为什么豆类植物和豌豆类植物是很好的绿肥作物？
18. 与用竿支撑的豆类植物相比，丛生豆类植物有哪些优缺点？
19. 甘蓝类蔬菜都包括哪些？
20. 如果甜玉米与玉米或爆米花玉米种植地很近时会发生什么情况？
21. 冬南瓜和夏南瓜的区别是什么？
22. 列举 3 种从移栽植株开始种植的蔬菜。
23. 为了收获青葱和鳞茎洋葱，应该种植相同种类的洋葱吗？
24. 列举3种在霜冻过去之前能够在室外种植的蔬菜。
25. 如果你生活在夏季凉爽的地区，应该选择哪种番茄品种进行种植？
26. 北美地区主要种植的 3 种蔬菜作物是什么？
27. 在商业化蔬菜生产中，为什么说除去田间热是蔬菜收获后的重要步骤？
28. 在商业化蔬菜生产中，使用抗干燥蜡的目的是什么？

参考文献

Bush-Brown, J., L. Bush-Brown, and H.S. Irwin. 1996. *America's Garden Book*. Rev. ed. New York: Macmillan USA.

Crockett, J.U. 1977. *Crockett's Victory Garden*. Boston: Little, Brown.

Fell, D. 1996. *Vegetable Gardening with Derek Fell: Practical Advice and Personal Favorites from the Best-selling Author and Television Show Host*. New York: Friedman/Fairfax.

Maynard, D.N., G.J. Hochmuth, and J.E. Knott. 1997. *Knott's Handbook for Vegetable Growers*. 4th ed. New York: Wiley.

Pleasant, B., and K.L. Smith. 1999. *Ortho's All About Vegetables*. Des Moines, Iowa: Meredith Books.

Salunkhe, D.K., and S.S. Kadam. 1998. *Handbook of Vegetable Science & Technology: Production, Composition, Storage, and Processing*. New York: Marcel Dekker.

Swiader, J.M., and G.W. Ware. 2002. *Producing Vegetable Crops*. 5th ed. Danville, Ill.: Interstate Publishers.

第 9 章

果树和坚果树的种植

学习目标

- 规划 1 个适应当地气候的景观，包括 2 种果树和 1 种坚果树。
- 选择 1 个适合做果园的区域并证明选址的正确性。
- 说出在选择树种和品种时需要重点考虑的 5 个因素。
- 区分矮生果树、半矮生果树和标准规格果树。
- 绘制两种形式的树墙。
- 区分修剪成中央领导干形、截断中央领导干形和瓶形的树木。
- 列举 5 种可能导致果树不结果的原因。

照片由美国农业部提供

栽培树木的目的是获得果实和种子，这些果实绝大多数属于水果或坚果。在日常生活中，我们通常会把“水果”和“甜”这两个词联系在一起，但也有少数不甜的水果，如长在树上的鳄梨和橄榄，在园艺学上它们也被归类为水果。

种植果树和坚果树时，树种的选择和种植的数量取决于很多因素。

气候 冬季的最低气温、夏季的平均气温和日照长度决定了能够种植哪些物种和品种。有些树种，如鳄梨和柑橘类属于亚热带植物，耐受的温度在 -2℃以上。其他的树种，如酸樱桃，能够适应冬季和夏季温差较大的气候。不经历寒冷的冬季这些树种无法存活，在暖冬地区它们无法结果，甚至会死亡。

在温带地区，春季霜冻突袭还会导致一些开花较早的果树出现问题。杏树尤为脆弱，因为它们花期较早。

夏季气温和日照长度也会影响某些果树的生长能力。在有些年份里，植物无法获得足够的热量，水果无法正常成熟并形成糖分，生长期持续的时间不够长，水果无法发育完全。

房产规模 房产规模也决定着种植多少果树和坚果树。房产规模较小的所有者通常会把果树和坚果树整合到景观区域来代替观赏树木。还有一部分所有者会使用只有约 2.4 米矮生品种。虽然大多数果树可以采用这种解决方法，但目前还没有矮生类型的坚果树。

预期养护时间 尽管有些树种几乎没有病虫害问题，但苹果等树种除了需要每年修剪和施肥，还需要每隔一周喷药一次。要充分考虑到树木养护需要投入大量的时间。

9.1 选址

一处房产可能有多个种植果树和坚果树的备选地点。在确定选址时，要充分考虑到下列条件（按重要程度排序）。

土壤排水情况

只有少数植物能够生长在排水较差的土壤中，树木也不例外。土壤中的水分必须能够迅速排空，让空气渗透到根部。如果不是上述情况或者植物根部放入湿土中很长一段时间的话，植物将会死亡。核果类果树（果核单个，坚硬，如樱桃、李、桃、油桃）最容易受到排水不良的影响。

充足的光照

为了结出更多的果实并使其成熟，果树应该接受尽可能多的光照。对果树栽培来说，平均每天 6 小时的直射光是最低要求。虽然阳光充足的地点适合种植坚果树并会促进其生长，但阳光对坚果树而言并不像对果树那么重要。坚果树的植株高大，能够争夺光照，而较矮的

图 9.1 景观中用来作为屏障的果树。图片由贝瑟尼提供

果树不会。

地面坡度和光照

在除了热带和亚热带气候的其他所有气候里，果树和坚果树理想的种植位置是在斜坡的上部，这样在一定程度上能够预防冻害。正如第4章介绍的那样，冷空气向下流动，这使斜坡较高位置的温度稍高一些。这个温度差能够防止霜冻冻死当季的作物。除非是不可避免的，树木不应该被种植在较低的位置或斜坡的底部，平地更好。

斜坡的理想朝向取决于天气状况。春季南向斜坡暖和得早一些，树木生长得更快一些。但这也意味着树木比较柔弱，容易遭受春末霜冻。因此，在容易遭受春冻的地区可以考虑将树木种植在北向斜坡，而南向斜坡对完全或几乎没有霜冻的地区来说是最好的。对于夏季温度过低导致果实无法成熟的地区来说，南向斜坡较合适，因为南向斜坡整天都能接受到光照，温度较高。

图 9.2 做成墙树的梨树。照片由作者提供

9.2 为景观种植树木

在小型房产中，主人可能不会留出独立的果园区域，而是将果树和坚果树融于景观设计中。根据空间的个性化特征，树木将会以不同的形式呈现。以下建议或许对规划有帮助：

1. 用坚果树代替落叶庭荫树。因为坚果树体型大，能很好地代替庭荫树。即使花朵不显眼，它们中的大多数也可以带来赏心悦目的秋色。同样，大型果树也可以作为漂亮的庭荫树。然而，如果喷洒农药是养护计划中必不可少的环节，对于一棵大树来说，这项工作将面临更大的挑战。

2. 将矮生树作为屏障。3棵或更多的矮生树紧密相连地种植在一起（间隔为1.8—2.4米），最终会长成一道屏障。若将植物错开成两行（图9.1），可以更快地打造出屏障效果，而不会显得拥挤。

3. 使用矮生果树作为庭院树。果树观赏性强，到了春天会开出美丽的花朵，然后结出果子。矮生果树可以作为谈资，但如果需要遮阳的话，应该种植半矮生果树。

4. 为果树支棚架。使用被称为“墙树”（图9.2）的这种方法，可以在最小的院子里种上数棵矮生果树。这些树仍然会结出一定数量的果实，尽管在数量上会逊色于常规形态的果树。

9.3 选树

在挑选一种观赏植物时，也许会考虑它的花朵是否美丽出众，或者在秋天是否能呈现出丰富的景色，但这两者都不是打造"完美景观"的关键。为了让果树和坚果树健康生长，选择合适的栽培品种是非常重要的。错误的品种会导致失败，所以必须仔细选择——不仅要阅读苗圃目录说明，还要阅读政府合作推广服务部的出版物，以获取该地区最佳栽培品种信息。在做决定时要注意以下信息：

除非你住在一个专门种植果树和坚果树的苗圃附近，不然最好从能邮递的苗圃中获得。有几家公司专门经营果树和坚果树，并提供各种树种的栽培品种。在本章末尾的"参考文献"中列出了部分公司的信息。

耐寒性

有些果树品种是为在南方生长而培育的，而同一物种的其他品种是为在北方生长而培育的。一种南方桃子可能无法在北方的冬天存活，更不用说结出预期大小和质量的果实了。

所需果实成熟期

在寒冷气候条件下培育的水果品种比在夏季较长的温暖气候条件下培育的水果品种成熟得更快。应当选择能够在无霜期内成熟的品种（第8章）。此外，号称成熟得非常早的水果品种在质量上往往不如成熟得较晚的品种。

抗病性

选择抗病品种能够节省喷洒抗真菌和细菌所引起病害的药剂的劳动力。例如可以购买具有抗疮痂病、抗梨火疫病、抗水锈病（3种常见植物病害）的苹果品种。板栗对栗疫病具有免疫能力，而美洲栗易受栗疫病影响，如今在美国只有少量美洲栗存活。

果实用途

一些水果品种主要是用来鲜食；而另一些水果品种（最初培育用于商业果园）最适合用于制作水果干和罐头，如梅干品种和鲜食梅子品种。为了进行加工而培育出的所有水果都能够鲜食，当然，其品质与鲜食品种相比要差一些。

水果的外观

水果的外观包括果实的大小、颜色和形状。与红色的苹果相比，很多园艺师更喜欢黄色的苹果或果实很大的品种。但水果外观不及耐寒性、抗病性、成熟期和产量等其他因素重要。

授粉要求

很多果树和坚果树都需要与另一个品种进行异花授粉（对于坚果树而言，需要异性树才能结出果实）。很多种植者未能认识到授粉要求的多样性，所以他们虽然能够成功种植树木很多年，却无法获得收成。

9.4 矮生果树

坚果树只能购买到标准（正常）规格，但大多数果树有 3 种规格：标准、半矮生和矮生。标准树能够生长到该种的正常大小，大多数情况下植株较高大。虽然标准苹果树的标准宽度和高度都是 6—8 米，但有的能长到 10 米宽、10 米高。

半矮生树的高度是 3—5 米，矮生树的高度是 1.5—4 米。由于多方面原因，家庭园艺爱好者所购买到的果树大部分是半矮生和矮生的。首先是因为它们的采摘、修剪和喷药工作更容易，通常不需要梯子就可以完成。矮生树也能更早结果。种植标准树平均 5—6 年才能结出果实，但矮生树在种植的第 2 年就能结果，有的甚至在第 1 年就能结出少量水果。与标准树相比，矮生树和半矮生树占用的空间较少，土地空间有限的房主能够种植更多的水果种类和品种。

树木矮化的方法有两种。最常见的方法是嫁接到矮化砧木上，这样能够阻止该品种长到正常大小。嫁接果树结合了一个品种的矮生特征和另一个品种果实优异的特征，得到的植株表现出了两者的理想性状。

有时嫁接需要 3 个品种：砧木、接穗和中间砧（图 9.3）。当砧木和接穗不能嫁接在一起，又都能与中间砧嫁接时，就需要使用中间砧。使用中间砧嫁接也能将优化结果（接穗）、矮化（中间砧）及生命力强的根系（砧木）这 3 个优点结合起来。很多苗圃使用这一技术来避免很多矮化砧木天然具有的根系较差的问题。

树木矮化的第 2 种方法是遗传矮化，结果树木的基因组成决定了它的植株矮小，而不是通过矮化砧木。不过，遗传矮化的树木也经常被嫁接。将遗传矮化的树木嫁接到根系生命力强并具有抗病性的砧木上，有助于树木获得这些特性。

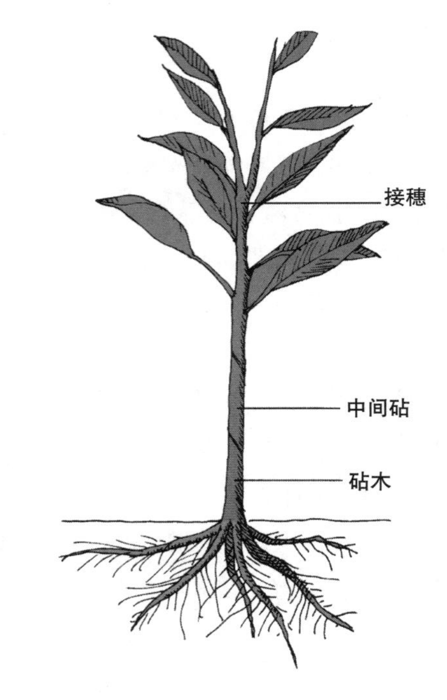

图 9.3 嫁接在砧木和接穗之间的中间砧

9.5 果树和坚果树的种植

果树和坚果树的种植方法与观赏树木的种植方法相同。落叶树在秋季或春季出售，通常是无叶裸根的。橄榄、柑橘和鳄梨等常绿树通常带有塑料套桶等容器出售，全年所有季节都可以进行种植。

种植时挖的洞必须足够大且足够深，能容纳整个根系。将植株放入洞内后，应该用之前移除的表层土重新填满。可以添加泥煤苔或堆肥等有机物，但这并不是必需的。

然后很重要的一步是浇透水。

大多数果树和坚果树都是嫁接的，将嫁接接合处置于地面以上是很重要的（图 9.4）。这个位置对保留砧木的特殊性状来说是必要的。

图 9.4 果树的嫁接接合部。照片由里克·史密斯提供

例如，砧木可能具有抗病性或导致植株顶部矮化而不能长成正常大小，如果接穗（顶端部分）与土壤接触，就会长出自身的根部，从而失去预期的砧木性状。

在种植后的第 1 年或第 2 年植物的根部长到足够大能够固定整株树木之前，为了支撑果树和坚果树，需要打桩进行支撑。很多矮生品种的根部是很浅的须根，因此最好使用永久性的木桩或棚架来防止树木被风吹倒。通常的做法是将一个短木桩紧挨着树干进行固定。应该使用包有胶带或碎布的金属线将木桩与树木绑在一起，避免缠绕树干时金属线或绳子摩擦损伤树皮。

果树和坚果树在运输前或种植后要进行修剪，具体方法会在“修剪”一节中进行介绍。

9.6 树木的养护

灌溉

灌溉果树和坚果树要因种而异。如橄榄树的耐旱性很好，适合种植在干旱的气候里；而其他大多数果树和坚果树只有在有规律的降雨或灌溉的情况下才能结出最好的果实。

一般情况下，一株新种植的树木在种植的第 1 年内应该每 1—2 周彻底灌溉 1 次。在接下来的几年降低灌溉的频率至每 3 周 1 次，主要根据土壤的保水力和自然降雨量的具体情况而定。

使用滴灌系统（详见第 13 章）进行灌溉既节约水又节省劳动力。很多商业化果园都在使用滴灌系统，因此，特别建议家庭使用这些系统。

施肥

树木通常每年都要进行预防性施肥，而不是当树木明显表现出营养缺乏症状时才进行施肥。不进行季节性土壤测试，就无法确定所需肥料的准确用量，每年施肥是为了防止可能的营养缺乏。

施肥的方法包括第 6 章介绍的钻孔法和表面追肥法。当树下的土地布满草和地被植物时，施肥会使它们受到损害，此时适用钻孔法。

一般建议在春季植物生长开始之前或刚开始生长时施用指定的颗粒型肥料。大约每 2.5 厘米的树干直径需要 1/2 杯（120 毫升）的氮肥，足以保证为植物提供充足的养料。第 2 次施肥的时间是仲夏。

施用微量元素肥料的作用是防止生长在碱性土壤中的柑橘树和山核桃树缺铁和缺锌。应该反复进行叶面施肥或土壤施肥，直到叶子呈现健康的绿色。

修剪

柑橘、橄榄和鳄梨等果树不需要通过修剪来改变树形。大多数坚果树也不需要修剪，很多坚果树在生长了几年之后因为植株太高而无法对其进行修剪。但是，需要对大多数落叶果树进行修剪。

3 种主要的修剪形状是中央领导干形、瓶形和截断中央领导干形。树墙形整枝不太常用。修剪的样式主要取决于树种，有的树种比其他树种更能适应某种树形。就一般情况而论，修剪的目的是使果树的长势恰到好处，使树枝更加强壮，能够支撑果实的重量而不被折断。

中央领导干形 中央领导干形（图 9.5［a］）适用于大多数坚果树、甜樱桃树，偶尔也适用于苹果树和梨树。如有必要，修剪从定植阶段就开始进行，挑选中央领导干和间隔较大的、排列在树干周围及下部的骨干枝。图 9.5（a）所示的是修剪成中央领导干形的幼树。几年后要修剪除去砧木的徒长枝（图 9.6）和树干生出的竞争枝。

瓶形 瓶形又被称为开心形，允许从较矮的树干（0.3—0.6 米）长出 2—5 个骨干枝。这些树枝都是从树干上相近的位置生长出来的，中央领导干成为一个侧枝。

瓶形树（图 9.5［b］）在种植后直接被修剪成最终的形态，方法是选取树上位置最低、最强壮的分枝。瓶形修剪打开了树的中心位置，能够让光照射进来，促进结果，并使结果的枝条较低，便于采摘。瓶形修剪较常用于桃树、杏树和油桃树。

截断中央领导干形 对于截断中央领导干形（图 9.5［c］）来说，首先要将树木培育成中央领导干形，这需要 2—3 年的时间。接下来将中央领导干在一个强壮的侧枝处截断，留下 3—5 个骨干枝。没有了中央领导干，侧枝会长得更强壮、更长，树的高度也会得到控制。截断中央领导干形适用于苹果树、梨树、

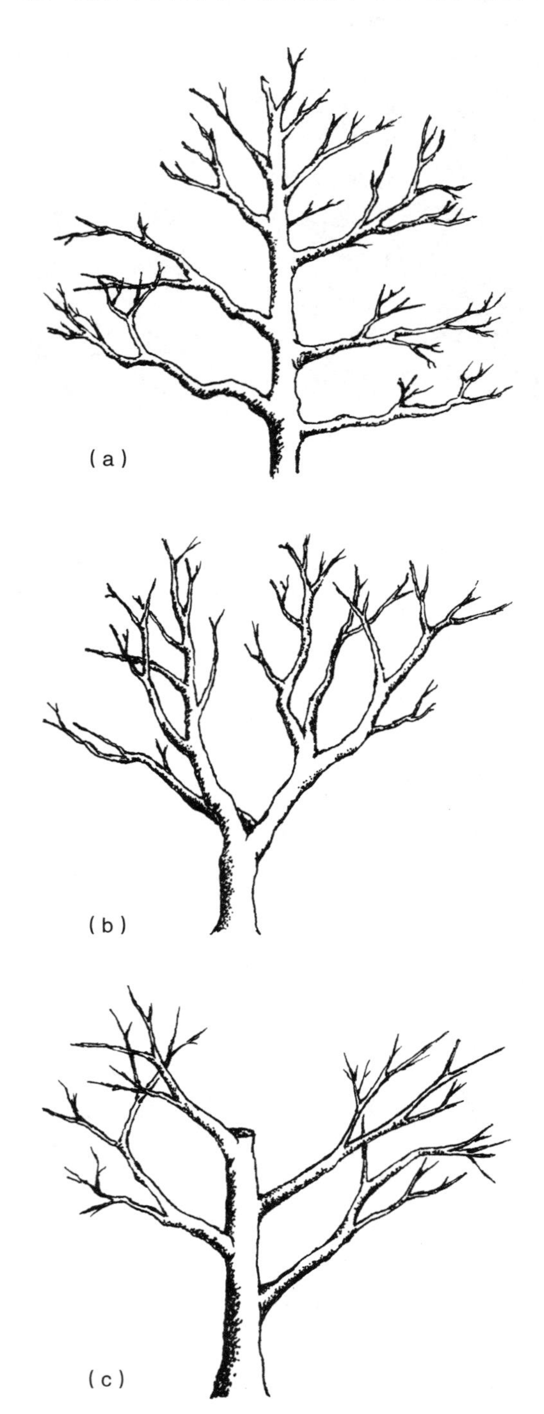

图 9.5 果树修剪形状，(a) 中央领导干形，(b) 瓶形，(c) 截断中央领导干形。图片由贝瑟尼提供

图 9.6 除去果树基部的徒长枝。照片由作者提供

李树和酸樱桃树。

树墙形 树墙有很多形式（图 9.7），整枝应该在开始种植后尽快进行。整枝包括修剪、弯曲和绑枝，树木成熟后会形成一个对称的形状。

虽然树墙形果树不像用传统修剪法修剪的果树那样能结出那么大的果实，但相对它们所占用的空间而言，果实的数量是可以接受的。苹果树和梨树适合进行树墙形整枝。对于桃树和李树很难进行树墙形整枝，但也有可能完成。樱桃树和坚果树不应该进行树墙形整枝，因为它们的产量会因此而严重减少。

整枝

树木整枝的主要方法是修剪，一些其他的辅助方法也有助于实现预期的树形。很多果树的枝条是向上生长，而不是向外生长，树枝间的角度很小，这样的分枝处被称为树杈。树枝不断变长，会给树杈施加压力，在下雪和载果时树杈会变得不牢固，有裂开的倾向。当树木幼小且易弯曲时，通过两种整枝的方法能够使树枝形成较宽的丫杈。

拉枝（图 9.8）是将易弯曲的幼枝向下弯曲并将其系在地面的木桩上。应该将树枝绑住 1—2 个生长季，经常进行检查，确保树木没有受伤。除去绑绳后，树枝会向外生长而不是向上生长。

开角（图 9.9）是使用叉状的或尖头带钉的木片紧紧地楔入幼枝与树干间，使树杈的角

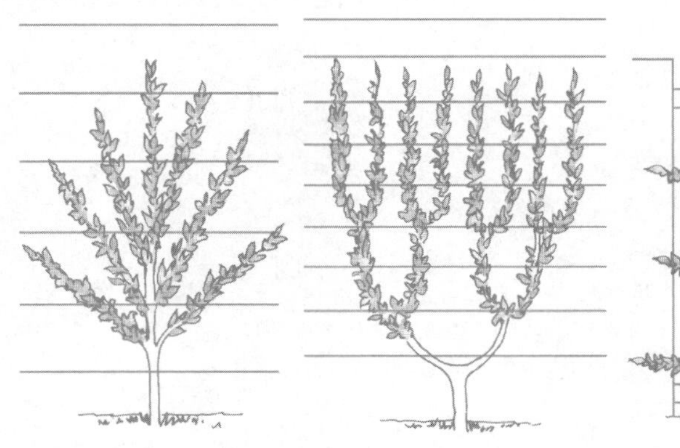
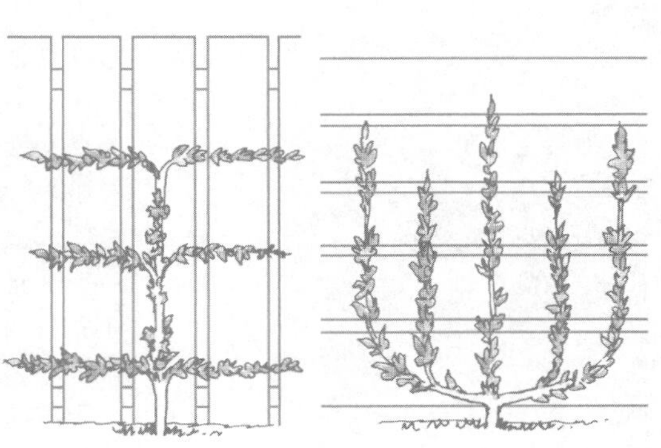
图 9.7 树墙形整枝示例

图 9.8 将果树的树枝系到地面上促进形成较宽的丫杈。图片由贝瑟尼提供

度变大。与拉枝一样，开角也要固定树枝 1—2 个生长季，促使树杈保持打开的状态。

疏果

疏果是指当树上的果实还很小时，除去一部分果实。很多落叶果树（不包括坚果树）结出的果实数量很多，但不一定都能够完全成

图 9.9 放置在果树合适位置的开角木片。照片由里克·史密斯提供

熟。如果不疏果，果实会比正常大小要小且颜色不佳。此外，载果过多会使果树变弱。果树可能每隔一年结果一次，不结果的年份能够帮助果树恢复活力。因为大多数园艺师都希望果树每年结果，疏果的好处就显而易见了。

当果实的直径达到 13—20 毫米，幼嫩的果实自然下落后就应该疏果。扭转果实能够快速又简单地除去它们。

留在树上的果实数量取决于树种。表 9.1 列出了在中度载果量的情况下，同一个枝条上果实的大概间距。在实践中，果实并不是均匀地分隔开，而是在强壮的枝条上紧挨着，在较

表 9.1 常见水果疏果后的建议载果量

树种	果实的间距
苹果	15—20 厘米
杏	4—5 厘米
鳄梨	不需要疏果
樱桃	不需要疏果
柑橘、无花果、桑葚	不需要疏果
油桃、橄榄	10—13 厘米
桃	早熟品种 15—20 厘米，晚熟品种 10—13 厘米
梨	不需要疏果，但为了增大果实可以疏果
柿子	不需要疏果
欧洲李	不需要疏果
日本李	5—10 厘米

弱的枝条上相距很远。间距准则并不是绝对的，只能用于参考。不管它们在同一个枝条上的相对间距如何，都应将最大、最好的果实留在树上。

如果园艺师的果园很大，那么人工手动疏果是不切实际的。在这种情况下，果树开花后不久要立即使用激素进行疏果。具体的操作建议园艺师咨询所在地区的合作推广代理。

9.7　整修疏于管理的果树

房龄较大的房子通常会同时附带至少一棵疏于管理的果树。这些果树通常开花稀少，结出的果实很小而且品质较差。这些果树有的树枝坏死，有的患病。

是否保留这些果树可以自行决定。这些果树结出的果实品质虽然无法像新品种果树那样好，但如果精心养护这些果树，所结果实的品质能够提高到可以接受的程度。这些果树的价值在于它们能够制造树荫并能开出美丽的花朵，因此从这个角度来说，整修是值得的。

为了避免刺激徒长枝过度生长，应该每隔 3 年以上对树木进行修剪。第一次修剪应该除掉枯枝、徒长枝和一些交叉枝（详见第 13 章修剪规范）。秋季掉落的树叶和果实是病害传染源，应该及时清除这些树叶和果实，并进行病虫害防治。

在接下来的两个生长季，为了打开树的中心位置，要逐渐除去多余的树枝，使更多的光照射进来，提高果实的产量。修剪完成之前可以不用施肥，但如果果树表现出了营养缺乏症状就应该立即施肥。

9.8　不结果

果树不结果可能是由下面一个或几个因素影响的结果。

树龄

果树第一次结果时的树龄因种而异。大多数矮生果树和半矮生果树在种植后的第 3 年或第 4 年就能结果。

授粉问题

大多数果树和坚果树必须经过授粉和受精作用才能坐果，但脐橙、柿子和有些无花果和梨树除外。这些果树能单性结实，也就是说不经过受精作用就能够结果。

其余的果树都需要授粉（自花授粉或异花授粉）。大多数坚果树都自花授粉，其中大部分会在同一棵树上分别长出雌花和雄花并利用风媒进行传粉。自花授粉也见于少数果树，但大多数果树无法自花授粉，这也被称为自交不亲和。为了让果树结果，要与另一棵正在开花的亲和品种进行异花授粉。

自交不亲和的原因主要有以下几点：

1. 花粉与雌蕊部分不亲和。这就好比过敏反应一样，花粉粒与同一株植物的雌蕊部分接触时就会无法正常行使功能。花粉可能无法生长或生长至卵细胞的速度慢，但这些花粉与其他品种接触就能够正常行使功能。

2. 花粉无活性。即花粉不能萌发。

3. 花粉和雌蕊部分无法同时成熟。在雌蕊部分过了可接受花粉阶段之后或达到可接受花粉阶段之前，花粉散落。

4. 雌雄异株。对枣椰树等少数果树来说，雌花和雄花分别开在不同的果树上。这种果树不会产生可供自花授粉的花粉。

总之，成功种植果树的前提是这些果树能够和亲和品种同时开花并进行异花授粉，所以在选购树种时应该认真考虑这一点。

冬季低温不足

在暖冬气候里，冬季气温不够低，无法提供足够长的低温时间，会导致果树无法开出足量的花朵。开花的数量会减少，开花的时间会不定时。落叶果树和坚果树最容易受到这种情况的影响。

光照不足

光照不足的树木长得会很茂盛，但开出的花朵和结出的果实会较少。

授粉期出现霜冻和降雨

这两种天气状况会影响植物开花并限制蜜蜂活动。因此，植物无法坐果。

9.9　商业化水果生产

种植

高密度的果树种植能够使每公顷的产量最大化，也是梨、李、甜樱桃，特别是苹果等水果商业化生产最流行的方法。以前，标准果树种植的间距较宽，这样在树冠彼此接触之前有足够的空间让果树生长发育成标准大小。然而，这种做法会使果树成熟时留下大量的土地很长时间没有被树叶覆盖。因此，由于这个休息期，多年来每公顷的生产成本很高。最近，以前只用于家庭种植的矮化砧木新品种已经被用于商业化生产。

支持这一种植技术的主要概念是每公顷果树树冠面积（果枝部位占据的叶面积）与果园产量（用来衡量水果的采收量）之间的关系。形成树冠的速度与果实产量密切相关，因此也与收益密切相关。换句话说，在相同时间内树冠生长形成的面积越大，利用光合作用的效率就越高，种植者就会越早得到收益。在大多数情况下，虽然考虑到增加种植区域内果树的数量会增加生产成本，但采用这种密集种植技术对种植者来说仍然具有经济上的优势。

使用矮化砧木，密集种植梨树和苹果树的果园种植密度是每公顷 2 000 棵树及以上（通常行间距是 3.5 米，行内间距是 1.5 米）。果树的高度一般不会超过 2.5 米，所以采摘劳动力成本会大幅降低。

这类果树的特点是节间短，枝叶茂密。有时它们是柱形的，甚至还有使用垂枝形桃树进行高密度种植的实验。

在某些情况下，高密度种植方法的缺点是果树无法承受较大的载果量并会出现树枝断裂的情况。必须使用搭格架或其他整枝方法来支撑树枝。虽然这是额外的成本，但早期高产量所增加的利润还是足以覆盖这部分成本的。

灌溉

灌溉系统的选择取决于对作物的需水量的了解和水、植物、土壤间关系的基本了解，这部分内容在第 6 章已经进行了介绍。

在生长季里作物的需水量是会变化的，因为在果实发育、成熟和开花的阶段植物所需的水分较多。在这些关键的“需水量峰值”或土壤中含水量低于最佳值时，如果不及时灌溉，作物的产量和品质会因此降低。

对果树来说，微灌和滴灌是土壤供水的首选方法，在节约用水和节约能源这两个方面效果显著。因为水分在低压下直接灌溉到土壤中，所以没有蒸发散失。在含有大量黏土的土壤中，水在土壤中横向流动的速度比向下流动的速度要快。在壤土中，水在土壤中横向流动的速度与向下流动的速度相同，几乎是以环状使土壤变湿。但在沙土中，水在土壤中横向流动的速度比向下流动的速度要慢。因此，必须考虑到土壤湿润的模式，以确定灌溉湿润整个根系需要多长时间。

为了建立一个滴灌系统，种植者需要很多组件。

1. 滴灌源。如滴灌带、渗水管、连着点源滴头的厚壁滴灌线等是至关重要的组件。流速与压力相关，因塑料厚度的不同而变化。在果园里，塑料厚度也会影响滴灌源的耐用性和使用寿命。25 密耳厚（1 密耳等于 1/1000 英寸，使用年限长达 25 年）是正常标准。如果厚壁滴灌线与点源滴头一起使用，水管的直径将取决于水需要流动的距离。直径较小的水管适用于那些水不需要流到很远就能到达所有树木的果园，直径较大的水管适用于流动距离较远的情况。

2. 点源滴头。点源滴头实际上是排放水的小型塑料设备，负责将水分配给果树（图 9.10）。通常情况下，这些点源滴头的间距是 30 厘米，但在沙壤土中，放置的距离要更近一些。同样，对于高大的多年生作物来说，一棵树需要不止一个点源滴头。

3. 滤水器。滤水器可以用于确保没有土壤及其他颗粒进入水管中。并不是所有的水源都适合进行滴灌。水中的固体物质会影响灌溉系统的功能，因为较多的固体物质会堵塞滴头。当使用商业供水和地下水时，150 目的不锈钢滤网足以除去那些堵塞系统的颗粒。

图 9.10 用于滴灌系统中的微型洒水喷头。照片由纽约沃特敦 Chapin Watermatics 公司提供

4. 滤砂器。当使用慢速流动或池塘水等不流动的地表水进行灌溉时，最好使用滤砂器。滤砂器后面还需要一个网式过滤器。不论选择何种滤砂器，都要采用冲洗滤砂器的方式进行清洗。

5. 水泵、压力调节器和阀门。一个合格的灌溉设计师应该根据坡度、面积和土壤类型等因素选择合适尺寸的水泵及其他部件，并根据流速确定滴灌源的间距。

施肥

详见第 6 章。

病虫害防治

详见第 7 章。

9.10 常见作物及其生长要求

扁桃（*Prunus amygdalus* var. *dulcis*）

扁桃树的种植区域主要分布在美国农业部植物耐寒区第7—9区和西部各州。在较寒冷的地区种植的主要问题不是冬季最低气温，而是提前进入花期，这会阻碍花朵授粉，有时还会在花期出现霜冻。东部地区的春雨和高湿也会阻碍授粉及在该气候条件下的坚果生产。由于冬季低温不足，在美国农业部植物耐寒区第10—11区无法种植扁桃。

扁桃树的高度通常是6—9米。扁桃树应该被修剪成截断中央领导干形或瓶形，在种植后的第3—4年能够结果。扁桃树几乎都是异花授粉。

扁桃仁包裹在一个桃形的外壳里。秋季外壳裂开，成熟的坚果从壳里掉落到地上。

苹果（*Malus pumila* descendants）

苹果树的种植区域主要分布在美国的第4—9区。在第9区要选择种植特殊的热带品种，因为苹果有低温需求。大多数苹果树是自花授粉的，可购买到矮生、半矮生和标准规格。

为了使枝干获得最大的强度，苹果树应当被修剪成截断中央领导干形。矮生苹果在种植后的第一年或第二年就能结果。

苹果树非常容易受到病虫害的影响，为了收获品相好的苹果，必须定期喷药。不过，选择种植抗病品种能够使病害的影响降到最低。

杏（*Prunus armeniaca*）

和苹果树一样，杏树也需要冬季低温。杏树的种植区域主要分布在美国的第5—8区及第9区的部分地区。杏树不需要进行异花授粉，可购买到半矮生和标准规格。杏树在种植后的第1—2年就能结果，是最有观赏价值的果树之一。但是杏树的花期较早，会遭受霜冻害。

杏树可以被修剪成中央领导干形和瓶形，为了限制杏树的高度，促进树叶伸展每年都应该进行修剪。

鳄梨（*Persea americana*）

鳄梨树是亚热带和热带植物（第9—11区），仅能耐受最低-7℃—-5℃的温度。鳄梨树的叶子深绿色、常绿、圆形，使得该树种具有很高的观赏价值。

鳄梨分为三大类群：危地马拉鳄梨，果实较大；西印度群岛鳄梨，果实很大，但更具热带特征；墨西哥鳄梨，更耐寒，但果实较小。虽然大多数鳄梨树品种都是标准规格，但“Holiday”和“Little Cado”品种是矮生的。根据不同的品种，成熟鳄梨树的高度范围是10—20米，宽度也是一样的。鳄梨树倾向于每两年结果一次，虽然异花授粉并不是必需的，但会提高坐果率。根据鳄梨树品种的授粉需求的不同将其分成A和B两个组，为了达到最佳种植效果每组各选择一棵树进行授粉。

鳄梨树几乎不需要进行修剪。鳄梨树的花期根据品种不同从冬季一直持续到春季，7—12个月后果实会成熟。从种植开始到第一次坐果平均需要3年的时间。

樱桃（*Prunus avium* and *P. cerasus*）

欧洲甜樱桃（*Prunus avium*）主要用来鲜食，而欧洲酸樱桃（*Prunus cerasus*）主要用于做馅饼和其他烹饪用途。两种樱桃都有低温需求。甜樱桃树能够种植在第5—7区；酸樱桃树的耐寒性更好，能够在第4区存活。

甜樱桃树和酸樱桃树都能购买到矮生、半矮生和标准规格。虽然酸樱桃树不需要异花授粉就能结出果实，但甜樱桃树有非常特殊的授粉需求，必须从很多能买到的甜樱桃树品种中认真挑选亲和品种。

甜樱桃树应该被修剪成截断中央领导干形，酸樱桃树应该被修剪成截断中央领导干形和瓶形。

栗（*Castanea mollissima*）

最早在美国种植的食用板栗品种是美洲栗。但在1900年代早期，枯萎病导致几乎所有的美洲栗死亡，现在板栗是主流品种。这种具有枯萎病抗性的栗树种植在第4—8区，平均树高12—15米。

板栗树不需要异花授粉就能够坐果，但如果用附近的另一棵树授粉，坐果率会更高。如果从种子开始进行种植，5—8年后板栗树就能结果；如果从嫁接植株开始进行种植，2年后板栗树就能结果。板栗容易腐烂，为防干燥应该用塑料袋将其装起来，再放置在冰箱里冷藏保存。

柑橘类（*Citrus* spp., *Fortunella* spp.）

所有的柑橘类果树都是常绿灌木或乔木，适合种植在第9区和第10区。金橘等少数柑橘品种能够在第8区生长。在北美地区柑橘类果树主要种植品种是酸橙（*Citrus* × *aurantium*）、金柑（*citrus japonica*）、甜橙（*Citrus sinensis*）、柠檬（*Citrus*×*limon*）、来檬（*Citrus*×*aurantiifolia*）和柑橘（*Citrus reticulata*）。

能购买到的大多数柑橘类果树有矮生和标准规格，不需要进行异花授粉。柑橘类果树几乎不需要进行修剪，只需要偶尔去除徒长枝和交叉枝。

由于柑橘类果树全年生长，因此应该每年施肥2次。果树在还很幼嫩的时候就能够开花结果，除柑以外的大多数柑橘品种的果实能够在果树上保持良好状态数月之久。

无花果（*Ficus carica*）

无花果树是一种落叶乔木或大型灌木，主要种植在第7—10区。冬季在有保护的情况下，无花果树最北甚至能够种植到第5区。虽然果树的枝叶会死亡并落到地面上，但每年春季它都会从根部重新发芽并结出果实。

根据品种的不同，无花果树成熟后能够长到10—25米高。没有矮生品种。果树长到4年左右时就能够单性结实（不授粉）。在第9区和第10区每年都能够收获两次（一次在6月，另一次在8—11月）。而在寒冷的地区每年只能收获一次（夏末）。

由于无花果树能够长得很高，所以为了使其足够低以便采收，要对其进行修剪。幼嫩的果树应该被修剪成较矮、扁平的瓶形，而一旦剪成这种树形，就不建议再进行季节性修剪。

欧榛（*Corylus avellana*）

榛子树（图9.11）是一种较矮的乔木或灌

图 9.11 榛子是适合种植在小块土地上的很好的坚果。照片由美国农业部提供

木，树高是 3—5 米，树宽相同。榛子树耐寒性好，可以在第 4—9 区生长。美国 90% 的榛子树都产自俄勒冈州的威拉米特河谷。

在同一株榛子树上分别长有雌花和雄花，利用风媒授粉。虽然不通过异花授粉的榛子树也能够坐果，但是异花授粉的坐果率更高。

榛子树不需要进行太多修剪，为了让光照射进树的中心位置，只需要除去徒长枝并疏剪。当树龄达到 2—3 年时榛子树就能够结果，树龄 10—15 年的成年榛子树通过异花授粉平均能采收 2—5 千克的坚果。榛果掉落后就可以进行采收。

山核桃（*Carya ovata* and *C. laciniosa*）

硬壳山核桃（图 9.12）与山核桃亲缘关系很近，这两者杂交产生了很多杂交种，被称为“hicans”，种植在第 4—8 区。山核桃树看起来很粗糙，主根大，有强壮的中央领导干。如果是嫁接的，树龄 3—4 年就能够结果；但如果从种子开始进行种植，就需要 10—15 年结果。

图 9.12 山核桃。照片由密苏里州路易斯安那市斯塔克兄弟苗圃提供

成年的山核桃树很高大（可达 20 米），只有幼龄的山核桃树才进行修剪。很多品种是自花不育的，需要进行异花授粉。果实都是从地面上采收的。

桑（*Morus alba, M. rubra, M. nigra*）

白桑、红桑、黑桑能够被种植在美国的任何区域。很多桑树被用于观赏，不结果的桑树和嫁接的垂枝型桑树也因此目的而被出售。

种植的品种很大程度上决定了桑树最终的高度。白桑树能长到 25 米高，果实白色、桃粉色或紫色；黑桑树最矮，只有 10 米高；南方的红桑树的树高居中，在 20 米左右。

桑树雌雄同株，同一株桑树能分别长出雌花和雄花。修剪的目的是将自然生长的伸展枝保持在较低的位置，在果实成熟时方便采收。

油桃（*Prunus persica* var. *nucipersica*）

油桃是由桃子变异产生的，不是像很多人所说是桃子和李子杂交出来的。早在罗马帝国时期，人们就已经开始培育油桃树。

油桃的栽培方法和桃子相同，只不过油桃更容易得果腐病，因此人们需要喷洒更多的农药。油桃树不需要异花授粉，应该被修剪成瓶形。可购买到的油桃树有矮生和标准规格。标准的油桃树成熟后大小适中，树高 4—5 米。种植的范围是第 5—10 区，有时第 11 区也能种植油桃树。

木樨榄（*Olea europaea*）

木樨榄，俗名油橄榄，种植在第9区和第10区或冬季气温不低于-11℃的地区。橄榄果实的成熟需要夏季高温。但在沿海地区过高的湿度会影响果实的产量，橄榄在这些地区作为观赏植物进行种植。

橄榄树较矮，只有8—9米高，树干单个或多个，树叶银灰色。它们很容易移栽成活（即使树龄很大），生长速度中等到快速。对橄榄树的修剪并不寻求塑造出特定的树形，而应该先培养出强壮的骨干枝，并去除最终会造成灌木状形态的徒长枝。枯树和枯枝很常见，应当每年定期清除。

异花授粉并不是橄榄生产的先决条件。最常见的是两年结一次果实，通过疏果能够使结果减到最少，每英尺（0.3米）树枝保留2—3个橄榄果。

从树上刚采摘下来的橄榄很苦，基本上无法食用。为了加工成黑橄榄和青橄榄，在橄榄还未成熟时就要将其采摘下来，并用碱水浸泡，再用清水清洗，然后用盐水浸泡，风干后就会变成黑色。西班牙风味橄榄和青橄榄经盐水发酵后会产生特有的浓郁味道。只有希腊风味橄榄是成熟后才采摘的。

桃（*Prunus persica*）

桃树生长在第5—10区，但在第8—10区种植时要格外注意，应该选择冬季低温需求较低的品种进行种植。桃树通常在0.5米高的短树干上被修剪成瓶形。应该每年修剪1次，打薄树顶，并使树顶保持在较低的位置。桃树不需要异花授粉，在种植的第3年会结果，在第8—12年结果最多。与其他果树相比，桃树的寿命较短。种植10—12年后桃树会迅速衰弱，因为冬季损伤和木腐病感染对桃树影响很大。

西洋梨（*Pyrus communis*）

经过精心选择的梨可以在第4—9区生长，但第5—8区的气候对其最为适宜。大多数梨的栽培品种易感细菌性疾病火疫病，其中“Barlett”品种极易感染，因此，该品种不应在落基山脉以东种植。

梨树寿命长，虽然有些梨树可以自花授粉或单性结实，但大多数梨树都需要异花授粉。梨树有矮生型、半矮生型和标准型，应被修剪为经过改良的中央领导干形。它们自然生长得非常直，因此，可能需要为枝条开角。

美国山核桃（*Carya illinoinensis*）

和许多其他坚果树一样，美国山核桃（俗名碧根果）树（图9.13）有一个主根并且有一个强壮的中央领导干。碧根果树通常只有一个规格，当果树成熟时树高可达18米。

第6—8区最适合种植碧根果树。碧根果树的耐寒性很好，在北方地区也能生长，但通常那里的生长季不够长，坚果无法成熟。

当树龄达到4—7年，碧根果树会结果。碧根果树是雌雄同株的植物，但如果异花授

图9.13 碧根果。照片由密苏里州路易斯安那市斯塔克兄弟苗圃提供

粉，结出的果实会更大、更多。树龄较大的碧根果树更倾向于两年结一次果。与其他的坚果树相比，碧根果树需要更多的养护。在碱性土壤中，碧根果树经常出现缺锌的情况。

柿（*Diospyros kaki*）

柿树（图 9.14）是一种落叶树木，既有观赏价值又有食用价值，种植的范围在第 6—10 区，偶尔也能种植在第 5 区。柿树的果实是亮橙色，大小和苹果差不多，在树叶脱落后成熟。很多人对柿子是否可食用还有质疑，因为当柿子看起来已经成熟时，味道很涩。其实只有部分柿子品种味道很涩，待柿子完全变软后食用或在食用前冷冻一下就能去除涩味。

柿树有标准和矮生两种规格，标准柿树成熟后能够长成 12—18 米高的圆形树。柿树木质较脆，需要增加强度，故应修剪成截断中央领导干形。为了保持植株较小，应该每年修剪一次柿树。在种植 2—4 年后大多数都能够结果，也不需要异花授粉。

李（*Prunus domestica* and *P. salicina*）

李树有两种类型：欧洲李（*Prunus domestica*）和中国李（*P. salicina*）。欧洲李包括蓝色和紫色型，其中最有名的是“Damson”品种。中国李包括受欢迎的红色和黄色的果实较大的品种，但是由于其花期很早，很多欧洲人拒绝种植这类李树，因为在该地的气候条件下，霜冻能够冻死果树开的花。

李树有标准和半矮生两种规格。李树的整枝方法和授粉需求因种而异。欧洲李最常见的整枝方法是修剪成截断中央领导干形，不进行异花授粉也能坐果；中国李通常被修剪成瓶形，需要进行异花授粉。

李树适合种植在第 5—10 区。李树的寿命很长，春季能开出美丽的花朵，在种植后的 3—4 年能够结出第一拨果实。

胡桃（*Juglans regia* and *J. nigra*）

胡桃有两种类型：普通胡桃（*Juglans regia*，图 9.15）和黑胡桃（*Juglans nigra*，图 9.16）。普通胡桃是外壳较光滑的胡桃，商业化种植并在坚果市场上被出售。黑胡桃粗糙，原产于美

图 9.14 柿树果实（柿子）。照片由宾夕法尼亚州沃敏斯特 W. Altee Burpee 公司提供

图 9.15 普通胡桃。照片由美国农业部提供

图 9.16 黑胡桃。照片由美国农业部提供

洲。种植这种胡桃树的目的不单是为了收获坚果，更多是为了遮阳。这两种胡桃树的耐寒性都很好，能够在第 5—10 区进行种植。充分生长的胡桃，树的平均高度可达 15 米。不过，寒冷地区的夏季可能不足以使普通胡桃的内核发育成熟，会导致胡桃空心。

一般情况下，除了除去交叉枝和枯枝外，胡桃树不需要修剪，胡桃树能够自然地长成瓶形或截断中央领导干形，也不需要进行异花授粉，坚果成熟掉落后进行采收。在种植 2 年后胡桃树能够结出少量的果实。

在种植胡桃树时要小心，要远离观赏植物和菜园。降雨落到树叶上时会浸出一种有毒的化学物质，它对很多其他植物来说是有毒的。

问题与讨论

1. 如果你的果园很小，如何更节省空间地种植果树和坚果树？
2. 选择种植果树品种时应该注意果树的哪些特质？
3. 当所种植的果树嫁接接合部接触到土壤时会发生什么情况？
4. 获得矮生果树的一种方法是嫁接到矮化砧木上。矮化果树还有哪些其他的方法？
5. 果树自交不亲和的原因有哪些？
6. 果树和坚果树的施肥方法有哪些？
7. 疏果的目的是什么？
8. 为什么有些果树品种建议被修剪成瓶形？
9. 长势良好的果树不结果的原因可能有哪些？
10. 列举你所在的地区所种植的 5 种果树和 2 种坚果树。
11. 如果你的果园很小，可以种植何种坚果树？
12. 在美国和加拿大的什么地区不能种植苹果？为什么？
13. 樱桃树的两种种植类型是什么？
14. 油桃的起源是什么？
15. 你的新房子的果园里种了一棵高大的胡桃树，但在树下没有任何植物。这是为什么？

Bountiful Ridge Nurseries. Retail Catalog. Princess Anne, Md. 21853.

California Nursery Company. Retail Catalog. Niles District, Fremont, Calif. 94536.

Childers, N.F., J.R. Morris, and G.S. Sibbett. 1995. *Modern Fruit Science: Orchard and Small Fruit Culture*. Revised ed. Gainesville, Fla.: Horticultural Pub.

Cumberland Valley Nurseries. Retail Catalog. McMinnville, Tenn. 37110.

Fitzgerald, T.J., and R.M. Hart. 2001. *Gardening in the Inland Northwest: A Guide to Growing the Best Vegetables, Berries, Grapes and Fruit Trees*. Pullman, Wash.: Cooperative Extension, Washington State University.

Hayden, R.A., M.A. Ellis, and R.E. Foster, eds. 1993. *Midwest Tree Fruit Handbook*. Upland, Pa.: DIANE Publishing.

Hilltop Fruit Trees. Retail Catalog. Hartford, Mich.

Jackson, D., and N.E. Looney, eds. 1999. *Temperate and Subtropical Fruit Production*. 2nd ed. New York: CABI Publishing.

Maib, K.M., P.K. Andrews, G.A. Lang, and K. Mullinix, eds. 1996. *Tree Fruit Physiology: Growth and Development: A Comprehensive Manual for Regulating Deciduous Tree Fruit Growth and Development*. Yakima, Wash.: Good Fruit Grower.

Otto, S.B. 1995. *The Back Yard Orchardist: A Complete Guide to Growing Fruit Trees in the Home Garden*. Maple City, Mich.: Otto Graphics.

Salunkhe, D.K., and S.S. Kadam. 1995. *Handbook of Fruit Science & Technology: Production, Composition, Storage, and Processing*. New York: Marcel Dekker.

Somerville, W. 1996. *Pruning and Training Fruit Trees*. Victoria, Australia: Inkata Press.

Westwood, M.N. 1993. *Temperate-Zone Pomology Physiology and Culture*. 3rd ed. Portland, Ore.: Timber Press.

第 10 章

浆果类作物的种植

学习目标

- 列举 4 种能够在本地区成功种植的浆果类作物。
- 规划一个种植 4 种水果的小型果园。
- 描述葡萄的修剪技术。
- 说出不同蓝莓种类的名称及其种植地区。了解每个蓝莓品种适合种植的地区。
- 画出两种不同的草莓整枝方法并解释各自的优缺点。

照片由作者提供

浆果是指草莓、葡萄、树莓、黑莓（悬钩子属）和蓝莓等多年生植物。而人们对醋栗、鹅莓和蔓越莓则没有那么熟悉了。

因为浆果很小，所以几乎所有果园都能够种植。在规模较大的果园，浆果类作物的种植量较大，用于制作水果罐头和冷冻水果，也可以鲜食。与很多木本作物相比，浆果类作物更容易种植，几乎不需要进行异花授粉，也不需要经常喷洒防治病虫害的药物。除了一两种浆果类作物有种植区域的限制，大多数种类在种植 1—2 年后就能够结果。精心挑选在整个生长季能够连续成熟的品种，这样能够保证从初夏到霜冻期间都能收获浆果。

10.1 规划浆果类果园

选址

土壤排水迅速和阳光充足是成功种植浆果类作物的两个先决条件。不能选择降雨后有积水的地方，这会导致植物迅速死亡；也不能选择没有充足的阳光的地方，因为植物只能进行营养生长，不能开花结果。除了这些因素，所有地点都是可以的。有良好园土的地方是最理想的地点，即使原本土壤贫瘠，也能够通过添加堆肥或有机土壤添加剂等方法改良到理想的状态。

很多园艺师喜欢把所有水果种植在同一块地里。如果是这种情况的话，应该注意植物种植的空间和排列以防较高植物遮挡住较矮植物（草莓）。因为北半球的太阳总是略微偏南一些，所以要把较高植物种植在较矮植物的北侧。图 10.1 是果园布局的两个例子。

浆果类作物也可以被整合到景观中。醋栗、鹅莓和树莓可以被用作树篱进行栽植，成熟后树高可达到 1.2—1.5 米。高丛蓝莓和兔眼蓝莓能够长得更高，可达 3 米。矮株的草莓在春季会开出好看的白色花朵，可以种植在多年生花坛的边缘。在阳光充足的地区，可将草莓作为地被植物进行种植，在天井及露天平台周围可以种植在花盆中。蔓生葡萄可以被修剪成空中藤架或墙边和栅栏的墙树。

选择种植品种

在本章所介绍的浆果类作物中，除蔓越莓以外，其他植物对气候的适应性都很强。因此，种植品种的选择主要根据个人喜好并要选择能够适应本地气候条件的品种。县和州政府的合作推广服务部门将会提供各州能够成功种植的浆果类作物品种的相关资料。

10.2 常见浆果类作物的常规种植要求

黑莓（*Rubus* spp.）

黑莓是悬钩子属水果中的一种。除了果实更大外，黑莓与树莓看起来很像。在采摘时，黑莓的中心要保留在浆果里（而树莓在采摘时要抽掉）。与树莓相比，黑莓的耐热性和耐旱性更好，但耐寒性较差。

根据生长习性、高度和对气候的适应性，黑莓被分为两类：直立型黑莓和蔓生型黑莓。直立型黑莓不需要任何支撑物就能长到 1—1.5 米高。蔓生型黑莓的母枝可以长到 2—2.4 米，植株必须长在格架上或有木桩支撑。直立型黑莓种植的地区是东部、西南和中西部地区，抗

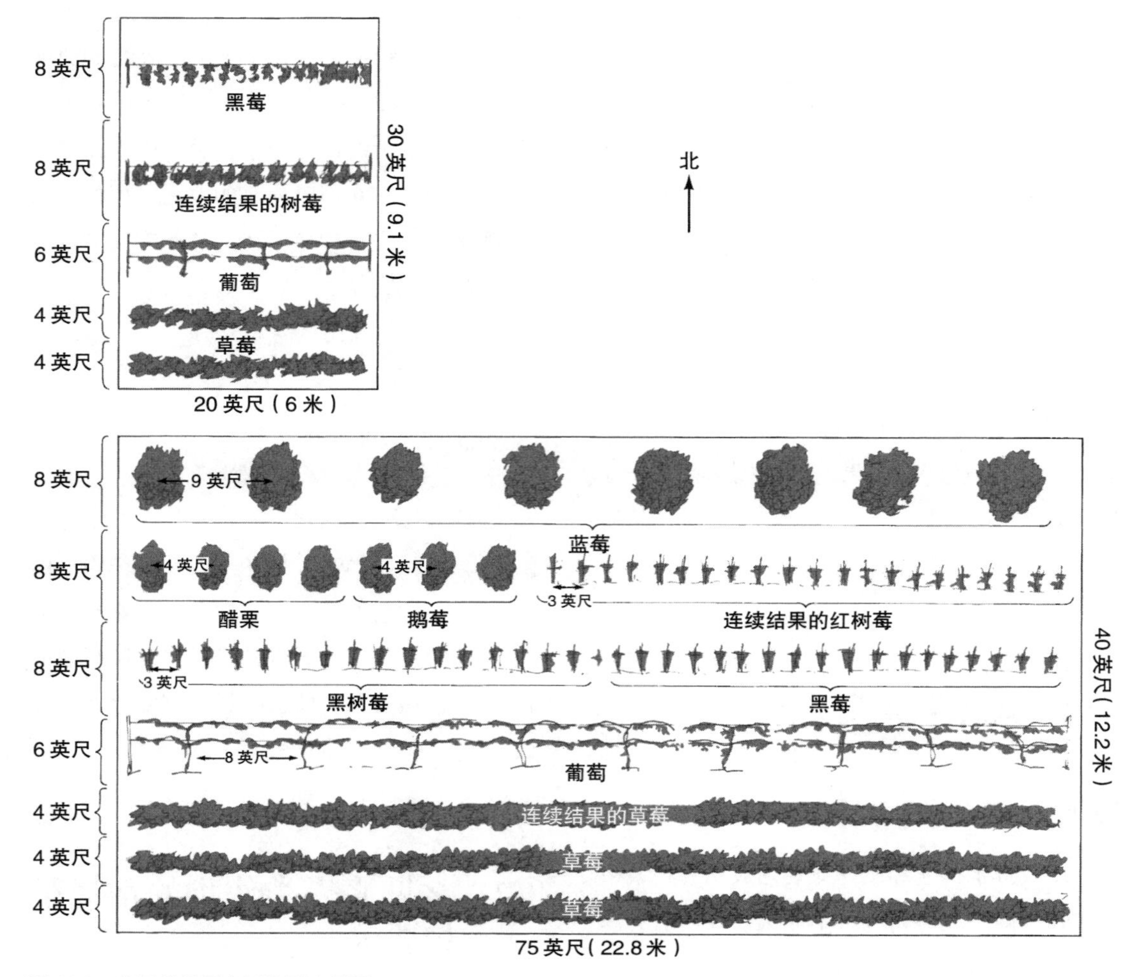

图 10.1 浆果类果园布局的两个例子

寒性比蔓生型黑莓要好，冬季植物存活的最低温度是 -29℃。蔓生型黑莓种植的地区是太平洋沿岸各州及南部各州，偶尔也会生长在更北的密歇根州。

黑莓经常容易与露莓、博伊增莓、罗甘莓和杨氏草莓混淆。露莓是指所有下垂的黑莓品种。罗甘莓是黑莓与树莓的杂交品种。黑莓与树莓的另一个杂交品种是“Phenomenal”，它再与露莓杂交培育出的品种是“Young”，也就是杨氏草莓。博伊增莓的起源与杨氏草莓相似。

蓝莓（*Vaccinium* spp.）

蓝莓（图 10.2）分布的地区从明尼苏达州的北部和加拿大一直到佛罗里达州和美国西海岸。蓝莓的土壤 pH 值要求是 4.2—5.5。因为自然条件下这种酸性土壤很少，所以在大多数情况下降低土壤 pH 值是种植蓝莓的必不可少的过程。在本书的第 6 章介绍了使用硫酸铵和其他化合物降低土壤 pH 值的方法。在富含有机物和灌溉充分的土壤条件下种植蓝莓最好。添加堆肥和泥炭土等有机物能够满足蓝莓生长

图 10.2 蓝莓。照片由弗吉尼亚州克罗泽的沙朗·巴雷特·肯尼迪（Sharun Barrett Kennedy）提供

需求并且能够降低土壤的 pH 值。选择种植何种蓝莓取决于该地区的气候条件。表 10.1 列举了 3 种主要的蓝莓品种及其识别特征和分布范围。其中 2 个蓝莓品种应该进行异花授粉，而有的蓝莓品种是自花不育的，授粉后能够长出更大、更多的果实。

在美国和加拿大，除了栽培品种，还分布有银蓝越橘（*Vaccinium pallidum*）、膜质越橘（*V. membranaceum*）和矮丛越橘（*V. angustifolium*）等。但这几种都是野生的，用于家庭种植的品种应该从它们的栽培品种中进行选择。

大果越橘（*Vaccinium macrocarpon*）

大果越橘（蔓越莓）的生长要求很苛刻：生长在潮湿、有泥炭沼的条件下，土壤 pH 值为 4.2—5。因为这些条件很难满足，所以不建议家庭种植蔓越莓。

醋栗（*Ribes sativum* 及 *R. nigrum*）

醋栗（图 10.3）的耐寒性很强，在最寒冷的地区也能够存活。它们的分布地区跨越整个美国北部和加拿大，在凉爽潮湿的条件下分布。在南部地区的生长状况较差，主要是因为南方夏季高温天气持续时间较长。

醋栗的植株是小灌木，株高为 1—1.5 米。在花园中种植醋栗时，树间距为 1—1.5 米，当作为装饰用树篱时，树间距应为 1 米。

最受欢迎的醋栗是红色品种（红茶藨子），这个品种的果实成簇生长，并且很容易种植。白色（红茶藨子）和黑色（黑茶藨子）品种相对较少，但黑色品种在欧洲很受欢迎，果实经常被做成果汁。

鹅莓（*Ribes hirtellum*［美国］，*R. uva-crispa*［欧洲］）

鹅莓的种植要求与醋栗相似，在土壤潮湿

表 10.1 主要蓝莓品种及其识别特征、分布范围

蓝莓品种	特征	分布
兔眼越橘（*Vaccinium ashei*）	株高 2—2.4 米，果实较大；耐热性和抗寒性适中	美国南方各州及无霜生长期不少于 160 天的其他地区
高丛越橘（*Vaccinium corymbosum*）	株高 3—4.6 米（未修剪）；耐旱性较差；最好是沙土和泥沼质土；最低耐寒温度是 -29℃；需要冬季冷冻，只能种植在第 8 区以北的地方	第 5—7 区，美国东海岸，太平洋西北地区，中西部地区
卵叶越橘（*Vaccinium ovatum*）	花店中有常绿蓝莓和观赏蓝莓；株高是 4.6 米；果实小、亮、黑色、味道很酸	从美国加州中部至加拿大不列颠哥伦比亚省的太平洋海岸

图 10.3 白醋栗。照片由美国农业部提供

和夏季凉爽的美国中西部、北部以及北太平洋各州分布。鹅莓的耐寒性很好，但在夏季炎热的气候里长势不理想。在夏季温暖的地区，种植在半阴的环境下能够减少夏季高温对植物的影响，有助于成功种植鹅莓。

大多数家庭园艺师不熟悉鹅莓。鹅莓是灌木，株高 1 米，长有密刺（只有一两个品种没有）。果实的大小与大粒葡萄差不多，果实成熟后有的品种是绿色，有的品种是红色。鹅莓可以鲜食，也可以做成派、果酱和果冻。

葡萄（*Vitis* spp. 及其杂交品种）

葡萄可以鲜食、酿酒或做成果冻和果汁。在选择葡萄种植品种时，要根据该地区的气候条件和葡萄栽培的主要用途进行选择。美洲葡萄（*Vitis labrusca*）是最容易种植的品种，产量很高。众所周知的康克葡萄是美洲葡萄的一种，主要用于制作果冻和果汁，但也可以选择种植其他的葡萄品种，用于鲜食和酿酒。

欧洲葡萄（*Vitus vinifera*）主要生长在温暖的地区，主要用来酿酒，也包括“汤普森无核葡萄”等用来鲜食的优良品种。

美法杂交品种将美洲葡萄品种易于种植的特点和欧洲葡萄品种适合酿酒的特点结合在一起。杂交所得的品种在酿酒方面表现很好，并能够在全国各地广泛种植。圆叶葡萄（*Vitis rotundifolia*）最不常见，仅分布于气温不低于 −23℃的南部各州。它的果实很大，小果序成簇。

树莓（*Rubus* spp.）

树莓（图 10.4）属于莓果类，在有些地区分布有野生的树莓。红色的覆盆子（*Rubus idaeus*）和黑色的喜阴悬钩子（*Rubus mesogaeus*）是最

图 10.4 春季的树莓，上面是上一季的母枝，下面是当年生长的母枝。照片由俄勒冈州立大学伯娜丁·C. 斯特里克（Bernadine C. Strik）博士提供

常见的树莓品种，红色品种比黑色品种味道更酸，耐寒性更好，抗病性较差，产量更高。还有黄色和紫色的新品种。

树莓（还包括草莓）能够在春季成熟并连续结果（也叫初生果）。连续结果的植物每年可以收获两次：一次在初夏，一次在秋季。

草莓（*Fragaria × ananassa*）

草莓是最受欢迎的浆果之一。虽然它们是多年生植物，但草莓的采收期只有2—4年。种植后的第一年产量很高。第二年的产量减到原来的2/3，到了第三年产量只有原来的1/3。产量的降低主要是因为导致产量下降的病毒对植物的危害，杂种优势下降，出现杂草竞争。应该把之前栽种的挖出来并重新进行种植。

与树莓一样，草莓也有在春季成熟（也称为六月草莓）和连续结果（也称为日中性草莓）的栽培品种。连续结果草莓从夏季到秋季结果较少，而且草莓的品质有时不如春季成熟的草莓。

10.3　规划、整地和种植

一两株木本作物就能保证收获很多果实，与木本作物不同，浆果类作物必须大量订购。表10.2列举了每种浆果成熟期的预计产量，提供了一个五口之家所需的种植量。

土壤改良的必要性取决于土壤的现状。如果所选择的种植区域是一个花园，只需要稍微整地。但是，如果选择的是未使用过的区域，为了创造良好的土壤环境需要做很多工作。如果选择的是经常使用的区域，应该进行土壤检测，并根据土壤检测的结果添加肥料和改变土壤pH值的材料。要将有机物混合添加到土壤的深层，用来松弛黏土或提高沙地的持水能力。如果选择的是草地，应该在种植前的秋季翻草，这样草会腐烂并在春季进入土壤中成为养料。种植的成败很大程度上取决于种植前的土壤改良情况。

大多数浆果在春季种植，下一个季节结果。一般在早春进行耕种，在植物休眠期进行移植，使用表10.2所列间距进行种植，然后

表10.2　浆果类作物种植信息

水果品种	最小种植距离 株间距	 行间距	每株成熟作物的预计产量	每个五口之家建议种植数量
直立型黑莓	1.2—1.5米	2—2.5米	1升	15—20株
下垂型和半直立型黑莓	2—3米	2—2.5米	4—10升	8—10株
黑醋栗	1.2—1.5米	2—2.5米	2—5升	4—6株
红醋栗	1—1.2米	2—2.5米	5—10升	2—3株
蓝莓	2—2.5米	2.4—3米	3—4升	8—10株
鹅莓	1—1.2米	2—2.5米	4—5升	4—6株
葡萄	1—1.2米	2.4—3米	9—18升	5—10株
树莓，春季成熟	1—1.2米	2—2.5米	1—1.5升	20—25株
树莓，连续成熟	1米	2.5米	春季1升，秋季0.5升	15—20株
草莓，春季成熟	30—60厘米	1.2米	每行0.5—3升/米*	100株
草莓，连续成熟	30厘米	0.3—0.4米	每行1.5升/米	100株

*取决于所使用的整枝方法。

灌溉。

浆果作物通常从函购苗圃订购而来，邮来时植物根部周围没有任何土壤，这样能够降低运输成本。收到后最好立即完成定植，但要是必须延迟定植，应该打开运输箱，如果植物变干，应该补充水分，然后应该将植物进行假植（为了防止根部变干要使用松散的土壤进行覆盖），或者用塑料覆盖根部，将植物放置在阴凉处（–1℃—15.6℃）。

定植时，最好以与苗圃中植物生长的相同的高度进行定植，这对草莓尤为重要。但黑加仑和鹅莓除外，它们的定植深度要稍微深一些，这样有助于强壮植物根系并从树枝的基部长出大量新枝。

10.4 浆果类作物的修剪和整枝

如果对浆果类植物进行修剪并整枝，它们会长得更好。对灌木类来说，修剪只需除去较弱并不能结果的枝条；而对于葡萄来说，要通过修剪控制葡萄的产量和藤蔓的形状。

黑莓

黑莓的修剪要基于茎枝（从地面长出的长茎）何时结果的相关知识。对于典型的黑莓来说，果实只结在上一季长出的茎枝上。这些第一年从根部长出的茎枝在秋季长出花蕾，然后在当年开花，在第二年夏季结果后死亡。黑莓的果实结在从母枝长出来的侧枝上。

对于连续结果的黑莓来说，每个茎枝能够结出两茬作物：第一茬是在这一季的秋季在顶端结出果实；第二茬是在下一季的夏季在茎枝顶端的下部结出果实。

黑莓的支撑方法　大多数黑莓生长时不需要支撑物，但下垂的黑莓和红莓的茎枝较长，需要绑在铁丝或木桩等支撑物上，这样易于管理并容易采收。如果黑莓是单株成行种植的话，支撑物可以是单独与植物铆合的木桩，也可以是使用围上所有植物并系在栽培行两端的铁丝所搭成的格架（点播穴支撑法）。如果想要将植物种植成树篱，唯一的选择是使用铁丝篱棚。

树莓的修剪和整枝　根据树莓的果实是红色还是黑色的，是春季成熟还是连续结果，树莓的修剪方法差别很大。

红树莓和黄树莓只在休眠期被修剪，修剪过程有 4 个步骤（图 10.5）：

第 1 步，除去去年夏季所有结果的茎枝，地面以上全部剪掉。

第 2 步，剪掉折断的和脆弱的茎枝，还有长在栽植行和点播穴外的茎枝。

第 3 步，将剩下的茎枝绑在铁丝格棚上，木桩间距是 1.2—1.5 米。

第 4 步，将茎枝修剪为 1.5 米高，以便次年采收。

连续结果的树莓最先在秋季当年生茎枝的顶端结果，下一个春季会在同一个茎枝靠下的位置再次结果。不应该对此枝条打尖，秋果期后也不应该将其修剪至地面位置。相反，要在春季休眠期进行修剪，除去较弱的茎枝，并向后倾弯秋季结果的茎枝，这些茎枝春果期过后就可以除去了。

很多人喜欢种植连续结果的树莓，这样每年秋季都能收获果实。在这一生长系统中，上一季结果的所有茎枝要被修剪至地面位置，新长出的茎枝会结果。

黑树莓和紫树莓与红树莓不同，虽然它们不需要支撑物，但是每年要对其进行 2 次修剪：

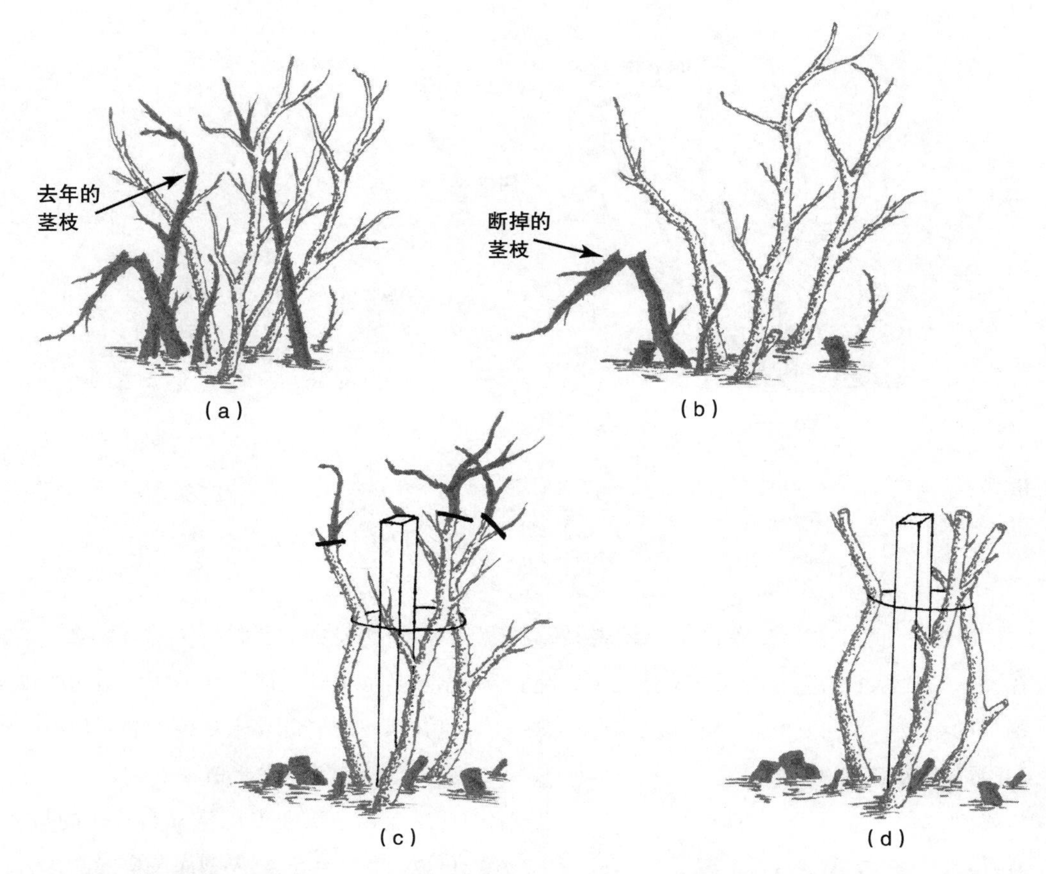

图 10.5 修剪红树莓和黄树莓的 4 个步骤，所有步骤都在植物休眠期完成：(a) 剪去去年结果的所有茎枝；(b) 剪去脆弱的和断掉的茎枝；(c) 将茎枝系在木桩或铁丝格棚上；(d) 将茎枝修剪至 1.5 米高。图片由贝瑟尼绘制

夏季和冬季或者休眠期。修剪的过程包括两个步骤（图 10.6）：夏季，剪去新生茎枝的顶端；冬季，除去已结果的茎枝并剪掉去年夏季所生茎枝的侧枝。

夏季修剪能够防止茎枝过度生长和生长过密所造成的采收困难。为此，对于没有支撑物的黑树莓来说，当茎枝长到 35—50 厘米时，顶端要剪去 5—8 厘米；对于系在格架上的黑树莓来说，要剪去 0.6—1 米。对紫树莓来说，没有支撑物的要剪去 56—80 厘米，有支撑物的要剪去 80—130 厘米，修剪后植物的生命力会更强。因为茎枝的生长速度不同，每隔一周打尖一次，一个月左右完成这一修剪过程。

冬季修剪首先是除去已结果并死掉的茎枝，还有脆弱的、断掉的以及生长不良的茎枝。这一季从茎枝上长出的枝条的顶端要剪短一些，这样会提高果实的品质。较弱的枝条要保留 5—10 厘米长，这样长出的果实负载量较轻，但强壮的枝条可以保留 30—45 厘米长。

直立的黑莓可以自己独立生长，不需要木桩和格架，但需要每年夏季和冬季修剪 2 次。直立黑莓与黑树莓和紫树莓的修剪方法相同（图 10.6）。但夏季黑莓的茎枝要剪去 1—1.2 米，位置较低的侧枝在冬季要剪去 30—45 厘米。

下垂和半直立的黑莓是生命力很强的植物，不过它们也需要支撑物，每年只需要在休眠期修剪 1 次。修剪直立型黑莓的 3 个步骤

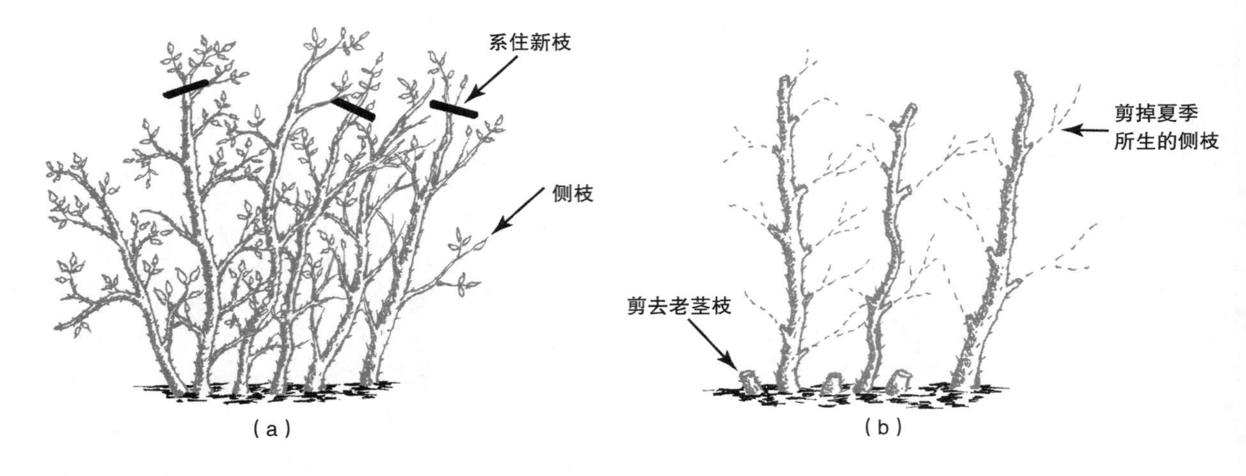

图 10.6 修剪黑树莓和紫树莓。(a) 夏季，系住新生茎枝；(b) 冬季，剪去老茎枝，剪掉夏季所生茎枝的侧枝。图片由贝瑟尼绘制

（图 10.7）：剪掉去年夏季已结果的老枝；选择 8—10 个强壮的茎枝并系在支撑物上，除去剩下的茎枝；将所选择的茎枝顶部剪短 1.8—2.4 米，剪短侧枝 30—45 厘米。

蓝莓

蓝莓是在上一季长出的枝条上结果，不同的品种所需的修剪量不同。

高丛越橘 高丛越橘结实过多，如果每年不进行修剪的话，所结的果实会长得很小。此外，产生过多果实所消耗的能量也会影响高丛越橘的营养生长，大大减少下一年的产量。因此，应该在早春植物生长还没有开始时进行大量修剪，也就是说，大量的木质结构应该被修剪掉。

对于直立生长的品种来说，疏剪较老的中央枝条有利其生长（图 10.8）。这样做会减少果实的负载，使植物接受更多的光照，并促进植物生长。应该剪掉伸展品种较低的下垂枝条，这样可以在结果期避免压坏枝条。

兔眼越橘 兔眼越橘不需要修剪。它的灌木丛足够强壮，能够在不压坏植物的情况下大量挂果。较老的灌木丛也不需要修剪，稍微疏剪老茎就能够有助于植物生长。

蓝莓不需要使用格架和其他的整枝方法，可以自然地生长成大型而茂盛的灌木，在春季开出白色、钟形的花朵。

醋栗和鹅莓

醋栗、鹅莓与黑莓一样，从根部长出的茎枝能够长成灌木。果实结在 1、2、3 年生的茎枝上，越老的茎枝产量越低。

在每年春季植物开始生长之前，黑加仑和鹅莓的修剪应该进行 1 次。修剪的目的是除去树龄超过 3 年的木质结构。过多的较弱木质结构也应该除去。灌木应该被修剪成 1—1.5 米高的紧密灌木，不需要使用格架（除了修剪成灌木型）。

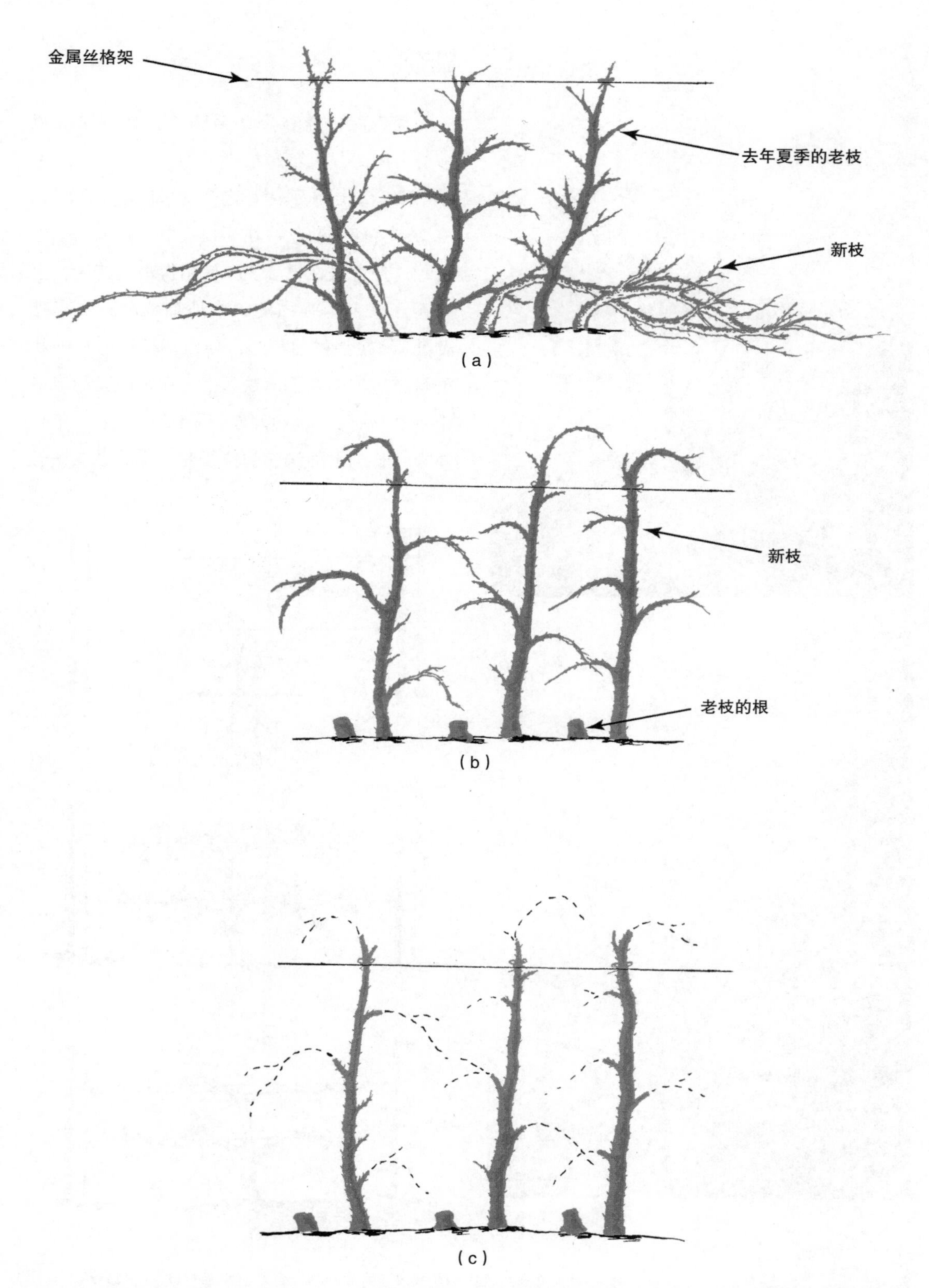

图 10.7 修剪下垂型黑莓的 3 个步骤，均需在植物休眠期完成：(a) 剪掉去年夏季已结果的老枝；(b) 选择 8—10 个强壮的茎枝并系在支撑物上，除去剩下的茎枝；(c) 剪短所系茎枝的顶部和侧枝。图片由贝瑟尼绘制

葡萄

葡萄藤的整枝 葡萄藤的整枝方法有很多，常用的方法如下。

双臂双层水平法。这个方法使用了双线式格架，将两条铁丝系在葡萄栽植行两端的木桩上。这种方法在整个美国使用得最为普遍，主要用于生命力强的美国本地葡萄品种“康克葡萄”。在整枝葡萄时，葡萄新长出的最强壮的嫩枝应该系在下面铁丝上，在种植后的第一个冬季剪掉其余的嫩枝（图 10.9）。第二年夏季嫩枝长到上面铁丝的位置时，将其系在铁丝

（a）

（b）

图 10.8 （a）高丛越橘修剪前；（b）高丛越橘修剪后。照片由美国农业部提供

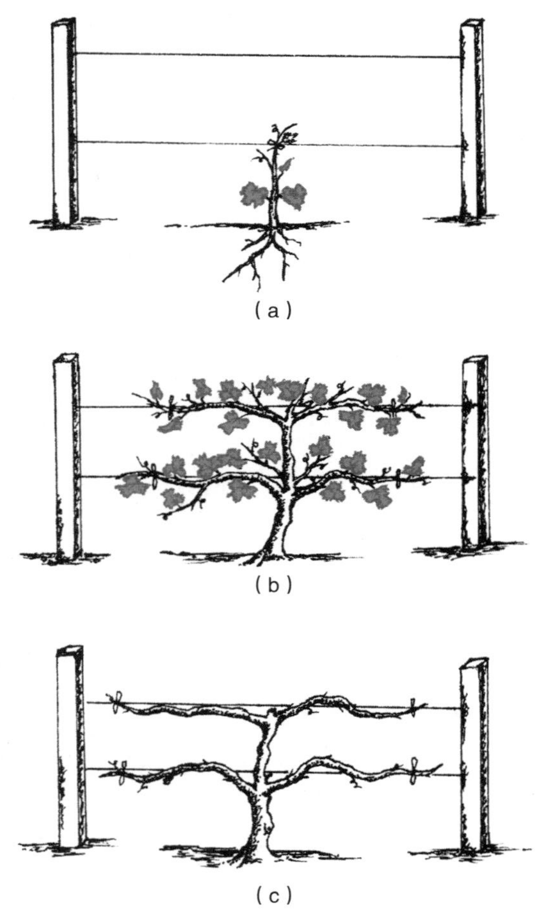

图 10.9 葡萄藤的双臂双层水平整枝法。（a）种植后的第一个冬季；（b）下一年夏季；（c）修剪后的冬季。图片由贝瑟尼绘制

上，打尖促进侧枝生长（图 10.9）。生长出侧枝后整枝并将其系在铁丝上，使每条铁丝的两个方向上系有一条茎枝。完成这个步骤后，按照后面的章节介绍的方法每年进行修剪就可以了。

藤架整枝法。此法（图 10.10）既可以用来种植葡萄，又可以在景观中制造树荫。因为藤架整枝法种植的葡萄藤需要生长到很大的尺寸，所以要选用生命力强的葡萄品种。

使用藤架整枝法进行葡萄整枝要在开始种植时就使用。葡萄藤要按照"双臂双层水平法"来整枝。在接下来的每个生长季，主干枝条要不断地向上整枝。侧枝（结果的茎枝）就会逐渐地覆盖藤架。接下来要修剪这些结果的茎枝，使其有一定的间隔，然后将茎枝系在支撑物上，按照下面章节所介绍的那样每年进行更换。

每年一次修剪 葡萄只能在上一年夏季长出的茎枝上结果。每年一次的修剪工作量很大，要剪去树干长出的枝条，只保留 4 条用于结果，剪短的茎枝用于坐果。每一条茎枝要沿着格架铁丝的每个方向进行生长（图 10.11）。

留下用于结果的茎枝应该比铅笔稍微粗一些，这些茎枝并不是葡萄架上最大的茎枝。每一条茎枝修剪后的长度能够长出 15 个芽。除了这 4 条茎枝，还有 4 条茎枝被剪短，只能在两条铁丝附近长出 2—4 个芽。这几条剪短的茎枝（预留枝）在下一个生长季能够结果。

翻新修剪 对于多年疏于管理的葡萄，除了每年一次的修剪，还需要再次进行大幅修剪来提高葡萄的品质。在植物生长开始前，应该按照每年一次的修剪规范对葡萄进行大幅修剪。尽量去除所有的老枝，并在下一年的常规修剪中除去剩余的难以修剪的老枝。

图 10.10 使用藤架整枝法整枝的葡萄藤。照片由作者提供

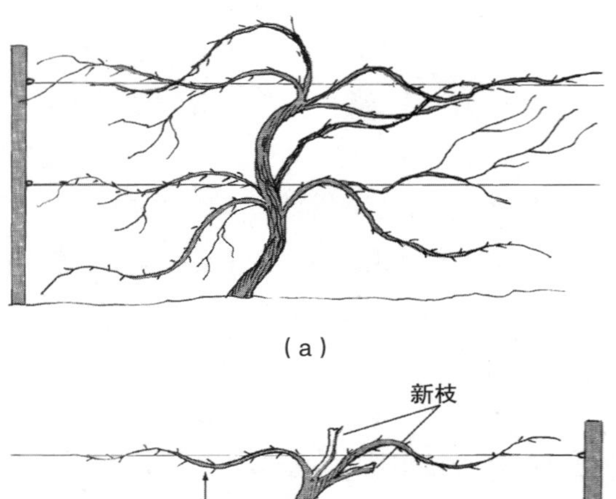

图 10.11　葡萄藤。(a) 使用双臂双层水平法整枝前；(b) 使用双臂双层水平法整枝后

草莓

整枝方法　草莓共有 3 种整枝方法：簇生行植法、间隔长匐茎法、穴植法。除穴植法外，在植物种植当年开出的花应该摘除，而不是让其发育成果实，这样做能够增加下一年的产量。

簇生行植法（图 10.12）使用的是移植的幼嫩草莓，株间距 60 厘米，行间距 1—1.2 米。春末和夏季，根部会随意地长出长匐茎，形成 0.6 米宽密集生长的簇生植物。簇生行植法是最高效而简单的整枝方法。

间隔长匐茎法是在长匐茎的生长过程中，园艺师用土压住长匐茎，使长匐茎在植物周围均匀分布。正因为这样，间隔长匐茎法与簇生行植法相比，长匐茎间对水、营养物质和光照

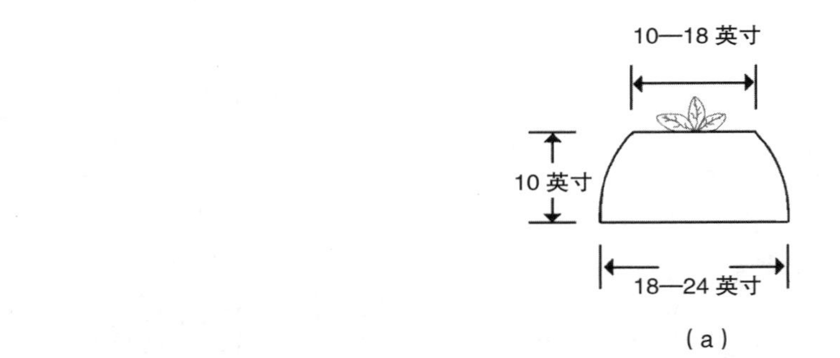

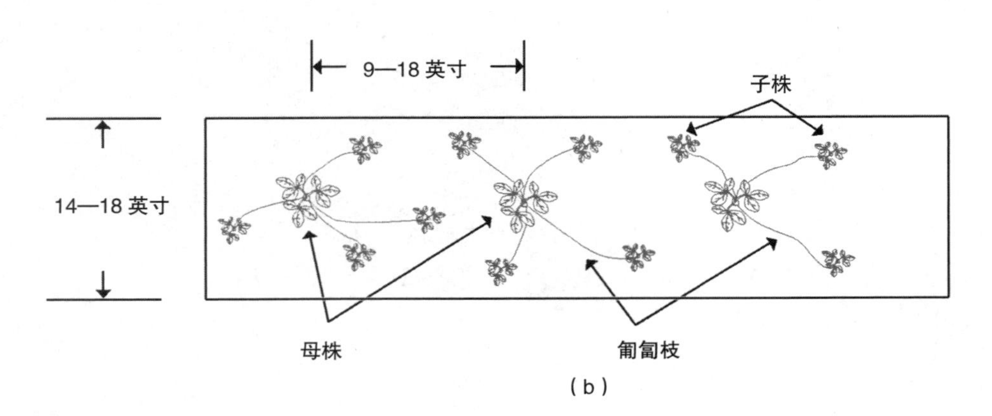

图 10.12　草莓种植法：(a) 穴植法；(b) 簇生行植法。图片由爱达荷州桑德波因特的丹尼 · L. 巴尼博士（Dr. Danny L. Barney）提供

的竞争要小。

穴植法（图 10.12）对连续结果草莓来说是最好的整枝方法，也有益于春季结果的草莓。草莓的种植间距是 30—45 厘米，行间距是 30—45 厘米。在种植季长出的所有长匐茎都被掐掉，留下的强壮母株在下一季会结出大量的草莓。通过穴植法整枝的草莓，产量有时是簇生行植法产量的两倍。这种方法主要用于温暖地区，因为草莓的耐寒性较差。

更新草莓堆 适当地更新草莓，能够使草莓种植时间持续 4 年，不过第 4 年的草莓产量没有第 1 年的产量高。

应该在采收完成后开始更新草莓堆，将老叶割至顶部以上 3 厘米，清理割掉的碎叶。在整个区域施用平衡肥料，清除所有杂草，用锄头和旋耕机将种植行的宽度缩小至 30 厘米。彻底给草莓丛灌溉。次年结果的新长匐茎会在 1 个月内长出来。

10.5 多年生浆果的常规养护

施肥

大多数浆果类作物根系浅，每年春季施用平衡肥料有助于它们的生长。对树莓、蓝莓、葡萄、醋栗和鹅莓等浆果，应该使用常规肥料在树根周围不小于 15 厘米的范围内进行侧施肥。对草莓应该撒施肥料，并且在基部彻底灌溉，以防肥料颗粒灼伤叶子。对蓝莓应该使用酸性肥料（如硫酸铵），每年施肥 1 次，以使土壤的 pH 值保持在一个可接受的范围内。秋季施用的腐熟肥料也能降低土壤的 pH 值。

实际施肥量会随着自然土壤肥力而改变。关于植物施肥的一般建议是肥料均衡配方的含氮量不超过 12%，具体施肥量如表 10.3 所示：

表 10.3 浆果类作物肥料使用建议

水果	每年肥料使用量
黑莓	每株 0.5 杯（120 毫升）
蓝莓	每株 0.5 —1 杯（120—240 毫升）
醋栗	每株 0.25 杯（60 毫升）
鹅莓	每株 0.25 杯（60 毫升）
葡萄	每株 1 杯（240 毫升）
草莓	每 6 米 1 杯（240 毫升），行宽 0.6 米

* 建议使用量针对成熟的植物，平衡肥料（1∶1∶1）的含氮量不超过 12%。

灌溉

浆果类作物所需的灌溉量取决于自然降雨的情况。在所有气候里都应该有补充灌溉，因为这类水果作物的浅根性使其很容易受到干旱的影响。

如果对浆果类作物灌溉过多就会降低果实的品质，果实虽然变大，但味道也会变淡。这一问题对草莓来说十分明显，给草莓灌溉的次数不能太频繁，但应该保持土壤湿润。

覆膜

为了防治杂草、保持土壤水分，应该在夏季使用塑料或有机覆盖物等为草莓覆膜。在使用穴植法整枝的草莓种植中，塑料地膜是首选，因为它能够使土壤保温，通过促进根部生长的方式提高或加快草莓结果。通常情况下，塑料带铺在整地完成的土壤上，植物会穿过塑料带上剪出的孔生长。

在秋季使用有机材料覆膜的目的是防止植物根系的冰冻和解冻。秋季覆膜应该在年末气温降至 5℃甚至更低时进行。如果植物覆膜过早，地膜就会保留植物根部周围足够的热量以维持植物生长，以致长出的嫩苗被杀死。

灌木型浆果（蓝莓、黑莓、醋栗和鹅莓）的覆膜应该被大范围地覆盖在植物的树盘和下部的茎周围。

给草莓覆膜应该使用秸秆和木屑等类似的轻质材料进行完全覆盖。当春季植物开始生长时，要立即倾斜覆膜，使植物接受光照进行光合作用。

葡萄覆膜应该覆盖成一个较厚的圆圈，从树干向外延伸 1.2 米，这样做能够使葡萄的整个根部得到保护。

问题与讨论

1. 浆果类作物是一年生植物还是多年生植物?
2. 与乔木果树相比，浆果类作物通常更容易种植还是更难种植?
3. 黑莓有哪些品种?
4. 黑莓和树莓有哪些区别?
5. 什么是罗甘莓、露莓和博伊增莓?
6. 成功种植草莓对土壤有哪些要求?
7. 你所在的地区有哪些蓝莓品种?
8. 你所在的地区能够种植醋栗和鹅莓吗?
9. 你的邻居给了你一些树莓和草莓作物，他说这是连续结果品种。你预计今年什么时候它们能够结果?
10. 直立型黑莓和下垂型黑莓有什么不同?
11. 描述树莓生长和结果的过程。
12. 葡萄种植 3 年内应该如何进行修剪和整枝?
13. 多年疏于养护的葡萄应该如何处理?
14. 在穴植法中应该如何修剪草莓?

参考文献

Childers, N.F., and L.G. Albrigo, eds. 1966. *Nutrition of Fruit Crops: Tropicals, Sub-Tropical, Temperate: Tree and Small Fruits.* New Brunswick, N.J.: Rutgers.

Eldridge, S. 1997. *The Berries: Strawberry, Raspberry and Blackberry Lowfat Recipes.* Salisbury Cove, Maine: Harvest Hill Press.

Farmer Seed and Nursery Company. Retail Catalog. Faribault, Minn. 55021.

Fruit Testing Association Nursery. Retail Catalog. Geneva, N.Y. 14456.

Galletta, G.J., D.G. Himelrick, and L.E. Chandler, eds. 1990. *Small Fruit Crop Management.* Englewood Cliffs, N.J.: Prentice Hall.

Gough, R.E., and E.B. Poling, eds. 1997. *Small Fruits in the Home Garden. New York:* Taylor & Francis.

Hill, L. 1992. *Fruits and Berries for the Home Garden.* Pownal, Vt.: Storey Communications.

Holmes, R. 1996. *Taylor's Guide to Fruits and Berries.* Taylor's Guide to Gardening. Boston:Houghton Mifflin.

Otto, S.B. 1995. *The Backyard Berry Book: A HandsOn Guide to Growing Berries, Brambles and Vine Fruit in the Home Garden.* Maple City, Mich.: OttoGraphics.

R.H. Shumway's. Retail Catalog. Randolph, Wis.

Smith, M. 2001. *Backyard Fruits and Berries: Everything You Need to Know about Planting and Growing Fruits and Berries in Your Own Backyard.*

Edison, N.J.: Chartwell Books.

Stremple, B.F. 1987. *All About Growing Fruits, Berries, & Nuts*. San Francisco: Ortho Books. Striblings Nursery, Inc. Retail Catalog. Merced, Calif. 95340.

Swenson, A.A. 1994. *The Gardener's Book of Berries.* New York: Lyons & Burford Publishers.

University of Illinois Office of Agricultural Communications. 1998. *Fruits in the Home Garden.* Carbondale, Ill.: University of Illinois Office of Agricultural Communications.

Waynesboro Nurseries. Retail Catalog. Waynesboro, Va. 22980.

See also Cooperative Extension Service publications from individual states (see Appendix C).

第 11 章

花草园艺

学习目标

· 认识 5 种当地常见的多年生花卉。
· 熟知当地主要的鳞茎植物。
· 解释夏季鳞茎植物和冬季鳞茎植物的不同点，并各列举 1 种代表性植物。
· 了解花园的 3 种不同类型。
· 说明花园秋季和春季的养护方法。
· 说明如何对 1 株多年生植物分株。

照片来源于 Londonjoolz（www.flickr.com/）

花卉园艺是家庭园艺中很受欢迎的形式，很多园艺师专门分开种植一年生和多年生观赏植物。与花卉园艺关系很近的有香草园艺、树荫园艺、岩石园艺和容器园艺。在本章中会分别介绍这些内容，还会介绍玫瑰、切花和干花。

11.1 园艺花卉的类型

一年生花卉

每年春季，可移植到家庭花园进行种植的一年生花卉幼苗都十分畅销。虽然它们只能活一年，但它们无须过多养护就能不断开出大量的花朵（表 11.1，图 11.1—11.6）。

通过商业育种培育颜色鲜艳、花朵更大和不同大小的一年生花卉是一个持久的过程。几乎每个花园都有适合的一年生花卉：有光照或无光照，土壤贫瘠或肥沃，8 厘米或 1 米高。每年都有新品种被评估后推入市场。最有价值的品种会被授予全美物种选育（All America Selection，AAS）奖，其有着美丽的外表和对不同气候的适应性。

表 11.1　喜阳的一年生花卉

常用名	拉丁学名	寒季型 / 暖季型	备注
熊耳草	*Ageratum houstonianum*	寒季型或暖季型	花色有粉色、白色，最常见的是蓝色，形似小粉扑；不耐寒
金鱼草	*Antirrhinum majus*	寒季型或暖季型	耐寒
金盏花	*Calendula officinalis*	寒季型或暖季型	花色有黄色或橙色，与木茼蒿相似
矢车菊	*Centaurea cyanus*	寒季型或暖季型	花色有蓝色、白色和粉色；耐寒
木茼蒿	*Argyranthemum frutescens*	暖季型	花色有白色和黄色，生长迅速，株高可达 1 米，多花
秋英	*Cosmos bipinnatus*	暖季型	花色有白色、紫色和橙色，带有红色；多数是高秆品种，少数是矮秆品种
波叶异果菊	*Dimorphotheca sinuata*	暖季型	耐寒；要在适合生长的地方种植；花色有黄色或橙色，与木茼蒿相似
花菱草	*Eschscholzia californica*	寒季型或暖季型	耐寒；移植后长势较差
天人菊	*Gaillardia pulchella*	暖季型	花色有橘色、黄色和红色组合在一起；在贫瘠土壤中长势较好
凤仙花	*Impatiens balsamina*	暖季型	花有距，花色很多；利用种子进行繁殖生长迅速
香豌豆	*Lathyrus odoratus*	寒季型	花色有粉色、白色、红色和淡紫色；蔓生或丛生；利用种子进行繁殖
香雪球	*Lobularia maritima*	寒季型或暖季型	多分枝；花色有白色和紫色，有芳香的气味；耐寒
紫罗兰	*Matthiola incana*	寒季型	花色有粉色、白色、红色和淡紫色；气味芬芳
碧冬茄	*Petunia×hybrida*	暖季型	花色很多，有丛生和蔓生品种
大花马齿苋	*Portulaca grandiflora*	暖季型	多肉植物，水分需求较少；花朵娇嫩，多色；匍匐生长
一串红	*Salvia splendens*	暖季型	红色，偶尔有粉色，带有紫色花边；可购买到不同高度的植株
万寿菊	*Tagetes erecta*	暖季型	花色有白色、橙色、黄色、红色和多种颜色组合在一起；可购买到不同高度的植株
翼叶山牵牛	*Thunbergia alata*	寒季型或暖季型	藤本；花朵橘黄色，中心黑色；在第 9 和第 10 区分布的是多年生植物

图 11.1 金盏花是一种很受欢迎的一年生植物。照片由美国全国花园办公室提供

图 11.3 凤仙花是一种喜阳的一年生植物。左侧的是双花品种，右侧的是单花品种。照片由美国全国花园办公室提供

大多数一年生花卉按照 4 株、6 株或者 8 株的规格包装在一起，作为温室种植的移植植物出售。通过购买花卉幼苗而不是种子，园艺师可以节省好几周的种植时间，并在植物要开花之前移植到花园里。有的一年生花卉要么不适合移植，要么生长速度非常快，所以要从种子开始种植。这些一年生花卉包括旱金莲、花菱草和凤仙花。大多数一年生花卉耐寒性较差。但有些一年生花卉属于寒季型一年生花

图 11.2 成片的碧冬茄（矮牵牛）的花期可以持续整个夏季。照片由美国高美种子公司提供

图 11.4 矢车菊的花有蓝色、白色、粉红色和红色。照片由美国全国花园办公室提供

图 11.5 天人菊是一种一年生植物，花色为黄色或红色。照片由美国全国花园办公室提供

卉，能够耐受较轻的霜冻，在气温 10—16℃内长势较好。这些一年生花卉（表 11.1）能够在春季最后一次霜冻前种植。在暖冬地区，为了让这些花卉在冬季和春季开花，要在秋季进行种植。

多年生花卉

很多园艺花卉是多年生草本植物（图 11.7— 图 11.11），叶子每年都会凋谢死亡，但

图 11.6 四季秋海棠是一种喜阴的一年生短生植物。照片由美国全国花园办公室提供

图 11.7 大滨菊是一种全日照多年生植物。照片由俄亥俄州希利亚德多年生植物协会提供

树冠和根部下一年会重新长出新的植株。只有两种常见的多年生花卉是木本的，即玫瑰和牡丹。

一年生花卉的花期很长，而多年生花卉的花期只有 2—3 周，且开花量也较少。但多年生花卉的花逐年增加，成簇开放，形成大量的花朵和叶子。多年生花卉比一年生花卉价格要高。它们单独装在容器中进行出售，也可以通

图 11.8 鸢尾是一种多年生植物。照片由作者提供

图 11.9 黑心金光菊是一种多年生植物。照片由俄亥俄州希利亚德多年生植物协会提供

过邮购苗圃名录进行订购并在植物休眠期时进行运输。一年生花卉每年都要重新种植，但多年生花卉能够生长很久，无须太多养护就能够每年开花。正因如此，多年生花卉是花园的主要植物（表 11.2）。

图 11.10 园艺粉红石竹是一种受欢迎的老式多年生植物。照片由美国全国花园办公室提供

图 11.11 萱草是一种受欢迎的多年生植物。照片由 http://www.thegardenconsultant.com/ 园艺顾问克里斯汀·拉尔森（Cristin Larson）提供

两年生花卉

只有少数几种常见花卉是两年生花卉。毛地黄和美洲石竹是人们比较熟知的两种。两年生花卉被当作即将开花的一年生花卉出售，可以从种子进行种植。

耐寒鳞茎花卉

春季开花的郁金香和夏季开花的百合是耐寒鳞茎花卉。这类花卉还包括番红花，虽然它从生物学上来说并没有鳞茎，但它有类似的功能。

耐寒鳞茎花卉与多年生花卉在很多方面都有不同。多年生花卉从春季到秋季都能够种植，而鳞茎花卉在夏末和秋季休眠时才能移植。然后它们能够在秋冬季从根部生长出来并在下一年开花。有些多年生花卉在整个生长期都长有叶子，而鳞茎花卉的叶子在盛夏凋落死亡，在夏季的后半段只留下地下鳞茎。

花园鳞茎花卉的常见购买途径是通过邮购目录从当地苗圃购买。郁金香、风信子和水仙花等常见鳞茎花卉最有名，还有一些小型鳞茎花卉虽然知名度不及它们，但很容易种植并适合种植于所有花园。表 11.3 列举了这些知名度

表 11.2　多年生花卉举例				
常用名	美国农业部植物耐寒区	株高	花期	备注
落新妇	3—9 区	0.5—1 米	盛夏至夏末	花色有白色、粉红色、淡紫色和红色，羽毛状花序
紫菀	1—10 区	0.15—1.2 米	夏末至霜冻	多种花色
风铃草	2—10 区	0.3—1 米	春末至夏季	花色有白色和蓝色，铃铛形
菊花	3—10 区	0.3—1.2 米	夏末至秋季	除蓝色外的所有颜色；摘掉花蕾可将花期延迟至秋季
小白菊	4—10 区	0.6—1 米	夏初至秋季	花朵较小，花朵白色中心黄色；多花
大滨菊	2—10 区	0.6—1 米	盛夏至秋季	花白色，中心黄色；多花
飞燕草	1—10 区	0.6—1.2 米	盛夏至夏末	花色有蓝色、白色、紫色，穗状花序
石竹	2—10 区	0.2—0.5 米	夏初至夏末	花色有白色、红色，其中带有粉色，花形与康乃馨相似
多榔菊	4—10 区	0.6 米	早春	花黄色，形似菊花；叶子在夏季凋落死亡
萱草	2—10 区	0.4—1.2 米	夏初至夏末，不同品种具体花期时间有所不同	花酒红色带有黄色；不适合用作切花，晚上花朵闭合
有须鸢尾	5—10 区	0.3—1 米	夏初	多种花色
西伯利亚鸢尾	6—10 区	0.6 米	春季至夏初	花形与有须鸢尾不同
千屈菜	2—10 区	0.6—1.2 米	夏季	紫红色的花朵带有粉红色；抗逆性较好，能够耐受潮湿土壤环境
香蜂花	3—7 区	1 米	盛夏	花色有粉红色、紫色、红色和白色，叶子有薄荷味
牡丹	4—9 区	1 米	春末至夏初	大花球，花白色带有红色
鬼罂粟	2—8 区	0.6—1 米	夏初	花色有白色和红色带有粉色，形似康乃馨
福禄考	4—10 区	0.6—1 米	盛夏	花序较大，花色较多
假龙头花	6—10 区	1—1.2 米	盛夏至秋季	花色有粉色和紫色，穗状花序；生命力强

不高的鳞茎花卉。

夏季鳞茎花卉和不耐寒鳞茎花卉

多年生花卉可以在温暖气候条件下种植，而不耐寒鳞茎花卉和夏季鳞茎花卉不能在美国大部分地区的冬季气候下存活。因此，它们在春季种植，夏季开花，秋季丢弃或储存，在下一年重新进行种植。这类花卉包括秋海棠（图 11.12）、大丽花（图 11.13）、美人蕉和唐菖蒲。第一次严霜后，应该立即挖除这些花卉，在阴凉处干燥，然后放在干燥的泥煤苔中，储存在温度在 10—16℃范围内的地方。表 11.3 列举了可选择的夏季鳞茎花卉。

11.2 花园规划

选址

在进行花园选址时，需要考虑的重要因素是土壤排水状况必须良好。植物几乎不能生长在潮湿的土壤中，特别是鳞茎花卉不适合生长在这样的土壤中。当土壤的排水有问题时，垄作不仅能够解决排水问题，还能提高花卉的观赏度。

一个地区接收的光照量将决定哪些植物能够在该地区种植成功。全日照地区能够种植的花卉种类最多。很多花卉能够生长在半日照或全阴的地方，但它们开的花比较少，长的叶子比较多。其他花卉因为缺少光照会变弱并死亡。因此，如果花园的位置较阴暗，花卉选种会受到很多限制（表 11.4）。

最后，花坛的位置选择应该考虑观赏性。露台和天井周围区域是很好的选择。

图 11.12 球根秋海棠是一种有名的喜阴的夏季鳞茎植物。照片由美国全国花园办公室提供

花坛类型

花境 作为背景的灌木丛和栅栏花境是常用的传统花坛类型（图 11.14）。狭长花坛的宽度可达 3 米，并设计成只能从一侧来观赏。据此，高大的植物栽种在后面，中等大小的植物栽种在中间，矮小的植物栽种在前面。

独立式花坛 独立式和岛式花坛（图 11.15）很适合现代景观设计，可供人们从任意方向观赏。高大的植物应该种植在花坛的中

图 11.13 大丽花是一种在美国广泛种植的夏季鳞茎植物，但在美国农业部 9—11 区是多年生植物。照片由美国全国花园办公室提供

表 11.3 鳞茎植物举例

名称	美国农业部植物耐寒区	花期	备注
观赏洋葱	4—10 区	春末	很多品种，花色有白色、蓝色和粉色；头状花序球形
孤挺花	5—10 区	夏季	花粉红色，形似百合
银莲花	6—9 区	春季中段	株高 10—40 厘米，花彩色
球根秋海棠	9—10 区，种植的是多年生植物；2—10 区种植的是夏季鳞茎植物	夏季	分单花品种和双花品种，花色多；在悬挂的花盆中长势良好
彩叶芋	9—10 区，种植的是多年生植物和所有夏季鳞茎植物	整个夏季只长叶子	只长叶子，有彩色纹
美人蕉	7—10 区，种植的是多年生植物和所有夏季鳞茎植物	夏季	株高 1—1.2 米的后景植物，花色有红色和黄色；有矮生品种
雪光花	3—10 区	早春	花色有蓝色、粉色和白色；株高低于 30 厘米
秋水仙	4—10 区	秋季	在 8 月份种植的秋季植物；在下一年春季长出叶子
番红花	3—10 区	早春	株高 5—10 厘米
大丽花	9—10 区，种植的是多年生植物，其他区种植的是夏季鳞茎植物	夏季	易于种植；有多种花色和花形
菟葵	4—9 区	早春	花黄色，形似毛茛；株高 5—10 厘米
皇冠贝母	3—10 区	春季中段	不太常见，很有吸引力，株高 0.7—1.2 米
唐菖蒲	8—10 区，种植的是多年生植物，其他区种植的是夏季鳞茎植物	夏季	株高可达 1.2 米，穗状花序
朱顶红	9—10 区，种植的是多年生植物，家庭种植植物分布在所有其他区	冬季	高茎，花形似百合
风信子	4—10 区	春季中段	多花，多种花色，株高 15—30 厘米
球根鸢尾	5—10 区	春季	花色有紫色、蓝色、黄色和白色
园艺百合	3—10 区	夏初	品种繁多，株高 0.3—1 米
麝香兰	2—10 区	早春	花色有蓝色、白色和粉色，株高 7—10 厘米
水仙花	4—10 区	春季	品种多；株高 0.3—1 米
酢浆草	6—10 区，取决于不同品种	9—10 区在冬季，其他所有区在春季	花色有白色、粉色、黄色，叶心形；株高 5—12 厘米
毛茛	8—10 区，种植的是多年生植物和所有其他夏季鳞茎植物	春季中段	花色鲜艳、花朵娇嫩，株高 0.3—1 米
绵枣儿	4—10 区	春季	花蓝色及其他花色；株高 15 厘米
郁金香	3—7 区	早春至春末	品种繁多；株高 10—50 厘米
马蹄莲	8—10 区种植的是多年生植物，其他区种植的是夏季鳞茎植物	9—10 区在冬季，其他区在夏季	叶子很大，花色有白色和黄色；株高 1—1.2 米

表 11.4 喜阴园艺植物举例			
常用名	**拉丁学名**	**类型及分布**	**备注**
蕨类	*Adiantum, Athyrium, Polystichum* 等	4b—11 区种植的是多年生植物	有很多耐寒品种，外形各有不同
匍匐筋骨草	*Ajuga reptans*	4—9 区种植的是多年生植物	因品种而异，春季开花颜色有蓝色或紫色，开花位置较低
耧斗菜	*Aquilegia×hybrida*	3—9 区种植的是多年生植物	花形特殊，花色有蓝色、黄色、粉色等；株高 0.7 米
落新妇	*Astilbe×hybrida*	4—9 区种植的是多年生植物	在蕨形叶子上长有羽毛状的粉红色或白色的花；株高可达 1 米
球根秋海棠	*Begonia×tuberhybrida*	鳞茎植物，9—11 区种植的是非多年生植物	较大的垂枝植物，花显眼，多种花色
雏菊	*Bellis perennis*	4—9 区种植的是多年生植物	花期在春季至夏初，花为白色或红色
岩白菜	*Bergenia×schmidtii*	3—9 区种植的是多年生植物	花淡粉色，常绿地被植物
贝母	*Caladium×hortulanum*	夏季鳞茎植物，10 区种植的是非多年生植物	长出的叶子混有红色、粉色、白色
长春花	*Catharanthus roseus*	一年生植物，除 9—11 区外均能种植	花粉色至白色，花期较长；株高 20—45 厘米，因不同品种而异
锦紫苏	*Coleus×hybridus*	一年生植物，除 9—11 区外均能种植	叶子颜色较多，花色有红色、绿色、黄色
铃兰	*Convallaria majalis*	3—7 区种植的是多年生植物	花较多，白色，铃铛形；大量繁殖密集生长形成花海
仙客来	*Cyclamen persicum*	5—9 区种植的是多年生植物	群生，花朵低垂，有粉红色、红色、紫色和白色品种
荷包牡丹	*Dicentra spectabilis*	5—9 区种植的是多年生植物	花形独特，花色有红色和白色，株高 0.3—1 米
倒挂金钟	*Fuchsia×hybrida*	5—9 区种植的是夏播一年生植物或多年生植物	典型的喜阴植物，花红色，带白色；售有成串生长的和直立生长的品种
珊瑚钟	*Heuchera sanguinea*	4—9 区种植的是多年生植物	花期较长，花红色至白色；株高 0.6 米
玉簪属	*Hosta* spp.	3—9 区种植的是多年生植物	叶子莲座形丛生，绿色或杂色，茎生花淡紫色或白色
非洲凤仙花	*Impatiens walleriana*	10—11 区种植的是夏播一年生植物或多年生植物	开花植物，花色有红色、粉色、白色和橙色
勿忘草	*Myosotis sylvatica*	3—9 区种植的是多年生植物	花亮蓝色，株高可达 0.6 米
报春花属	*Primula* spp.	2—8 区种植的是多年生植物	春季开花植物，头状花序，花色很多
紫罗兰	*Viola odorata*	4a—9 区种植的是多年生植物	花小，花色有白色、黄色或蓝色；株高 15 厘米
三色堇	*Viola×wittrockiana*	6—9 区夏播一年生植物或多年生植物	矮生植物；品种很多
马蹄莲	*Zantedeschia aethiopica*	8—10 区种植的是多年生植物	叶子较大，表面光滑，花漏斗形，白色；也有粉色和黄色品种

图 11.14 花境。照片由俄亥俄州希利亚德多年生植物协会提供

间，从花坛中间到边缘植物的高度逐渐降低。如果花坛设计成弯曲的，灌溉软管要以不同的方式移动来打造一个美观的轮廓，然后在花坛的边缘沿着灌溉软管铲土来进行标记。

对称花坛 对称花坛和花境（图 11.16）起源于欧洲，被用于宫殿和大庄园的花卉和草本植物。对称花坛的设计有严格的限制，必须是对称的，现在并不常用。很多园艺师喜欢在草本植物中使用对称花坛。长得很密的一年生植物很容易种植在对称花坛中。

村舍花园 村舍花园是指将很多不同种类和大小的花卉随意地种植在一起，有时还种植草药和蔬菜，目的是营造颜色多彩和形式多样的视觉效果。这种形式的效果是有多种醒目的颜色，能够吸引参观者驻足观赏。最初的村舍花园是英伦风格，后来逐渐在北美流行，因为

图 11.15 独立式花坛。照片由作者提供

图 11.16 对称花坛。照片由美国全国花园办公室提供

现在很多人居住在公寓里，园艺空间有限。

村舍花园通常还包括其他设计元素，如赏花用的长椅和小路。植物种类通常选择传统的常用品种如蜀葵、毛地黄和鸢尾。选种一些植株较高、长得稀疏的品种能够使随意性更强，这也是这类花园的特点。

选种

很多园艺师喜欢混种，在花园里种植多年生草本植物、多年生木本植物、鳞茎植物、一年生植物，有时还种植草本植物。这种混种花园结合了不同植物的优点：多年生植物的可靠性、一年生植物的多花性和耐寒鳞茎植物的早熟性。在进行植物选种时应该遵循下列标准。

植株高度　了解花朵最终的大小有助于园艺师选择株高合适的植物种类并将其种植在花坛的合适位置。很多一年生植物可以购买到株高不同的几个品种，既可以作为前景植物进行种植，也可以作为背景植物进行种植。

所需光照量　有些通用的花卉能够在所有光照水平环境下生长，但大多数植物仅限于在阴暗或有光照的环境下生长。选择在有光的环境下生长的植物种类能够最大限度地美化花园。

花期持久　规划花园时，要想让花园的花期持久就要选择各种各样的植物进行种植，这样花期就能持续整个生长季。早春开花通常要选择种植鳞茎植物，秋季开花要选种菊花。其他的多年生植物的花期能够从春末到夏季持续2—3周，在花卉园艺的参考书中能够查找到这些植物的开花顺序。因为一年生花卉花期较长，可以把它们与多年生花卉组合种植。

病虫害的易感性　花园与灌丛和地被植物景观相比，所需的养护更多。例如，种植精心挑选的种类，在正常情况下能够避免喷洒农药的需求。然而，选择种植杂交香水月季的园艺师应该计划在整个生长季每10天喷洒一次农药。

需水量　为了使花开得更多更好，需要给花卉频繁灌溉，但居住在缺水地区的人们也可以种植更合适的花卉。种植耐旱性植物的旱生园艺的实用性强，具有环保意义，并且能够美化环境。它并不像很多人认为的那样，是由仙人掌和岩石形成的景观，相反，它是把改良的多肉植物和旱金莲、马鞭草、马缨丹和天人菊等天生耐旱的常见园艺花卉和改良的本地植物混种在一起来建造一个花园，很少有人会察觉这个花园是以节水为前提进行设计的。

11.3　花坛整地与种植

花园整地取决于土壤现状。最近耕种过的花园用土除了添加肥料外，几乎不需要整地。未耕作的土地和草地整地所需的工作量很大。铲土的深度大约在 0.5 米，这也是多年生植物根部的平均深度，然后将大量的堆肥和泥煤苔等土壤改良剂混入土壤。大约每 1 平方米需要 1/2 杯（100 毫升）的平衡肥料，这些肥料应该洒遍整片土地并混入铲挖的土层。

如果花坛与草地相邻，杂草入侵是一个常出现的问题。位于花坛周界的坛边材料能够解决这一问题并使花坛呈现出整洁的外观。平放在水平位置或略高于水平位置的一排砖或装饰混凝土是很好的装饰边缘（图 11.17）。还可以使用很薄的装饰板（弯曲板）或者塑料装饰边缘材料。

花卉移栽种植的土壤深度应该与其最初种植的土壤深度相同。应该按照图 11.18 的方法或包装上的使用方法种植鳞茎植物。应该使用小木桩在鳞茎植物种植区域做标记，以避免在花坛中从事园艺活动时因不小心而影响鳞茎植物生长。

图 11.17　使用装饰混凝土作为花坛边缘

从种子开始种植的一年生花卉应该按照包装说明进行播种，在植株长得过密之前应该进行间苗，以达到最终的种植间距。间苗时要保留最大、长势最好的植株，其他的植株则应该被拔掉或移植。

11.4　花园养护

灌溉

当自然降雨不充足时，灌溉是花园养护中一个频繁进行的工作。为了避免植物萎蔫，应该根据植物所需进行灌溉来滋润植物根系。因为一年生植物根系相对较浅，一年生植物花坛与多年生植物和鳞茎植物花坛相比，灌溉要更频繁但较浅。在混栽的花坛中，灌溉次数应该足够多，滋润大多数根系很深的植物。

覆膜

使用堆肥、剪草和其他有机材料进行覆膜能够节约水源，减少杂草问题，并且能够使花坛呈现出整洁的外观。应该在春季一年生植物移植和多年生植物开始生长时进行覆膜。夏季，当以前的覆盖物底部腐烂时就应该重新进行覆膜。

在冬季寒冷的地区，天气变冷后在花坛上应该额外覆盖一层覆盖物。这层覆盖物能够减少花坛的冻结和解冻，这是冬季植物死亡的常见原因。春季植物开始生长时，应该去掉多年生植物根部的覆盖层。

施肥

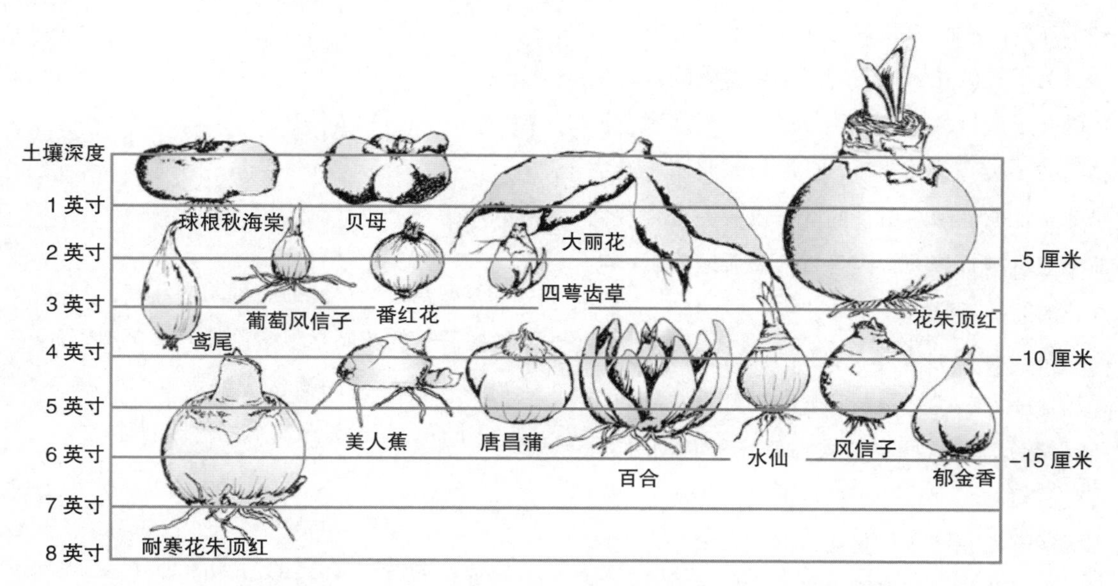

图 11.18　常见鳞茎植物、根茎植物、球茎植物和块茎植物的建议种植深度。图片由贝瑟尼绘制

频繁施肥有利于速生一年生植物。从植物移植后开始，每隔4—6周施顶肥能够保证为植物快速生长提供足够的养分。

多年生植物施肥的频率是由气候和土壤类型决定的。种植在冬季寒冷气候的壤土和黏土中的多年生花卉，每年春季施肥一次就足够了。在养分流失迅速的沙土中，和全年生长的温暖气候里，施肥应该更加频繁一些。多年生植物每2个月要施肥一次，要使用颗粒状肥料追肥。

鳞茎植物应该在种植时或植物活跃生长时进行施肥。有些园艺师在种植时会将15毫升富含磷的颗粒肥料或骨粉混合到鳞茎下面的土壤中。另一些园艺师会等到植物长出叶子时追顶肥。这两种方法都是可行的。

修剪

修剪一年生植物、多年生植物、鳞茎植物和草药植物能够促进植物开花并保持花园整洁。常规做法是打尖或剪掉枯萎的花朵，特别是一年生植物。这样做能够防止能量转移用于种子发育，从而能够促进植物开花。

为了提高花园的美观并消除植物病源，枯死的叶子应该尽可能摘除。盛夏，耐寒鳞茎植物的叶子会变黄并凋零，此时应该将鳞茎植物修剪至地面。鳞茎植物的叶子没有完全变黄之前不应该进行修剪，因为这样做会阻断下一年开花的能量来源。

另一种修剪方式是把鳞茎植物捆成一束。采用这一方法时，园艺师要等到开完花后叶子还是绿色时将这些鳞茎植物的叶子捆成一束，将叶子折叠起来，并用橡皮筋进行固定。这种方法能够使花园变得整洁，但在有限程度上鳞茎植物仍然能够继续进行光合作用。当叶子变黄时就应该将其剪掉。

分株

多年生草本植物的根部每年都会增大，几年后就会长得过密。拥挤的根部会影响植物开花的大小和数量，因此，要把母株分成几个小株丛并重新进行种植。在第5章中已经介绍了多年生植物和鳞茎植物的分株方法。

立桩和支撑

在较高位置开花的植物和开花量大且较重的植物需要立桩以防植物倒伏和折断。特别是在频繁降雨使花朵重量增加和常有大风出现的地区，立桩是十分必要的。

植株的大小决定着支撑一株植物需要使用桩子的数量。如图11.19所示，是使用立桩法支撑植物。无论使用何种方法，桩子应该放置在植株的后面或旁边，这样树叶能够遮挡住桩子。然后使用麻绳、布条和绝缘线缠在标签上将植物与桩子固定在一起。

11.5 专类花园

蔷薇园

蔷薇是最受欢迎的一种园艺花卉，所以专门种植蔷薇的花园是很常见的。蔷薇园里种植了很多不同种类的蔷薇（如蔷薇、玫瑰、月季）。下面介绍的是最有名的蔷薇品种。

玫瑰品种

香水月季 杂交的香水月季（图11.20）

图 11.19　采用木桩支撑植物的两种方法。照片由作者提供

的花朵较大，单生，植株丛生，最常用来做切花。香水月季最容易出现病害问题，耐寒性不够稳定。

多花月季　多花月季的花朵成簇生长，通常其花朵的大小要比香水月季小。

大花蔷薇　大花蔷薇（图 11.21）是香水月季和多花月季的杂交品种。大花蔷薇每簇的花朵数量要比多花月季少，但每朵花的大小和香水月季的花朵大小相近。

攀缘和蔓生玫瑰　这类玫瑰从植株基部长出的主茎较长，生长茂盛，需沿着栅栏和绿廊进行整枝（图 11.22）。

树形玫瑰　树形玫瑰既可以是香水月季、多花月季，也可以是大花蔷薇。树形玫瑰被嫁接到茎枝较长的耐寒品种上从而长成树的形式。夏季，在庭院装饰中树形玫瑰通常种植在花盆中。在寒冷的地区，树形玫瑰还是种在花

图 11.20　香水月季。照片由新西兰奥克兰苏珊（Susan McKessar）提供

图 11.21　大花蔷薇。照片源自新西兰园林玫瑰园网站 http://gardens.co.nz/RoseGarden/

盆中，但要被遮盖起来放置在一个避风的地方越冬。

微型月季 尽管微型月季外表脆弱，但其耐寒性很好。微型月季的花很小，单生或簇生，冬季微型月季可以在室内阳光充足的窗台上进行栽培。

蔷薇栽培

蔷薇是需要精心养护的植物，通常需要定期喷洒杀虫剂并且要每年进行修剪。有很多有关蔷薇栽培的专业书籍，在这些书籍中深入且全面地介绍了蔷薇栽培的相关知识。下面的内容只是蔷薇栽培的简要介绍。

土壤 种植蔷薇的基本要求都是土壤排水要迅速彻底。如果土壤含有大量黏土的话，应该向土壤中添加大量土壤改良剂。土壤使用和改良的深度是 50—60 厘米，土壤 pH 值应该为 6.5—7。

施肥 春季花朵萌芽后应该施用颗粒状平衡肥料。

灌溉 灌溉时应该注意要使 60 厘米厚的土壤保持湿润。蔷薇的叶子不能是湿的，因为这会促使黑斑病、锈病和霉病等真菌病害传播。

越冬 蔷薇的茎枝是木质的，能够越冬并在春季重新长出新叶。然而，有些蔷薇品种的茎耐寒性较差。在冬季气温低于 -12℃的地区，灌丛蔷薇应该用土覆盖 3 厘米深。在冬季耐寒性较差无法越冬的地区，蔷薇的攀缘茎枝可以被固定在地面并用土壤覆盖。

修剪 修剪蔷薇只是除去死亡的树枝、脆弱的茎枝和交叉枝。冬季茎枝顶端死亡是一个常见的问题，春季必须剪短茎枝使树枝能够继续生长。除非蔷薇的生命力很强，否则尽量不要进行修剪。剪去大量树枝会减缓植物的生长并减少开花的数量。

图 11.22 攀缘玫瑰。照片由作者提供

岩石园

岩石园（图 11.23）是将岩石与植物结合在一起营造的自然形态的环境区域，其中种植的植物品种都是原产自岩石和高山地区。在某些情况下，园艺师是把所购买的岩石和自然分布的岩石重新组合在一起，但大型的岩石经常被放置到岩石园中并艺术化地进行摆放来呈现出自然形态的感觉。然后将多年生草本植物、多肉植物、鳞茎植物、一年生植物甚至灌木和乔木（表 11.5）种植在岩石间形成的小缝隙和土壤区域中。很多种植在岩石园中的植物很小，比其他园林植物要小很多。在岩石园中种植灌木和乔木时，通常选择的都是矮生品种。

在一个新的区域种植植物时，要推迟到引进的岩石安置在土壤中后再进行种植。除了施用少量有机土壤改良剂外，几乎不需要进行土壤改良，因为大多数种植在岩石园中的植物原产于自然养分贫瘠的土壤中。但是，如果种植的是喜酸性植物，为了创造适合其生长的土壤环境，岩石间的土壤区域应该使用泥煤苔进行改良。

岩石园的养护工作包括除草，为大型植物分株，在土壤干燥时进行灌溉。一般来说，岩石园的植物不需要太多水分。在冬季寒冷的地区，秋季养护包括使用土壤覆盖机将干草等材料覆盖在该区域的植物上（常绿植物除外）。这个护根层能最大限度地防止地面冻胀和因此而导致的植物被连根拔起。

图 11.23 岩石园。照片由作者提供

盆栽园艺

盆栽（图 11.24）是在没有土地的情况下种植花卉和蔬菜最常用的方式。几乎所有植物都能种植在花盆中，包括乔木、藤本植物、蔬菜、花卉和灌木。

由于在花盆中可供根系生长的土壤体积有限，所以应该选用最好的土壤。人工基质（第 16 章）和自然土壤与大量有机土壤改良剂（第 6 章）的混合物是最佳选择。纯花园土基本都不符合要求，因为这种土壤在花盆中易于压

图 11.24 家门口摆放的仙人掌和多肉植物盆栽。照片由作者提供

表 11.5　岩石园艺植物举例			
常用名	拉丁学名	类型及分布	备注
筋骨草	*Ajuga genevensis* 和 *Ajuga reptans*	多年生地被植物，种植在 4—9 区	株高 5—15 厘米，因不同品种而异；在有无光照的地方都能茁壮生长；花蓝色
海石竹	*Armeria maritima*	多年生常绿植物，种植在 3—9 区	深绿色的叶子草状丛生，头状花序球形，粉红色
金庭荠	*Aurinia saxatilis*	多年生地被植物，种植在 3—7 区	生长缓慢，开满亮黄色花朵
番红花属	*Crocus* spp.	耐寒鳞茎植物，种植在 3—9 区	植株矮小，早春开花，花朵钟形
金雀儿属	*Cytisus* spp.	小灌木，落叶或常绿植物种植在 5—9 区	植株嫩绿色，蝶形花，白色或黄色
石竹属	*Dianthus* spp.	多年生草本植物，种植在 3—9 区	植株矮小 30 厘米，花色有粉红色、白色、红色和紫色
石南属	*Erica* spp., *Calluna* spp.	常绿植物，种植在 4—9 区	株高 30—60 厘米，花钟形；需要生长在酸性土壤中
常绿屈曲花	*Iberis sempervirens*	常绿地被植物，种植在 8—10 区	叶子深绿色，头状花序白色
网脉鸢尾（鳞茎型）	*Iris reticulata*	耐寒鳞茎植物，种植在 3—9 区	株高 10 厘米，早春开花，花色有黄色、白色和紫色
刺柏属	*Juniperus* spp.	常绿针叶植物，种植在 4—9 区	有叶子蓝绿色或深绿色的多个品种；要选种矮生和地被品种
香雪球	*Lobularia maritima*	一年生植物，可种植在除 9—10 区外的所有区	花色有白色、粉红色和紫色，植株蔓生席状；自然补播
蓝壶花属	*Muscari* spp.	耐寒鳞茎植物，种植在 4—9 区	植株矮小，株高 10 厘米，花色有紫色、蓝色和白色
丛生福禄考	*Phlox subulata*	多年生草本植物，种植在 4—9 区	植株席状生长，多花，花色有白色和粉色
欧洲云杉	*Picea abies*（矮生）	矮生常绿树，种植在 2—7 区	密集生长，生长缓慢，叶子深绿色
矮赤松	*Pinus mugo cv. mugo*	常绿针叶植物，种植在 3—7 区	灌木状松树，株高 45 厘米，能够广泛传播
银香菊	*Santolina chamaecyparissus*	多年生草本植物，种植在 7—10 区	它的典型特征是叶子银灰色；夏季开花，花色有黄色和白色
景天属	*Sedum* spp.	多年生多肉植物，种植在 3b—9b 区	株高 2—60 厘米，因不同品种而异；花亮黄色
长生草属	*Sempervivum* spp.	多年生多肉植物，种植在 5—9 区	植株矮小莲座状，绿色植株，带有淡紫色或淡红色
百里香属	*Thymus* spp.	多年生草本植物，种植在 2—9 区	植株蔓生，叶子深绿色或灰色
睡莲郁金香	*Tulipa kaufmanniana*	耐寒鳞茎植物，种植在 3a—10 区	植株矮小，株高 15 厘米，花与普通郁金香一样

实，排水较差。

灌溉是盆栽园艺最费时的一项工作。水在土壤中消耗得很快并且必须经常补充。在天气炎热时、使用黏土或小花盆种植时每天都要灌溉。人们可以使用专门为盆栽园艺设计的自动灌溉系统（见第 20 章）。

种植盆栽植物时，重点是要经常施肥：可以在灌溉时加入可溶性肥料（见第 16 章），或者使用缓释肥和颗粒状肥料追肥。

在北方，花盆中种植的多年生植物、乔木和灌木越冬需要进行防寒。在地面上，植物根部的温度要比种在土壤里的植物低很多，很可能因低温而死亡。如果可能，应该在秋季将花盆埋到地面并使用大量护根物覆盖植物进行保护。如果无法做到这一点，则应该将盆栽放置在车库里或在靠近房屋的掩蔽位置越冬。

切花园艺和干花园艺

虽然很多园艺师直接从花坛里采收鲜花，但还有一些园艺师喜欢在一个单独的区域栽培花卉，将其切下并带到室内。切花园艺通常位于园林的服务区，并不在景观里，切花包括很多切下后适于用作插花并能保存很长时间的一年生和多年生植物。

鲜花保鲜剂能够延长切花的观赏时间，是有效并有用的投入。更省钱的方法是喷洒 1/3 的汤力水和 2/3 的水的混合液。这种液体能提供糖分用于呼吸作用，保鲜剂能够减缓水中细菌生长（细菌会阻断氧气，导致花朵凋谢），酸性物质能够降低水的 pH 值（也是延长花期的一个因素）。

在同一区域生长的花卉能够用作干花并永久保存（图 11.25）。用作干花的植物应该在盛花期进行采收，将植物的茎捆成一个松散的花束，倒挂在空气流通性好且干燥的地方。挂在阳光直射的地方干燥有助于保护花卉的自然色。表 11.6 列举了一些适合做干花和切花的花卉。

图 11.25 爱尔兰风铃草是一种既可以做切花又可以做干花的淡绿色花卉。照片由宾夕法尼亚州沃敏斯特 W. Altee Burpee 公司提供

香草园

香草园是历史最悠久的一种花园，最近再次受到人们的喜爱。香草既有观赏价值又有实用价值，香草的叶子和种子有芳香的气味，可以用于装饰、烹饪、茶艺和制作香水。

香草的需求增长比其他园艺花卉较低。为了使香草茁壮生长并产生出芳香的味道，香草的生长需要全日照，但在相对贫瘠多岩石的土壤中和干旱的条件下，香草也能够很好地生长。包括薄荷在内的少数香草甚至能生长在潮湿的土壤中。表 11.7 列举了常见的香草种类、耐寒性、株高和用途。“楼顶花园”（图 11.26）是种植细香葱等香草的一种创新方法。

表 11.6　用作切花和干花的园艺花卉举例

常用名	拉丁学名	类型及分布	备注
蓍草	*Achillea filipendulina* 和 *millefolium*	多年生植物，种植在 4—8 区	伞形花序，黄色、白色和粉红色；可用作鲜花和干花
金鱼草	*Antirrhinum majus*	一年生植物	穗状花序，花色很多；用作鲜花的是高株品种
翠菊	*Callistephus chinensis* 以及其他属	一年生植物，但有些属是多年生植物，种植在 4—9 区	用作鲜花的是较大头状花序，粉色带有红色和紫色；要挑选抗病品种
鸡冠花	*Celosia cristata*	一年生植物	花红色和黄色，羽状或鸡冠状；用作鲜花或干花
矢车菊	*Centaurea cyanus*	一年生植物	花蓝色、粉红色和白色，纽扣形，用作鲜花
茼蒿菊	*Chrysanthemum frutescens*	一年生植物	生长迅速，多花，白色和黄色，用作鲜花
菊花	*Chrysanthemum*× *morifolium*	一年生植物或多年生植物，种植在 5—10 区	多种花色和花形，用作鲜花
飞燕草	*Consolida orientalis*	一年生植物	穗状花序，花白色、粉红色和紫色，用作鲜花
秋英	*Cosmos bipinnatus*	一年生植物	高株植物，需要使用木桩进行支撑；花粉色带有红色，用作鲜花
大丽花属（杂交种）	*Dahlia* hybrid	夏季鳞茎植物或多年生植物，种植在 8—10 区	既有矮生品种也有正常品种；鲜花的花期很长，花色很多
唐菖蒲属（杂交种）	*Gladiolus* hybrid	夏季鳞茎植物或多年生植物，种植在 9b—10 区	高大的穗状花序，花色很多，颜色较浅；只用作鲜花
千日红	*Gomphrena globosa*	一年生植物	用作干花；花白色、粉红色、红色和紫色
缕丝花	*Gypsophila elegans* 和 *paniculata*	一年生植物或多年生植物，种植在 5—11 区	用作鲜花或干花，花白色或粉红色；株高 1 米
麦秆菊	*Xerochrysum bracteatum*	一年生植物	用作鲜花或干花；花直径 5 厘米，黄色、红色、白色和紫色，颜色渐变
鳞托菊	*Helipterum manglesii*	一年生植物或多年生植物，种植在 9—10 区	品种很多；早春时切下用作鲜花
不凋花	*Limonium sinuatum*	除了在温和的气候下，都是一年生植物	花纸质，簇生，花色很多；用作鲜花和干花
贝壳花	*Moluccella laevis*	一年生植物	绿色铃铛形花朵，株高 1 米；用作鲜花和干花
水仙属	*Narcissus* spp.	耐寒鳞茎植物，种植在 4—9 区	品种很多；早春时鲜切
假龙头花	*Physostegia virginiana*	多年生植物，种植在 2—9 区	穗状花序，白色、粉红色和紫色；大量种植用作鲜切花
鼠尾草	*Salvia farinacea* 和 *Salvia patens*	一年生植物，种植在 8b—10 区，但易于补种	深蓝色穗状花序，用作鲜花或干花
窄叶蓝盆花	*Scabiosa comosa*	一年生植物，但种植在 3—9 区的是多年生植物	茎纤细，头状花序，白色、粉红色和蓝色，用作鲜花
万寿菊	*Tagetes erecta*	一年生植物	花黄色、橙色和白色，用作鲜花；高株品种为准；易于种植

（续表）

表 11.6　用作切花和干花的园艺花卉举例

常用名	拉丁学名	类型及分布	备注
干花菊	*Xeranthemum annuum*	一年生植物	花朵毛茸茸、纸质，粉红色中带有红色；用作鲜花或干花
百日菊	*Zinnia elegans*	一年生植物	头状花序直径 2—10 厘米，因不同品种而异；花色繁多；用作鲜花

图 11.26　细香葱是楼顶花园中的一部分。照片由肯塔基州莱特城市楼顶花园协会（www.greenroofs.org）和卫生局提供

表 11.7　香草园植物

常用名	学名	类型及分布	株高	用途
蒜	*Allium sativum*	多年生植物，种植在 9—11 区（或被当作一年生植物对待）	0.6 米	茎用作调料
北葱	*Allium schoenoprasum*	多年生植物，种植在 2—11 区	0.6 米	叶子用作调料，花朵非常具有观赏性
莳萝	*Anethum graveolens*	一年生植物，种植在所有地区	1.2 米	新鲜的叶子用作调料，种子晒干后用于腌制
龙蒿	*Artemisia dracunculus*	一年生或多年生植物，种植在 4—9 区	0.6 米	叶子用作调料
葛缕子	*Carum carvi*	两年生植物，种植在 3—11 区	0.6 米	种子用作调料
芫荽	*Coriandrum sativum*	一年生植物	1 米	新鲜的叶子和种子用于调料
孜然芹	*Cuminum cyminum*	一年生植物	15 厘米	种子作为调料
月桂	*Laurus nobilis*	木质灌木，种植在 7—11 区	0.6 米	叶子用于调料

（续表）

表 11.7　香草园植物

常用名	学名	类型及分布	株高	用途
薰衣草	*Lavandula angustifolia*	多年生植物，种植在 5—11 区	1 米	叶子和花蕾用于制作香囊
薄荷	*Mentha* spp.	多年生植物，种植在 3—11 区	0.6 米	叶子被当作调料和茶叶
罗勒	*Ocimum basilicum*	一年生植物，种植在所有地区	0.6 米	叶子用作调料
甘牛至	*Origanum majorana*	多年生植物，种植在 9—11 区（在其他区是一年生植物）	0.6 米	叶子用作调料
牛至	*Origanum vulgare*	多年生植物，种植在 3—11 区	0.8 米	叶子用作调料
欧芹	*Petroselinum crispum*	被视为一年生植物的两年生植物	0.4 厘米	叶子用作调料和装饰菜
茴芹	*Pimpinella anisum*	一年生植物	0.6 米	种子用作调料
迷迭香	*Rosmarinus officinalis*	多年生植物，种植在 6—11 区	1.5 米（匍匐形式常见）	叶子用作调料
鼠尾草	*Salvia officinalis*	多年生植物，种植在 3—11 区	1 米	叶子用作调料
普通百里香	*Thymus vulgaris*	多年生植物，种植在 3—11 区	0.3 米	叶子用作调料
姜	*Zingiber officinale*	多年生植物，种植在 10 区（在其他地区被当作一年生植物或家庭盆栽）	1 米	根多在中餐里被用作调料

问题与讨论

1. 为什么多年生植物有时被称为“花园的骨干”？
2. 你所在的地区都有哪些耐寒鳞茎植物？
3. 在冬季，应该如何储存夏季不耐寒的鳞茎植物？
4. 你会为自己的家选择哪种花坛类型，为什么？
5. 为了减少相邻的杂草入侵花园，你应该怎么做？
6. 鳞茎植物应该在什么时候进行施肥？
7. 应该何时除去耐寒鳞茎植物的叶子？
8. 多年生花卉最主要的繁殖方法是什么？
9. 如果你只打算花很少的时间从事花卉园艺，应该选择在花园中种植下列何种植物（选择两种）？
   a. 一年生植物
   b. 多年生植物
   c. 月季
   d. 耐寒鳞茎植物
10. 在种植月季时，哪些养护措施是必不可少的？
11. 为什么盆栽植物需要经常施肥？
12. 大多数香草种植的一般要求是什么？
   a. 灌溉
   b. 施肥
   c. 光照
   d. 土壤
13. 在岩石园艺中种植的植物一般是什么类型的？

Cairns, T., and M.D. McKinley. 2007. *Ortho's All About Roses.* 2nd ed. Des Moines, Iowa: Meredith Books.

Crockett, J.U., and M. Waters. 1981. *Crockett's Flower Garden*. Boston: Little, Brown.

Hill, L., and N. Hill. 1988. *Successful Perennial Gardening: A Practical Guide*. Pownal, Vt.: Storey Communications.

Hodgson, L. 2003. *Perennials for Every Purpose: Choose the Plants You Need for Your Conditions, Your Garden, and Your Taste*. Emmaus, Pa.: Rodale.

Johns, P. 1992. *Practical Rock Gardening*. Marlborough, Wiltshire: Crowood Press.

Nau, J. 1996. *Ball Perennial Manual: Propagation and Production.* Batavia, Ill.: Ball Publishing.

O'Sullivan, P., and J. Pavia. 2001. *Ortho's All About the Easiest Flowers to Grow.* Des Moines, Iowa: Meredith Books.

Park Seed Company. Retail Catalog. Greenwood, S.C.

Robinson, P. 2001. *Rock and Water Gardening: A Practical Guide to Construction and Planting.* London: Lorenz.

Strong, G., and A.R. Toogood. 2008. *The Mix & Match Garden Color Guide to Annuals & Perennials.* Millers Point, NSW, Australia: Books Are Fun.

Wayside Gardens. Retail Catalog. Hodges, S.C.

第 12 章

住宅景观规划

学习目标

- 说出景观之所以是住宅的重要组成部分的 3 个主要原因。
- 说出住宅景观公共区域的主要部分及各部分的功能。
- 说出住宅景观私人区域的主要部分及各部分的功能。
- 说出住宅景观服务区域的主要部分及各部分的功能。
- 解释景观植物选种的准则。

照片由园艺顾问克里斯汀·拉尔森提供（http://www.thegardenconsultant.com/）

家庭住宅景观的目的是将美观和功能结合在一起，并为自然生态系统做出贡献（至少最低限度地影响自然生态系统）。精心设计的景观能够同时满足并实现这3个目标。

为了达到这些目标，必须对景观进行规划，因为土地越来越昂贵，房子越盖越小。盲目种植灌木和乔木不但会造成混乱、破坏美观，而且最终的成本和耗费的人力几乎与最初根据规划设计的景观一样高。

12.1 专业化的景观规划

住宅景观的费用往往很高，因为除非住宅所在地的自然环境优美，住宅面积足够大能够保证私密性，否则通常必须进行大规模的种植和施工。

如果建设成本不是主要的考虑因素，那么专业化的景观设计和建造相对容易。景观规划具有艺术效果，会保证灌木和乔木移植到合适的位置，而且整个工程会提供保修服务。但对很多房主来说专业化的景观设计费用过高。这些房主有两个选择：聘请专业人员设计景观，自己施工；景观设计和施工均由自己完成。这两种方法有各自的优缺点。

专业化的景观设计费用需要数百美元，但这部分钱花得值，因为大多数人缺乏专业化景观设计的经验和想象力。如果房主有足够多的时间和精力从事这项工作，设计出美观的景观也是有可能的。下面的内容是为自己动手设计住宅景观提供的具体方法和建议。

12.2 功能景观的自主规划

精心设计住宅景观能够得到很多回报。最明显的是它能够提高住宅的设计感和美感，从而增加住宅的价值。但景观还有其他一些不那么显而易见的功能。

景观规划的一种方式是将室外空间作为带有特殊功能的额外房间进行设计。每一个这样的房间都有地面、墙壁和天花板。

入口处（公共区域） 规划这个空间的目的是为来访的客人提供舒适的“欢迎”氛围。这个区域的范围是从界址线开始一直延伸至前门，通常包括私家车道、人行道和前门台阶。

私人区域（休闲区域） 这个区域通常包括休息区、用餐区和食物准备区，如烧烤区。还会有壁炉等附加装置。

娱乐区域 这个可选区域包括儿童玩耍的区域、游泳池等。

工作和贮藏区 这一区域包括仓库、房车库、存船库、晾衣绳、柴房和工作台。

园艺空间 如果房主想要菜园和切花花园，要将其规划在这一区域内。

需求分析

景观规划的第一步是编制需求分析，以房主的个人喜好和生活方式为基础，编制详细的需求目录。

为了使需求分析系统化，应该将每个区域单独进行考虑设计（图12.1）。室外入口处（公共区域）包括所有从街道看到的住宅区域：私人车道、人行道、前门、停车区，有时还包括住宅的侧面。这一区域的需求分析应该解决如下问题：这一区域是否需要远离街道、保有私密性，以及这一区域是否需要安装照明设

图 12.1 典型景观中公共区域、私人区域和服务区域的位置。图片由科林·惠利（Colin Whaley）绘制

备，用来在夜间照明。

私人区域（休闲区域）包括露台、庭院、烧烤区和室外就餐区。为了设计休闲区域，应该充分考虑房主的生活方式，询问如下问题："家庭经常在室外开展休闲活动吗？""家庭休闲活动通常有多少人参加？"

娱乐区域是供儿童和成人开展体育活动的空间。娱乐区域是为儿童设计的吗？园艺空间是否包括蔬菜种植区域？

工作和贮藏区不在公众视野内（通常在房子后面），是为必要但不美观的设备预留的。这一区域是否需要房车库？是否需要仓库？是否需要狗窝？是否需要晾衣绳？

如图 12.2 所示，需求清单列表包含了有代表性的景观中房主会考虑到的大部分选项。应在清单上勾选所需的选项，并将填好的表格与最终设计进行比较，以确保景观设计能够满足房主的所有需求。

场地分析

场地分析是景观规划的第二个阶段，列出关于房屋建筑、风景、土壤、地面坡度、占地面积、现有景观等方面的详细清单。这个清单中既列出住宅的优点，也列出缺点，以便进行合理有效的设计。例如，已有的树木是否包含在设计中？空调装置是否安放在看不到的位置？是否有寸草不生、排水不良的区域或有侵蚀问题的斜坡？图 12.3 是一份与需求分析清单类似的场地分析清单。

12.3 生态景观的规划

绿色景观美化和 LEED

绿色景观美化是指非常注重环境的景观美化方法。过去常见的景观设计方法都只是注重美观，而绿色景观美化则不同，会从多方面考虑景观设计对环境的影响。

对住宅的每个区域，针对现有设计选出需要增加和改善的选项。

入口处（公共区域）

- □夜间照明
- □私密性
- □额外的停车区
- □改善人行道/（入口门廊）
- □入口庭院

私人区域（休闲区域）

- □灌溉系统
- □草坪
- □台阶
- □安装门牌号
- □庭院或露台
  （注明大小和正常使用时间）
- □室外厨房
- □壁炉
- □庭院或露台的顶
- □阴影（光照是否充足）
- □与邻居之间有隔断
- □夜间照明
- □吸引野生动物的植物
- □设有装饰品（雕像、鸟浴池等）
- □装饰用水池或游泳池
- □烧烤架或室外厨房
- □景观的重点
- □防风
- □附属的庭院/露台（注明位置）

娱乐区域

- □儿童游戏区域（注明包括哪些设施）
- □运动区域
  （注明运动项目和所需空间）

室外工作和贮藏区（服务区域）

- □存放房车或船
- □宠物区
- □仓库
- □晾衣绳
- □垃圾桶存放
- □灌溉控制系统
- □柴房

花园区域

- □菜园
- □切花花园
- □温室
- □堆肥处
- □果树或坚果树

图 12.2 需求分析清单

LEED（能源与环境设计先锋）是专业认证的方案，从可持续性、高效用水、热量和光污染、可回收材料的使用等方面给景观打分，并根据分数将景观分为 4 个等级。景观评估包括水土流失、泥沙防治、暴雨管理、就地取材、现场回收、可持续林业活动种植的认证木料的使用和高效用水等。

美国绿色建筑委员会出台了很多景观美化规范，住宅景观必须遵守这些规范才能获得“绿色”认证。这些规范在绿色建筑委员会的网站上能够查到：http://www.usgbc.org/（LEED 目录下，选择 LEED 评级体系，向下滑动，在右列选择“家

土地

1. 土地总体情况是好、一般还是较差?

2. 降雨后有排水较差的地方吗?

3. 设计的区域内有陡坡和缓坡吗? 有岩石或岩层吗?

4. 这里的景色是较好还是较差? 从哪里能看到?

5. 与周围的建筑物相比，住宅的高度是更高、相同还是更低?

6. 减缓坡度能够改善排水吗? 能为住宅增添趣味性吗?

房屋

1. 房屋是一层、两层还是错层式的?

2. 房屋设计是现代的还是传统的? 在景观设计中有历史感吗?

3. 房屋的改动（粉刷、扩建窗户）能够改善入口区域的外观吗?

4. 能够看到风景的窗户在哪儿?

5. 房屋有需要隐藏起来的难看的不能改动的建筑结构吗?

天气和小气候因素

1. 住宅位于美国农业部植物耐寒分类中的哪个区?

2. 住宅附近有频繁出现的强风吗? 风的方向是哪边?

3. 住宅有阳光的区域和没有阳光的区域是哪里?

4. 住宅有微气候区域吗? 在哪里?（详见第 4 章关于微气候的介绍）

5. 从黎明到黄昏，休闲区域的光照变化是怎样的？

现有植物

1. 住宅中现有大型树木吗?

2. 由于光照不足、病害和设计等，住宅中有需要挪动的树木吗?

3. 现有草坪是否需要改善?

4. 设计中引入了本地植物吗?

5. 除了树，现有植物有应该被保留下来的吗?

6. 被保留下来的植物有哪些?

现有建筑

1. 现有的围墙和植物能够保证私密性吗?

2. 现有行车道应该去掉还是重新画线?

3. 房屋的入口区域应该重新设计还是换位置?

4. 电表、天然气罐、空调等需要遮挡吗?

5. 现有建筑（围墙、人行道、挡土墙等）需要维修或重建吗?

6. 现有的庭院或露台区域需要扩大吗?

图 12.3 场地分析清单

庭住宅”)，上面详细说明了家庭住宅评级体系。

空气污染治理

在有雾霾的地方种植灌木和乔木能够吸收污染物。加拿大最近的研究表明，在城市屋顶绿化系统中种植草、灌木和乔木能够显著减少二氧化氮、二氧化硫、二氧化碳、臭氧、空气中微小颗粒等空气污染物。研究表明，与灌木和草相比，乔木去除空气污染物的效果最好；但是，建筑物的承重能力会限制乔木的使用。

家庭园艺爱好者可以在狗窝、车库及其他室外建筑物的屋顶试用物美价廉的屋顶绿化系统（如种植香草和连续结果的草莓），尤其是在温带地区。在加拿大等冬季寒冷的地区，如果屋顶的土壤厚度小于 15 厘米，需要采取正常的保温措施。

灌溉、节水和水污染治理

设计高效的灌溉系统并选择合适的时间进行灌溉能够节约水资源，减少浪费。坡面景观设计应该最大限度地减少暴雨和灌溉水的径流，因为径流会携带土壤、肥料和农药进入河流和湖泊，对其造成污染。使用蓄水池收集并留存住宅周围的雨水也能够减少水的使用。

住宅旁边的坡面景观的坡度至少要达到 2%，这样能够确保地基附近不会因为积水形成水塘。减少景观中过多的斜坡能够减少径流，但更环保的做法是尽量在靠近降雨的地方渗透并储存径流水。具体方法有两种：

1. 雨水花园是一种覆盖植被的区域，目的是从屋顶、车道和其他硬面收集雨水。这些区域的植物和土壤有助于水分渗入土壤。水桶和蓄水池收集并储存雨水，然后在早期被用于灌溉。在这种方法中，雨水是一种资源，而不是一个需要解决的问题。

2. 将径流雨水转移到雨水花园和蓄水池也能够减少水污染。城市地区有大量径流水，因为这里有大片的屋顶和车道等不透水层。流经这些地区的溪流不断受到大量水流的冲击，河岸会受到侵蚀。住宅雨水花园和蓄水池能够转移一部分径流并就地利用。

选择并使用节能材料

景观中使用的每一种材料都代表着能量投入。能量被用于生产和运输产品，如工具、机器、铺路材料和化学制品。通过少量购买并持久投入，能够节省能量。例如，在景观中规划堆肥的位置不仅能够降低花园垃圾运输至垃圾场所需的能量，也能够省下化肥生产和运输所需的能量。堆肥还能够吸收水，减少灌溉量和运输水所需的能量。

在设计中使用当地生产的或回收再利用的材料（如景观围边和景观织物）也能够减少能量。木质或塑料景观围边和花盆等很多景观材料，当其不再需要时也可以回收。

选择合适的植物

选择种植生命力更强并更加适应本地土壤和气候的本土植物，意味着只需使用少量水、肥料和农药就能够保证植物健康生长。在传统的绿化中，大量使用农药和化肥对当地河流和湖泊造成了污染。减少农药用量能够减少人类与潜在有害化学物质的接触，并防止这些化学物质进入生态环境系统。

关注自然植被是另一种注重环保的方式。在分布有天然森林的地区，无须除去树木和林下植被。自然沙漠和草原景观也是如此。保留完整的自然景观并使用几种改良的本地物种进行优化意味着不需要进行灌溉，景观也会与当地环境相适应。一个当地苗圃通常专门种植本地以及气候环境相似的世界其他地区的植物。网上苗圃能够为植物选种提供更多的选择。

在景观中设计地被植物能够防止表层土壤侵蚀。当使用地被植物代替草坪时，所需能量投入（如除草和防治杂草的化学制品）会减少。当使用地被植物代替铺石路面时，它们可以提供氧气并吸收太阳辐射，而不是以热的形式将太阳辐射反射回大气层。

在恰当位置栽种植物

全球造林计划（http://www.americanforests.org/global_ releaf/）有一项公众教育活动，旨在提高人们通过个人行动来帮助应对气候变化的意识。这项运动建议从植树开始！虽然树木能够吸收二氧化碳，这将直接改变二氧化碳在大气中的积累，但植树的主要作用是使树木在夏季提供树荫。通过建筑物和道路区域（这些区域会反射热量到建筑物上）的树荫及蒸腾作用，树木能够减少空调的使用。这种间接冷却能够将空调耗电量降低10%—50%，从而减少二氧化碳的排放。

植物的适当栽种，特别是树木的栽种，能够给建筑物制造阴影，从而减少取暖和制冷需求。当把落叶树木栽种在建筑物的西边时，它们能遮挡炎热的下午光照。在冬季，常绿树木能够保护房屋免受寒冷北风的吹袭，并减少取暖费用。

吸引野生动物

你可以采用不同的方法促使鸟类、蝴蝶和其他野生动物进入景观。首先，选择种植本地植物，特别是那些带有浆果、水果和花朵的植物。种植不同高度的植物（地被植物、灌木和乔木），这样景观看起来就像能为动物提供住所和保护的森林。要避免种植在景观中能够自行繁殖的外来物种（检查合作推广服务部门所提供的该地区入侵植物和有毒植物列表）。在景观中提供一个小水源，如鸟浴池或喷泉。尝试将种植有本土植物的自然缓冲区设置在房屋的四周。美国野生动物联合会还会对景观进行认证，证明其能够为动物提供栖息地（http://www.nwf.org/backyard/）。

景观中的草坪

草坪曾经是每个景观的标配，但现在已不再是了。虽然在有规律性降雨的部分地区适合种植草坪，但它们的养护要求很高。每周必须进行割草，并且为了保持草坪达到附近居民可以接受的标准，每年必须有规律地喷洒农药。在干旱地区，草坪所需的灌溉量比所有其他景观的灌溉总量还要多。因此，在降雨不规律的地区颁布了相关法令，用来限制新的景观和建筑物周围的草坪面积。

在景观中规划草坪并不是必需的，应该根据个人喜好和气候条件进行选择，也包括是否对草坪有实际需求。例如，草坪区域是否是为儿童规划的？儿童玩耍区域规划在树皮碎片等覆盖的软质地面是否会比在草坪更好？

灌溉注意事项

在干燥的气候条件下，栽培观赏植物需要频繁灌溉，使用了宝贵的水资源，而粮食生产等其他地方更加需要水资源。房主的用水成本也很高。西部地区与东部地区相比更偏向于选择节水型园艺（xeroscaping），在这种景观中会选择适应该地区气候环境、用水量低的植物进行种植。选种原产本地和用水量低的植物在最初定植期不需或只需少量灌溉，这些植物还能够很好地替代那些除了自然降雨还需经常灌溉的外来景观植物。

分区用水技术是将需要特殊养护和额外灌溉的植物种植在一起，同时会考虑到节约用水的技术。在这一技术中，用水需求相似的植物被种植在一起，然后根据植物所在区域设计灌溉方案，有些地方灌溉量多而有些地方灌溉量少。例如在景观入口处设计的是种植生长繁茂的植物，主要种植的是需水量大的蕨类、花卉，可能还有一小块小草坪，而在较偏的区域主要种植的是耐旱的草、多肉植物和棕榈树等。

12.4 景观设计

前期设计草图

景观设计的第一步是绘制前期设计草图，上面有房屋的基本布局和外观，还包括场地分析的相关信息。草图上的土地、房屋和现有植物按比例绘制在一大张坐标纸上。这张草图是设计框架。然后可以在上面铺上描图纸，以便尝试不同的想法。

设计草图不需要看上去很专业；草图更重要的是要准确具体，包含所有必要的信息。草图上要绘制挡土墙、电线，好的和差的景观，还应该包含房屋的门和窗，因为改动这些地方涉及很多重大的变动。

布局

基本草图绘制完成后，应该选择规划房屋的公共区域、私人区域和服务区域。在大多数已建成的院子里，这些区域已经在实际使用中确定好了，但除非实在找不到替代的区域，尝试改变这些区域的位置是值得的。服务区域可以从房屋后面移至房屋侧边，私人区域也可以从后面移至前面的封闭庭院。图 12.4 所示的是将服务区域设计在同一个住宅 3 个不同位置的方案。

入口处（公共区域）的设计

这个区域是访客看到的第一个区域，能够给人留下对房屋主人的第一印象。如果这一区域设计不当或维护不善的话，会给人留下凌乱的印象；如果植物稀疏或修剪过度的话，会给人留下拘谨的印象；如果院子有围墙的话，会给人一种与世隔绝的感觉。

这一区域的主要功能是将住宅和周围的环境融合在一起，使进入住宅的人感到舒适和被接纳。为了体现这个功能，大多数的入口景观包括下列几个基本要素：入口通道、人行道、车道和附属绿化带。

入口通道和人行道　在大多数住宅的入口处都有一条与车道相连的标准的狭窄人行道和一块混凝土板，这里是访客的等候区。

很多业主考虑到这些是永久性的设施，不愿使用移除或替换的设计方案。虽然除去混凝土是一个大工程，但如果人行道太窄，门口等候区狭窄得让人不舒服，那么拆除这些设施并用雅致的出口处进行替代的做法是合理的。此外，可以使用新的铺路材料覆盖在原来的路面上，还可以适当拓宽路面。

所有的人行道的最小宽度是 1.2 米，这个

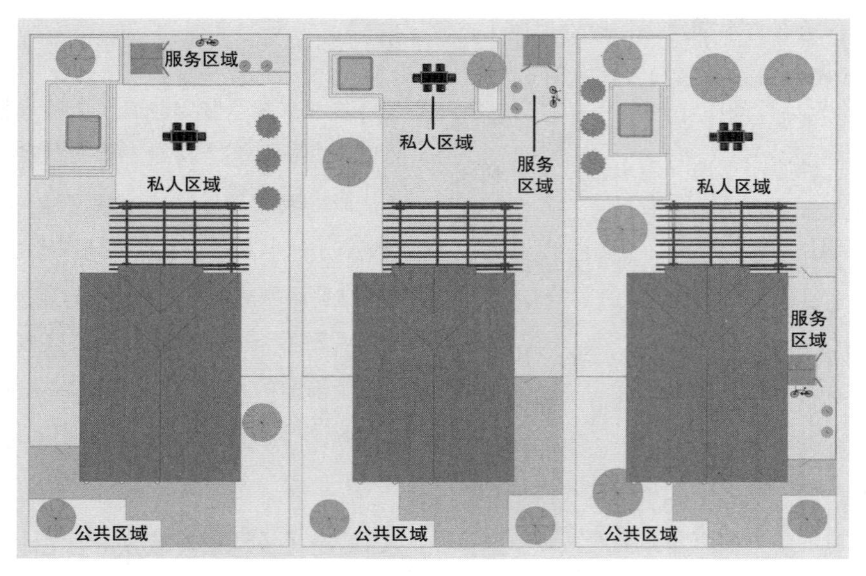

图 12.4 同一个住宅的 3 张设计图纸，展示了服务区域设计在不同位置的效果。图片由科林·惠利绘制

最小宽度能够允许两个人并肩行走。如果空间足够大的话，人行道的宽度最好是 1.5—1.8 米。这样，行人走路时可以不用注意脚下，不会走到铺砌路面之外。这种宽度的人行道听起来有点过宽而不美观，但可以通过在人行道上种植小树、沿边缘设地被植物或使用有趣的铺路材料来打破这种单调感。

这一区域内的台阶应该很宽并且是缓慢上升的，每阶台阶的高度至少应该有 45 厘米。应避免设置间距相等的单调的台阶。相反，应该先设置几级台阶，再铺设一段人行道，然后用更多的台阶完成水平变化。如果有方向上的变化，应该考虑设计弯曲的人行道。入口庭院是一种有趣但很少使用的入口设计。入口庭院将人行道和入口通道整合为一块铺砌区域，还点缀有景观植物花坛（图 12.5）。这样的庭院需要的养护量小，并能够营造一种宽敞的感觉。

入口庭院的一种变化形式是封闭式的入口中庭（图 12.6）。封闭式的入口中庭中会使用一面墙或栅栏来划定前门前的区域，然后在这个区域种植灌木、小乔木，铺设路面并设计花坛。当住宅的正面不太美观，住宅靠近马路，或者住宅有较大的窗户（如果窗户不够大，街景会很乏味）时，入口庭院是很有用的。入口庭院也能够兼作私人区域。

在建造入口庭院之前，应该仔细阅读社区关于在公共区域建围墙和栅栏的分区条例。在少数情况下，任何形式的围墙都是不允许建造的，但通常情况下是对围墙高度有限制。

车道 除非车道是很大的环形车道或通向一个大型建筑，否则不会影响入口区域的外观。车道应该设计得尽可能不显眼，取消不必要的弯道，车道两边不应该种植花卉。花卉只能起到突出车道的作用，而车道是一个功能性元素，通常不是装饰性元素。

设计者应该注意不要通过限制车道大小来使车道最小化。这种做法是不切实际的，因为这样做会限制车道的功能和使用的舒适感。图 12.7 所示的是车道和停车区设计样图，该设计

图 12.5 入口庭院所需的养护较少，能达到令人赏心悦目的效果。照片源自 Sonorastone® Pavers & Classic Wall Cap，由 Stepstone, Inc.®; www.stepstoneinc.com/ 提供

中的车道和停车区的尺寸是可接受范围内的最小尺寸。

对很多住宅来说，车道也兼作人行道，一直延伸到惯常的人行道的起点。假如车道没有被车辆封堵的话，这种做法是完全可以接受的，比将院子一分为二的、通向街道的人行道要好得多。另一种车道的设计是利用一条铺砌道路延展车道（人行道）（图 12.8），二者合并成一个与住宅相连的平台。客人在私人车道上停车后进入的是一个铺砌区域，而不是院子。

选择美观的铺路材料能够很好地提升这一在其他方面很普通的景观元素的外观。柏油路的劳动力和材料成本最低，如果房主自行施工的话，可以选用更美观的铺路材料。表 12.1 列出了一些铺路材料。

图 12.6 西班牙风格的入口庭院。照片由作者提供

附属绿化带 附属绿化带是入口通道设计的第 3 个元素。这个部分包括乔木、灌木和地被植物，是景观中有生命的一个部分。

树木形成了景观的支柱，是室外空间的视

表 12.1 铺路材料
沥青或柏油路
砖石
混凝土（多种颜色）
露石混凝土
预制染色混凝土板
连锁式混凝式预制块
砾石
枕木
石板
地砖
砖和混凝土组合

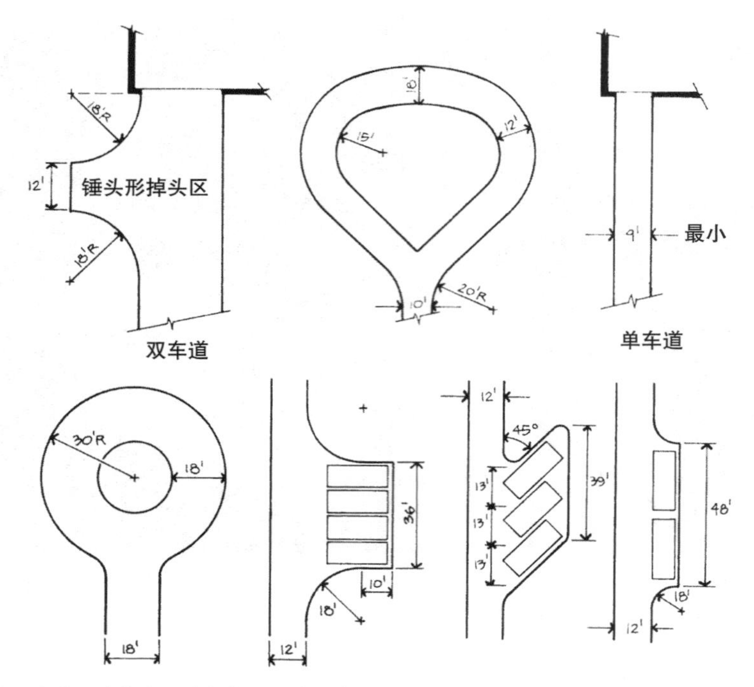

图 12.7 不同形状行车道和小停车区的规格。照片源自 Hannebaum，Leroy G.,《景观设计实用方法》，第五版，2002 年，50 页、165 页。经新泽西州上萨德尔里弗培生教育出版集团许可转载

图 12.8 用装饰性铺砌路面将车道延展至人行道能够营造一个美观的入口，并能避免将草坪一分为二。照片由作者提供

觉“天花板”。树木也形成了住宅的背景。如果住宅里面有植株高大、种植在合适位置的树木，无论院子还种植其他何种植物，都没有这些树木引人注目。绿树掩映下的前院所营造出的宁静清爽的效果是无与伦比的。

如果院子里已经种有大树，在景观设计时应该绕过它们。但在没有树木的院子里，植物选种和布局是至关重要的。

应该种植松树等常绿乔木，因为它们的叶子全年不落，是住宅与风、阳光和道路交通之间长久性的屏障。另一方面，落叶乔木在夏季能够提供树荫，而到了冬季又不阻隔植物生长所需的光照。

为了减少养护和保护树木免受剪草机造成的破坏，树木应该与灌木和地被植物种植在一起，或者在树木周围铺上覆盖物。这样做也能够减少人工剪草的需求。

植株较高大的树木与房子的距离不能太

近，应不小于6米，因为当植株成熟后它们的高度和宽度都会增加。植株较小的树木与房子的距离可以近一些，因为它们长大后的尺寸也不是太大，但不能种植在屋檐下。同理，树木不能种植在架空线的下面。

在大多数景观中，附带种植区主要种植的是灌木和地被植物。花坛一般设计在房子临街的位置（图12.9），来突显或平衡院子里种植的其他植物。花坛可以用来种植遮阴树，因为它们种植的位置通常不靠近房屋。

图12.9 住宅与街道间的植物屏障。照片由作者提供

与房子相连的花坛要么是角隅种植，要么是基础种植。角隅种植是从房子前角落延伸出来，并与景观融为一体，能够遮挡房子与地面相接处的不美观的直角。角隅种植栽种的都是最常见的景观植物，通常包括一棵小树、几棵灌木和漂亮的地被植物（图12.10）。

在20世纪，建造房子时有时会有高出地面4厘米的不美观的地基，这时就要有基础种植把这个地基隐藏起来，就形成了基础种植的概念。这个方法一直沿用至今，大多数业主仍然会在房子前面种植一行灌木。如今基础种植不再是必不可少的，花坛可以设计成全部、部分或者完全不覆盖房子前面区域。

无论是独立式的还是与房子相连的，大多数花坛都要遵循下列基本规则：首先，灌木要选择3棵及以上（通常是奇数）同一树种，然后种植在一起形成茂密的树叶。其次，花坛的

图12.10 角隅种植使房屋的边缘看起来更舒服。照片源自Hannebaum，Leroy G.，《景观设计实用方法》，第五版，2002年，50页、165页。经新泽西州上萨德尔里弗培生教育出版集团许可转载

范围通常是由围边或铺砌路面进行划定，所有包括的区域用地被植物和覆盖层进行覆盖。采用简单的线条和有覆盖层及地被植物的区域能够使其看起来是经过专业绿化的。最后，运用大量弧形线条设计能够形成大型、弯曲状的或几何形的花坛。在设计花坛时，房主往往很谨慎，会设计得很小并靠近房子。如果花坛面积大，轮廓清晰，能够延伸到院子里，效果会更好。

入口通道和公共区域设计指南 专业化设计的景观与房主自行设计的景观有很多明显的区别。专业的景观设计师使用了很多技巧，使最终设计出的景观令人赏心悦目。

第一，不要尝试保留院子里的每一株植物和所有现有的铺砌区域。如果原来的设计较差，增加新的设计也不会有改善。

第二，如果地是平的，可以考虑利用台阶、堆土或建造围栏、墙壁和高位栽培床来改变地形。在种植植物前，这种水平变化能够为院子增加趣味性并消除毫无变化的单调感。

第三，只种植几种植物，但每种种植的数量较多。一般前院的种植情况是，2—3 种灌木，1 种遮阴树，1—2 种小乔木，1 种地被植物就足够了。如果使用几十种植物，每种只种植一株，会造成不协调且不美观的景观。

第四，使用地被植物和覆盖层。通常情况下，景观最后的装饰是在乔木和灌木下栽植地被植物或用树皮和石头进行护根（详见第 13 章关于护根的建议）。

第五，不要用太多装饰品。鸟浴池、凝视球、铁艺椅等太过吸引人的注意，无法凸显房屋及其景观。装饰品应仅限于放置在私人区域和封闭庭院内，并与装饰性植物相结合。

最后，不要勉强使用书上或其他人的设计思路。很多面向业余爱好者的景观设计书中有设计范例，只需要对这些设计稍做修改就能适用于所有的住宅。

私人区域（休闲区域）设计

住宅景观的私人生活区域（图 12.11）应该是私密的。舒适使用休闲区域很重要的一点是要有屏蔽，邻居无法看到这一区域，也无法听到声音。同样重要的一点是这一区域要挡风、有遮阳物，否则会影响该区域的实用性。精心设计的私人生活区域是使人愉悦的，星期六的早上可以在这里吃早餐，在树荫下午睡，晚上 6 点烧烤，开派对一直到凌晨两点。对于不同家庭和气候来说，私人生活休闲区元素差别很大，但几乎每个人都想要一个私密的并有

图 12.11 私人休闲区域，包括带顶的露台、阳光充足的休息区、水浴池，与右侧的工具区域分隔开。图片由科林·惠利绘制

遮阳物的露天平台。

露天平台 露天平台是带有地面、围墙和吊顶的室外空间。地面铺砌路面或室外地板，围墙可以是栅栏、植物或墙壁，吊顶可以是露天的、树冠、建造的屋顶或伞。

大多数建筑商会把露台和平台设计在房屋后面，与休闲区和就餐区相连。设计时需要考虑的很重要的一点是从房屋进入这一区域的便捷性。但在选择这一重要区域位置时，还要考虑到天气和私密性等因素。

露台位于房屋哪一边会影响宜居性，并决定着所需的建筑工程量和遮阳面积。在大多数情况下，露台最好是设计在房屋的东边，因为在早晨阳光较早照射这个区域，而到了下午房子会遮挡住这个区域。相比之下，西侧露台整个早晨没有太阳照射，温度较低，而下午还需要遮阳物遮挡阳光。

南向的露台整天都有阳光直射。在温暖地区，几乎整天都需要遮阳。但在寒冷地区，阳光能够温暖露台，从而将其使用时间延长到早春和深秋。相比之下，在全年大多数时间里北侧露台都接受不到光照，阳光被房屋遮挡住，温度相对较低。露台理想的朝向是西南向。

露台的尺寸在很大程度上决定着它的实用性。家庭常用的露台大小是 4 米 ×4 米，勉强能放一张桌子和两把椅子并留出走路的空间。露台更合适的最小尺寸是 5 米 ×5 米。每边额外多出 1 米很容易容纳下一张桌子、四把椅子或一张餐桌，还能留出空间放一把躺椅或两把普通的椅子。5 米 ×5 米是建议最小尺寸，可以设计更大的露台。露台区域可以利用矮墙（图 12.12）和高身花槽划定。

主露台应当十分宽敞，卧室或浴室外的小露台就不需要那么大。通常后者是为了从屋内向外观景而设计的，只是偶尔使用。这个区域的大小设计成 2 米 ×3 米就足够放下一张小桌子和两把椅子。

视觉和环境隔断

大多数位于城市或郊区的住宅需要使用隔断，不仅是为了私密性，也是为了防止动物和小孩随意进出，有时还是为了防风。沿着界址线建造的传统栅栏的确最大限度地利用了可用土地，但如果不是种植很多植物的话会造成一种封闭的感觉。另外，当地的分区法规规定沿着界址线建造的栅栏高度不能超过 1.5—1.8 米；如果隔壁的房屋更高的话，就无法保

图 12.12 矮墙将两个区域分隔开。照片由 Classic Wall Cap (Stepstone, Inc.® www.stepstoneinc.com/) 提供

证个人隐私。界址线栅栏可以用坡台、高位栽培床、内部栅栏来代替，或用植物作为视觉隔断。

坡台是0.3—1米高的土堆（图12.13）。虽然有的住宅有天然坡台，但坡台通常是通过平整土地而形成的。坡台的实用性很好，因为它的高度变化为景观增添了趣味。如果种植有灌木和乔木或在顶上设置栅栏，则既能符合分区限制，又能保证住宅的私密性。

木制、石制、砖制或其他材料制成的高身花槽（图12.12）可以种植高大灌木和地被植物，也能作为露台的隔断。几乎所有生长在地里的植物都能种植在高身花槽中。此外，高身花槽特别适合用来种植有特殊土壤需求的植物，因为可以根据选择将混合土壤装入花槽中。例如，在土壤偏碱性的区域，可以将酸性土壤和泥炭土混合物装入高身花槽，用于种植杜鹃花。

内部栅栏和围墙建造在住宅里面，而不是沿着住宅的边界。如果现有的界址线栅栏太矮，内部栅栏能够创造出一个小的私人区域，这样就不必更换现在的栅栏。内部栅栏还能起到隔断作用，这样从私人生活区域就看不到服务区域。另外，内部栅栏还能作为植物和花园装饰品的美丽背景（图12.14）。

植物本身就可以用来做隔断，但效果没有栅栏和围墙那么直接。对于有耐心的房主来说，植物其实是最好的视觉隔断材料之一。

图12.13 坡台可以用作隔断。照片由作者提供

从防风效果上来说，植物也比大多数栅栏要好。如果使用栅栏防风，风通常会越过栅栏顶部并立即回到距离栅栏2—3米远的地面。而如果使用植物防风，植物能够把风分散成风速较小的小涡流。

在设计防风隔断时，应该考虑到风的季节性变化。例如，大多数人希望在夏日午后增加凉爽的微风，并在秋季减少或消除寒冷的北风，这样能够把庭院的使用时间延长几个星期。

很多植物都能用来做隔断。松树是一种可以常年使用的常绿隔断，株高可达30米。密集生长的小檗树篱长有尖刺，能够阻止动物和不法闯入者。在选择植物做隔断时，应该考虑的因素包括植株高度、密度、生长速率和该植物是常绿的还是落叶的。

植物隔断不能很好地解决噪声问题。影响噪声等级的主要因素是声源距离以及用作隔声屏障的材料的质量（重量）和高度。鉴于此，控制噪声主要的方法是将砖墙、石头墙或混凝土墙建造得足够高，保证噪声源低于墙顶端1—2米。就交通噪声而言，如果噪声源是轿车，这就意味着墙的高度要达到2米；如果噪声源是卡车的话，墙的高度应当更高。

遮阳物 在大多数气候条件下，住宅里是否设计了遮阳物是决定室外舒适性至关重要的一点。种植树木是一种提供阴凉的方式，树木的种植位置应该仔细选择，以确保在合适的时间为所需区域提供树荫。但使用树木做遮阳物的缺点是效果不是立竿见影的。房主必须等待几年，在树木长成之后才能获得遮阳效果。

虽然建造屋顶的成本相对较高，但其能够立即提供遮阳效果。它们能够创建出一个防雨区域从而保护庭院家具，而植物无法做到这一

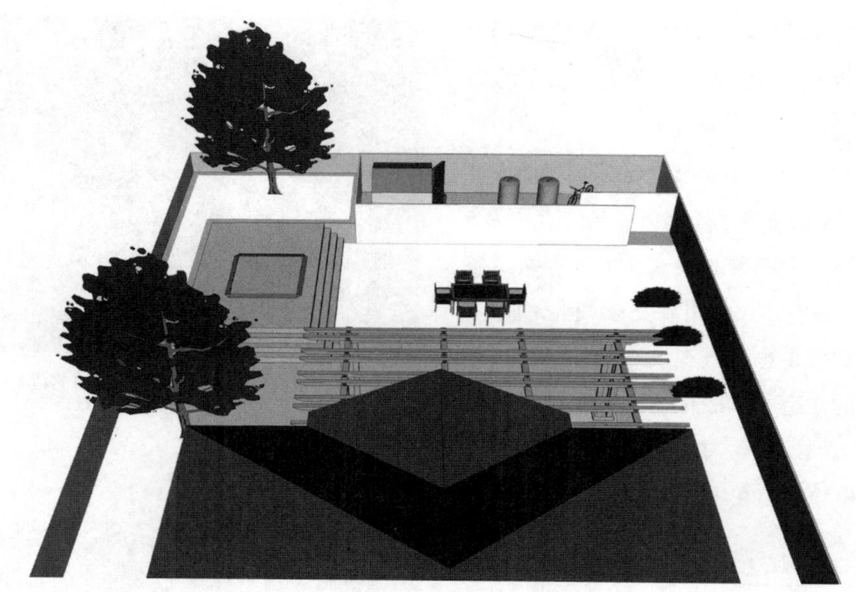

图 12.14 内部栅栏隔划出服务区域，还起到隔断的作用。图片由科林·惠利绘制

点。铝和玻璃纤维是两种最常用的屋顶材料。木制屋顶是由 2 米 ×6 米的木板或木条以不同的形式间隔而成，能够营造出一种被保护但不是全阴影的感觉，在公共区域和私人区域的建筑设计中很受欢迎。

另一种用来为庭院遮阳的产品是防晒编织或针织布料（图 12.15）。这种面料最初在苗圃中用来为喜阴植物降低光强度。以前这种面料多是黑色的，但现在颜色很多，更适合在景观中使用。防晒织物的优点是在降低庭院温度的同时，也能让空气和大量阳光透进来。

图 12.15 针织遮阳材料能透光，但阳光被遮挡后照进来的光线没有那么强。照片由格伦雷文有限公司提供

娱乐区域

对有孩子的家庭来说，娱乐区域是景观设计中一个重要的部分。这个区域的面积取决于家庭中孩子的数量和住宅的总面积。例如，如果家里有 1—2 个孩子，娱乐区域的合适面积约为 4 米 ×4 米，如果院子很大的话，娱乐区域的面积可以更大。这一区域的地面可以是草坪，但日常使用使其很难保持良好的状态。有效并安全的草坪替代品包括光滑的小卵石、树皮屑、沙子，所有使用的地面材料都要铺得很厚，可以对摔倒起缓冲作用。人造草皮也是一个不错的选择。为了让孩子能够骑车，还可以在这一区域铺设环形路面。在设计景观中游戏区域位置时，应该考虑设计成一个临时区域，仅在孩子小的时候使用几年。因此，这一区域

的布置应使其日后能够优雅地融入景观之中。

棒球和羽毛球场需要一块很大的长草的场地，羽毛球场尺寸为 7.3 米 ×16.5 米，棒球场尺寸为 9.1 米 ×18.3 米。这种大小的运动场地很难设计在面积较小的住宅里。绳球场只需直径为 6 米的圆形区域，大多数的景观都足以容纳。绳球场地的地面材料建议使用混凝土或砾石等。

强调视觉效果也是景观设计的一部分。有小山或小湖的住宅中，绿化植物应该种植在视野的四周（图 12.16）。较高的植物种植在边上，较矮的植物种植在中间或前面。

服务区域

服务区是景观的一部分，其中包括晾衣绳、垃圾桶和宠物活动区等。这一区域中每一元素的设计和空间应该具有功能性，并且这一区域应该很便于进出。大多数房屋边上的狭窄区域很适合用作服务区域，因为这个区域往往很难设计景观。

在设计工作区域时，最需要考虑的一点是要有与私人生活区域分隔开的隔断。栅栏、灌木茂盛的花坛、攀缘植物墙都能行使这一功能（图 12.17）。

菜园

图 12.17 格子栅栏被用作服务区域的隔断。图片由作者提供

如果景观中设计有菜园，应该选择光照充足的位置。这一点是非常重要的，即使这意味着菜园的位置并不是最美观的。

植物选种

景观中的植物物种选择是景观设计的最后一个步骤。首先要明确基本设计，平面图中要包括庭院、人行道等；在这一阶段中的植物应该用圆圈或类似的符号表示，并注明“乔木”“灌木”“地被植物”等类别。为了避免协调植物物种和设计元素在同一时间进行，植物物种的实际选择应该稍后进行。无论植物是乔木、灌木还是藤本植物，在植物选种之前必须考虑某些通用准则。

图 12.16 通过设计来创造景观。请注意注意力如何被集中到两种植物之间的区域，树形如何影响景观的形态。图片由贝瑟尼绘制

除了本章前面介绍过的绿色景观美化准则之外，通用准则如下：

1. 气候适应性。抗寒性是最主要的气候限制因素，也是最难控制的因素。选择种植不完全耐寒植物会导致房主每年春天都要大范围修剪冬季死亡的枯木，在特别寒冷的年份里植物还可能完全死亡。

2. 降雨。东部和南部地区的自然降雨能够满足大多数植物的生长需求。而西部地区通常需要进行灌溉，用于景观中的水已经很快变成奢侈品。使用抗旱植物能够减少大部分景观用水，这种做法与气候相适应，不是背道而驰。

3. 雾霾耐受性。虽然雾霾很少会导致植物死亡，但雾霾对有些植物，特别是松树的破坏性很大。最常见的表现是叶缘或叶脉之间的区域变成褐色，使植物看起来很难看，像被烧过一样。因为没有预防雾霾破坏的保护措施，所以在空气污染严重的地区建议选择种植雾霾耐受性强的植物。

4. 土壤条件。土壤的酸碱度能够严重限制植物生长。如果将产自酸性土壤的植物（如杜鹃）种植在碱性土壤中，它们会因无法吸收该酸碱度范围内的养分而变黄（详见第7章）。应该避免选择种植这些植物，而选择适应性更好的植物或将其种植在土壤被改良成正确酸碱度的高身花槽中。

5. 光照。在植物选种时，要注意整个住宅的日照和遮阴状况。例如，如果院子建在树木繁茂的区域里，有大面积的树荫，就应该选择种植耐阴性植物。

6. 抗病性和抗虫性。有些植物品种天生对病虫害比较敏感，而另一些植物则不会受到这些病虫害的影响。在很大程度上，植物所种植的区域决定着植物对病虫害的易感性；植物生长在适应的产地之外的地方时通常容易出现问题。当地的苗圃工人能够提供有关该地区特有观赏植物适应性的建议。

7. 养护要求。并不是所有的景观植物都有同样的养护要求。正确地选择植物能够最大限度地减少花费在养护上的时间。需要密集养护的植物是指那些掉落大量花果或需要经常修剪的植物。

8. 成熟植物高度和宽度。房主在进行植物选种时，植物成熟后的高度和宽度这一考虑因素通常被忽视。只有已知植物成熟后的大小，在设计时才能准确地为植物选择种植位置，使其与种植空间彼此协调，不会出现生长过度、超出其生长空间的情况。如果植物种植过密，为了让其在允许范围内生长，必须经常修剪；但如果植物种植的距离太远，它们将无法生长到预期所要达到的效果。

9. 植物生长速率。植物种类和植物所吸收的水和肥料量两者共同决定着植物的生长速率。如果植物有必须要行使的功能，如用作隔断，应该选择生长速度快的植物。同样，应该选择速生树种，因为它们能够更早提供树荫。但通常情况下，与速生植物相比，应该优先选择生长速度中等或较为缓慢的植物，因为速生植物的结构脆弱，寿命较短。

10. 个人喜好。在选择植物种类时，房主的个人喜好当然是非常重要的。植物选种时应该挑选外形美观、叶子大小和质地合适、颜色鲜艳，并且花朵、果实以及秋天时的色彩很有特色的植物。最好选择叶片质地和颜色各不相同的各种植物，这样能使景观一年四季都充满趣味。

树木选种

树木可以分成3类：大型（14米以上）、

中型（9—14 米）和小型（小于 9 米）。大型和中型树木主要用于遮阴，但也具有很高的观赏性，因此也被称为园景树。小型树木可以长到 9 米高，但通常树高都在 3—4.5 米。小型树木成熟后也能形成一些阴影，通常被用于庭院和露台。庭院树木通常会长出观赏性的花和果实，在树木未成熟时要修剪成多树干（图 12.18）。

应该选择绿荫树，因为当树木完全长成后能够与住宅的规模相得益彰。一层的住宅应该选择小型和中型的树木。两层、错层和大面积的住宅应该选择中型和大型的绿荫树。

不同树木形成的树荫密度是不同的。长有大叶子及圆形树冠的树木树荫浓密，长有小叶子且树枝稀疏的树木形成的是斑驳的阴影，也就是说有的地方有阳光照进来，有的地方完全被遮挡住形成了斑点树荫。选择的树木种类应该能够提供适合该地区气候条件的树荫量；树木的树荫越浓密，在树下越难种植草坪和景观植物。

在树木选种时另一个考虑因素是植物的根系。有些植物的根系生命力强，具有入侵性，会堵塞化粪池和污水管道。应避免在距离水井或下水道系统 9 米的范围内种植此类树木。

另一些树木会从树干辐射生长出表层根系，能够破坏人行道和车道（图 12.19）。一种方法是在铺砌区域附近不种植这类树木；但是，这种限制也意味着停车区和庭院没有树荫。更好的解决方法是种植树木时在树木和铺砌区域之间安装一层很薄的金属板或经除草剂处理过的塑料板（图 12.20）。这种处理方法能使新长出来的幼根向下生长，从而避免这一问题。

图 12.18 多树干的树木。照片由作者提供

图 12.19 植物根系破坏铺砌区域。照片由作者提供

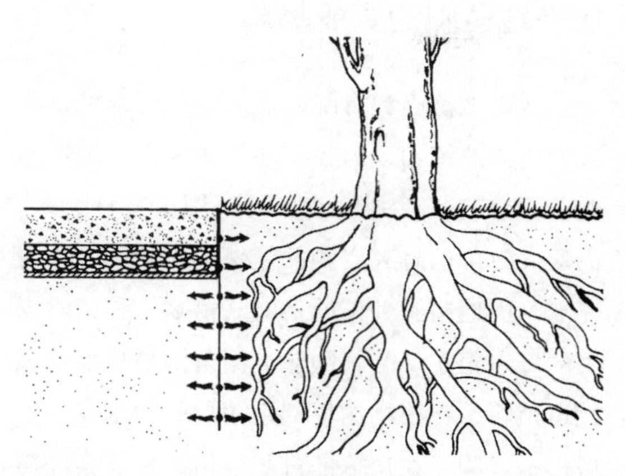

图 12.20 在种植时使用金属或玻璃纤维等不透水材料制成的根系屏障处理后，植物的根系就不会破坏铺砌路面。图片由 Biobarrier® 提供

灌木选种

树木的使用价值在于它的高度和树荫，而灌木的价值在于它们的数量和体积。根据大小，灌木分成 3 类：小型灌木（低于 1 米）、中型灌木（1—2 米）和大型灌木（2—3.6 米）。在家庭景观中，最常使用的是小型和中型灌木。大型灌木的宽度可达高度的两倍，比较适合商业建筑和大面积住宅种植。大型灌木可以通过修剪除去底部枝条，当作小型树木种植。

灌木和小型树木一样，是景观中主要的开花植物，景观设计中应该选择几种开花灌木植物。常绿灌木也是必不可少的，它们的树叶整个冬季都会长在植物上，使其成为景观主体的一部分。

地被植物选种

地被植物是低矮的植物品种，能够增加质地的变化并能够将较大的植物统一分组。地被植物能够美化景观，防止杂草滋生，可以作为植体覆盖。大多数地被植物高度小于 15 厘米，但它们也能长得很大，高度可达 0.6 米。较矮的地被植物通常适用于面积较小的住宅；而较高的地被植物适用于面积较大的住宅，因为它们的规模更大。

选择的地被植物应该具有如下特点：具有抗病性和抗虫性、适应该地区的气候、在光照充足条件下长势良好。从视觉效果和生长需求上来说，应该选择与景观中其他植物相协调的地被植物。所选择的地被植物不应过于显眼，视觉上应与景观中的其他植物相互协调而不是相互竞争。选择常绿地被植物还是落叶地被植物要根据个人喜好。在有持续积雪的地区，地被植物在冬季会被掩盖，但在其他地区，常绿地被植物会令人赏心悦目。

藤本植物选种

藤本植物的外形很吸引人，它们可以在地上蔓延、在墙上攀缘或用格架和木桩支撑，但并不是所有景观中都有藤本植物。藤本植物可以用在花园的地面、墙壁和屋顶。它们的用途很多，可以用作隔断，制造树荫，长出多彩的花和果实，使墙壁外观变得柔和等。

藤本植物攀缘的方式决定了它是否需要支撑物。有些藤本植物的茎（如五叶地锦）长有很小的、形似吸盘的固着器，可以固着在任何平面上。还有一些藤本植物（如常春藤）沿着茎长有不定根。这些藤本植物不需要任何支撑物就能够附着在墙壁上或攀缘在栅栏上。

其他藤本植物以缠绕的方式攀缘，也就是说藤本植物能够围绕着支撑物攀爬。整个藤本植物能够以螺旋形进行缠绕或将卷须缠绕在支撑物上从而支撑其他结构。这类藤本植物需要使用格架或其他支撑物。

12.5 获得景观植物

大多数人所需的景观植物都是购买的，但景观植物也可以是家里繁殖的或从朋友院子里或野外移植过来的。

家庭繁殖

对家庭园艺师来说，采用扦插的方式繁殖木本植物是很难的。但一部分灌木和大多数草本地被植物扦插相对来说比较容易生根。如果能够找到扦插成活的植物，那么采用扦插方法繁殖住宅景观所用的地被植物是一种很实用的方法。

移植野生植物

如果植物植株矮小，移植已长成的乔木和灌木很容易成功。树木的高度要求小于 3 米，并且最好生长在光照充足的地方。因为生长在阴暗林地里的植物移植到光照充足的院子后会受到严重损害。移植最好选在凉爽多雨的天气进行（大多数情况下选择在早春进行移植，气候温暖、地面不会结冰的地区可以在冬季移植）。如果树木是落叶植物，应该在没有叶子的情况下移植。常绿树木应该在活跃生长开始之前进行移植。

先使用铁锹在距离树干 40 厘米的地方挖一圈土，将根部挖开。然后将树木连根拔起，让植物的根部带走尽量多的土壤。之后用塑料或湿麻袋包住后运输到新的位置。按照第 13 章介绍的方法处理后尽早完成移植。喷洒保湿剂（可以在苗圃购买）能够减缓常绿植物的蒸腾作用并提高植物存活的概率。

从当地苗圃购买或邮购

从当地苗圃和有邮购业务的苗圃都可以购买到所需的植物，但各有各的优缺点。虽然当地苗圃没有提供邮购业务的苗圃植物种类多，但购买时可以看到实物并能保证质量。通常情况下，当地苗圃种植的是盆栽植物，移植时损失的概率很小。有邮购业务的苗圃是从地里现挖出植物，将植物的根部用潮湿的刨木花包裹后进行运输。在运输的过程中植物可能会经历极端冷热的环境，移植后不太容易成活。

作为一种折中方法，很多园艺师会在当地苗圃购买较常见的植物，而那些不太常见的植物会从有邮购业务的苗圃网购。不过，如果当地苗圃通常不出售某种植物或某个品种，你也不必勉强，但如果你一次购买很多植物（多于 10 棵），销售人员通常会很愿意替你订购。

另外，还可以从苗圃折扣店购买植物，仔细挑选可以买到很便宜的打折商品。这种商店出售的植物是从网上订购而不是自己种植的。购买时向经理询问商品何时发货，到货一两天后要仔细检查植物。折扣商店里对植物的养护较差，原本长势很好的植物到店几周后很可能会变得品质很差。

12.6 景观植物的商业化苗圃生产

苗圃生产有两种方式：田地种植和盆栽种植。田地苗木是指直接播种在地里或作为幼苗移植到田里的母株，然后从地里不带有土壤地挖出来作为裸根树苗进行出售或用作 liners（即未长到可出售尺寸的幼嫩的观赏树木或果树）。田地苗木也可以培育成带有粗麻布包裹的土球的树苗。

盆栽植物是用种子、扦插苗、田地种植的幼苗繁殖而来的。50年前，大多数观赏植物都是种植在田地里，然后挖出来出售的。而现在80%的观赏植物种植在花盆里。出现这一变化的原因有几个：

· 与田地种植的树木相比，移植后盆栽树木成活的概率更大。

· 种植盆栽植物不必使用肥沃的土壤。

· 种植盆栽植物所需的种植面积较小。

· 由于苗木可以移进塑料大棚温室，所以种植者可以延长盆栽苗木的种植期。

· 不适合在田地种植的植物可以种植在花盆中。

· 植物的种植时间不依赖于天气，因为冬季可以将植物移至塑料大棚温室等保护设施中进行保护（详见第20章）。

· 在种植盆栽植物时，可以省去一部分养护操作（如根部修剪、挖掘、裹麻布）。

· 由于盆栽植物的基质较轻，运输成本较低。

盆栽植物的缺点：

· 花盆较小，需要经常灌溉。

· 花盆中的养分流失较快。

· 如果该地区冬季寒冷的话，盆栽植物需要进行冬季保护，因为在地面上根部无法存活。

· 盆栽植物很容易生根满盆，也就是说对于花盆的容积来说，植物生长的根系过多。

· 植物，特别是树木，很容易被风吹翻。

· 花盆等容器额外增加了成本。

· 把植物栽在花盆里的人力成本很高。

· 因为不是生长在地下，植物的根部会因极限温度而受到很大压力。

苗圃位置的选择

有5个主要因素决定着应该在何处建一个苗圃：土壤，气候，水资源的可利用量，市场情况，劳动力供给。

土壤　当苗圃只种植盆栽植物时，土壤生产力并不是很重要，但很重要的一点是选择的土地排水要相对良好。

气候　新手的问题是要学习在特定气候条件下种植要出售的植物需要花费多长时间，并该如何安排时间使种植的第一年和此后的每一年都有适量不同种的植物出售。

水资源的可利用量　所有的苗圃都需要灌溉，所以充足、便宜的水源是至关重要的。

市场情况　在决定是否经营苗圃时，种植者应该进行市场调研分析，然后决定是否在当地销售植物相关产品。大多数新公司初期的种植面积只有几公顷，最初主要在半径80千米的范围内进行销售，有邮购业务和与大客户签订合同的苗圃除外。市场调研分析包括要找出该地区其他苗圃经营者种植的何种植物销售量比较高，需求量最大的是何种植物，有哪些竞争者等。

在决定好生产种植的植物种类和数量时，营销就正式开始。主要的考虑因素是：

· 目标客户是谁。

· 确定客户想要的植物种类和大小。

· 要跟上客户的喜好。

· 了解哪些植物组合销售获得的利润最多。

观赏植物可以分成绿荫树、针叶树、多年生植物、藤本植物、灌木、鳞茎植物和一年生植物等类别。虽然大多数苗圃种植的植物品种很多，但现在似乎出现了专门化的趋势。如只种植本地的地被植物或萱草，可能填补市场空缺。特色植物（如耐寒竹子、无病的苹果树苗、本地植物等）和市场短缺植物（如本地植物、珍稀植物和大型树木等）的专业化种植是利基市场，即使是很小的种植户也可以生产种植。网购网站是利用利基市场的一种方式。

劳动力供给 中大型规模的苗圃通常以最低工资雇佣工人。在当地必须有很多接受最低工资的工人，这样才能经营苗圃。当地就业发展局能够协助提供相关信息。

苗圃经营

灌溉 使用最广泛的两种灌溉方式是高架喷灌和滴灌。

高架喷灌用于覆盖大面积区域，这种系统的安装费用最低。但是，第一，这种方法喷出来的水分布不匀，会减缓植物生长。第二，这种方式会淋湿叶子从而引发病害。第三，还有径流问题。在气候温暖的条件下，使用高架喷灌系统的容器育苗圃每天的灌溉水量是6万—16万升 / 公顷。

另一方面，采用滴灌方式灌溉的大型育苗容器的灌溉水量要比高架喷灌系统少60%—70%。滴灌系统的安装成本虽然比高架喷灌系统高，但灌溉更均匀、更高效。滴灌系统受风的影响较小（风能够吹走高架喷灌喷出的水，使其无法灌溉植物），受树冠的影响也较小（树冠能够阻止高架喷灌喷出的水流到植物根部）。滴灌系统的径流也较小。这种灌溉方式的另一个优点是在灌溉植物时工人仍然可以正常工作。

滴灌系统最大的缺点是除了初期费用外，还要保持管道和滴头的清洁。水中的固体和颗粒会阻塞管道和滴头。使用过滤系统能够有效解决这一问题，但滴头仍然需要经常检查（详见第9章）。

还有一种使用率不高的灌溉系统是使用毛细管过滤砂层的渗灌。在这一系统中，水通过毛细管作用涨到盆栽植物中。通常，过滤砂层采用至少3厘米厚的细砂覆盖，从一端至另一端轻微倾斜。水从较高的一端慢慢渗透至较低的一端。这一系统的安装成本最高，但不会出现径流和浸滤问题。

过滤砂层通常是采用木质人行板、塑料货厢衬垫、沙子、小水槽、排水管和浮阀建造而成的。它们不需要使用任何电气部件，能够均匀持续地供水，而不会在花盆内土壤柱底部形成饱和水位。简而言之，渗灌使用的水、肥料、农药较少，但能使作物更加高效均衡地生长。渗灌所需的劳动力更少，因为不需要监控喷洒头、定时器、水泵、阀门和水处理系统。但这个方法最大的缺点是里面会长有杂草和盆栽植物的根系。有一种产品能够解决这一问题，它是一种名为Agroliner™的布垫，经Spin Out™处理后能够防止植物根系生长。这种垫子放在砂层上面、花盆的下面。

施肥 盆栽植物共有4种施肥方法：混合施肥、追肥、液体施肥、叶面施肥。对苗圃盆栽植物而言，混合施肥和液体施肥结合在一起的施肥方法能够为植物提供充足的养分。

为了使观赏树木的长势最好、利润最大，必须保证育苗容器中的养分充足。因为容器的体积有限和频繁灌溉，灌溉3—4次之后容器中的可溶性养分的含量会显著减少。为了解决这一问题，要使用缓释肥和液体肥料。

常用的缓释和控释合成肥料有硝仿™和奥绿肥™。为了获得最佳效果，肥料应在种植前混入生长基质中，而不是种植后追肥。缓释肥通常与液体肥料一起使用（详见第20章温室生产部分）。

病虫害综合治理 病虫害综合治理（IPM）

是一种防治害虫的可持续方法，这一方法将生物、栽培、物理和化学工具相结合，最大限度地减小了经济、健康和环境风险。病虫害综合治理包括使用抗病品种、积累有益生物种群、监测害虫数量并确定处理阈值，以及使用对有益生物和环境危害最小的杀虫剂进行定点处理。在治理过程中，早期害虫鉴定非常重要，这样可以迅速采取适当措施进行治理（详见第7章关于病虫害综合治理的深入介绍）。

杂草防治　杂草防治工作应该重点关注两个地方：盆内和盆下。

在决定如何解决杂草问题时，种植者应该首先问自己下面几个问题：杂草大多是一年生植物，还是多年生植物？杂草容易拔除吗？杂草问题仅在一个植物小群落中存在还是普遍存在？杂草是单子叶植物（禾本科杂草）还是双子叶植物（阔叶杂草）？这些问题的答案决定了是否应该使用除草剂，选择哪种除草剂，每年在什么时候除草效果最好。

保持环境卫生是成本最低、效果最好的一种杂草防治方法。为了防止杂草种子被风吹进花盆中，在苗床及其周围保持无植被状态至关重要。为了防止花盆下面生长杂草，越来越多的种植者将花盆放在土工布杂草隔绝层上，它们通常被称为织物杂草隔绝层或景观织物（有关景观织物的照片和在住宅周围使用景观织物的更多信息，请参阅第13章中的“地被植物的移植”部分）。

现代的景观布料在光照充足的地方能够使用10—12年，非常持久耐用。这种布料防治杂草的效果很好，并且在灌溉和降雨后布料会渗水，所以排水不会有问题。虽然早期成本较高，但这笔费用可以平摊作为每年一次的除草经费。

人工除草的费用很高，但适用于小苗圃。在杂草幼嫩时，必须将其清除，因为待杂草长成后拔除，会损失大量的生长基质。

除草剂在容器育苗生产中的应用很广泛。虽然苗木种植使用的是无杂草的生长基质，但风、鸟、表面灌溉用水都是杂草种子的来源，能够将其携带至容器表面。阔叶杂草和禾本科杂草在容器育苗圃内能够茁壮生长，因为富含生长基质的容器是最佳的生长环境。因此，在商业化苗圃生产中，通常使用苗前除草剂和苗后除草剂来防治杂草。

1991年，蒙罗维亚苗圃比较了人工除草和喷洒除草剂除草两种方法的优缺点，发现两种方法结合在一起使用的成本最低。当不使用苗前除草剂时，工人每年共除草10次，每公顷需花费5小时；而在每年春季和秋季使用苗前除草剂后，工人每年只需除草7次，每公顷仅花费0.5小时。

织物杂草隔绝盘可以被当作除草剂的替代品，在容器中防止杂草生长。织物杂草隔绝盘预切分后固定在容器顶部植物茎部周围。它们通过阻隔光照和抑制杂草萌发的方式来阻止杂草在容器里生长。织物杂草隔绝盘允许空气和水渗透过去，但能够阻止酢浆草等容器育苗杂草的萌发。织物杂草隔绝盘的另一个优点是能够减少蒸发作用。

Tex-R Geodiscs® 是一种使用 Spin Out™ 处理过的织物杂草隔绝盘，它的作用和上文提到的织物杂草隔绝盘相同。它们通过阻隔光照和修剪被吹到织物中的杂草种子的根部来阻止杂草生长。这种杂草防治工具的有效期是3年，可以在不同容器中反复使用。

问题与讨论

1. 景观植物如何改善住宅周围的气候?
2. 根据景观规划，房屋周围的区域被划分成了哪3个主要区域?每个区域的主要特点是什么?
3. 在设计景观之前进行场地分析时应注意什么?
4. 在设计住宅前门的人行道时，需要记住的要点是什么?
5. 对处于繁华地段住宅的公共区域设计，你有哪些想法?
6. 在什么情况下植物选种可以优先选择常绿树而不是落叶树?
7. 角隅种植的设计功能有哪些?
8. 与单独种植在草坪上相比，树木与其他植物一起种植在花坛里有什么优点?
9. 什么是基础种植?介绍一种本地适用于基础种植的植物。
10. 隔断对于住宅景观的哪些区域来说很重要，为什么?
11. 为什么不建议将凝视球等装饰品放在景观的公共区域里?
12. 庭院位于房屋哪一边（东、南、西、北），是如何在一天中不同的时间段影响住宅温度的?
13. 在景观中，设计坡台的原因有哪些?
14. 在景观的儿童游戏区域，本地有哪些可以替代草坪的代用材料?
15. 在景观植物选种时，应该考虑哪些因素?
16. 房屋的高度如何影响绿荫树的选择?
17. 藤本植物攀缘的机理是什么?为什么在设计含有藤本植物的景观时了解这些内容是非常重要的?
18. 田地苗圃和容器育苗圃之间有哪些区别?
19. 在商业苗圃中如何防治杂草?

参考文献

Botanica's 100 Best Flowering Shrubs for Your Garden. 2001. Milsons Point, NSW, Australia: Random House.

Chesshire, C. 1999. *American Horticultural Society Flower Shrubs.* New York: Dorling Kindersley Publishing.

Clough, E., D.W. Toht, and T. Davis. 1996. *Ortho's Guide to Creative Home Landscaping.* San Ramon, Calif.: Ortho Books.

Fisher, K. 2000. *Taylor's Guide to Shrubs: How to Select and Grow More Than 500 Ornamental and Useful Shrubs for Privacy, Ground Covers and Specimen Plantings.* Boston: Houghton Mifflin.

Hightshoe, G.L., G.A. Coyle, G.F. Harshburger, and C.D. Ritland. 1988. *Native Trees, Shrubs, and Vines for Urban and Rural America: A Planting Design Manual for Environmental Designers.* New York: Wiley.

Johnsen, J., and J.C. Fech. 1999. *Ortho's All about Trees.* Des Moines, Iowa: Meredith Books.

Kellum, J. 2001. *Ortho's All about Landscaping Decks, Patios, and Balconies.* Des Moines, Iowa: Meredith Books.

Newbury, T. 2002. *The Ultimate Garden Designer.* New York: Sterling.

Phillips, R., and M. Rix. 1989. *The Random House Book of Shrubs.* New York: Random House.

Reader's Digest Association. 1995. *A–Z of Evergreen Trees and Shrubs.* Successful Gardening. Pleasantville, N.Y.: Reader's Digest Association.

Reader's Digest Practical Guide to Home Landscaping. 1996. Pleasantville, N.Y.: Reader's

Digest Association.

Smith, K.L. 2001. *Ortho's All about Ground Covers.* Des Moines, Iowa: Meredith Books.

Thomas, R.W. 1999. *Ortho's All about Vines and Climbers.* Des Moines, Iowa: Meredith Books.

Zucker, I., and D. Fell. 1995. *Flowering Shrubs and Small Trees.* New York: Freidman/Fairfax Publishers.

第 13 章

景观安装与养护

学习目标

· 绘制用于防止树根侵入并破坏铺砌路面方法的草图。
· 对比土球包扎栽培和容器栽培两种种植方法。
· 用简图解释如何将新种植的树木固定在木桩上。
· 说出低养护景观的特点。
· 列出景观养护所需的修剪工具清单。
· 解释修剪的目的。
· 识别景观植物上的交叉枝、修剪不当的切口、吸根和围绕根。
· 演示如何为常绿植物人工去蜡。
· 画出修剪合格的正规树篱的 3 种轮廓形状，要保证较低的植物结构长势良好。
· 描述喷灌和滴灌的优点和缺点。
· 列举景观节约用水的 3 种技术方法。
· 识别并介绍适用于景观的 4 种覆盖物。

图片来源于 A. M. Leonard Co., Pigua, Ohio

13.1 景观种植

在不同的居住区域，景观设计方法会有显著差别。在北美温带地区，景观在春季进行种植。此时植物处于休眠状态或刚刚复苏，移植所受的冲击最小。地面开始解冻，温度相对较低，因此能够降低植物的蒸腾作用并防止植物萎蔫。秋季气候凉爽，是仅次于春季进行第二次植物移植的好时机。在地面没有冻结的地区，这一主要种植期可以一直持续到冬季。夏季是最不适合进行种植的，因为较强的光照和高温天气会使植物萎蔫的问题更加严重。但如果只是种植容器栽培植物，植物的根部未受影响，仍然能够在夏季进行种植。

乔木和灌木的移植

乔木和灌木出售时有裸根、土球包扎栽植或者是盆栽植物。销售状况由价格、移植成活率和移植季节等因素共同决定。

裸根植物 只有落叶植物出售时是裸根，总是在休眠时进行挖掘和销售。大多数裸根植物只在春季销售；然而，在冬季不冻结的地区，偶尔也会在秋季或冬季销售。裸根植物价格并不高，因为它们种植在田地里，只需最基本的养护，在销售季节到来前很容易挖掘出来。大多数有邮购业务的苗圃都采用这种销售方法，因为植物的运输重量最小。

裸根植物是从地面挖出来的，很多根部结构被破坏了，所以与盆栽植物相比，裸根植物在移植时成活率较低。移植后要精心养护，保证其能够成活并在景观中定植。从苗圃中挑选裸根植物时，应该挑选根系最大最强健的植株。植物的根部应该用木刨花覆盖或装袋，并注意保湿。干燥有可能导致植株死亡。你可以用指甲刮开一小块树皮，如果植物活着，在表层下面能清楚地看到栓皮层。

裸根植物应该尽早种植。如果无法在几日内移植的话，应该将植物放置在阴暗的地方并用潮湿的土壤覆盖住植物根部。这一假植方法能够防止植物干燥和根部死亡。

在种植时，应该将植物根部放在一桶水中，然后带到种植位置。种植穴应该挖得足够大，足以容纳整个根部（图 13.1）。种植穴旁的表土应堆在一块布或塑料上面，不能与底土混在一起。用土壤改良剂与土壤的混合物将种植穴填满。然而，研究表明，在很多情况下这种做法并不能促进植物生长，因此，除非土壤质量很差，否则这种处理方法是没有必要的。

接下来，将一部分混合物重新铲入种植穴中，这样将植物放入种植穴时，植株的高度要与原来种植的高度持平或略高一些。

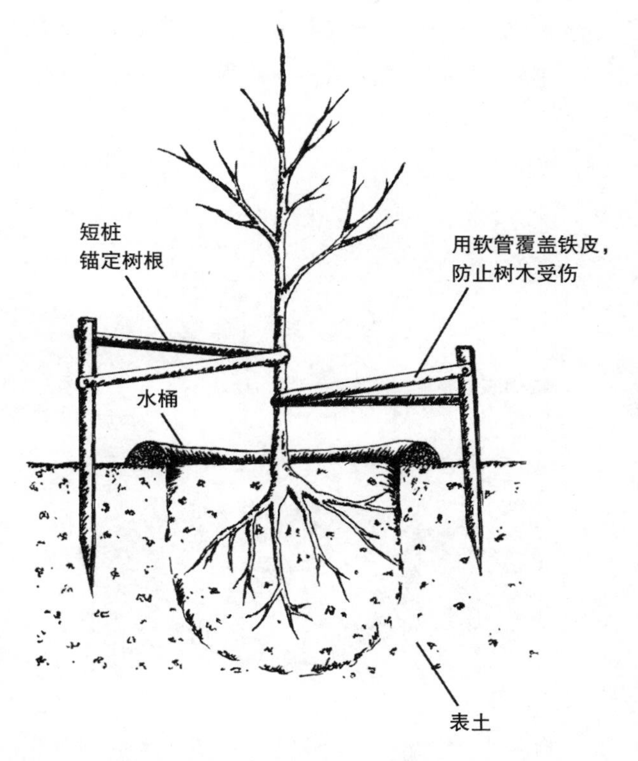

图 13.1 移植后的裸根树木。图片由贝瑟尼绘制

再接下来应该修剪植物根部，使用手动修枝剪将所有受损严重的根剪掉。然后将修剪后的根部放入种植穴中，填土使其与地面持平。在种植穴周围应该堆起一个小土包形成一个盆地，这样便于灌溉。最后，灌溉方法是将这一盆地填满水3—4次。

土球包扎栽植植物 土球包扎栽植（图13.2）是指种植在田地里的乔木和灌木挖出来时要保留根部周围的土球。常绿植物和落叶植物都可以进行土球包扎栽植，但这种方法需要大量劳动，采用这种方法种植的植物售价较高。因为挖掘会破坏一部分植物根部，采用土球包扎栽植植物要注意保湿并要适当进行种植，通常较容易成功移植。

土球包扎栽植植物与裸根植物的种植穴和整地方法基本相同，具体规则是种植穴的大小应该是土球的2倍，深度是土球的1—1.5倍。土球包扎栽植植物很重，移植时一定要小心不要弄坏土球。一旦植物放置在种植穴后，要取下绳子，剥去包扎在树干外面的粗麻布。有些

图13.2 移植土球包扎的树木。图片由美国农业部自然资源保护局提供服务

普通麻袋已做防腐处理，但最好也将其去除。

盆栽植物 很多植物都是在容器中种植并出售的。因为植物的根系在容器中发育，所以移植对植物的影响不大，当有适合植物生长的土壤时就可以进行移植。

与土球包扎栽植植物一样，盆栽植物种植穴的大小是其根球的2倍。移植时最难的问题是如何完好无损地从容器中取出根球。种植在塑料容器中的植物，可以将其倒置，轻微晃动，根球就会滑出来。

如果植物生根满盆，也就意味着植物根部已经长到了土球外面并将其包围住，应该通过手工松动或修剪使其变得松散，这样植物的根部会生长到新的土壤中。

盒装树木 有时候你会看到装在盒子里进行出售的植物。这些植物可以是盆栽植物，也可以是在田地里种植的植物。对田地里种植的植物来说，盒子可以替代土泥团和打包粗麻布。

盒装树木的种植穴准备方法与土球包扎栽植植物的种植穴准备方法相同。去掉盒子时一定要小心避免破坏土球。首先，树木应该放倒至一侧，然后去掉盒子的底部。把木板当作一个斜面，然后将盒子滑到种植穴中。将植株放在适当的位置后，去除盒子的4个侧面并用土填满种植穴。

修剪新移植的乔木和灌木 修剪新移植的乔木和灌木能够促进植物按照合适的树形进行生长发育。对裸根植物来说，这会将植物的顶端生长减少至稀疏根系能够支撑的水平。很多时候，出售的裸根植物都提前修剪过，当年不需要再进行修剪。但如果植物事前没有进行修剪，移植时应该剪去植物顶端的1/3，要剪掉脆弱的枝条，剩下的部分应该修剪至原来高度的1/2—2/3。不能剪掉长在

树干较低位置的枝条，因为这些枝条能够使树干变得强壮。

立桩和包裹 树木定桩有两个作用，一个是在树木即将长成时固定植物的根系，另一个是支撑树干使其保持直立。定桩时间最长是1年。除非确定定桩起作用，否则就不需要定桩，因为定桩可能导致树干变弱。

对于裸根植物的根部锚固来说，在树干的两边（图13.1）应该插入两个短木桩（30—45厘米），然后使用橡胶、布和铁丝将木桩与树木固定在一起，固定的位置垫上橡胶软管。铁丝、绳或麻线需要用橡胶软管等覆盖，否则会磨掉柔软的树皮。

对于需要支撑树干的树木，其定桩的位置应该较低，这样能够使其在平静的条件下直立生长。其次，木桩应该固定在树的两侧，树干与木桩固定的位置应该在靠近顶端的一个单独的位置。

包裹树木（图13.3）是指用树木包装纸、塑料和粗麻布绳等材料缠绕植物的树干，从树干基部一直缠绕至长有树枝的位置。这种包裹方法能够保护树干免受太阳晒伤。它还能防止修剪卷线机使用时与树干太近而损伤树皮。从长远来看，非永久性塑料和金属环能够更好地保护树干很多年。包裹材料应该使用在适当位置，大约使用1年后去掉。

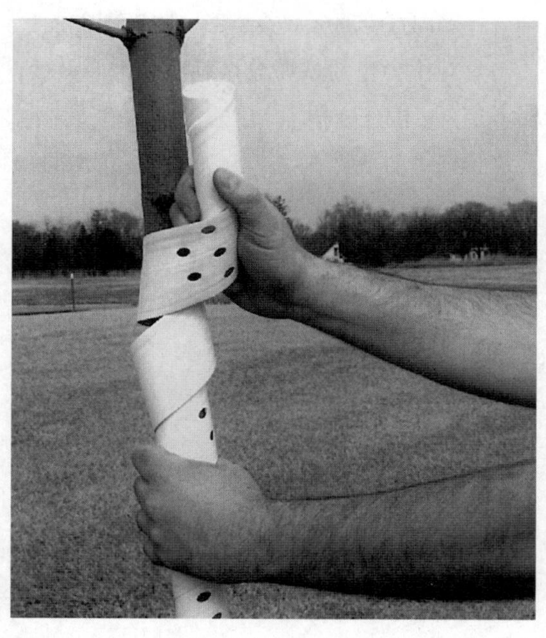

图13.3 用乙烯胶带缠绕树干。照片由俄亥俄州皮奎伦纳德公司提供

地被植物的移植

地被植物是多年生草本植物或木本灌木。下面介绍的方法适用于草本地被植物。灌木地被植物应该按照上一节介绍的方法进行种植。

很多草本地被植物会沿着土壤表面生长蔓延，因此很重要的一点是地被植物区域的所有土壤都需要经过处理。这个区域的土壤的铲土深度应该至少有30厘米，然后用改良剂处理全部土壤。接下来使用泥铲将地被植物移植到苗床并彻底灌溉。

草本地被植物的间距由资金投入和预期覆盖速度决定。植物间距60厘米的成本要比植物间距20厘米低，但需要1年多的时间才能覆盖整个区域。一般说来，30厘米的植物间距所需的费用和覆盖速率较合适。

在种植有地被植物的景观时，购买景观织物用来覆盖地被植物区域（图13.4）是一个明智的做法。这种景观织物是透水的纺织或毛毡合成材料，覆盖在种植植物的区域。然后在织物上为每株地被植物剪出孔洞，种植时穿过织物将植物插入孔洞中。景观织物的优点是可以永久性使用，在防治杂草的同时允许水分渗透进植物中。就这一点而言，景观织物与黑色塑料覆膜是不同的。

图 13.4 用景观织物覆盖地被植物区域

13.2 景观种植后的注意事项

播种后的景观养护中最重要的部分是定期灌溉。在种植后的第 1 年，植物根部占用的土壤体积很小，必须保持恒定湿度才能在新的位置定植。乔木和灌木灌溉的首选方法是每隔 7—10 天使用软管缓慢浸湿。缓慢浸湿能够使所有的水分被土壤所吸收并使整个根部区域湿润。

地被植物通过人工或洒水器进行灌溉来保持土壤湿润，灌溉的频率根据实际需要而定。大量灌溉能够在短期内使地被植物迅速生长覆盖该区域。明智的做法是在灌溉后使用泥铲挖至植物根部并检查土壤湿度，从而检查水分渗透的深度。用这样的方法，在植物根部仍干燥时不必给土壤表面灌溉。

播种后的景观养护的另一个部分是地面覆盖。地面覆盖不仅能够保持土壤潮湿，还能防止杂草生长，在本章后面部分会介绍景观植物的地面覆盖。

13.3 景观养护

如果想要保持住宅地面美观、植物健康生长，修剪、施肥、除草等定期养护是必不可少的，但养护不需要耗费太多时间。如果景观中没有设计草坪并且景观设计为低养护，为了保持景观状况良好，每个月的养护时长只需 2—3 小时。

低养护景观的特点

能够保持景观美观的最低养护包括以下特点：

只需偶尔打扫的铺砌路面。

为减少日常养护时弯腰的次数，提高花槽的位置。

用地被植物替代草坪，能够省去割草。

在乔木和灌木周围覆盖护根物，能够省去种植草坪所需的人工修剪工作并抑制杂草生长。

在降雨量少的区域安装了自动灌溉系统。

景观中种植的植物数量有限并精心设计，而不是大量散乱分布。

景观中的植物不需要经常修剪，植物的叶子、果实和凋谢的花朵不会掉落到地上。

植物成熟时不需要大面积修剪使其保持在合适大小。

种植开花灌木，而不是需要养护的一年生和多年生花卉。

景观中的植物天生具有抗病性和抗虫性，并且在该地区长势良好。

13.4 景观养护工具

在景观养护时，园艺师需要使用泥铲、耙子、修枝剪等工具。本节将介绍最常用和最有价值的园艺工具和设备。

土壤耕作工具

泥铲 泥铲（图 13.5）被用于类似种植鳞茎植物和移栽植物时挖掘小洞等园艺活动。在购买泥铲时，要检查确保手柄和铲子牢固并且铲子不弯曲。

圆头铲 圆头铲（图 13.5）被用于在种植乔木和灌木时挖掘较大的洞以及其他常规园艺挖掘活动。圆头铲的顶端是尖的，很容易插入土壤中。

锄头 锄头（图 13.5）被用于在整地区域浅耕，能够穿透 10 厘米深的土壤。锄头最常在蔬菜园艺耕作种植时使用，也可以用于除草。为此，在使用锄头除草时应该采用刮擦的方式，这样能够割断土壤线上的杂草。如果采用耕作的方式，杂草种子会外露、发芽，从而使杂草问题更加严重。

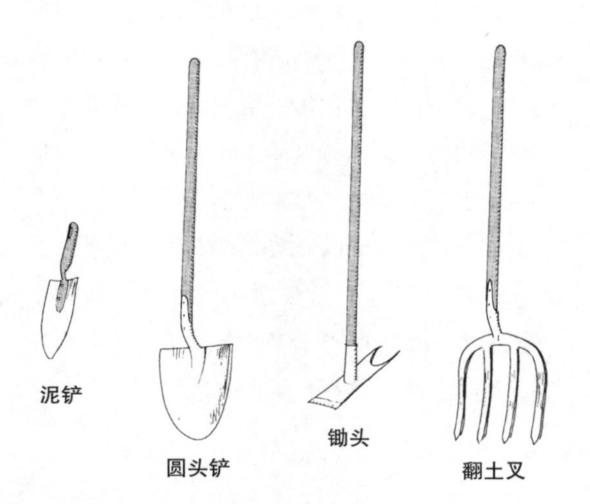

图 13.5 最常用的土壤耕作工具

翻土叉 翻土叉（图 13.5）被用于移动成堆的树叶、翻动堆肥、打碎土壤中的大土块。虽然也可以使用铲子，但翻土叉的效率更高并且每一铲能移动的树叶量和堆肥量更多。翻土叉与干草叉的区别在于前者的叉齿更加扁平且有力。

灌溉设备

软管 园艺用软管有很多规格。便宜的塑料软管很硬，并且有限制水流的永久性弯曲。加固塑料软管不会扭结，重量较轻。橡胶软管最耐用，但较重，价格较高。

手枪式喷嘴 手枪式喷嘴（图 13.6）带有控制开关，通过调节开关能够调节水流的强

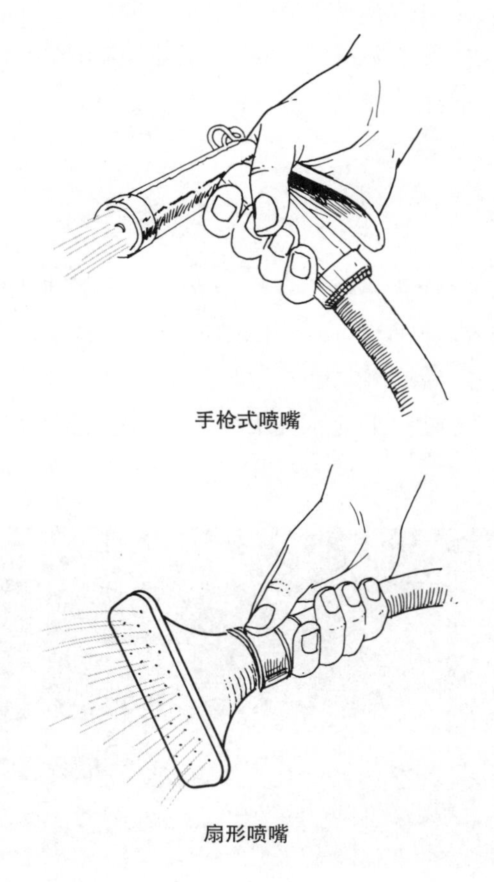

图 13.6 喷嘴的类型

度，可以从强劲有力的水流调节至较温和的水雾。但这个设备有个缺点：当水流定向灌溉时，水流太过强劲，而流水量较低时，手枪式喷嘴喷出的水呈圆圈状，不能准确地定向灌溉。但很多园艺师在使用手枪式喷嘴时发现，水流较大时喷出的强劲水流有助于冲掉害虫，水流较小时喷出的水雾适合灌溉植物幼苗。

扇形喷嘴 扇形喷嘴（图 13.6）通常没有开关。但扇形喷嘴的水流量大且无压力，很适合用于常规高架灌溉。

摆动式喷水器 摆动式喷水器（图 13.7）最适用于一般住宅庭院，通过调节水压和摆动装置，能够覆盖任意大小的区域。摆动式喷水器产生的流失比非摆动式的要少。

喷水壶 喷水壶有塑料的，也有电镀金属的。喷水壶的喷头是可拆卸的，带有喷头可以让水流加快或减慢，尽管金属喷壶使用期限更长，但它们比塑料壶更重、更昂贵。

耙子

草耙 草耙（图 13.8）用轻质金属和竹子制成，耙齿较长，柔韧性好。草耙被用于扒拢树叶、草以及其他轻质材料。

钉耙 钉耙（图 13.8）通常由金属制成，耙齿较短、坚硬、排列稀疏。钉耙可以在草坪和菜园播种时用于平整土壤表面，除去草坪中的杂草等。

图 13.7 摆动式喷水器。照片源自 stock.xchng/iprole/

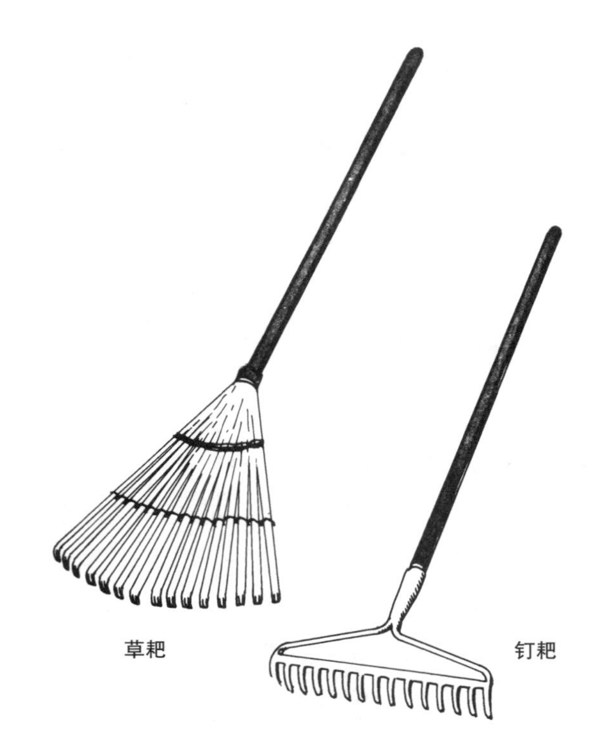

图 13.8 耙子的类型

施肥设备

软管喷雾器 软管喷雾器（图 13.9）与软管相连，能够自动地将所有液体母料与水混合达到稀释浓度。它被用于给草坪、花卉和其他浅根植物施肥，也可以用来喷洒某些农药。但被用于农药喷洒时，大多数情况下不够精准。

根部施肥器 根部施肥器与软管喷雾器类似，能够将液体肥料按比例添加到灌溉用水中。根部施肥器配备了一个长针形管，肥料能够经过管子进入乔木和灌木的根部。

图 13.9 软管喷雾器。照片由伊利诺伊州芝加哥哈德森制造公司提供

修剪工具

手动修枝剪 手动修枝剪（图 13.10）是最常用的修剪工具，能够修剪直径为 2 厘米的枝条。在使用手动修枝剪时，很重要的一点是修剪大树枝时不能扭转修枝剪。因为这样做会使切割片偏离原来的位置，损毁修枝剪。

长柄树枝剪 长柄树枝剪也叫高枝剪（图 13.10），能干净利落地剪掉直径为 4 厘米的枝条。高枝剪用于较高大的灌木和乔木。杠杆式剪枝剪和棘轮剪枝剪使用起来更省力。

修枝锯 较小的弯形修枝锯（图 13.10）

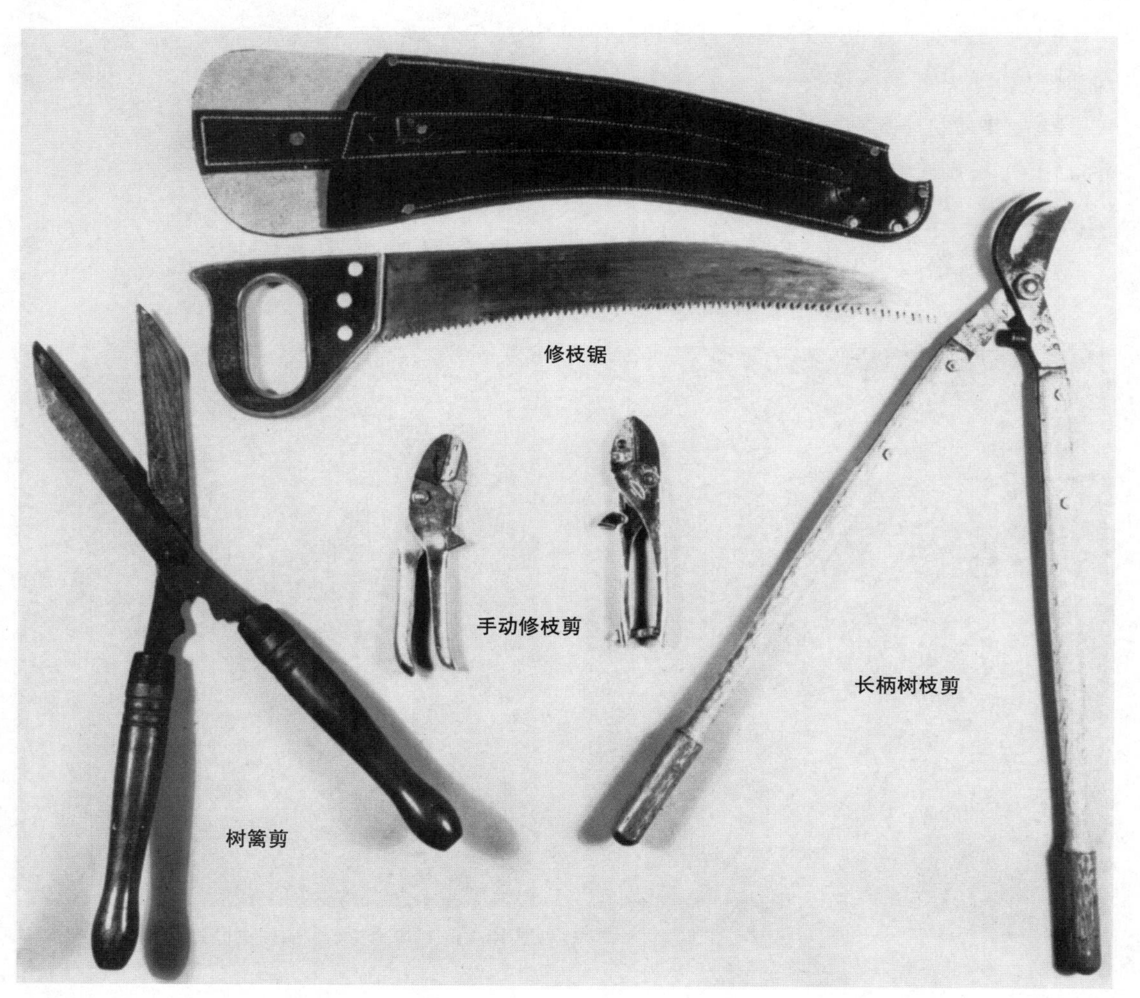

图 13.10 修剪工具

被用于除去较大的枝条，为了在狭窄的位置使用而进行了特别设计。它可以替代高枝剪，但需要更多的劳动。还可以购买动力杆式高枝剪和修枝锯修剪高处的枝条。

树篱剪 树篱剪（图 13.10）只在树篱需要养护时使用。

专业化景观养护所需的电动设备

景观养护从业人员使用大量的汽油和电动工具，能够高效地进行商业和住宅景观养护。

电动树篱修剪机 电动树篱修剪机（图 13.11）是长条形树篱必不可少的养护工具。

风机 风机（图 13.12）是人行道和其他铺砌区域养护中重要的设备。

线轴修剪机 线轴修剪机（汽油或电动，图 13.13）被用于修剪树木周围和铺砌路面边上的草坪。

磨边机 磨边机（图 13.14）被用于草坪和无草坪之间区域的养护。

链锯 链锯（图 13.15）被用于除去大型灌木和乔木。

电动修枝机 修剪高大树枝时，使用汽油发动的小型链锯（图 13.16）不需要爬树就可够到并剪掉树枝。与链锯相比，使用电动修枝机修剪高处的枝条更加安全。

图 13.12 背包式风机。照片由伊利诺伊州莫林约翰迪尔公司提供

图 13.11 电动树篱修剪机。照片由伊利诺伊州莫林约翰迪尔公司提供

图 13.13 线轴修剪机。照片由伊利诺伊州莫林约翰迪尔公司提供

图 13.14 使用磨边机时，应该一直佩戴护眼器来保护眼睛。照片由伊利诺伊州莫林约翰迪尔公司提供

图 13.15 链锯。照片由伊利诺伊州莫林约翰迪尔公司提供

图 13.16 电动修枝机。照片由俄亥俄州皮奎伦纳德公司提供

电动景观养护设备的安全使用方法

前面介绍的电动设备安全操作的第一条是佩戴安全眼镜、护目镜或面罩等护目用具。被草坪磨边机和线轴修剪机打到的物体会以很快的速度飞出去很远，还会造成人身伤害。使用设备前应该勘查现场，除去石头、木棍等物体。使用设备时人和宠物要至少保持 15 米的距离。草坪磨边机不能在碎石路面使用。

使用设备时还应该对耳朵采取安全保护措施，特别是带有内燃机（两冲程）的设备。还应该穿着安全鞋，佩戴防尘口罩。

线轴修剪机 在使用线轴修剪机时，为了防范飞行碎屑，应该穿着防护服。最好穿着长裤、不露脚趾的鞋子，佩戴手套。

线轴修剪机只能用来修剪杂草和草坪，不能用来修剪灌木、常春藤以及其他不在地面上的绿色植物，也不能修剪腰部以上的所有植物。

使用两冲程的汽油（天然气）线轴修剪机之前要检查是否有配件松动、燃油泄漏、线头破损等情况。在封闭区域不要启动并运行发动机，否则其产生的烟雾会导致人窒息死亡。

按照说明仔细加注预先混合的燃料，并立即盖上燃油箱盖。这样做不仅能减少火灾，还能减少空气污染。

在有些地区，线轴修剪机带有火花避雷器，能够防止意外引发的火灾。如果你所在的地区常有季节性火灾发生，应该注意这类问题。

风机 使用风机时，除了眼睛和耳朵保护措施外还必须佩戴防尘口罩。为了安全，风机应该放在远离人和宠物的地方，有行人经过时应该暂停使用。存储风机之前，应该让风机冷却，直到温度降低至可以用手触摸。

树篱修剪机 在使用树篱修剪机时，应该双手操作。

不应该使用树篱修剪机修剪高度超过肩膀的树篱。应该保持双脚站在地面上，不应该将脚伸得过高或站在梯子上修剪，这样容易失去平衡。

使用树篱修剪机时，手指尽量远离刀片。在修剪机运行时，不要试图清除刀片上的残留物。不要穿宽松衣服、佩戴首饰。要将长发束起。

在清除残留或堵塞在修剪机刀片上的东西之前，应该关闭开关并拔掉火花塞线。

链锯 在使用链锯时，最危险的操作是“反冲”，链锯运转会产生强大的后推力。之所以会发生这种反冲是因为链条遇到阻碍并突然停止。这样会使使用者暂时失去对链锯的控制。有些链锯的手柄上装有抗反冲的装置。

不要用手柄的尖部进行切割；身体要远离切割处；如果使用右手进行操作，左手臂要伸直并牢牢握住（手指握住手柄）进行切割。为了更好地控制链锯，应该佩戴防滑橡胶手套或皮手套。

在链锯与木材接触之前，应使链锯的速度达到最大值。这样做能够防止链锯反冲。一旦开始切割，应保证以稳定的速度和压力操作。为了避免失去平衡，切割时不应该加快或减慢链锯速度。

在伐木时，切割木材之前要做好准备从树木倒下的位置撤出来。在切割拉力作用下的树枝时，要保持警惕，因为失去拉力后树枝会回弹。

链锯应该定期保养。除了操作手册上指定的养护外，专业服务人员应该执行所有的维修工作。不要站在梯子上使用链锯，这种操作方式十分危险，应该使用长杆修枝剪。

13.5 景观植物的修剪

修剪是最容易被误解的养护工作。每次乔木和灌木的季节性剪枝花费了相当多的时间，结果几个月后植物又需要修剪了。如果了解如何修剪能够促进可控的植物生长，就能够避免浪费时间并使修剪所需的时间减至最少。

修剪的目的

控制植物大小 大多数人修剪植物都是为了控制植物大小，防止植物过大伸出窗户或人行道。如果购买植物时预先考虑了植物的正常大小和种植的位置是否会使植物成为障碍，那么就不需要太多的修剪工作。

促进植物健康生长 除去枯死的和染病的枝条能够保持或改善植物的健康。修剪幼树也能够促使树枝结构更加坚固，从而减少树枝被暴风吹断的可能性。

改善植物外形 剪掉散乱生长的树枝、削去凋谢的花朵，促进植物茂密生长，都能够改善植物的外形。

树木修剪

幼树 在移栽和移栽后的几年内修剪树木会极大地影响树木以后的生长状况。在树木生长初期发育出主干，能够形成树叶的支撑结构。修剪能够直接促进这些主干的生长并发育成强壮的树木。

除去双领导枝 大多数树木都有一个中央领导枝；也就是说，树木有一个直立生长的中央领导枝和被称为骨干枝的侧枝（图 13.17）。有时树木会长出两个中央领导枝，导致树木呈叉状。两个中央领导枝之间的角度是树木潜在的弱点，因为随着每个中央领导枝的直径增加，在另一个中央枝的底部施加的压力越大，最终会导致树干裂开。因此，有两个中央领导枝的树木在幼龄时应该除去其中较弱的中央领导枝，留下的中央领导枝能够正常生长。

选择骨干枝 在修剪树木时，通常不需要除去双领导枝，因为在苗圃里已经完成了这项修剪工作。但是除去多余的骨干枝是一项必须完成的工作。在理想情况下，幼树的树枝较少，沿着树干均匀分布并间隔较远。不应该选择留下很多小树枝，因为随着树木的生长，这些小树枝会伸长并聚集在一起影响彼此生长。应该选择留下骨干枝，它们能够均匀地分布在树干上。留在树干上的树枝广角最好接近 90 度（图 13.17），因为这样的树枝比较强壮，尽管很多树木在幼树期有窄角树枝。

在修剪双领导枝和多余的树枝时，应该在

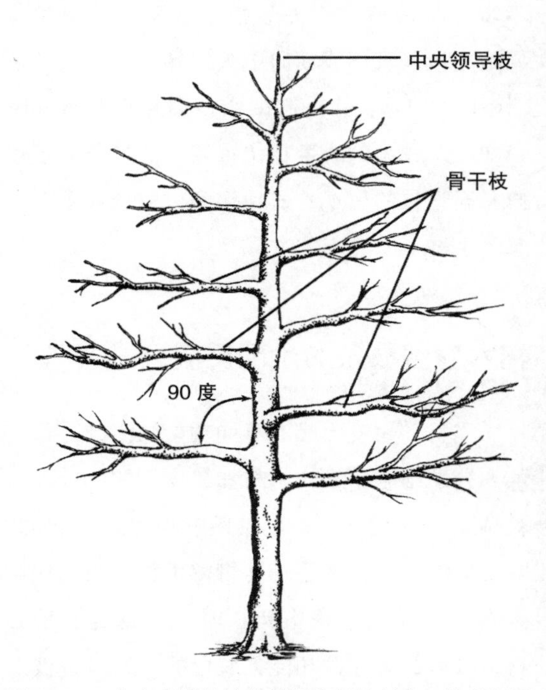

图 13.17 有中央领导枝的树形良好的树木。注意骨干枝的间距以及骨干枝和树干之间很宽的角度都是一样的。图片由贝瑟尼绘制

图 13.18 树皮脊能够愈合。照片由作者提供

树皮脊（图 13.18）上面剪掉树枝。这个位置是一个树皮突起的区域，其植物细胞能够起到防御修剪感染的作用，并且能够迅速增殖封闭伤口。因此为了使其完整，尽管只有很小的断株，最好还是将树枝剪断。

打顶 为了使树木的株形丰满，园艺师们会使用打顶的方法进行修剪。首先除去中央领导枝，然后修剪处以下的侧枝迅速生长。最终的结果是树木是平顶的，外形不自然，树枝丫杈脆弱。除了修剪过中央领导枝的果树外，不建议使用打顶方法。

狮尾 同样地，狮尾也是一种不建议使用的树木修剪方法。当一棵树被修剪成狮尾形时，中间位置的树叶和小树枝被修剪掉，留下树木里面被剥离的部分。树枝顶端保留的一簇树叶好像狮尾末端的毛丛，使得树木的形态看上去很不自然。这种修剪方式除了能使树木看起来外形奇特之外，还能刺激树枝里面部分过度生长，阳光能够照射到中间位置，从而使剥离的部位晒伤。如此多的叶子被去掉，树木树叶和木本结构之间的平衡就被改变，这种不平衡损害了树木未来生长所需要的能量储备。

截掉树枝 截掉树枝是指除去长在树木较低位置的树枝，这些树枝位置太低，从而造成危害或不便。除去这些树枝是必要的，因为树枝生长的起始高度是永久保持不变的。正如人们普遍认为的那样，树干并没有拉长和抬高树枝位置。一棵 1.2 米高的幼树上的树枝距离地面高 0.6 米，如果不修剪，20 年后树枝距离地面的高度仍然是 0.6 米。

如果可能的话，截掉树枝应该在种植后延迟 3—4 年进行，因为去掉幼树上的叶子会减缓树枝生长，使得树干变弱。一旦树木已经定植并迅速生长，每年可以修剪掉 1—2 个树枝，直到树干的高度达到预期。

去芽是除去生长在树干根部或下部的嫩枝。如果树木被嫁接，这些树枝通常会从生长旺盛的砧木上生长出来。在其他情况下，树干上的芽距离产生生长素的芽位置足够远，因此不会受到休眠激素的影响。这些树枝被称为根出条，或者吸根，当长出这样的枝条时应该用手剪剪掉。如果让它们留在原来的位置，根出条会使树木的外观看起来不够整齐，并且消耗掉本应用于顶部生长的能量。

虽然大部分的吸根都是从地面或稍高于地面的树干上长出来的，但有时也会出现在骨干枝。因为它们垂直生长旺盛所以很容易找到并除去。如果保留吸根，它们就会一直生长，直至与骨干枝交叉并摩擦。

成熟树木

在幼龄时期修剪得当的树木成熟后几乎不需要再修剪。除去吸根是必要的，同时还要除去被风破坏或朝向中央领导枝生长的枝条（图 13.19）。长在一起的小枝会互相摩擦（图 13.20）；较小的或生长位置较差的枝条应该被修剪至母枝的位置，避免伤到树皮和嫁接在一起的主枝。

树木修剪枝条的生理反应

木材和树皮由具有不同功能的活的、枯萎的和死的细胞组成。木材和树皮活的部分是由被称为“共质体”的网络结构连接在一起的。共质体能够使树木主动防御微生物。当它在树木自然生长的过程中死亡时，它就变成了心材，具有静态保护功能。脱色的木材经常被不会引起腐烂的真菌感染。在早期阶段，变色的木头能够起到保护木材的作用，但后来随着更

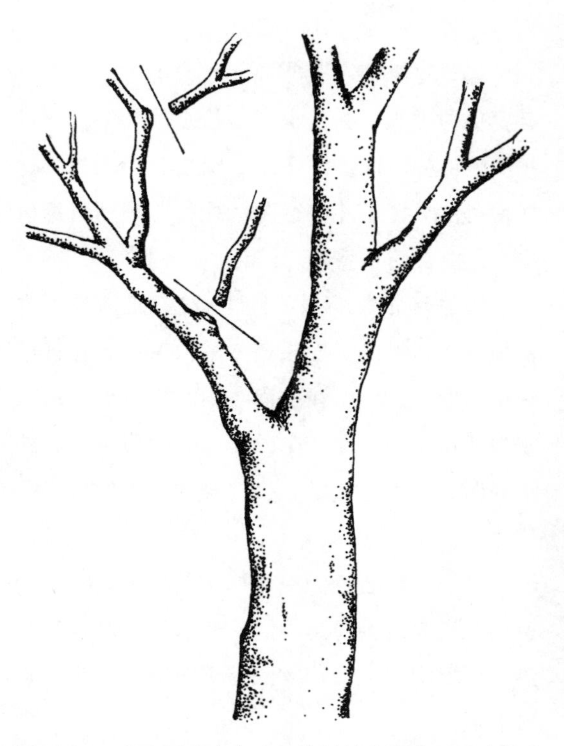

图 13.19 朝向树木中心生长的树枝应该按照图片所示的方式修剪掉。图片由贝瑟尼绘制

图 13.20 注意照片右边的垂直分支，它应该被修剪掉。照片由作者提供

多的有机体结构被感染，木材会丧失这种保护能力。这部分木材结构会得软腐病，次生层木材也会被感染。

之前关于树木修剪的内容介绍了树木伤口“愈合”的原理。为了尽快愈合，有必要尽可能避免使心材暴露在空气中，防止微生物通过空气入侵。因此，使用涂料涂抹树木伤口进行密封，理论上能够阻止微生物感染。然而，修枝涂料作为密封剂实际上是无效的，反而可能会抑制愈合。此外，许多最先出现在新伤口上的微生物能够阻止更具破坏性的类型入侵。

现在我们知道，无论是自然伤害还是人工修剪，树木对伤害做出的反应都是通过加强已有的保护屏障或者形成新的保护屏障来防止腐烂。这些保护屏障能够增强树木对腐烂微生物的抵抗能力，延长破坏木质部和韧皮部的时间，但时间不是无限的。大自然鼓励树木和微生物共存，自我保护的树木和存活在腐烂树木上的微生物之间存在着相互作用。如果将感染的区域隔离，或者将感染的传播限制在有限的范围内，树木和微生物都能够存活，两种生物的寿命都延长了。因此，树木的伤口不能被认为是“愈合”，而是树木在将感染隔离。这个概念被称为 CODIT 模型，即 Compartmentalization of Decay in Trees。在这种情况下，腐烂的定义是正常的树木变得失常且不再起作用的过程。

当树枝枯死时，与枯枝有关的干材会耗尽植物生长所必需的营养元素。由于干材的营养元素消耗殆尽，很少有微生物能够在里面生长，这使得干材具有保护功能。树木主要的一种保护方法是随着木材年龄的增长将氮基物质输送到较年轻的共质体中。

当微生物通过树枝开杈侵入树干时，树木能够将感染的微生物隔离开来。但随着时间的推移，干材封闭了更多的共质体。因此，储存能量的空间也被封闭起来，这是根腐真菌慢慢导致树木死亡的主要途径：树不断地失去储存碳水化合物的空间。随着能量储存能力的降低，树木的自我防御能力也随之降低。

决定树木寿命的主要保护边界线是位于树枝基部的保护区，包括领圈，也称为树皮脊或肩脊。当树枝死亡或被剪掉时，树皮上的开口是寄生在木材中微生物的感染入口。枝条保护边界最强的树种通常是寿命最长的树种。

较大树枝的修剪 有时由于疾病、幼树修剪不当或其他原因，较大的树枝可能需要被修剪掉。这些树枝通常很重，在锯断树枝时会折断并扯下树干。为了避免对树木造成伤害，建议使用三刀剪枝法（图 13.21）来修剪直径大于 5 厘米的树枝。第一剪的位置在距离树干约 30 厘米的树枝下方，剪到树枝一半的位置。这一剪为防止树枝脱落提供了保险。第二剪是在比第一剪离树干稍远的位置，完全剪掉树枝。第三剪将残枝修剪到树皮脊，使其完好无损。

如果这棵树在几年前不当修剪过，那么有必要保留残枝，并且保留残枝上的领圈，超过领圈的部分应该被修剪掉（图 13.18）。尽管这样做可能会留下相当数量的残枝。领圈就像树皮脊，能够防止感染。

除去环根 环根（图 13.22）通常是树木初植不当造成的。如果树木的根部没有在种植洞中伸展，它们会在地面或地面表层下面扩大并挤压树干。由此产生的压力会阻碍树干内的水和营养物质的流动，最终导致树木的另一端死亡。

环根损伤表现为一侧树干的扁平，对落叶树种来说表现为受影响的一侧秋季树叶较早脱落。环根唯一的治疗方法是用凿子或斧头把它砍下来。

瓶形树木的修剪方法 许多庭院树木、垂枝树木，还有榆树等较大的遮阴树都没有自然形成的中心领导枝，错误的修剪方法认为应该修剪出一个中央领导枝。这样的树可以分裂成两个中央领导枝，形成一个花瓶形，或者使所有的枝干从树干上同一位置长出来（图

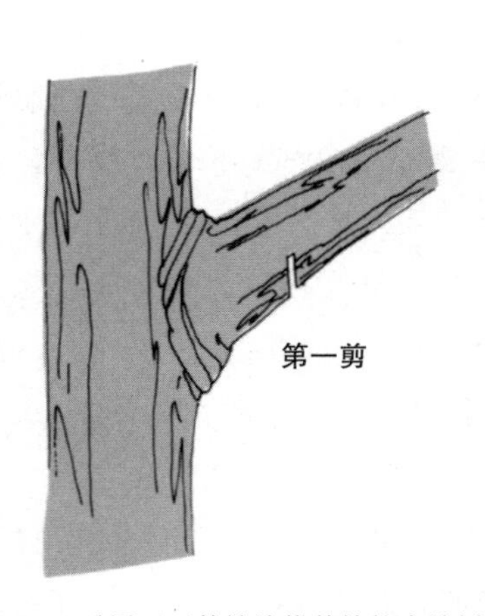

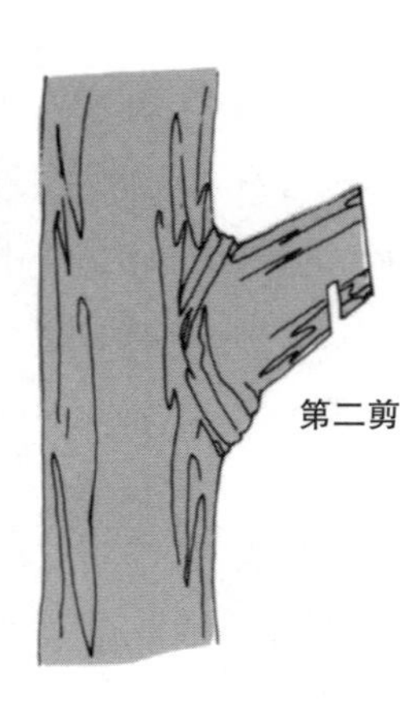

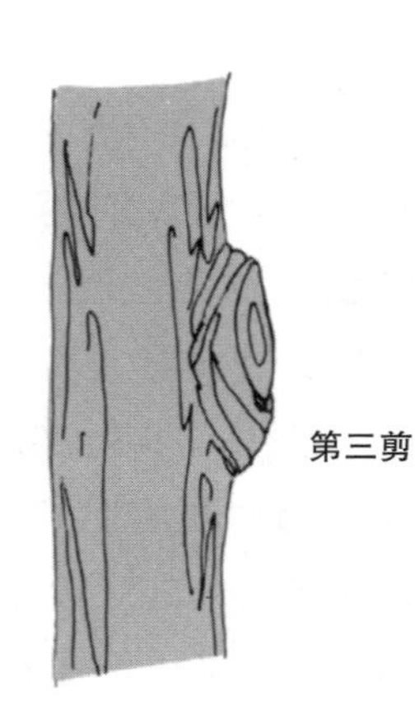

图 13.21 采用三刀剪枝法修剪掉较大的树枝。此方法能够防止树枝扯坏树干

图 13.22 幼树上的环根。照片由里克·史密斯提供

13.23）。这些树木的修剪应该只包括去掉交叉和向内生长的树枝。

图 13.23 瓶形树木。照片由作者提供

修减树冠（低杈修剪） 当一棵树被错误地种植在没有足够生长空间的地方时，就需要降低树冠的高度。尤其是种植在电力线下的树木。在必要的时候，最高处的（垂直方向）树枝被修剪成一个大的侧枝（侧向生长）。这种修剪方法促进树木向外生长，而不是向上生长。从最高处树枝上修剪掉的侧枝直径必须至少是被修剪掉的最高处树枝直径的 1/3（图 13.24）。

截头 截头（图 13.25）是适用于落叶树木的一种修剪方法，也是某些地区常见的修剪方法。这种方法限制了树的高度，与正常生长的树木相比通常会长出更茂密的叶子。不要把截头与打顶这两种修剪方法混淆了，打顶是修剪掉树木主要的树枝从而限制其高度或使树冠变得更茂盛。打顶并不是一种被认可的修剪方法。

截头修剪法已经有 1500 多年的历史了。最初的目的是促进树木长出大量鞭状的主枝，以用作动物饲料、围栏或柴火。树叶是极好的春夏季动物食品，比干草含有更多的糖分、脂

图 13.24 修减树冠。灰色部分的树枝应该修剪至侧枝，从而降低树冠的高度

图 13.25 早春的一排被截头的树木，树木才刚刚开始重新生长。照片由 P. J. 泰勒（P.J. Taylor）提供

肪和蛋白质。动物也吃树皮，剩下的木头被用作引火柴。

目前这种方法在正式场合被用作特殊的装饰效果，或帮助保持原本较大的树木紧凑种植并便于管理。修剪必须每年进行一次。虽然截头修剪法有其用武之地，但只适用于特定种类的树木。在家庭景观中可以选择这种方法，只有当规模受限或土地使用发生变化时才需要除去树木。

虽然截头修剪法确实能够在生长季节使树木拥有完整、令人愉快的外观，但大多数人认为树木在休眠时非常难看，甚至是畸形的。这种方法需要具备高空作业设备的树木维护人员每年提供服务，只有在树木能得到适当维护的情况下，才使用这种修剪方法。

在现代树木修剪中，截头修剪通常是在房主发现树木长得太大而不适合种植区域时才开始进行的。“太大”的意思是指树枝碰到电线或建筑物，而不仅仅是比主人所希望的尺寸更大或更茂盛。过度茂盛和略高于预期高度的问题应该通过其他修剪方法来解决，比如短截修剪和打薄修剪。

截头的最终目的是长出膨大的多枝的树枝末端。这样做能够保持树木结构和健康，同时限制树的尺寸。当树木处于休眠状态时，主枝被修剪至侧枝，侧枝的直径至少是主枝的 1/3。最初的切口应该是倾斜的，保护侧枝的根颈，不要穿透树皮脊，避免膨大末端长得过远。理想情况下，膨大末端应该在沿着初生树枝不超过 1/3 的位置。当树木在春天开始生长时，每一个切口下面都会发芽，长出旺盛的徒长枝，并形成浓密的树叶。

1—2 年后，较小的树枝可以被修剪掉。在修剪伤口上会长出新的芽。在修剪之前，这些新发芽能够在一个生长季里生长并为植物提供营养物质。切记，新发芽和树枝应该修剪至枝领基部，而不是树枝的木质结构。当新发芽被修剪掉时，残枝也不应该留下。最后，树枝的末端会长出木瘤，使植物呈现出独特的外观。

针叶常绿树木的修剪方法 松树是最常见的针叶常绿树木，所有的针叶常绿树木都有一个特征，即外形呈锥形，或者叫“圣诞树”形，有一个中央领导枝。常绿树木通常不需要修剪，除了修剪折断或枯死的树枝。如果有必要的话，双顶枝超过视线的部分要被修剪掉。

修剪常绿树木时要记住一点，即它们与大多数其他树木不同的是，如果被修剪至老枝，它们就不会分枝，因此，修剪至木质结构会对树木造成永久性的影响。用来限制树木尺寸或使叶子变茂密的唯一一种修剪方法是在树木还未成熟时修剪掉一些新生枝（图 13.26）或烛形结构。破坏一部分主烛形结构或侧烛形结构能够使新生枝变得更短并且更茂盛。

图 13.26 通过剪掉未成熟的新生枝来修剪常绿针叶树木。照片由里克·史密斯提供

灌木的修剪方法

为了保持天然形成的外观，大多数灌木都是通过下列两种修剪方法中的一种进行修剪：疏伐或短截。

疏伐 很多灌木是由一丛木质茎，或一根或多根从地面长出来的短树干植物组成。它们通过木质茎或树干高度和数量的增加而生长。当老茎变老并变长时，它们会遮蔽基部的树叶，灌木基部变得光秃秃。疏伐是指除去地面上的老茎。这样做能够矮化灌木，促进新芽的生长并使基部重新长叶。如果枝干很小，可以使用手剪进行修剪；如果灌木的茎又大又长，大量丛生，可以使用枝剪进行修剪（图 13.27）。

短截 短截（图 13.28）是使用手剪进行修剪，除去杂乱生长的枝条或限制树木的尺寸。包括把细枝或小树枝剪至切口能够被剩下叶子遮住的位置。如果可能的话，切口应该修剪至向外突出的芽或枝条的正上方（图 13.29）。这种做法能够促进新生枝向外生长并

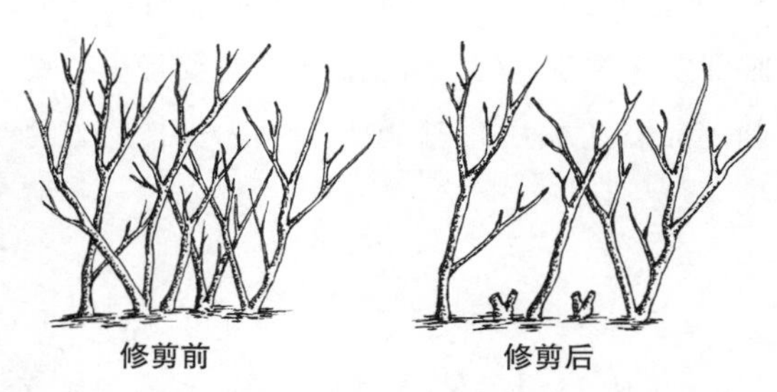

图 13.27 采用疏伐法修剪灌木。图片由贝瑟尼绘制

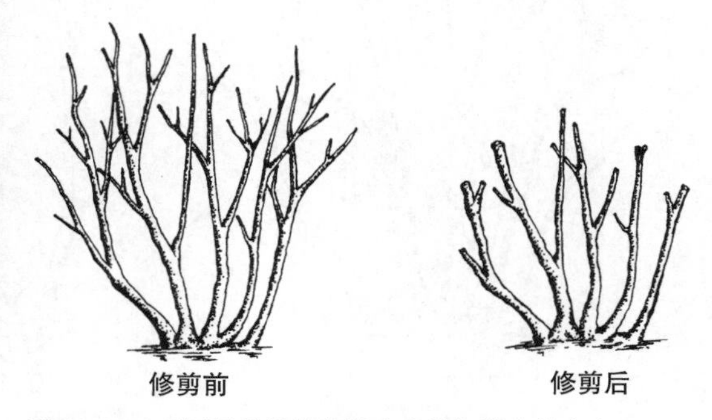

图 13.28 采用短截法修剪灌木来增加灌木的密度

图 13.29　修剪向外突出的芽或枝条

除去交叉枝。

更新修剪　更新修剪（图 13.30）被用于更新并矮化杂草丛生的灌木。它一般是在早春植物开始生长之前进行，把所有的枝条剪至 5—8 厘米长。这种方法能够促使残枝上的休眠芽发育成新生枝，然后再根据需要采用疏伐和短截修剪方法进行修剪，使树木保持适当的尺寸。

更新修剪是一种比较极端的修剪方法，采用这种方法修剪的植物外观至少在一个生长季都会很难看。作为替代方案，可以在第 1 年剪掉一半枝条，在第 2 年剪掉剩下的枝条。这样的话，植物总会保留一部分树叶，外观看起来会更好。

修剪树篱　自然生长的树篱是一排灌木，紧密种植在一起能够长出很多未修剪的叶子。修剪自然生长的树篱与修剪其他灌木基本相同，即每年采用疏伐和短截法修剪 1—2 次。

标准的树篱被修剪成特定的形状（图 13.31），需要经常修剪以保持外观整齐；在生长季节标准的修剪频率是每两周修剪 1 次。

选择正确的树篱形状是非常重要的。修剪树篱过频会使树篱底部狭窄，顶部较宽。这种做法是不正确的，因为宽大的顶部会遮挡住树篱位置较低的部分，导致叶子脱落。树篱修剪的正确形状是顶部比底部窄，或者与底部宽度相同（图 13.31），可以避免遮挡底部，这样植物就会保持茂盛的状态，并且在底部长出很多叶子。

地被植物的修剪方法

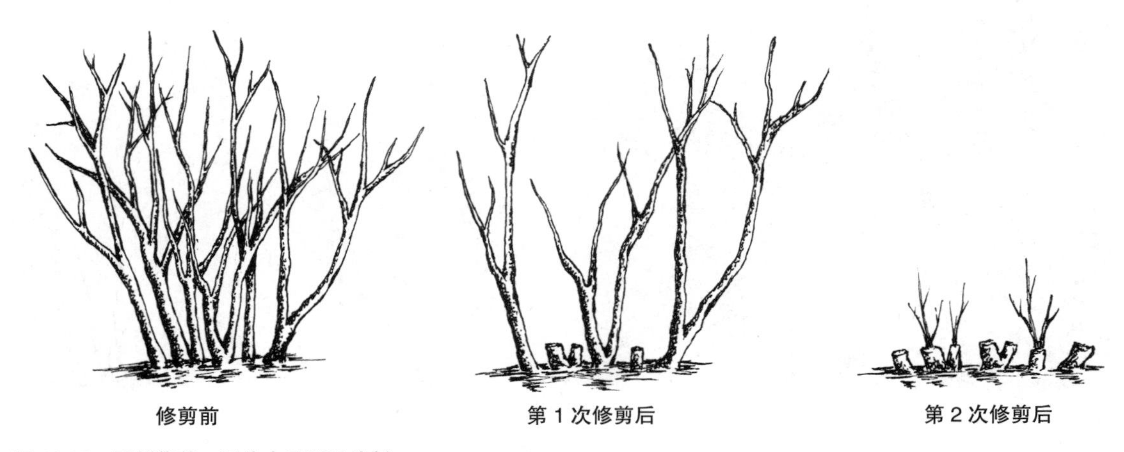

图 13.30　更新修剪。图片由贝瑟尼绘制

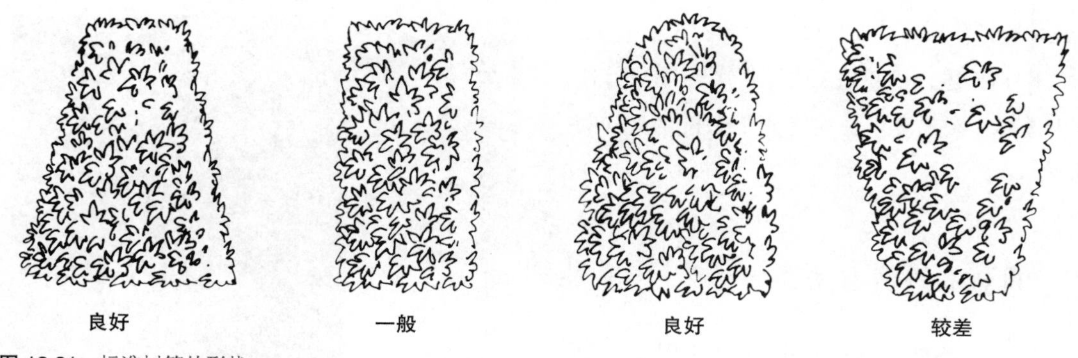

图 13.31 标准树篱的形状

大多数地被植物不需要通过定期修剪来改善它们的外观或生长状况，尽管杜松等灌木类型可能需要通过短截修剪法来控制植物的扩展（图 13.32）。花坛里的较老地被植物偶尔会长出长而无叶的茎，可以通过更新修剪法来改善。如果花坛面积很小，可以只用手剪将其剪掉。对于较大面积的情况，可以在生长活跃期使用一台设置尽可能远离地面的割草机（带有收集袋）进行修剪。可以使用整篱剪修剪木本地被植物。尽管修剪区域一开始外观很难看，但通常在 2—3 个月后就会重新长出叶子。

定期修剪

每年定时进行修剪养护不会影响植物的健康，也不受季节的限制。但修剪时间一般选择在早春，原因如下：首先，早春时更容易确定落叶植物的哪些树枝应该修剪掉——这些树枝没有长出叶子。其次，在生长开始之前进行修剪可以控制新生枝的生长方向。相比之下，夏季或秋季修剪去掉的是在那个季节生出的生长位置较差的新生枝。

早春修剪也有例外情况。如果春季开花的灌木修剪的时间过早，已经形成的一部分花蕾会被剪掉，因此最好在植物开花后和第 2 年开花之前的这段时间进行修剪。

第二个例外是早春流液的落叶树。此时修剪造成的切口会渗出大量液体。这种液体流失不会对树木造成严重伤害，但看起来不雅观，为了避免出现这种情况，可以在当年晚些时候

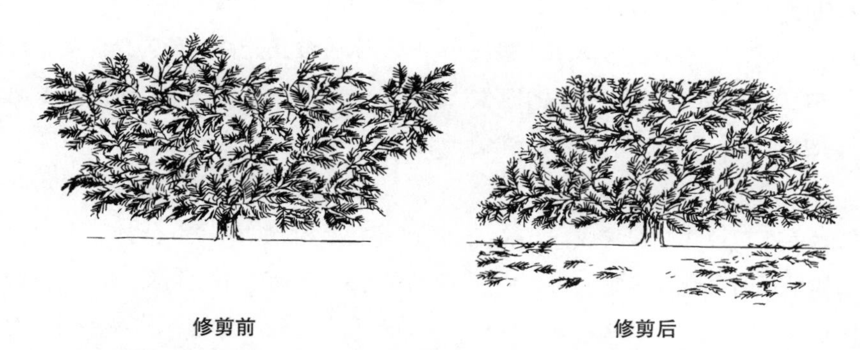

图 13.32 为了控制地被松柏类植物向外散生，短截修剪前和修剪后。注意底部枝条的层次，防止其遮挡并导致植物底部树枝死亡

进行修剪。

综上所述，每年进行 2—3 次轻度修剪比每年进行 1 次强度修剪更有利于保持景观的吸引力。

特殊的灌木修剪方法

篱架式整枝 篱架式整枝是适用于紧靠在墙壁或框架上的灌木或乔木的程式化修剪方法，通常是对称分枝样式。因为不是所有的植物都适用于这种修剪方法，所以在进行篱架式整枝之前，可以咨询专业苗圃工作人员，或者查阅本章末列出的参考文献。

篱架式整枝必须在植物很小的时候进行。首先将树干与格架系在一起，并且选择未来要保留的枝条的位置。然后将距离这些位置最近的芽或枝条绑在格架上，剪掉所有其他枝条，只允许这些预先选择的枝条生长并在几年内长成预期的形状。每年仍然需要修剪一次，剪掉长偏的新生枝并防止植物因生长过快而不再适于格架。

整形修剪法 整形修剪法的例子是灌木和小树被修剪成球形或动物的形状（图 13.33），这是一种起源于正规欧洲花园的新颖修剪方法。整形修剪法可以被看作树篱和篱架式整枝的结合。首先在树干上选定位置保留树枝，然后反复进行修剪促进植物茂盛。与篱架式整枝一样，整形修剪法也应该在植物很小的时候进行，在几年的时间里逐渐整形达到最终的形状。

景观中的绿色雕塑植物应被看成样品，一两个就足以增加景观的美观度。它们可以应用在东方或现代景观中，并且可以从花卉商店购买到预整形过的植物。

图 13.33 整形修剪的灌木可以用作突出的景观。照片由作者提供

13.6 灌溉

灌溉的目的是补充植物根部周围土壤中的水分。为了达到这个目的需要大量的水，常见的错误做法是低估灌溉量。没有经验的园艺师用水管浇几分钟就认为已经完成灌溉。事实上，喷头只喷湿了土壤表面 5—8 厘米，植物大部分根部仍然是干的。

灌溉灌木的正确做法应该是使水在植物底部缓慢流动 20—30 分钟。水均匀渗透到整个根部，并使土壤变得湿润。这样做会促进根部向下生长到达土壤水分保持层，而不是土壤表面。对于乔木，应该灌溉被树枝覆盖的整个区域，因为根部生长遍及这个区域。深浸规则不适用于那些惯于采用喷灌灌溉已经定植的植物。这些植物的根系很浅，需要采用喷灌法来养护。

灌溉频率

植物所需的灌溉频率取决于株龄、耐旱性和土壤保持水分的能力。

株龄 与其他原因相比，缺水导致新移植的乔木和灌木的死亡数量更多。当植物第 1 次移植时，植物的根系占据的土壤体积有限，必须从这些土壤中吸取所有的水分和养分。在它们被定植并能够通过大量根系以及附着的大量土壤吸收水分之前，应该经常灌溉。第 1 年每 7—10 天灌溉 1 次，第 2 年每 2 周灌溉 1 次。在那之后，只有在干旱持续 3—4 周以上时才需要灌溉。

耐旱性 不同植物的耐旱性差异很大。有些植物能够从土壤中提取微量的水分并维持正常生长，而另一些植物在相同条件下会枯萎甚至死亡。

仙人掌和多肉植物是耐旱植物中最有代表性的例子，但它们并不是唯一的耐旱植物。直根树木和原产干旱气候地区的灌木也具有同样的耐旱能力，在自然降雨量少的地区可以用来建造植物养护量低并且生态良好的景观。

土壤保持水分的能力 土壤中沙子和黏土的比例极大地影响了土壤保持水分的能力，从而影响灌溉频率。黏土含量较大的土壤保持水分的能力最强，壤土保持水分的能力居中，沙土保持水分的能力最差。沙质土壤所需的灌溉量是黏土的两倍。

如果土壤是沙质的，添加有机质可以大大提高土壤的保水能力，详见后面节约用水部分和第 6 章。

灌溉技术

喷灌 无论洒水喷头是永久性的还是可移动的，喷灌都是适用于常年降雨量不足地区的主要灌溉方法。这种方法可以同时灌溉大面积的景观区域，如果时间足够长的话，最终会浸透地面，达到理想的深度。喷灌的主要缺点是浪费水。这种方法能够弄湿所有的土壤，而不仅仅是植物根部周围的土壤，而且通过空气流动蒸发造成水资源浪费。

现在，喷灌只适用于地被植物、草坪和花圃等密集种植的区域。但采用这种灌溉方法定植的景观不应该停止使用这种方法，因为植物根系遍布于喷头射程范围内。

人工灌溉 在那些很少需要补充灌溉的地方，使用软管人工灌溉是很实用的方法。将软管调节至低压，每隔半小时从一种植物移动到另一种植物处，或者将种植过程中建造的灌溉盆灌满几次。

淋溶 淋溶是将大量水分浇灌到土壤中的方法，不仅仅是弄湿植物根部，还为了冲洗土壤中积累的矿物质或肥料。它有时是必要的，因为矿物质在土壤中积累过量，原因可能是经常使用富含矿物质的灌溉水，或者过量施肥，又或者土壤中天然富含矿质元素。在这种情况下，植物根系无法从土壤中吸收水分——即使有足够的水分，然而根部周围土壤中矿物质过多，破坏了植物通过根毛吸收水分的自然过程。为了缓解这一问题，有必要通过大量和长时间的灌溉来溶解这些矿物质，并将其转移到更深的土壤层。

淋溶的方法之一是对植物进行深层灌溉，等待几个小时，重复几次这个过程。在等待的过程中，矿物质溶解在土壤保有的水中，当浇灌更多的水时，它们就会被冲走。另一种方法是在植物基部放置一条软管，持续滴流约半天。这种方法能够达到同样的效果，但可能需要更多的水。

淋溶的必要性取决于几个因素，自然降水较少的地区通常是最需要淋溶的。在这些地区，缺乏无矿雨水的自然淋洗，再加上空气干燥（需要经常使用含盐的灌溉水进行灌溉），会造成土壤矿物质的积累，因此每隔几个月应该溶洗一次。

植物需要溶洗的一般表现包括生长缓慢、叶子变黄，有时甚至在土壤潮湿时也会枯萎。有的植物比其他植物对于土壤盐分的耐受能力更强，这是决定是否需要淋洗时要考虑的另一个因素。有一些原产于盐化土壤中的植物对于土壤盐分的耐受能力很强，如果土壤盐分过高是一个反复出现的问题，房主应该考虑选择种植这些植物。

滴灌 滴灌（图 13.34）是一种灌溉技术，其优点是成本低、安装方便、节水。滴灌的一个间接好处是因为它只在一个区域灌溉（而不像喷灌的范围是整个区域），能够抑制杂草萌发和生长。

典型的滴灌系统包括 5 个主要部分：过滤器、压力调节器、直径为 12—20 毫米的软管、直径 3 毫米超小微管和排放口。从外部水龙头流进来的水首先经过过滤去除微粒，然后输送至压力调节器，将压力降至正常水平的 10% 左右。接下来输送至植物附近直径 12 毫米的软管进行灌溉。插入主线中很短的超小微管能够将水输送到每个植物附近的排放口，所有的植

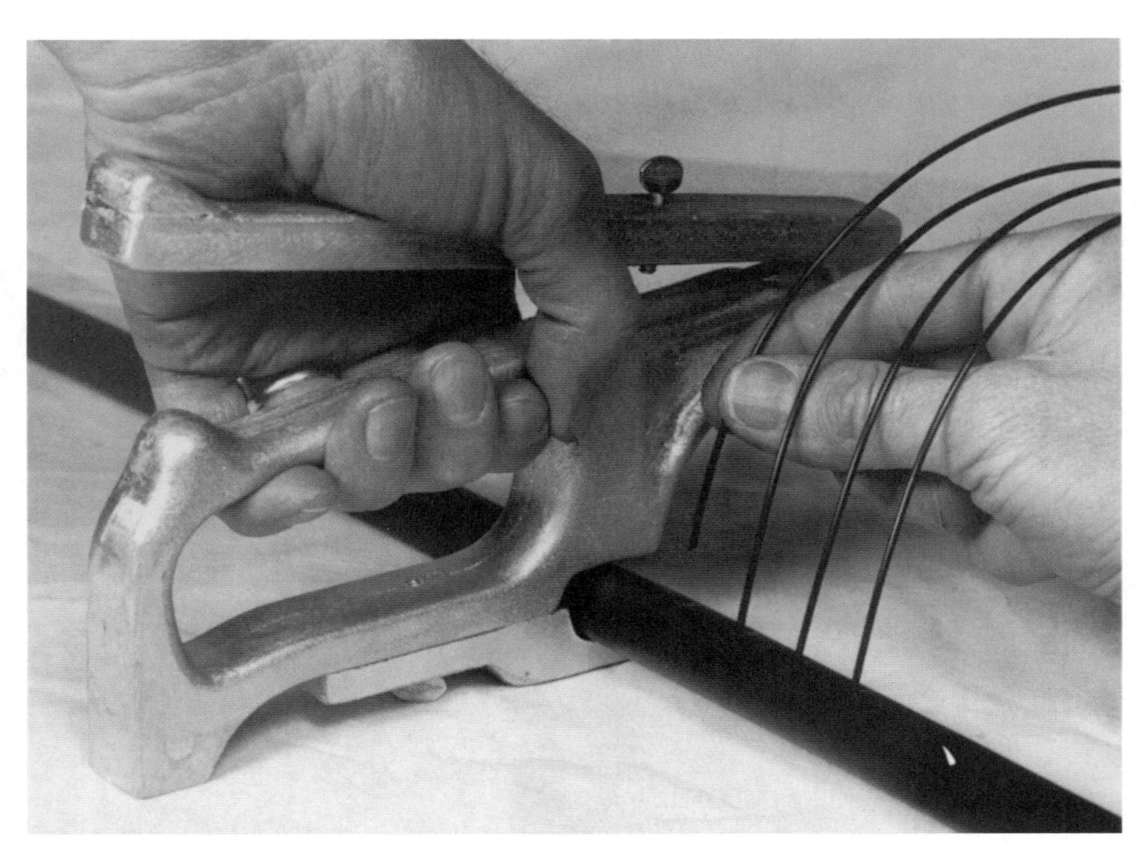

图 13.34 安装滴灌装置。小微管能够将水输送给植物。照片由纽约沃特敦 Chapin Watermatics 公司提供

图 13.35 地面上的微管头。照片由作者提供

物同时被缓慢、匀速地灌溉。“滴灌”的名字源于从每根微管中缓慢流水的声音，每小时的灌溉量大约是 4 升。

滴灌装置很容易安装，即使对一个不懂管道的人来说也是如此。因为它在低压下运行，所以不需要胶水或螺纹连接。主要线路之间的接头用自密闭塑料连接器连接在一起。同样，超小型微管插入主线，只需在微管上开一个孔，将其压入，直到二者紧贴在一起。与喷灌系统不同，不需要挖掘就能安装滴灌系统。主要的管线都放置在地面上并用地膜覆盖。

滴灌系统的主要缺点是微管容易堵塞，主要由水、土壤或藻类的矿物质沉积造成。这些问题通常可以通过在高压下定期冲洗来解决。

滴灌系统最常用于乔木和灌木种植，因为每一株植物都有自己的微管。但该系统也适用于喷洒地被和草坪地，使用在有限半径范围内喷洒的微型洒水头进行滴灌（图 13.35）。

节约用水

即使水资源丰富的地区，也应该考虑节约灌溉园林植物所用的水。人类应该慎重利用这种宝贵的自然资源。下列方法能够减少园林绿化用水。

提高保持水分能力 虽然一个地区的天然土壤保持水分能力很差，但可以通过添加有机质来改善。在种植时可以将堆肥、泥煤苔、碎树皮、粗锯末和类似的材料混入土壤中。草本地被苗床可以通过添加 0.3 米深的有机物而被显著地改善，因为这些植物的根系天生很浅，并分布在改良层。

防止蒸发 从景观植物中流失的大部分水分都是从土壤中蒸发出去的。这种蒸发速率可以通过使用护根覆盖物并在清晨最低温度时灌溉来减缓。

合理使用灌溉技术 为了节约用水，应该合理选用灌溉方法：灌溉乔木和灌木应该使用滴流装置，灌溉草坪和地被植物应该使用喷洒装置。然后，灌溉装置应该合理地使用。在使用自动计时装置时要注意，它们不考虑天气条件，可能会在暴雨中灌溉。经常检查水流量是防止水资源浪费最常见的手段之一。

13.7 景观植物施肥

有机肥料

大多数乔木和灌木能够从土壤中吸收足够的养分，但一年生植物、菜园和草坪有时需要额外施肥。购买肥料时，要选择含有天然、有机或缓释成分的产品。如果传统肥料施肥不当，它们会缩短土壤使用年限，这对优质土壤和植物根系损害极大。天然来源的肥料能够缓慢而均匀地为植物提供养分。施肥后的效果是植物根系更结实，没有过度生长，无须用修剪来控制植物生长，从而节约时间。使用缓释肥料通常能够降低流失到地面和地表水的养分浓度。

很多房主从不为乔木和灌木施肥，肥料主要用于蔬菜和草坪。但正如肥料能够促进这些植物快速生长一样，它也会改善园林景观植物的生长。对于新建景观，定期施肥会比未施肥植物长得快。

施肥时间

一年中适合为园林植物施肥的时间随气候的变化而变化，但一般仅限于植物活跃生长期之前或活跃生长期。

在美国的大部分地区，每年春季是合适的施肥时间，因此营养物质可用于植物新的生长。但为了植物更快生长，可以在植物生长季间隔 1—2 个月的时间施用 2—3 次，例如在 4 月 1 日、5 月 15 日和 7 月 1 日进行施肥。

在佛罗里达州、加利福尼亚部分地区等气候温暖的地区，植物常年生长。肥料需要每隔 2—3 个月施用 1 次，补充植物所需养分。

施肥量

乔木　一般来说，除非确定土壤中缺乏营养物质，否则不需要施用含磷或钾等肥料。它们的主要需求是氮肥。可以通过钻孔或表面施肥法每年施肥一次（详见第 6 章）。小型和新栽植的乔木通常只采用表面施用法进行施肥。

每年建议的施肥量是树枝下面每 100 平方米面积实际施用氮肥约 3 千克。实际上在合理范围内施肥量并不重要。在某些情况下，计算一棵小树的肥料重量是不准确的，例如树枝跨度是 1.2 米。在大多数情况下施肥量估算就可以。树高低于 4 米的小乔木建议施用的施肥量约是 120 毫升硫酸铵或硝酸钠或 60 毫升尿素或硝酸铵。5 米高的乔木施肥量可以增加至每年 240 毫升，6 米高的乔木每年施肥量是 700 毫升，9 米高的乔木每年施肥量是 950 毫升。

灌木　灌木，无论是常绿的还是落叶的，在大多数情况下每年的施肥量是 10 平方米苗床区域施用 1—2 千克氮肥，使用表面施用法施肥。灌木可以选用与乔木相同的肥料，如果需要的话可以分两次：一次在早春，另一次在开花后。如果种植的是喜酸植物，可以使用酸性肥料（详见第 6 章）。

如果不进行精确的肥料计算，占地面积小于 0.6 × 0.6 米的灌木中等数量的肥料用量约为 120 毫升，1.2 米高、3 米宽的灌木用量是 240 毫升，较大的灌木用量是 350 毫升。施肥后应进行灌溉。

地被植物　在春季采用表面施肥法进行施肥有助于地被植物的生长。每 100 平方米使用 1—2 千克肥料是完全可以的，或者 3 × 3 米的区域大约使用 200 毫升肥料就足够了。施用平衡肥料或者高氮肥料都可以。

13.8　杂草防治

在园林景观中长出的杂草严重影响其外观。杂草还会争夺可用光、水和养分；已经定植的地被植物中，杂草生长茂盛而所种植的植物生长状况不佳。由于这些原因，杂草防治是必不可少的，无论是通过化学方法还是栽培方法来防治。

化学杂草防治法

除少数例外，使用化学方法来防治杂草在家庭景观种植中是不实用的。许多植物种植在一个典型的景观中，每种植物都会以不同的方式对杂草防治的化学物质（除草剂）做出反应。不恰当地使用除草剂不仅会破坏自己院子里种植的植物，也会破坏邻近院子里的植物。

下文列出了一些例外情况。出苗前使用的除草剂类型只能杀死尚未定植的发芽幼苗。这种化学物质可以使用在新建的地被植物种植区域，当土壤受到干扰时这样做可以缓解杂草种子萌发的情况。出苗后使用的除草剂类型可以用于杀死种植前已有的杂草。

表 13.1 列出了一些用于观赏植物的除草剂。

生物除草剂 最近推出的有机除草剂是玉米蛋白粉（CGM），它是玉米糖浆的副产品。CGM 是一种出苗前使用的除草剂，在早春使用。使用在 0.6 厘米厚的土壤时，效果最好。它不会在第二年植物生长时继续起作用，因此必须每年使用。CGM 含有 10% 的氮素，与缓释肥料的作用效果类似。CGM 已获得专利，目前正在作为除草剂出售，但使用 CGM 来进行大面积杂草防治价格相当昂贵。小麦蛋白粉与 CGM 有很多相似的作用，但它尚未获得专利，因此可能更经济实惠。

最近的研究结果表明，以玉米蛋白粉为原料制备的玉米水解蛋白（CGH）杂草防治效果比玉米蛋白粉更好，使用 CGM 用量的一半就能够有效地防治杂草。在这篇文章中提到，CGH 只能从艾奥瓦州一家粮食加工公司购买到。

现在有一些新研发的、环境友好型接触除草剂分解迅速，并用于在灌溉水管及周边区域的容器型苗床进行杂草防治，通常用于田间苗圃。这些除草剂是由在植物和动物中发现的脂肪酸和壬酸制成的。它们通过迅速降低所喷洒植物酸碱值的方式来起作用，通常在 2 小时内会破坏细胞壁并杀死杂草。这些产品（Weed Eraser™, Scythe™）不是内吸的或者有选择性的，因此它们能够杀死所有喷洒的植物结构。多年生杂草有必要多次使用除草剂。Nature's Glory™ 作用效果迅速，除草剂含有醋酸（醋）和柠檬汁。作为接触除草剂，它能够很快起作用，并除掉马唐、繁缕、豚草、车前草、匍匐冰草和野胡萝卜等杂草。商业配方含有 25% 醋酸，可从 ECOVAL 公司购买到。

栽培杂草防治法

栽培杂草防治法包括人工使用除草器牵拉和锄耕，种植观赏植物与杂草竞争，使用栅栏、覆膜和日晒。

人工牵拉和栽培对于防治一年生杂草是有效的，但它们只能暂时控制多年生杂草，因为这些杂草从土壤里拔除后经常从根部重新生长起来。栽培法能够将新鲜土壤和额外的杂草种子暴露于适宜萌发的条件下，并需要在每个生长季重复多次。虽然拔除和栽培法是大型杂草唯一的应对措施，但覆膜法更加实用，在较长时间内更省力。

利用观赏植物与杂草竞争也可以减少杂草问题。在裸露的土地上种植地被植物并且密集地种植观赏植物，杂草没机会定植，就会被栽培的植物挤走。

由塑料、金属或混凝土制成的障碍（图 13.36）可以防止杂草蔓延到花坛和其他景观区

图 13.36 塑料障碍能够防止杂草蔓延到地被植物花坛里。照片由作者提供

表 13.1 应用于观赏植物，商业用和家用的选择性除草剂

化学除草剂	防治的杂草	备注
2, 4-D	萌发后的阔叶杂草	适用于草坪
烯草酮（Envoy®）	很多禾本科杂草的后控除草	特别适用于防治一年生早熟禾
玉米蛋白粉	很多杂草的应急除草	可用于苗圃和景观，对一部分杂草有效的有机产品
敌草索（Dacthal®）	一年生禾本科杂草和一些阔叶杂草；不能防治已定植的杂草	适用于草本植物；在沙质土壤中最有效
麦草畏	草坪中难除阔叶杂草的应急除草	很容易除掉杂草的叶子，不用于长进草坪里的植物根部
敌草腈（Casoron®）	萌发的一年生阔叶杂草和禾本科杂草，匍匐冰草等；不能防治已经定植的杂草	用于已经定植的落叶树、灌木以及针叶树
精吡氟禾草灵（Fusilade®）	生长旺盛的一年生和多年生杂草，除一年生早熟禾	对大多数阔叶植物不会有影响，除"Bar-Harbor"刺柏外；有必要使用两次
氟硫草定（Dimension®）	禾本科杂草和一些阔叶杂草的应急除草	用于专业养护草坪区域防治马唐
扑草灭（Eptam®）	发芽的一年生禾本科杂草和一些阔叶杂草；不能防治已经定植的杂草	适用于花卉种植的杂草防治；使用后要灌溉
唑啶草（Prograss®）	一年生早熟禾的预控和后控除草；防治其他草坪杂草	主要用于防治草坪中的一年生早熟禾
丙炔氟草胺（Broadstar®, Sureguard®）	很多阔叶杂草和禾本科杂草的应急除草	适用于容器苗圃中的较难防治的杂草，如酢浆草、地钱
草铵膦（Finale®）	大部分杂草的后控除草；抑制多年生杂草	适用于温室和景观
草甘膦（KleenUp®, Roundup®）	生长旺盛的一年生和多年生杂草	木本观赏植物周围应急喷洒和涂抹除草
氯吡嘧磺隆（Manage®）	草坪和景观杂草的后控除草	莎草除草效果显著
异草胺（Gallery®）	很多阔叶杂草和禾本科杂草的预先防治	适用于景观、容器和野外苗圃
甲氧毒草安（Pennant®）	很多阔叶杂草和禾本科杂草的预先防治	适用于野外和容器苗圃
黄草消（Surflan®）	发芽禾本科杂草和阔叶杂草	适用于木本观赏植物和草本植物
恶草灵（Ronstar®）	发芽阔叶杂草和一些禾本科杂草	适用于多种观赏植物，能够防治草坪中的一年生早熟禾
乙氧氟草醚（Goal®）	阔叶杂草和禾本科杂草的预先和早期防治	可用于苗圃，可用作景观使用的其他颗粒产品其中的一个成分；特别适用于有些具有草甘膦抗性的杂草，如芝麻草
壬酸（Scythe®）	大多数杂草的早期防治	可用于景观、苗圃和温室
喷达曼萨林（Pennant®）	多数杂草的预先防治	可用于景观和苗圃
稀禾定（Poast®）	一年生和多年生杂草	只适用于已经发芽的杂草
绿草定	一年生和多年生阔叶杂草，尤其是酢浆草	杂草发芽后喷洒
氟乐灵（Treflan®）	发芽的一年生禾本科杂草和一些阔叶杂草；不能防治已经定植的杂草	可用于花卉和灌木栽培；使用后需要灌溉

域。它还可以防止杂草蔓延到树干处，从而避免在使用割草机割草时割伤树干。

覆膜是第 3 种栽培杂草防治法。覆膜能够阻挡光照进入土壤中。检查种子和已有小型杂草的生长情况。可以使用任何材料来覆盖土壤表面。

除了杂草防治外，景观植物覆膜还有其他用途。它为植物提供了一个装饰背景，能够节约土壤水分，并保持土壤温度均匀。

覆盖杂草防治法

覆盖物是指覆盖在植物周围的碎落叶、树皮屑、堆肥或剪草等一层物质。覆盖物能够稳定土壤温度，防止杂草生长，肥沃土壤，节约水分。它还能够在原地腐烂，直接回收利用。

图 13.37 碎木覆盖物。照片由联邦景观提供

图 13.38 块状树皮覆盖物。照片由联邦景观提供

在草坪上，可以采用“草坪循环利用”（在刈草时把剪草留在草地上）。剪枝腐烂后能够将肥力释放到土壤中，为草坪提供养分，将肥料需求量降低 25%—50%。

日晒法是防治杂草、线虫和土壤害虫的一种有效方法。日晒法是指使用一层透明薄塑料覆盖精心准备的土壤，在温暖气候条件下放置几周。除了抑制害虫，日晒法也有利于培养耐高温有益生物。为了使日晒过程成功，必须为优质苗床准备土壤。你必须确保土块是碎的。然后将土壤彻底湿润后使用透明薄塑料覆盖几周。潮湿的加热过程能够杀死很多土壤害虫，并且达到杂草防治的效果，但种子较大的杂草不能被完全控制。炎热晴朗的天气对这一过程来说是至关重要的。日晒过程完成后，这一区域可以进行种植，但要小心不要破坏深层的土壤。

有机覆盖物　在园林种植中最常用的有机（植物源）覆盖物是切碎或块状树皮或木材（图 13.37 和图 13.38）和松针。它们覆盖在灌木丛和树下，达 5—8 厘米厚，能够使这些区域外观看起来整洁，充满田园风格。因为它们是有机的，几年内能够缓慢分解，有时需要通过往现有的覆盖物中添加新的成分来更新。用于景观的有机覆盖物不限于树皮。稻壳、可可豆壳、松针和橡树叶都是很好的覆盖物，但只在美国仅有的几个地区可以使用。同样地，玉米芯、堆肥和剪草也是可以使用的，但通常这些覆盖物在景观中看起来不美观。在第 8 章中详细介绍了蔬菜覆盖物。

岩石覆盖物　岩石覆盖物可以永久使用，因为它们不会分解。无机覆盖物包括石质材料，如火山石、大理石碎片、光滑的石头和鹅卵石（图 13.39，图 13.40，图 13.41）。它们

图 13.39 火山石覆盖物。照片由爱达荷州爱达荷福尔斯西部山区树皮制品有限公司和开发实验有限公司提供

图 13.40 大理石碎片。照片由作者提供

唯一的缺点是，如果苗床需要重新栽植，就必须拆除并替换。而有机覆盖物可以在土壤中使用。因为岩石覆盖物会逐渐下沉到土壤，应该在岩石下垫上塑料或景观织物。

人工合成覆盖物 塑料覆膜和景观织物是最有效的覆盖物，因为它们完全不受杂草生长

图 13.41 一条很平坦的由岩石覆盖的石头河。照片由作者提供

的影响。虽然在园林种植中它们的外观没有吸引力，但可以再覆盖一层树皮或石头装饰层。当与地被灌木一起使用时，种植后灌木能够将这些覆盖物隐藏起来。

塑料和景观织物通常卷成不同宽度的卷筒，边缘重叠在一起铺到种植区域。然后将植物移植到覆盖物的狭缝中。最后用土壤将它们牢牢地固定在适当的位置，防止被风吹走。对于装饰景观区域，可以使用一层树皮覆盖物覆盖整个区域。

在降雨过程中，水会从塑料中流出，通过这些孔流到植物上。但如果塑料面积大于 1 平方米，为了使水渗入土壤中需要额外加孔。

景观织物就不会存在渗水这样的问题，这是它的一个优势。织物不会撕裂，杂草可以通过切口长出来。出于这些原因，尽管织物的成本较高，但与塑料相比它们更受欢迎。

问题与讨论

1. 如果不能立即种植，裸根植物应该如何处理?
2. 裸根植物和容器栽培植物在修剪时有什么区别?
3. 在苗圃购买植物时，你怎样才能确保所购买的休眠裸根植物是活的?
4. 当你准备在景观中种植一棵树的时候，应该准备哪些材料?
5. 描述一下在移植地被植物之前，应该如何整地。
6. 为树木立桩时怎样才不会伤害树木?
7. 养护量低的景观设计具有哪些特征?
8. 下列景观养护设备有哪些用途?
   a. 除草器
   b. 手修剪
   c. 摆动式喷灌机
   d. 修枝剪
   e. 软管喷洒器
   f. 剪枝锯
9. 怎样修剪能够改善灌木或乔木的生长状况?
10. 详细描述下列每一项的修剪工作:
    a. 长有多个中央领导枝和骨干枝的树木
    b. 长有交叉枝和摩擦的树枝的树木
    c. 从树干长出来许多弱小垂直芽和骨干枝的树木
    d. 枝条太矮的树木
11. 如何从树上修剪掉一个大树枝?
12. 剪枝法作为一种修剪方法主要缺点是什么?
13. 松树、云杉、冷杉和其他常绿针叶植物应该如何修剪?
14. 描述一下如何为树高很高、底部没有叶子、外形没有吸引力的灌木进行修剪。
15. 你在修剪灌木时为什么总是修剪向外生长的芽或枝条?
16. 在修剪树篱时，为了防止底部裸露的一般规则是什么?
17. 如何使用剪草机来修剪地被植物?
18. 下列哪一种情况需要经常灌溉，哪一种情况灌溉频率较低?
    a. 新栽种地被植物
    b. 沙土中新建的树篱
    c. 已定植的大树
    d. 种植在黏土中根部较深的植物
    e. 新栽的树
    f. 已定植的灌木
19. 喷灌系统的优缺点是什么?
20. 如何使用滴灌法灌溉草本地被植物区域?
21. 列出 3 种适用于景观种植的节约用水方法。
22. 你所在的地区应该何时为景观植物施肥?
23. 描述在景观中塑料覆盖物是如何使用的。
24. 为什么锄耕并不总是一种有效的杂草防治方法?
25. 在杂草防治时覆盖物应该覆盖多深?

参考文献

Harris, R.W., J.R. Clark, and N.P. Matheny. 2004. *Arboriculture: Integrated Management of Landscape Trees, Shrubs and Vines*. 4th ed. Upper Saddle River, N.J.: Prentice Hall.

Hartman, J.R., T.P. Pirone, M.A. Sall, and P.P. Pirone. 2000.*Pirone's Tree Maintenance*. 7th ed. New York: Oxford.University Press.

Rice, R.P. 2001. *Nursery and Landscape Weed Control Manual*. 3rd revised and expanded ed. Fresno, Calif.:Thomson Publications.

第 14 章

草坪与草坪替代品

学习目标

- 识别本地主要的草坪植物。
- 比较利用播种和铺草皮两种不同方法建造草坪的过程及优点。
- 说明割草机的正确安全操作及维修方法。
- 识别 3 种适用于杂草防治的除草剂，并列举它们所防治的杂草种类。
- 解释选择性除草剂和非选择性除草剂两者之间的差异。
- 区分草坪肥料与一般用途肥料，并且说明两者的差异。
- 识别产自当地的 3 种草坪替代植物。
- 列举人工草坪的优缺点。

照片由草坪研究所提供

草坪一直是家庭景观中的传统组成部分。然而，近年来许多设计师在设计家庭景观时都减少或者去掉草坪，而将其保留用于公园、高尔夫球场、墓地等地方。

对房主来说，养护草坪所需的劳动量较大，有时需要投入大量能源进行维护。因此，在单靠自然降雨无法使其茁壮成长的区域不适宜种植草坪。为了保存水分，一些地区的法律甚至限制在景观区域里种植草坪。在这些地区，应该优先考虑选择种植草坪替代植物，在本章的最后会介绍这部分内容。

在无须灌溉草坪就能够茂盛生长的区域，一个保持良好的草坪对于建造房子来说非常具有吸引力。虽然草坪养护是最耗时的养护工作之一，但它最适合被用作游戏休闲区域的地面。

14.1 建造新草坪

对于新房的房主来说，景观建造的第一项通常是建造草坪。通常草坪的建造方法有两种：播种法和铺草皮（草皮铺植法）。但在有些地区，还会使用插入法和填充法。这些建造草坪的方法在后面的章节中会进行介绍。

用播种法建造草坪

利用播种法建造草坪既有优点又有缺点。首先，播种后需要几个月的时间才能形成美观的草坪，而铺草皮几乎立即就能形成草坪。在定植籽苗时，需要付出更多的劳动力，并且失败的可能性更大。然而，利用播种法建造草坪成本更高，当建造的草坪面积很大时，成本很重要。有些草坪植物如杂交狗牙根和结缕草，无法采用播种法来建造草坪，所以必须采用无性繁殖的方式。

每年的播种期 一年中最好的播种期取决于草的种类和它所要种植的区域（图 14.1）。在南部和西南部等温暖的地区，比较适合播种暖季型草坪植物（表 14.1），因为它们在 27—35℃长势最佳。春季最适合定植这类草坪植物，因为接下来的夏季高温能够为其提供理想的生长条件。

在冬季寒冷的地区，早熟禾等寒季型禾本科植物（表 14.1）是主要的草坪植物。它们的最适生长温度为 15—24℃。在这些地区，夏末是首选的播种期。在这个时间段内进行播种，在凉爽的秋季温度下，草坪植物更加容易定植，与一年生杂草之间的竞争更少。如果秋季无法进行播种的话，春季种植也可以。

整地 无论是利用播种法、铺草皮法、插入法和填充法中的何种方法来建造草坪，整地的方式都是一样的，是确保高质量草坪的关键因素。根据草坪区域的条件，整地包括下列部分或全部操作过程：

1. 清除杂物。新建房屋的周围通常需要清除杂物。施工现场会残留碎木屑、混凝土块及其他建筑材料。更糟的是，这些杂物会被掩埋，然后形成凹陷区域或影响根部生长。应该除去土壤表面顶层 10 厘米处的所有杂物。

2. 清除现有植被及预防性杂草防治。获得无杂草草坪的最佳方法是预防初期杂草形成。应该在该区域依据现有的杂草种类及从草坪区域以外入侵的潜在可能进行评估。要注意观察杂草是一年生还是多年生，这在草坪种植后会起到很大的作用。多年生杂草的根部通常较厚、肉质，或者有匍匐地下茎。一般来说，现有的一年生杂草在整地时会被杀死，但同种幼苗很快会再次出现。而多年生杂草在整地完成

图 14.1 美国本土暖季型草坪和寒季型草坪的分布区（本插图系原文插图）

表 14.1 选定的草种		
常用名及拉丁学名	**暖季型 / 寒季型**	**特征**
苇状羊茅（*Festuca arundinacea*）	寒季型	强壮、耐旱、结构粗糙（“盆景”和“暮光”等新品种更好）
紫羊茅（*Festuca rubra*）	寒季型	结构很细、耐阴、浅滩覆盖好、耐旱
长芒紫羊茅（*Festuca rubra 'commutata'*）	寒季型	与紫羊茅特征相同，但没有根状茎
草地早熟禾（*Poa pratensis*）	寒季型	质地中等、耐寒、茂密、草坪美观
黑麦草（*Lolium perenne*）	寒季型	定植迅速，但存活时间短，用于过量播撒
多花黑麦草（*Lolium multiflorum*）	寒季型	特征与多年生黑麦草相同，但存活时间更短
西伯利亚剪股颖（*Agrostis stolonifera*）	寒季型	结构最细、草坪长势最好，但所需的养护更多，通常不适用于家庭草坪
狗牙根（*Cynodon dactylon*）	暖季型	强壮、结构中细，杂交种最好，但最好超低温保存，需要充足的光照
野牛草（*Buchloe dactyloides*）	暖季型	耐旱、耐寒、养护量少
结缕草（*Zoysia japonica*）	暖季型	结构细密、不易定植、休眠期长、叶片多刺、养护量少。
侧钝叶草（*Stenotaphrum secundatum*）	暖季型	结构粗糙、不耐寒、茂密且强壮
假俭草（*Eremochloa ophiuroides*）	暖季型	养护量少、质地中等

后能够很快从根部、块茎和根状茎重新生长出来。铲掘这些杂草或用旋耕机翻土会使其传播蔓延开来，从而造成严重的后果。因此，在整地之前对多年生杂草进行防治是很重要的。

多年生杂草可以通过多种方式进行控制。如果现有的多年生杂草数量很少或时间紧迫，可以通过挖掘的方式进行清除。必须除去所有的根和茎，因为即使是很小一部分都将会萌发出一个新的植株。如果人工挖掘导致传播蔓延范围过大，可以使用除草剂进行除草。要避免使用只能除去植物顶部的除草剂，因为如果杂草的根部存活，它就能够重新萌发出新的植株。理想的除草剂能够从植物顶端一直作用至根部并杀死整个植株，并且不会在土壤中留下有害残留物。推荐使用农达牌除草剂草甘膦，它既能杀死一年生杂草，又能杀死多年生杂草。

一年生杂草比多年生杂草数量更多，但更容易防治。在播种草坪植物的区域防治一年生杂草的方式是在草坪植物播种之前让杂草萌发，除去杂草，然后播种草坪植物。这一杂草防治过程被称为陈化苗床技术，必须采用正常的方式准备苗床直至可以进行播种。这时候，可以开始进行灌溉并持续7—10天。如果气候条件良好，杂草能够发芽，再使用接触性除草剂（喷洒在植物茎和叶上杀死植物）能够很容易将其除去。使用时要确保选中的除草剂不会残留在土壤中损害草坪。操作时要小心，不要弄乱土壤底部，否则将导致新的种子萌发。如果土壤很坚硬，可以使用6毫米的浅耙子打破表面的土壤板结。然后播种草坪植物，覆盖地膜并进行灌溉。这样形成的草皮能够含有50%或更少的一年生杂草数量。对于某些草坪植物，在种植时还要使用芽前除草剂（在萌芽时防治杂草的除草剂）。

尽管采取了预防措施，草坪植物长出后仍会出现很多杂草。一旦草坪被修剪过后，可以通过拔草或者使用芽后除草剂（杂草萌发后控制杂草的除草剂）进行除草。有的芽后除草剂能够杀死草坪中的阔叶（非禾本科）杂草，但防治禾本科杂草必须使用人工方法完成。

表14.2中推荐的指定除草剂可以从当地的苗圃工人、区县合作推广代理和农事指导员等处获得。如果使用不当，所有的农药、除草剂对人类、宠物、环境和植物来说是很危险的。因此，应该仔细阅读标签内容并遵照使用方法精确使用。尤其应该注意防止除草剂吹向草坪周边区域（如灌木丛），否则可能会对这些植物造成损害。

3. 减缓坡度。减缓坡度通常是由施工人员操作完成，使远离建筑物的地面平坦，坡度不超过1%。但在某些情况下，施工人员没有如此操作或操作不恰当，没有根据景观规划的需求改变坡度。在这种情况下，施工时应该小心除去现有的表层土，减缓下层土壤的坡度，然后重新覆盖表层土。当缺少表层土时，应该购买高质量的表层土，覆盖深度为10厘米。

4. 土壤改良。根据表层土的土壤条件，可以使用土壤改良剂来改变土壤的酸碱度，提高肥力；或利用有机物调整土壤的持水能力。

在理想情况下，应该进行土质测试，按照第6章介绍的方法添加调节土壤酸碱度和改良肥力的化学制剂。土壤酸碱度在合适范围时，每100平方米施用1千克的普通肥料通常就足够补充土壤的氮磷钾等养分。肥料应该施用在整个表土层。

使用有机质来改良土壤不需要遵循任何公式。第6章所列的所有改良剂都可以使用，但要想使土壤出现任何明显变化，通常需要使用大量的土壤改良剂，土壤改良剂还应该混入

表 14.2 草坪除草剂

名称	使用时间	适用的杂草种类	备注
新播种的草坪			
草甘膦	在种植之前任何时间均可	所有杂草	能够杀死现有的所有杂草
环草隆	播种后	发芽的一年生杂草	使用后立即灌溉
已定植的草坪			
氟草氨	春季，杂草发芽之前	马唐及其他一年生杂草	不易残留；不能用于剪股颖
地散磷	春季，杂草发芽之前	马唐及其他一年生杂草，一部分阔叶草	
二氯吡啶酸	杂草发芽之后	大部分阔叶草	可用于马蹄金草坪；需佩戴护目用具
玉米麸	杂草发芽之前	阔叶草和禾本科杂草	有机材料，能够抑制多种杂草
敌草索	春季，杂草发芽之前	马唐及其他一年生杂草	在重壤土的效果较差
麦草畏	杂草发芽之后	大部分阔叶草	在优良乔木和灌木的根部有大量残留
2,4- 滴丙酸	杂草发芽之后	大部分阔叶草	通常与发芽后使用的其他除草剂配合在一起使用
氟硫草定	在发芽前和发芽后（马唐）均可	阔叶草和禾本科杂草，尤其适用于马唐	适用于专业化养护的草坪区域
甲基胂酸二钠	杂草发芽之后	幼嫩的马唐、繁缕、酢浆草、雀稗草、蒺藜	不能用于侧钝叶草和假俭草；每隔5—7天使用1—3次
唑啶草	发芽前和刚刚发芽时	大部分阔叶草和禾本科杂草	特别适合用于防治发芽前和发芽后的一年生早熟禾
恶唑禾草灵	杂草发芽之后	大部分禾本科杂草	防治马唐十分有效
草铵膦	杂草生长活跃时	所有杂草	无选择性
草甘膦	杂草生长活跃时	所有杂草	仅适用于涂在洒施机上进行杂草清除（局部处理）
氯吡嘧磺隆	杂草发芽之后	莎草和部分阔叶草	防治莎草效果很好
2甲4氯、2甲4氯丙酸	杂草发芽之后	大部分阔叶草	通常与其他阔叶除草剂混合在一起储存
甲基胂酸单钠、甲基胂酸二钠	杂草发芽之后	马唐、繁缕、雀稗草、蒺藜	每隔1周使用1—3次，与绿草定一起使用能够抑制狼尾草
甲磺隆	杂草发芽之后	大部分阔叶草	
恶草灵	杂草发芽之前	大部分阔叶草和禾本科杂草	适用于狗牙根、侧钝叶草和结缕草的商业化用途
喷达曼萨林	杂草发芽之前	大部分阔叶草和禾本科杂草	
氨氟乐灵	杂草发芽之前	大部分阔叶草和禾本科杂草	
绿草定	杂草生长活跃时	一年生和多年生阔叶草	仅适用于寒季型草坪
2,4-D 胺	杂草生长活跃时	大部分一年生和多年生阔叶草	不能在风大时使用；不能用于圣奥古斯丁草

15—20 厘米深的土壤中。不应该有一个明显的土壤界面，即质量或类型变为劣质土壤的分界。草坪植物的根部生长到这个界面，通常会发生反应，无法在劣质土壤中生长。这会限制草坪植物的根部区域在浅层形成根系，并使草坪更容易受到干旱的影响。

5. 表面处理。播种的土壤表面应该没有土块，尽量平坦。在小范围内，可以用人工的方法或用旋耕机弄碎土块。使用较浅的耙子除去剩下的土块后，铺平土壤表面。

最后，应该使用草坪滚压器滚压，使土壤表面更加密实。可以租用草坪滚压器，将其装满水以提供必要的重量。

播种和覆膜

1. 选种。为草坪选择合适的草种或混合种子对于建造美观的草坪来说是至关重要的，这一过程应该细心完成。表 14.1 列出了可选草种；因为全国各地草种繁多，本书不可能介绍所有草的优缺点。各州合作推广服务部和农事指导部门会协助园艺师选种。

购买种子时，必须注意种子的发芽率（理想条件下种子发芽的比例）和纯度（所购买品种的种子和混合物种子的比例）。商标上会给出发芽检验日期，一般是在当年之内。检验日期超过 1 年的种子发芽率会降低。

购买种子时，最好是能够以最优惠的价格买到发芽率和纯度最高的种子，不应该为了低价而牺牲种子的发芽率和纯度。杂草和发芽不良产生的费用将会大大超出种子购买所节省下的成本。

其他需要考虑的因素包括该区域的光照量和土壤条件。有些混合种子是专门为阴暗、贫瘠、潮湿土壤等不同环境配制的。选择适合的混合种子可以避免以后出现问题。

2. 播种技术。当播种面积大于 9 米 ×9 米时，为了确保均匀播种，应该使用机械播种（图 14.2）。但是对于小面积播种来说，人工播种就可以达到理想效果。无论选择哪种方法，该区域播种的种子数量应该按照种子标签上的说明进行使用。因为草籽的重量很轻，很容易被风吹走，所以应该选择在无风早晨和傍晚进行播种，这些时候风力是最小的。

在播种（或使用颗粒肥料施肥）时，按图

图 14.2 用于播撒种子和肥料的两种播种机：手动撒播机（上图），手推式撒播机（下图）。上图由美国农业部自然资源保护署提供，下图由得克萨斯州卢博克市 CEV 多媒体有限公司提供

14.3 所示的方法操作能够确保均匀播种。为了避免漏掉道路之间的条形区域，撒播机的车轮应该在前轮的轨迹中运行。为了防止出现重复撒播和撒播不足的问题，必须保持稳定的行进速度。

3. 覆盖。覆盖新播种的区域是为了保持水分并控制水土流失，防止种子在降雨和灌溉时被冲走。不同于除草用的塑料膜，覆盖在种子上的覆盖物必须是薄层的，以便萌发出的幼苗能够钻出覆盖层。为了达到这一目的，覆盖物可以使用粗锯屑、碎树皮、泥炭苔藓、木屑和秸秆等；使用这些覆盖物时，要保证透过这些覆盖物能够看见地面（图 14.4）。面积为 93 平方米的草坪大约需要一捆秸秆。

园艺师大多会选用含有秸秆的防冲草皮毯（图 14.5），因为它们成卷铺设，易于铺在播种后的区域。

播种后的养护

1. 灌溉。频繁灌溉可以保持土壤表面湿润，是促使种子良好萌发的关键。在种子萌发和初期定植阶段，哪怕只出现一次干燥的情况，就足以导致大多数幼苗死亡，必须重新进行播种。为了保持土壤表面湿润，每天需要浇灌 3—4 次。随着根部向地下生长，应减少浇灌的频率但要延长浇灌的时间，每天浇灌 2—3 次就足够了。

2. 施肥。对于第一次施肥的草坪植物幼苗来说，推荐的施肥量是 0.25 千克 /100 平方米。应该注意的是，要在大多数幼苗长到 4—5 厘米高时施肥，并且应该立即浇灌。也就是说，浇灌草坪是为了溶解施用的肥料，使其向下流动作用至植物的根部。

3. 修剪。一旦幼苗超出正常修剪高度，应该进行第一次修剪。之后，应该定期修剪草坪。

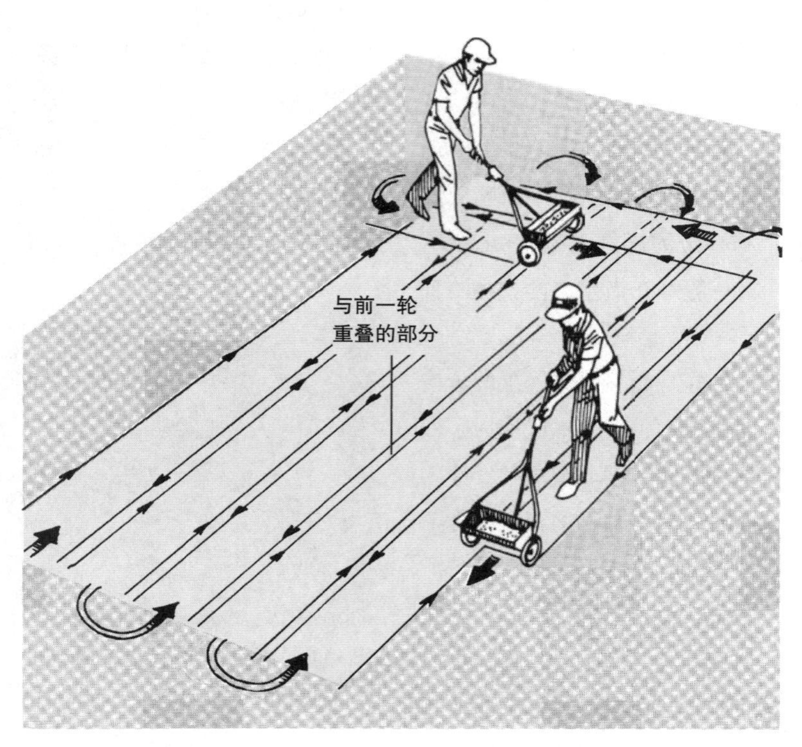

图 14.3 手推式撒播机以一定的模式运行能够确保均匀播种

图 14.4 用于覆盖新播种草坪的秸秆。照片由乔治提供

图 14.5 景观中常用的防冲草皮毯。照片来自 www.watersaver.com/

用草皮铺植法建造草坪

草皮卷是从地面上切下来根部完好无损的长条形草皮（图 14.6）。因为草皮上面带有土壤，所以很重，需要使用托盘运输到铺植地点。有些种植户会使用一种生产草皮卷的新方法，这种方法的草皮卷生长在有机基质中，而不是土壤里。这种方法生产出来的草皮卷重量轻、质量好，每平方英尺的成本只比原来的方法多几美分。草皮卷可以在生长季的任何时候制作，用时短、质量高。

选购草皮卷 草皮卷的价格很高，选购时应该仔细挑选。理想的草皮卷厚且均匀，不带有杂草和病害，只有一小层茅草，在草坪植物的底部和它们所植根于的土壤顶部会有死掉的草。在选购草皮卷时应该先看样品，然后安排运输的具体时间，以便有足够的时间提前做好整地。

整地 在铺草皮之前应该进行整地，方法与播种前的整地方法相同。如果播种前没有进行整地的话，可以使用健康的草皮来掩盖，但如果土壤准备不充分，就无法保持草皮健康。

铺植草皮卷 收到草皮卷后必须尽快铺植。如果草皮卷堆叠在一起或是散开超过 1—2 天，草皮就会产生发热和病害问题并迅速恶

图 14.6 铺植草皮。照片由国际草坪草生产商提供

化。如果必须把草皮卷堆叠在一起，应该给草皮卷的外缘洒少量水；不应该给草皮卷浇太多水。

在铺植草皮卷时，应该交错铺植（图 14.6），这样草皮卷的末端就不会形成一条明显的线。不要拉伸草皮卷，因为草皮卷会收缩，卷与卷之间会露出光秃秃的地面。用锋利的刀切下洒水装置和其他障碍物周围的草皮，使其与草坪边缘紧密贴合在一起。草皮卷之间的缝隙将长满杂草，为养护带来问题。

在铺植草皮后，应该对该区域进行滚压，确保草皮和其下面的土壤彼此接触。使用草坪滚压器滚压时应该朝草皮铺植的反方向进行。

移植后养护 草皮铺植后，应该立即彻底进行浇灌，让草皮和其下面 7—10 厘米深的土壤湿润。在前两周，在每天最热的时间段，应该少量浇灌，在植物根部恢复的阶段尽量减少蒸腾作用。两周内草坪上禁止踩踏、玩耍和使用较重的交通工具。

草皮扎根后，偶尔使用少量肥料对草坪有益。草坪长到一定高度时，就应该进行修剪。在草皮充分定植之前，修剪设置的高度应该相对高一些。

用插入法和填充法建造草坪

插入法和填充法被用于种植生命力强大的草种，如狗牙草和匍匐翦股颖。插入法是指在整地的区域插入蔓生草皮品种小茎和嫩枝，然后滚压或覆盖少许土壤。匍匐茎生根很快，几个月后就能形成草坪。

填充法是指将直径较小（5—10 厘米）的小块草皮移植到整地后的区域，间距为 15—35 厘米（图 14.7）。

填充的间距越小，该区域填充得越快。狗牙根、结缕草、侧钝叶草和野牛草等暖季型草种是最常见的适用于使用填充法建造草坪的草种。

14.2 草坪整修

草坪状况不佳但还没有恶化到需要完全重建的程度，应该进行整修。草坪长势不佳可能是土壤肥力不足、杂草丛生、茅草过多、土壤压实等一个或多个原因。虽然草坪整修可以在生长季的任何时候进行，但寒季型草坪最好选择在夏末，暖季型草坪最好选择在春末。

草坪整修的第一步是确定草坪长势不佳的原因。如果杂草生长过度、小茎过多、草坪颜色过浅，应该是疏于管理所致。如果只有个别区域枯死，应该考虑其他的原因。光照不足、排水不畅、病虫害都可能是原因所在。对土壤样本进行分析能够确定土壤的营养状况和酸碱度情况。

下一步是采用人工方法和表 14.2 推荐的化学制剂进行除草。应该除去多余的茅草，如果有必要的话可以租用机器来完成（详见本章后面的“除草”）。

图 14.7　准备用于插入草坪的草。照片由美国农业部提供

可以使用租用的机器和人工增氧机为土壤通气。最后，应该重新补种裸露的草皮，然后根据土壤测试结果进行施肥并充分浇灌。

之后只需进行最低限度的养护，草坪就能保持良好的状态。如果出现其他问题，或者整修未能使草坪复原，应该咨询专家。

14.3 草坪养护

修剪

在草坪养护工作中，为了使草坪看起来美观，必须正确地对草坪进行修剪。

修剪频率　草坪修剪除去了一部分能够进行光合作用的植物结构。反过来说，它减去了植物生长和呼吸作用所需运输到植物根部的有机物的供应。因此，植物根部像叶片一样受到修剪的影响。

草坪的修剪频率应该根据需要进行，每次以剪去叶片高度的 30% 为限。当修剪量超过叶片高度的 30% 时，碳水化合物的流量会突然下降，从而对植物的根部造成伤害。

修剪高度　草坪用草所保持的高度应该根据种类和预期用途而变化，高度在 0.32—10 厘米。表 14.3 列出了美国各地所种植的草坪用草的建议修剪高度。寒季型草坪如高羊茅、匍匐紫羊茅和其他细羊茅、黑麦草、早熟禾等修剪高度较高，为 6.35—7.65 厘米，与较矮的修剪高度相比，它们能够在高温的夏季和干旱期更好地存活。

对于某一特定草坪用草来说，它的修剪高度低于其适宜的修剪高度被称为铲除草皮，这

表 14.3　通过测定草坪用草的质量和活力给出的 19 种草坪草的首选修剪高度

相对的修剪高度	修剪高度	草坪草种
很低	0.32—1.27 厘米	一年生剪股颖①、匍匐剪股颖、狗牙根②
低	1.27—2.54 厘米	细弱剪股颖、丝绒剪股颖、黑麦草③、狗牙根④、结缕草
中等	2.54—5.1 厘米	野牛草、假俭草、地毯草、百喜草、细羊茅⑤
高	5.1—7.62 厘米	早熟禾、黑麦草⑥、高羊茅、球冠冰草、侧钝叶草
很高	7.62—10.16 厘米	加拿大早熟禾、无芒雀麦

①种植在高尔夫球场果岭和发球台上的一年生早熟禾。
②杂交狗牙根。
③种植在高尔夫球球道和发球台、运动场上的黑麦草。
④普通的狗牙草。
⑤包括紫羊茅、匍匐紫羊茅、硬羊茅、羊茅在内的细羊茅。
⑥种植在草坪上的黑麦草。

来源：信息由各州合作推广机构收集得到。

会使草皮留下不美观的草茬。偶尔铲除草皮不会对草坪造成永久伤害。但如果在敏感区域重复修剪，最终将导致草皮死亡。

收集被剪物　很多人在修剪草坪时会使用集草器来清除被剪物。这样做虽然会使草坪表面更加整洁，但并不是草坪养护所必需的。收集的被剪物腐烂后能够提供额外的养分从而减少肥料的需求。如果草屑过长或过重，就会阻止阳光照射进入草坪的底部，这时就需要清理。

除草机的操作　建议在干燥时使用除草机，原因是：第一，除草机不容易被潮湿的草屑阻塞，除草机剪下来的草是比较均匀的，不会成团；第二，草坪潮湿时，除草机修剪过的切割面草叶更容易感染疾病。

打磨除草机的刀片是很重要的，这样才能干净利索地除草，但园艺师通常会忽视这一点。准确除草能够使受损区域最小化并减少刀片尖端褐化。它还能够减少水分损失并除去受损的叶片，这些受损的叶片往往是病害侵入的部位。

电动和机引式除草机

基本熟悉电动和机引式除草机的功能和操作对安全至关重要。因此，阅读操作手册是安全使用的第一步。使用时应该穿合适的防护靴、长衣长裤并佩戴护目镜。检查除草区域，保证没有树枝、石头、树桩、灌溉阀门和杂物。电动和机引式除草机只能在白天使用。

不能用手去清除除草机刀片以及出料槽上的草和碎屑。应该关闭发动机（断开火花塞线）并使用棍子除去碎屑。

使用集草器时，应该关闭发动机，等到刀片完全停止工作时再装取集草袋。

自推式和助推式除草机　在使用自推式和助推式除草机时，应该避免向后拉拽除草机，否则会导致足部损伤。应该穿胶底、不露脚趾的鞋子（最好是钢趾鞋）。

切勿在除草机的发动机运行时调节轮高。

如果除草机是自推式的，在启动除草机时要保证传动离合器是松开的，切勿站在自推式除草机的前面。

机引式除草机

· 在使用机引式除草机时，确保牵引机有防翻滚保护系统（ROPS）和安全带。如果没有，应该安装配备。

· 检查除草机的取力器（PTO）、动力输入传动系统、传动皮带、链条和齿轮是否都有适当的保护措施。如果需要的话，修理或更换这些物品。

· 在启动引擎之前，调整座椅，系好安全带，设置停车制动，将变速杆放在空挡或停止挡上，松开取力器。

· 检查排出碎屑的出料槽是否存在并尖端朝下。在发动机停止并冷却后填满外部油箱。在加油时不能吸烟。

· 在安装牵引机之前确保手和鞋清洁、干燥，以免滑倒。

· 将除草机的刀片提到较高的位置，在刀片转动前使用低转速运行。

· 根据被切物的长度和密度使用合适的地面速度，通常速度是 3—8 千米 / 小时。

· 在上坡或下坡只能使用后置牵引式（图 14.8）翼形除草机进行除草。

· 在斜披上除草应该使用侧边锁固、偏置、镰刀杆除草机。

· 当停止或松开取力器时，在下车前将变速杆放在空挡或停止挡上，拉起手刹，关闭发动机，等待机器停止运行。

灌溉

草坪灌溉应该根据实际需要，而不是按照不考虑天气状况的固定时间表。在草坪枯萎前进行浇灌，让草坪下方 15—20 厘米根部生长的土壤湿润，等到草坪快要枯萎时再次进行

图 14.8 用于高尔夫球场等大面积草坪的机引式割草机。照片由绞盘机机械有限公司提供

灌溉。

准确判断草坪枯萎的时间是很难的。密歇根州立大学詹姆斯·比尔德博士倡导一种名为“足迹法”的技术：走过草坪后，观察草坪恢复直立所需的时间。水分充足的草皮恢复得很快，而快要枯萎的草皮恢复得非常缓慢。

在降雨不足的地区，应该在土壤表面处理和播种之前安装固定式喷灌系统。最常用的地埋式洒水装置喷头要在正常修剪高度下面，工作时在水压作用下上升至草皮上面来。这种喷头和塑料管连接在一起形成一个持久耐用、成本较低的灌溉系统，对于房主来说易于安装。为了使蒸发作用所散失的水分最少，应该在傍晚或清晨使用洒水装置。当病害问题很常见时最好选择在清晨灌溉，因为经过整个夜晚后树叶不再潮湿，也不易感病。

地下灌溉是一种相对较新的灌溉技术，主要用于高尔夫球场。整个草坪区域的地下管道间隔紧密，渗水速度缓慢。水分通过毛细管作用输送到草坪根部。地下灌溉系统的主要优点是能够避免蒸发和径流，缺点是容易出现阻塞和盐分积累。另外，不是所有的土壤都有足够的毛细管作用去利用这一系统。

施肥

选购肥料 草坪施肥的目的是促进生长，因此应该选择高氮肥料。建议选择含氮量是含磷量或含钾量 2—4 倍的肥料。很多草坪肥料不含磷，因为径流会导致磷成为污染物排入河道。最好是所选购的肥料中含有的氮一部分立即生效，另一部分以缓释形式存在。

适用于草坪的添加了除草剂、杀菌剂和杀虫剂的组合肥料已经得到了广泛使用，因此可以不再使用这几种单独的化学制剂，但必须采取合适的比例。

施肥的时间和频率 草坪施肥的频率由草坪类型（新草坪或旧草坪）、土壤类型和天气条件决定。下面给出的施肥建议是基于每一周或两周灌溉或降雨一次的壤土做出的。对于轻壤土和灌溉频繁的土壤来说，施肥的频率应该更高。

1. 新建草坪。为了使草坪快速生长，建造新草坪时应该经常施肥。当草长到 5 厘米高时，每 100 平方米施用 0.25—0.5 千克速效氮肥。

在草坪的第一个生长季，以及接下来每隔 3—4 周应该施用等量的肥料。在冬季寒冷气候里，在冬眠开始前的 1 个月应该停止施肥。

2. 已建造好的草坪。对于已经建造好的草坪来说，为了维持草坪的美观，施肥的频率应该减少。每年施肥两次就足够了，一次是在早春，一次是在秋季，大约每 100 平方米施用 0.5 千克。

在冬季气候温和的地区，草坪通常没有休眠期，全年都在生长。因此，在冬至期需要额外施用轻施肥料，为草的健康生长提供营养。

施肥方法 通常草坪用颗粒肥料，通过播撒和溶解在水中进行浇灌。大草坪施肥时最好使用肥料撒施机，这样能够确保均匀覆盖整个草坪。较小的草坪适合采用人工播撒或使用带有软管头的撒施机施用液体肥料。有些商业化草坪养护公司会使用撒施机来进行施肥，这种方法对持养能力较差的沙壤土来说是很有用的。将肥料稀释混合后的溶液可以按照建议的施肥频率代替自来水施用。

除茅草

茅草是指一层死的和活的植物根茎以及腐烂的有机质，堆积在草皮表面和土壤之间（图 14.9）。当草皮脱落死亡的速度大于它们分解的速度时，茅草就会积累下来。

虽然较薄的一层茅草没有什么危害，但厚度超过 1—2 厘米就会引发很多问题。在茅草严重的区域更容易干燥，容易受到病虫害的侵袭，对炎热、寒冷和干旱等不良环境的耐受力下降。生命力强的草种最容易受到茅草积累的影响，因为它们的生长速度很快。

查看草皮的横截面能够检测出茅草是否过多，然后可以使用立式割草机（图 14.10）进行除草。立式割草机能够割下并拔起窄条草皮。耙出这些割下来的草屑，给草坪浇灌并施肥。除草后，应该至少间隔 30 天让草坪自行恢复。大多数草坪用草，适合在早春清除茅草。

图 14.9 草坪草的茅草层。照片由国际草坪草生产商提供

图 14.10 使用立式割草机来除茅草

面积较小的草坪，租用立式割草机是不太可行的。可行的方法是人工使用草耙耙松并除去茅草。

为了防止茅草堆积，应该改变草皮养护方法以平衡茅草的堆积和分解速度。如果浇灌和施肥过多，则应该减少灌溉和施肥，使草皮的生长变缓。因为茅草的酸碱值太低，不利于分解，所以可以加入石灰。最后，在草皮表面施加泥土能够保持草坪水分，同时还能为分解过程提供微生物源。

通气

被人或过往车辆压实时，草坪就需要通气。土壤压实很普遍，尤其是黏土。在压实的情况下，氧气及其他气体的流动受到限制。水分渗透变得很慢或出现水土流失，最终草皮根部会逐渐死亡。

通气时要穿透土壤表面下方 10 厘米深，除去草坪中成块或成片的草和土壤。这样，剩下的土壤就可以扩展到开阔区域，从而减轻压实问题。如果需要通气的区域很大，可以租用电动充气器。而对于较小的草坪或草坪中某一片区域来说，家用充气工具更实用一些，它的使用方法很像铁铲。

杂草防治

草坪上的杂草不受欢迎，因为它减损了草坪的美观度。杂草多种多样的形态特征和颜色使其很引人注目，杂草的生长速度比周围草皮的生长速度更快，从而增加了修剪频率。季节性杂草（如马唐）会挤走草皮，造成其死亡，在草坪上留下裸露的点。当杂草开花结籽时，它们在草坪上更加显眼，会导致出现其他的问题。如通常情况下，常见的狗牙草种穗不能被旋转式割草机除去，必须手工除草。其他杂草（如苜蓿和蒺藜）有多刺的种子，赤脚工作时容易受伤。

杂草防治的目的不一定是得到一个完美的、没有杂草的草坪，而是将杂草种群数量控制在容许的范围内。少量的杂草并不会减损草坪的美观度，不需要采取控制措施。事实上，很多房主更喜欢草坪中长有三叶草、连钱草和雏菊等植物。

长势良好的草坪一般不会出现严重的杂草问题。但是，病害、虫害、错误的栽培方法等有时会导致大量杂草出现。因此，杂草的第一道防线是保持草坪用草健康生长。正确的修剪高度和频率、施肥、病虫害防治能够阻止杂草幼苗定植，甚至能够使草坪草比杂草长得更高。对剩下的少数杂草来说，人工拔草是一种合理的控制方法。在降雨或灌溉后拔草有助于将杂草连根拔起。

有时，即使是长势良好的草坪，马唐等杂草也会造成很严重的问题。对此，可以使用芽前除草剂和芽后除草剂。春季，在马唐萌发之前，最常使用颗粒除草剂（通常与化肥一起使用）来预防性地清除马唐。芽前处理后残留下来的杂草被人工拔除掉，或使用选择性芽后除草剂清除，这种除草剂只能除杂草而不会伤害草坪草。为了完全除去杂草，必须按照上述除草步骤完成。表 14.2 列出了用于清除草坪杂草的除草剂。

14.4　草坪替代品

马蹄金是使用最广泛的一种草坪替代品（图 14.11）。很多不常见植物能够承受有限的人为踩踏（图 14.12）。有的草坪替代品很难找。所有的草坪替代品都是采用填充法进行定植的。在使用草坪替代品覆盖大片草坪区域之前，应该在一个较小的区域尝试种植。

草坪替代品可能比草坪用草更有优势，因为比草坪用草的灌溉量要少，可以在禾草长势不佳的区域生长，它们开的花朵能够增添色彩和季节性变化。相对于景观，草坪替代植物还能够为景观增添乐趣和变化。

表 14.4 列出了很多草坪替代植物及其耐寒性和理想生长条件。这里提到的很多植物都适合种植在草坪很难生长的阴暗环境里。

图 14.11　马蹄金，在佛罗里达和加利福尼亚非常受欢迎的一种草坪替代品。照片由作者提供

图 14.12　洋甘菊，很受欢迎的一种草坪替代品和茶饮植物。照片由布拉德利·卡普纶（Bradley Capron）提供，http://www.solsticeherbals.com/

14.5　人造草坪

过去，人造草坪如阿斯特罗草皮主要用于体育场。现在 20% 的人造草坪安装在家庭，余下的 80% 用于体育场。这一数据还表明人造草坪的外观和手感已经显著提升。

社区也开始意识到人造草坪在节约用水方面的价值。根据亚利桑那大学美国地质调查局的研究，家庭用水量（城市用水总量的 66%）是工业用水量的两倍。景观（草坪）灌溉是最主要的原因。无论是私人还是公共场所，用水总量的 60% 都被用于草坪灌溉。

就全球范围内资源保护而言，联合国指出维持全球 47 亿人口（20 世纪 80 年代）生活所需的水量（95 亿升）与全球高尔夫球场所需的灌溉量相同。

在一些社区，当地法规规定在新建房屋周围只允许规划有限的草坪面积。西部地区的干旱条件会导致美国的其他地区出现周期性旱灾，因此政府限制用水，这使得铺设天然草坪变得越来越不实际。

美国环境保护署提供的数据显示，就草坪

表 14.4　草坪替代植物

常用名	拉丁学名	耐寒性	备注
智利草莓	*Fragaria chiloensis*	–29—–23℃	适合于沙质土壤的本土植物；利用匍匐茎进行繁殖；春季开白花，结可食用的小果实
柔弱薹草	*Carex flacca*	–4—–1℃	可以长到 15—30 厘米高；扁平叶是深蓝色的；耐受半阴环境；与其他的莎草科植物相比，对干旱环境的耐受性更强，但与大多数的莎草科植物一样，在潮湿土壤中生长状况最好；争夺养分时在树荫下长势较好
岩生蓝星	*Laurentia fluviatilis*	–21—–23℃	可以长到 5 厘米高；叶子较小，深绿色，花朵浅蓝色，花期从春末一直到初秋；适合种植在森林公园、岩石花园、铺路石之间；可以耐受每天 3 次或更多次的踩踏
果香菊	*Chamaemelum nobile*	–29—–23℃	在欧洲，它通常以罗马洋甘菊的商品名进行出售并被用作草坪植物；耐旱性较好，被踩踏时会出现好闻的气味；形似蕨类植物；叶子亮绿色，耐踩踏；白花形似雏菊
大叶常春藤	*Hedera colchica*	–23—–21℃	比较少见的常春藤种，心形的叶子紧密地重叠掠过地面；耐阴
巴利阿里蚤缀	*Arenaria balearica*	–21— –15℃	针形叶；可以长到 7 厘米高；在阴暗潮湿的土壤中长势最好；花朵白色，花期 5 月
伏地婆婆纳	*Veronica repens*	–23 —–21℃	可以长到 10 厘米高；与苔藓外观相似，叶子有光泽；花蓝色，花期在春季
亚洲百里香	*Thymus serpyllum*	–37—–29℃	生长速度很平缓，株高不足 3 厘米；常绿；能够耐受贫瘠土壤、阴暗、干旱等不良环境；夏季开紫色的花；百里香属的很多植物都以百里香这个名字出售，包括柔毛百里香等，这类植物长得越高，对踩踏的耐受力越差
麦冬	*Ophiopogon japonicus*	–15—–12℃	叶子深绿色、常绿、扁平，株高 15 厘米；能够迅速占领草坪区域，既可以在阴凉的环境里生长，又可以在有光照的环境里生长；夏季开花，花淡紫色至白色；在沙质土壤中长势良好
过江藤	*Phyla nodiflora*	–18℃	有时过江藤还以姬岩垂草这一名字出售；灰绿色叶子的生长习性是丛生，在天气炎热光照充足的环境里长势最好；不定期除草，保持表面平整；对干旱和踩踏的耐受力很强
披针叶过江藤	*Phyla lanceolata*	–18—–15℃	适用于温带地区的一种很好的草坪替代植物；白色的花朵能够吸引蜜蜂，更重要的是，它还是蝴蝶的食物来源；这种植物一旦定植，多年生的阔叶很结实，能够被修剪掉并且能够承受轻微的踩踏；能够经受一定程度的干旱和半阴暗环境；丛生、草皮状，株高只能长到 7 厘米
蔓柳穿鱼	*Cymbalaria muralis*	–20—–12℃	叶子较小，边缘圆齿形，能够形成矮草甸，整个夏季淡蓝紫色的花朵开遍整个草坪，在气候凉爽的地区长势最好；正常浇灌就能够承受全日照，但在下午有阴凉的环境里长势最好；在寒冷的地区是常绿的

（续表）

表 14.4　草坪替代植物

常用名	拉丁学名	耐寒性	备注
通泉草	*Mazus reptans*	-37—-29℃	虽然叶子能够在秋季挂在植株上很长时间，但它还是落叶植物；株高 3 厘米，叶子长 3 厘米；5 月开紫色的花；喜潮湿的土壤环境，能够在局部阴暗的环境里生长
蛇莓	*Duchesnea indica*	-23—-21℃	株高 5 厘米，春季开黄色花朵；叶子与草莓的叶子相似
春山漆姑	*Sabulina verna*	-37—-29℃	叶子亮绿色、针形；丛生；成团生长，少数情况下会长得较稀疏
山蚤缀	*Arenaria montana*	-29—-23℃	株高 3 厘米，叶子草状；耐受贫瘠的土壤；在春季能够开出大量的白色花朵
藓状漆姑草	*Sagina subulata*	-29—-23℃	丛生，叶子针形，与蚤缀很相似；株高 10 厘米；在阴暗环境里长势良好
唇萼薄荷	*Mentha pulegium*	-21℃	生长速度平缓，被踩踏时会发出强烈气味
星毛委陵菜	*Potentilla cinerea*	-37—-29℃	叶子与草莓的叶子很相似，花黄色，株高 5—10 厘米
夏枯草	*Prunella vulgaris*	-37—-29℃	原产于北半球温带地区；叶子半常绿，伏地生长；花朵紫色，盛花期在夏季；在湿润的土壤中长势最好；繁殖速度很快

美化所制造出来的污染而言，使用烧汽油割草机 1 小时释放出来的污染物与开车 32 千米释放出来的污染物相当，在美国每年割草机消耗 30 亿升的汽油。

地下水和地表水的农药污染是用于杂草和病虫害防治的农药径流造成的。如果不使用化肥，化肥就不会通过径流进入河流和湖泊。

从房主的角度来说，人造草坪所需的养护更少。人造草坪可以根据实际需要清洗，所需的水量有限。树叶等杂物可以用吹叶机和室外吸尘器清除。为了使人造草坪看起来蓬松、更加逼真，有必要定期耙草和除尘。

人造草坪能够经受住恶劣的天气和行人踩踏。它还可以用于固定易于发生泥土流失的山坡，用作生活区的低养护地面，提供耐用的儿童玩耍区域，铺设在光照不足、无法种植草坪的树荫处。

在选择人造草坪时，应该考虑下列问题：

为了替代该区域的草坪，选择多高的人造草坪（1—8 厘米）？

选择什么颜色的人造草坪效果最好？人造草坪的叶片有几种深浅不同的选择。

人造草坪被用于什么地方（步行区、景观区、游戏区）？人造草坪使用多长时间？

适用于该房屋的 CC&Rs 和设计指南是什么？CC&Rs 意为“契约、条件和限制”，该房屋属于社区中一部分业主。一些社区禁止使用任何人造草坪。在内华达州，政府为那些放弃建造草坪的居民退款，每 9.3 平方千米退 1 美元。

在商业草坪管理方面，超过 75% 的草坪管理员表示种植和播种的进度受到环境气候的影响，而人造草坪不会存在这个问题。

暖冬过后，更加干燥的春季使幼苗更难定植。

当这些草坪管理员被问到下一年对草坪影响最大的问题是什么时，受访者选择最多的答案（31%）是灌溉（降雨）问题。

人造草坪不能永久使用，它的平均使用寿命是8—15年，初期成本也比自然草坪更高。首先，房主不得不支付移走现有草皮和土壤的成本。还有，每9.3平方千米人造草坪的成本是6—15美元。初期的投入需要6—10年后才能收回。

此外，人造草坪的触感不像真正的草坪般凉爽。据估计，在炎热的天气里，人造草坪的温度可达71℃。

天然草坪能够吸收二氧化碳，而塑料制人造草坪不能有助于改善全球变暖。

天然草坪能够过滤空气和水，还能减少噪声。草坪还可以作为地面上的天然空调。天然草坪是生态系统的组成部分，草坪中有微生物活动。

人造草坪会减少该地区的生物多样性，一些研究表明，人造草坪的自然吸收性较少，所以在暴雨导致洪水泛滥时不起作用，洪水会导致水土流失并污染水道。

有些环保人士不喜欢由聚乙烯纤维制成的假草坪，虽然它看上去很像真的。它由汽车轮胎制成，换句话说，这种材料能够回收利用轮胎。

从长远来看，人造草坪是否省钱还值得商榷。8—15年后，人造草坪需要更换，使用的这几年还不足以收回最初的安装成本。人造草坪还会影响到房屋的房价，带有人造草坪的房子更难卖出去。

问题与讨论

1. 播种法建造草坪的优点和缺点是什么?
2. 你所在的地区适合种植暖季型草坪还是寒季型草坪? 为什么?
3. 为什么多年生杂草比一年生杂草更难防治?
4. 在播种之前，应该选择哪种类型的除草剂来防治多年生杂草?
5. 在种植草种之前用于防治杂草的陈化苗床技术是什么?
6. 何谓选择性除草剂和非选择性除草剂?
7. 在选购草种时，应该根据哪些重要特性进行挑选?
8. 如果草种的播种量比推荐播种量多，会出现什么情况?
9. 覆盖用于防止杂草种子发芽。为什么应该覆盖发芽的草籽?
10. 没有立即铺设而是堆积在一起的草皮会发生什么样的变化?
11. 滚压刚刚铺设草皮的草坪的目的是什么?
12. 由于人流量过大并有杂草，你建造的草坪长势不佳。为了恢复草坪你应该怎么做?
13. 如果你没有坚持修剪草坪，会出现什么样的后果?
14. 如果你修剪的草坪太矮，会出现什么样的后果?
15. 修剪草坪后，留下还是清除修剪物对草坪更有好处?
16. 如果你邻居家的草坪所有的草叶长成细条并且顶端变成褐色，出现这种情况最可能的原因是什么?
17. 足迹法的定义是什么? 解释如何使用这种方法来预测何时需要给草坪浇灌。
18. 为什么草坪肥料通常含氮量较高?
19. 草坪的茅草区在哪里? 过多的茅草是如何影响草坪的?
20. 你所在的地区有哪些草坪替代植物?

Ali, A.D., and C.L. Elmore. 1989. *Turfgrass Pests*. Oakland, Calif.: Cooperative Extension University of California Division of Agricultural and Natural Resources.

Brandenburg, R.L., and M.G. Villani. 1995. *Handbook of Turfgrass Insect Pests*. Lanham, Md.: Entomological Society of America.

Brede, D. 2000. *Turfgrass Maintenance Reduction Handbook*: Sports, Lawns and Golf. Chelsea, Mich.: Ann Arbor Press.

Crotta, C.A., and Rickard, J.M. 2000. *Lawns: Quick and Easy Grasses and Groundcovers*. Minnetonka, Minn.: Creative Publishing International.

Daniels, S. 1995. *The Wild Lawn Handbook: Alternatives to the Traditional Front Lawn*. New York: Macmillan USA.

Daniels, S. 1999. E*asy Lawns: Low-Maintenance Native Grasses for Gardeners Everywhere*. New York: Brooklyn Botanic Garden.

Ellis, B.W. 1997. *Safe and Easy Lawn Care: The Complete Guide to Organic, Low-Maintenance Lawns*. Taylor's Weekend Gardening Guides, 2. Boston: Houghton Mifflin.

Fermanian, T.W., M.C. Shurtleff, R. Randell, H.T. Wilkinson, and P.L. Nixon. *Controlling Turfgrass Pests*. 3rd ed. Upper Saddle River, N.J.: Prentice Hall.

Ortho's All About Lawns. 2005. Des Moines, Iowa: Meredith.

Rice, R.P. 2001. *Nursery and Landscape Weed Control Manual*. 3rd revised and expanded ed. Fresno, Calif.: Thomson Publications.

Rodale Books. 2000. *Rodale Organic Gardening Basics. Volume 1, Lawns*. Emmaus, Pa.: Rodale.

Schultz, W. 1999. *A Man's Turf: The Perfect Lawn*. New York: Three Rivers Press.

Turgeon, A.J. 2008. *Turfgrass Management*. 8th ed. Upper Saddle River, N.J.: Prentice Hall. Turgeon, A.J., D.M. Kral, and M.K. Viney. 1994. *Turf Weeds and Their Control*. Madison, Wis.: American Society of Agronomy.

Vengris, J., and W.A. Torello. 1982. *Lawns: Basic Factors, Construction, and Maintenance of Fine Turf Areas*. 3rd ed. Fresno, Calif.: Thompson Publications.

Winward, L.L. 2001. *The Healthy Lawn Handbook*. New York: Lyons and Burford.

第 3 部分

室内植物栽培

第 15 章　室内植物养护
第 16 章　基质、肥料、灌溉
第 17 章　光照与室内植物生长
第 18 章　室内植物病虫害防治
第 19 章　装饰用栽培植物和鲜花
第 20 章　温室及相关环境控制装置

照片来源于 http://philip.greenspun.com/

第 15 章

室内植物养护

学习目标

- 列举室内环境与室外环境在植物生长条件方面的不同点。
- 描述植物是如何“净化”室内空气的。
- 列举能够影响室内植物生长的 6 项室内环境条件中的 4 项。
- 说明购买室内植物前应注意的事项。
- 列举出每两周进行一次的室内植物“检查”要点。
- 描述更新修剪、疏剪和打尖的不同点。
- 比较两种脱盆的方法。
- 根据生长习性识别出单轴兰花和合轴兰花。
- 说明使热带植物适应室内环境条件的原因和步骤。

照片由作者提供

15.1 简介

在过去的30年中，再也没有其他的园艺学分支能够像室内植物栽培那样日益受到欢迎。现在几乎所有的家庭里都会摆放一些室内观赏植物，有的是吊篮，有的是大型的独立式植物，有的是窗台盆栽。人们对室内植物的喜爱程度一直不减，因为大多数人喜欢在家里、单位里和吃饭的地方被植物包围着的感觉。郁郁葱葱的绿叶能够营造出一个凉爽、安稳的环境，能够和现代与传统的装饰品很好地融合在一起。室内植物将室外的大自然与人们生活的室内空间连接在一起，形成一个共同的生活空间。

与以往相比，现在很多商业建筑都更多地增加了中庭、天窗和人工照明设计，以便更好地满足植物的光照需求。商业建筑中的室内园艺和室内景观是一个有着多达数十亿美元产值的产业。

在过去的几十年里，为了使普通人都能够成功栽培室内植物，人们已经取得了很多相关的重大科学进步。具体地说，新的品种已经被选育并繁殖。这些植物新品种更耐久、更加容易成活，甚至能够茁壮成长，与原种相比需要的光照和湿度更少。此外，还选育出了抗虫品种，虽然这一特性被证明比环境适应性更不稳定。同时，还引进了直至最近才进行商业化生产或栽培的新品种。

为了迎合消费者的喜好，很多研究都集中在研发新的更可靠、花期更长、花色更多的开花植物。在几十年前，花店出售的盆栽植物（详见本章后面的内容）在室内环境中开花时间只能持续两个星期，现在，在更好的栽培条件下花期可以持续几个月。人们可以等到美国独立日（7月4日）到来之际再扔掉去年圣诞节买的一品红！

最后，植物还应该根据紧凑性来进行选育，可以使用生长延缓剂进行诱导。紧凑性能够提高植物的耐藏性能，以及在不良生长条件下保持美观的能力。

15.2 植物是室内空气清洁剂

除了美观作用外，过去20年的研究表明植物能够提高室内空气质量。在20世纪70年代能源危机期间，限制室外空气交换的建筑设计是规范，这样能够避免室外空气持续加热和冷却所造成的能源消耗。空气再循环的独立通风系统是标准配置，大多数大型商业楼现在仍然按照这种方法进行设计。在这样的建筑里，污染物的积累程度很高，从某种程度上来说建筑物内的污染情况比大型工业化城市的室外空气污染更严重。

虽然循环风确实能够节省能源，但它会导致一系列的疾病，被称为“病态建筑综合征”。病态建筑综合征表现为呼吸道感染、呼吸困难、头痛、皮肤过敏、眼睛发炎、神经系统紊乱，甚至出现心理障碍。

最常见的被认为是室内污染物的化学物质是一氧化碳、一氧化二氮、苯、甲醛、三氯乙烯、丙酮、氨、甲苯和二甲苯。二氧化碳、一氧化二氮和苯是吸烟释放出来的。另外苯是一种溶剂，能够溶解油墨、油漆、染料、塑料和合成纤维。甲醛可用于制造刨花板、地毯、阻燃剂、绝缘材料、清洁剂和纸袋。在油墨、清漆和一些黏合剂中含有三氯乙烯。

当然，解决污染问题显而易见的方法是改善通风。但对于室外空气污染水平较高的城市来说，这种方法不可行。此处还有一个问题，那就是许多使用循环空气系统的建筑物至今仍在使用或正在建造。在这种情况下，植物能够有效地“净化”空气。

旨在净化宇宙飞行器中空气的美国国家航空航天局的研究是了解各种植物空气净化能力的主要信息来源。该局研究员 B. C. 沃尔弗顿（B. C. Wolverton）检测了 50 种开花植物和观叶植物吸收空气中有毒气体的能力。这些植物放置在密闭条件下，在放置植物前和放置植物 24 小时后分别测量某种指定气体的百分比浓度。检测的结果很令人吃惊，几乎所有的被测植物都能减少污染物的含量，但哪种植物吸收哪种污染物效果最好是不一样的。

吊兰能够清除 96% 的一氧化碳和 99% 的一氧化二氮。大约一半的被测植物都能够清除甲醛。虎尾兰、鹅掌柴、龙血树及另一些植物能够有效地吸收苯。研究发现，一般来说，在低光照下生长的大叶植物能够最好地清除污染物。表 15.1 列出了一些被测植物，它们能够有效地清除污染物。

土壤也具有清除污染物的作用，其中的微生物起到了尤为重要的作用。在某种程度上，单独的根土复合体就具有净化空气的能力。但是盆栽植物与活性炭过滤器和电扇组合使用，比单独的植物更有效。炭吸收了污染物，根系生长在炭上面，并降解了其中的化学物质。

在研究的过程中发现了一个有趣的现象：随着持续暴露在含有有毒化学物质空气中的时间逐渐增加，土壤和植物净化空气的能力能够逐渐提高。万年青属的“银皇后”一开始在给定的时间内能够清除 47.6% 的苯，但经过间断暴露 6 周后，在相同的时间内能够清除 85.8% 的苯。原因是土壤微生物暴露在有毒物质环境中后排毒能力会得到提高的这一遗传适应性。

表 15.1　能够有效清除空气污染物的植物

拉丁学名	常用名
Aechmea fasciata	美叶光萼荷
*Aglaonema modestum**	广东万年青
*Aloe vera**	芦荟
Chamaedorea erumpens	裂坎棕
*Chlorophytum capense**	南非吊兰
Chrysalidocarpus lutescens	散尾葵
*Chrysanthemum morifolium**	菊花
Dendrobium sp.	石斛属
Dieffenbachia seguine	黛粉芋
Dracaena sp.*	龙血树属
Dracaena deremensis ‘Janet Craig’	“珍妮特·克雷格”龙血树
Dracaena deremensis ‘Warnecki’	银线龙血树
Dracaena marginata	千年木
Dracaena ‘Massangeana’	香龙血树
*Epipremnum aureum**	绿萝
Euphorbia pulcherrima	一品红
Ficus benjamina	垂叶榕
*Gerbera jamesonii**	非洲菊
Guzmania ‘Cherry’	樱桃星花凤梨
Hedera helix	洋常春藤
*Heptapleurum arboricola**	鹅掌藤
Neoregelia carolinea ‘Tricolor’	三色彩叶凤梨
Nephrolepis exaltata	高大肾蕨
*Peperomia obtusifolia**	圆叶椒草
Phalaenopsis sp.	蝴蝶兰属
Philodendron domesticum	锄叶喜林芋
Philodendron hederaceum	心叶蔓绿绒
Rhapis excelsa	棕竹
Rhododendron sp.	杜鹃花属
Sansevieria trifasciata ‘Laurentii’	金边虎尾兰
Spathiphyllum ‘Mauna Loa’	白鹤芋
Syngonium podophyllum	合果芋
Thaumatophyllum bipinnatifidum	春羽

* 能够更有效清除空气污染物的植物。

15.3 室内环境

种在室内的植物必须适应多种环境条件。这些条件包括光、温度、湿度、水质、容器和空气循环。

归根到底，植物总是在室内环境中处于不利的地位，因为人类的舒适性永远是首要的考虑因素。温度、光照强度、空气循环以及其他因素都受到人们的控制。能够影响种植在共享空间中植物的健康状况的条件被认为是次要的。

光照

影响室内植物的生长最重要的因素可能是光照。人们工作生活舒适环境中的光照强度对很多植物的生长来说是不够的。如果植物不能接收到足够的光照来制造呼吸作用所需的碳水化合物，那么植物最终就会死亡。

温度

对于室外环境来说，太阳落山后温度会缓慢下降，昼夜温差在 3—8℃。夜晚较低的气温能够降低植物的呼吸速率，防止白天光合作用储存的碳水化合物被快速消耗，这对维持植物生长来说是很有必要的。而种植在室内的植物通常不会被暴露在夜晚较低的气温下。室内植物储存的碳水化合物消耗得很快，几乎没有多余的碳水化合物用于植物生长。

湿度不足

湿度不足是导致室内植物生长条件不理想的第 3 个因素。在美国的大部分地区，家用取暖设备使室内的空气很干燥，这会导致热带植物通过蒸腾作用损失的水分比它们在原生环境中散失的水分更多。植物会吸收水分来补充流失掉的水分，但通常蒸发流失水分的速度要比补充水分的速度更快。叶子尖端会变成褐色，植物还会表现出其他湿度不足引起的症状。

水质

室内植物所用水的水质也与室外植物所用水不同。在自然条件下，降雨会为植物提供水分。雨水的杂质相对较少，一般来说，酸碱度是中性的（没有酸性反应，也没有碱性反应）。但室内植物使用的是自来水。根据自来水的来源和预处理不同，水中可能包含许多化学物质，如氯、钠、氟化物。此外，自来水可能是酸性或碱性的，久而久之，会影响生长基质中养分的可用性。

容器

花盆中的植物根系生长在一个非自然的生长条件下。花盆中的生长基质较少，可被植物利用的养分和水是有限的，要比室外植物更加精心地管理。有些盆栽基质的物理性质受限后也会发生改变。疏松且排水良好的室外土壤放在花盆里后会板结且排水不良。因此，花园土通常不适合室内植物使用，除非与其他材料混合使用（详见第 16 章）。

空气循环

在室外环境中，空气流动是持续不断的，因为温度和自然风是变化的。空气循环使氧气和二氧化碳在植物的叶子上移动，有助于植物的光合作用和呼吸作用以及降雨后使叶子快速干燥。但在冬季窗户紧闭的情况下，室内空气则是相对不流动的。所有新鲜的空气都是通过大门进入室内的，室外温度可能比室温低22℃。因此，大门附近的植物通常会因气温变化较快而出现无法明确的病害。

15.4 室内观赏植物的采购

与购买其他商品一样，购买植物时应该货比三家。室内观赏植物也有特价品和二手商品，这些植物在园艺商店售卖时的样子与在家庭生长条件下种植2—3个月后的样子未必是一样的。

差别最大的是开花植物。这类植物通常生长在光线明亮的温室中，这种光照强度能够诱导植物开花。而在正常的室内生长条件下，光照强度通常不足以诱导植物长出新的花蕾，已经开出来的花蕾败落后，植物就不会再开花了。表15.2列举了一些不需要额外补充光照就能够开花的室内观赏植物。

然而，尽管大多数开花植物在室内不会再次开花，但有的室内观赏植物还是能够带有色彩的。可以购买带杂色叶子（带有黄色、白色、粉色或红色的条纹或斑点）的植物和正在开花的植物，即使光照强度不足以诱导开花植物长出新的花蕾，但这些已经长出来的花蕾能够持续发育。这些室内观赏植物的开花时间能够持续几个月到大半年，很值得购买（详见本章“花卉植物”部分）。

你在选购室内观赏植物时，要仔细挑选。发育良好的室内植物长得很紧密，树叶的色彩丰富，生长茂盛，叶片数量很多。植物的茎粗壮，能够支撑植株上部的重量。检查有没有脆弱变色的地方，特别是茎的基部。最好不要购买受昆虫侵害的植物，所以要仔细检查植物生长点、叶子的背面以及盆栽基质是否有昆虫或被昆虫破坏的痕迹。

购买地点、种类和品种不同，植物的价格也不一样，有时价格还取决于售卖点与佛罗里达和加利福尼亚的大型室内植物栽培区是否较

表 15.2 不需要额外补充光照就能够开花的室内观赏植物

常用名	拉丁学名
凤梨	*Aechmea*、*Billbergia*、*Nidularium* 等
秋海棠属	*Begonia* spp.
吊兰属	*Chlorophytum* spp.
彩叶草	*Coleus hybridus*
番红花属*	*Crocus* spp.
兰花	*Cypripedium*、*Cattleya* 等
铁海棠	*Euphorbia milii* 栽培品种
裸萼球属	*Gymnocalycium* spp.
朱顶红	*Hippeastrum* 杂交品种
风信子*	*Hyacinthus orientalis* 栽培品种
乳突球属	*Mammillaria* spp.
蓝壶花属*	*Muscari* spp.
水仙属*	*Narcissus* spp.
天竺葵属	*Pelargonium* spp.
马刺花属	*Plectranthus* spp.
报春花	*Primula obconica*、*Primula malacoides*
子孙球属	*Rebutia* spp.
假昙花属	*Rhipsalidopsis* spp.
非洲紫罗兰	*Saintpaulia ionantha* 栽培品种
虎耳草	*Saxifraga stolonifera*
仙人指	*Schlumbergera bridgesii* 栽培品种
蟹爪兰	*Schlumbergera truncata* 栽培品种
珊瑚樱	*Solanum pseudocapsicum*
白鹤芋属	*Spathiphyllum* spp.
海豚花	*Streptocarpus saxorum* 栽培品种
郁金香属*	*Tulipa* spp.

* 春季开花的鳞茎类植物，冬季低温处理后，春季在室外种植。

近。超市和折扣店通常价格最低，花店价格最高，当地植物商店和温室价格适中。

不过，超市和折扣店可供选择的植物最少。如果植物长时间摆放在商店的货架上，可能无法得到适当养护，生长状态较差。

植物的价格通常能够反映出植物繁殖的容易程度以及生长到可以销售大小所需的时间。例如白花紫露草和彩叶草利用扦插的方法很容易进行繁殖并且生长迅速。它们在价格最低的室内观赏植物之列。而棕榈是从种子开始进行繁殖，平叶棕种子一般需要 8—12 个月才能发芽。

在运送新购买的植物时，要用纸将植物包起来（叶子向上叠起来），或者将植物装在纸袋中，然后再搬到室外。这样不容易碰坏植物，在气温低于 0℃时纸袋起到保温作用。

弄清植物在栽培的环境中生长所需的光照、水、湿度、盆栽基质等条件。查明各种生长条件的参考指标，尽量将家里的环境匹配至理想生长条件。

15.5 对环境的适应与调整

在新购买的室内观赏植物中，植物休克的现象普遍存在。未经调适期，从生产种植的地方直接移至家庭种植环境中的植物容易出现休克。光照强度和湿度突然改变会影响植物的新陈代谢并会使植物暂时停止生长，还会出现叶子脱落的情况，有些植物甚至会死亡。

室内观赏植物在出售之前要在适宜的环境下进行适应性训练。光照和湿度应该逐渐降低至室内环境条件常见的水平，浇灌和施肥也不能太频繁。未经调适训练的植物通常具有这样的外观：植株表现为亮绿色并且非常茂盛，有大量新长出来的多汁或柔软的叶子。一般来说，这样的植物长势良好且生长旺盛，能够在温室中保持良好的长势，但不能很好地适应室内环境。

在出售前未经处理的热带植物是可以通过训练来适应环境的。首先，要最大限度地给予植物可用的光照和湿度，并保持土壤潮湿。这样做能够尽量接近植物以前的生长环境，从而减少休克。然后在几个月内逐渐地向远离光照的方向移动植物，将湿度和水分降低至建议的范围内。这段长时间的调整能够使植物适应室内环境，但是即使这样也可能会有一部分叶子脱落。适应环境之后，只要光照水平和其他条件合适，植物会缓慢但令人满意地生长。

15.6 养护工作

如果想要保持植物原有的美丽与健康，日常养护对室内盆栽植物来说是非常重要的。日常养护的两个主要内容是灌溉和施肥，这两项内容十分重要，会在其他的章节分别进行介绍。这里介绍的养护活动虽然并不常见，但是同样重要。

检查

病虫害定期检查是植物养护中常常被忽视的一项工作，但病虫害会导致植物衰败死亡。病虫害定期检查的目的和我们人类每年一次的体检一样：在病虫害变得严重且难以控制之前进行治疗。室内盆栽植物检查应该每 1—2 周进行 1 次，全面检查植物是否有健康状况不佳的迹象。尤其要在强光下仔细检查新生枝是否有叶螨等害虫（详见第 18 章）；小的放大镜也有助于检查；同样，还应该检查成熟叶子的正反面，昆虫经常会隐藏在此。叶腋是另一个有利于害虫藏身的地方。

同时，应该评估植物生长状况，如果新生枝细长并且很多下部叶开始变黄，在情况进一步恶化之前，应该改变植物的生长条件来解决这一问题。

检查土壤表面和植物根部能够确定是否有土壤昆虫。检查是否有有毒的积盐，其特征是有白色的表层。

植物检查看似很费时，但实际上只需要几分钟。如果在害虫蔓延到其他植物之前能够检测出虫害，检查花费的时间就是值得的。

清洁

清洁是室内植物养护的第二项内容。在室外，降雨能够冲洗植物叶子，除去阻挡光线并降低光合作用的灰尘和泥土。但在室内，大部分水直接浇在土壤上，所以叶子无法被清洁。定期清洗或除去植物叶子上的灰尘能够替代降雨的自然清洁，当植物叶子上出现一定量的灰尘时就应该进行清洁。另外，清洁还有助于除去昆虫和它们的卵，从而减少虫害问题。

清洁叶子的方法有好几种，选择哪一种由个人喜好和植物大小决定。植株较小的植物最容易的清洁方法是使用厨房水槽的喷头进行清洁。多余的水分很方便地排到水槽中，叶子的正反面都应该彻底地进行喷洗。

淋浴方法非常有助于植株较大的植物。将植物放在盆里，将水温调至室温。然后低压喷淋植物 5 分钟左右，不时转动植物，确保所有叶表面都能够被充分清洗。如果植物上有特别顽固的残留物，可以先在一盆水中滴一两滴洗涤剂，用（海绵蘸取）来清洁叶子，然后再彻底清洗植物。

很多室内园艺师发现，每月将大型植物搬运到淋浴处很不方便，他们通常会使用湿布或海绵清洁替代淋浴方法。只要叶片光滑不易损坏，这种方法就能令人满意。

对于水中含有很多矿物成分的地区来说，特别建议使用上述方法。使用这种“硬”水喷洒或淋浴植物后会在植物上留下难看的残留物，所以应该采用擦拭的方法替代。

除尘是大叶植物的另一种清洁方法。应该使用非常柔软的除尘用具，如羽毛或羊毛掸子。

叶子光亮剂

现在市面上可以购买到多种商业用植物光亮剂或叶子清洁剂，有喷雾剂、纤维头的涂抹器和锡纸包裹的纸巾。所有这些产品都声称可以改善叶子的外观，使其看起来更加美观。不过，大部分的园艺书籍都提到它们对植物是有害的，因为它们会阻塞“气孔”。这两种说法都是不完全正确的。

大多数植物光亮剂和清洁剂对室内植物不会造成伤害。但也有少数对室内植物，尤其是幼嫩叶子会造成伤害。造成这种伤害最常见的原因是气雾剂。阻塞气孔的说法是不合理的：植物的“气孔”（详见第 2 章）与人的毛孔不一样，不会以同样的方式对阻塞做出回应。实际上，在植物移栽时，商业苗圃经常使用植物移栽保湿剂或抗蒸腾剂等化学喷雾剂。植物移栽保湿剂的唯一作用是封闭气孔，防止水分损失。另外，大多数气孔位于叶子的背面，叶子光亮剂并没有使用在这些位置。因此，大部分植物是不会受到影响的。

使用叶子光亮剂和清洁剂都不是清洁植物叶子的最佳方法。不同品牌的产品的化学成分差别很大。有的光亮剂和清洁剂会形成一种人造的光泽，并留下吸附灰尘的油性残留物。还有一些光亮剂和清洁剂不会留下任何残留物，但是光泽度一般。习惯使用叶子光亮剂和清洁剂的人应该选择几种不同的品牌比较之后再购买。

天然的叶子光亮剂有牛奶和色拉油。但是，不建议使用色拉油，因为会在叶子上形成一层油腻的膜。牛奶不会出现这种情况，安全并且价格相对便宜。

叶子上有毛的热带植物，如紫鹅绒（*Gynura aurantiaca*）和褐斑伽蓝（*Kalanchoe tomentosa*）既可以用喷壶喷水清洁，也可以使用柔软的毛刷拂去灰尘。不能使用叶子光亮剂，也不能用手擦拭，否则会使叶子上的毛折断或变平。清洁非洲紫罗兰类的毛叶植物，要使用温水清洗。苦苣苔科的植物对温度变化十分敏感。水温低于室内空气温度超过 5℃会导致水所接触到的叶子长出黄色斑点。变色的原因是叶绿素受到了永久性的破坏（图 16.23）。

有的室内热带植物的叶子是有毛的，还有的热带植物叶子长有自然膜状外层，这些植物叶子不能涂抹或擦拭叶子光亮剂。凤梨就是其中的一种。大部分凤梨科植物的叶子都附有片状银色鳞片（图 15.1）。鳞片具有装饰性，也具有实用功能。这种鳞片由能够从叶子中直接吸收水分的细胞组成。

仙人掌和多肉植物通常有蜡质层，用手指很容易擦破。这层蜡质层相当于隔绝层，能够防止水分损失，也是适应环境的表现，有助于在干旱的环境下存活下来。一般来说，叶子光亮剂和清洁剂不应用于仙人掌和多肉植物。

转动

通常室内植物从附近的窗户接受光照。向光一侧的叶子能够接收更多的太阳能，使植物向光一侧长得更快一些。为了防止植物不均衡生长，建议每隔几周将植物转动 1/4 圈，这样就能够保证植物的不同部位都接受到光照。

图 15.1 凤梨上的吸水银色鳞片。照片由里克·史密斯提供

修剪

修剪是最常见的一项室外植物养护工作。而室内植物修剪经常被忽视，导致很多室内植物看起来不美观。

修剪有多种作用：第一，修剪能够促进植物分枝，长出新生枝，使植物更加茂盛、美观；第二，修剪能够除去植物的枯死、虫害和病变部分，阻止有害微生物的蔓延。

打尖 打尖是室内植物修剪最常用到的一项技术（图 15.2）。打尖是指掐断植物生长点往上约 8 厘米的部分。

众所周知，植物的分生组织能够产生一种叫作生长素的植物激素（详见第 3 章）。这种激素能够从产生的部位持续在植物茎部向下移动。这种激素能够抑制茎部侧芽生长并防止分枝。这种激素对植物生长的作用被称为顶端优

图 15.2 (a) 彩叶草打尖，(b) 打尖一个月后彩叶草出现分枝。图片由贝瑟尼绘制

势，这表明顶芽（顶端分生组织）能够控制侧芽的生长。生长点正下方的芽处于完全休眠的状态，因为这个部位生长素的浓度最高。随着生长素不断向下运输，浓度逐渐降低。茎部最下面的侧芽生长素浓度最低，有时能够打破休眠并生长成嫩枝。

不同种类植物的生长素产生和运输的速度是不同的，这也说明了为什么有的植物能够自然分枝，而有的植物不能。打尖除去了那些无法自然分枝的植物制造生长素的来源。

摘除生长点后，几乎总是最接近生长点的顶芽先开始生长（图 15.2）。虽然有时只有一个芽生长，但通常会有 2—3 个芽同时开始快速生长成新的叶枝。因为叶枝上也有生长点，很快就能产生生长素，抑制下面侧芽生长，这种循环会持续进行。

有些植物必须定期进行打尖以促进不断分枝并发育成一个完整的植株。随着新生枝伸长，不断地打尖能够使植物长得更完整且茂密。

多叶、蔓生的室内栽培植物最需要定期进行打尖，以防止植物长得过于纤细。理想情况下，植物栽到花盆以后就应该经常打尖，以培育出较多的连串茎。需要经常打尖的常见蔓生植物和直立生长的植物如表 15.3 所示。

更新修剪 更新修剪的目的是使那些因干旱、光照不佳等原因茎部裸露不美观的植物恢复活力。这种修剪是除去全部或几乎全部叶子，只保留 3—5 厘米长的茎部（图 15.3）。几个星期后，无叶的残茎上会长出新生枝。定期打尖并改善植物种植条件，几个月后植物就能恢复美观。

更新修剪是一种极端的措施，应该只用于大体健康、根系强大且碳水化合物储备充足的植物。对于长势较差的植物应该使用其他的方法进行处理。应该先从源头上解决。这样做能够促进植物健康生长并且打破底部侧芽的休眠状态。在植物重新长出部分叶子之后，剩下不美观的叶子要被修剪掉。因为保留一部分叶子能够防止碳水化合物进一步消耗。

疏枝修剪 并不是所有的室内盆栽植物都

表 15.3 需要经常打尖的常见室内盆栽植物

常用名	拉丁学名
彩叶草	*Coleus hybridus*
鲸鱼花属	*Columnea* spp.
新娘草	*Gibasis geniculata*
紫鹅绒	*Gynura aurantiaca* 'Purple Passion'
袋鼠花属	*Hypocyrta* spp.
红点草	*Hypoestes phyllostachya*
血苋属	*Iresine* spp.
花叶冷水花	*Pilea cadierei*
马刺花属	*Plectranthus* spp.
珊瑚樱	*Solanum pseudocapsicum*
紫露草属	*Tradescantia* spp.
吊竹梅属	*Zebrina* spp.

需要打尖。很多室内盆栽植物如吊兰是莲座叶丛（见第 2 章），新的叶子是从土壤表面短的匍匐茎中长出来的。很多蕨类植物是从地下鞭根系（地下茎）长出新叶，从植物学角度来说地面上根本没有“茎”，只有叶柄。每一个新长出来的梢都是一个单叶，在土壤水平或略低于土壤水平的根颈长有休眠芽。叶子打尖后并不会促进植物分枝，相反地，应该去掉底部的叶子，这样能够促使根茎长出新生枝。

在修剪这类室内植物时，为了使植物的外形更美观，每次只需要剪掉几片叶子。然而，如果整个植物外形很不美观或滋生了大量昆虫，更新修剪是明智的做法。与对有茎的室内盆栽植物进行更新修剪一样，地面以上全部叶子都被剪掉，在改进后的生长条件和精心养护下，植物能够重新长出新叶。

不需要经常修剪的植物 有一部分植物很少需要修剪，除了清除枯叶。打尖或更新修剪这些植物通常会破坏它们的形状，导致植物的外形很不自然。表 15.4 列出了只需少量修剪或不需要修剪养护的室内植物。

室内开花植物的修剪 修剪室内开花植物与其他室内植物修剪遵循相同的基本规则。然而，对于许多室内开花植物来说，可以通过在花朵凋谢后立即摘除花头和种荚的方法来延长花期。如果不去掉种荚的话，能量将被用于种子生产，而不是用于形成更多的花蕾。

对于观果室内植物来说，不能采用这种办法，如珊瑚樱。如果为了培育种子用来种植植物，应该保留植物的花朵。表 15.5 列举了不应该去掉凋谢花朵的室内植物。

为了防治病虫害进行的修剪 为了防治病虫害进行修剪并不是一种常见的做法，因为在

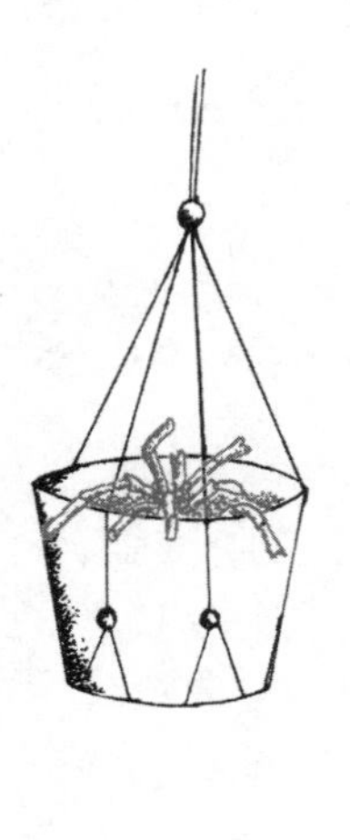

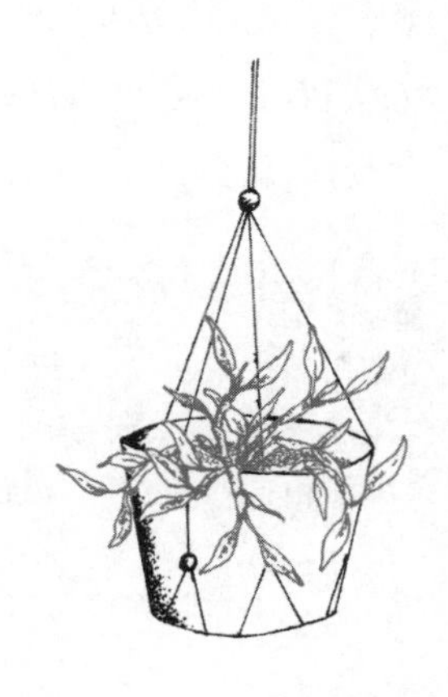

图 15.3 更新修剪的过程。图片由贝瑟尼绘制

表 15.4　只需少量修剪或不需要修剪养护的室内植物

常用名	拉丁学名
非洲堇	*Saintpaulia*
凤梨	*Aechmea, Neoregelia, Vriesea* 等
仙人掌	*Cereus, Gymnocalycium , Mammillaria* 等
细斑粗肋草	*Aglaonema commutatum* 栽培品种
龙血树	*Dracaena*
黛粉芋属	*Dieffenbachia* spp.
异叶南洋杉	*Araucaria heterophylla*
兰花	*Cattleya, Paphiopedilum*
棕榈	*Chamaedorea, Howiea, Phoenix* 等
莲座形多肉植物	*Agave, Aloe, Haworthia* 等
虎尾兰属	*Sansevieria* spp.
白鹤芋	*Spathiphyllum*
鹅掌柴	*Brassaia*

大多数情况下，在发现问题之前整个植物都已经被感染了。然而，这些问题往往最先出现于一两片叶子或茎尖。快速去除染病的植物部分比使用一系列化学喷剂更有效。修剪是很有价值的，特别是在处理室内植物叶子病害方面，因为化学疗法效果一般。为了达到这个目的，要将所有染病的部分修剪掉。

为了使龙血树和棕榈类的植物外形更美观，常用的方法是修剪褐化的叶尖。虽然这种方法暂时有效，但通常几周后植物的叶尖会再次变成褐色。

移栽和换盆

移栽（有时称为换盆）是室内植物日常养护中的一项。从植物幼苗期或扦插期直到成熟期会多次被用到。

移栽主要是为了给已经长满盆的根系提供更多的盆栽基质来吸收水分和营养。还有一种不常见的情况是，移栽被用作处理疑似由根或盆栽基质引发的未经诊断的植物病害的万能治疗法。

在经常施肥就可以解决问题的情况下，大多数人会选择频繁地换盆，把植物移栽到更大的花盆中去。这样做是没有必要的，虽然换盆不会对植物造成伤害，但需要大量的额外工作。

换盆时机　要确定一株植物是否需要移栽到一个更大的花盆中，必须对几个因素进行评估：首先，植物在花盆里是否看起来头重脚轻，容易翻倒？如果大叶植物的盆栽基质容量足够大，能够支持植物顶部生长时，大叶植物的长势将会是最佳的。将大叶植物种在尺寸较小的花盆中会阻碍其生长。凤梨科和兰科植物是例外，这些植物以很小的根系就能够较容易地支撑较大的地上部分。

其次，植物是否需要经常灌溉来保持土壤潮湿？灌溉几天后是否会枯萎？已经长满盆的

表 15.5　不应该去掉凋谢花果的室内植物

常用名	拉丁学名	备注
凤梨	*Aechmea, Nidularium* 及其他属	开花后通常会结出多色的果实
细斑粗肋草	*Aglaonema commutatum* 栽培品种	开花后结出红色浆果；在室内很少开花
天门冬属	*Asparagus* spp.	开花后结出观赏性的红色浆果
吊兰属	*Chlorophytum* spp.	花柄上长出新的植株
球兰	*Hoya carnosa* 栽培品种	下一季的花朵从这一季花朵的根部长出来
仙人掌	*Mammillaria, Rebutia* 及其他属	开花后通常会长出红色或橙色的果实
珊瑚樱	*Solanum pseudocapsicum*	开白花，会结出红色的果实

根部吸收水分和养分的速度较快，需要经常灌溉并施肥。

第三，在不改变养护方式和生长位置的情况下，植物的健康状况是否降低？有些室内植物种植几个月或几年之后，土壤表面会出现压实或板结。换盆后使用新的盆土能够解决这一问题。

在极端的情况下，根部能够生长到土壤表面。根也可以在花盆的底部旺盛地生长，把植物从花盆中推出来。这种现象偶尔会出现在龙血树属和吊兰上。

一些室内园艺师会将根部是否长出排水孔外或者缠绕成根团作为换盆的指标。这种方法不可靠。植物根部在既有水分又有空气的地方生长得最旺盛。在无釉陶罐的内部表面和排水孔周围的土壤提供了这些最理想的条件。因此，植物根部在这些地方大量生长，同时大部分盆栽基质是不受干扰的。然而，如果大量的根呈环状生长，则换盆是合理的，因为大部分根系并没有接触到盆栽基质。

选择在哪个季节给室内植物换盆并不重要。与室外植物一样，大多数室内植物会经历季节性的休眠期和快速生长期，在这两个时期进行换盆都是可以的。换盆一般会选在春季或夏季进行，因为随着光照和湿度的增加，植物活力也随之增加，植物在这些时期内迅速生长，长得过大而不适合种在原来的花盆中。

开花植物移栽应该仅限于不开花的时候，因为根部受到干扰时，植物的花蕾和花朵会过早地凋落。在开花后立即移栽室内植物是一种可靠的做法。这会为新的根系生长提供空间，因此，在下一次开花之前，植物能够长得更好。

去盆 从花盆中取出一株植物的困难程度取决于花盆的大小和花盆中的植物。种在直径 20 厘米或更小的花盆中的植物，可以通过一种被称为“敲击”的方法来去盆。要做到这一点，土壤必须是湿润的（但不是刚灌溉的），以免它从根部脱落。用一只手支撑着土壤顶部，手指穿过植物茎部，将花盆倒过来，边缘轻轻地敲击台面或桌子（图 15.4），土壤和植物根茎就会完整地滑出来。如果没有成功的话，可能需要用力敲打、摇动，还可以用刀子深入土球和花盆之间的缝隙。只有在很难去盆的情况下，才能使用拉拽茎部的方法从花盆中拔出植物。这样做可能会导致植物的根或茎受损。

种植在窄口花盆里的植物去盆是很难的。当把植物根团从花盆的窄口拉出来时，总是会损失掉一部分根系。与敲击的方法相同，盆栽基质必须是潮湿的，然后将植物从窄口挖掘并

图 15.4 将吊兰从花盆中脱出。照片由里克·史密斯提供

移出来。将花盆倒向一侧有助于将植物根部从花盆中移出来。盆栽基质会落到花盆底部，将工具插入土壤上方的位置能够把根部从盆栽基质中拔出来。

漫灌是将植物从窄口花盆中去盆的另一种方法。将花盆浸在水里，然后向盆口喷水，使基质松散，从根部进行漫灌。最终漫灌会使大量的基质被冲走，让根能从花盆中拔出来，并使其所受的伤害最小。漫灌的去盆方法对根系损伤最小，因此对于柔弱或十分珍稀的植物来说是最适用的。

大型植物去盆通常需要两个人共同完成。因为植物太大，不能将其倒置并脱出，通常的方法是将植物倒向一侧，水平地将根部移出来。为了使植物叶子的破损程度最小，应该将叶子向上折叠，在植物的顶部包裹报纸后用绳子系住。

将植物从花盆中移走后，是检查植物根部的最佳时间。健康的幼根是很结实的，通常是白色的（有的植物根部是其他颜色，比如龙血树的根部是橙色的）。通常植物的根部不应该是棕色或糊状的，这样的根系已经死亡或腐烂，在植物重新上盆前应该修剪掉。在换盆的过程中还可以检查土壤中是否有昆虫。

缠绕成团的根部在重新上盆时应该进行特殊的处理。如果在未经处理的情况下重新上盆，植物的根部可能会继续缠绕在土球上，而不会分开生长到新鲜的土壤中并获得养分。用手指可以将团在一起的根部弄得松散，还可以用刀切掉根团周围的一部分（图 15.5）。与打尖一样，这样做能够促进根部分枝和新生侧根的发育。

选择新的花盆　在选择一个新盆移栽时，应该考虑花盆的大小和排水情况。新花盆的尺寸最好要比原来花盆的深度和宽度增加 3—5 厘米。这个新增加的区域装有足够的新鲜盆栽基质来满足新生根的生长。如果选择了一个更大的花盆，很大一部分新的盆栽基质很可能会积水，因为根系还没有长到那里。

盆栽基质的特点之一是能够排水，但排出来的水存放在哪里是由花盆决定的。有排水孔的花盆能够把多余的水排到花盆外面去。而没有排水孔的花盆，水被盆栽基质过滤出来，多余的水最终会留在花盆底部，使得花盆底部的基质达到饱和，排除了根呼吸所必需的氧气。因此，除非浇灌工作被管控得非常仔细，否则

图 15.5　用手指疏松生根满盆的植物。照片由柯克提供

最好选择有排水孔的花盆。

可以在没有排水孔的花盆中设计一个储水层，以保证排出来的水远离根部。花盆底部应该用直径1厘米的石头或砾石铺成3厘米或更深的砾石层。然后再用尼龙网、泥炭土或纱网覆盖，这样能够阻隔盆栽基质，留出空隙。在为大型植物换盆时，应该考虑到碎石所增加的重量。在这种情况下，可以使用泡沫填充物来代替。

一个常见的误解是，所有花盆底部的砾石，无论是否有排水孔，都会改善排水。砾石层并不能够改善排水。实际上，减小花盆中土壤的深度会使排水更差，因为排水状况与花盆的深度和基质的成分有关。（在第16章会介绍基质成分对排水的影响，以及基于花盆高度进行排水的物理原理）砾石层只在花盆中起到储水的作用，水无法从这里流走。对于有排水孔的花盆来说砾石不是必要的，唯一需要改进的地方是要在排水口放一块破碎的陶片（圆的那面朝上）或纱网，以防止盆栽基质流失。

换盆 换盆是一个简单的过程。新换花盆中盆栽基质的量能够保证植物保持原有的生长状况。

绝不能为了改善外观而将植物插得比原来更深，否则植物的茎会受到土壤真菌和细菌的侵袭而死亡。

轻轻地将基质压实之后，再给植物灌溉，以沉积空气层并减少冲击。灌溉能够使基质稍微沉积下来，然后可以在顶部周围重新填充基质。还应该留出足够的空间，这样方便灌溉。留出2—3厘米深度应该足够了。

双盆 双盆（图15.6）是指一个没有排水孔的装饰花盆内插入一个有排水孔的黏土或塑料花盆。在两个花盆之间填充有泥炭土、砾石或其他材料。这种盆栽方法令自流排水花盆具有装饰性花盆造型美观的优点。

图15.6 双盆

移栽后的养护 植物移栽后有时会出现休克。植物可能会在几天或几周内一直处于枯萎的状态。为了减少休克，应该将新移栽的植物移到没有阳光直射的位置，放置几天。娇弱的植物移栽后可以套上塑料袋放置一到两个星期。这样做能够增加相对湿度，同时根部能够重新建立并恢复正常的吸收能力。

在极少数的情况下，套袋是无效的，而且植物会继续枯萎，这时需要给植物修剪。1/4的叶子应该被剪掉，然后观察几天。如果植物继续枯萎，就需要剪掉更多的叶子。

15.7 有特殊养护需求的植物

盆景

盆景是树木栽培和修剪的艺术，是它们在自然中表现形式的微缩（图15.7）。盆景起源于11世纪前的中国，有的盆景已经有几百年的历史了。植物并不需要年岁很大才能显现出苍老的外观。相反，苍老的外观是通过修剪、整枝并限制植物根部的土壤体积和肥料来完成的。

盆景的制作和养护并不难，但与其他室内植物相比，它确实需要投入更多的时间。制作盆景的第一步是选择植物。参观当地的苗圃，选择一种易于种植的植物，如火棘、松树或刺柏，种植在 1 加仑（3.8 升）的花盆中。植株较大且茂密的植物不一定是最好的选择。相反，应该购买一种外形不规则、叶子较少，甚至有一些枯木的植物，因为这将有助于形成苍老的外观。

下一步是选择盆景的主视角，也就是盆景最有吸引力的视角。如果树干有自然曲线，视角应该着重突出它。接下来，找出位置最低的两个主枝，对低于这两个主枝的所有树枝进行修剪，与树干保持平齐。然后确定盆景的最终高度，将树干的顶部修剪至这一高度，最低的两个主枝修剪至树干高度的一半。

接下来，选择上部的树枝。它们应该沿着树干交替生长，不一定要选择长势最好的树枝。较小、较细的树枝看起来会更加自然。目标是使树枝均匀地排列于树干周围，然后要逐渐地将其修剪得短一些，以模仿树枝自然生长的样子。

在修剪盆景的同时还要给盆景缠线。用规格为 10—20 号的铜线螺旋状缠绕树干和树枝，然后可以弯曲成想要的形状。几个月后拆掉缠绕的铜线，树木会保持这一新的外形。最下面的树枝最好是水平或向下进行缠绕，而树干上的枝条则依次以略微垂直的角度进行缠绕（图 15.7）。

下一步是把盆景从花盆中取出来检查根部。如果有很多主根（锚定根）和很少的须根（吸收根），需要对根团进行修剪，使其能够栽种到培育花盆中，这种花盆的深度只有现在所使用花盆的一半，然后在这个花盆里种植几个月，使其发育出须根。如果不是这样，而是马上将其移栽到一个较浅的盆景花盆里，那么取出根部对植物的影响可能会很大，可能会导致植物死亡。

盆景最后使用的花盆需要有排水孔，在其适当的位置要覆盖纱网。如果感觉盆景需要用铁丝穿透根部才能在花盆中保持稳固，可以另

（a）

（b）

（c）

图 15.7 盆景制作的步骤：(a) 刚购买来的植物，(b) 修剪缠线后的盆景，(c) 移栽到盆景盆后的盆景。照片由肯塔基州波阿斯林尼伍德花园盆景的兰德尔·L. 戴维斯（Randall L. Davis）提供

外使用一根长金属线穿过排水孔，用金属线的末端弯曲成短挂钩挂在花盆的边缘。为了使根团移栽到新的花盆后周围和底部留出 2—3 厘米的间隙，应该将根团弄得扁平，又长又粗的根部应该被修剪掉。通常，盆景移栽到花盆时会稍微偏离中心，在给根团塑形时必须要考虑到这一点。

在用盆栽基质（无菌的泥炭土、粗沙、土壤等量混合物）将花盆填充 2—3 厘米的深度后，将盆景放入花盆中并检查高度。接下来露出树干基部，这样能够看到第一个主根的起始点。这一部位应该被置于稍微高出容器顶部的地方，使根团的主体向下倾斜到花盆边缘。此时为了盆景的稳固，应该用金属线将树和花盆绑在一起，具体的做法是将金属线穿过根团，在树干周围缠绕拧紧后打成结。然后用苔藓覆盖住金属线和打结的位置，最终苔藓将覆盖整个根部区域。

如何给盆景灌溉取决于植物的种类。由于土壤量有限，盆景干燥得比较快。为了防止干旱导致植物死亡，必须经常给盆景灌溉，但不应该一直保持土壤湿润，因为这样会助长不希望出现的旺盛生长。在温暖的天气通常要每天灌溉。

盆景应该使用液态或水溶性的肥料（详见第 16 章），适合在春季至秋季使用。通常一个月使用一次稀释溶液就足够了，因为施肥的目的是使植物保持现状，而不是促进生长。

观赏凤梨

凤梨科的成员（图 15.8）统称为凤梨。在自然环境中，它们是树栖植物（附生植物），但它们不是寄生的，因为它们只是利用树木来固定。作为室内盆栽植物，它们很容易养护。所有的凤梨科植物都是观叶植物，很多种类的花期很长，还能结出五颜六色的果实。

在不同光照强度下，凤梨科植物都能存活下来，但在适合该品种的光照条件下，叶子会呈现出最佳的颜色。一般来说，凤梨属、雀舌兰属、叶苞凤梨属和铁兰属需要较强的光照；光萼荷属、彩叶凤梨属、水塔花属需要中等至较强的光照；而姬凤梨属、星花凤梨属、鸟巢凤梨属和丽穗凤梨属需要中等至较弱的光照。

观赏凤梨对水分的需求量与其他室内植物不同。盆栽类型的室内植物使用土壤水分，但也经常会有一个由叶子形成的“中心杯”，应该保持至少装一半的水。盆栽的和板装式的植物都能通过叶子有效地吸收水分，而喷雾也有助于吸水。因为板装式观赏凤梨唯一的水源是喷雾，在空气湿度较低的情况下，每天喷水是明智的做法。

图 15.8 星花凤梨的花期能够持续数月。照片由作者提供

观赏凤梨应该使用水溶性的肥料，按照叶面使用的强度进行混合。肥料应该施用于盆栽基质中，也适用于杯中。建议使用溶液喷洒盆栽和板装式的植物。

通常盆栽的观赏凤梨的根系很小，不需要经常换盆。施肥应该施用第 16 章中介绍的康奈尔附生植物混合物，或其他类似重量较轻的基质。表 15.6 所列的是特别适合在室内栽培的观赏凤梨。

表 15.6　适合在室内栽培的观赏凤梨

常用名	拉丁学名
勃艮第光萼荷	*Aechmea* “Burgundy”
有斑光萼荷	*Aechmea maculata*
美叶光萼荷	*Aechmea fasciata*
合萼光萼荷	*Aechmea gamosepala*
红苞尖萼凤梨	*Aechmea mertensii*
凤梨	*Ananas comosus*
垂花水塔花	*Billbergia nutans*
穆里尔沃特曼水塔花	*Billbergia* ‘Muriel Waterman’
姬凤梨属	*Cryptanthus* 栽培品种
姬红苞凤梨	*Cryptbergia rubra*
星花凤梨	*Guzmania lingulata*
虎纹凤梨	*Lutheria splendens*
瓶状凤梨	*Neoregelia ampullacea*
彩叶凤梨	*Neoregelia carolinae*
火球彩叶凤梨	*Neoregelia* ‘Fireball’
巢凤梨	*Nidularium innocentii*
（无常用名）	*Nidularium regelioides*
紫花凤梨	*Tillandsia cyanea*
小精灵空气凤梨	*Tillandsia ionantha*
霸王空气凤梨	*Tillandsia xerographica*
丽穗凤梨属	*Vriesea* 杂交品种

仙人掌和多肉植物

有关仙人掌和多肉植物的区别有很多不同的说法。从根本上说，仙人掌是仙人掌科植物中的一种，而多肉植物是指植株肉质，叶子或茎中含有大量水分的植物。几乎所有的仙人掌都是多肉植物；但是，很显然并非所有的多肉植物都是仙人掌。许多其他的植物属于多肉植物。

有棘刺的植物并不一定都属于仙人掌。很多多肉植物都有针形的器官，只有对植物进行仔细检查并对植物形态解剖学详细了解之后，才能确定其是否属于仙人掌科。

仙人掌（图 15.10）分为旱生仙人掌（适应干旱环境）和附生仙人掌（栖息在热带森林中的树上）。旱生仙人掌包括所有沙漠仙人掌和所有常见的多肉植物。附生仙人掌包括蟹爪兰、复活节仙人掌、令箭荷花等。这两种类型的仙人掌养护差别很大。旱生仙人掌需要较强的光照，盆栽基质要较粗糙、排水迅速，且一年的大部分时间都不需要灌溉。附生仙人掌需要适度的光照，盆栽基质要富含有机物且一直保持湿润。

仙人掌和多肉植物死亡的主要原因是浇灌不当。对旱生仙人掌来说，从秋天到春季是它们的休眠期，不应该经常灌溉。灌溉后栽培基质应该彻底干透，如果可以的话，应该使温度保持在 7—18℃的范围内。一旦植物开始新的生长，灌溉的频率应该增加，一旦基质变干，就应该灌溉使其再湿润。

由于旱生仙人掌对过度灌溉十分敏感，所以应该只在春季或夏季生长比较旺盛的时候对其进行移栽。应该将其移栽到潮湿的花盆中，这样换盆后就不用灌溉了。

移植有刺的仙人掌和多肉植物是很难的；但是，它们只需要每 2—4 年换一次盆。用一沓折叠的报纸来处理植物可以使过程变得更容易，如图 15.10 所示。

图 15.9 多肉植物。照片由里克·史密斯提供

表 15.7 列出了适合在室内栽培的仙人掌和多肉植物。购买旱生仙人掌时，要谨慎购买价格较低的大仙人掌。它们通常是从沙漠中挖出来的，根部是断的。这些植物很难重新生根，通常会在几个月内死去。它们也可能是濒危的保护物种。

蕨类植物

大多数蕨类植物（图 15.11）对光照的需求量为中等至较少。冬季，如果光强度很低，

图 15.10 折叠的报纸在移栽仙人掌时很有用。照片由里克·史密斯提供

表 15.7 适合在室内栽培的仙人掌和多肉植物

常用名	拉丁学名
仙人掌	
星球	*Astrophytum asterias*
白云般若	*Astrophytum ornatum*
白檀柱	*Chamaecereus silvestri*
吹雪柱	*Cleistocactus strausii*
篦刺鹿角柱	*Echinocereus pectinatus* var. *neomexicanus*
昙花	*Epiphyllum* 杂交品种
紫凤龙	*Ferocactus viridescens*
牡丹玉	*Gymnocalycium mihanovichii* cv. *friedrichii*
金琥	*Kroenleinia grusonii*
光山	*Leuchtenbergia principis*
乳突球属	*Mammillaria* spp.
南翁玉属	*Notocactus* spp.
黄毛掌	*Opuntia microdasys*
子孙球属	*Rebutia* spp.
假昙花	*Rhipsalidopsis* 杂交品种
仙人指	*Schlumbergera* 杂交品种
多肉植物及其他仙人掌	
狭叶龙舌兰	*Agave angustifolia*
芦荟属	*Aloe* spp.
酒瓶兰	*Beaucarnea recurvata*
燕子掌	*Crassula ovata* 栽培品种
青锁龙	*Crassula muscosa*
星乙女	*Crassula perforata*
石莲花	*Echeveria* 杂交品种
大戟属	*Euphorbia* spp.
鲨鱼掌属	*Gasteria* spp.
十二卷属	*Haworthia* spp.
球兰	*Hoya carnosa* 栽培品种
伽蓝菜属	*Kalanchoe* spp.
虎尾兰	*Sansevieria trifasciata* 栽培品种
景天属	*Sedum* spp.
长生草属	*Sempervivum* spp.
千里光属	*Senecio* spp.

应该将蕨类植物放置在东、北或西侧的窗户旁。但是在夏天，应该将其从东侧和西侧的窗户旁移回，或用一层纱帘予以保护。

除旱蕨属和贯众属等少数属外，大部分蕨类植物无法在完全干燥的盆栽基质中存活。在任何时候盆栽基质都应该含有水分。排水迅速且保湿性好的盆栽基质最有利于根系生长。大多数预先包装好的室内植物栽培基质都适用于蕨类植物。与其他室内植物相比，湿度对蕨类植物来说更重要。对大多数种来说，相对湿度在 30%—60% 之间最适于植物健康生长。表 15.8 列出了适合在室内种植的蕨类植物。

表 15.8 适合在室内种植的蕨类植物

常用名	拉丁学名
铁线蕨	*Adiantum raddianum*，*Adiantum tenerum*
巢蕨	*Asplenium nidus*
芽胞铁角蕨	*Asplenium bulbiferum*
对开蕨	*Asplenium komarovii*
全缘贯众	*Cyrtomium falcatum* 栽培品种
姬蕨	*Hypolepis punctata*
肾蕨	*Nephrolepis duffii*，*Nephrolepis exaltata* 栽培品种
圆叶旱蕨	*Pellaea rotundifolia*
大叶绿旱蕨	*Pellaea viridis*
二歧鹿角蕨	*Platycerium bifurcatum*
水龙骨	*Polypodium aureum cv. areolatum*
对马耳蕨	*Polystichum tsus-simense*
欧洲凤尾蕨	*Pteris cretica* 栽培品种
颤叶凤尾蕨	*Pteris tremula*
蜈蚣凤尾蕨	*Pteris vittata*
石韦	*Pyrrosia lingua*
革叶蕨	*Rumohra adiantiformis*

花卉植物

习惯上统称的花卉植物是能够使室内环境美观，长期布置的植物，如菊花、一品红和鳞茎类植物（图 15.12）。最近植物保存能力的提高大大延长了许多植物的预期室内寿命。另外，近年来可以用作室内装饰植物的种类及其花卉颜色的种类也急剧增加。前些年，室内花卉植物只局限于十几个主要品种，而植物的观赏时间只会持续几周；现在有 50 种或更多的受欢迎的品种可供选择，而且在养护量最小的情况下，大多数品种的室内观赏时间可以持续一个月至几个月。

图 15.11 兔脚蕨，一种耐寒的室内植物。照片由作者提供

在家庭栽培中，正确的养护方法能够大大延长花卉的花期。植物应该放置在光照较强的地方，但应该避免直对阳光和气流。盆栽基质应该保持湿润。

苦苣苔科植物

苦苣苔科植物包括很多重要的室内植物，如喜荫花属、非洲紫苣苔和小岩桐属。这个科的植物有很多受欢迎的开花植物（表 15.9）。

大多数苦苣苔科植物起源于热带，应该在 13—27℃的温度范围内进行种植。夜间温度较低，白天气温较高，这样能够为植物提供最佳的生长条件。光照强度应该是中度至较强，这

图 15.12 花店出售的观花植物，从上面开始顺时针方向依次是伽蓝菜、非洲菊、藻百年、仙客来、菊花。照片由安德鲁·施韦策（Andrew Schweitzer）提供

表 15.9 苦苣苔科室内栽培植物

常用名	拉丁学名
鲸鱼花	*Columnea* "Chanticleer"
	Columnea "Early Bird"
	Columnea "Mary Ann"
喜荫花	*Episcia* "Moss Agate"
	Episcia "Acajou"
	Episcia "Cygnet"
	Episcia "Jinny Elbert"
彩叶紫凤草	*Nautilocalyx forgettii*
金鱼吊兰	*Nematanthus wettsteinii*
非洲紫罗兰	*Saintpaulia ionantha* 栽培品种
细小大岩桐	*Sinningia pusilla*
海豚花	*Streptocarpus saxorum*
	Streptocarpus "Wiesmoor hybrids"
	Streptocarpus "Constant Nymphs"
	Streptocarpus "Diana"
	Streptocarpus "Fiona"
	Streptocarpus "Karen"
	Streptocarpus "Marie"
	Streptocarpus "Louise"
	Streptocarpus "Paula"
	Streptocarpus "Tina"
	Streptocarpus "Margaret"

样植物才能开花，但夏天要避免长时间暴露在强光下。苦苣苔科植物也能够适应冬季较弱的光照强度。苦苣苔科植物是能够在只有人工照明作为唯一光源的环境里正常生长的植物。

苦苣苔科植物的盆栽基质应该始终都保持湿润。所使用水的温度应该是室温，因为冷水会导致叶子出现永久性的斑点。

种植苦苣苔科植物的最佳湿度范围是50%—80%。在其他生长条件较理想的情况下，它们可以在较低的湿度条件下健康生长。苦苣苔科植物适宜种植在湿度较大的环境里，所以它们特别适合于种植在玻璃容器中。

悬挂植物

悬挂植物的养护与放在桌子、窗台或地板上植物的护理不同，原因如下：首先，悬挂植物周围的气温通常会高一点。热气会上升到房间的顶部，因此，视平线水平的悬挂植物周围的气温会比地板附近的气温高 3℃。由于没有支撑面阻挡空气流动，悬挂植物周围的空气流动也会更多。

由于这些环境差异，悬挂植物会以加倍的速度通过基质和叶片流失水分，灌溉的频率应该更高。因为很多悬挂植物都是耐旱性较差的蕨类植物，所以经常检查这些植物是否有水分是很重要的。表 15.10 列出了一些优良的适合种在吊花篮中的室内植物。

表 15.10　适合悬挂的室内栽培植物

常用名	拉丁学名
芒毛苣苔属	*Aeschynanthus* spp.
鼠尾掌	*Aporocactus flagelliformis*
天门冬属	*Asparagus* spp.
秋海棠属	*Begonia* spp.
吊金钱	*Ceropegia woodii*
吊兰属	*Chlorophytum* spp.
彩叶草	*Coleus*×*hybridus*
白粉藤属	*Cissus* spp.
鲸鱼花属	*Columnea* spp.
绿萝	*Epipremnum aureum* 栽培品种
喜荫花属	*Episcia* spp.
薜荔	*Ficus pumila* 栽培品种
新娘草	*Gibasis geniculata*
紫鹅绒	*Gynura aurantiaca* ‘Purple Passion’
假昙花	*Hotiora gaertneri*
落花之舞	*Hatiora rosea*
常春藤	*Hedera helix* 栽培品种
球兰	*Hoya carnosa* 栽培品种
袋鼠花属	*Nematanthus* spp.
蕨类	*Nephrolepis*，*Adiantum*，*Davallia* 等
草胡椒属	*Peperomia* spp.
心叶蔓绿绒	*Philodendron hederaceum*
马刺花	*Plectranthus australis*
垂枝延命草	*Plectranthus oertendahlii*
虎耳草	*Saxifraga stolonifera*
蟹爪兰	*Schlumbergera truncata*
翡翠景天	*Sedum morganianum*×*rubrotinctum* 等
绿玉菊	*Senecio macroglossus* 栽培品种
合果芋	*Syngonium podophyllum* 栽培品种
紫露草属	*Tradescantia* spp.
吊竹梅属	*Zebrina* spp.

兰花

兰花曾一度因难以种植、稀有而闻名，而且绝不在普通民众所了解的针对室内开花植物的园艺学知识范围内。然而，许多兰花品种其实并不难养，而且实际上兰花比很多其他植物的适应能力更强。

在过去的几年里，植物育种专家们对兰花很多属进行了杂交，培育出了大量前所未闻的新属。现在兰花销售中有多达 80% 是杂交的产物。一些最常见的杂交在以巨大而艳丽的花朵（图 15.13）闻名的卡特兰属与其他属，或者易于种植的齿舌兰属、文心兰属与其他属之间进行。杂交产生的属有很长的名字，有时会包含 3 个亲本的名字，比如 *Cochlioda* × *Miltoni* × *Odontoglossum*。为了避免出现这个问题，属间杂交种会有一个新的属名。例如，*Vuylstekeara* 是上面提到的 3 个属杂交的新属名。

在其他情况下，属名以第一个字母缩写表示，熟悉兰花育种发展历程的人能够识别出它们的亲本的名称。例如，BLC 是修胫兰属（*Brassavola*）、蕾丽兰属（*Laelia*）、卡特兰属（*Cattleya*）三者杂交属的缩写，LC 是蕾丽兰属（*Laelia*）和卡特兰属（*Cattleya*）杂交属的缩写。

虽然许多兰花都是附生植物，但有一些是陆生植物，这意味着它们能够在地上自然生长。表 15.11 列举了两种类型中可以在室内栽培、长势良好的兰花种类。很多兰花的结构和生长模式是不寻常的。单轴兰花（图 15.14）

图 15.13 蝴蝶兰。照片由亚瑟尔·伊斯兰提供 (www.argusorchids.net)，版权所有 © 2008

是莲座形，叶子只长在茎的两侧，这使得兰花的外形看上去有一种二维的感觉。合轴兰花（图 15.14）的贮存器官被称为假鳞茎，每个假鳞茎都有一片叶子。这些兰花是通过根茎伸长来进行生长，通常合轴兰花每年能够长出一个新的假鳞茎和一片新的叶子。

兰花可以按照下面 3 种生长温度类别进行分类：

低温　7—14℃

中温　13—21℃

高温　17—27℃

然而，对大多数兰花来说，夜晚气温在 13—17℃、白天气温在 17—27℃的温度范围是可以接受的。

盆栽的附生兰花种植在紫萁根、树皮或类似的重量较轻的盆栽基质中。在盆栽基质完全干燥之前，应该灌溉使其湿润。因为水可以很容易通过这些松散的基质排出去，所以必须精心养护，确保整个基质都是湿润的。用水槽喷雾器给附生兰花彻底灌溉，浸没灌溉也可以达到这一目的（第 16 章）。

陆生兰花可以种植在观叶植物使用的通用盆栽基质中。当盆栽基质几乎变干时，就应该

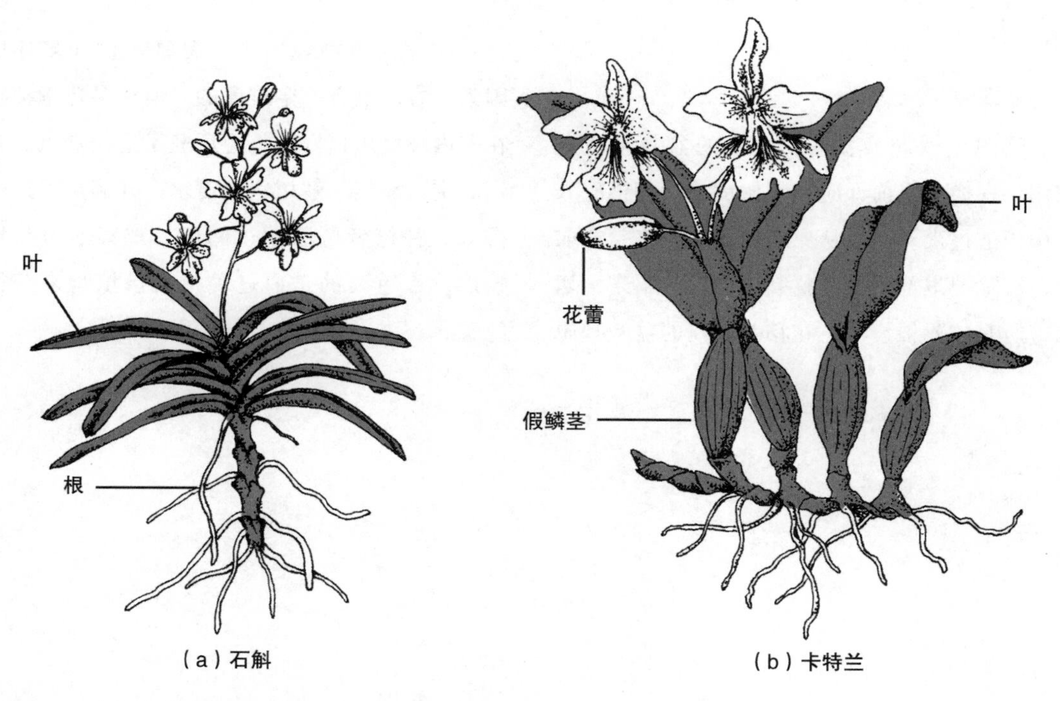

图 15.14 (a) 单轴兰花，(b) 合轴兰花。图片由贝瑟尼绘制

表 15.11　适合室内栽培的兰花

常用名	拉丁学名
夜夫人白拉索兰	*Brassavola nodosa*
长萼兰属	*Brassia* spp.
虾脊兰	*Calanthe vestita* 栽培品种
卡特兰	*Cattleya gaskelliana*
白卡特兰	*Cattleya labiata* 栽培品种
（无常用名）	*Colmanara* 杂交品种
蝴蝶石斛	*Dendrobium phalaenopsis*
郁金香洋兰	*Encyclia citrina*
（无常用名）	*Encyclia radiata*
树兰属	*Epidendrum* spp.
捧心兰	*Lycaste aromatica*
鸟喙文心兰	*Oncidium ornithorhynchum*
（无常用名）	*Odontocidium* 杂交品种
小兰屿蝴蝶兰	*Phalaenopsis equestris*
兜兰属	*Paphiopedilum* spp.
金虎兰	*Rossioglossum grande*
万代兰属	*Vanda* spp.
（无常用名）	*Vuylstekeara* 杂交品种

来源：感谢加利福尼亚州洛斯奥索斯兰花中心的大卫·戈尔丁（David Goldeen），他协助完成本章兰花的部分。

给兰花灌溉。

给附生兰花换盆时，潮湿的盆栽基质更实用。在换盆之前，应该将树皮或紫萁根放入水中浸泡过夜。然后从原来的花盆中将兰花取出，清除掉根部残留的盆栽基质。接下来，切除掉所有的死根，将兰花移栽到新的盆栽基质中。最后，如果有必要的话，应该给植物定桩。在盆栽基质变干之前不用给兰花灌溉。

在秋季和冬季的这几个月里，为了满足兰花的光照需求，应该将其放在南向的窗户附近。在春季和夏季，当光线变强时，应该将兰花放在东向或西向的窗户附近。在光线不足的情况下，兰花的外观会很好，叶子光滑，呈深绿色，但不太可能开花。

在潮湿的环境中兰花生长得最好，但这却是室内环境最难满足的生长条件。喷洒水能够在短时间内改善湿度，它更重要的作用是可以用作水分的来源被树叶吸收。在第 16 章会介绍增加家庭室内环境湿度的其他方法。

在兰花长势良好的情况下，肥料应该每隔一周施用一次。肥料应为液体或可溶性粉末，稀释后施用于盆栽基质、叶片和假鳞茎上。

15.8　结论

在室内植物栽培中，需要调整许多环境因素，看似是有一定难度的。但很多热带植物在室内环境里良好的长势反驳了这一观点。它们的主人显然了解植物的需求，并满足了这些需求。种植者可以通过阅读、观察学习栽培技能，最重要的是通过种植大量植物来获得经验。

问题与讨论

1. “耐藏性能”是指什么？
2. 哪个组织对利用植物提高空气质量进行了大量研究?
3. 室内和室外种植环境的温度周期有何不同，为何会导致植物在室内种植条件下长势变差？
4. 列举 5 种能够有效去除室内空气污染物的植物。
5. 室内空气污染源有哪些？
6. 室内环境因素中对植物生长影响最大的是什么？
7. 为什么有些室内植物的价格要比其他植物高？
8. 在决定购买选择的室内植物之前，你应该对植物进行哪些检查？
9. 新购买的室内植物会出现植物休克的症状，表现是什么？
10. 如何使植物适应室内种植环境？
11. 为什么建议每周或每两周对室内植物进行一次检查？
12. 叶子光亮剂对植物的健康有害吗？
13. 何种类型的植物是不能使用叶子光亮剂的？
14. 室内植物“打尖”的目的是什么？
15. 更新修剪的目的是什么？
16. 应该如何修剪蕨类植物？
17. 通常情况下，为什么要去掉开花植物的种荚？
18. 如何判断植物是否需要换盆？
19. 在小型或中型的花盆里，植物最容易通过被称为“敲击”的方法进行去盆。这种方法是怎么做的？
20. 如果将植物换入一个过大的花盆中，可能会发生什么？
21. 你收到一个盆栽植物，对花盆来说它的植株过大但很健康。当换盆的时候，你会发现它的根部已经在盆栽基质中缠绕在一起。把它移栽到新的花盆之前，你应该怎么做？
22. 在花盆底部放砾石或碎石的目的是什么？是否应该在有排水孔的花盆里放砾石或碎石？
23. 换盆时如果植物栽得太深会有什么可能的后果？
24. 如何使盆景植株一直保持较小？
25. 应该如何给仙人掌和多肉植物灌溉？详细说明一年中的不同季节灌溉是如何变化的。
26. 蕨类植物所需的常规生长需求是什么？
27. 凤梨的自然生长条件是什么？

参考文献

Blessington, T.M., and P.C. Collins. 1993. *Foliage Plants: Prolonging Quality: Postproduction Care and Handling*. Batavia, Ill.: Ball Publishing.

Bond, R., and B.F. Stremple. 1988. *All About Growing Orchids*. San Francisco: Ortho Books.

Brown, R. 1989. Are Plants the ‘Magic Bullet’ to Cure Sick Buildings? *Interior Landscape Industry:* 50–55.

Catteral, E. 1996. *Begonias: The Complete Guide*. Ramsbury, Marlborough, Wiltshire: Crowood.

Center for Indoor Air Research. 1990. *Final Report: The Role of Foliage Plants in Indoor Air Quality.* Linthicum, Md.: Center for Indoor Air Research.

DeBraak, L. 1991. *A Breath of Fresh Air: A Practical Guide for Filtering Out Indoor Air Pollution Utilizing House Plants.* Denver: Mountain Meadow Pub.

Graf, A.B. 1992. *Hortica: Color Cyclopedia of Garden Flora in All Climates—Worldwide—and Exotic Plants Indoors.* East Rutherford, N.J.: Roehrs Co.

Griffith, L.P. 2006. *Tropical Foliage Plants: A Grower's Guide.* 2nd ed. Batavia, Ill.: Ball Publishing.

Hodgson, L. 1998. *Houseplants for Dummies.*

New York: Hungry Minds.

Jerome, K., M. McCarthy-Bilow, and W. Supanich. 1995. *Indoor Gardening.* The American Gardening Guides. New York: Pantheon Books.

Koreshoff, D.R. 1997. *Bonsai: Its Art, Science, History and Philosophy.* Portland, Ore.: Timber Press.

Marchant, B. 1989. Interim NASA Report Reveals Impact of Roots in Cleaning Air. *Interior Landscape Industry:* 12–14.

Watson, J.B. 2002. *Growing Orchids*. Rev. ed. Delray Beach, Fla.: American Orchid Society.

Wolverton, B.C. 2008. *How to Grow Fresh Air: 50 Houseplants That Purify Your Home or Office.* London: Weidenfeld & Nicolson.

Wolverton, B.C., A. Johnson, and K. Bounds. 1990. Final NASA/ALCA Research Results. *Interior Landscape Industry:* 12–16.

Wolverton, B.C., and D.L. Willard. 1989. NASA/ALCA Test Update. *Interior Landscape Industry:* 8–12.

第 16 章

基质、肥料、灌溉

学习目标

· 用肉眼鉴别珍珠岩、泥炭土、椰皮纤维和蛭石。
· 当给出一种盆栽基质时，解释盆栽基质是否适合种植某种特定的室内植物。
· 解释花盆高度对排水的影响。
· 当拿到 3 包肥料时，能够计算出 3 包肥料中哪种最划算。
· 识别出紫萁属纤维桩，并说出它的用途。
· 用肉眼识别出封装肥料，并说明它是如何释放营养物质的。
· 解释为什么冬季比夏季植物所需肥料少。
· 列出 3 种适合酸性肥料的植物。
· 将下列植物按照需要灌溉频率高低进行排序：
（a）冬天的仙人掌；（b）悬挂的蕨类植物；（c）栽种在 15 厘米大小花盆的喜林芋。
· 解释什么是毛细管作用补水法，以及具体操作过程。
· 解释什么是浸没补水法，并说明这种方法适用于什么情况。
· 画出非洲紫罗兰的叶子接触冷水后会出现什么样的损伤。
· 说明如何给凤梨灌溉。
· 列出自来水中的 3 种化学物质，以及它们对植物健康有何影响。
· 识别室内植物在湿度不足时表现出的症状。
· 说出能够提高室内植物相对湿度的两种方法。

照片来源于 stock.xchny/X38

16.1 室内植物盆栽基质

大多数人对于室内植物栽培领域中的“基质”一词并不熟悉。在园艺中，基质是指任何用于植物生根或盆栽的材料。基质类似于土壤，它的功能与土壤对室外植物的作用一样，即支撑根，储存水分、营养和空气。但基质是多种成分的混合物，有些是人造的，有些是天然产生的。基质不一定是像土壤那样的纯天然材料。事实上，市场上购买到的适用于室内植物的基质都不含土壤。

与土壤相比，盆栽基质在室内植物栽培方面有如下优点：首先，盆栽基质是由能够形成大孔隙空间的材料组成的，这样它们就不太可能裹在植物的根部周围。因此，在很大程度上消除了因缺少空气而出现的根系死亡风险。其次，它们的结构疏松，排水良好。水流速度虽然很快（排水良好），但还能保留一些水分。再次，它们通常不会携带破坏室内栽培植物的病菌、杂草种子或昆虫。最后，它们的重量更轻，更容易移动大型植物，从而降低了运输成本。

总的来说，盆栽基质比天然土壤更适合用来种植盆栽植物，是植物生根和室内植物栽培的最佳选择。

盆栽基质的组成成分

市场上可以购买到多个品牌的预拌盆栽基质。虽然大多数盆栽基质都不含土壤，但它们会以“植物土壤”“仙人掌用土”或“非洲紫罗兰用土”的商品名出售。盆栽基质非常适用于室内植物栽培，大量使用时花费比较高昂。少数盆栽基质，特别是用于仙人掌的品种，可以通过添加更多的粗沙来进行改良。沙子增加了盆栽基质的重量，减少了由于上重下轻造成的植物倒伏问题。

预拌盆栽基质没有成套的配方或配料表。不同的制造商生产出来的盆栽基质差别很大，取决于购买的材料。

所有盆栽基质一般都是由2—3种成分组成。第1种是源自植物的有机成分。它的吸水和持水能力很好，而且通常有耐压实的海绵状结构。此外，它的持养能力和阳离子交换能力是相当强的，能够储存营养物质。

第2种成分叫作粗团聚体。它提高了基质的排水能力，因为有角的粒子能使它们彼此分开，形成大孔隙空间（图16.1）。这些孔隙空间能够促进空气和水自由地在基质中流动，并提高排水速度。一般来说，粗团聚体结构坚硬，持水能力和阳离子交换能力较差。

第3种可选成分是土壤。土壤被用来储存和供应营养物质，是除了有机材料外的另一种储水成分。土壤颗粒通常比粗团聚体或有机物质颗粒小。因此，它们相互靠近，形成微孔隙空间（图16.1），会限制空气和水的流动。但

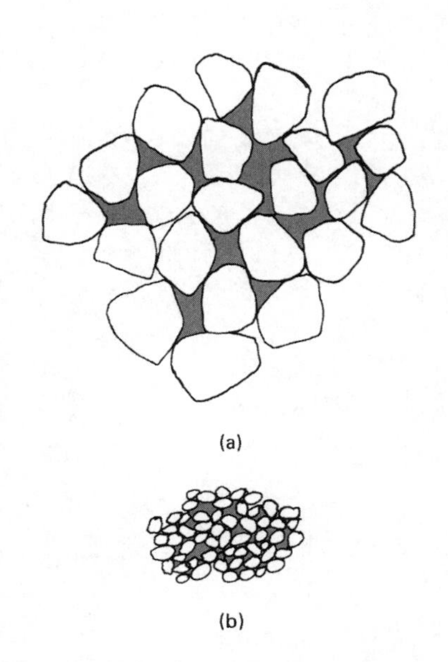

图16.1 （a）大孔隙空间，（b）微孔隙空间

是利用毛细管作用，这些微孔能有效地保持水分。在第 6 章中详细介绍了孔隙空间、毛细管作用和阳离子交换的概念。

表 16.1 列举了预拌盆栽基质最常用的成分。

源自植物的有机成分

泥炭土 以加拿大泥炭土、水藓泥炭、泥炭土等商品名出售，这些沼泽植物采集干燥后制作出来的泥炭土，每年在美国和加拿大使用量相当大。在原始状态下，泥炭土可以成片或成包出售，泥炭土呈浅棕色纤维状（图 16.2）。它也可以被粉碎或“磨碎”，纤维分解后出售，这样很容易与其他成分混合在一起。

泥炭土的使用已经有很多年的历史，一直是许多预先包装室内植物盆栽基质的主要成分，通常占基质体积的 50%。它只在某些情况下使用，例如空中压条和扦插生根。

在干燥时，泥炭土非常松软，重量很轻。在泥炭土湿润时，它能容纳大量的水，而不需要将其压实，因此能够为植物的根部提供水分和空气。

通常情况下，泥炭土酸性很强，酸碱值为 4—5。对于大多数室内植物来说，由于酸碱值过低，当泥炭土作为盆栽基质的一部分时，通常要加入提高酸碱值的材料。泥炭土为数不多的缺点之一是如果它彻底干燥后，很难重新湿润。水会通过纤维流走而不被吸收。苔藓或基

表 16.1　室内植物盆栽基质的常用成分

成分	类型	备注
堆肥	源自植物的有机成分	腐烂的树叶、树枝、草等混合在一起，家庭制作而成；使用前必须灭菌
活性炭	源自植物的有机成分，如烧过的木材，有粗团聚体的功能	在几个月内能够从土壤中吸收异味、化学物质，直到饱和；加热后能够再次活化
碎树皮	源自植物的有机成分	木材厂的副产品，如粗锯末；能够保住水分和营养
大块树皮	源自植物的有机成分	木材厂的副产品；能够保住水分和营养；适用于种植兰花
泥炭土	源自植物的有机成分	能够很好地保住水分和营养，偏酸性，分解很慢；干燥时有防水效果
椰壳纤维（基质椰壳）	源自椰子的有机物质	酸碱值为 5.5—6.5；能够很好地保住水分和营养，且通气良好；可以重复使用
腐叶土	源自植物的有机成分；来源于部分腐烂的叶子	片状结构；在基质中分解，释放养分；使用前必须灭菌
腐殖质泥炭	源自植物的有机成分	深褐色，高度分解成粉末状；如果干透，很难再次湿润；也叫作密歇根泥炭
沙子	粗团聚体	惰性（不发生化学反应）；只使用粗糙的等级，而不用细海沙
水族箱砾石	粗团聚体	重量较重，惰性，非常粗糙；非常适用于仙人掌和多肉植物；颜色多样
珍珠岩	粗团聚体	重量较轻，粗糙；含有氟化物，对某些植物有毒；白色；珍珠岩粉可能是一种肺刺激物，所以在混合之前应将其弄湿
蛭石	粗团聚体；含有能够保住水和营养的成分	重量较轻，能够保住水分和营养；用作粗团聚体，但随着时间的推移会逐渐减少；米色，有光泽
火山渣或火山岩	粗团聚体	发现于火山附近的自然沉积物中；重量较轻，颜色较深

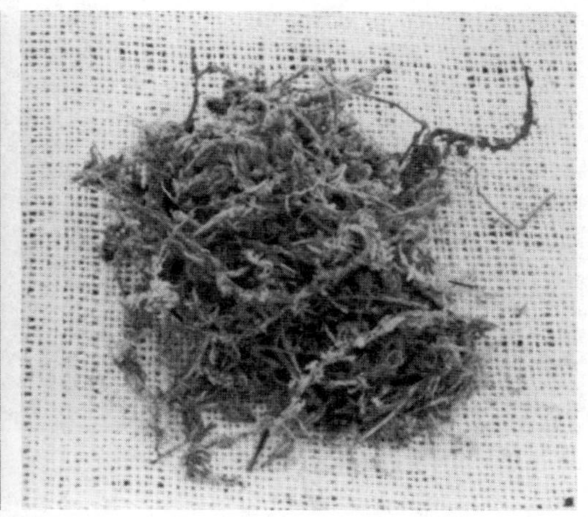

图 16.2 磨碎的泥炭土（左）和未磨碎的泥炭土（右）。照片由凯特琳·洛根（Caitlin G. Logan）(左)和里克·史密斯(右)提供

质必须通过浸没或使用化学“润湿剂”、表面活性剂的方法来逐渐使其再次润湿。对于家庭偶尔使用一次的情况来说，一加仑（3.79 升）水里加一滴清洁剂可以达到这个目的。使用热水也很有效。

然而，现在对于在园艺中使用泥炭土是存在争论的。提供泥炭土的泥炭沼泽占地球面积的 3%。目前，世界上不到 10% 的泥炭被使用，或者用作燃料（芬兰采用燃烧干泥炭的方法提供一小部分电力），或者用于园艺。利用采收泥炭的间隔时间重新种植可以保证持续地采收，但情况并非总是如此，有时泥炭开采会毁掉整个泥炭沼泽。此外，一些濒临灭绝的沼泽植物，可能会在人们不注意的情况下随着泥炭土一起被采收，从而灭绝。

尽管如此，泥炭仍是很多国家的重要资源。例如，在爱沙尼亚，泥炭被用于冬天取暖，是一种重要的经济输出物资。在园艺师们使用泥炭土的数量维持正常的情况下，泥炭土仍然是一种值得使用的产品。

泥炭土替代品 目前可替代泥炭土的有椰皮纤维，它是椰子的外皮，椰子工业的副产品。它的商业名称是基质椰壳或椰壳泥炭，通常是成包或盘状出售。这种材料很像纤维状的泥炭土，没有防水性的问题。基质椰壳在润湿时会膨大，可达压缩体积的 3—9 倍。

与温带的泥炭土不同，椰皮纤维是一种热带产品，主要产自亚洲。这意味着与泥炭土相比，椰皮纤维要运输更远的距离，才能到达北美市场。在评估椰皮纤维和泥炭土哪个是更环保可靠的产品时，还要考虑椰子壳“沤麻”所造成的污染。（“沤麻”是一种固化过程，可以部分分解椰皮外壳，使其分离成纤维）

腐叶土 腐叶土（图 16.3）是另一种预先包装好的室内植物盆栽基质。像泥炭土一样，它来源于植物，由部分腐烂的树叶和树枝组成。腐叶土是深褐色的、片状结构。腐叶土能够保持水分和养分，尽管效果不如泥炭土好。在预混合的盆栽基质中腐叶土可以为作为泥炭土的补充，也可以完全替代泥炭土。

腐叶土是叶片分解过程中产生的一种天然产物。腐叶土很少作为商品出售，但可以利用落叶在家里自制（第 6 章），也可以从落叶林地的地面上收集。

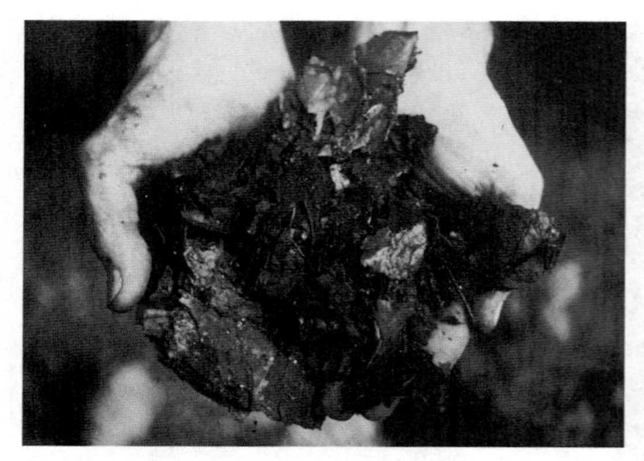

图 16.3　腐叶土。照片由美国农业部提供

腐殖质泥炭　腐殖质泥炭是一种土壤。它存在于低洼地区，其形式是高度腐烂的植物源有机物，如树叶、茎和根。它干燥时，呈黑色、松软的粉状。虽然腐殖质泥炭根本不是泥炭，但它通常被称为花园泥炭或密歇根泥炭。当被用于盆栽基质时，腐殖质肥料会继续快速分解。它的纯度可能会造成曝气问题。

不要将腐殖质泥炭与泥炭土混淆在一起。泥炭土是一种浅棕色纤维材料，价格比较贵。

树皮　粉碎或磨碎的树皮偶尔被用作有机盆栽基质。杉木、红杉、松树、铁杉和栎树都是树皮的优良来源。应该避免使用翠柏和胡桃木，因为它们可能含有有毒物质。

与泥炭土相比，树皮的持水能力较差，酸碱值较高。但可以通过使用酸碱度调节剂来改变酸碱值，使其达到可接受水平。当树皮分解时，在以树皮为基底的盆栽基质中加入氮肥，可以补偿暂时的营养流失。

来源于松树的树皮具有轻微的抗生素作用，能够抑制盆栽基质中的真菌生长。然而，它的这一特性与其他植物种类的树皮相比优势并不明显。

吸水凝胶颗粒　吸水凝胶颗粒是人工合成的丙烯酸共聚物颗粒，有时也可以用作盆栽基质的组成部分，用于沙质土壤中（图 16.4）。在水中，吸水凝胶颗粒能够吸收本身重量 100 倍的水，肿胀变成直径为 0.5 厘米无法分解的凝胶。对于蕨类植物等喜湿植物而言，凝胶颗粒是最保险的盆栽基质，因为如果这些植物变干就会受到严重损害甚至死亡。吸水凝胶颗粒的价值在于它们具有强大的保湿能力。

凝胶颗粒的另一种用途是作为盆栽基质的组成部分来降低灌溉的频率。为此，它们被用于商业化的室内景观中的盆栽混合物中，以减少养护成本。凝胶颗粒也被用于种植量较大或者经常长时间出差的家庭。研究表明，使用凝

(a)

(b)

图 16.4　(a) 吸水凝胶颗粒。该品牌出售预拌微胶囊肥料（详见肥料部分）。(b) 带有吸水凝胶颗粒的植物根部，显示了根部能够穿透颗粒。照片 (a) 由加州萨利纳斯市 Gromax 公司提供，照片 (b) 由俄亥俄州克利夫兰市 JRM 化学有限公司提供

胶颗粒后，灌溉的间隔时间能够稍微延长一些。

粗团聚体

沙子 沙子是一种天然材料，偶尔在预拌盆栽基质中使用。沙子的运输重量较大，因此无法经常使用。沙子的主要成分是石英，在基质中不会发生化学反应。并不是所有等级的沙子都能在盆栽基质使用时达到令人满意的效果。在大多数情况下，只有被称为“建筑沙子”或“泥瓦用沙”的比较粗糙的沙子可以用于盆栽基质中（本章后面提供的加利福尼亚大学的“C”混合物是例外）。

珍珠岩 珍珠岩是一种粗团聚体（图16.5），它的重量非常轻，经常被用于商业用盆栽基质。珍珠岩是由火山岩加热后膨胀形成的，然后将产物磨成不规则的直径1.5—3毫米的小块。与沙子一样，珍珠岩无法保住足够的水分或营养物质，也不会在盆栽基质中发生反应。从外观和大小上来说，它类似于水族箱里的白色砾石。

珍珠岩的缺点之一是，在给植物灌溉时它容易漂浮在盆栽的顶部。另一个缺点是珍珠岩的重量轻，它无法为较大的植物提供足够的基本重量，而且当基质干燥时，它们可能会掉出去。如果仙人掌在以珍珠岩为主要成分的盆栽基质中生长，可能会从花盆里掉出来，因为大型仙人掌的根系通常稀疏，珍珠岩几乎无法起到支撑和固定作用。

珍珠岩还被证实含有氟化物，对一些室内植物有毒。作为预防措施，在使用之前应该在水中冲洗珍珠岩3次。不能使用含珍珠岩的盆栽基质来种植百合科植物，因为它们特别容易受到氟的伤害。

蛭石 蛭石（图16.6）是由与珍珠岩类似的热膨胀过程形成的，但用云母类的材料代替了火山岩。产物有光泽，银灰色，重量轻，呈海绵状。酸碱值为7—7.5，中性至弱碱性。蛭石含有丰富的天然钾和镁元素，这是植物生长所需的两种营养元素。

蛭石在粗团聚体中十分独特，因为它是基质中的活性成分。尽管单个颗粒有助于改善排水，它仍有很好地保持水分和养分的能力。

蛭石有几种不同尺寸，但不是所有尺寸的蛭石都能在园艺中心购买到。细粒级蛭石可用于种子萌发、扦插或添加到盆栽基质中，粗粒级蛭石可用于运输前的植物包装。蛭石

图 16.5 珍珠岩。照片由柯克提供

图 16.6 蛭石，是盆栽基质较少使用的成分。图片由得克萨斯州卢博克市CEV多媒体有限公司提供

的主要缺点是随着时间的推移或频繁灌溉，它易于压实并失去其优化排水的能力。尽管如此，蛭石仍然是一种很受欢迎的盆栽基质用的材料。

木炭 小块的木炭（图 16.7）有时被用作盆栽基质添加剂来替代其他粗团聚体（如用于水族馆）。在某些情况下，木炭是有益的，它能吸收和保存气味、有毒农药和其他有害化学物质。但其成本相对较高，短期效果较差，因此木炭的实用性较差。

火山渣或火山岩 火山渣（图 16.8）是大小为 1.5—3.0 毫米的自然火山岩。它是灰色或黑色的，重量介于珍珠岩和沙子之间。火山渣很容易购买到，是一种价格低廉、效果较好的粗团聚体。

土壤

壤土 壤土是基本土壤颗粒（沙子、泥和黏土）混合了适量的腐殖质和其他有机物形成的均衡混合物。它是在很多优秀的花园中都能够找到的肥沃表层土。壤土的水土保持能力好，干燥时压实或结壳，在适度潮湿时放在手上很容易碾碎，这一特性称为脆碎性。它是一种很好的盆栽基质添加剂，使用量相对较大，但不能单独使用。

图 16.7 园艺木炭。照片由柯克提供

图 16.8 火山渣，一种用作盆栽基质的粗团聚体。照片由柯克提供

黏土 黏土主要是由细小的片状颗粒组成，它们紧密地聚集在一起，形成许多微孔隙空间。黏土保持水分和养分的能力很好，但通气不足。它们很少被添加到预拌盆栽基质中，在使用时要对数量进行限制，为了保持土壤均衡，应该使用有机材料和粗团聚体。

沙土 如果沙土中含有的沙子足够粗，沙质土可以部分替代盆栽中的粗团聚体。但是细小的沙土很少会被推荐，因为这些颗粒形成的孔隙空间相对较小。

粉沙土 粉沙土干燥时是很柔软的，与黏土一样，它的通气性不好。它既没有黏土的保持养分能力，也没有沙土的粗团聚体作用，不宜用于盆栽基质中。

自制盆栽基质

很多人自己制作盆栽基质有不同的原因：第一，如果家里种植的植物很多，那么成袋购买预拌盆栽基质的费用就会很高；第二，预拌盆栽基质的配方更多地会选择视觉效果好且运输成本低的成分，而并不注重是否有利于植物的生长。这种基质是深黑色的，富含腐殖质，但缺乏像沙子那样的基本聚集物。

家里自制盆栽基质，没有必须遵守的配方或配料表。混合成分主要取决于在该地区是否能够购买到原材料及其成本。例如，混合物的有机成分不能由泥炭土组成。可以用从树林地面上收集的腐叶土、堆肥和袋装腐殖质全部或部分取代。同样，水族箱砾石、碎木炭、煤渣或沙砾坑、湖里的沙子可以用来代替更昂贵的珍珠岩和蛭石。海洋里的沙子含有盐分，即使彻底清洗后也不能使用。

除了在自制盆栽基质中使用的散装配料外，有时还需要其他成分来改变酸碱度或提高肥力。虽然它们的数量很少，只是盆栽基质中的微量成分，但它们是优良盆栽基质中的重要组成部分。

调节酸碱度 许多盆栽基质的配方中都要添加少量粉末状的白云石灰岩，与泥炭土、腐叶土和树皮混合在一起。白云石灰岩能够中和基质中有机成分的酸度，使基质呈弱酸性，在这种酸碱度下，大多数热带作物长势是最好的。白云石灰岩中还含有植物生长所需的钙元素和镁元素。

提高肥力 很多基础肥料，包括天然的和人工合成的，适合添加到自制的盆栽基质中。骨粉和干粪这样的天然肥料分解很慢，能够将营养物质缓慢地释放到盆栽基质中。这些基础肥料能够在几个月的时间里不断地为植物提供养分。其他干燥的化学肥料，如硝酸铵、过磷酸钙，或典型的氮、磷、钾全营养肥料等，虽然价格相对比较便宜，但作用持续的时间较短。

混合肥料（在使用前与盆栽基质混合）大部分是可选的，除非盆栽基质中有树皮（详见前面树皮章节）。偶尔施肥就能够提供植物所需的全部养分。

盆栽基质配方

下面的盆栽基质配方对大多数室内植物来说都很有用，并且在与生长基质混合时的变化也是可以接受的。它既可以作为实验的主要成分，也可以作为必须严格遵守的标准配方。对于有经验的园艺师来说，盆栽基质要表明它的适用性，目标产物是松散的，含有丰富的有机物，能够形成海绵状。

无土或人造基质

配方 1. 由康奈尔大学研制的适用于观叶植物的配方：

4 升切碎的泥炭土

2 升蛭石

2 升珍珠岩

15 毫升磨碎的白云石灰岩

5 毫升 10–10–10 粒肥

配方 2. 加州大学研制的配方“C”，使用了细沙：

1 份（按体积）细沙

1 份（按体积）泥炭土

配方 3. 以树皮为基底的配方：

3 份磨碎的松树皮

1 份水藓泥炭土

1 份沙子

配方 2 和 3，每 35 升的配方中添加：

200 克白云石灰岩

65 克熟石灰

1—2 毫升无机复合微量元素

含土基质

配方 1. 用于以黏土为基底的重壤土：

1 份（按体积）土壤

2 份（按体积）有机物

2 份（按体积）粗团聚体

每 35 升基质中加入 200—250 克磨碎的白云石灰岩。

配方 2. 用于中等重量的土壤：

1份（按体积）土壤

1份（按体积）有机物

1份（按体积）粗团聚体

每35升基质中加入200—250克磨碎的白云石灰岩。

配方3. 用于轻壤土、沙壤土：

1份（按体积）土壤

1份（按体积）有机物

每35升基质中加入200—250克磨碎的白云石灰岩。

配方4. 用于商业用的有弹性预拌基质：

2份（按体积）预拌盆栽基质

1份（按体积）高品质的壤质园土

1份（按体积）粗团聚体

专用盆栽基质 上述介绍的配方足以满足大多数室内植物的生长需求。但是有一些植物需要专用的基质，而另一些植物用稍微不同的基质效果更好。

适用于蕨类植物和非洲紫罗兰的有机盆栽基质：

3份切碎的泥炭土

1份沙子

适用于耐旱性的仙人掌和多肉植物的基质——排水迅速，质地粗糙：

1份粗沙或水族箱砾石

1份表层土

1份泥炭土

1份预拌商业化的泥炭土

1份粗沙

酸性基质——适用于酸碱值要求低的植物（5—5.5；表16.2）：

1. 3份泥炭土

1份蛭石

1份沙

2. 纯的水藓泥炭土

生根基质——排水迅速，持水能力中等（不适用于耐旱性仙人掌）：

1. 纯蛭石（中级）

2. 1份珍珠岩

1份切碎的水藓泥炭土

幼苗基质——结构细密，保水能力适中：

1. 1份蛭石（细粒级）

1份精细的泥炭土

2. 1份沙子

1份预拌商业用基质

1份精细的泥炭土

适用于附生兰基质——排水非常迅速，通气良好：

1. 直径为1—2厘米的纯树皮块

2. 纯紫萁属纤维（图16.9）

适用于附生凤梨基质——排水迅速：

1. 1份泥炭土

1份树皮

2. 加州大学研制的配方“C”

搅拌盆栽基质 为了搅拌充分，室内植物盆栽基质的成分应该是微湿的，但不是湿润的。完全干燥的搅拌基质成分会使粉尘飞起

表16.2 通常表现出酸碱度所引起的萎黄病的喜酸性室内植物

常用名	拉丁学名
杜鹃花属	*Rhododendron* spp.
山茶	*Camellia japonica*
柑橘属	*Citrus* spp.
海金沙	*Lygodium palmatum*
红龙船花	*Ixora coccinea*
栀子	*Gardenia jasminoides*
欧石楠属	*Erica* spp.
绣球	*Hydrangea macrophylla*
茶梅	*Camellia sasanqua*
番薯	*Ipomoea batatas*
捕蝇草	*Dionaea muscipula*

图 16.9 紫萁属纤维来源于蕨类。顶部的杆用来支撑攀缘植物，底部的松散纤维用于盆栽兰花和其他附生植物。图片由里克·史密斯提供

来，还会使细小的颗粒沉淀到基质的底部。

在泥炭土完全干燥的情况下，使其再次湿润是很难的。应将其放在桶里浸泡一夜，然后第二天将其挤压至合适的湿度。还有一种方法是用热水浸泡，湿润的速度较快。

灭菌的盆栽基质 为了防止引入不需要的病菌、昆虫和杂草种子，应该对盆栽基质进行灭菌。对于幼苗和生根基质来说，灭菌是非常重要的，因为在这些基质的土壤中带有病菌是很常见的。

虽然灭菌后的基质被认为是可以安全使用的，并不是所有的基质都需要灭菌。蛭石和珍珠岩是无病原菌的，因为它们在制造过程中经过了热处理。但其他所有成分（包括泥炭土、腐叶土、土壤和沙子）需要在使用前进行灭菌。

加热灭菌法是最常见的土壤灭菌方法。潮湿的基质被放在一个大的烤盘上，上面覆盖金属箔或盖子，85℃烘烤大约 30 分钟，直到中心位置也得到加热。然后将其冷却，用塑料袋密封，防止再次污染。

含土和无土的基质在烘烤时会散发出难闻的气味。把基质放在一个密封的烤袋里，而不是烤盘上，就可以避免这种情况。

添加到基质中的所有肥料都应该消毒灭菌后再加入。一些肥料受到高温的影响，在烘烤过程中会分解并释放出所有的养分。

16.2 室内植物肥料

种植植物的生长基质为植物提供生长所需的营养物质。因为生长基质中的养分会被吸收或过滤，所以必须对植物使用肥料。

室内植物生长的主要营养元素

植物生长需要不同数量的多种营养元素，但使用量最大的是氮、磷、钾，还有少量的钙、镁和硫元素。它们被称为大量营养元素。

氮元素 简称为N，是室内植物使用量最大的营养元素。植物不断吸收氮元素，并利用它在植物内制造许多化合物，包括叶绿素和氨基酸。如果不能持续提供氮元素，叶子就会因无法合成叶绿素而变成淡黄色。

磷元素 简称为P，是植物生长的第二大营养元素。它在许多植物活动中发挥作用，包括能量转移。磷是植物生长必不可少的元素，特别是对花和果实形成至关重要。

钾元素 简称为K，是植物生长的第三大营养元素。它在碳水化合物移位和蛋白质合成过程中发挥作用。钾元素还能增强植物着色，促进茎和根部发育。

钙元素 细胞分裂和扩张需要钙元素。钙元素缺乏会减缓根的生长，并可能导致分生组织的死亡。

镁元素 镁元素是叶绿素的组成部分，与钾元素一样，是蛋白质合成所必需的。

硫元素 硫元素是许多氨基酸的组成成分，植物的两种B族维生素都含有硫元素。

在这6种大量营养元素中，植物肥料中最常有的是氮、磷和钾元素。每种元素都被包含在易于运输和储存的化学盐中。例如，硝酸钙［$Ca(NO_3)_2$］或硝酸铵（NH_4NO_3）中含有氮元素。五氧化二磷（P_2O_5）或磷酸一钙（CaP_2O_5）中含有磷元素。硝酸钾（KNO_3），氯化钾（KCl），或硫酸钾（K_2SO_4）中含有钾元素。

室内肥料中的含N、P和K元素的化学盐很容易溶解在水中，事实上，有些化学盐预先溶解成了浓缩液体，然后再进行包装。这些化学盐的溶解能力使基质能够通过水进入植物的根部。这种溶解能力对磷元素尤其有价值，如果将肥料施用于表面，磷元素不易在基质中移动。

解读肥料标签

3种营养元素对植物生长具有重要作用，所以几乎在所有的室内植物肥料中都含有这3种营养元素。依照法律，所有被当作肥料或“植物营养素”出售的产品必须用粗体标明其中所含元素成分的百分比，并由连接号分隔开。这些数字被称为肥料分析，在确定肥料的价值时，这些数字要比制造商给出的大多数参数更加有用。

例如，肥料分析为5–10–5的化肥含有占总重量5%的氮肥，10%的标准含磷化合物，5%标准含钾化合物，共占总重量的20%。5–10–5的配方是室内植物肥料比较常见的，但根据制造商的不同，它们占总营养含量的1.6%—60%。表16.3介绍了2008年园艺中心所出售的一些室内植物肥料分析结果。

在购买化肥时，你并不一定能够得到与所支付价格相符的肥料。价格更受包装和体积的控制，而不是肥料所含的营养总量。营养含量相对较少的肥料可能与营养含量较多的肥料价格相同。在选择肥料的时候，争取花最少的钱买到分析值最大的肥料。

如表16.4所示，3种肥料的比较证明了这

表 16.3　室内植物肥料分析案例				
商品	成分	制剂	用量	价格（美元）
高乐海藻通用肥料	16–16–18	可溶性粉末	680 克	12.99
阿拉斯加喷雾式通用肥料（源自鱼类）	9–4–4	可溶性粉末	680 克	5.99
舒尔茨非洲紫罗兰用肥料升级版（含有微量元素）	8–14–9	浓缩液	118 毫升	2.99
舒尔茨仙人掌用肥料升级版（含钙）	2–7–7	浓缩液	118 毫升	2.79
美乐棵非洲紫罗兰用肥料	7–7–7	浓缩液	237 毫升	3.49
美乐棵通用水溶性植物肥料	20–20–20	可溶性粉末	1.8 千克	12.29
Jobes 注射针剂肥料	6–12–6	可溶性注射针头	62 克	1.79
奥绿肥缓释肥（室内植物用 / 室外植物用）	19–6–12	胶囊颗粒	1.36 千克	12.29
添加了海藻的高乐肥料	0.1–0.1–1.5	浓缩液	473 毫升	5.29
奥绿肥室外和室内植物肥料	18–6–12	胶囊颗粒	567 克	6.99
添加微量元素的舒尔茨植物肥料	10–15–10	浓缩液	118 毫升	3.99
高乐优质兰花肥料	20–20–20	可溶性粉末	454 克	5.49
促开花配方的高乐优质兰花肥料	6–30–30	可溶性粉末	567 克	5.49
花多多速效肥	24–8–16	可溶性粉末	2.2 千克	13.29

一点。A 品牌是最佳选择，C 品牌其次，B 品牌是最不合适的。货比三家显然可以节省相当多的钱。

N、P、K 元素成分含量相同的平衡肥料，已经被商业化的室内植物种植者广泛使用，并且效果很好。5–5–5 的肥料就是一个平衡肥料的例子。除此之外，肥料配方中含氮量应该等于或大于其磷和钾含量，比如 18–6–12。

肥料形式

室内植物肥料有很多种不同的形式，有片剂、颗粒，还有即用型液体。每一种肥料形式都有各自的优点，有的是价格合适，有的是容易使用，但都是可以接受的。

可溶解浓缩粉剂　粉末状肥料是一种需要与水混合后使用的肥料。从节约成本的角度来说，这种肥料通常是最佳选择，因为它的浓缩程度最高。这些营养物质溶解在水中并被施用于植物，流动到植物的根部，并很快被植物的根系吸收。老品牌的缺点是溶解能力较差，但由于填充材料的解决，现在这种情况并不常见。有些品牌含有着色染料，肥料以浓缩的形式使用，会将皮肤或衣服染上颜色。

片剂肥料和注射肥料　干肥料可以设计成片状，放在基质上，也可以制成小的注射针头推进基质（图 16.10）。当给植物灌溉时，这些固体会分解，营养元素会溶解在水里，随着水

表 16.4　3 种室内植物肥料成本比较						
	成分	养分占比	重量（盎司）	养分重量（盎司）	包装价格（美元）	每盎司价格（美元）
品牌 A	23–19–17	59%	8	4.72	2.5	0.52
品牌 B	5–2–9	16%	2.5	0.4	3.99	9.98
品牌 C	1–2–1	4%	8.5	0.34	2.49	7.32

图 16.10 片剂肥料和注射肥料。图片由里克·史密斯提供

流入植物的根部。

固体肥料避免了搅拌的麻烦，并且通常价格比较适中。

浓缩液肥料 浓缩液肥料实际上是可溶解的粉末与水的混合物。在使用前将其进一步稀释，并在灌溉时替代清水浇在植物上。浓缩液肥料与水混合后可以立即使用，但在含有相同营养成分的情况下要比其他所有肥料价格高。

即用型液体肥料 即用型液体肥料是可以代替水直接浇在植物上的肥料，因此，这种肥料的营养浓度很低。它避免了搅拌混合的不便，却是最差的选择，因为肥料中含有大量的水。

密封缓释肥 密封缓释肥（图 16.11）可以施用在基质表面，也可以在种植时与盆栽基质混合后施用，这两种施用方式的效果是一样的。这种肥料中含有针头形的珠子，存有浓缩液肥料和固体肥料。每个珠子外面覆有一层可透水的塑料涂层。缓释肥的特性是通过基质中的水分渗入珠子来实现的。每次灌溉，它能够携带从珠子里溶解出来的营养盐输送到植物的根部，最后只剩下塑料涂层。这种覆盖物不会被轻易分解，会在基质中存在数年，不会产生不良作用。

图 16.11 用于室内盆栽植物的缓释肥料。图片由里克·史密斯提供

密封缓释肥料所需的工作量最少，并且能够与其他所有肥料混合使用。这些珠子不染色，使用一次作用效果能够持续 3—9 个月。与其他肥料相比，价格适中。

颗粒缓释肥 颗粒缓释肥看起来很像园艺肥料。它们没有密封缓释肥的塑料涂层；它们释放营养元素的速度缓慢，是多种化合物的混合物。一种化合物能够立即释放营养元素，而另一种化合物在被植物吸收之前必须被化学分解。因此，施肥一次植物要用很长一段时间来获取养分。

颗粒缓释肥料的价格比较高，在施肥频率和间隔正常的情况下，与其他肥料相比没有什么特别的优势。

施肥的频率和速度

市面上能够购买到的肥料种类繁多，所以不可能规定一个标准的稀释速度或使用频率。盆栽搅拌说明书是搅拌混合要求的主要信息来源。

然而，在年度施肥的基础上，建议每周或每月对一些室内植物进行施肥，但这一建议是否明智是值得怀疑的。在某些情况下，坚持按照盆栽说明书进行施肥可能会导致过度施肥，因为施肥频率参照的是快速生长的植物。

在室内栽培植物的肥料需求量因物种和生长条件而异。如黄松（罗汉松属）这样自然生长缓慢的物种比生长较快的紫露草（吊竹梅属）所需的肥料要少得多。因此，以同样的速度给所有植物施肥是不可取的。

植物营养需求还受光照强度的影响。在北方，冬季的光照强度很弱，室内植物的生长速度减慢。在这个情况下，应该少用或不用施肥。然而，春季的光照强度增加，植物生长速度加快，增加了水和肥料的需求。应该增加肥料的频率，以跟上植物的快速生长，并补充因频繁灌溉而流失的养分。

一般来说，只有在植物生长旺盛的时候才能进行施肥。肥料的稀释率应该等于或低于包装说明书所规定的稀释率。施肥的次数应该较少，肥料只在生长期间使用，而且施肥间隔应该等于或长于包装说明书推荐的间隔。很少有室内植物因施肥不足而受到严重伤害，但过度施肥很容易对植物造成伤害。

室内盆栽植物施肥的一般规则

在施肥时要记住最重要的一点是，除非你确信植物处于营养缺乏的状态，否则不要提高施肥量和施肥频率。即使怀疑植物营养不足，施肥量也不应该比包装说明书的指导用量多。可以稍微加快施肥的频率，等待植物的状况出现改善。

第二，不向干燥的基质中施加肥料，除了那些养分非常低的肥料之外，其他的肥料都应该用水稀释。浓缩的肥料溶液会使植物根部的水分流失，并导致肥害。

第三，不能把施肥当成是处理致病原因不明的植物养护方法。由于根部周围积累了多余的肥料，它会胁迫植物，从而造成实际的伤害。相反，应当停止施肥，只有在问题得到纠正，植物再次生长的时候才重新开始施肥。

专用肥料

现在市面上能够买到室内栽培植物的专用肥料。有些专用肥料只适用于非洲紫罗兰，有些肥料来源于鱼类，还有一些专用肥料宣称只要滴一滴溶解在水中就能够满足所有植物的需求。

有机肥料 有机肥料是从植物或动物中提取的，而不是通过采矿或化学反应获得的。鱼乳剂、海藻提取物、粪肥都是有机肥料。

有机肥料与其他肥料含有相同的大量营养元素（氮、磷、钾），但它们是天然形成的化学形态。在营养吸收的过程中，植物只吸收简单的无机小分子肥料。因此，在有机肥料吸收之前，微生物对肥料成分的分解作用是必不可少的。有机肥料的作用效果较慢，因此使用有机肥料的时间较长。

通过分析，与无机肥料相比，有机肥料含氮、磷和钾的比例通常更低，但它们的价格是相同的。有机肥料还含有少量的微量元素，它们对室内植物有益。虽然有机肥料对植物的有益作用与无机肥料不相上下，但它们也没有特别的优势。应该注意的是，在灭菌基质中缺少微生物。微生物能够将有机肥料分解成可用的化学形式。微生物缺失会使营养物质转化成可用形式的过程变得非常缓慢，最终在常规施肥的情况下造成营养缺乏问题。

非洲紫罗兰和观花植物专用肥料 专门为观花植物配制的肥料与全用途室内植物肥料含有相同的氮、磷和钾化合物，但比例是不一样的。典型的观花植物专用肥料配方中，氮含量少，磷含量多，钾含量适中。

虽然缺乏磷是植物开花结果不佳的原因之一，但使用富含磷的肥料并不能保证植物正常开花。还必须满足植物生长的其他要求，如光照强度和光照时间、植物成熟度和温度。此外，磷含量丰富的肥料既不能保证植物的花期长，也不能防止花蕾和花朵脱落，因为这些过程还受其他因素的影响。

观花植物专用肥料和全用途肥料的价格差不多。没有任何研究表明这些肥料比通用肥料对观花植物的作用效果更好。均衡肥料（N、P、K 含量相同）通常会为植物开花提供所需的全部营养。

微量元素肥料 植物使用适量的大量元素肥料，而微量元素只需要少量即可。微量元素包括铁、铜、锌、锰、硼、钼等元素。微量元素肥料可以单独购买使用，也可以是可溶解或密封形式的常规全用途肥料的一部分。

盆栽基质通常含有足够的微量营养元素，可以一直提供给植物，因为其中含有土壤和有机物质的分解物。但偶尔植物会出现营养缺乏的症状，全用途肥料无法缓解这些症状，缺乏微量元素是可能的原因。在这些情况下，可以使用微量元素肥料，将其施用于根部，也可以喷洒在受影响的叶片上。

微量元素肥料的营养成分是螯合形式。盆栽基质的酸碱度导致微量元素被束缚，就要使用螯合营养元素。这意味着即使存在微量元素，在酸碱值过高或过低的情况下，它们会被限制在培养基中，使得植物无法使用。然而，酸碱度对螯合的营养元素影响较小，即使在酸碱度不适宜的情况下也能使用。

酸性肥料 酸性肥料在基质中起作用，使其更酸或酸碱值更低，它们的商品名是“杜鹃花肥料”，因为杜鹃花是一种需要种植在酸性较强的盆栽基质的常见植物。表 16.2 中列出的其他喜酸植物，如果基质中酸碱值升高，超出酸性范围，就会显示出铁或锰的缺乏症状。对于这些植物来说，酸性肥料对保持基质酸碱值在 5—5.5 范围内是很有帮助的。

叶面肥料 有些肥料仅仅只作为叶面肥料出售，而还有一些给出了制作用叶面肥料的混合溶液的使用说明。这些肥料通常含有氮、磷、钾和微量元素，或仅含有微量元素。

在叶片上施用的肥料主要有两种用途：一种是提供微量元素，另一种是为适合用这种方式获得营养物质的附生植物进行施肥。叶面肥料的浓度非常低，要使用喷雾器进行施肥，喷洒要持续到溶液从叶片滴落下去为止。在植物吸收足够的养分消除营养缺乏症状之前，通常需要重复进行叶面施肥。

植物利用叶片吸收营养物质的能力取决于植物的种类和覆盖在叶子表面的蜡质层厚度。在喷洒肥料时，还取决于植物周围的环境条件。在光线明亮和气温暖和的情况下，而不是在阳光直射的地方，植物吸收营养物质最好，因为肥料被吸收之前有足够的时间，阳光直射会使叶子上的肥料变干。高湿度也有助于植物吸收营养物质，因为它延长了肥料的干燥时间。

当使用叶面肥料时，请记住，幼叶比老叶对营养物质的吸收效果更好，下表面比上表面更好。此外，还可以使用表面活性剂（如果肥料中不含有表面活性剂的话）来帮助肥料液体在叶片表面摊开，使其接触面积和吸收效果最大化。在 1 升混合叶面肥料液体中滴入 1 滴洗涤剂就足够了。建议使用螯合肥料配方，因为它们增加了植物中营养物质的流动性。

富氧肥料 植物根系需要氧气来进行呼吸。根部缺乏氧气会造成有害影响，因为它会阻止根部生长。缺氧限制了植物地上部分的生长，因为植物根系吸收减少。正常情况下，充足的氧气能够从土壤表面到达植物的根部，通过基质的大孔隙空间向下运送。然而，在某些情况下，基质中的含氧量会不足。下列几种情况会导致缺氧：植物底部持续浸泡在排出水中；在同一基质中生长时间太长，久而久之，基质已经分解并压实；植物栽种在没有足够的孔隙空间的基质中。

在这些情况下，植物根区氧气不足是制约植物健康成长的因素，下面的肥料品牌有助于缓解这一问题。植物研究实验室研制出了一种名为抗氧化长青素（Oxygen Plus®）的室内植物肥料，通过与其中所含有的过氧化尿素发生化学反应，它能够在植物根系周围释放氧气。加州欧文植物研究实验室和加州大学河滨分校环境科学和土壤系的实验证明在积水的情况下多种植物出现了在生长基质中的氧气释放和生长的后续改善（有时还能够开花）。虽然不是所有的被测植物都有所改善，但大多数植物的生长出现改善，因此，产品可用于帮助解决积水基质中植物的生长问题。

维生素和高浓缩化学制品 维生素和高浓缩化学制品不能被称为肥料，因为它们不包含那些已经被证明是植物生长所必需的元素。它们含有维生素和植物激素（详见第3章）。尽管这些化学物质对于健康的植物来说是必需的，但它们是由植物自身制造的，且通常不需要额外提供。维生素和植物激素不能用作肥料替代品。

16.3 与基质和肥料相关的室内植物问题

基质问题

盆栽基质出现的所有问题都会对植物根部造成影响，还会在植物的地上部分表现出症状。在种植植物时，应该仔细观察基质可能出现的所有问题，这对植物的生长发育来说是至关重要的。

压实 压实是指盆栽基质的过度压紧或沉淀。这种压紧会将空气从根部排除在外，导致植物根部腐烂，植物活力下降。

压实是基质的一种特性，也是基质分解的结果，随着时间的推移，在含有土壤的基质中压实是很常见的。表现症状包括树叶泛黄、新生枝较弱和生长率下降。一种处理方法是将植物从花盆中取出，轻轻打破或浸掉植物根部周围的大部分基质，然后用新的盆栽基质进行换盆。为了使新的基质不易压实，应该添加更多的泥炭苔和粗团聚体，减少或不添加土壤。改用抗氧化长青素室内植物肥料（详见前一节）也有助于解决压实问题。

排水不良 排水不良（假设花盆有一个排水口）又是一个基质配方不对的表现。易于压实的基质也容易出现排水不良的问题。如果在移栽时将一层碎石或其他粗料放在花盆的底部，也可能出现排水问题（详见第15章）。

种植在排水条件不良基质中的植物，会表现出与压实相同的症状，其原因也相同：空气被排除在根系之外，导致根部腐烂甚至死亡。解决方法也是一样的：将植物根部从花盆中取出来，然后换盆。

斥水性 斥水性并不常见，在泥炭土含量较高的基质中容易出现这一问题。尽管苔藓在水中能够吸收其重量 20 倍的水分，但完全干燥时，它会缩小并具有斥水性。基质灌溉后，水分能够流过或沿着缩小的土壤体四周流动，被吸收的很少。通过浸没或用温水底层浸水能够使基质再次润湿，在两次灌溉的间隔时间内不允许基质再次干透。当问题再次出现时，可以在水中加入润湿剂（表面活性剂）。

酸碱值过高或过低 虽然大多数基质最开始呈弱酸性，适用于大多数植物，但随着时间的推移，基质的酸碱值会发生改变，因为施用于植物上的水的酸碱度不同于基质的酸碱度。在这种情况下，向灌溉用水中添加少量常见的家用化学制品可以提高或降低其酸碱值：醋能够降低酸碱值，纯氨能够提高酸碱值。为了保证使用这些化学制品的安全性，购买小而便宜的酸碱度试剂盒，比如用于游泳池的试剂盒。最初应该使用试剂盒测试水的自然酸碱值，每加仑或几公升的水中加入几滴化学制品后间隔一段时间测试一次，这样能够检查酸碱值提高或降低的程度，从而达到所需的酸碱度水平。所使用的化学制品是改变酸碱度所必需的，然后记录所使用化学制品的量，在准备更多的灌溉用水时将其作为参考。

如果基质酸碱值过高，应该在一个月内将其调至 5—6，然后提高到 6—7，使基质的酸碱度适于大多数热带植物。如果水偏酸（一种罕见的情况），应该使用氨将酸碱值调至 7—8，在几个月后将酸碱值降至 6—7，并保持在这一范围内。喜酸性植物的养护可以使用酸碱值为 5—6 的水进行浇灌。使用氨时，要注意氨中含有氮，因此不需要再施用氮肥。

肥料问题

过度施肥和施肥不足都会伤害室内盆栽植物。如果能够找出问题的症结所在，那么问题就相对容易纠正。

过度施肥（毒性） 过度施肥导致植物根部周围被称为肥料盐的化合物过度集中。这样会导致水无法进入根部并造成干旱。叶尖变褐萎蔫和生长受阻是过度施肥和干旱都会表现出的症状。但与遭受干旱不同的是，过度施肥的植物在灌溉后不会立即恢复，因为病因仍然存在。唯一的处理方法是尽快去除多余的盐。这要通过淋洗来完成。将大量的水灌入基质，目的是把肥料盐冲洗出去（参见本章后面的内容，更完整地描述了淋洗过程）。为了防止土壤中出现盐的积累，灌溉时要使用足够多的水，这样大约 10% 的水会从花盆底部排走，最后将排出的水倒掉。

缺氮 缺氮最初表现为植物老叶变黄，最终会导致老叶和新叶都褪色（图 16.12）。光照不足和灌溉过多也会表现出叶子变黄的症状，但是在这两种情况下叶子很快会掉落，而缺氮不会出现这种情况。缺氮还会表现出来的症状是植物长出来的新叶较小，茎部较细。

图 16.12 白花紫露草表现出来的典型缺氮症状。照片左侧的植株褪色，而右边的是健康的深绿色。照片由里克·史密斯提供

缺磷 缺磷最先表现出来的症状是植物生长发育迟缓，长出来的新叶过小。

缺钾 缺钾的症状首先出现在老叶上，叶片边缘和叶尖褐变。叶脉之间的区域也可能受到影响。

缺铁 铁元素是室内栽培植物最常缺乏的微量元素。喜酸性室内栽培植物种植在酸碱值过高的基质中经常会出现缺铁的情况。缺铁最先表现出来的症状是在新叶的叶脉之间变黄（图 16.13）。最终整片叶子都会变黄，这种症状被称为缺铁黄化症。

在叶面喷洒微量元素肥料能够暂时缓解缺铁的症状，改变灌溉水的酸碱度能够彻底解决缺铁的问题（详见前一节）。

肥料盐沉淀 在基质表面和花盆外面沉积白色肥料盐（图 16.14）是较常见的现象。在水分蒸发时，溶解在水中的肥料盐会移至土团外面，从而形成沉积。水会变成蒸汽从基质中消失，但肥料盐仍然存在。

花盆和基质表面的肥料盐不能自动指示出基质中含有过量的肥料。淋洗基质是一个很好的预防措施。

图 16.13 柑橘类植物缺铁症状。照片由作者提供

图 16.14 沉积在陶土花盆外面的肥料盐。照片由里克·史密斯提供

16.4 灌溉与室内植物种植

在室内植物种植的过程中，灌溉是最常见的一项养护工作。它（以及不恰当的光照）也是室内植物种植失败的主要原因之一，因为没有绝对通用的灌溉方法。灌溉的量取决于如何理解植物对水的需求量，在盆栽基质中水分是如何被保住和流失的，以及水在植物中如何被利用。

室内植物的水分流失途径

大多数室内栽培植物的水分需求是通过从根部周围的盆栽基质中吸收来满足的。基质中存留的水可以被认为是植物根部的蓄水池，它需要定期进行补充以确保总是有足够的水用。当蓄水池满时，水可以通过两种方式流失：蒸腾或蒸发（图 16.15）。

蒸腾作用 水进入根部后，会向上输送到

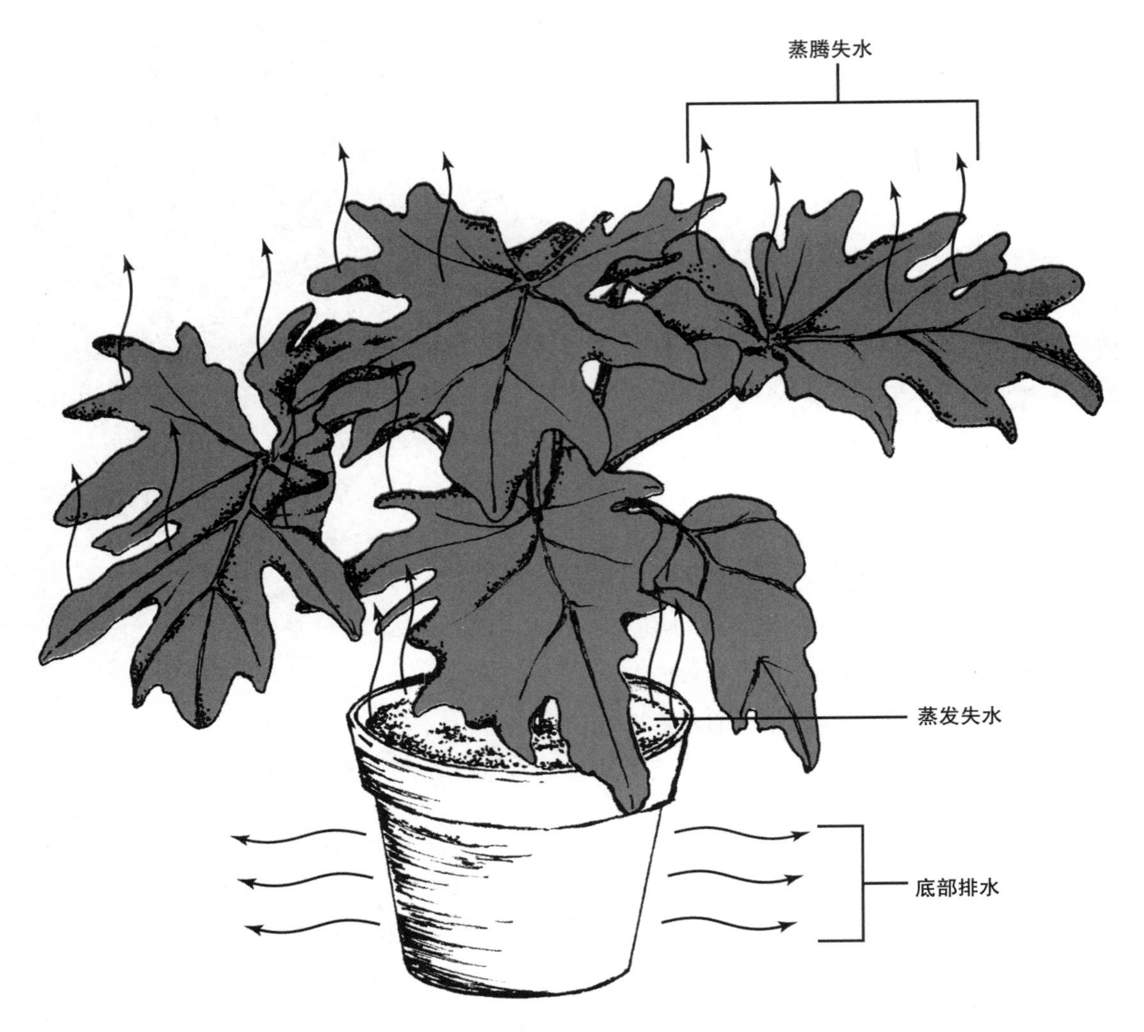

图 16.15 种植在陶土花盆中植物的失水过程。图片由贝瑟尼绘制

茎部，然后运输到叶子用于光合作用，并在植物中制造其他化合物（激素、色素和类似物）。

然而，这些合成过程所用水的总量相对较少：剩下的水就以蒸汽的形式通过蒸腾作用流失了。

植物的蒸腾作用几乎一直存在，但其速率受环境条件的影响较大。首先，蒸腾作用的速率随着温度的升高而加快。几乎所有与植物生长相关的过程都是如此。其次，随着湿度的降低，蒸腾作用的速率会加快。例如，在一个干燥的房间里的植物会比在潮湿的温室里的植物生长得更快。

蒸腾作用的速率还受植物种类和形态的影响。大叶或密叶的热带植物蒸发的水分较多，因为其暴露在空气中的叶子表面面积较大。仙人掌的叶子长得紧密，暴露在空气中的表面也有限。因此，它们流失的水分较少。

蒸发作用　与蒸腾作用一样，蒸发作用也在不断发生。水会从积聚处（湿的盆栽基质）散开，并以蒸汽的形式蒸发至邻近更干燥的空气中。与蒸腾作用一样，湿度和温度也会改变蒸发作用的速率，随着温度的升高或湿度的下降而加快。

在有的花盆中，水的蒸发作用可以发生在花盆的边缘。采用可渗透材料制成的花盆（例如未上釉的陶土或压制的木质纤维）能够从基质中吸收水，并将其释放到空气中。

底部排水　水分流失的第3条途径是从花盆底部排走多余的水。灌溉后盆栽基质存留的水量取决于基质的组成成分（包括每个成分各自的持水能力，颗粒大小和形成的孔隙空间），花盆中基质的深度以及盆栽基质各组成成分是否存在着交界面。这一章前面介绍了具有保湿功能有机成分和无保湿功能粗团聚体的作用。所以，很明显，具有保湿功能有机成分能够改善排水不良（过度保水），而无保湿功能粗团聚体的排水效果很好。

基质的深度和分界面的存在也起着重要的作用。基本上，花盆越浅，灌溉后存留的水量就越多。可以在课堂上做一个简单的示范来说明越深的花盆排水越好（图16.16）。将一个长方形的海绵（代表装有基质的花盆）用水浸透，水平放置一段时间（代表一个浅的花盆），直到停止排水。底部是完全饱和的。人们会想当然地认为，不管用什么方式，海绵都能保持同样的水量。但事实并非如此。当海绵垂直翻转时，水会从底部流出来。

在这种情况下水分子的内聚力在起作用，使水分子附着在固体（海绵）上，防止在重力的作用下水分流下来（详见第6章，关于附着力和凝聚力更详细的介绍）。当海绵垂直翻转时，更多的水会流出来，因为当水分布在海绵较窄的一边，分布的区域变小时，水的重量会增加。因此，对湿润基质敏感的植物不适合种植在较浅的花盆里，因为灌溉后，基质中饱和部分所占的比例要比在较深的花盆中所占的比例大。

灌溉频率

温度和湿度对水分流失速度的影响说明不能为某一特定植物制定精确的灌溉时间表的原因之一：植物生长的环境差异很大。生长在凉爽潮湿的浴室里的植物水分流失的速度，要比在生长在温暖干燥的客厅里的同一种植物慢得多，而且每一种植物需要灌溉的频率也不尽相

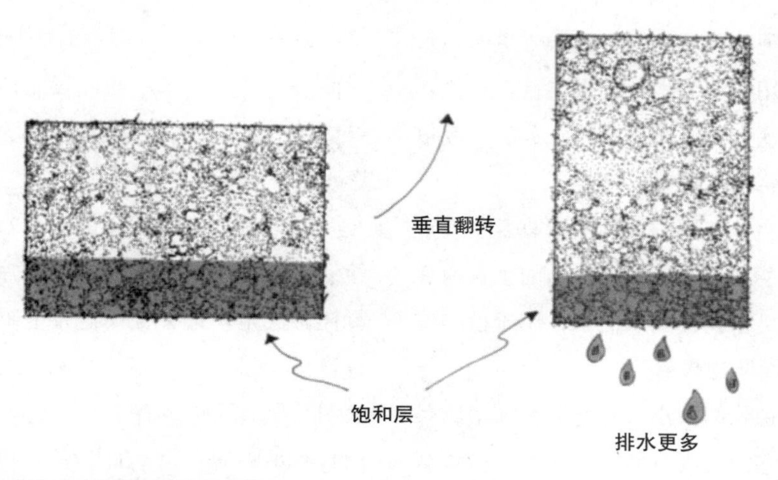

图16.16　饱和海绵演示了盆栽基质的持水能力

同。此外，水分流失速率的变化取决于植物种植在多孔隙花盆还是无孔隙的花盆中。

周围环境和花盆类型在一定程度上决定着植物灌溉的频率，但还有其他因素影响着灌溉频率。

花盆尺寸和材质　几乎无一例外，栽种植物的花盆越小，就越需要经常灌溉。这是因为与体积较大的花盆相比，盆栽基质较少的花盆存有的水分要少。即使在蒸发和蒸腾速率相同的情况下，小尺寸花盆中的水也会很快耗尽。

同样，正如前面所介绍的，一个多孔的花盆能从边缘流失水分，而且与金属、塑料或釉质的陶土花盆相比，水分更快耗尽。

如果植物栽种在一个尺寸小又多孔的花盆里，水分流失的速度会更快，因为水分蒸发的花盆表面积与盆栽基质的体积相比大得多。多孔花盆水分消耗速率要远远大于一个大孔花盆的水分消耗速率。

盆栽基质　正如本章前面所介绍的那样，盆栽基质的成分不同，其保水量也不同。一种主要由泥炭土组成的盆栽基质的保水量是珍珠岩保水量的好几倍。这样的基质需要更长的时间才能完全干燥，不需要经常灌溉。

生长速率　在自然条件下有些植物的生长速度就比其他植物更快，它们需要更多的水来进行光合作用，并为生长提供能量。这些生长旺盛的植物从盆栽基质中吸收水分的速度很快，因此灌溉的频率较高。

即使不是生长旺盛的植物也能改变生长速率。通常在春季和夏季，室内植物的生长速度较快。为了满足植物的用水需求，用于植物增长，必须提高灌溉的频率。

花盆所种植物的大小　花盆所种的植物尺寸相对越大，它需要灌溉的频率越高。随着植物顶部增大，需要水来进行光合作用和蒸腾作用的叶子越多，根量也会随之增加，吸收面积也越大。然而，植物仍然被限制只能从原有的基质中吸收水分。植物消耗水分的速度很快，需要更快补充水分。因此，当植物在同一花盆中种植很长一段时间并继续生长时，灌溉频率就需要提高。

植物种类　很多室内装饰用栽培植物对水的需求因种类不同而有很大差异。当盆栽基质在一年大部分时间里保持干燥的情况下，仙人掌和多肉植物生长得最好，而湿生植物如野生风车草则需要将根部完全浸泡在水中。其他大多数植物往往介于两者之间。盆栽基质的水少量至中量时，它们生长得最好，在基质完全干燥或完全饱和的情况下则生长得不够好。

除了蕨类植物和其他少数植物外，大多数植物都能在干燥盆栽基质中存活 1 周，且不会造成永久性损伤。很多有经验的园艺师采用干湿循环方式能够成功地种植室内植物，在基质上层干燥，植物枯萎之前才进行灌溉。但由于水分胁迫，干湿循环可能会导致新生枝长得过小。如果想让植物快速生长，应该经常进行灌溉。

土壤湿度测试

由于环境条件不同，无法制定出一个灌溉时间表，灌溉频率的时间设定问题仍然存在。最简单的方法是采用触摸法来评估盆栽基质的含水量。

触摸法　触摸法（图 16.17）已被证明是检测基质含水量并测定灌溉频率的可靠方法。具体做法是用指尖触摸盆栽基质的表面或约 6 毫米深来感测含水量。如果觉得凉爽、潮湿，表明基质表面仍然有水分，根部周围的基质仍然含有足够的水分。如果感觉干燥，表明根部周围需要补充水分，应该给植物灌溉。

图 16.17 用手触摸基质来测试盆栽基质中的水分。照片由柯克提供

颜色法 颜色法不如触摸法可靠，但一些园艺师使用这种方法获得了成功。该方法的原理是潮湿的盆栽基质颜色要比干燥的盆栽基质深，然后根据看到的颜色来估测基质的含水量。这种方法的缺点是，灌溉后，花盆表面的基质几天后会变得干燥，但花盆下面的基质可能还是潮湿的，因此估测结果可能不准确。

称重法 称重法相当可靠，与触摸法相比需要更多的技巧。灌溉后，盆栽植物最重，因为盆栽基质中含有水分。随着水分蒸发，盆栽基质因失去了水，其重量会大大减少。通过训练，园艺师通过拿起花盆并将其目前的重量与灌溉后的重量进行比较，从而估算出水的需求量。

商业湿度传感器 市面上可以购买到化学和电子湿度传感器等几种类型的设备。第一种传感器采用了涂有化学物质的吸墨纸，有水存在时能够改变颜色。吸墨纸用塑料包裹后被安装在探针上，探针插入盆栽基质，吸墨纸的颜色变化就会显示植物根部周围是否有水分。

电子湿度传感器（图 16.18）是由一种被用来测量土壤养分含量的名为“溶解桥”的实验室仪器改进而来的。它的使用方法是测量通过两个电极之间的（电导体）微小电流。把电极置于长探针的不同部位，将探针插入基质，用绝缘体将电极在探针上分开，强迫电流通过基质，测量土壤水分中的离子（溶解盐）。水分越多，离子溶解越多，导电性越强。

在基质的养分含量正常的情况下，这种类型的湿度传感器测量结果是准确的。然而，当基质养分含量很高时，它的测量结果是错误的（在干燥的基质中测量结果是潮湿）。相反，将其放入蒸馏水时，它的测量结果是“干燥”，因为蒸馏水里完全没有离子。

图 16.18 湿度计。照片由伊利诺伊州水晶湖 Luster Leaf Products 公司提供

探针插入基质的深度也会影响测量的精度。含水量相同的基质中，如果为了使含水量测量值较小而将第二个电极（长金属套管）的大部分暴露在外面，那么传感器的读数会有很大的变化。为了解决这个问题，使用聚酯薄膜透明胶带将上面的电极包裹起来，这样暴露面积就与第一电极的大小相同了。

关于探针使用的商业经验是，在插入探针约 30 秒后，读取的结果是最准确的（参见本章末尾参考文献）。

正确的灌溉量

大多数盆栽植物灌溉的目的是每次灌溉时彻底湿润整个盆栽基质，基质干燥或稍微潮湿时，再重新给基质灌溉。

有排水孔的花盆 假设在植物顶部灌溉，那么有排水孔的花盆的灌溉量就不是很重要。这种基质的组成成分只能保有有限的水分，并且盆栽基质是按配方配制出来的，因此这种灌溉量不会影响植物根茎的正常生长。多余的水将会从花盆底部排出，然后被倒掉。

在许多商业生产的基质中，由于基质的持水能力过低，几乎不可能出现灌溉过多的情况。但是如果花盆在排出来的水里泡上好几天，灌溉过多造成的伤害就可能会出现。其他基质（特别是那些含有土壤的基质）可能会出现灌溉过多的情况。这些基质的持水能力很好，经常灌溉会导致植物根部腐烂。

没有排水孔的花盆 对没有排水孔的花盆来说，灌溉量是至关重要的。因为没有办法让多余的水从花盆里排走，超出植物所需量的所有水分都会留在花盆底部。因此，建议在没有排水孔的花盆里铺置一层鹅卵石或木炭，作为多余水分的收集区域。通常鹅卵石中的沉积水的高度低于根部的生长位置。那部分沉积水不会影响植物生长，会被慢慢地吸收回盆栽基质中。

要确定灌溉量，应该估算一下盆栽基质的体积，然后使用盆栽基质体积 1/4 的量灌溉。大约 5 分钟后，水就会被吸收，然后轻轻倾斜花盆，让多余的水流出来。如果超过 10 毫升，那么下次应该减少灌溉量。如果没有水流出来，就说明灌溉量不够，还没有浇湿全部基质，应该增加灌溉量，几分钟后再次测试。理想情况下只有几滴水流出来，表明全部基质都是湿的。

另一种测定灌溉体积的方法要使用一根量尺。当把植物移栽在花盆里时，将一段塑料吸管或管子的末端埋在花盆底下的砾石储水层（图 16.19）。另一端伸出基质表面。在吸管中插入木签或木钉，就可以确定储水层是否有水。这种方法对于那些太重无法倾斜的大型植物来说是很有效的。

图 16.19 一种用于检查花盆储水层水位的量尺方法。图片由贝瑟尼绘制

灌溉方法

顶部灌溉法 大多数人都是从植物顶部灌溉。几乎对所有的室内植物来说，这种方式都很容易且效果很好。顶部灌溉很常见，不需要说明具体操作方法，但应该遵循两条规则：首先，灌溉量应该足够多，保证浇湿整个盆栽基质。对于有排水孔的花盆来说，有水从底部排出来就说明灌溉充分。其次，灌溉后应该静置几分钟让水排出去，然后倒掉排出来的水。很多植物在排出来的水中泡几天就会腐烂甚至死亡。

底部灌溉法 底部灌溉法（图 16.20）只适用于栽种在有排水孔花盆的植物，因为花盆底部能够吸收水分。对于那些易受叶子上有水影响的植物和叶子覆盖土壤表面的莲座形植物来说，这种方式是很有用的，这样水不会大量浇在植物上。大型仙人掌几乎长满了花盆的顶部，底部灌溉也很适用于这类植物。采用顶部灌溉的方式，水分通常并不能流到仙人掌的根部，因为它只能倒在花盆的边缘。水顺着根球外围流下，然后排到花盆外面，并没有充分地润湿植物根部。底部灌溉还有助于再次润湿已经过度干燥的基质。

在底部灌溉时，花盆必须放在一个植物托盘或碗里。托盘里要灌满水，5—10 分钟内，基质能够通过毛细管作用吸收水分。如有必要的话，应该给托盘重新灌满水，第 3 次灌水，直到基质停止吸收水分。然后，倒掉多余水分。

底部灌溉时必须采取一种预防措施。因为水没有流经基质后从底部排出，所以基质中含有的肥料盐从未排出花盆外。有可能它们会累积到有毒的水平。作为一种预防措施，需要采用底部灌溉方式灌溉的植物应该每隔 6—12 个月用水浸泡或淋洗一次，以冲洗过量的肥料。

图 16.20 采用底部灌溉法给哑丛根芋灌溉。照片由里克·史密斯提供

浸没补水法 浸没补水法（图 16.21）也只适用于有排水孔的花盆，与底部灌溉法的目的相同。它同样适用于大型、较重的吊篮。

从严格意义上来说，浸没补水法与底部灌溉法相似，水都是从排水孔进入花盆里，但浸没补水法的速度更快。采用浸没补水法时，植物浸入水中要足够深，水可以到达花盆的边缘，5—15 分钟内，水就会渗入基质表面。然后把花盆从水里拿出来，让它排水，然后重新放回原来的位置。

采用浸没补水法不可能积累多余的肥料。在湿润的过程中，基质已经饱和，肥料会溶解在水中。在排水的过程中，肥料会和多余的水分一起排出去。

毛细管作用补水法 毛细管作用补水法（图 16.22）并不是理想的灌溉方法，因为对大多数植物来说，这种方法会使基质过于潮湿。然而，这种方法适用于适度恒定的植物（例如非洲紫罗兰和大多数蕨类植物），以及那些完全干燥会导致死亡的植物。

毛细管作用补水法与底部灌溉的毛细管作用一样，能够将水从基质中从下向上输送。在这种情况下，毛细管作用发生在毛细管。水从储水区被吸收到毛细管里，储水区是水分集中的区域。在毛细管作用下，水从毛细管输送到浓度较低的区域（盆栽基质）。毛细管作用会一直持续到土壤被水浸透。

淋浴灌溉法 正如第 15 章所介绍的，淋浴灌溉法是清洗植物叶子的方法，同时能够给植物灌溉。在某些地区，水的矿物含量过高，淋浴灌溉法会留下难看的矿物沉积物。在这种情况下，不能使用淋浴灌溉法，应该使用毛巾轻轻地擦干叶片，防止出现矿物沉淀物。

图 16.21 采用浸没补水法给放置在厨房水槽中的白鹤芋灌溉。照片由里克·史密斯提供

图 16.22 一种便宜且易于安装的装置，可以自行为室内植物灌溉。华盛顿州西雅图市博学公司销售这种接水管。网址是 http://www.sykart.com/keenie/worm/

特殊灌溉方法

鳞茎和块茎植物 在植物生长和开花的过程中，鳞茎和块茎植物如孤挺花和大岩桐等不需要采用特殊的灌溉方法。可以采用大多数其他室内植物的灌溉方法给这些植物灌溉。但随着花期结束，这些植物每年会进入一次休眠期。在重新生长之前，植物的地上部分会死亡，只维持地下鳞茎和块茎存活几个月。在自然环境中，球茎和块茎植物的休眠期与降雨量减少等气候变化有关。为了满足植物的生长要求，应该模拟这种气候变化。

植物叶子开始变黄后的两个月内，灌溉频率和灌溉量应该缓慢下降。在这段时间里，叶子会慢慢地消失，只留下鳞茎。所有的叶子都死亡后，植物会休眠几个月，在此期间应该停止灌溉。然后，在休眠期，鳞茎植物被分盆或移栽，定期灌溉能够促进植物重新生长。

鳞茎和块茎室内栽培植物正确灌溉的关键是在植物的生长阶段进行仔细观察。有些鳞茎植物在室内环境里从不进入休眠状态，有可能会因为灌溉不足而造成严重伤害。有的鳞茎植物有可能会因为休眠期内无意地过度灌溉而腐烂。鳞茎植物老叶变黄甚至死亡则表明植物将要进入休眠期。这也是减少灌溉的信号。从休眠中复苏的植物通常会在灌溉之前就开始生长。一旦这种新的生长开始，就应该开始灌溉。如果灌溉不及时，那么鳞茎植物的储存器官会释放出过量的碳水化合物，可能会导致植物发育不良甚至死亡。

兰花和凤梨 为种植在粗糙树皮中的兰花或凤梨灌溉时应该多注意。树皮排水很快，没有微孔隙空间通过毛细管作用将水运输到侧面。在一个位置上灌溉，水会直接流下，然后从底部排出去。因此，花盆的整个基质表面都要灌溉，使所有的树皮都湿透。

淋洗法 淋洗是一种灌溉方法，可以用来解决盆栽基质中肥料盐过多的问题。它的原理是盐溶于水，每隔 5—10 分钟灌溉，重复 4—5 次。每次灌溉都溶解了一部分盐，下一次淋洗会将这部分盐冲下并排出去。

虽然连续灌溉是最常见的淋洗方式，但并不是淋洗的唯一方式。可以连续几次将植物淹没后控干水分，还可以将植物置于水流缓慢的水龙头下冲洗 10 分钟。

水质与室内植物的生长

对于大多数植物来说，吸收的水量比水的质量更重要。在美国的大部分地区，使用自来水灌溉植物生长良好，只有少数植物会受到温度、酸碱度或化学成分的不利影响。西南各州是例外，在那里水的酸碱值和盐含量很高，可能导致植物健康问题。

温度 15—32℃是大多数室内栽培植物的适宜水温，理想情况是用室温水来灌溉，但如果有许多植物需要灌溉的话，这是不实际的。

非洲紫罗兰已经被证明对水温很敏感。水温低于空气温度超过 5℃，就会导致叶子出现永久性的黄色斑点，这是因为叶绿素被破坏（图 16.23）。底部灌溉或将水加热至室温能够避免这一问题。

酸碱度 酸碱度是水和盆栽基质的一个特征。它的变化取决于水源。用酸性或碱性很强的水持续不断地灌溉能够最终将基质的初始酸碱度改变至不适宜植物生长的范围。

便宜的酸碱度试剂盒可以测定水的酸碱性，但结果不太准确。借助这种试剂盒，园艺师就会清楚了解基质出现的酸碱度问题（详见本章前面章节关于调节室内植物酸碱度的内容。）

化学成分 根据其来源，自来水中含有一定量的“杂质”，包括钠、氟、氯、钙、氨和铁等。

1. 钠。钠通常是通过软化的过程进入水中的。它被用来代替碳酸钙中的钙，这种矿物质通常导致出现“硬”水。在美国西南地区，地下水中天然含有这种物质。

图 16.23 冷水导致非洲紫罗兰叶子出现叶斑。照片由里克·史密斯提供

自来水中的钠积聚到一定程度对室内植物有害。为了避免这个问题，不要使用从热水龙头里流出来的水。在家里的软水器里，只有热水含钠，而冷水无钠。如果钠在地下水中天然存在，或者所有的家庭用水已经软化，就应该使用雨水或蒸馏水灌溉。每 2—3 个月淋洗一次也有助于将钠从盆栽基质中冲洗出去。

2. 氟。大多数城市用水中都含有氟，它有防蛀牙的作用。水中所使用的氟浓度非常低，只有百万分之几。然而，有些未经处理的水比自然水中的氟浓度更高。

相对少量的氟化物也能够对植物造成伤害，但只有百合科和龙血树属的植物对氟是异常敏感。其中常见的室内植物包括龙血树属、吊兰和文竹。过量的氟化物也可能是使用珍珠岩等改良剂所造成的。氟化物过量的表现是植物叶尖褐化。

3. 氯。为了环境卫生，氯被添加到城市用水中；它能杀死细菌、真菌、藻类和其他潜在的有害生物体。它通常以可溶于水的盐的形式进行添加或偶尔以加压气体的形式产生气泡。

氯对生长缓慢的植物来说很重要，通常被添加到土壤中，有时通过降雨提供给植物。自来水中含有的氯的数量不足以对室内植物造成影响。

与普遍观点不同的是，将自来水放置一夜后并不能消除其中所有的氯。氯会以气体的形式缓慢地消失，将水暴露在紫外线下可以加速这个过程。

自来水的替代水

雨水 人们误以为雨水是纯净的。雨水含有大量的氯，还含有氮、硫和其他物质。它还含有空气污染的化学物质，在被收集之前，雨水所接触的所有屋顶表面都会对其造成影响。尽管对植物来说雨水不比自来水差，但不会因为它来自大气而不是井或水库就具备特殊的植物生长所需的特性。在水中盐含量很高的地区，雨水是一种很重要的水源。

蒸馏水 蒸馏水经过处理后去除了形成水的氢和氧以外的所有物质。它是真正的“纯”水，不含矿物质或其他化学物质。

如果天然水中含有大量的钠、氟或其他对室内植物有害的化学物质，蒸馏水是一种很好的但昂贵的替代水源。在淋洗植物时蒸馏水也很有用，因为与同等体积的自来水相比，蒸馏水冲洗掉的盐更多。

灌溉不当的表现

灌溉不足 灌溉量不足或灌溉频率不够的植物可能会出现根部损害。植物种类不同，可能表现出来的症状也不同。通常植物会枯萎，但只要叶子失去水分，还没有变得坚韧或脆卷（未达到永久枯萎点），植物都可以恢复原来的状态。即使植物的地上部分完全死亡，如果基质保持湿润，很多植物会从根部再生。

灌溉不足的其他表现不那么容易诊断。生长缓慢、叶梢和叶缘褐化、花蕾和花朵脱落可能是由于灌溉不足以及其他因素造成的。灌溉不足和灌溉过多的表现是一样的，因为两者都造成根部损害。

灌溉过多 灌溉过多会排出盆栽基质中的氧气，最终根部因无法呼吸而死亡。

灌溉过多是给没有排水孔的花盆或含水量太多的基质灌溉过量造成的，通常会使基质失去孔隙空间。灌溉过多的植物表现为生长缓慢、下面的叶子脱落，以及根部变色。在更严重的情况下，植物会枯萎，根部因无法吸收水分而死亡。

在假期为室内栽培植物灌溉

在假期里给室内植物灌溉很不方便。然而，有一些方法可以使它们保持足够的湿润，而不需要临时灌溉。

一种方法是减缓植物的新陈代谢。这样能够降低植物的水分需求，使水在基质中存留的时间最长。必须降低光合作用、蒸腾作用和呼吸作用的反应速率，以下建议可以单独使用，也可以结合起来使用。

降低温度 随着温度的降低，植物的各项生理过程都会变得缓慢。温度从24℃下降至13℃，植物的用水量明显减少。

避免阳光直射 直射阳光使树叶升温，增加蒸腾作用，还增加了光合速率和该过程所需的水。大多数明亮的植物可以在没有充足阳光的情况下维持2周而不会恶化，但它们应该被给予明亮的扩散光来防止叶子掉落。透明的窗帘将提供这种类型的光。

把植物聚集存贮在浴室 一间小浴室可以很容易地变成植物的存贮室。将窗户关闭，浴缸和水池里装满水，使浴室里的湿度最大化。然后给所有的植物灌溉，打开浴室里的灯（不是紫外线灯或加热灯），关上浴室门。高湿度会减缓蒸腾作用，灯光能够使植物进行有限的光合作用。在这种情况下，大多数植物可以放置2周。这种方法的主要缺点是由于光线不足，原本生长旺盛的植物生长缓慢。当这些植物重新放置在正常生长位置时，生长不良的部分应该被修剪掉。

使用塑料袋包裹植物 干洗袋能够很好地达到这个目的，创造一个封闭的系统，不会通过蒸腾或蒸发作用散失水分。植物数量较多时可以使用塑料罩布：在地板上先铺上一层，然后在上面把刚浇过水的植物聚集放在一起。用另一块罩布盖住植物，然后用胶带封住边缘，或者卷起来钉成密封袋。必须要注意的一点是：袋装的植物不能放置在强光下，因为太阳可以加热塑料内部的空气，造成热损伤。

如果植物太大无法装袋的话，只需盖上花盆，用胶带或绳子将其周围的树冠尽可能紧密地密封起来。塑料可以避免水分从基质中蒸发出去，从而保护一部分水分。

总的来说，装袋法是所有假期灌溉方法中最可靠的。在无养护的情况下，植物完全密封在塑料袋里可以保存一个月或者更长的时间（图 16.24）。

覆盖 如果不能采用套袋法，可以将室内盆栽植物覆盖 3—5 厘米深。一袋碎树皮覆盖物不会带来虫害，而且足以覆盖一般家庭里的所有室内植物。碎树皮覆盖物闻起来很香。

图 16.24 装在塑料袋里的植物，在不灌溉的情况下可以存活很长一段时间。照片由里克·史密斯提供

16.5 湿度与室内植物生长

湿度是空气中水蒸气的含量，足够的湿度是植物正常生长的必要条件。室内植物的湿度需要因种类不同而异。仙人掌和肉质植物在相对较低的湿度中能够正常生长，而多叶的热带植物在较高的湿度环境中生长得最好。

湿度对植物生长的影响主要是它对蒸腾速率的影响。一般来说，湿度越高，水分流失的速度越慢。没有恒定和快速的水分流失，植物的根部不需要消耗大量能量来吸收水分，这些能量可以用于植物的生长和发育。

相对湿度

空气中的湿度通常以百分比记录。这个数字表明空气保持水蒸气的能力随空气温度而变化的事实。随着温度升高，空气可以容纳越来越多的水。相对湿度是在给定温度下，空气中现有水汽占所能保持的总水量的比例。例如，气温 10℃，相对湿度 80% 是指在 10℃条件下，空气中保有 80% 的水蒸气。如果气温 60℃且空气中保有相同的水蒸气，其相对湿度会降低至 70% 或 75%。

一个地区的室外湿度受降水量（通常是雨水）的影响，还会受到附近大型水体的影响。因此，东部、东北和西北地区的自然湿度较高，而西部干旱内陆地区的湿度较低。但室外湿度并不一定等于室内湿度。只有在室内和室外空气自由循环时，湿度才会相等。如果关闭窗户，打开空调，室内湿度将会下降。

冬季室内湿度较低，导致很多室内植物出现问题。实际上，室内空气中的水分含量与室外相同，室外空气的相对湿度是 60%—70%。温差是原因所在。湿度适中的寒冷室外空气被引入室内，加热后循环更新室内空气。但在 6℃室外空气中保有的水分含量远小于在 18.3℃室内空气中保有的水分含量，相对湿度从标准的 60% 下降至 20%。

测量湿度

有几种仪器可以测量室内环境中的相对湿度，其中一种是毛发湿度计。头发的长短会随着湿度的高低而变化，湿度可以从一个简单刻度盘上显示出来。毛发湿度计的价格相对昂贵，但它是唯一合理、精确的刻度盘式仪器。

悬挂式湿度计是另一种测量湿度的仪器。在仪器面板上并排装有两个相同的温度计。一个温度计的水银球测量室温，另一个水银球覆盖着一小片棉芯（图 16.25）。当测量相对湿度时，覆盖有棉芯的水银球首先会变湿。然后两个温度计会在空气中旋转。当两个温度计都显示恒定读数时，记录两个温度计之间的差异。由于电灯泡周围的水蒸发，带有棉芯的“湿球温度计”总是会显示出较低的温度。使用温度差和专用表，可以迅速计算出相对湿度。

一般来说，35% 被认为是低湿度，35%—70% 是中湿度，70% 或更高是高湿度。大多数热带植物在湿度至少为 50% 的情况下生长得最好，而大多数植物在湿度低于 50% 的情况下生长得最好。

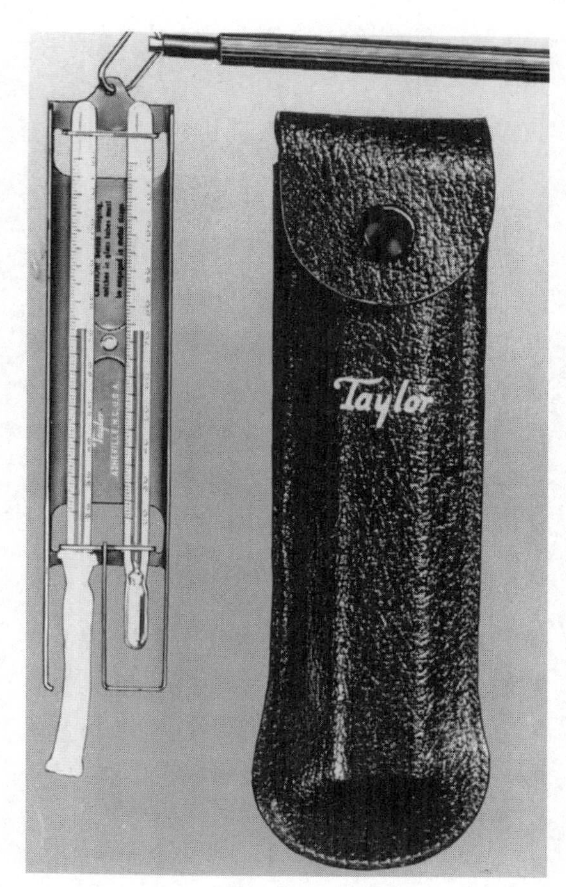

图 16.25 一种用于测量湿度的悬挂式湿度计。照片由美国威斯康星州阿特金森堡纳斯国际公司提供

提高室内相对湿度

一些技术被用于提高室内湿度，已经取得不同程度的成功。

雾化 尽管雾化是一种被广泛提倡用于提高植物周围相对湿度的方法，但实际上它并没有起到什么作用。在干燥的空气中，水分散失得很快。一层薄雾喷在植物叶子上，在不到半小时内就能散到空气中。在这么短的时间内改善湿度不太可能有太明显的效果。

然而，雾化对凤梨和兰花来说是有利的，它们可以直接从叶子细胞中吸收水分。

铺满鹅卵石或装满水的托盘 这种方法是有效的，因为水在干燥的空气中不断蒸发。托盘或茶托都有一层鹅卵石或大理石碎片，它们被水部分覆盖（图 16.26）。然后把植物放在托盘上，水中上升的蒸汽能够改善湿度。贮水盘可以按照需要重新加水，但水的深度不能使花盆有积水。

图 16.26 将室内植物放在一层湿的卵石上有助于增加湿度。照片由里克·史密斯提供

加湿器 提高房间湿度最可靠的方法是使用加湿器。不同的型号，从 25 美元起，价格不等。其中性价比最高的是冷却蒸汽加湿器。除了价格便宜外，这种机器很省电。

湿度不当的表现

湿度不足 热带植物上的叶梢和叶片边缘褐化（叶尖烧）是湿度不足最常见的表现。蒸腾作用太快导致水分还未到达最远的部分就已经散失了，并产生褐化。虽然难看，但褐化对植物没有什么危害。

虽然叶尖烧（图 16.27）是最容易被诊断为湿度不足的表现，但偶尔也会出现其他的表现。新叶和老叶一起掉落是湿度不足的表现之一，虽然它通常与植物的其他生长问题联系在一起。新叶较小、缺乏活力、花蕾脱落也是湿度不足的表现。

湿度过大 大多数室内植物在湿度高达 90% 的情况下生长得很好。然而，在潮湿的条件下，容易出现白粉病。它会影响玫瑰和秋海棠等植物。在高湿度的情况下，另一种真菌疾病——灰霉病，也很常见。

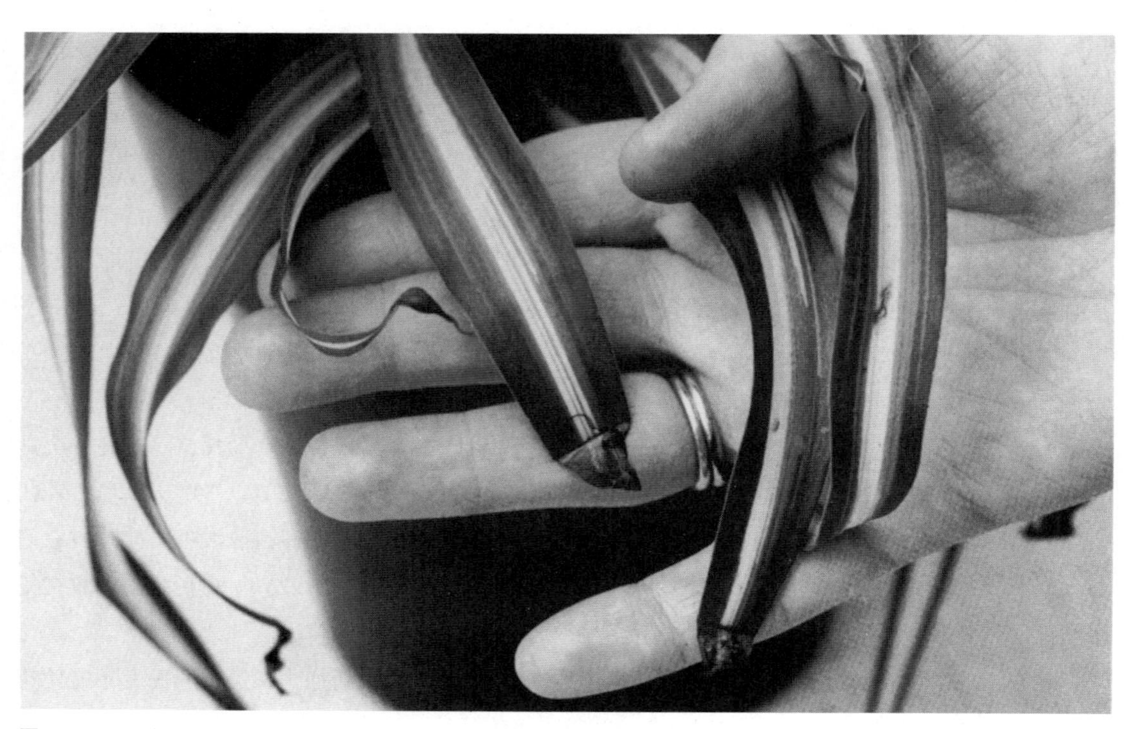

图 16.27 吊兰表现出的叶尖烧。照片由里克·史密斯提供

问题与讨论

1. 为什么盆栽基质比土壤更适合用来种植盆栽植物？
2. 下列基本组成部分的功能是什么?
   a. 盆栽基质
   b. 有机成分
   c. 粗团聚体
3. 为什么泥炭土可以用作盆栽基质中的有机成分？
4. 在盆栽基质中使用泥炭土有什么缺点吗？
5. 如何分辨腐殖质泥炭（淤泥）和泥炭土的区别?哪一种更适合在盆栽基质中使用，为什么？
6. 在盆栽基质中可以使用粗沙或细沙吗？
7. 如何从盆栽基质中识别蛭石，它有什么特殊属性？
8. 什么是保湿凝胶颗粒，它们在盆栽基质中的作用是什么？
9. 适用于喜湿蕨类植物与耐旱的仙人掌的盆栽基质，在有机成分的比例和粗团聚体上有什么不同？
10. 在酸性生长基质中如何配制最适合植物生长的盆栽混合土？
11. 为什么盆栽基质消毒是很重要的? 为什么要确保购买的盆栽基质是无菌的？
12. 在家里如何给盆栽基质消毒？
13. 如果有两袋同等重量、价格相同的化肥，其中一个标签是 5-10-5，另一个标签是 10-5-5，哪个更好？
14. 可溶性粉末室内植物肥料的优点是什么？
15. 缓释胶囊肥料是如何释放营养物质的？
16. 下列几组选择中，哪一种植物需要更多的肥料？
   a. 冬天的仙人掌与夏天的仙人掌
   b. 放置在朝北窗户上的植物与放置在朝南窗户上的植物
   c. 快速生长的植物与致病原因不明的患病植物
17. 是否应该把更多的钱花费在购买开花植物肥料上，而不是购买普通的肥料？
18. 叶面肥料有哪些用途？
19. 为什么螯合微量元素肥料比普通的微量营养肥料更好？
20. 为了保持室内植物的健康，可以用维生素来代替肥料吗？
21. 你的朋友向你展示了使用优质园土栽培的盆栽植物，虽然她经常给植物施肥，但新生枝很弱并且叶子发黄。这株植物可能出现了什么问题，应该如何处理呢？
22. 当你外出度假时，你的朋友忘记给你的仙人掌灌溉。这种植物没有被破坏，但它太干燥以至于盆栽基质已经与花盆边缘分离了，灌溉时水会直接流下去，而没有使基质重新润湿。你如何使基质重新润湿？
23. 你不小心把室内植物肥料按建议剂量的双倍施用在了所有的植物上，现在应该做什么？
24. 下列几组选择中，哪一种植物水分蒸发得更快，因此需要更频繁地灌溉？
   a. 高湿度环境里的植物与低湿度环境里的植物
   b. 在温暖房间里的植物与在凉爽房间里的植物
   c. 仙人掌与大叶的热带植物
25. 哪种植物干透得更快，是种在没有上釉黏土花盆里的植物，还是种在塑料花盆里的植物？
26. 什么是“干湿”交替灌溉法？这种灌溉方法的缺点是什么？
27. 哪一种植物需要更早灌溉，是一种主要由有机物质组成的盆栽基质，还是一种由高比例粗团聚体组成的基质？
28. 盆栽植物水分流失的 3 条主要途径是什么？
29. 随着植物在同一花盆里种植的时间越来越长，灌溉的频率应如何变化，是增加、减少还是保持不变？

30. 如何用触摸法来确定植物是否需要灌溉？
31. 湿度检测仪如何检测盆栽基质中所含的水分？在什么情况下它会出现错误的读数？
32. 为什么有排水孔的花盆灌溉时要一直等到水从底部流出来？
33. 将植物泡在装满水的托盘里几天，可能出现什么后果？
34. 在哪些情况下，底部灌溉比顶部灌溉效果更好？
35. 如果植物经常使用底部灌溉方式，那么可能出现的问题是什么？
36. 毛细管作用补水法适用于仙人掌和多肉植物吗？为什么适合或者为什么不适合呢？
37. 哪些室内植物对水中的氟化物敏感？氟中毒的症状是什么？
38. 将自来水静置一夜能否除去水中的氯？用于室内植物安全吗？
39. 过度灌溉的第一个症状是什么？
40. 为什么过度灌溉和灌溉不足的症状是一样的？
41. 度假时，可以用什么方法来减少植物的需水量？
42. 解释什么是相对湿度。
43. 在寒冷地区，为什么室外的相对湿度可以达到60%—70%，室内只有20%呢？
44. 一般来说，较高的相对湿度对室内植物有益，但它可能会导致什么问题呢？
45. 雾化对哪两类植物特别有效？为什么？

参考文献

American Water Works Association. 1990. *Water Quality and Treatment: A Handbook of Public Water Supplies*. 4th ed. New York: McGraw-Hill.

Bunt, A.C. 1988. *Media and Mixes for Container-Grown Plants: A Manual on the Preparation and Use of Growing Media for Pot Plants.* London: Unwin Hyman.

Conover, C.A., and R.T. Poole. 1992. Water Utilization of Six Foliage Plants under Two Interior Light Intensities. *Journal of Environmental Horticulture* 10(2):11–113.

International Symposium on Growing Media and Hy droponics, B. Alsanius, P. Jensén, and H. Asp. 2004. *Proceedings of the International Symposium on Growing Media & Hydroponics.* Alnarp, Sweden. Acta Horticulturae, no. 644. Leuven, Belgium: International Society for Horticultural Science.

Joiner, J.N. 1981. *Foliage Plant Production.* Englewood Cliffs, N.J.: Prentice Hall.

Mastalerz, J.W. 1977. *The Greenhouse Environment: The Effect of Environmental Factors on Flower Crops.* 2nd ed. New York: Wiley.

Taylor, L. 1996. *Watering Is Often the Key to Houseplant Success.* Michigan State University Extension. Home Horticulture, bulletin 03900091.

Reed, D.W., ed. 1996. *A Grower's Guide to Water, Media, and Nutrition for Greenhouse Crops.* Batavia, Ill.: Ball Publishing.

Snyder,S.D.1990. *Building Interiors, Plants and Automation: Automated, Precision, Micro-Irrigation Systems, A Guide for Architects, Interior Designers, Engineers, Contractors, Interior Landscapers.* Englewood Cliffs, N.J.: Prentice Hall.

第 17 章

光照与室内植物生长

学习目标

· 绘制植物“向光性响应”的示意图。

· 详细说明促使一品红开花的处理方法。

· 说明光照强度是如何影响叶子颜色的，并举出两个例子。

· 描述纬度、年光照时间、海拔、日光照时间和地域如何影响光照强度。

· 说出几个光测量单位名称并指出哪个是园艺上最常见的。

· 在用于植物栽培的给定房间里，列出 10 种室内植物清单，将它们放置在窗口附近能够接收适合光量的位置。

· 在给定房间里，提出 3 种能够使房间自然光最大化的方法。

· 绘制可见光光谱，并指出对植物生长最重要的主波长。

· 列出植物光照过多的两种表现症状，以及光照不足的两种表现症状。

照片由 Plant Haven 提供

在规划户外花园时，我们通常很少考虑阳光。人们在设计时会简单地认为，除非一个区域被树木遮挡，否则无论种植何种植物都能够得到充足的光照。在室内种植植物时，植物生长所需的充足光线不再是自动获得了。墙壁和天花板会将植物与自然分隔开，建筑物限制了现有的光，要想成功种植植物，必须适当地管理和补充光照。

17.1 光照对植物生长发育的影响

光是光合作用必不可少的条件，没有光，植物就无法制造出叶绿素、碳水化合物、激素和许多其他化学物质。植物进行呼吸作用和生长所需的能量也无法获得。

植物没有光就不能生长，但这并不完全正确。在光照不足的情况下植物不会停止生长，但它们的生长情况不理想，植物的茎长得很长，叶子相对较少（图 17.1），这就导致植物的外形纤细或瘦长，称为黄化现象。在这一过程中，植物利用储存的碳水化合物进行呼吸作用。当大部分碳水化合物被消耗时，植物就会死亡。

向光性及类似的反应

向光性是指植物向光生长（图 17.2）。在某些方面，它类似于叶绿素，辅助生长素被输送到茎的背光一侧，然后那一侧会变长。因为茎的两侧生长速度不同，所以茎会向光照方向弯曲。因此，植物的向光性实际上是一种激素反应。

图 17.1 光照不足导致植物黄化。这两株植物的叶子数量相同，栽植时间相同，但右侧的植物光照较少。照片由柯克提供

图 17.2 向光性是由从左侧照射植物的光引起的。照片由里克·史密斯提供

图 17.3 叶子裂片（龟背竹）与光照强度有关。光照较弱时植物会长出无裂片的叶子，光照较强时植物会长出有裂片的叶子。照片由里克·史密斯提供

有些植物，光照水平的差异会影响叶子的形态。在明亮的光线下生长的无花果叶子很多、较厚、革质。当将其移动到一个较阴暗的位置时，很多叶子会脱落，重新长出“阴叶”。阴叶较大、较薄，数量比以前的“阳叶”少。

不同光照水平下生长的龟背竹会表现出不同的反应（图 17.3）。在较低的光照水平下，新叶所含的裂片数减少。在弱光环境下，植物叶子可能根本没有裂片，而在中等光照水平下，植物每片叶子都有几个裂片。

光照与开花

除了间接影响光合作用和制造激素外，光照还在植物的开花过程中起着关键作用。

光照强度 光照强度不足会抑制很多室内植物开花。相对充足的光照强度是促使大多数栽培植物开花的必要条件，室内种植的植物也不例外。遗憾的是，充足的光照强度在室内并不常见。

光周期 合适的光周期与充足的光照强度能够促使或加速一些室内植物开花。光周期（详见第 3 章）是指每 24 小时内的日夜比例，它不仅影响植物开花，还影响植物块茎和鳞茎的形成。

根据光周期的不同，植物可分为短日照、长日照、中日照植物。很多室内植物原产赤道附近的热带地区，在那里一年中的白昼时间几乎没有变化。因此，综合时间、光照强度和温度等因素，大多数都是中日照开花植物。但有些室内植物，如菊花和一品红，在特定的光周期下才能够开花（见表 17.1）。

表 17.1　室内栽培植物的光周期

常用名	拉丁学名	光周期类型	备注
栀子	*Gardenia jasminoides*	短日照	诱导植物开花
虎耳草	*Saxifraga stolonifera*	长日照	匍匐茎和新植株
吊兰	*Chlorophytum comosum*	长日照	早期长出来的匍匐茎和新植株
中斑吊兰	*Chlorophytum comosum* 'Vittatum'	短日照	早期长出来的匍匐茎和新植株
秋海棠	*Begonia grandis*	短日照	形成气生块茎
大王秋海棠	*Begonia rex*	长日照	增加叶面积，促进茎的伸长
四季海棠	*Begonia semperflorens*	长日照	在温度较高、长日照条件下开花，而在温度较低条件下光期钝感
索科特拉秋海棠	*Begonia socotrana*	长日照 / 短日照	在长日照条件下开花，而在短日照条件下形成气生块茎
球根海棠	*Begonia*×*tuberhybrida*	长日照 / 短日照	长日照条件下开花，短日照条件下形成地下块茎
蒲包花	*Calceolaria crenatiflora*	长日照	加速开花
卡特兰属	*Cattleya* spp.	短日照	诱导植物开花
菊花	*Chrysanthemum*×*morifolium*	短日照	在低温下能够诱导植物开花
一品红	*Euphorbia pulcherrima*	短日照	诱导植物开花
倒挂金钟	*Fuchsia*×*hybrid*	长日照	诱导某些品种开花
长寿花	*Kalanchoe blossfeldiana*	短日照	诱导植物开花，叶片肉质化
月见草属	*Oenothera* spp.	长日照	低温下能够加速植物开花
酢浆草属	*Oxalis* spp.	短日照	形成地下块茎
长药八宝	*Hylotelephium spectabile*	长日照	诱导植物开花
瓜叶菊	*Senecio*×*hybridus*	短日照	短日照能够加速开花
仙人指	*Schlumbergera bridgesii*	中日照 / 短日照	晚上温度 10—13℃时是中日照；晚上温度在 13—16℃时，植物需要 13 个小时或更多的黑暗时间才能开花；如果晚上温度超过 21℃，植物很难开花

光照处理的时间必须保证昼夜长度比合适，以诱导不同种类的植物开花。如果光暗循环时间不够长，植物可能会恢复到营养生长状态，在开花过程中花蕾停止发育。如果光暗循环处理时间太长，植物通常不会受到伤害。但如果短日照植物无光照处理的时间过长，就会失去宝贵的光合作用时间，从而失去生命力。一般来说，在花蕾完全发育之前，应该保持现有的光周期时间表。

控制光周期的方法　大多数开花受光周期控制的植物是短日照植物。开花前它们每天都需要进行不间断的黑暗处理。

植物对光照的敏感程度因种类不同而有所差异，光照会突然“打断”必要的黑暗期。一品红对光照非常敏感，如果黑暗期被光照打断，或者环境不够黑，开花就会延迟。但是，大多数植物对光照并不那么敏感。

在家庭种植中，为短日照植物提供较长黑暗期的常用方法是，每天下午 5 点将植物放置在一个密室里，第二天早上 8 点拿出来。光周期时间表可以根据植物自身的光周期时间表进行调整，每天至少有连续 14.5 小时的黑暗期。在黑暗期，应该关上门后在室内进行检查。如果光能够从门缝中透过来，应该把漏光的地方遮挡住，或者换用另一个密室。

长日照植物开花对光照不那么严格。晚上，这类植物可以放在一个房间里。人造光足够补充自然光照时长，光照长度总共 14 小时或更长，植物就会开始开花。

光照与植物健康

在健康状况下，植物必须接受的最少光照量取决于植物的种类。植物对光的需求概括如下：

叶子颜色　在很多情况下，植物叶子颜色越深，所需光照越少。在弱光环境下能够健康生长的最常见植物的叶子都是深绿色的，如虎尾兰、橡胶树、叶兰、万年青和喜林芋。在没有光照的情况下，这些植物在叶子表面附近能够形成一层密集的叶绿素。这使它们能够更加高效地利用光照。

很多斑叶植物与非斑叶的同类植物相比需要更多的光照，如中斑吊兰、三色千年木和白花紫露草。这些植物叶片的白色斑点位置缺乏叶绿素，需要更多或更强的光照来补偿。

除了叶绿素外，含有红色色素的植物也需要强光。五彩苏、巴豆等植物的叶绿素被红色素掩盖，需要强光穿透叶绿素。

在中度和较强的光照条件下，斑叶植物会表现出最吸引人的颜色。在光照不足的情况下，它们通常会恢复成纯绿色，以更有效地进行光合作用。

多肉植物和多汁植物　多肉植物和多汁植物（如青锁龙、长寿花和仙人掌）与薄叶植物相比，需要更多的光。它们的肉质结构最大限度地减少了植物表面通过蒸腾作用的水分流失，使它们能够在干燥的气候条件下生存下来。但与此同时，植物的光合成面积减小。因此，这些植物在明亮的环境下生长得更好。

原生生长条件　自然生长在其他植物的树荫下的植物（如蕨类植物）与习惯于阳光充足的植物相比，通常更适合于在室内种植。因为它们自然生长在树荫下，在室内弱光的位置也能够生长得很好。许多热带植物也是如此，包括常春藤、豆瓣绿和慈姑。

最终，通过查找可靠的参考书来确定维持室内栽培植物所需光照量的方法是最好的。大多数室内植物都是如此，但也有例外。如果严格遵循这些指导方法来，而不是根据实际情况适当参考，植物可能会因为不适当的光照而受影响。

光照强度

光照强度是影响植物吸收总光照的一个因素，另一个因素是光照时长。光照不足通常是室内植物生长状况不佳的原因，尤其是在北部地区和冬季。

自然光光照强度受多种因素影响。有时是地理位置或海拔变化的结果，有时是气候。了解这些因素以及它们与光照强度的关系有助于室内园艺师了解与光照相关的优势和劣势。

纬度　只有在赤道上，太阳才准确地从东方升起，在西方落下。对于居住在北半球热带以外地区的人们来说，太阳总是在偏南的天空中出现（图 17.4）。从南方的地平线出现的距离取决于当地与赤道之间的距离（纬度），太阳在南方的地平线下降得越低，位置越靠北。在南半球，情况正好相反。

太阳在南部天空的方向对光照强度有很大

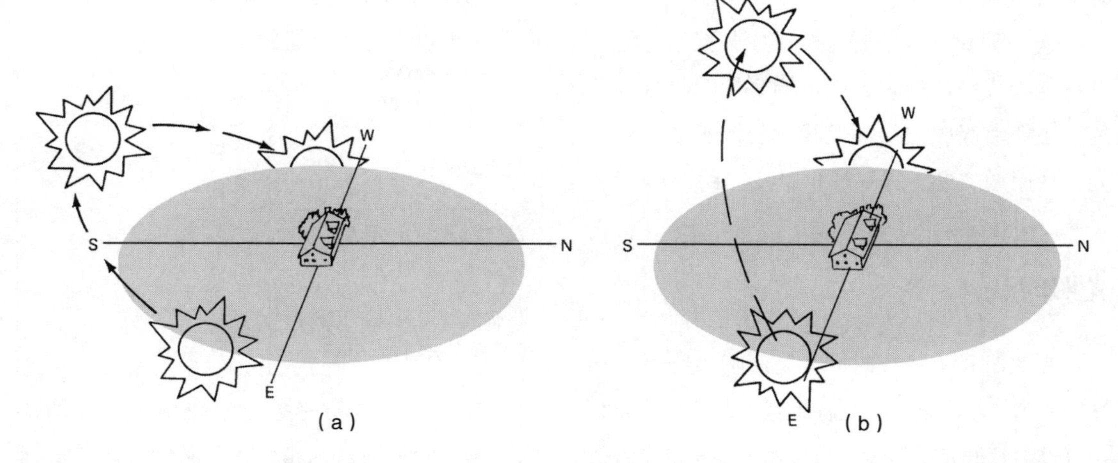

图 17.4 太阳在北半球（a）冬天和（b）夏季的典型位置。注意太阳仍在南方，上升和落下的位置随着季节的变换而不同

的影响。阳光以一个方向角而不是直接地照射进地球大气层，光照穿过大气层到达地球的距离增加了。部分光照在大气中消失，因此，当光照最终到达地面时，光照强度要小得多。由于这个原因，越靠近北方，光照强度就越小。

年光照时间 由于太阳的方位角，年光照时间也会影响光照强度。在北回归线以北的地区，尽管太阳全年都在南部的天空中，但在冬季，它会降至南部地平线的最低位置，而在夏季正午，接近于头顶直射（图 17.4）。太阳的方位角改变的多少取决于当地与赤道之间的距离。在美国南部，从夏季到冬季，太阳的方位角只会略微变化，光照强度也会有适度的变化。但在遥远的北方，这种变化非常明显。太阳从地平线上出现时很低，在冬季光照强度相对较弱，而在夏季太阳会上升到接近头顶的水平，光照强度较强。在春季和秋季，光照介于两者之间，强度适中。

日光照时间 光照强度也受日光照时间的影响。正午，太阳处于最高点的时候，光照强度最强烈。无论在早晨还是傍晚，太阳都在地平线上，强度会随着光照穿过大气层的距离增加而减少。

当地一天中的天气变化能够改变光照强度。在西部，有些地区早晨通常是雾蒙蒙的，这会减弱白天的光线强度。因此，在这些地区，下午的光照更强。

海拔 生活在海拔 300 米以上地区的人们通常比高纬度地区的人们受到更强的光照。这是因为在高海拔地区空气密度较低，大气层较薄，因此损失的光照强度也会减少。美国科罗拉多州丹佛市很好地说明了海拔对光照强度的影响。那里的海拔超过 1524 米，全年光照强度远远高于马萨诸塞州波士顿（海拔 7 米），虽然这两个城市纬度相差不到 4 度。

云、雾和烟雾 在云、雾或烟雾覆盖的区域，光照强度通常低于同一纬度没有云、雾或烟雾覆盖的区域。水蒸气和污染烟雾作为反射物，能够将大部分阳光反射回太空。此外，云、雾和烟雾能够使太阳光线漫反射，使地球获得无影照明，而没有由阳光造成的阴影。

积雪 持久的积雪能够通过反射室内阳光来影响光线强度。冬季大部分时间有积雪的寒冷地区，由于反射，透过所有窗户的光线都略有增加。

这一原则也适用于被浅色沙子、白色岩石覆盖物或类似的材料围成的房屋。尽管深色的土壤能够吸收光线，但浅色的沙子会反射阳光，从而增加进入房屋的光照。

光照时长

光照时长（昼夜时间）是影响植物吸收总光照的第二个因素。在某种程度上，延长光照时长可以弥补低光照强度，为植物提供充足光照来进行光合作用。但是当光照强度低于某一最低光照强度时，增加光照时间也无法补偿光照需求。

夏季的白昼时间比冬季长，这也是由纬度造成的。赤道上的白昼时间与夜晚时间都是相等的。但在北方，冬季的白昼时间小于9小时，夏天的白昼时间是15小时。位置越靠近北方，冬季白昼时间变短和夏季白昼时间变长的现象更加明显。例如在阿拉斯加，夏季的白昼时间是20个小时甚至更长。

冬季最短白昼时间与太阳在地平线上最低的时期相一致，12月22日（冬至）是白昼时间最短的一天。随后太阳又开始向北方的天空移动，白昼时间逐渐变长。

小结 纬度、光照时长、海拔、云、积雪以及其他所有的因素共同影响光照情况。因为存在很多变量，所以几乎不可能只通过一个因素就判断出区域的光照情况是较强、适中还是较暗，必须通过观察才能进行判断。美国环境科学服务局记录了整个美国在7月和12月的光照强度和光照时间。这些数据为美国冬至和夏至的总体光照情况（单位：兰勒）提供了参考。

图17.5展示了美国大陆在冬季和夏季光照较强、光照中等和光照较弱的区域。在大多数地区，夏季的光照强度是冬季的3—4倍。

测量光照与植物生长的关系是一个复杂的问题，可以分为3个部分：

光照	计量单位
照度或强度	勒克斯、流明、强度、呎烛光
总辐射量（光照强度＋光照时间）	焦耳、瓦、兰勒
植物生长需要的特定波长（光合有效辐射，PAR）	量子、摩尔和微瓦特

对这些问题的完整介绍超出了本文的范围，因为它们与室内植物生长相关，本章会对每一个问题进行简单的介绍。

测定射入窗户的太阳总辐射量

那些能够影响射入地球光照强度和光照时间的因素是很重要的。但对于室内园艺师来说，射入窗户的光照是最重要的。

有几种类型的照度计可用于测量光照强度，但对于非专业化的家用来说，可以利用一个热电堆或辐射热测量计，这意味着它会读取任何特定的波长。入射照度计能够测量照射在植物上的光照强度。为了得到有代表性的读数，要对植物的几个不同部位进行测量，同时将仪器瞄准光源。

每天在不同的时间段内，在多云和阳光充足的条件下，多次记录读数确定植物接收的平均光照。在确定这一点后，必须找到植物的光需求。虽然在农业推广服务部简报中已经发表了很多植物的光需求，但这个列表还远远不够。

在某些情况下，植物的光需求是用呎烛光来衡量的。“呎烛光”是一种古老的测量方法[①]，它是指在距离标准烛1英尺远的1平方英

① 呎烛光已经被勒克斯替代，但是在很多文献中仍使用呎烛光来测量光需求。

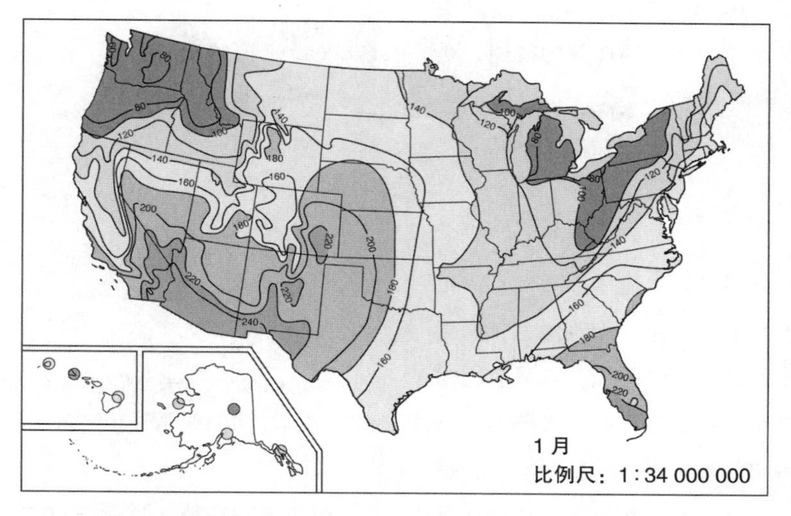

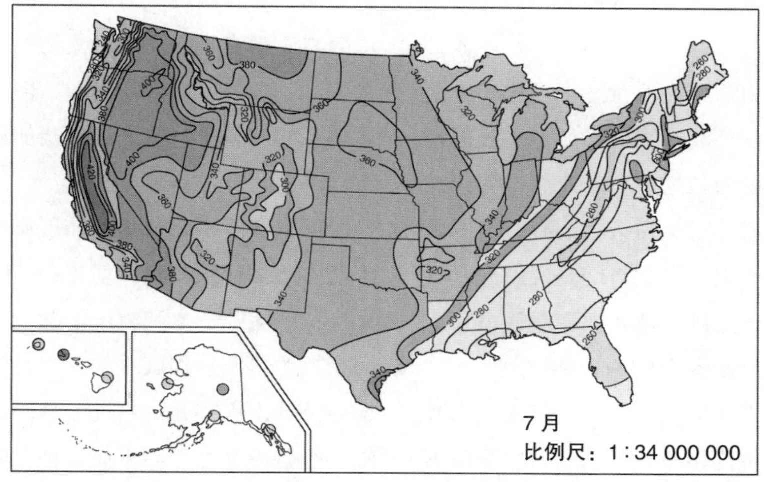

图 17.5 1 月和 7 月美国的平均日太阳辐射量。图片由得克萨斯大学图书馆提供（本插图系原文插图）

尺平面上接受的光通量。为了便于参考，1 盏舒适灯的呎烛光是 50，明亮夏日的呎烛光是 1 万。美国农业部对 100 多种室内植物进行了分类，根据它们的光需求，将其分成 75—200 呎烛光（767—2153 勒克斯），200—500 呎烛光（2 153—5 382 勒克斯），大于 1000 呎烛光（10 764 勒克斯）。补偿点（在此光照强度下，植物的呼吸作用速率等于光合作用速率）的光照强度被定为，阴生植物是 25 呎烛光（229 勒克斯），中性植物是 75—100 呎烛光（767—1 076 勒克斯），阳生植物是 1 000 呎烛光（10 764 勒克斯）。

光照强度和温度、灌溉频率和施肥频率等因素会相互影响。当温度低于 17℃时，通过降低呼吸速率能够储存贮藏的碳水化合物，而频繁灌溉和施肥会加剧并加速植物衰老，导致茎伸长和叶片老化。

对于大多数园艺师来说，根据窗户的方向和植物与窗户之间的距离来进行灯光设计，比根据呎烛光更可行。准确的光照测量并不是成功培育室内植物的必要条件。使用一些参考书，掌握快速发现光照不足的迹象的技能，是优秀的室内园艺师所必备的。

窗户的朝向

朝南的窗户光照最好，最适合种植室内植物。首先，由于北半球全年阳光普照，朝南无遮挡的窗户全年阳光直射时间最长。只有朝南的窗户能从早晨一直到黄昏都有阳光照射，有朝南窗户的室内园艺师是幸运的。所有植物都有足够的光照，可以移动植物远离窗户来调整光照情况。

朝东和朝西窗户的光照量适中，比朝南窗户的光照量少，比朝北窗户的光照量多。但在美国西部各州，朝西的窗户可会比东部各州提供更多的太阳辐射。每天白天大约有一半的时间能够接受阳光直射，其余时间是反射光。将植物放在离玻璃不远处，从东面和西面窗户射入的光照足以满足大多数的室内植物生长。

朝北的窗户提供的光照最少，但在大多数地区仍然可以种植许多植物。朝北窗户光照不好的原因是没有直接的阳光，只有地面或附近的建筑物反射的光。

影响阳光透过窗户的其他因素

有些因素，比如悬挂的屋檐或高层建筑，会减少透过窗户射入的光照。在确定窗户的光照水平时，应该考虑这些因素。

外悬的屋檐 宽檐（图 17.6）会明显减少阳光射入房间的时间和距离。正午太阳高照时以及正午前后的几个小时，外悬的屋檐遮挡了窗户。这种效应在夏天比冬天更加明显，因为太阳距离南方地平线更高。

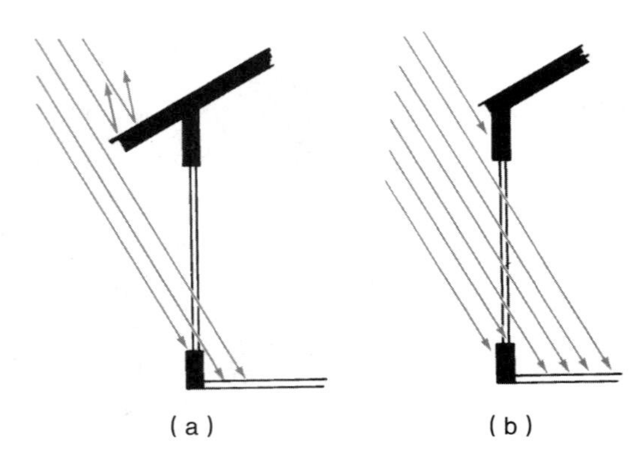

图 17.6 屋檐对透过窗户的光照量的影响。注意 (a) 有屋檐和 (b) 没有屋檐的房间光照的射入深度

建筑物和围墙 靠近窗户的建筑物和围墙也会减少阳光直射。与悬垂物一样，会形成来自南方、东方或西方的阴影，但与屋檐造成的遮挡不同的是，建筑物和围墙的遮挡在冬季会更加明显。

灌木和乔木绿化带 靠近窗户的灌木和乔木能够严重地限制光线射入，有时只剩下反射光。秋季落叶乔木和灌木的叶子脱落，冬季光照遮挡的情况会稍微缓解一些，但是常绿植物还会持续出现挡光的情况。移除或修剪植物是唯一的解决办法。乔木应该被截断或打薄。灌木应该被打薄，尽量减少阳光的遮挡。第 13 章已经介绍了这些修剪方法。

窗帘和百叶窗 大多数房主在早晨打开窗帘和百叶窗，天黑后把它们关上，但清晨的光照就这样损失掉了。特别是朝东的窗户，在日出后窗帘打开之前，很大一部分直射光就这样损失掉了。

即使窗帘是打开的，也会减少窗室外围的光照区域。为了使光线最大化，使用悬挂式的窗帘，这样当窗帘打开时，能够露出整个窗口。不要使用帷幔，它会遮挡顶部的光照。

低辐射（Low-E）透光玻璃材料 不同类型的低辐射涂层被设计允许高热增量，中等热增量和低热增量取决于气候。涂层很薄，肉眼几乎看不见，金属层沉积在玻璃上。窗户还包括填充在玻璃层之间的氩气，使其变成双层玻璃。

在玻璃表面涂上低辐射物质能够阻止大量的热量进入。但是低辐射涂层在可见光下是透明的，并能够使光照的59%—78%透过窗户，具体数值因不同品牌而异。没有涂层的普通双层玻璃的透光率是81%，单层玻璃的透光率是90%—95%。这对于大多数室内植物来说是足够的，虽然可能会影响光需求量高的植物和幼苗。

以下是对不同气候条件下使用的特殊窗玻璃的概述：

1. 高热增量低辐射双层玻璃。低辐射玻璃制品通常被称为热解或硬膜低辐射玻璃。它们能够减少通过窗户的热量损失，但吸收了太阳热量。这种玻璃制品最适用于全年大部分时间有供暖的气候。它们能够允许大约75%的可见光透过。

2. 中等热增量低辐射的层玻璃。这种低辐射玻璃通常被称为喷镀膜或软膜玻璃。这种玻璃制品允许一部分太阳辐射能透过，最适用于一年中大部分时间都在供暖、制冷的气候。大约78%的可见光能够透过这种玻璃。

3. 低热增量低辐射的双层玻璃（光谱选择性）。这种玻璃材料被称为喷镀、光谱选择性或软膜玻璃。带有这种涂层的窗玻璃在冬季可以减少热量损失，同时在夏季减少热增量。这种玻璃制品适用于炎热的气候。它们能够透过大约70%的光线，比以前使用的传统有色玻璃和反光玻璃要好得多。

其他低辐射涂料能够获得更低的热增量。然而，这也能够通过减少光透射来实现。这样的涂层略带颜色，最适用于天气非常炎热和阳光非常充足的地方。

17.2 植物获取最佳自然光照的位置

就像窗户根据提供的光照明亮、中等或昏暗而进行分类一样，植物也可以被分为阳生植物、中性植物和阴生植物，并且应该被放置在满足其光需求的位置。一般来说，问题主要集中于植物应该放在距离窗户多远的位置最有利于生长。这种植物能够接受的维持自身生长的最低光照水平称为光补偿点。光照等于光补偿点，植物所接收到的光能够使光合作用合成的碳水化合物正好用于呼吸作用，但不会制造多余的碳水化合物用于植物生长。当光照小于补偿点时，呼吸作用消耗碳水化合物的速率大于光合作用制造碳水化合物的速率，植物将慢慢死去。当光照大于补偿点时，光合作用的速率大于呼吸作用的速率，剩余的碳水化合物将被用于植物生长。

光补偿点对室内植物生长是非常重要的。装饰用的植物在购买时按照理想的尺寸大小，在合适的光照量下能够保持良好的状态。因为植物生长缓慢，植物如果生长良好，所需的养护时间很少。此外，在补偿点光照下生长的植物可以被放置在远离窗户的位置，而不是放置在最有利于植物生长的位置，需要更多光照才能存活的其他植物应该为其创造更多的空间。

以下有关强光、中等光和弱光的描述和数字只能粗略估计可利用的窗户光照。光照范围包括从补偿点的光量至室内植物所需的最强光照量。

强光

很多开花植物、仙人掌和多肉植物都有强光需求，是阳生植物（表17.2）。总的来说，需要强光的植物，最难在室内种植。主要的问题是在光照不佳的冬季很难为植物提供充足的光照。

尽管不同地区的光照情况存在差异，但一般来说，阳生植物与南窗之间的距离不应超过 1 米，与东窗或西窗之间的距离不应该超过 0.6 米（图 17.7）。为阳生植物提供过量的光照几乎是不可能的。这类植物得到的光照越多，长势越好。大多数植物都容易适应充分的阳光，它们适应后，在室外温暖的气候下会茁壮地生长。

表 17.2 阳生植物

常用名	拉丁学名
苘麻属	*Abutilon* spp. *
红穗铁苋菜	*Acalypha hispida* *
红桑栽培种	*Acalypha wilkesiana* 栽培种 *
芒毛苣苔属	*Aeschynanthus* spp.
龙舌兰属	*Agave* spp. *
簕竹属	*Bambusa* spp. *
酒瓶兰	*Beaucarnea recurvata* *
四季秋海棠	*Begonia*×*semperflorenscultorum* *
仙人掌	*Opuntia* spp. *
山茶属	*Camellia* spp.
大花假虎刺	*Carissa macrocarpa* *
卡特兰属	*Cattleya* spp.
吊金钱	*Ceropegia woodii*
菊花	*Chrysanthemum morifolium* *
柑橘属	*Citrus* spp. *
变叶木	*Codiaeum variegatum* *
五彩苏	*Coleus scutellarioides* *
鲸鱼花属	*Columnea*
萼距花属	*Cuphea* spp. *
三色千年木	*Dracaena marginata* 'Tricolor'
一品红	*Euphorbia pulcherrima* *
熊掌木	*Fatshedera lizei* *
紫鹅绒栽培种	*Gynura aurantiaca* 栽培种
洋常春藤栽培种	*Hedera helix* 栽培种
朱顶红属	*Hippeastrum* spp.
球兰栽培变种	*Hoya carnosa* 栽培种
红点草	*Hypoestes phyllostachya*
血苋	*Iresine herbstii*
虾衣花	*Justicia brandegeeana*
黄色女王虾衣花	*Justicia brandegeeana* 'Yellow Queen'
长寿花	*Kalanchoe blossfeldiana* *
冰叶日中花	*Mesembryanthemum crystallinum* *
马缨丹属	*Lantana* spp. *
女贞	*Ligustrum lucidum* *
酢浆草属	*Oxalis* spp. *
天竺葵属	*Pelargonium* spp. *
鳄梨	*Persea americana* *
罗汉松属	*Podocarpus* spp. *
蔷薇属	*Rosa* spp. *
多花耳药藤	*Stephanotis floribunda*
多肉植物	很多种

（续表）

* 表示不是在室内光照水平最高的情况。

中等光

大多数观叶植物都属于中性植物（表 17.3）。将植物摆放在距离南窗 2 米、距离东窗或西窗 1.2 米、距离北窗 0.6 米处，可以保证植物获得充足的光照。和阳生植物一样，中性植物靠近玻璃的时候会长得更好，尤其是在冬季。然而，随着夏季的临近，那些放置在南窗或西窗的植物会受到越来越多的光照。应该注意观察植物是否出现光照过多的症状，如果出现这种症状，应该将植物搬到距离窗户远一点的位置。

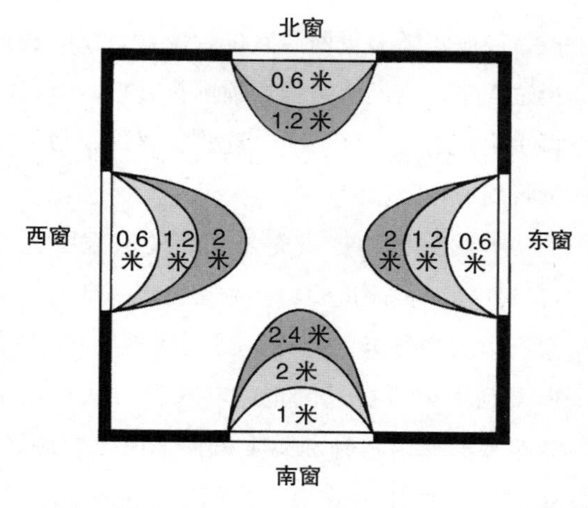

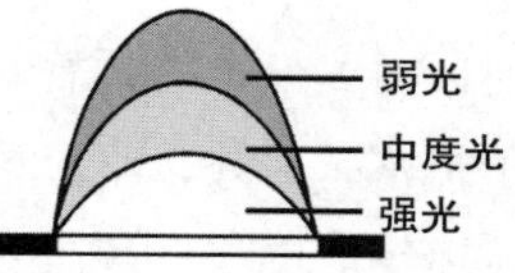

图 17.7 窗户与阳生植物、中性植物和阴生植物之间的建议参考距离

表 17.3 中性植物

常用名	拉丁学名
铁线蕨属	*Adiantum* spp.
花烛属	*Anthurium* spp.
青木	*Aucuba japonica*
秋海棠属	*Begonia* spp.
鹅掌柴属	*Brassaia* spp.
鱼尾葵属	*Caryota* spp.
吊兰栽培种	*Chlorophytum comosum* 栽培种
白粉藤属	*Cissus* spp.
小粒咖啡	*Coffea arabica*
朱蕉	*Cordyline fruticosa*
姬凤梨属	*Cryptanthus* spp.
黛粉芋属	*Dieffenbachia* spp.
孔雀木	*Schefflera elegantissima*
龙血树属	*Dracaena* spp.
卫矛属	*Euonymus* spp.
八角金盘	*Fatsia japonica*
垂叶榕	*Ficus benjamina*
大琴叶榕	*Ficus lyrata*
薜荔	*Ficus pumila*
鲨鱼掌属	*Gasteria* spp.
豹斑竹芋栽培种	*Maranta leuconeura* 栽培种
肾蕨属	*Nephrolepis* spp.
兜兰属	*Paphiopedilum* spp.
草胡椒属	*Peperomia* spp.
江边刺葵	*Phoenix roebelenii*
冷水花属	*Pilea* spp.
二歧鹿角蕨	*Platycerium bifurcatum*
马刺花属	*Plectranthus* spp.
友水龙骨	*Goniophlebium amoenum*
南洋参属	*Polyscias* spp.
紫背万年青	*Tradescantia spathacea*
非洲紫罗兰栽培种	*Saintpaulia ionantha* 栽培种
虎耳草	*Saxifraga stolonifera*
仙人掌科	*Schlumbergera*，*Rhipsalis*，*Epiphyllum* 及其他属
珊瑚樱	*Solanum pseudocapsicum*
金钱麻	*Soleirolia soleirolii*
千母草	*Tolmiea menziesii*
白花紫露草	*Tradescantia fluminensis*
姜	*Zingiber officinale*

弱光

只有一少部分室内植物能够在弱光环境下正常生长，表 17.4 列举了一些阴生植物，其中大部分植物在中等光照条件下长势较好。然而，很多中性植物可以在弱光条件下存活数个月，而不会受到伤害。

阴生植物可以放置在距离东窗和西窗 1.2—2 米的位置，距离北窗 1.2 米的位置（图 17.7），也可以放置在距离南窗 1.8—2.4 米的位置。与阳生植物不同，一些阴生植物会因为过多光照而受伤。它们在中等光照条件下正常生长，但一般无法在强光条件下进行种植。

表 17.4 阴生植物

常用名	拉丁学名
金钱蒲	*Acorus gramineus*
广东万年青属	*Aglaonema* spp.
异叶南洋杉	*Araucaria heterophylla*
天门冬属	*Asparagus* spp.
蜘蛛抱蛋	*Aspidistra elatior*
巢蕨	*Asplenium nidus*
袖珍椰子	*Chamaedorea elegans*
全缘贯众	*Cyrtomium falcatum*
香龙血树栽培种	*Dracaena fragrans* 栽培种
百合竹	*Dracaena reflexa*
绿萝	*Epipremnum aureum*
印度榕	*Ficus elastica*
网纹草栽培种	*Fittonia Verschaffeltü* 栽培种
平叶棕	*Howea forsteriana*
喜林芋属	*Philodendron* spp.
对开蕨	*Asplenium Scolopendrium*
虎尾兰属	*Sansevieria* spp.
白鹤芋属	*Spathiphyllum* spp.
合果芋	*Syngonium podophyllum*
凤梨	*Vriesea*，*Guzmania*，*Nidularium* 等属

17.3 最大限度利用自然光

一般来说，室内园艺师必须利用所有能够使用的自然光。园艺师无法改变气候，除了改装更大的窗户或开天窗之外，改善采光的办法不多，但是可以通过一些方法高效地利用自然光。

轮换

植物轮换在商业化生产上是一种切实可行的方法，对家庭园艺师来说也是很实用的。在大堂和公共购物中心里的许多大型观叶植物都是从专门从事室内绿化和植物养护的公司租来的。每隔几个月，低光照展示区域的植物就会被替换并重新被带回温室进行恢复。在温室轮换过程中，它们能够积累碳水化合物，当它们再次出现在展示区域时，这些积累的碳水化合物将用于呼吸作用。

无法为植物提供充足光照的家庭园艺师可以使用一种改良的轮换方法，将一部分植物搬到离窗户更近的地方，另一些植物每 2—3 周搬到离窗户更远的地方。这种方法对于十分耐寒的室内植物和阴生植物来说效果最好。对阳生植物作用效果不太明显。它们可以被放置在中度或低光照区域，但不能放置时间过长，避免植物叶子掉落。另外，不应该移动发芽的植物，因为环境的突变会导致芽掉落。但在植物发芽之后，可以将其移动到更显眼的位置。

反射颜色

白色表面能够反射光，黑色表面会吸收光，并且各种颜色的光吸收的程度不同。一旦光线透过窗户射入室内，浅色的墙壁、地毯和窗帘能够使光与植物的接触最大化，它们能够使光反射回来而不是吸收光。白墙的反射率 90%。它们能够显著地增加植物接收到的光照量。反射光的增加使中性植物和阴生植物在距离窗户较远的地方也能够正常生长。

天窗

建造天窗是一种解决室内光线不足问题的理想解决方案。以前天窗的价格非常昂贵，因为它们一直是定制的建筑项目，现在则有各种尺寸和材料的预制产品。在 19 世纪末和 20 世纪初的建筑中，最早的天窗都是用金属丝玻璃制成的，就是当时的安全玻璃。为了安全，现在的新型天窗必须使用塑料、钢化玻璃或双层玻璃。

对于一个正在为了种植植物而购买天窗的人来说，最重要的一点是，应该选择半透明的玻璃，而不是透明的玻璃。就像空气中的湿气能够扩散一样，阳光能够照亮一切，无论从哪个方向照射过来。与透明玻璃相比，半透明的玻璃和塑料在光照透过材料的位置能够改变入射光线，使其能够照亮的区域更大并且照射的时间更长（图 17.8）。在底特律，伦纳德·A. 克希（Leonard A. Kersch）设计了假设安装的商业用中庭天井计算机模型（纬度 42 度，光照较差）。使用半透明玻璃的光照情况与透明玻璃的光照情况相比，半透明玻璃的光照是透明玻璃的 4—5 倍（图 17.9）。半透明的玻璃的散射效应不会受到阳光照射玻璃的角度影响，除了加拿大北部和阿拉斯加这种极端纬度地区。因为在纬度非常高的北部地区，太阳可以下降至距离地平线很远的地方（如底特律 12 月 21 日纬度 21 度），在这种情况下从天窗照射进来的阳光常常照亮的是墙壁，而不是地板和植物栽培床。

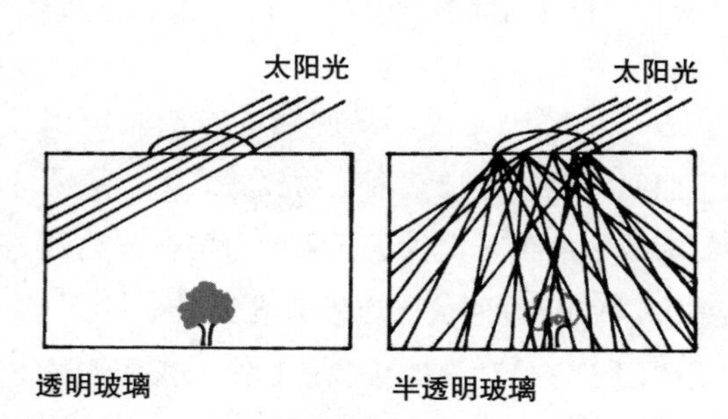

图 17.8　透明和半透明的天窗透光模式。以密歇根州安阿伯市花园环境的伦纳德·A. 克希的设计为原型，发表于《室内景观美化工业》，第 5 期，第 10 页

半透明的玻璃也消除了“热点”的问题，随着太阳在天空中的移动，阳光从天窗直射进来形成的光照区域也随之改变（图 17.9）。如果使用透明玻璃，这个热点主要是阳生的生长区域，而半透明玻璃形成的光照区域更大，光照强度略低。

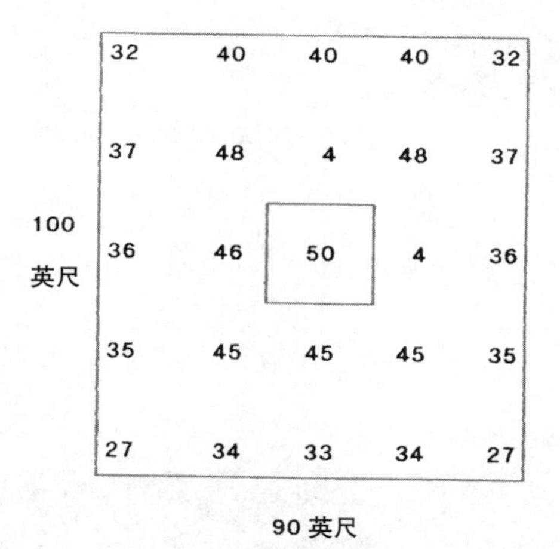

图 17.9　在透明和半透明的天窗之间的光照强度变化（单位：兰勒）。这个正方形代表了一个比地面高 15 米的天窗。根据密歇根州安阿伯市花园环境公司伦纳德·克希的设计绘制，发表于《室内景观美化工业》，第 5 期，第 10 页

17.4 用于植物种植的人工照明

另一个解决光线不足问题的方法是使用人工照明。园艺师把室内植物放置到人工照明中，为植物的生长提供了无限的可能。园艺师几乎可以成功地种植所有的开花植物、草药、蔬菜和用于室外种植的移栽植物。人工照明植物箱被广泛使用。

目前，在家庭照明中使用的两种基本类型是白炽灯和荧光灯。然而，发光二极管（LED）灯（见植物照明章节）在过去的几年里已经上市，并被用于商业装置，如水培。

光合有效辐射（PAR）

光照与植物生长关系中的最后一个特征是植物生长所需光照类型的数量，是由特定的光源发出来的。这个来源可以是自然光（日光），也可以是人造光。

阳光适合植物生长，但有些人造光不适合。园艺师必须了解光线的构成和植物生长所必需的光的种类，这样才能正确地购买照明设备。

光能根据波长进行划分；图 17.10 介绍了可见光波长与其他类型辐射能之间的关系。在列出的能量类型中，太阳辐射只包含 3 种：紫外线、可见光和红外线（热量）。它们对植物生长具有重要意义。

紫外线会晒黑皮肤，室外植物整天都暴露在紫外线下。然而，紫外线不是植物生长所必需的。紫外线没有进入玻璃温室的事实进一步证明，没有它，植物也能够正常生长。

红外线通过空气或空间传导热量，并且能够加热所有接触到的物体。因此，白天阳光中的红外线能够加热室外植物，但晚上红外线会从之前温暖的表面（如土壤）释放出来。植

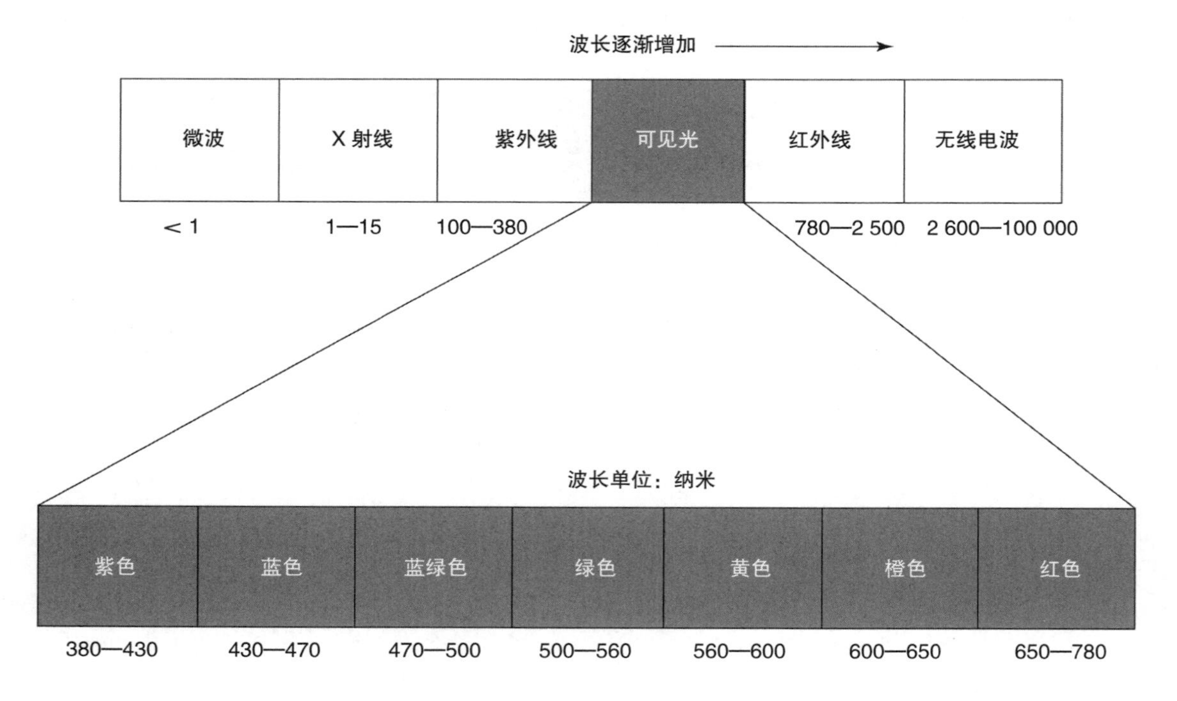

图 17.10 辐射能频谱

物生长需要热量，但这些热量不能由照明设备提供。

植物生长只需要可见光，即使构成可见光范围内所有颜色的光并没有被证明都是必需的。但光谱中橙红色和蓝紫色光对植物生长的影响最明显。这些是构成光合有效辐射最主要的波长，缩写为PAR标准值为400—700纳米。绿色和黄色的光通常会被植物反射，所以植物会表现出特有的绿色。

橙红色和蓝紫色光都被用于光合作用。红光已被证明是能够诱导光周期植物开花的波长范围，而蓝光则与植物的向光性有关。

光照类型

白炽灯 白炽灯是人类最早发明出来的电灯。它们通过电线输送电力，加热后发光。与荧光灯相比，在产生相同光量的情况下，白炽灯消耗的电能更多，这部分多消耗的能量以热量的形式释放出去。在所发射光的波长中，橙红色光最多（图17.11），蓝紫色光较少，使照射到的物体看起来很温暖。虽然橙红色光对开花植物很有用，而且有引人注目的焦光效果，但使用缺乏蓝紫色光的普通白炽灯作为唯一光源时，植物无法正常生长。

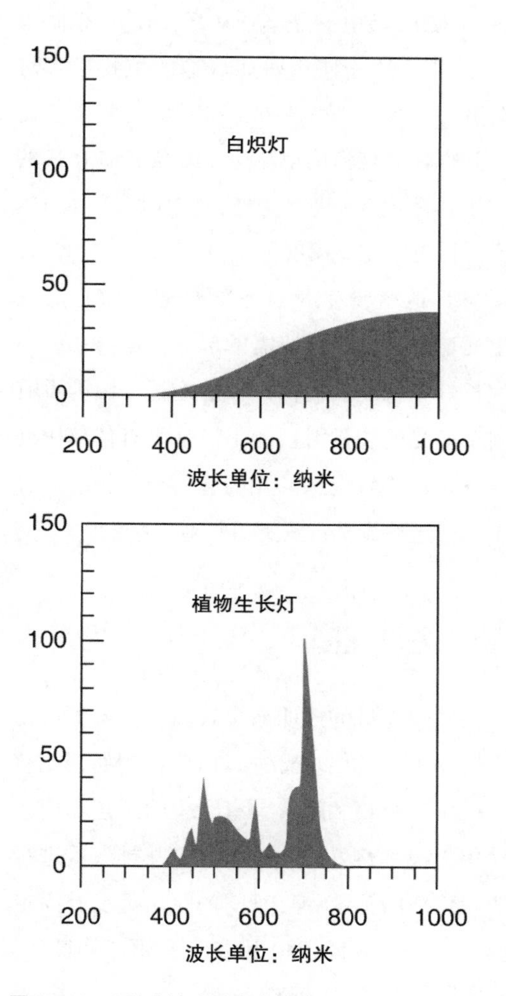

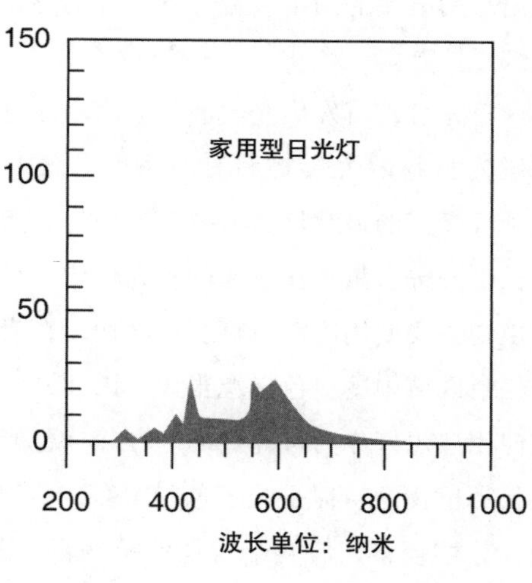

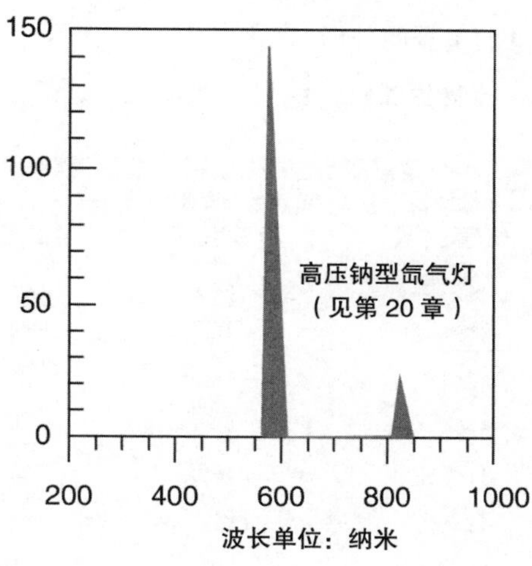

图17.11 4种人造光源发出的光

在白炽灯下生长的植物比在其他光源下生长的植物更苍白、更纤细、更萎黄。此外，它们不会分枝，开花后老化得非常快。

家用型日光灯 日光灯是长灯管，只能在特殊设计的照明设备里使用。灯管的里面涂有磷光材料，两端各有一个电极。每一个电极产生的电流与汞发生化学反应，能够刺激磷光涂层发光。

虽然最初的日光灯价格较贵，但与白炽灯相比，日光灯更省电，在用电量相同的情况下，日光灯的亮度是白炽灯的5倍。日光灯几乎不会从灯管里释放出热量，只有镇流器能够释放出少量的热量，镇流器是用来调节从电极流出来的电流的固定装置。日光灯的寿命比白炽灯要长得多。

日光灯管所发出光的波长会因涂在灯管里的磷光材料的混合物而有所不同。表17.5列出了日光灯的最常见类型及其在橘红和蓝紫色波长中的辐射量。在普通的日光灯中，种植观叶植物主要使用冷白色灯管。然而，在光谱的橙红色区域中冷白色光源很少，因此开花植物应使用白炽灯作为补充光源。在冷白色光源下生长的植物的特征是叶子色彩丰富，茎伸长缓慢，分枝较多，后两个特征使植物具有坚固、茂盛而美观的外形。

植物生长灯 白炽灯和荧光灯是最常用的两种植物生长灯。它们能够为植物生长提供最佳组合的蓝紫色和橙红色波长的光。荧光灯比较省电且亮度高，所以大多数植物生长灯都是荧光灯。

植物生长灯的销量比普通的荧光灯要少，因为它的价格较贵。对于一个小的有灯光照明的花园来说，成本可能并不重要。但对于更大的花园来说，可以使用表17.5所列的家用灯管组合代替提供蓝紫色和橘红色光，植物的生长也不会有太多不同。

LED植物生长灯 使用LED（发光二极管）植物生长灯（图17.12）比荧光灯更省钱。在某一LED植物生长灯品牌的广告中，每天24小时使用耗电只需6—9瓦，使用寿命为10—12年，这比使用普通灯泡的植物生长灯寿命更长。与荧光灯不同，LED灯不需要镇流器。美国普通灯泡的电压为110伏，LED灯的工作电压不到20伏。此外，LED灯产生的热量很少，也不需要反射镜。

与其他植物生长灯不同的是，LED灯只产生光谱中植物生长所需的部分。这与传统植物生长灯相比能够提供额外的能量，因为没有被用于发光的能量对植物来说是没有任何用处的。LED植物灯提供的光能够用于植物的光合作用，但这种光从视觉上是相对昏暗的。

表17.5 家庭型荧光灯管的辐射波长

灯管类型	蓝紫色光	橙红色光
冷白色	好	差
超冷白色	好	一般
暖白色	一般	差
超暖白色	好	一般
日光白	非常好	差
自然白	好	一般
乳白色	一般	一般

安装荧光灯花园

虽然荧光灯的照明效率较高，但阳生植物通常需要不止一根灯管进行照明，例如开花植物、一年生植物和蔬菜。有经验的园艺师通常会使用2根（最好是4根）灯管并排放置进行照明。灯泡的瓦数和灯管间的距离都没有固定的要求。一般来说，40瓦或以上的灯管最好，灯管间隔不超过10厘米。

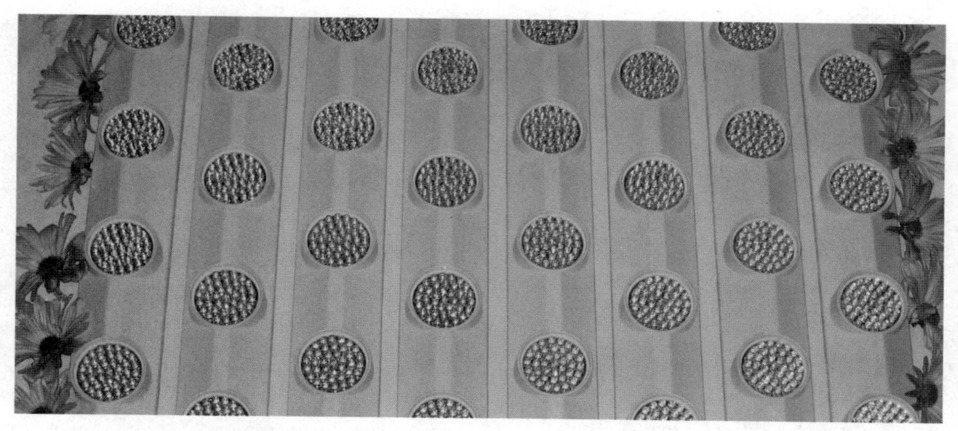

图 17.12 LED 植物生长灯。照片由太阳能绿洲公司提供

自制人工照明花园（图 17.13）并不困难。广泛使用的照明装置是由两个灯管和一个内置反射器组成的。照明装置安装在金属支架或置物架上，灯泡计时器可以控制照明时间。

更加美观的小型人工照明花园是无反射镜的双灯管装置，可以安装在书柜、立体柜或房间隔板上。装置外层应该涂成白色，以最大限度地反射光。有关小型人工照明花园的详细内容和图片可以在园艺照明和房屋建筑类的书籍和网站上查到。

在人工照明下种植植物

灯管与植物间的距离和每天的光照时间在很大程度上决定了人工照明植物箱能否成功。

对于 40 瓦的家用灯泡来说，幼苗和阳生植物与灯泡之间的距离应保持在 5 厘米。使用高瓦数灯泡的话，植物与灯泡之间的距离可以增加，但不能大于 15 厘米。由于荧光灯不会释放出热量，所以植物与灯泡离得太近

图 17.13 一种用于开花植物的简单荧光照明装置

图 17.14 放置在桌面上的全光谱荧光植物灯。照片由 Veseys 种子有限公司提供

（图 17.14）也不会受伤。有些植物生长得太快，会与灯泡接触，但植物很少会受伤。

观叶植物的光需求较低，因此植物可以在离灯泡更远的地方生长。许多观叶植物在距离光源 0.6 米的位置也能够正常生长。

灯泡的照明时间没有固定标准。一般来说，如果没有额外的光源，每天最适照明时间是 12—16 小时。尽管观叶植物的照明时长可以更短，但除了控制光周期外，缩短光照时间对植物的生长没有任何好处。用于照明的耗电量很少。

尽管荧光灯有自燃的可能，但实际上它们在使用的过程中亮度会逐渐减弱，使用寿命可达到 12 000 小时甚至更长。因此，应该在灯泡使用寿命超过 75% 后进行更换，因为此时亮度会减少 15%—20%。新灯泡应该标记日期，与旧灯泡区分来，更换时间是通过估算灯管每天燃烧的时间乘以使用的天数来计算的。每 3—4 个月更换一次灯泡，避免出现亮度突然增加的情况。

17.5 与光照有关的室内植物病害

光照不足

光照不足是造成室内植物问题的最常见原因之一，它也是最容易判断的。新生枝黄化是表现症状之一。老叶泛黄并脱落也是经常发生的症状。叶子一旦开始变黄，就会掉落，即使后来光照情况得到改善。

在光照不足的后期，植物体弱、茎少、叶片少。剩下的叶子离得很远，变白、尺寸变小。这样的植物应该放在光线较强的地方进行恢复。

光照过多

光照过多很少会成为室内植物种植的问题。但植物偶尔也会出现慢性的光照过多的症状，例如，生长在南窗上的阴生植物。表现症状是新叶很小，呈淡黄绿色。节间非常短，植物紧密地长在一起，看起来不健康。

更常见的情况是，室内植物整个冬天都在室内生长，会造成严重的光照过度损伤。光照强度的突然增加破坏了叶子表面的上层细胞，叶片呈现出银色（图 17.15），几天后会变成棕色或黄色。不幸的是，晒伤的叶子不能愈合，而改善植物外观的唯一方法就是去掉这些变色的叶子。

夏季，在室外种植的植物需要经过长时间适应环境后才能避免晒伤。夏季光照有利于阳生植物，但是应该将中性和阴生植物放置在阴暗或经过过滤的光照区域。这样植物能够在室外环境下茁壮成长，而不会有晒伤的危险。

图 17.15 晒伤导致的蜘蛛抱蛋叶子变白

为了使室内植物适应室外环境，首先应该把它们放置在室外比较隐蔽的位置，让它们在清晨或傍晚接收光照，但白天的其他时间没有光照。一个星期后，阳生植物可以被移动到更加明亮的区域，但在正午光照最强的时候仍然应该采取一定的保护措施。

将植物重新移回室内时，植物适应环境的过程应该颠倒过来。逐渐调整植物的位置，减少室内光照，可以防止出现叶子掉落和其他光照不足的情况。在此期间，还要检查植物的病虫害情况，因为这些问题能够在室内环境下迅速传播。

问题与讨论

1. 为什么一品红总是在圣诞节开花？
2. 为什么斑叶植物比无杂色植物需要更多的光照？
3. 红叶植物有叶绿素吗？
4. 以下因素如何影响室内植物的光照量？
   a. 纬度
   b. 全年光照时间
   c. 无积雪覆盖
   d. 海拔
5. 什么是光补偿点？
6. 什么波长的光能够控制植物的光周期反应？
7. 为什么单独使用白炽灯光不能够满足植物的生长需要？
8. 植物光照不足的症状是什么？
9. 夏季，如何让室内植物适应室外环境？
10. 在植物没有经过驯化的情况下，将植物从一个低光照的位置移动到一个明亮的位置，会出现什么结果？

参考文献

Braasch, B.J. 1982. *Windows and Skylights.* Menlo Park, Calif.: Lane Publishing Co.

Cathey, H.M., and L.E. Campbell. 1980. Light and Lighting Systems for Horticultural Plants. *Horticultural Reviews* 2:491–538.

Chevron Chemical Company. 1976. *The Facts of Light about Indoor Gardening.* San Francisco: Ortho Books, Chevron Chemical Co.

Elbert, G.A. 1975. *The Indoor Light Gardening Book.* New York: Crown.

Gaines, R.L. 1977. *Interior Plantscaping: Building Design for Interior Foliage Plants.* New York: McGraw-Hill.

Kersch, L.A. 1987. Computers Shed New Light on Indoor Illumination Levels. *Interior Landscaping Industry* 4(3):21–32.

Kersch, L.A. 1988. Something for Nothing. *Interior Landscaping Industry* 5(10):51–55.

Kramer, J. 1974. *Plants under Lights.* New York: Simon and Schuster.

Martin, T. 1993. *A New Look at Houseplants.* Brooklyn, N.Y.: Brooklyn Botanic Garden.

Van Patten, G.F., and A.F. Bust. 1997. *Gardening Indoors with HID Lights.* Washougal, Wash.: Van Patten Publishing.

Walker, D. 1992. *Energy, Plants, and Man.* 2nd ed. Brighton: Oxygraphics

第 18 章

室内植物病虫害防治

学习目标

- 识别叶螨损伤。
- 识别粉蚧虫和介壳虫。
- 详细说明针对根粉蚧虫、蠓虫和跳虫的有效防治方法。
- 区分植物上的白粉病和霉病。
- 列举仙人掌和多肉植物的主要病害以及预防方法。
- 解释如何使用含有杀虫剂的植入体以及它针对哪些害虫起作用。
- 概述对室内植物使用农药时的安全预防措施。
- 解释采用生物防治方法对室内植物进行病虫害防治的最实际用途。
- 定义什么是“低风险”农药。

图片来源于 stock.xchng/ilco/

室内植物问题几乎总是由两个因素所引起：环境或环境中的生物。由不适宜的环境条件（光照、水、温度等）导致的问题被称为栽培问题或生理病害。本章没有讨论这些问题，因为环境因素对植物的影响已经在植物养护，基质、肥料和水，光照等章进行了阐述。对植物有害的生物可能是任何东西，从微小的病毒到蜗牛。它们所具有的唯一共同特征是，都会危害植物的健康，无论是吃树叶、吮吸汁液，还是在叶子上留下斑点。防治昆虫、螨虫和病害最好的方法是实施病虫害综合治理。病虫害综合治理是一种基于生态学的方法，它使用一系列栽培、环境和机械管理手段，只有当这些手段都失败时，才使用特定的、最低毒性的农药。病虫害防治的关键是正确地判断致病原因，了解致病因子的生物学和生活史，使其能够被破坏，并认识到根除害虫很少是必要的，甚或是可取的。第 7 章更详细地介绍了病虫害综合治理的概念。

18.1 室内植物昆虫及相关的害虫

昆虫和类似昆虫的其他害虫都会以植物为食。尽管把它们分开来谈可能显得过于专业，但在使用化学制剂防治它们时，对二者进行区别是很重要的。

昆虫有 3 对足，可以用杀虫剂控制。螨虫、线虫和潮虫等害虫属于其他类型，需要使用不同的化学制剂来控制。例如，螨虫容易被杀螨剂杀死，而线虫容易被杀线虫剂杀死。除了防治害虫时需要进行区分以外，在其他情况下没必要对它们进行区分；所有这些都将在害虫的广义范畴内进行讨论（表 18.1）。

表 18.1 室内植物昆虫和害虫以及它们常见的寄主植物

害虫	备注	常见寄主植物
叶螨	常见于几乎所有的室内栽培植物	非洲紫罗兰（*Saintpaulia ionantha*） 具刺非洲天门冬（*Asparagus densiflorus* “Sprengeri”） 杜鹃属（*Rhododendron* spp.） 仙人掌 柑橘属（*Citrus* spp.） 变叶木（*Codiaeum variegatum*） 黛粉芋属（*Dieffenbachia* spp.） 洋常春藤（*Hedera helix* 栽培种） 竹芋类（*Calathea*，*Maranta* 等属） 伞莎草（*Brassaia*，*Tupidanthus* 等属）
仙客来螨	不如叶螨常见，侵扰的植物种类较少	秋海棠属（*Begonia* spp.） 青锁龙属（*crassula* spp.） 仙客来（*Cyclamen persicum*） 洋常春藤（*Hedera helix* 栽培种） 非洲紫罗兰、大岩桐、鼠毛菊等（*Saintpaulia*，*Gloxinia*，*Episcia* 及其他属） 草胡椒属（*Peperomia* spp.） 菊三七属（*Gynura* spp.） 单药花（*Aphelandra squarrosa*）
介壳虫	主要侵扰木本植物，但也有例外	仙人掌 蜘蛛抱蛋（*Aspidistra elatior*）

（续表）

表 18.1 室内植物昆虫和害虫以及它们常见的寄主植物

害虫	备注	常见寄主植物
		柑橘属（*Citrus* spp.） 小粒咖啡（*Coffea arabica*） 变叶木（*Codiaeum variegatum* 栽培种） 苏铁属（*Cycas* spp.） 龙血树属（*Dracaena* spp.） 洋常春藤（*Hedera helix* 栽培种） 八角金盘（*fatsia japonica*） 蕨类 榕属（*Ficus* spp.） 栀子（*Gardenia jasminoides*） 伽蓝菜属（*Kalanchoe* spp.） 棕榈 兰花 一品红（*Euphorbia pulcherrima*） 单药花（*Aphelandra squarrosa*）
粉虱	—	秋海棠属（*Begonia* spp.） 柑橘属（*Citrus* spp.） 五彩苏（*Coleus scutellarioides* 栽培种） 蕨类 倒挂金钟（*Fuchsia hybrida*） 栀子（*Gardenia jasminoides*） 辣椒（*Capsicum annuum*） 一品红（*Euphorbia pulcherrima*）
粉蚧虫	常见，非相对较高选择性	仙人掌 五彩苏（*Coleus scutellarioides* 栽培种） 变叶木（*Codiaeum variegatum pictum* 栽培种） 苏铁属（*Cycas* spp.） 龙血树属（*Dracaena* spp.） 蕨类 倒挂金钟（*Fuchsia hybrida*） 栀子（*Gardenia jasminoides*） 燕子掌（*Crassula ovata*） 棕榈 鹅掌柴（*Heptapleurum* spp.） 一品红（*Euphorbia pulcherrima*） 榕属（*Ficus* spp.）
蚜虫	偶见于植物的新生枝	瓜叶菊（*Senecio hybrida*） 菊花（*Chrysanthemum morifolium*） 洋常春藤（*Hedera helix*） 蕨类 倒挂金钟（*Fuchsia hybrida*） 菊三七属（*Gynura* spp.）

（续表）

表 18.1　室内植物昆虫和害虫以及它们常见的寄主植物

害虫	备注	常见寄主植物
蓟马	相对少见	合果芋（*Syngonium podophyllum* 栽培种） 杜鹃（*Rhododendron hybrid*） 柑橘属（*Citrus* spp.） 龙血树属（*Dracaena* spp.） 倒挂金钟（*Fuchsia hybrida*） 栀子（*Gardenia jasminoides*） 大岩桐（*Sinningia speciosa*） 棕榈 喜林芋属（*Philodendron* spp.） 印度榕（*Ficus elastica* 栽培种） 鹅掌柴（*Heptapleurum heptaphyllum*）
线虫	相对少见	非洲紫罗兰（*Saintpaulia ionantha* 及变种） 秋海棠属（*Begonia* spp.） 苋菜（*Iresine herbstii* 变种，*Calathea* spp.） 仙客来（*Cyclamen persicum*） 蕨类 倒挂金钟（*Fuchsia hybrida*） 栀子（*Gardenia jasminoides*） 印度榕（*Ficus elastica*）
根粉蚧虫	偶见于未灭菌的基质中	合果芋（*Syngonium podophyllum* 栽培种） 高大肾蕨（*Nephrolepis exaltata*） 凤梨 仙人掌 粉黛芋属（*Dieffenbachia* spp.） 棕榈

注：本表中所列的常见植物并不一定容易出现病虫害问题，只是对这些室内植物研究得比较透彻。

叶部害虫

最容易被发现的害虫往往破坏的是植物的地上部分（叶子、茎、芽等），它们统称为叶部害虫。一些叶部害虫比其他叶部害虫更加容易遇到。下面介绍的害虫种类是按照从最常见到最不常见的顺序进行排列的。

螨虫（叶螨、红叶螨、双斑叶螨、仙客来螨） 如上所述，螨虫（图 18.1）不是昆虫。它们绝大多数有 4 对足而不是 3 对足，螨虫与蜘蛛有亲缘关系，因此又名蜘蛛螨。乍一看，螨虫问题是最难判断的。螨虫如此之小，与灰尘颗粒的大小相近，几乎是肉眼看不见的。

有几种螨虫会侵扰室内植物。红叶螨和双斑叶螨有红色、棕色和乳白色。它们的口器不断地插入植物叶片取食，从而对植物造成伤害。最开始的取食点是一个针尖大小的白点，最终叶子布满了取食点、枯萎直至死亡。叶螨能够侵害几乎所有的薄叶植物，以及仙人掌和多肉植物。它们是迄今为止最常见的螨虫，在低湿度和高温环境下能够大量繁殖。

叶螨最可靠的判断方法是在强光下检查受损叶子的背面。螨虫用肉眼几乎看不见，但用放大镜可以清楚地看见。随着叶螨侵扰植物情

图 18.1　叶螨对棕榈叶造成的损害。照片由尤德技术企业集团公司提供。右下角为叶螨。照片由埃德·塔尔博特（Ed Talbott）提供

况加剧，网状物会覆盖叶子。雌螨会把卵产在这种网状物上。

仙客来螨是影响室内植物的第二大类螨虫。它们的主要寄主植物是仙客来，它们的名字正是由此而来的。与叶螨不同的是，叶螨会不加选择地侵扰老叶和嫩叶，仙客来螨则会聚集在非常嫩的叶子和幼芽上取食。

仙客来螨几乎是透明的，通过刺穿叶子的方式来取食，但是它们的取食损伤没有形成斑点或网状物。相反，它会导致叶片卷曲，使嫩叶显得较小。

仙客来螨不如叶螨普遍。与叶螨导致的持久危害问题相比，仙客来螨是影响室内植物的不常见问题。

粉蚧　粉蚧虫看起来就像棉絮，许多种粉蚧（如柑橘粉蚧、长尾粉蚧和墨西哥粉蚧）都是具有破坏性的害虫。它们会导致植物发育迟缓、叶子脱落，最终死亡。

粉蚧成虫是粉红色的，形状像潮虫（图 18.2）。外表看来却是白色的，因为它们分泌白色的蜡质纤维，并在其中产卵。粉蚧移动很慢，经常出现在叶腋和叶背面的叶脉上。

图 18.2　植物上的粉蚧和能够携带害虫的蚂蚁。照片由亚拉巴马州奥本市奥本大学近藤拓正提供

图 18.3 介壳虫。照片由亚拉巴马州奥本市奥本大学近藤拓正提供

粉蚧成虫通常很难用喷雾剂杀死，因为它们的蜡质层有保护作用。但新孵化的幼虫缺乏这种覆盖物，很容易被大多数通用杀虫剂杀死。加入润湿剂或轻质油可以大大增加对它们的防治效果。

介壳虫（盾蚧、软蚧） 介壳虫（图 18.3）相对不活跃，经常被误认不是昆虫。与粉蚧一样，介壳虫的鳞片能够分泌保护层。鳞片的类型决定它们被称为盾蚧还是软蚧。

对于室内植物而言，盾蚧是最常见的。它们覆盖着坚硬的、像水泡一样的外套，直径可达 3 毫米。它们的颜色有白色、黄色和棕色，取决于昆虫的种类、年龄和性别。

软蚧与粉蚧很像，能够分泌一种柔软的蜡状层附着在身体上。它们的形状是近圆形，通常比盾蚧要大。不同于盾蚧，软蚧还会分泌黏稠的蜜汁。蜜汁会吸引蚂蚁，并为烟霉菌的生长提供基质。烟霉是黑色的，虽然不会对植物直接造成伤害，但很难看，还会影响植物的光合作用。通常，植物上出现蚂蚁和烟霉，就是存在介壳虫的首要线索。

这两种介壳虫都是通过刺穿植物组织，利用针状的口器提取汁液来造成危害。这种取食方式的结果是植物衰弱，最终部分或整个植株会死亡。

植物叶片的两面、细枝、枝条上都能发现介壳虫，它们经常隐藏在叶腋。它们附着在叶子上时，有时会在叶子背面形成一个黄色的斑点。

在介壳虫的生活史中，最明显的阶段是成虫期，它会在一个固定的位置长到正常大小。在未成熟的爬虫阶段，介壳虫会移动，在这一时期，它们最容易被杀虫剂杀死。

粉虱 粉虱（图 18.4）形似微小飞蛾。它们聚集在叶片背面，受到干扰时会飞起来，但马上又会落下。它们能够刺穿叶片背面吸取植物的汁液，导致叶片发白或出现斑点，并使植物变弱。粉虱还会分泌蜜露，并且能够传播病毒性病害。

在粉虱的一般生活史中，它们的卵产在叶片背面，孵化 4—12 天后进入爬虫阶段。这些爬虫看起来很像透明的介壳虫，在树叶上移动几个小时，然后刺穿叶片，在一个点上取食。

图 18.4 粉虱（照片显示大小大约是正常大小的 4 倍）。照片由美国农业部提供

它们蜕皮 3 次后，进入休眠期，然后长成白色的成虫。整个过程需要近 6 周时间。

粉虱被发现时，几乎都是在成虫阶段。此时，因为成虫会飞行，所以很难喷洒杀虫剂。建议用杀虫剂喷洒植物叶片背面，以控制幼虫，预计在几个星期后才能完全控制。内吸杀虫剂的防治效果通常非常好。

蚜虫（植物虱子或绿蝇） 蚜虫是一种软体昆虫（图 18.5），很容易用肉眼看见，直径约为 1 毫米。它们有绿色、红色、黑色或者其他颜色，大量聚集在植物最幼嫩的叶子和芽上。蚜虫吸食植物的汁液，导致幼叶畸形。

此外，蚜虫分泌的蜜汁使植物叶子变得黏稠，促使烟霉菌的生长，烟霉菌是非寄生性的，但外形很难看。蚜虫还会传播病毒性病害。

蚜虫在其生活史的所有阶段都很容易用肥皂和油类喷雾剂将其杀死。与其他昆虫不同，蚜虫幼虫是直接由母体产出，不是由卵孵化的。雌性成虫不需要交配，在它整个 20—30 天的生命中，可以产下多达 100 只不育的雌性个体。

图 18.5 蚜虫。照片由美国农业部提供

图 18.6 紫金牛上的蓟马损伤。照片由佛罗里达州阿波普卡市研究和教育中心迪克·亨利（Dick Henley）博士提供

蓟马 蓟马（图 18.6）略大于叶螨。它们在成虫期有翅膀，在早期幼虫阶段没有翅膀。因蓟马取食而受损的叶子是银白色的，后来变成褐色。它们侵扰的花朵会出现条纹，花蕾无法开放。

在植物上很难看到蓟马，因为它们非常小，移动得很快。如果怀疑植物上有蓟马，可以将植物受损的部分在一张白纸上轻轻拍打。这会使蓟马脱落，在它们爬走之前可以看到它们。

蛞蝓和蜗牛 蛞蝓和蜗牛是从室外爬进来的，经常隐藏在花盆的排水孔里进入室内。它们啃咬产生的洞大而不规则，它们主要在夜间活动，白天隐藏起来。最好的防治方法是把它们从叶子上摘掉。

根部害虫和基质害虫

蠓虫（蕈蚊、牛粪蝇、水蝇、蘑菇蝇） 蠓虫及其未成熟的蛆虫阶段（图 18.7）令人讨厌，并对室内植物有害。过度湿润的盆栽基质富含有机质，是它们理想的繁殖区域，几只蠓虫能在短时间内繁殖到几百个。

图 18.7 蕈蚊的幼虫（照片显示大小约是正常大小的 20 倍）。照片由玛吉·库恩（Marge Coon）提供

蠓虫成虫为棕色至黑色，长约 3 毫米。它们通常在土壤表面爬行，并在那里产卵，孵化成小的白色蛆虫。蛆虫会在植物根茎上挖洞并以根茎为食，导致植物发育不良并出现根系疾病。幼虫数量增加，对植物的损害会加剧。

通过在花盆表面放置一片生马铃薯的方法能够检测是否存在蕈蚊。在几个小时内，蛆虫会爬进马铃薯，开始进食。在花盆表面放置一层 0.5 厘米厚的沙子能够破坏蕈蚊的生命周期，阻止成虫产卵。

跳虫 跳虫的名字来源于它们在受到干扰时会突然跳动，比如在为植物灌水时。跳虫的整个生活史都在土壤中度过，成虫的大小约为 1.5 毫米。与寄生的蠓虫幼虫不同，跳虫在所有的生活史阶段都只吃枯死的植物，不会对室内植物造成伤害。

线虫 线虫是一种微小的蠕虫，它们生活在基质中，以植物的根为食。某些种类的线虫生活在植物的叶子上，通过气孔进入叶片取食，但它们在室内植物中很少见。有些种类的线虫会以其他线虫为食。

不同种类的线虫对植物造成的伤害是不同的。根结线虫的取食会刺激植物根部，在受伤部位形成一个组织结。组织结的数量很多，就会影响根部向叶片输送水分和营养的能力，从而阻碍植物地上部分的生长发育，植株颜色会变得暗淡。

根腐线虫并不会导致根细胞的肿胀，但会破坏根细胞，使植物对病害的抵抗能力下降。根腐线虫对植物地上部分的影响与根结线虫相同。

因为通常需要使用显微镜才能看见它们，所以很难对由线虫造成的室内植物土壤感染进行诊断。但如果基质在使用前没有灭菌，或者基质含有土壤，基质中就可能有线虫。脱盆后检查根部是否有结，能够诊断出是否有根结线虫。如果根部呈褐色、腐烂，则表示存在其他种类的线虫。准确的判断只有通过提交基质和根部样本在实验室检测后才能做出。线虫很难防治，除非受害植物非常有价值，否则应该将其丢弃。

根粉蚧虫 根粉蚧虫（图 18.8）是一种寄生性的昆虫，看起来像普通的粉蚧虫，但比粉蚧虫更小。因为它们的取食使植物变弱，应该在水中添加杀虫剂后使用土壤浇灌法进行防治。

图 18.8 根粉蚧虫。照片由加州食品和农业部门提供

潮虫（鼠妇） 潮虫是一种小害虫，它们不是昆虫，与带有甲壳的螯虾有亲缘关系。它们只生活在潮湿的地方，经常被发现藏在花盆下面，或者生活在排水孔里。虽然它们主要吃死的有机物，但它们也以植物根部和幼苗为食，应该被摘掉并丢弃。

蚯蚓 蚯蚓不吃活的植物，也很少在植物表面看到。蚯蚓在挖洞的过程中，会消化吸收盆栽基质并将其排泄出来，留下一个地下隧道网。除非蚯蚓大量存在，否则不会对植物造成损坏。

18.2 导致室内植物患病的病原体

所有室内植物病害都是由真菌、细菌、病毒或支原体这四种病原体引起的。

真菌

真菌（有时称为霉菌）是一种微生物，以从死亡或活着的有机体中吸收营养物质为生。

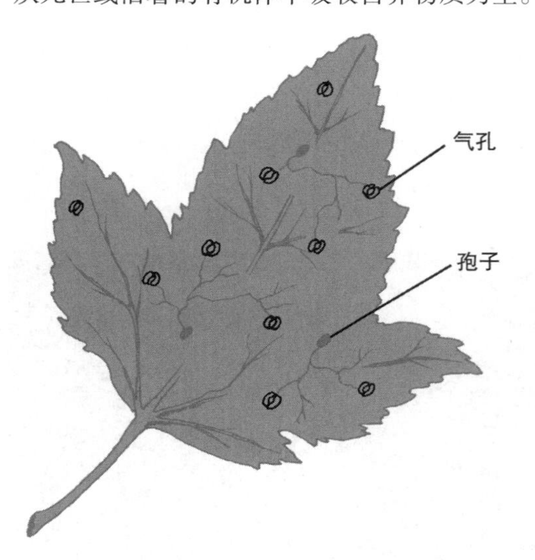

图 18.9 真菌孢子萌发后通过气孔侵入叶片。图片由贝瑟尼绘制

引起植物病害的真菌是寄生的，能够入侵植物的单个细胞，吸取其中的营养物质（图 18.9），细胞死亡后，病害就开始恶化。

侵染室内植物的真菌通常会感染根部；叶面真菌引起的病害并不常见。前者被称为土传真菌，因为植物根系通过受污染的基质与真菌接触。处理方法是改善环境条件（特别是湿度）和使用化学杀菌剂。

细菌

细菌是单细胞的异养生物。有些细菌以活的植物细胞为食，并在适当的环境条件下通过分裂迅速繁殖。少数细菌会侵染室内植物，导致植物出现叶斑病和根腐病等病害。通过喷洒抗生素和铜制剂能够杀死一部分细菌。

病毒和类病毒生物

亚微观病毒和类病毒生物只偶尔在室内植物中遇到。当它们出现时，通常可以假设它们在购买时就已经存在于植物里。

病毒和支原体通常是通过感染病毒和支原体的昆虫口器进行传播，尤其是粉虱、蚜虫和蓟马。受污染的工具，如修剪器，也可以使病毒和支原体在植物间传播。

18.3 室内植物的特有病害

根腐病

根腐病是导致根组织腐烂的真菌和细菌性病害的总称。根腐病通常与植物生长条件较差有关，如不含空气的重基质，花盆没有排水孔。最初的症状表现为植物生长缓慢，叶子变黄并脱落，这些迹象表明根部无法吸收水分和营养。在极端情况下，会发生永久性的萎蔫，植物会死亡。对感染真菌和细菌的根系进行检查，会发现它们是褐色，而健康植物根部是白色。

处理根腐病可以用化学土壤浇灌法和栽培改良法相结合的方法。用排水良好的基质和有排水孔的花盆给植物换盆，并减少给植物浇水的频率。

冠腐病和茎腐病

冠腐病和茎腐病是侵染植物冠颈和茎部的病害。在未灭菌的盆栽基质中发现的大量细菌和真菌经常会导致这种病害，但也有可能是通过空气进行传播。

冠腐病的主要症状是茎部变成褐色（图 18.10）。腐烂会阻碍植物水分向上运输，感染的位置会枯萎并折断。

仙人掌表现出的茎腐病称为干腐病（图 18.11）。干腐病使茎变成黄色或褐色，然后出现凹陷。植物的最终结果与感染冠腐病和茎腐病一样。

图 18.11 仙人掌上的干腐病。照片由安德鲁·施韦策提供

一旦感染这种病害，几乎没有办法治愈。建议剪取未感染的部分，然后插入无菌基质中生根，生成新的植株。对仙人掌的处理方法也是一样的，去掉仙人掌腐烂的部位，使其重新生根。

图 18.10 网纹草上的冠腐病。照片由柯克提供

霉病

霉病（图 18.12）是侵染少数室内植物的

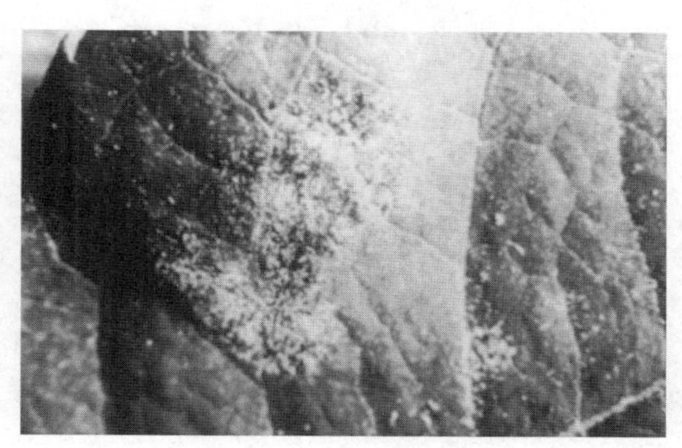

图 18.12 霉菌病。照片由玛吉·库恩提供

叶面真菌病（表 18.2）。最早的症状是叶片上出现灰色粉末，然后叶子变黄脱落，最终死亡。

霉菌可以通过降低湿度和使用杀真菌剂喷雾的方法来进行防治。处理后保持低湿度和叶面无水分可以预防出现其他问题。

叶斑病

有些细菌和真菌偶尔会导致室内观叶植物出现叶斑病。症状会随着不同的病害和寄主植物而有所不同。一般来说，叶片上会出现针点大小的斑点，然后逐渐扩大并在叶片之间传播。这些斑点通常中心是黑色斑点，周围是黄色或者褐色不规则的黄色斑点。图 18.13 所示是典型的真菌叶斑病。

杀真菌喷雾剂可以防止病害蔓延，但通常无法治愈。一旦发现有叶片感染病害应立即摘掉叶子，保持叶片干燥，能够延缓或阻止病害传播，有时可以通过这种方式挽救植物。

图 18.13 常青藤上的真菌叶斑病。照片由玛吉·库恩提供

表 18.2 室内植物特有病害及其常见寄主植物

疾病类型	常见寄主植物
叶斑病	非洲紫罗兰（*Saintpaulia ionantha* 栽培种）
	花叶冷水花（*Pilea cadierei*）
	花烛属（*Anthurium* spp.）
	合果芋（*Syngonium podophyllum*）
	圆叶椒草（*Peperomia obtusifolia*）
	圆叶南洋参（*Polyscias scutellaria*）
	秋海棠属（*Begonia* spp.）
	蜘蛛抱蛋（*Aspidistra elatior*）
	龙舌兰属（*Agave* spp.）
	广东万年青属（*Aglaonema* spp.）
	变叶木（*Codiaeum variegatum pictum* 栽培种）
	龙血树属（*Dracaena* spp.）
	黛粉芋属（*Dieffenbachia* spp.）
	洋常春藤（*Hedera helix*）
	蕨类
	栀子（*Gardenia jasminoides*）
	天竺葵（*Pelargonium hortorum* 栽培种）
	肉藤菊（*Senecio mikanioides*）
	鲸鱼花属（*Columnea* spp.）
	凤仙花（*Impatiens* spp.）
	熊掌木（×*Fatshedera lizei*）
	印度月桂树（*Ficus retusa nitida*）
	珊瑚樱（*Solanum pseudocapsicum*）
	爵床属（*Justicia* spp.）
	网纹草（*Fittonia albivenis*）
	兰花
	喜林芋属（*Philodendron* spp.）
	千母草（*Tolmiea menziesii*）
	一品红（*Euphorbia pulcherrima*）
	酒瓶兰（*Beaucarnea recurvata*）
	竹芋（*Maranta* spp.）
	鸭脚木（*Brassaia actinophylla*）
	口红花（*Aeschynanthus pulcher*）
	橡胶树（*Ficus elastica*）
	花叶吐烟花（*pellionia pulchra*）
	珊瑚凤梨（*Aechmea fasciata* 栽培种）
	虎尾兰（*Sansevieria trifasciata* 栽培种）
	景天（*Sedum* spp.）
	袋鼠花（*Nematanthus* spp.）
	铁树（*Cordyline terminalis*）
	花叶冷水花（*Pilea cadierei*）
	垂叶榕（*Ficus benjamina*）

（续表）

表 18.2　室内植物特有病害及其常见寄主植物

疾病类型	常见寄主植物
叶斑病	口红花（*Aeschynanthus marmoratus* 或 *Aeschynanthus pulcher*）
霉病	非洲紫罗兰（*Saintpaulia ionantha*）
	秋海棠属（*Begonia* spp.）
	白粉藤属（*Cissus* spp.）
	长寿花（*Kalanchoe blossfeldiana* 栽培种）
根腐病	仙人掌
	多肉植物
	多种观叶植物
冠腐病和茎腐病	非洲紫罗兰（*Saintpaulia ionantha*）
	南洋参属（*Polyscias* spp.）
	合果芋（*Syngonium podophyllum*）
	秋海棠属（*Begonia* spp.）
	仙人掌
	黛粉芋属（*Dieffenbachia* spp.）
	龙血树属（*Dracaena* spp.）
	洋常春藤（*Hedera helix* 栽培种）
	榕属（*Ficus* spp.）
	天竺葵（*Pelargonium hortorum*）
	大岩桐（*Sinningia speciosa*）
	八角金盘（*Fatsia japonica*）
	伽蓝菜属（*Kalanchoe* spp.）
	网纹草属（*Fittonia* spp.）
	兰花
	草胡椒属（*Peperomia* spp.）
	喜林芋属（*Philodendron* spp.）
	冷水花属（*Pilea* spp.）
	绿萝（*Epipremnum aureum* 栽培种）
	大岩桐属（*Sinningia* spp.）
	虎尾兰（*Sansevieria trifasciata* 栽培种）
	多肉植物
	朱蕉（*Cordyline terminalis*）
	南鹅掌柴属（*Schefflera* spp.）
	单药花（*Aphelandra squarrosa*）
病毒	花烛属（*Anthurium* spp.）
	秋海棠属（*Begonia* spp.）
	仙人掌
	叠苞竹芋属（*Calathea* spp.）
	广东万年青属（*Aglaonema* spp.）
	蟹爪兰（*Schlumbergera truncatus*）
	黛粉芋属（*Dieffenbachia* spp.）
	榕属（*Ficus* spp.）

（续表）

表 18.2　室内植物特有病害及其常见寄主植物

疾病类型	常见寄主植物
病毒	天竺葵（*Pelargonium hortorum*）
	鲸鱼花属（*Columnea* spp.）
	紫背万年青（*Tradescantia spathacea*）
	网纹草（*Fittonia albivenis* 栽培种）
	兰花
	白鹤芋属（*Spathiphyllum* spp.）
	草胡椒属（*Peperomia* spp.）
	喜林芋属（*Philodendron* spp.）
	竹芋属（*Maranta* spp.）
	吊竹梅属（*Zebrina* spp.）
	单药花（*Aphelandra squarrosa*）

病毒和支原体侵染

病毒感染的症状很多样，取决于特定的病毒及其宿主植物，但通常表现为黄化、叶片卷曲、有斑点和发育不良。

虽然病毒不太可能在不同种类的室内植物间传播，但这种情况偶尔也会发生。现在这类病害还没有有效的控制方法，染病的植物只能被丢弃。

18.4　病虫害预防

预防比任何处理方法都管用。预防措施包括避免与昆虫和病原体的初次接触及阻断传播途径。

事实证明，与处于“压力”下的植物相比，健康且生长条件良好的植物更不易受到虫害和病害的侵扰。压力条件包括所有影响植物正常生长和发育的因素，如排水不良的基质、温度过高、光线不足等。此外，处于亚健康的植物在病害中存活的能力也较弱。

盆栽基质

所有的室内植物用盆栽基质在使用前应该进行灭菌（详见第16章关于盆栽基质灭菌的内容）。如果不这样做，真菌、细菌和土壤害虫就可能会被引入并迅速传播。

其次，盆栽基质的组成成分应按适当的比例混合，这样能够确保灌水时基质快速、彻底地排水。花盆要有排水孔或其他方法进行排水。如果基质中水分过多，或水分排出受阻，则被称为水涝。水涝不利于植物根系生长，但有利于根腐病病菌生长，这种情况经常是发生根腐病的最初原因。

最后，盆栽基质中应该含有足够的营养。营养不良的植物，就像遭受任何其他压力的植物一样，容易受到病虫害的侵扰。

湿度

从病虫害防治的角度来看，适合大多数室内热带植物生长的湿润环境有利也有弊。高湿度环境对室内植物危害最大的害虫——叶螨有不利影响。提高湿度和雾化可以减缓叶螨的繁殖速度并控制它们对植物的伤害。但高湿度会增加叶面真菌的问题，因为真菌孢子萌发需要高湿度。总的来说，除非植物容易受到叶斑病或霉菌影响且以前感染过这类病害（表18.2），否则高湿度有利于病虫害的防治。

水

不流动的死水，无论是在基质中还是在植株冠部，对植物的健康都是有害的。侵扰非洲紫罗兰等室内植物的冠腐病通常被认为是灌溉后水分留在植物中心位置所致。桶状仙人掌的生长点位于植物顶端的凹陷区域，如果积水，就容易腐烂。

总之，虽然建议对大多数植物进行叶面喷洒和淋洒，但在某些情况下应该避免。

隔离和检查

防治病虫害的标准做法是对新购买的植物和已出现症状的旧植物进行隔离。首选方法是在室外或单独的房间进行隔离，因为气流很容易携带病原体孢子和昆虫。

第15章中介绍的每周检查有助于在病害蔓延之前及时发现问题。必须检查叶片的正反两面。

18.5 病虫害防治方法

改善环境、家庭补救措施、生物控制和使用商业化学制品，都是室内植物病虫害的防治方法。前面已经介绍了预防病虫害的环境改善方法，同样的方法也适用于已经受到侵害的植物。

家庭防治方法

家庭防治方法如果坚持使用，对病虫害控制是有效的。此外，很多方法对人类来说是完全安全的，可以避免农药中毒的意外情况发生。

在水槽里滴几滴洗洁精，然后用产生的泡沫水擦拭或清洗植物是一种家庭防治方法，有助于减少螨虫和蚜虫数量。用蘸有稀释溶液的海绵擦拭植物，或者把整个植物倒过来，用肥皂水冲洗。肥皂不会伤害植物，而搅动会使大部分害虫脱落。为了防止肥皂对植物产生毒害，避免形成皂膜，处理后最好对植物进行清洗。

手动摘掉潮虫、介壳虫和粉蚧等较大的昆虫是另一种行之有效的家庭防治方法。可以用牙签或棉签蘸取酒精后去接触昆虫（图18.14）。当大量的昆虫出现时，许多室内植物都可以使用70%的酒精溶液进行喷洒。因为这种喷雾会对一些植物有害，所以应该先进行测试。如果只存在少量害虫，这些防治方法是最有效的。

这些方法成功的关键在于重复多次使用。虽然并不是所有的害虫都会被杀死，但是数量会减少。

生物防治

生物防治是指利用以害虫为食、与害虫有竞争关系或者能够侵染害虫的有益生物来进行防治。这些生物很难购买到，通常必须通过互联网订购。很多生物防治方法已经经过充分研究，可以替代传统的化学防治方法。但是以家庭为单位使用这种方法还不成熟。

由于这些防治方法使用的是活的生物体，所以使用它们往往比使用农药要复杂一些，而且只有在植物上没有有毒的残留物时才能使用。由于残留问题，使用传统农药与生物防治之间通常需要一个过渡期。在此期间，只能使用不会留下有毒残留物的农药。在过渡期，很多昆虫生长调节剂、肥皂和油是可以安全使用的。

图 18.14 用棉签蘸取酒精后去接触粉蚧和蚜虫是一种防治小虫虫害的有效方法。照片由柯克提供

对于室内植物来说，生物防治方法不实用。商业上使用的一些生物防治方法是利用斯氏线虫来控制土壤害虫，包括蕈蚊、水蝇和其他生活在土壤中的昆虫。这些线虫是在灌溉时添加到土壤中的，在几个月内有效。粉虱可以利用粉虱寄生虫丽蚜小蜂和浆角蚜小蜂来控制。介壳虫跳小蜂可以用来控制介壳虫。对于二斑叶螨，可以在植物上投放一些智利小植绥螨，它们能够提供有效的控制。

为了控制粉虱、粉蚧、蚜虫、螨虫和毛毛虫，可以使用含有球孢白僵菌真菌孢子的产品。孢子在接触昆虫时萌发，然后真菌能够侵入昆虫体内并杀死昆虫。这种控制方法在相对湿度较高时使用是最有效的。

商业用农药

由于有关农药使用的法律不断地变化，而且每年都会生产出许多新的化学品，为每一种室内植物疾病规定一种化学疗法是毫无用处的。

相反，本节将介绍目前由美国环境保护署批准的化学品。如果不按照包装说明和安全规则使用的话，所有这些化学品对人、宠物和植物的健康来说都是危险的。植物源农药并不比合成农药更安全。

“农药”（pesticide）这个词经常被用来指代“杀虫剂”。但它实际上包括用于杀死有害生物的所有化学物质，如杀真菌剂、杀菌剂、杀虫剂、杀螨剂、杀线虫剂和除草剂。杀虫剂还可根据活性成分（产品中实际杀死害虫的化学成分，而不是用来稀释、以化学方法“携带”或发出气味的物质）进一步分类。

有机或植物源农药 有机或植物源农药来源于自然，主要是植物。最常见的有除虫菊酯、鱼藤酮和楝素。

除虫菊酯是一种神经毒素，最初在1947年上市销售。它的杀虫性能很好，但在阳光下不稳定。这一问题和害虫对原药的抗药性（详见本章后面植物安全性和杀虫剂有效性部分内容）促使大量实验室开展合成拟除虫菊酯的研究工作。这些化学物质以原药的成分为基础，却能产生差异来克服昆虫的抗药性。苄呋菊酯、氟氯氰菊酯、醚菊酯、胺菊酯、联苯菊酯等都属于拟除虫菊酯。

在1848年，鱼藤酮第一次在园艺中被用来杀死毛毛虫，在此之前，它在南美洲被用作鱼毒。它能够使鱼麻痹，使它们漂浮在水面便于收集的地方。它来源于两种豆类，通过抑制呼吸酶造成呼吸系统衰竭而起作用。

楝素产品是昆虫生长调节剂，它是从楝树中提取出来的。

杀虫肥皂 杀虫肥皂在脂肪酸钾盐的作用下能够破坏细胞和组织结构，从而杀死昆虫和类似昆虫的害虫，如螨虫。它们对人体的毒性很低。

油 精炼植物油和矿物油会令昆虫窒息而死。对大多数室内植物来说，油是安全的，但不能与硫黄喷剂一起使用。它们可能会损害蕨类植物和其他植物（这被称为植物毒性），所以在使用前要检查产品标签。

化学合成农药 化学合成农药是在实验室中合成的，而不是从植物中提取出来的。至于毒性，它们可能比植物源农药的毒性更大或更小。然而。与所有有毒物质一样，它们必须小心使用。记住，在室内使用任何类型的农药时，人们都很有可能与其接触。此外，由于缺乏紫外线，化学合成农药的分解速度通常会比在室外使用类似农药更慢。喷洒时必须小心，尽量使空气中携带的液滴最少，在通风条件有限的情况下，这些液滴会在空气中传播很长时间。除了对人体有害之外，化学合成农药还会损坏地板、地毯、室内装潢等。此外，许多农药都有令人反感的强烈气味。在室内使用农药也有相关的法律规定，只有标签上注明可以在室内使用的农药才可以。对于小型植物，可以将其搬到室外阴凉区域喷洒农药，待喷雾干燥后再搬回室内。

在使用合成农药时，施用于土壤的内吸性杀虫剂通常有助于消灭吸吮昆虫和蓟马。3种常用的内吸剂是吡虫啉、乙拌磷和高灭磷植入体。市面上可以购买到好几个品牌的吡虫啉，有效期通常为70天。乙拌磷只能购买到一种颗粒制剂。室内植物使用的高灭磷配方只有Acecaps（植物杀虫剂名），在大型室内树木树皮上钻出一个洞，然后将植入体插入其中（图18.15）。

除了低风险的油、肥皂和植物源药物之外，还有一些拟除虫菊酯（与天然化学物质除虫菊酯有关的合成农药）可以在室内使用。其中包括氟胺氰菊酯、氟氯氰菊酯、苄氯菊酯和除虫菊。市面上这些合成农药有好几种品牌。当存在水蝇和蕈蚊问题时，可以使用带有苏云金芽孢杆菌无性系种群或斯氏线虫等有益线虫的水来浇灌土壤。

图 18.15 树干上插入的含有药物的植入体。照片由肖恩·尼克（Shawn Nick）提供

低风险农药

低风险农药是由美国国家环境保护局指定的，它们对人和环境的毒性比其他用于同一目的的农药更低。环境保护局为化学公司设立了奖励机制，鼓励他们开发低风险农药，因此，近年来开发了大量低风险农药，特别是用于观赏植物的。这些农药有很多是昆虫生长调节剂，它们会干扰昆虫蜕皮或繁殖。当低风险农药被注册并可用于特定用途时，它们通常是房主和商业园艺师的最佳选择。

18.6 农药使用的安全措施

按照农药使用的一般安全措施来使用农药是有效地控制害虫而又不伤害园艺师和植物的首要前提。

个人安全

农药的施用方法各不相同。喷雾法常用于防治叶面昆虫、螨虫和病害。用混入农药的水替代普通自来水进行浇灌，可用于防治土壤昆虫、线虫和植物根系病害。为了个人安全，应避免与农药接触。使用时要戴橡胶手套，任何溅到皮肤上的农药都应该立即用肥皂和水洗掉。

农药喷雾剂，无论是气雾剂型还是手动泵式，都应尽量在室外使用。在寒冷的天气里，也可以使用在无人居住、事后可以通风的房间。待处理的植物应该放在报纸上，防止不小心喷洒到地毯或家具上。使用气雾剂型农药时要格外注意。如上所述，喷雾剂将农药小液滴散播到空气中，空气中的农药会不小心被吸入体内。

农药喷洒完成后，安全措施包括清洗喷淋设备和测量设备，用肥皂洗手。人和动物不能碰触植物。

有些室内植物农药代替普通的自来水，浇灌到土壤中。另一些颗粒型农药被施用到基质表面，为植物浇水时，农药中的化学物质就会被释放出来。有时这些化学物质是内吸式的，也就是说，它们被带到植物的维管束中，毒害那些以植物为食的昆虫和病原体生物。这与触杀性农药不同，触杀性农药接触到生物体时就会杀死害虫。使用内吸杀虫剂的植物长期处于有毒状态，所以通常不建议家庭使用。表 18.3 列出了一些适用于室内植物的农药及其所防治的害虫。

植物安全和农药有效性

植物安全的首要原则是遵循商品说明。比建议农药浓度更高的浓度可能会严重灼伤叶片，而比建议浓度更低的浓度则可能无法杀死害虫。很多室内植物，包括常春藤、蕨类植物

表 18.3 适用于室内植物的农药*	
化学名	**用途**
乙磷铝	内吸杀虫剂，用于防治根腐病和霜霉病
印楝素	对软体昆虫有效的昆虫生长调节剂；毒性低
油酸铜和其他铜化合物	用于防治白粉病、其他真菌疾病和一些细菌；主要用于倒挂金钟、蕨类植物、洋常春藤、栀子、喜林芋、天竺葵、秋海棠、多肉植物等
乙拌磷®	用于防治蚜虫、蓟马、螨虫、白蚁；以颗粒状施用在盆栽基质，同时灌溉；还能够防治有些线虫
唑螨酯	杀螨药，用于防治室内和温室里的双斑螨虫
敌螨普	用于防治白粉病、叶螨和双斑螨虫的杀螨剂和杀菌剂；主要用于秋海棠和瓜叶菊
开乐散®	用于防治红蜘蛛和其他螨虫；主要用于栀子花、印度榕、蕨类植物、高大肾蕨、常春藤、非洲紫罗兰和喜林芋
马拉硫磷	用于防治蚜虫、红蜘蛛及其他螨虫、介壳虫、蓟马、粉虱及根粉蚧虫的杀虫剂；不建议用于青锁龙、阿波银线蕨、铁线蕨、花烛和长寿花
硫酸烟碱	用于防治蚜虫、蓟马、叶螨、兰花介壳虫和蕈蚊；主要用于喜林芋、倒挂金钟、蕨类植物和非洲紫罗兰
油、矿物和蔬菜	通过窒息杀死大多数软体昆虫
油、印楝	通过窒息杀死昆虫和螨虫，防治白粉病，驱除昆虫
除虫菊酯	植物源杀虫剂，有触杀作用；有效防治蚜虫、蓟马、粉虱、螨虫和未成熟的介壳虫和粉蚧虫
灭虫菊、氯菊酯、胺菊酯、氟氯氰菊酯	类似于除虫菊酯的合成农药；用于防治相同的害虫
肥皂	通过清除软体昆虫和螨虫体内的蜡，使其变干而死亡；毒性低

*根据法律，所有农药必须经过批准，并在环境保护局和国家机构注册，以供所有植物使用。上面的表格并没有作为农药使用的授权建议，因为注册情况是不断变化的。

和多肉植物，很容易被农药影响；这些易受影响的植物应该在农药商品标签上列出。在处理新品种时，应该喷洒叶子进行测试。在处理其余叶子之前，应先观察几天，观察植物对农药的反应。

在使用水稀释喷雾农药时，通常建议“喷洒至流出”。也就是说应该充分地喷洒农药直到从叶片滴下来。喷洒范围应该包括植物的所有地上部分和叶片背面，即使是那些还未受侵害的植物。气雾剂型农药对植物的健康有双重危害。用于携带农药的抛射剂可能是有毒的，抛射剂蒸发会从叶片中提取热量，可能导致寒害。为了防止后一种情况发生，喷雾的距离不能小于使用说明的建议距离。在适当的喷洒距离内，大多数抛射剂在接触叶片前都会蒸发。

在使用土壤浇灌法时，应该根据使用说明将其混合后进行浇灌。农药的喷洒量应该足够多，能够使整个盆栽基质变湿，排出来的水都应该倒掉。

按照包装使用说明的建议重复喷洒农药是成功控制大多数室内植物害虫的关键。多个世代和处于从卵到成虫的不同生活史阶段的昆虫会同时出现，并不都对农药敏感。为了避免只是暂时减缓繁殖率，必须重复喷洒。

在室内植物中偶尔会遇到昆虫和螨虫对特定农药有抗药性。一般来说，害虫中会有少数无法被农药杀死，这些害虫会继续繁殖，最终形成一个无法被农药杀死的抗药性种群。在一定程度上，可以通过交替喷洒化学性质互不相关的农药来克服抗药性。

最后，永远不要保存剩下的混合农药。混合农药在贮存过程中往往会失活，也是造成意外中毒的常见原因。

问题与讨论

1. 如何识别叶螨及其对植物的伤害？
2. 为什么粉蚧虫和介壳虫成虫很难用杀虫剂杀死？
3. 如何辨别介壳虫和粉蚧虫？
4. 如何防治植物盆栽基质里的昆虫，如蠓虫和跳虫？
5. 根腐病的治疗方法是什么？
6. 对于冠或茎腐烂的植物，应该如何处理？
7. 采取什么预防措施可以避免室内植物的病虫害问题？
8. 农药使用说明的“喷洒至流出”是什么意思？
9. 抗药种群对害虫防治意味着什么？
10. 昆虫生长调节剂是如何防治害虫的？

参考文献

Alfieri, S.A., Jr., K.R. Langdon, J.W. Kimbrough, N.E. El-Gholl, and C. Whelburg. 1994. *Diseases and Disorders of Plants in Florida*. Bulletin 14. Gainesville, Fla.: Division of Plant Industry, Florida Department of Agriculture and Consumer Services.

Ali, A.D. 1989. A Back to Basics Look at Pests. *Interior Landscape Industry* 6(1):90–95.

Chase, A.R. 1992. *Compendium of Ornamental Foliage Plant Diseases.* 3rd ed. St. Paul, Minn.: APS Press.

Hahn, J., and M. Ascerno. 1995. *Houseplant Insect Control.* St. Paul, Minn.: Minnesota Extension Service University of Minnesota.

Lindquist, R. 1989. Pesticide Resistance: Why It Occurs, How to Deal with It. *Interior Landscape Industry* 6(3):56–59.

Manaker, G.H. 1997. Interior Plantscapes: *Installation, Maintenance and Management.* 3rd ed. Upper Saddle River, N.J.: Prentice Hall.

Pirone, P.P. 1978. *Diseases and Pests of Ornamental Plants*. 5th ed. New York: Wiley.

Powell, C.C., and R. Rosetti. 2000. *The Healthy Indoor Plant: A Guide to Successful Indoor Gardening.* Prospect Heights, Ill.: Waveland Press.

Simone, G. 1989. New Disease Problems in the Foliage Industry. *Interior Landscape Industry* 6(4):36–42.

Simone, G.W., and A.R. Chase. 1989. *Disease Control Pesticides for Foliage Production.* Gainesville, Fla.: University of Florida Institute of Food and Agricultural Science.

Simone, G. 1988. Virus Diseases Affecting Foliage. *Interior Landscape Industry* 5(6):70–84.

Simone, G.W., T.A. Kucharek, and R.S. Mullin. 1989. *Plant Disease Control Guide.* Gainesville, Fla.:

University of Florida Institute of Food and Agricultural Sciences.

Steiner, M.Y., and D.P. Elliot. 1987. *Biological Pest Management for Interior Plantscapes.* 2nd ed. Vegreville, Alberta, Canada: Alberta Environmental Centre.

第 19 章

装饰用栽培植物和鲜花

学习目标

- 解释观赏植物、植物结构和促花的定义。
- 用图解法表示植物如何引导通行。
- 给一个房间设计室内景观，并说明为什么选择这些植物。
- 解释花卉防腐剂中的成分是如何延长花期的。
- 区分花泥、花插和花剪。
- 图解百花式、水平、垂直和三角形插花。
- 解释为什么“插花主线”在花卉设计中至关重要，以及如何做到。
- 拍摄一张花艺照片，描述它如何满足视觉平衡、主线、整体统一和填充的标准。

照片由美国花卉协会提供（www.aboutflowers.com）

植物本身是美的一种形式。与其他形式的美一样，经过艺术处理能够提高和吸引注意力。室内植物绿化设计或室内植物园艺这一新的领域已经应用于室内植物的选择和布置。室内种植专家不仅要掌握艺术设计的知识，还要了解特殊植物相关的养护需求：既是艺术家，又是园艺家。园艺设计风格既要在视觉上令人愉悦，又要满足植物的生长需求。

大多数有经验的室内植物种植者虽然可能自己并没有意识到，但是他们已经尝试自己设计室内植物园艺。例如，公司开业前，老板将一个很美观的植物搬到咖啡桌上，这种行为就是室内植物绿化设计。同样，为室内植物选择漂亮的花盆也是设计的一部分。参考本章给出的设计案例，任何人都可以从事室内植物景观设计。

图 19.1 装饰性蕨类植物架。照片由作者提供

19.1 回顾历史

将植物用作室内装饰并非刚刚出现。在 19 世纪，室内植物非常流行，植物探险者进行了漫长的探险，为富人们设法引进外来植物。不幸的是，当时人们偏爱深色的室内设计，以及缺乏集中供暖，所以除了生命力极强的耐寒植物外，在室内几乎不可能种植其他植物。铁树、盆栽棕榈树和橡胶树是当时常见的室内栽培植物。高大肾蕨能够适应低光照和低温环境，可以在装饰性的蕨类植物架上进行展示（图 19.1）。

由于室内生长条件不佳，在植物栽培的地方，玻璃容器和阳光房受到了人们的青睐。玻璃容器最初是在海上航行中设计的一种保存植物的方法。从这个实用结构，慢慢发展成精致复杂的“客厅箱”，维多利亚时代风格的豪华装饰。当时多用手工吹制方法来制作玻璃容器，它的支撑结构是由铁和铜细丝或珐琅金属制成的。

那个时期的阳光房和温室就是今天的花园房间。它们被用来种植和展示很多外来植物，这在当时是富人们的业余爱好。到了世纪之交，维多利亚女王去世，室内装饰时尚风格变得更轻松更宽敞。维多利亚时期住宅中落地窗的打褶窗帘被掀去，浅色花边窗帘或简单帷幔可以让光线没有阻挡地照入家中。但仍然没有中央供暖，这妨碍了许多今天如此流行的耐寒敏感植物在室内的生长。

第一次世界大战之后，中产阶级平房风格的房子窗户很大，而且通常窗前带有阳台。此时，已经发现了很多的阴生室内植物，而且集中供暖已经成为普遍现象。这促进了室内植物的种植，使它不再是富人的专属。但19世纪最初的对植物的狂热并未重现，直到20世纪60年代末，人们对室内植物的兴趣一直不高。建筑风格能够反映出人们对室内植物是缺乏热情的。牧场式房屋开始流行起来。虽然很多房屋都有大型的落地窗，但这些窗户都是为观景而设计的，很少是为了植物。其余的窗户都是小的，或者是中型的，强调流畅的水平线条。

在20世纪70年代，家庭、办公室和购物中心对室内植物的需求量很大。现在，房子设计有大量的热窗格玻璃，不仅能够为室内植物提供足够的光照，而且还能高效节能。室内园艺师不再局限于在窗台上栽种植物，大型室内植物也逐渐盛行。

受供需关系影响，园艺行业逐渐发展起来。很多大型观赏植物在几年前是不可能找到的。以前不为人知的植物现在变得很常见，而且大量植物新品种正在进行培育并陆续上市。

所有这些都给室内园艺师们提供了多种植物和附属物选择。他们唯一的问题是在满足植物生长需求的同时，如何将植物更好地融入人们的生活空间。

19.2 植物的功能性用途

观赏植物

观赏植物（图19.2）纯粹是为了美观而展示的。它们通常是大树或林下植物，也可以是吊篮、观花植物、玻璃景观箱或盆景。观赏植物通常是单个的，可以被认为是活体雕塑。在某些情况下，一个观赏植物能够成为房间的焦点，比其他任何家具都更能吸引人们的注意力。

观赏植物通常价格较高，被认为是一项重要的植物采购。在投资之前，尝试先种植一株

图19.2 房间角落里的观赏竹木植物是房间的焦点，它能够利用从天花板附近的高窗户照射进来的光线。照片由加利福尼亚州艾尔托洛英国室内花园公司风景图片部的史蒂夫·麦克科迪（Steve McCordy）提供

较小的观赏植物，这样能够减少因植物养护不当造成的损失。如表 19.1 所示，列举了许多适合在室内种植的大型观赏植物。

植物艺术墙

植物艺术墙的理想位置是窗户附近光照充足的墙壁（图 19.3）。在墙面上摆放植物能够代替照片墙或其他墙面装饰。

可以使用在室外花园中挂植物的夹子将盆栽固定在墙上，设计可以是结构化的，也可以是随机图案的。使用与众不同的盆栽容器（如古董罐和手工陶罐），尽管会增加悬挂的难度，但可以增加趣味。

在植物墙面装饰中最常用到的植物是附生植物。某些兰花、凤梨、喜林芋和蕨类植物可以种植在紫萁属或树皮片上。它们重量很轻，很容易悬挂。

表 19.1　适合在室内种植的大型观赏植物

常用名	学名
异叶南洋杉	*Araucaria heterophylla*
簕竹属	*Bambusa* spp.
仙人掌类	*Cereus*，*Echinocactus*，*Ferocactus*
棕榈	*Chamaedorea*，*Howea*，*Rhapis*
燕子掌	*Crassula avata*
野生风车草	*Cyperus alternifolius*
黛粉芋	*Dieffenbachia seguine*
金心巴西铁	*Dracaena fragrans* ‘Massangeana’
千年木	*Dracaena marginata*
大戟	*Euphorbia milii*，*Euphorbia lactea*，*Euphorbia trigona*
八角金盘	*Fatsia japonica*
垂叶榕	*Ficus benjamina*
印度榕	*Ficus elastica*
琴叶榕	*Ficus lyrata*
女贞	*Ligustrum lucidum*
鳄梨	*Persea americana*
喜林芋	*Philodendron*，*Monstera*
罗汉果	*Podocarpus macrophyllus*
南洋参属	*Polyscias* spp.
孔雀木	*Schefflera elegantissima*

突显其他物体

植物的另一个功能是吸引人们注意房间设计的其他元素，突显这些设计。如图 19.4 所示，在两个相邻房间的入口处摆放了两盆棕榈。其他的主景植物是摆放在古董书桌上的小型蕨类植物和摆放在桌子上的小型盆栽组合，作为一张或多张全家福的背景。

引导通行

从一个房间到另一个房间，人们通常会选择最短距离的路线。一旦通行模式建立起来，就很难改变，但有策略地放置室内植物有助于改变通行模式。例如，把几个大型植物放在椅子和沙发之间，人们自然会被引导改走另一条路线进入休息区。如图 19.5 所示，展示了一个被用于引导通行的植物。

植物屏风

遮挡视线是植物的另一个功能用途。将植物有设计地组合摆放能够将两个生活区域分隔开（图 19. 6）。

如果遮挡问题影响了窗景视野，那么植物就是理想的解决方案。它们在阳光下茁壮成长，但不会像窗帘那样把阳光遮挡在外。如图 19.7 所示，展示了植物如何在浴室里被当作屏风。

图 19.3 房屋墙壁上装饰用的室内藤本植物。图片由柯林·惠利绘制

图 19.4 在房间入口两侧摆放的棕榈树能够突显出生活区和远处的壁炉。照片由加利福尼亚州艾尔托洛英国室内花园公司风景图片部的史蒂夫·麦克科迪提供

图 19.5 走廊通道上摆放的造型独特的花架边桌。照片由加利福尼亚州棕榈沙漠绿色植物景观设计师提供

图 19.6 栏杆与鱼尾葵结合在一起使用能够起到分隔两个区域的效果。掌状的叶子能够起到遮挡视线的作用。照片由作者提供

图 19.7 嵌入式种植花盆为这个浴缸区域提供了必要的私密空间。照片由加利福尼亚州艾尔托洛英国室内花园公司风景图片部的史蒂夫·麦克科迪提供

填充室内空间

由于空间或设计的限制，房间里经常有不能方便放置家具的区域。这些“死角”空间需要填充，以避免使室内装饰看起来不平衡。植物是理想的解决方案，因为可以购买任意尺寸和形状的植物，而且可以调整植物所在区域的光照量。与艺术品和家具相比，植物价格较低。如图 19.8 所示，展示了一个玻璃鱼缸植物栽培箱用来填充楼梯侧面的区域。

19.3 设计元素

满足植物的功能性用途和决定植物摆放位置的限制性环境要求（主要是可利用的光照）后，需要考虑设计元素。这些元素包括颜色、尺寸、外形（叶片大小）和植物的装饰性。

颜色

无论何时，在选择常见绿色植物时，颜色对装饰的适宜性都会成为一个问题。如果植物有白色、黄色、粉色或红色的叶子，这种特点需要适合房间的配色方案。开花植物的大面积颜色表现为花朵的颜色（吸引人的注意力），必须预先进行精心设计。

图 19.8　这种来自法国的新颖水族养殖和植物栽培组合能够填充毗邻楼梯的区域。由德科水族箱公司制造

在过去的 20 年里，观叶植物已经培育出了多种不同颜色和杂色，市面上有数百个新品种（表 19.2）。同样，现在很多短季节和长季节开花植物新物种和品种也很常见，要想在设计中有效地利用它们，必须了解房间设计的光照需求和功能（通常是针对一种或一组观赏植物），然后再选择颜色。

一般的规则是限定色彩鲜艳的观叶植物和观花植物，并利用它们来调和“非彩色”绿色植物背景。凤梨和大规模开花植物的集中组合是例外情况。然而，如果房间里的家具是绿色的，那么室内景观设计师应该慎用绿色植物。相较而言，应该选用浅色调的绿色植物或斑叶植物，避免房间整体颜色过于单调。

尺寸

其次需要考虑尺寸，包括植物购买时的尺寸，以及植物长大后的尺寸。植物在购买时的尺寸可能很小，但不应该让人们觉得它们长得过分拥挤。出于这个原因，棕榈、吊篮等植物的选择和摆放都应该为它们以后的生长预留出一定的空间。在商业化的室内景观（如购物中心）中，植物尺寸变化（树木在景观的后面，藤蔓植物和地被植物在前面）是一个主要的设计问题，但私人住宅很少能有足够的空间用作植物景观。尽管如此，利用不同尺寸的植物，一个小的“植物展示区”能够达到很好的视觉效果。

带有滑动玻璃门或落地窗的房屋或公寓特别适合这种方法。最简单方法是选用建筑面积为 2—10 平方米的区域。然后，把这些植物放

表 19.2 室内景观中带颜色的观叶植物

颜色	常用名	拉丁学名
斑叶白色	凤梨	*Neoregelia carolinae meyendorfii* 和 *N. c. tricolor*
		Nidularium innocentii lineatum
	万年青	*Aglaonema* "White Raja"
		A. "Superba"
		A. "King of Siam"
		A. "Fransher"
	黛粉芋	*Dieffenbachia amoena* "Tropic Snow"
		D. maculata "Camille"
		D. "Perfection Compacta"
		D. "Hilo"
		D. "Rudolph Roehrs"
		D. "Paradise"
	龙血树	*Dracaena fragrans* "Warnecki"
		D. sanderiana
		D. surculosa "Florida Beauty"
	海芋	*Alocasia* "Frydek"
	银边常春藤	*Hedera helix* "Glacier"
	网纹草	*Fittonia verschaffeltii argyroneura*
	褐斑伽蓝	*Kalanchoe tomentosa*
	圆叶椒草	*Peperomia obtusifolia*
	菠萝花	*Ananas comosus* "Variegatus"
	雪花葛	*Epipremnum aureum* "Marble Queen"
	金边吊兰	*Chlorophytum comosum variegatum*
	银脉虎尾兰	*Sansevieria trifasciata* "Bantel"s Sensation"
	花叶绿玉菊	*Senecio macroglossus* "Variegatum"
	球兰	*Hoya carnosa* 栽培种
	白花紫露草	*Tradescantia albiflora* "Albo-vittata"
		Xanthosoma lindenii
	单药花	*Aphelandra squarrosa*
斑叶银色	花叶冷水花	*Pilea cadierei*
	银星秋海棠	*Begonia* × *argenteo-guttata*
		B. "Rex" 栽培种
	空气凤梨	*Tillandsia edithae*
		T. xerographica
		T. tectorum
	广东万年青	*Aglaonema* "April in Paris"
		A. "Mona Lisa"
		A. "Silver King"
		A. "Silver Queen"
		A. "Rhapsody in Green"
	喜荫花	*Episcia cupreata*

（续表）

表 19.2　室内景观中带颜色的观叶植物

颜色	常用名	拉丁学名
	银纹白鹤芋	*Spathiphyllum* "Silver Streak"
	吊金钱	*Ceropegia woodii*
	虎耳草	*Saxifraga stolonifera*
	西瓜皮椒草	*Peperomia argyreia*
斑叶黄绿色	金心巴西铁	*Dracaena fragrans* "Massangeana"
	黛粉芋	*Dieffenbachia* "Triumph"
		D. "Bali Hai"
	常春藤	*Hedera helix* "Gold Dust"
		Homalomena wallisii "Camouflage"
	青木	*Aucuba japonica*
	绿萝	*Scindapsus au reus* "Golden Pothos"
	斑马凤梨	*Aechmea chantinii* "Vista"
		Billbergia pyramidalis striata
		B. "Fantasia"
		Cryptanthus beuckeri
	观赏凤梨	*Guzmania vittata*
	绿玉菊	*Billbergia* "Muriel Waterman"
		Neoregelia melanodonta
		Hemigraphis "Exotica"
		Billbergia "Muriel Waterman"
		Neoregelia melanodonta
		Hemigraphis "Exotica"
紫叶或带紫色	紫背万年青	*Rhoeo spathaceae*
	波斯盾	*Strobilanthes dyeranus*
	翠叶肖竹芋	*Calathea concinna*
	紫鹅绒	*Gynura aurantiaca*
	新娘草	*Gibasis geniculata*
	吊竹梅	*Tradescantia zebrina*
	附生凤梨	*Aechmea lueddemanniana* "Mend"
		Cryptanthus "Starlight"
		C. "Pink Starlight"
		C. "Carnival de Rio"
带粉色	万年青	*Aglaonema* "Rembrandt"
	鼠毛菊	*Episcia* "Pink Brocade"
	发财树	*Crassula argentea* "Tricolor"
	嫣红蔓	*Hypoestes sanguinolenta* "Pink Splash"
	豹纹竹芋	*Maranta leuconeura*
	三色虎耳草	*Saxifraga stolonifera* "Tricolor"
	球兰	*Hoya carnosa*
		H. c. compacta regalis

（续表）

表 19.2　室内景观中带颜色的观叶植物*

颜色	常用名	拉丁学名
带红色	紫象腿蕉	*Ensete ventricosum* “Maurelii”
	血苋	*Iresine herbstii*
	凤梨	*Aechmea* “Burgundy”
		A. maculata
		A. “Royal Wine”
		A. “Foster's Favorite”
		Cryptbergia “Rubra”
		Cryptanthus zonatus
		C. “Feuerzauber”
		Neoregelia marmorata × *spectabilis*
		N. “Fireball”
		Nidularium innocentii “Innocentii”
		N. billbergioides
		Vriesea “Kitteliana”
	五彩苏	*Coleus blumei* 栽培种
	网纹草	*Fittonia verschaffeltii*
	巴西条纹竹芋	*Calathea* “Red Star”
	毛叶秋海棠	*Begonia* “Rex” 栽培种
	千年木	*Dracaena marginata*
	朱蕉	*Cordyline fruticosa*

* 在光照不足的情况下，这些植物的斑叶会变黄。

置在这个区域内，较高的观赏植物放在后面，较矮的观赏植物放在前面。花架、一块原木和小的展示架都可以用来营造植物间的高度差异，并通过展示转移观赏者的视线。不同形状和外观的吊篮也可以加入其中。

植物区可以直接摆放在地板上，而植物托盘可以用来防止弄湿地毯。也可以在地面铺上一层厚塑料或覆盖上一层砖和树皮，这样就为植物区域划定了边界并且更加吸引人。

外形

外形主要是指叶片大小，尽管在评价质量时专业设计人员也会考虑叶子表面特征、叶片厚度、叶密度以及枝条和叶柄的排列。常见的外形尺寸是细、中、粗大。一个有趣的室内景观的关键是改变植物外形。

叶片大小要与房间大小协调。一个小房间不能摆放叶片较粗大的植物，因为它们看上去挨得太近，尽管这样的植物可以用作观赏植物，因为它的外形具有观赏植物的特征。

装饰关联

装饰结合体是指人们对于观赏植物惯有的那种装饰类型的感觉。很多植物的装饰性比较中庸，而且没有关联，可选择其他植物增强室内其他元素的装饰效果。

表 19.3 装饰用植物

装饰风格	常用名	拉丁学名
古典 / 维多利亚风格	天门冬属	*Asparagus* spp.
	非洲紫罗兰	*Saintpaulia ionantha*
	秋海棠属	*Begonia* spp.
	蜘蛛抱蛋	*Aspidistra elatior*
	蕨类植物	*Nephrolepis exaltata cvs.* "Boston fern" *Adiantum* spp. "Maidenhair fern"
	大岩桐	*Sinningia speciosa*
	棕榈	*Howea forsteriana* "Kentia palm" *Chamaedorea elegans* "Parlor palm" *Rhapis excelsa* "Lady palm" *Chrysalidocarpus lutescens* "Areca palm"
	皱叶椒草	*Peperomia caperata* "Emerald Ripple"
	吊金钱	*Ceropegia woodii*
乡村风格	金钱麻	*Soleirolia soleirolii*
	翼叶山牵牛	*Thunbergia alata*
	洋常春藤	*Hedera helix*
	天竺葵	*Geranium hortorum*
	菱叶白粉藤	*Cissus alata*
	蛇莓	*Duchesnea indica*
	千母草	*Tolmiea menziesii*
	报春花	*Primula obconica*，*Primula malacoides*
	虎耳草	*Saxifraga stolonifera*
	瑞士常春藤	*Plectranthus australis*
东方风格	圆叶南洋参	*Polyscias scutellaria*
	竹子	*Bambusa, Phyllostachys*，*Pseudosasa*
	裂坎棕	*Chamaedorea erumpens*
	南洋参	*Polyscias fruticosa*
	铁角蕨	*Asplenium viviparum*
	异叶南洋杉	*Araucaria heterophylla*
	孔雀木	*Schefflera elegantissima*
男性化风格	香龙血树	*Dracaena fragrans* "massangeana"
	苏铁	*Zamia* 和 *Cycas* spp.
	黛粉芋	*Dieffenbachia* 及栽培种
	大琴叶榕	*Ficus lyrata*
	短穗鱼尾葵	*Caryota mitis*
	大叶绿旱蕨	*Pellaea viridis*
	友水龙骨	*Goniophlebium amoenum*
	铁甲秋海棠	*Begonia masoniana*

（续表）

表 19.3　装饰用植物

装饰风格	常用名	拉丁学名
	八角金盘	*Fatsia japonica*
	紫背万年青	*Rhoeo spathaceae*
	酒瓶兰	*Beaucarnea recurvata*
	毛叶秋海棠	*Begonia* “Rex” 栽培种
	虎尾兰	*Sansevieria trifasciata* 栽培种
	二歧鹿角蕨	*Platycerium bifurcatum*
女性化风格	高大肾蕨	*Nephrolepis exaltata*（高切叶栽培种，如 “Fluffy Ruffles” “Verona” 和 “Shadow Lace”）
	仙客来	*Cyclamen persicum*
	海豚花	*Streptocarpus saxorum*
	喜荫花	*Episcia* 栽培种
	栀子	*Gardenia jasminoides*
	铁线蕨属	*Adiantum* spp.
	月季花	*Rosa chinensis*
	兰花	详见第 15 章的表格
	文竹	*Asparagus setaceus*
	新娘草	*Gibasis geniculata*
热带风格	巢蕨	*Asplenium nidus*
	凤梨	详见第 15 章的表格
	变叶木	*Codiaeum variegatum* 栽培种
	兰花	详见第 15 章的表格
	棕榈	*Howiea, Chamaedorea, Chrysalidocarpus*, *Philodendron* 等属
	喜林芋	*Maranta*, *Calathea*
	龟背竹	*Monstera deliciosa*
	二歧鹿角蕨	*Platycerium bifurcatum*
	伞莎草	*Brassaia*, *Tupidanthus*
现代风格	凤梨	详见第 15 章的表格
	仙人掌	详见第 15 章的表格
	紫背万年青	*Tradescantia spathaceae*
	白鹤芋属	*Spathiphyllum* spp.
	千年木	*Dracaena marginata*
	虎尾兰	*Sansevieria trifasciata* 栽培种
西南风格	仙人掌和多肉植物	详见第 15 章的表格
	冬珊瑚	*Solanum pseudo-capsicum*
	甜椒	*Capsicum annuum* 栽培种，如 “Fiesta” 和 “Conoides”

如表 19.3 所示，列举了一些具有古老、乡村、东方、男性化、女性化、热带、现代和西南装饰风格的植物。

显然，根据制作材料和形状选择花盆能够增强植物的整体装饰关联，但没有上釉的标准陶罐仍然是一个经典选择。

群植

群植指的是将几个植物聚集在房间的某个空间，形成叶丛效应。有的家装设计师喜欢在浴室里摆放大量的植物，因为这样可以利用潮湿的环境，营造出一种热带的氛围（图 19.7）。

19.4 设计过程

设计过程的第一步是将房间按比例尺绘制并进行植物景观设计。这一步骤包括布置家具，房间与房间之间的过道，以及整个空间的光照情况，分为明亮、适中和暗淡（图 19.9）。其次，确定功能用途的植物需求情况，应该先对需求情况进行评估，然后在图纸上标出摆放植物的位置。在某些情况下，在光照不足的位置为了达到设计效果也要摆放植物。在这种情况下，优质的“人造”植物是一种很好的解决方案，特别是与天然植物混合在一起，这样人们就不会注意到它们是人造的了。

最后一步是根据前一节中介绍的设计元素和植物的光照需求，为各区域选择适合的植物。所选的和现有的植物中最重要的品种应该先挑出来并且确定摆放位置，然后再确定其他

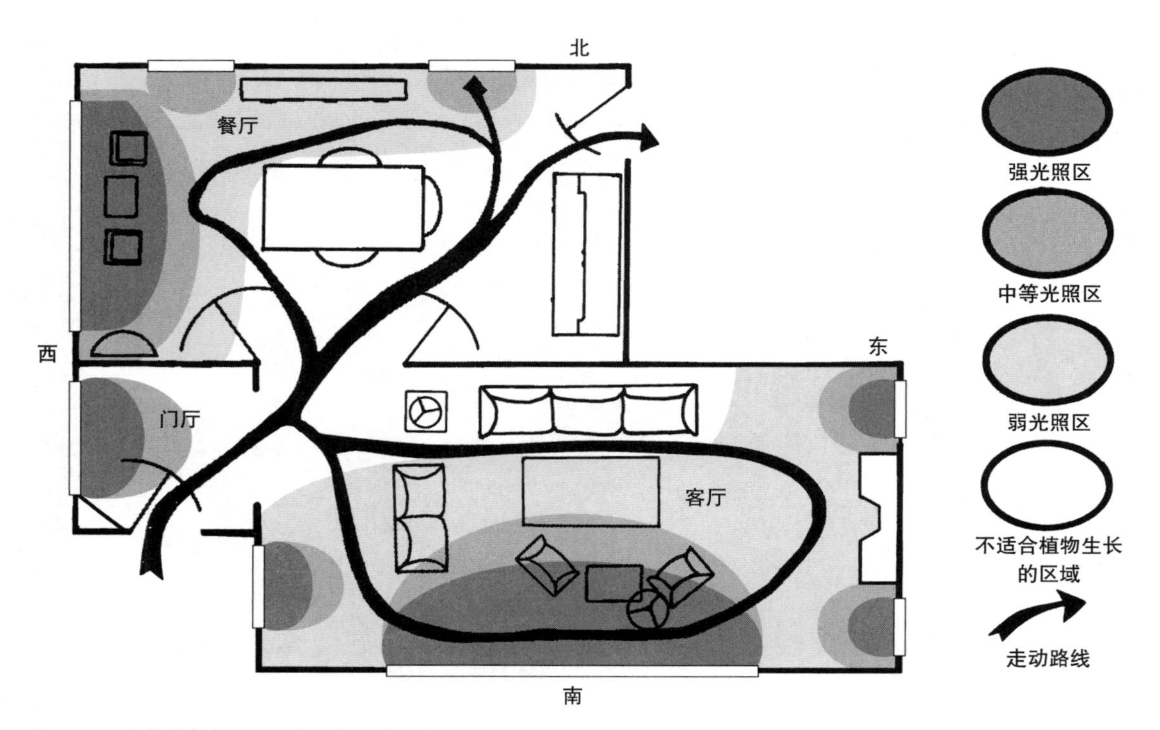

图 19.9 为家庭室内景观区域绘制的基本空间

图 19.10 沃德箱是复古风格的植物景观箱，是装饰重点。照片源自 www.FineWebStores.com

所有植物的购买清单，还有相关用品的购物清单，主要是花盆，有时还有花架、花盆套和其他植物用品。

一个玻璃盆景（图 19.10）能够为很多蕨类植物和兰花提供所需的高湿度，可以成为现代装饰风格中很好的补充品。

吊篮也可以安装人造光源。它们可用于低光区的辅助照明或夜间装饰照明。

在维多利亚时代流行的花架又重新流行起来，它的制作材料可选用木材、藤条和锻铁等。这种台座式花架可以大大提高植物的高度，这种高度差看起来更有层次感，可用于替代价格较高的大型植物。

精心挑选植物配件（花盆、花架、挂钩）来提高植物的美观度。首先，花盆的尺寸应该与植物的尺寸成比例，避免植物看起来头重脚轻或重心低。双盆经常会使植物看起来重心低，更需要注意比例问题。

其次，选择的容器和配件应该与设计颜色、图案和风格相协调。简单朴素的陶罐或藤条编织的花盆套是最佳选择。它们几乎能够与所有的装饰搭配在一起，装饰效果堪称经典。

有特色的花盆可以在视觉效果上超过植物本身，使花盆成为焦点，但也有例外情况。例如，一个西部装饰风格的房间搭配使用亮红色或黄色的花盆能够起到很好的效果，种植在非常精致古董花盆中的大型观赏植物会显得很出众。

使用夜间照明

室内设计师明白照明影响着装饰效果。例如，当植物使用夜间照明时，则需要非常醒目。一两个聚光灯可以突显出室内植物，并提供辅助照明。

为了突显植物，可以用多种方式来确定灯光的位置。从地面向上照射的灯光透过植物叶子能够在天花板产生有趣的阴影。从天花板上几个点向下照射的轨道射灯可以使一群植物中的某个植物突显出来。

19.5 插花

在家里使用鲜的、干的或丝质的花代替或者补充室内栽培植物是利用植物进行室内装饰的另一个方面。插花能够为特殊的场合增添节日气氛，并且这些鲜活的植物能够给因为生长环境不合适而没有观赏植物的房间带来愉悦感。通过简单的指导和适当的练习，自己完成定制花卉设计是很容易的。本节的重点是介绍鲜花等自然材料的插花和养护方法，鲜花的插花方法也适用于绢花。

花卉的选择

插花使用的花卉可以有很多来源：自家花园里种植的、野生的或者购买的花卉。

园林花卉和促花花卉 种植长茎植物的宿根园是单朵花卉的主要来源。如表 11.6 所示，列举了可以在大多数气候条件下种植的花卉，这些花卉可用于切花，也可烘干后用于永久性插花。然而，景观灌木和树木不应被忽视，它们也是花卉材料的来源之一。在早春时节，开花枝条可以在室内促花开花，为这个季节带来靓丽的颜色（图 19.11）。促花能够使植物在正常花期到来之前提前开花。表 19.4 列出了一些花蕾在秋天长出来并成熟的灌木和树木。因为花蕾已经成熟准备开放，在早春植物正常花期到来之前可以对枝条进行促花。正常情况下灌木或树木开花越早，促花开花越早。然而，花蕾未完全成熟时摘下的枝条与母枝断开，无法继续发育成熟，带回室内后很容易死亡。

图 19.11 花篮里是春季花卉和其他植物的插花，包括右侧促花的连翘枝条。照片由企业联合销售组织提供，由国际花艺专业交流协会、美国花艺设计师协会成员丹妮丝·李（Denise Lee）设计

表 19.4 春季促花开花灌木和乔木

常用名	拉丁学名
日本海棠	*Chaenomeles japonica*
连翘属	*Forsythia* spp.
紫荆属	*Cercis* spp.
大花四照花	*Cornus florida*
北美木兰属	*Magnolia* spp.
日本金缕梅	*Hamamelis japonica*
翅果白连翘	*Abeliophyllum distichum*
少瓣蜡瓣花	*Corylopsis pauciflora*
大花唐棣	*Amelanchier grandiflora*
梅	*Prunus mume*
紫藤	*Wisteria sinensis*
苹果属	*Malus* spp.
榆叶梅	*Prunus triloba*
猫柳	*Salix discolor*

仔细检查你想要促花的枝条，确保花蕾已经足够成熟。成熟花蕾的形状很明显，尺寸较大很容易与叶芽区分开。此外，它们通常是圆形的，正常情况下带有一些颜色。催育通常不需要使用特殊技术。直接剪下扦插并放入防腐剂溶液中（详见本章后面的水和防腐剂部分内容），然后把它们放在阳光不直射的地方，等待花蕾开放。在正常的室内温度下，需要一个星期或更短的时间。

收集的野生植物材料 野生植物材料，包括路边的杂草（图 19.12）、秋天干的起绒草、香蒲、灌木、麒麟草和向日葵等，也可以用它们来制作插花。你在自然区域开车时，应该留意当地可收集的野生材料。它们可以单独使

图 19.12　野生的或精选的观赏草是自然风格插花的常用材料。照片由俄亥俄州富兰克林市多年生植物协会提供

用，也可以用来补充购买的鲜花。所有花店的花最初都是野生的，大自然仍然是插花材料的最好来源。

购买的花卉　从花店、超市或路边摊位购买鲜花时一定要仔细挑选，确保用这些鲜花制作的插花新鲜并且保存时间长。一个关键点是要挑选最近几天采摘的鲜花，并检查它们的新鲜程度，确保它们不会枯萎。检查花瓣尖端，特别是刚长出来的花蕾，花朵衰败最先从这里表现出来。

把花从水里拿出来，检查浸水的茎和叶的生长状况。如果叶子变软或变成深绿色，说明它们已经开始腐烂。这些花采摘时间太久，不能保存太长时间。

有时，玫瑰在种植户出售之前是“干贮”，也就是说玫瑰挑选之后要在无水低温环境下储存。虽然这种做法是完全合理的，但如果存放过久，玫瑰插在水里将无法开花。花蕾将保持闭合状，梗下面的茎会枯萎，导致花朵过早凋亡。购买的玫瑰出现了这种情况，应该退给卖家，作为卖家肯定知道自己卖的玫瑰存放时间过久。

选择绿叶植物　选择绿叶植物的意思是选择用来充实插花的叶子。有些插花风格和种类，花卉上的天然叶子就足够了，不需要额外的绿叶植物。但如果需要绿叶植物，可以从花店购买，也可以从园林植物上剪下来使用。即使在冬季，景观常绿植物，如松树、云杉、红豆杉的枝叶也可以用于插花。

干花

干花是将鲜花经过处理后插花，虽然干花的茎部很硬不能弯曲，限制了插花的造型，但可以根据其弯曲的线条进行造型（图 19.13）。本章结尾列出了几本关于干花的书。表 11.6 列出了一些适用于制作干花的植物。

插花相关用品

插花用品通常包括花瓶或其他装饰容器、水和防腐剂等，有时为了使插花更加精巧，还需要一个插花辅助设备用于固定植物茎部。此

图 19.13　插花中的干花。照片由非洲菊花店的萨夫瓦特·马哈茂德（Safwat Mahmoud）提供

外，用剪刀剪去花卉的茎也是非常有用的。

选择花瓶或其他插花容器 对于业余爱好者来说，一般选择颜色淡雅且造型简单的玻璃、陶瓷或金属材质的花瓶（图 19.14）。在选择花瓶时，要记住一点：观众的注意力应该在花上而不是花瓶上。

花瓶的尺寸会影响插花的难易程度。通用混合插花花瓶的最佳尺寸是 20 厘米高，口径约 8 厘米。这种尺寸的花瓶足够小，很容易买到足够高的花；大多数购买的花的高度是 45—60 厘米。

尺寸更大的花瓶（高约 25 厘米，口径 8—10 厘米）和尺寸较小的花瓶（高约 45 厘米，口径 5—8 厘米）也非常有用。口径小于 5 厘米的花瓶插花很难显得不拥挤。

如果插花是为晚餐准备的并在吃晚餐时放在餐桌上，重要的是不妨碍客人的视线。因此应该选择浅色的容器。最好是选择一个不超过 10 厘米高的容器。插入鲜花后，插花的高度是 20—25 厘米。花篮也是一个不错的选择，在里面放置一个外面看不出来的防水容器，如塑料存储碗。

充分发挥想象力，很多日常用品都可以用作插花容器。挖空的南瓜可用作感恩节或万圣节的插花容器，黏土罐可用作自然风格的插花容器。装饰性的玻璃、酒杯、瓶子等都是有趣而富有想象力的容器。

水和防腐剂 花瓶应该在使用前用洗涤剂彻底清洗，并充分清洗，清除所有碎片和污垢层。以前使用过的不干净的花瓶中会有细菌，细菌能够在水中繁殖，堵塞茎的木质部，阻止水运输到花朵，导致花朵过早凋亡。

插花容器不需要完全注满水，只需要装入大约 1/3~1/2 的水，这取决于需要多少水使容器保持稳定。如果容器装水至顶部，花茎的大部分被淹没，易腐烂，很容易滋生细菌。植物吸收水分主要是通过茎的基部，茎部只需部分被水淹没就能够为花朵提供足够的水分。

商用花卉保鲜剂可以加倍延长切花的观赏时间。但最经济且能够完全满足家庭使用的保鲜剂是 1/3 的奎宁水和 2/3 普通自来水的混合液。奎宁水可用作切花保鲜剂是因为它含有糖，能够为切花提供碳水化合物，用于呼吸作用。它是酸性物质，可以降低水中细菌的生长速度。它含有一种防腐剂，可减缓饮料和混合水中微生物的生长。

图 19.14 适用于插花的各式各样的容器。照片由企业联合销售组织提供

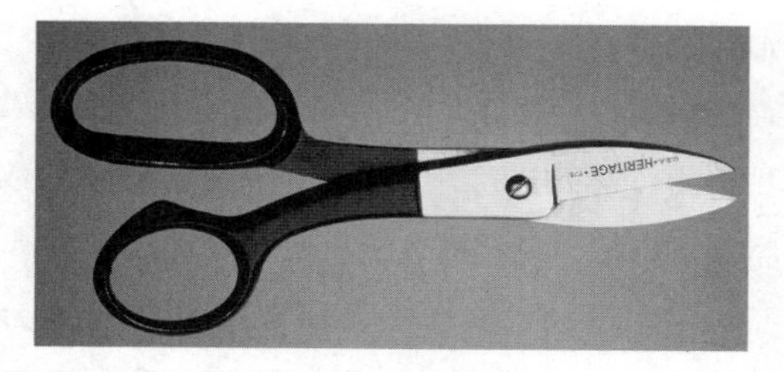

图 19.15　最常用的商业用途的花剪。照片由 Acme United 提供

工具用品　锋利的剪刀是用于切割花茎的工具，效果很好。但如果你使用野生或灌木材料做插花，应该购买花剪（图 19.15）。花剪的刀片非常坚固，能够很容易切割木质茎。花剪可以从电话簿或网上查到的花卉供应商那里购买。

为了使插花固定在适当位置，有几种选择。简单“自然”风格的混合插花不需要辅助用品，因为摆放花卉的位置固定之后，植物的茎能够彼此支撑（图 19.24）。

花泥（图 19.16）能够使插花富有创意。花泥吸收并保有水分，然后再被花朵所吸收。花泥成块进行出售，因为它是一次性产品，所以可以储存备用。花泥可以按照所需尺寸进行切割并且用可于潮湿环境中使用的防水插花胶带固定在容器中的适当位置。这种花泥的优点是它可以放置到容器的上方，从多个角度插入花朵，甚至向下。这就可以设计低垂式的插花造型。有柄玻璃容器非常适合使用花泥。

图 19.16　花泥可以根据特定的容器进行裁剪。照片由美国史密瑟斯绿洲公司提供

插花原则

世界各地有很多不同的插花方式。

传统美式插花　由专业人员制作的商业用插花通常根据线条不同分为 5 种或 6 种类型，指的是插花中主要花卉的视觉定位。

1. 圆形设计。圆形设计（图 19.17）本质

图 19.17　用玫瑰和其他植物制作的圆形设计。花艺设计是 Yukiko Neibert © www.neibert.com/

上是一种半球形设计，便于从各个角度观赏。根据高度和直径，它通常被用作餐桌插花或小边桌插花。

2. 垂直设计。在垂直设计（图 19.18）中花卉较少，但很引人注目且价格昂贵。垂直插花的重点类似花道（见日式插花）。

3. 放射状设计。放射状设计与圆形设计类似。区别在于，圆形插花的表面圆润、均匀，而放射状设计由于使用了穗状花序，视觉效果更强烈，引人注目。根据个人喜好和鲜花的数量，可以从一个侧面或所有面来观赏。

图 19.18　垂直设计。花艺设计是 Yukiko Neibert © www.neibert.com/

4. 水平设计。水平设计（图 19.19）适合作为中心装饰品摆放，可以从四面和顶部观赏。水平插花一般将花材水平固定在花材泡沫上，摆放在一个较浅的容器中，同时还要给它们供水。

5. 三角形设计。三角形设计（图 19.20）是平底顶尖的三角形造型。主要的视觉线条是由指向三角形顶端的花朵定型。

6. 贺加斯或“S”曲线形设计。贺加斯或“S”曲线形设计（图 19.21）是一种少见的高难度设计，因为插花需要设计出“S”曲线。可以使用野生的植物材料，如藤本植物，也可以使用在生长过程中茎部能够形成自然曲线的花卉。

日式插花　日式插花是最受欢迎的插花风格之一（图 19.22）。真正的日本花道风格是利用生活中天、地、人等自然材料象征元素精心组合进行插花，插花富于层次变化，有时也会使用其他的表现形式。掌握日本插花艺术需要

图 19.19　适合用作中心装饰品的水平设计。花艺设计是 Yukiko Neibert © www.neibert.com/

图 19.20 三角形设计。花艺设计是 Yukiko Neibert © www.neibert.com/

图 19.21 贺加斯设计。花艺设计是 Yukiko Neibert © www.neibert.com/

图 19.22 两个配套容器中的日式插花。花艺设计是 Yukiko Neibert © www.neibert.com/

多年的学习和实践。但是在日式插花设计时可以不严格遵照日式花道插花方法，同样能够达到赏心悦目的效果，几个简单原则如下：

第一点，插花并不只是使用花卉，所有类型植物材料都可以用于插花。事实上，日式插花可能根本不使用任何买来的花；它可能由扭曲的茎、种子荚、单个的叶子、草、芦苇和结在树枝上的果实组成。挑选插花材料时，应该选择不常见的野生植物材料并将其组合在一起。在冬季，光秃秃的树枝、常绿植物的树枝和结有干果实的枝条都可以用于插花。

第二点，日式插花几乎总是不对称的，这意味着它们没有像美式插花中的圆形和辐射式设计那样的外形。此外，这种插花也常常被设计成只便于从一个方向而不是从四周观赏。

日式插花通常会选用棕色、黑色、米色等中性颜色的玻璃容器，也会使用编织的草篮。最有趣的是，一个浅花盆，如果它的深度足够装入一些水和花托，就可以有效地用于插花。在这种容器中花托通常是必不可少的，它的作用是将植物材料固定在适当的位置。

欧式插花 近年来，几种源自欧洲的插花风格盛行，包括自然盆景风格的插花（图

19.23）。

1. 自然风格设计。这种设计风格通常使用较浅的容器。容器象征着大地，并作为地基。苔藓、树皮以及类似的植物材料营造大地的效果并用来覆盖插花的底座，插花底座通常是花泥，也可以是挂环形簪式花插。自然风格插花的设计理念是，插花应该是自然的一个缩影。花卉按照物种排列在不同位置，这样它们可以自然地呈现，而不是像美式插花中常见的那样，间隔排列在整个插花中。这些材料按照自然生长的角度进行展示，而不是均匀地摆放在整个插花中，例如圆形插花。欧洲插花的花卉材料看上去似乎是从地下生长出来的，尽管效果不是完全自然的，但表现出了这种自然理念。

2. 千朵花设计。千朵花设计（图 19.24）已经流行了至少 15 年。它是一种“混合花束”，其中至少有 4 种甚至更多种类的花，以一种看似随意的方式组合在一起，形成了丰富多彩的花朵形状。这种插花没有传统美式插花的“主线”，形状松散、随意，看起来更像是一束园林花卉。

没有挂环底座或花泥也可以制作千朵花设计，虽然使用花泥底座能够达到更加精致和正式的效果，花泥对单朵花的定位更加精确。

3. 现代风格设计。业余插花爱好者可以尝试瀑布式设计、平铺式设计、遮挡式设计、凤凰式设计和其他不常见的现代风格设计。在瀑布式设计中，顾名思义，插花的主线和重点是向下延伸。在平铺式设计中，插花中的花朵紧挨在一起。这种插花方法流行于 20 世纪的欧洲，现在也在慢慢地重新流行。在凤凰式设计中，插花表现了从灰烬中升起的凤凰这一经典故事，突显出垂直花卉、绿叶植物和由其他花卉形成的鸟巢中放置的花卉。

图 19.23 使用鸢尾和芦苇制作的自然风格设计。花艺设计是 Yukiko Neibert © www.neibert.com/

图 19.24 千朵花设计。照片由美国花卉市场营销协会提供

插花技巧

插花造型技术可以分为几个步骤，设计方法如下：

决定插花风格 在选择花卉之前，要先决定插花风格。但已经有了插花用的花卉时，就不可能按照上述顺序进行插花，就要利用现有花卉进行插花。在任何情况下，都要力求使插花容器和花卉以及花卉之间看上去和谐，形状和颜色应该形成互补。

插花风格还会受到现有花瓶类型和插花用途的限制。如果插花用作桌子中心装饰品，设计的选择会受到高度的限制。

准备插花容器 准备插花容器包括清洗插花容器，必要时使用挂环或花泥块来固定花卉的位置。

插花主线 在插花时应该首先确定主花和“主线”上的花卉位置，根据它们的位置再确定插花最外围的点（图 19.25）。要力求使插花容器高度和花卉高度之间的比例适当。对于大多数插花来说，最高处花卉高度一般应为插花容器高度的 1.5—2.5 倍。

视觉平衡 插花的视觉平衡是通过把较小的花放在较高位置，把较大的花放在较低的位置来达到视觉上的稳定性，避免看上去头重脚轻。两侧的视觉平衡是采用对称的插花方式，先假想出从插花视觉中心延伸出来的中心线。然后在这条假想中心线的每一边插入适量的花卉，使每边看上去很平衡。

整体统一 传统美式插花中的整体统一并不是指把同种花卉聚成花束，而是将同种的花卉分别插在整个插花中的不同位置上。每种花的数量是奇数（3、5、7 等），这样能够避免看上去过于死板、整齐。

填补 填补（图 19.25）是插花的最后一个步骤。在主线上的花卉插好之后，用绿叶植物、剩余的花蕾等进行填补。目的是遮挡隐藏所有的“结构性用品”（花泥、胶带等），使插花看起来像没有使用辅助用品一样。

(a)

(b)

(c)

图 19.25 直角三角形插花的设计步骤：(a) 插入主线花卉，(b) 填充叶和穗状花序花卉，(c) 用主花和填充物来完成。照片由作者提供。插花由戈登花艺设计工作室罗伯特·戈登（Robert Gordon）设计

问题与讨论

1. 什么是室内绿化景观中的植物区域?
2. 如何为植物区域的植物提供湿度?
3. 描述一下应该选择什么类型的植物来用作房间屏风。
4. 室内植物引导通行是什么意思?
5. 为什么在窗户前用植物往往比窗帘更好?
6. 为什么附生植物是植物墙饰的明智选择?
7. 你想买一个大型观赏植物，但价格超出预算。你可以采用何种方法使一株较矮的植物看上去较高大?
8. 为什么从设计的角度出发，应该选择简单的容器而不是华丽的植物容器?
9. 什么是室内绿化体量?
10. 解释“促花”一词的含义，并说明如何完成。
11. 描述在购买鲜花之前如何检查它们的新鲜度。
12. 为什么奎宁水是切花的优良防腐剂?
13. 餐桌中心装饰品的主要特点是什么? 为什么?
14. 简要描述以下插花类型:
    a. 自然风格设计
    b. 日式花道
    c. 千朵花设计
    d. 平铺式设计
15. 如何检查插花的主线、视觉平衡和整体统一?

参考文献

Armitage, A.M., and J.M. Laushman. 2008. *Specialty Cut Flowers: The Production of Annuals, Perennials, Bulbs and Woody Plants for Fresh and Dried Cut Flowers.* 2nd ed., revised and enlarged. Portland, Ore.: Timber Press.

Blacklock, J. 1997. *Flower Arranging Style: An International Collection of Ideas and Inspirations for All Seasons.* NewYork: Bulfinch Press.

Blacklock, J. 2004. *Teach Yourself Flower Arranging.* New York: McGraw-Hill.

Blacklock, J. 2007. *The Judith Blacklock Encyclopedia of Flower Design.* United Kingdom: The Flower Press Ltd.

Brinon, P., P. Landri, O. De Vleechouwer, and C. Dugied (Photographer). 1998. *Flower Arranging in French Style.* Paris: Flammarion.

Fitch, C.M. 1992. Fresh Flowers: *Identifying, Selecting, and Arranging.* New York: Abbeville Press.

Fowler, V., and G. Elbert. 1989. *Foliage Plants for Decorating Indoors: Plants, Designs, Maintenance for Homes, Offices, and Interior Gardens.* Portland, Ore.: Timber Press.

Gaines, R.L. 1977. *Interior Plantscaping: Building Design for Interior Foliage Plants.* New York: McGraw-Hill.

Gibbs, J. 1988. *Landscape It Yourself: A Landscape Architect's Guide to Planning.* New York: HarperCollins.

Hunter, N. 2000. *The Art of Floral Design.* 2nd ed. Albany, N.Y.: Delmar.

Kramer, J. 1984. *Indoor Trees.* New York: Universe Books.

Kramer, J. 1992. *A Seasonal Guide to Indoor Gardening.* New York: Lyons and Burford.

Manaker, G.H. 1997. *Interior Plantscapes: Installation, Maintenance and Management.* 3rd ed. Upper Saddle River, N.J.: Prentice Hall.

Martin, T. 1994. *Well-Clad Windowsills: Houseplants for Four Exposures.* New York: Macmillan.

Martin, T. 1997. *Indoor Gardens: A Complete How-to Guide to Selecting, Planting, and Caring for the Best Plants for Every Indoor Landscape.* Taylor's Weekend Gardening Guides. Boston: Houghton Mifflin.

Packer, J. 1998. *The Complete Guide to Flower Arranging.* New ed. London: Dorling Kindersley.

Pryke, P. 2006. *Paula Pryke's Flower School: Mastering the Art of Floral Design.* New York: Rizzoli.

Sanderson, K. 1998. *Interior Plantscaping.* Albany, N.Y.: Delmar.

Snyder, S.D. 1995. *Environmental Interiorscapes: A Designer's Guide to Interior Plantscaping and Automated Irrigation Systems.* New York: Whitney Library of Design.

第 20 章

温室及相关环境控制装置

学习目标

- 简述 3 种类型的传统温室。
- 当看到一张温室照片时，说出它属于什么类型以及主要用来种植何种作物。
- 对比下列温室玻璃材料：玻璃、乙烯基塑料、玻璃纤维、亚克力板。
- 为温室选择两种加热方法并图解每种方法是如何工作的。
- 图解用于蒸发冷却的湿帘风机装置并解释它的工作原理。
- 解释二氧化碳发生器是如何促进植物生长的。
- 解释温室作物种植限制因素的概念。
- 图解在温室中绝缘管洒水装置如何为植物灌溉施肥。
- 列出北美洲主要的温室花卉作物。
- 解释水培温室生产的原理。
- 说出遮阳棚的两个用途。

图片来源于 http://philip.greenspun.com/

20.1 温室

温室的环境条件能够完全加以控制。虽然太阳能够为温室提供一部分热量，但天然气、电力、石油是温室的主要热源，对温室进行恒温控制能够使其保持凉爽、温度适中或温暖。温室中的通风、灌溉、降温、遮阳和施肥也可以采用自动化方式控制完成。

选择温室时，在形状、玻璃、框架材料以及加热、灌溉和冷却系统方面有很多选择。人们应该把温室看成由多个组成部分构成的装置，根据气候、预算、舒适度和植物需求来选择每个部分。

温室形状

独立式大跨度屋面温室　独立式大跨度屋面温室是最普遍的温室，也是商业种植户最常使用的温室。这种设计有角，有斜屋顶，侧面垂直或倾斜。独立式大跨度屋面温室有 3 种不同的类型：标准温室、活动玻璃框温室和折线形温室。

标准温室（图 20.1）有垂直侧面和向下倾斜至温室两侧的双面屋顶。温室的玻璃可以一直安装到地面，也可以留出 80 厘米高的侧墙，下面放置植物架。侧墙能够降低热量损失率并增加温室的稳定性，但植物架下面的区域会被遮挡住。

活动玻璃框温室（图 20.2）类似于标准的独立式大跨度屋面温室，但温室侧面的玻璃一直安装至地面，有很小的倾角，而不是垂直的。侧面的角度使冬季的光照射在玻璃上的角度接近 90 度，这是光照透射的最佳角度。由于没有侧墙，也由于玻璃的倾角，活动玻璃框温室会比标准温室更明亮一些。

折线形温室（图 20.3）在此基础上更进一步。玻璃的各个部分连接在一起构成类似隧道的结构。因为太阳的角度会随季节不同而发生变化，每一格玻璃最终都会处于光照透射的最佳角度。折线形温室很难建造，而且它透射光照的效果并不会明显优于全玻璃标准温室和活动玻璃框温室。

图 20.1　商业化的联排标准玻璃温室。照片由科罗拉多州诺斯格伦 Nexus 温室系统提供

单屋面温室 单屋面温室（图 20.4）是分开的独立式大跨度屋面温室。单屋面温室的优点是方便美观，在建造时可以安装滑动玻璃门，所以可以用家庭取暖设备来保温。单屋面温室还可以扩大面积，形成一个花园房或园艺区。

图 20.2 植物园中的活动玻璃框温室。照片由科罗拉多州诺斯格伦 Nexus 温室系统提供

图 20.3 一个折线形温室。注意各排玻璃板的不同角度

尽管大多数单屋面温室都安装在房屋南侧以获得最大光照量，但为了方便也可以安装在其他的方位。朝东或朝西的温室得到的光照适中，可以种植任何植物，朝北的温室可以用来种植观赏蕨类植物和多种室内植物。

拱形温室 拱形温室通常是用弯管搭建框架，外面扣上一层或多层塑料薄膜（图 20.5）。虽然外形不那么美观，但价格便宜，适合家庭使用。它们是商业温室的常见形式。

温室框架材料

玻璃温室的框架几乎可以使用任何材料。即使是对于临时搭建的温室来说，坚固抗风雨

图 20.4 家庭用的单屋面温室。照片由玻璃棚屋有限责任公司提供

图 20.5 商业苗圃使用的拱形温室，可用于盆栽植物越冬。照片由密苏里州北堪萨斯城斯塔佩温室制造公司提供

的框架材料也是必不可少的。接下来将介绍温室框架材料的相对优势。

木材曾经是主要的温室框架材料，它具有良好的隔热性能，耐久性中等，但需要一些维护，如刷漆。可以选用红杉、北美乔柏和经过压力处理的软木材。防腐木不应该在温室使用，木馏油会在温室里蒸发并对植物造成损害。

铝合金重量轻，价格适中，经久耐用，几乎不需要维护，但铝合金热量散失速度比木材更快。

钢筋或钢管也可以用来建造温室，材料坚固，价格相对便宜，但除非经过镀锌处理，否则必须定期涂漆，防止生锈。钢导热很快，隔热性能较差。

地基和侧墙

为了能够抵御大风，避免玻璃破碎或滑动，温室应该有地基。地基能够保持温室平稳。许多预先建造组合的温室没有地基。但除非温室是临时性结构，否则最好还是有地基。至少可以在平整土地上铺设煤渣砖。但最好选用混凝土板，用螺栓固定在墙壁上，在适当位置安装水管和电线。

如果温室设计有侧墙，支撑它们的混凝土地基应该至少在霜线以下 30 厘米，然后根据所选材料建造墙壁。

透光覆盖材料和安装方法

在 20 世纪 70 年代之前，镶嵌有玻璃板的木窗框是主要的透光覆盖材料。现在温室使用的玻璃包括各种各样的塑料、玻璃纤维和玻璃。

温室透光覆盖材料的差别很大。PAR（光合有效辐射，详见第 17 章）值为 67%—95%。这个百分比也会根据温室不同的位置而有所不同。除观叶植物专用的温室外，PAR 值越高越好，因为这样就可以种植阳生植物，并能够促进所有植物的生长。

许多因素都会影响进入室内的 PAR 百分比。温室的方位与一年中任一时间的光照角度也会周期性地改变透光率。玻璃材料的使用时间是一个影响因素，因为透光率通常会随着玻璃使用时间的增加而减少。不干净的玻璃材料会降低透光率，双层玻璃可用于减少热量损失，同时也会降低透光率。最后，温室的结构对透光率影响也很大。顶部架空结构越多，照射在植物上的光就越少（图 20.6）。

玻璃 从外观、耐久性和易于清洁多方面考虑，玻璃仍然是首选。玻璃的透光性能非常好，虽然可能会发生破损，但对建筑质量好的房子来说不会有问题。玻璃的价格偏高，但因为它的使用时间很长，所以平均成本相对合理。

安装玻璃的方法有好几种：第一种是“干法安装”，玻璃被插入木头里面的沟槽或两根金属条之间。采用干法安装较容易，但可能会出现漏风的问题。

第二种玻璃安装方法是把玻璃放在一块油灰上，用夹子固定住。然后连接处用封条盖住，起到防风雨的作用。

玻璃的 PAR 值为 77%—92%，这取决于玻璃的质量。虽然玻璃的 PAR 值很好，但有些薄膜塑料的数值更高。

塑料薄膜（聚乙烯） 在北半球，聚乙烯（图 20.7）是最受商业温室欢迎的材料。因为这种材料比玻璃便宜，而且保温成本也较低，与外面的空气交换比玻璃更少。玻璃连接的位置会出现漏风的情况，而塑料薄膜则不会。

图 20.6 温室中支撑玻璃的铝桁架构架。照片由科罗拉多州诺斯格伦 Nexus 温室系统提供

另一方面，覆盖塑料薄膜的温室密封效果很好，温室里面的湿度很高，这导致塑料上有冷凝的水珠，从而降低 PAR 值。随着凝结水的增加，塑料的天然防水性使水滴凝聚后滴落在下面的植物上，这为植物病害的发生创造了有利条件。表面活性剂可以使凝结水从塑料上滑落，而不是聚集成小滴。这些化学制剂可以与内部排水系统一起使用，将冷凝水排出。为了防止塑料薄膜上出现冷凝水，现在还可以使用一种防雾化学制剂。但是这种化学物质与聚乙烯的化学相容性不高，会降低聚乙烯的耐用性。

图 20.7 拱形温室使用的双层聚乙烯。照片由密苏里州北堪萨斯城斯塔佩温室制造公司提供

现在有的聚乙烯薄膜含有吸收红外线（IR）成分，能够阻止热量（红外辐射）从室内通过薄膜返回到室外空气中。但是，如果这种化学物质没有夹在普通聚乙烯层之间，就会削弱塑料的强度，使其变得不透明。这在生产过程中就会发生。

塑料薄膜温室的另一个缺点是其不像玻璃或硬质塑料板那样耐用。虽然薄膜中含有抗紫外线降解的成分，但塑料薄膜的最大使用年限约为 4 年，在此期间，暴露在阳光下会使塑料变暗，PAR 值降低。新的聚乙烯薄膜的初始 PAR 值为 76%（6 密耳厚的双层红外吸收膜）—87%（6 密耳厚的单层紫外线稳定膜）。双层的红外线吸热聚乙烯薄膜 PAR 值可低至 67%。

乙烯－四氟乙烯共聚物膜 乙烯－四氟乙烯共聚物，通常也按照首字母缩写称为 ETFE，品牌名称为 Tefzel，这种聚合膜的优点是适用温度范围很大。ETFE 的重量是玻璃的 1%，透光率更高，有弹性。它的表面不粘，能够自清洁。同时它也是可循环再利用的。

乙烯基塑料（聚氯乙烯或PVC） 乙烯基塑料氯化物或聚氯乙烯，比聚乙烯更厚，抗风雨效果更好，因此，在过去几年它是一种替代聚乙烯的流行材料。但是由于化学改良提高了聚乙烯的耐久性，现在已经很少使用乙烯基塑料了。

玻璃纤维 半柔性波纹玻璃纤维板（也称为玻璃钢或FRP）仍然被用于家庭温室，但在商业温室中却很少见（除了两端盖有塑料薄膜的温室）。玻璃纤维的优点是不易碎，它能使光线漫反射，从而使整个温室的照明效果更好。新玻璃纤维的PAR值是77%—88%。

玻璃纤维的主要缺点是风化会侵蚀材料的丙烯酸表面，暴露出玻璃纤维；玻璃纤维上会有污垢，降低PAR值。每隔1—2年用树脂对表面进行密封处理，能够将抗紫外线玻璃纤维的使用寿命延长至20年。

亚克力板和聚碳酸酯板 较厚的亚克力板和聚碳酸酯板很坚硬；较薄的板可以弯曲成弧形温室所需的形状（图20.8）。它们是波纹双层的，这样能够减少由相同材料制成的单个肋拱的热量损失。亚克力板和聚碳酸酯板防止热量损失的效率大约是玻璃的两倍。它的PAR值约为80%，在亚克力板和聚碳酸酯板使用年限的前半段时间，透光损耗率是3%—10%。

保温装置

自给式空气保温装置最适用于家庭温室。加热装置可以由燃油、燃气或电驱动。电动装置不需要通风，安装方便。它们安装在温室一端的框架结构上，这样风机能够使热空气在整个温室内循环。

油气加热器安装在温室里面，需要通风。有几种型号的加热器可以安装在温室的墙壁上，燃烧室在室外，不需要通风。

家用暖气装置通常被用于单屋面温室。但如果温室很大，仍然需要风机在两者之间循环空气。

商业用温室通常使用强制空气加热器，称为独立加热器，它的工作原理是燃烧室产生热量，通过一系列的薄壁管传导热量，加热器后面的风扇吸入空气，将热空气释放到温室中（图20.9）。

加热器挂在温室的屋顶上，在末端连着一根透明的聚乙烯对流管，并贯穿整个温室运行。每隔一定的距离，管子上会有直径为5—8厘米的穿孔，这是暖空气的出口，流出的暖

图20.8 刚性亚克力板被用于温室的一端。照片由密苏里州北堪萨斯城斯塔佩温室制造公司提供

图20.9 一个有孔的透明聚乙烯管与风扇和加热器连接，为温室加热。照片由密苏里州北堪萨斯城斯塔佩温室制造公司提供

空气与温室空气混合，使温度均衡。

空气的持续流动不仅使整个房间的温度保持一致，而且使植物叶子保持干燥，防止病害的发生。出于这个原因，即使不需要加热，商业种植者也经常会打开风扇。

由多个房屋组成的商用温室可以使用供热系统保温。与独立加热器一样，加热装置排出的热气通过管道，管道又会转而把热量传递给水。此时，加热后的水要么被泵入管道中，要么继续加热成蒸汽，在低压下蒸汽能够运输到温室周围的管道中。

温室周围热管的安装位置要能够确保热量传送到有热量损失的地方。为了抵消天窗的热量损失，温室安装了架空管道。

红外辐射（IR）取暖系统是商用温室的第3种保温设备。有些人把它当作室外取暖器进行使用。红外线以光的速度穿过空气时，不会加热空气，只加热接触到的物体。然后，这些拦截红外辐射的物体会将热量辐射到空气中。

红外辐射取暖的主要优点是节省燃料，红外线取暖装置消耗的燃料比其他类型的取暖装置少50%。此外，由植物叶子潮湿导致的病害也减少了，因为温室夜晚温度通常较低，植物叶子上不会出现冷凝水。

太阳能取暖装置是一种在冬季阳光充足且温和的地区使用的温室保温方法。该系统包括太阳能集热器、储热区、两个风扇或泵、控制泵的温控器和连接这些部件的管道。在太阳能集热器中，水或空气流动于透明玻璃层和深色背板或黑色管道系统之间，它们能够吸收并转换太阳的辐射能为热能。热量以加热的水或加热的空气形式泵送到储热区，储热区可以是建筑物或储热池。对于强制送风，通常会使用一个充满岩石的储热池来吸收热量。如果用水来输送热量，那水本身就是储热材料。泵会再次按需要将水或空气输送到温室中，一般是在夜间。

太阳能取暖装置要比传统的温室取暖装置昂贵得多，而且当太阳辐射不足时，需要使用备用的常规取暖装置进行保温。出于这个原因，在设计出更高效的太阳能集热器或物美价廉的蓄热材料之前，对大多数的温室来说，太阳能取暖装置费用较高且使用率较低。

制冷装置

家用和商用温室制冷主要是采用通风和遮阳的方法。许多廉价的温室只能通过开门的方法来通风；但通风口在屋顶或屋檐更有效，因为热空气会上升，由此排出。有这种通风口的温室比较好，大多数商业温室都是这样通风的。

夏季温室遮阳能够减少阳光直射，降低室内温度。放置在玻璃上用于局部遮阳的竹百叶窗、塑料编织布和粗棉布在家庭温室中非常有效。可以在温室玻璃、塑料薄膜或玻璃纤维上涂一层涂料，然后在秋季用水和刷子将其除去。

在夏季炎热的地区，蒸发冷却器和湿帘风机能够使温室温度低于室外气温（图20.10）。蒸发冷却器广泛应用于商业温室，小的制冷装置可以从家用温室供应商那里购买。

这个制冷装置中，在温室一端安装了一块缓慢向下渗水的纤维帘。温室另一端的风扇能够将外面的空气吸进来。空气经过帘子后，水蒸发到温室空气中，吸收热量，降低空气温度，同时增加湿度。

高压喷雾装置是湿帘装置的替代或补充。它们类似于人们在沙漠地区使用的室外降温设备。直径10微米的高压雾滴在空中飘浮，落

图 20.10 温室一端的湿帘是蒸发冷却装置的一部分。照片由密苏里州北堪萨斯城斯塔佩温室制造公司提供

在植物上能够迅速蒸发。这种蒸发能够降低温度并增加湿度，但不会弄湿植物，也不会传播植物病害。

夏季室内温度超过 29℃，或冬季使用加热装置导致室内湿度低于 40% 时，植物生长减慢或停止。这会减少温室业主的利润。

喷雾装置通过保持温室高湿度来促进植物生长，同时在天气炎热时能够使温室温度保持在可接受的范围内。喷雾装置还可以减少植物病害，提高发芽率和生长速度。夏季，喷雾装置最多可以将温度降低 1℃，湿度水平可以保持在接近 90%。冬季，喷雾装置可以防止因使用取暖装置而使植物脱水。

叶面施肥可以利用喷雾装置来完成。肥料可以被叶子吸收，进入植物体内。

与老式的蒸发冷却器和湿帘风机相比，高压喷雾装置制冷效果更好，更重要的是，不会出现温度和湿度大幅度变化和温室“热点”。减少或不使用湿帘风机装置能够节省能源。

其他的温室设备

植物架 木制植物架（图 20.11）构造简单，是家庭温室中必备的。建议在木制框板上面铺上一层镀锌金属板。这种台架防锈，能够使光线照射在台架下面的植物上，周围的空气也可以自由流动。

商业温室的植物架结构更加复杂。可移动的植物架（图 20.12）最大限度地增加了温室内植物的种植空间。如图 20.12 所示，架子上的花坛植物可以通过滚动轴进行移动，这样就不需要设计固定的过道。当需要对温室的某一位置进行维修时，相邻的架子很容易就能够被移动到一旁空出一个过道。使用这样的植物架，90% 的温室内部面积可以用来种植植物，而正常的温室种植植物的面积是 70% 左右。

生产切花的商业温室有时也有地面苗床。这些苗床是用混凝土浇筑的，里面有穿孔的管道，在末端留有一个口。管道既能排出多余的水，又是泵入蒸汽的入口，以此为植物之间的

图 20.11 适合放在园艺爱好者的温室中的木制植物架。照片由南卡罗来纳州格林维尔园林空间有限公司提供

种植基质消毒。

高压喷雾装置 高压喷雾装置被用于扦插繁殖，并在种子发芽过程中保持种子湿润。喷雾装置和电子控制器是每个自己繁殖植物的温室的重要组成部分。详细内容在第 5 章中已介绍过。

光周期控制设备 种植光周期敏感植物（表 17.1）的商业温室必须配备自动遮阳设备来增加光周期植物的黑暗时间，还要配备自动光照设备来增加植物的光照时间。

在商业温室中，在春季、夏季和秋季自然夜晚时长较短时，电动遮阳设备能够延长光周期植物（详见第 3 章）的黑暗时间。棉布、涤纶布或黑色塑料被盖在框架上，将种植植物的苗床围挡起来。这一操作是通过电动设备利用连接的线缆将材料遮盖在植物上的。电动设备的开关使用计算机来进行控制，温室环境的其他方面也是通过计算机来控制的（详见本章后面计算机控制器部分内容）。

长日照植物每天所需的光照时间是 16—18 个小时。温室普遍不使用白炽灯，因为白炽灯光的光合有效辐射（PAR）较差，经济效益不高。可以使用荧光灯，因为只需要几十勒克斯的光就可以控制光周期反应。

当自然光不足以满足植物最大产量所需时（如冬季），也可以做补光处理，补光是经济高效的。通常在纬度高于 40 度的地区需要进行补光处理，每天 12 小时的补光处理对植物幼

图 20.12 商业温室中的活动台架设备。照片由加利福尼亚州蒙特克莱市康利制造销售公司提供

苗尤其有利。

正如第17章所介绍的那样，白炽灯不适用于植物照明，因为它们不能提供植物生长所需的光波长。荧光灯可以用于温室的补光，但为了提供足够的光照强度，所需的数量较多，安装固定装置间距很近，并且白天这些固定装置会阻挡自然光，这些原因使其在商业温室中的经济效益较低。

高压钠型氙气灯（HPS型-HID）（图20.13）是商业温室的首选光源。这种灯源的发光峰值大约是600纳米（黄光），另一个发光峰值略大于800纳米，超出了可见光谱。峰值更高的辐射能够促进茎的伸长和提早开花。氙气灯节能效果很好，能够将25%的能源转化为光，而荧光灯是20%，白炽灯仅为7%。

二氧化碳发生器 二氧化碳发生器是一种悬挂在温室屋顶的小型燃烧器。它的开关是由计时器或电子控制系统控制的。发生器燃烧的是天然气或丙烷气，然后将燃烧产生的二氧化碳排入温室。

冬季温室与室外空气交换很少时，光合作用所必需的二氧化碳气体是植物生长的一个限制因素。虽然夜间二氧化碳的浓度范围是400—500ppm，但经过白天之后，到了晚上这一浓度会下降至150ppm，此时植物会停止生长。研究表明，温室内二氧化碳浓度提高至1000—1500ppm，番茄的产量会增加50%，莴苣的产量会增加31%，康乃馨切花的产量会增加38%，黄瓜的产量会增加23%。兰花开花的数量、质量和大小也会有所增加或提升。重要的是上述这些植物的增产只发生在二氧化碳是“限制因素”的情况下。超过这一水平，二氧化碳就会变成有毒物质。

图20.13 温室高压钠型氙气灯。照片由加拿大安大略省格里姆斯比P. L. 照明系统提供

限制因素是指那些影响植物达到最大的光合速率和生长势的环境因素（主要是水、光、温度、养分、二氧化碳）。例如，冬季有充足的光照，足够的土壤养分、水和二氧化碳，但没有足够高的温度使光合作用速率达到最大值，温度就是限制因素。在另一种情况下，夏季田野里的植物有充足的热量、光照、水和二氧化碳，但土壤养分不足使光合作用无法充分进行，养分就是限制因素。

在增加二氧化碳的情况下，当二氧化碳不再是植物生长的限制因素时，其他因素（如温度）可能成为限制因素。因此，将增加了二氧化碳的温室白天温度提高3—6℃可以进一步促进植物生长。但是对于冬季光照不足的温室来说，增加二氧化碳并提高温度对植物的生长并没有什么效果。这是因为限制因素是光照，增加二氧化碳并提高温度是没有用的。

灌溉施肥装置 商业温室的灌溉和施肥装置在一定程度上是自动化的。

水管灌溉装置，又被称为绝缘管洒水装置或滴灌装置（图20.14）。自20世纪60年代以来，这种方法是灌溉种植在容器中的植物的常规方法。水从插在多个位置的直径13—19毫米的黑色塑料软管流出来。低压力水流经过主管后，从花盆的各小管流出。每个小管的末端要么连着一个吊锤（用来防止小管掉出花盆），要么拴在插在盆栽基质中的小木桩上。小管能够使水慢慢地流进花盆里，如果花盆很大的

图 20.14 温室盆栽植物用的绝缘管洒水装置。微管末端的吊锤能够防止微管从花盆中掉落。照片由纽约州沃特敦 Chapin Watermatics 公司提供

话还会配备一个小喷头，能够将水喷洒在表面（图 13.35）。

还可以使用毛细管灌溉装置来为盆栽植物灌溉。先将花盆放在一层 6—13 毫米厚的合成纤维或再生布垫子上，然后用水和肥料混合溶液浇湿垫子，反复灌溉保持垫子湿润。在毛细管作用下，垫子里的水会不断流向花盆里面。

高架洒水器用来浇灌花坛植物。带有喷嘴的管子悬挂在植物上方约 0.6 米处。在某些情况下，管道是可移动的，称为“吊杆”。吊杆以很慢的速度在植物上方移动灌溉。

有时，温室灌溉还会使用潮汐灌溉装置。在这个装置中，盆栽植物和花坛植物种植在防水苗床中，有时种植在苗床下面的防水槽中。水与肥料的混合溶液每天泵入数次，深度约为 2.5 厘米，持续时间是 10—15 分钟，使基质达到饱和，然后溶液被排入储存罐中。

注射式自动施肥法是所有商业温室最常用的方法。注射施肥是指将肥料浓缩液混入（注射）到水中并用混合后的溶液灌溉。这种方法有利于植物不断地吸收养分。商业注射器，有时又被称为比例混合器（图 20.15），是一种机械装置，浓缩液稀释的比例最高可达 1 : 200（1 份浓缩液加到 200 份水中）。

家庭温室可以使用根据文氏管原理设计而成的没有机械运动部件的简单比例调节器（图 20.16）。文氏管原理是指在给定压力下通过狭长通道（如软管）的流动液体，如果该通道尺

寸减小，液体流动速度会更快。这就是为什么如果你用手指盖住一部分管口，水会从软管喷出来；你堵住了管子，从而增加了液体的流动速度。同样，比例调节器有一个缩小通道增加液体流速的装置，称为节流器，因此，通过虹吸管比例调节器能够将浓缩物吸上来。与商业使用的设备相比，这种比例调节器得到的浓缩液浓度较低且准确率不高。一般比例是 1∶15，通常无法更改。

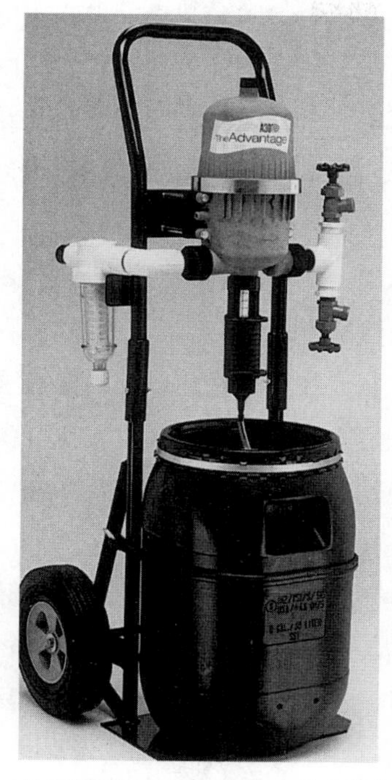

图 20.15 商业肥料注射器。照片由得克萨斯州卡罗尔顿 Dosmatic 公司提供

计算机控制系统 计算机可以被用于控制几乎所有的温室作业环境。最简单的控制器用来测量温度，打开保温装置，或相应地开关通风口。如果打开通风口后温度仍然过高，湿帘风机制冷装置将自动开启。

更复杂且价格昂贵的装置可以通过测量光照时长和光照强度来控制遮阳和补光。遮阳装置的电动机会自动开启，补充光源的开关也可以自动控制。

灌溉水的肥力也可以通过计算机系统自动测量和调整。最后，控制系统还可以用于测量二氧化碳，二氧化碳发生器开启或关闭由测量结果决定。

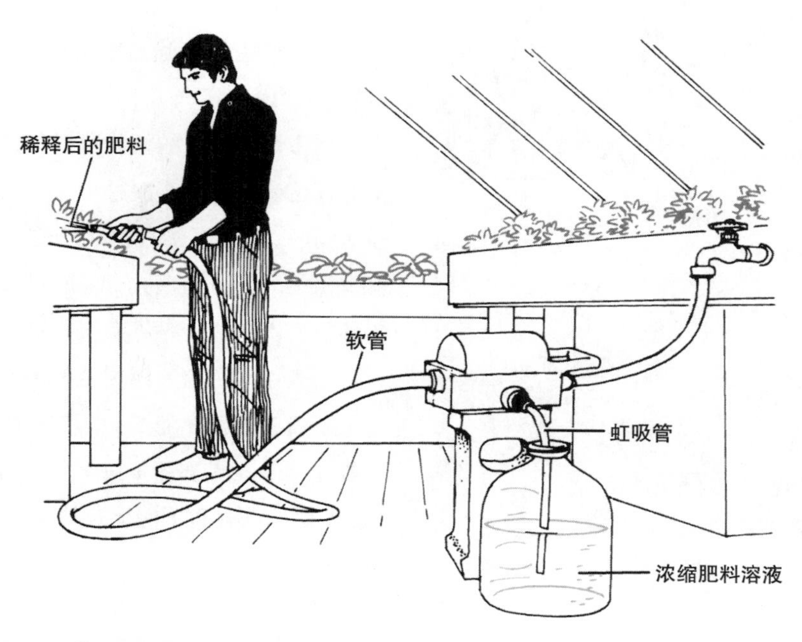

图 20.16 利用水压工作的简单的肥料比例调节器

20.2 商业花卉作物

盆栽花卉作物是商业温室中种植的主要作物之一。下面将介绍主要花卉作物，包括对其生长需求的简要概述。

非洲紫罗兰、大岩桐

非洲紫罗兰的繁殖方法 非洲紫罗兰（图20.17）通常是通过叶插进行繁殖的。很多非洲紫罗兰品种都有专利权，进行合法繁殖时必须依法缴纳专利费。因此，从已获授权的繁殖者那里更容易订购到幼苗或小植株。

用于繁殖的叶子尺寸应适中，比较成熟，但又不是植株上最老的叶子。叶柄长度应为2.5厘米。它们应被插入生根培养基中，彼此靠近，但不能互相碰触到。最佳生根温度为18—21℃，生根应在3—4周内开始。大约2个月后会长出幼苗。因为单叶扦插长出来的植株不止一个，种植者必须决定想要种植单根还是多根。如果决定种植多根植株，就保留叶柄上长出来的植株。否则，应将它们分开。非洲紫罗兰从叶片扦插到开花需要5—7个月，多根植株需要的时间略少一些。

(a)

(b)

图20.17 (a) 非洲紫罗兰，(b) 大岩桐。照片由南卡罗来纳州格林伍德市公园种子有限公司提供

如果用种子繁殖，应该将种子播撒在含有2/3的泥炭土和1/3沙子的灭菌基质的育苗盘中。应该采用喷雾法使育苗盘保持湿润（避免冲走种子），并将温室内的夜晚温度保持在21—24℃。发芽需要2—3周。植株成熟需要10个月。

大岩桐的繁殖方法 大岩桐通常是通过种子来进行繁殖的（图20.17）。大岩桐的种子很小，与非洲紫罗兰的种子类似，可以用同样的方式来播种和照料。播种后植物会在6—7个月后开花。大岩桐也可以利用叶片扦插的方式进行繁殖，播种后植物会在5—7个月后开花，但这不是常用的方法。

大岩桐也可以通过购买的块茎进行繁殖，但这种方式费用较高，通常不用于大规模生产。利用块茎繁殖的植物可以种植在铺有泥炭土的育苗盘中，或直接种植在售卖时所用的直径为10—15厘米的花盆中。这些块茎应该种得很深，因为植物很大，容易倒在花盆里。块茎种植后4个月左右开花。

生长期 种植非洲紫罗兰和大岩桐首选的生长基质应该富含泥炭土等有机物。生长基质一般为1份泥炭土和1份土壤，或者2份泥炭土、1份珍珠岩和1份土壤的混合物。pH值应该为6—7。

当植物幼苗或扦插苗长到足够大，可以用手操作时，就可以按照常规方式进行种植。小植株移植到下一个育苗盘中，间距是5厘米，或移植到直径6厘米的花盆中。非洲紫罗兰、大岩桐的理想种植温度是夜间18—21℃，白天温度稍高一些。在低于17℃时，植物会停止生长。在27℃时，植物生长速度很快，但花的质量会受到影响。

当叶子长大到开始互相接触时，非洲紫罗兰幼苗或扦插苗应移植到另一个育苗盘（间隔5厘米），或者直径6厘米的花盆中。否则，它们会互相遮挡，生长速度会减慢。当育苗盘中的叶子再次开始接触或盆栽植物的叶子生长到花盆的边缘时，非洲紫罗兰应该移植到直径8—10厘米的成品花盆中。

移栽大岩桐也应遵循同样的原则，即植物叶子不能与邻近植株叶片重叠在一起。

在植物生长过程中一定要保持基质湿润。水温应该与温室温度保持一致，因为温度变化超过5℃就会导致叶子长出永久性的水斑（详见第16章）。因此灌溉通常采用滴灌法。

花期 当非洲紫罗兰和大岩桐刚刚成熟且光照强度足够诱导植物开花时，植物就会开花。诱导植物开花的光照量不是很大，白天光照最充足的时候约为8 611—10 764勒克斯。较高的光照强度会导致叶子和花朵褪色，所以夏季遮阴是必要的。

非洲紫罗兰花期较长，随时可以出售。大岩桐开花几个月之后会进入休眠期。因此，大岩桐开花时就应该尽快卖掉。

如果大岩桐开花时没有卖出去，则应让块茎进入休眠状态。逐渐延长灌溉间隔时间，让土壤保持干燥，植物叶子会枯萎。在这个阶段，完全停止浇水，把花盆侧放。将块茎保存在最低温度10℃的环境中6个月左右，然后在21℃的温度下，在潮湿泥炭土中植物能够复苏。

杜鹃花

繁殖方法 杜鹃花（图20.18）繁殖是通过扦插的方法，但从扦插生长到开花可能需要2年的时间，所以应该选择购买从秋季到春季销售的发育完全的植物。这些植物通常经过预冷处理，这意味着它们已经接受了植物开花所需的春化处理。

利用扦插法繁殖杜鹃花时，应该在夏季扦插10—15厘米长的茎尖。应扦插在一份沙子和一份泥炭土组成的混合基质中，生根3个月后，将其移栽到小花盆中。在冬季温暖的地区，杜鹃花可以在室外地面上种植，然后移植到“杜鹃花盆”中。杜鹃花盆的宽度比深度要大，这样能够使水存留在生长基质中。

生长期 温室种植的杜鹃花生长温度应该保持在夜晚16℃、白天21℃左右。杜鹃花是喜酸性植物，生长基质的pH值最好在4—5，当pH值高于这一范围时，它们容易出现萎黄病。杜鹃花能够在纯泥炭土基质中生长。植物应该始终保持湿润，在两次浇水间隔时间段内不能使植物变干。

杜鹃花打尖能够使植物长成合适的形状。每隔6—12周掐一次，总共掐去12—17厘米长的枝条。“软打尖”是用手操作的，只摘掉

图20.18 杜鹃花。照片由弗吉尼亚州诺福克花店有限公司提供

植物的茎尖顶芽。软打尖方法适用于植物生长速度很快，新生枝柔软且较多的情况。“硬打尖”适用于植物生长缓慢的情况，用剪刀最多可剪去植物的一半，枝条上只留下两对叶子。

使用辛癸酯的化学打尖法是常见的商业方法。这种化学物质与软打尖一样能够杀死顶芽。

花期 杜鹃花的花芽形成与温度相关。温室温度保持在18℃，每天至少8个小时，会促使杜鹃花在2—3个月内形成花蕾。一旦花蕾形成，就需要一个温度较低的成熟期。温度为10℃的冷藏箱能使杜鹃花在4周内成熟。冷藏箱需要安装照明设备，否则杜鹃花叶子会脱落，但灯光不能太亮。

生长调节物质可以更快地培育出更均匀的花蕾。打尖后的新芽长到约2.5厘米长，并且植物的花朵已经完全开放后，就可以使用矮壮素或丁酰肼处理植物。

经过提前的精心设计，杜鹃花的开花时间可以被调整到特定的节日如圣诞节或感恩节前后。经过预冷处理后，如果温室的夜晚温度保持在16—18℃，杜鹃花将在5—7周内充分成熟并长出彩色花蕾。具体时间取决于杜鹃花品种。当然，温度可以升高或降低，以加速或减缓植物生长。如果在预计开花的节日到来之前杜鹃花提前进入成熟期，可以将其放在5—9℃的环境下冷藏，每天光照12小时，最多可存放两周。

球茎植物：郁金香、水仙、风信子

繁殖 球茎植物（图20.19）买来时已经完全发育成熟。商业种植户不会对其进行繁殖。

生长期 买来的球茎植物都是预处理过的，也就是说球茎已经在低温下储存5—7周，使其里面的花蕾发育成熟。预处理过的球茎通常是在圣诞节前进行销售。但为了在春季销售，种植户可以自行对球茎进行预处理。无论在何时进行销售，为了球茎根部生长，球茎种植后都需要进行冷却处理。

种植球茎之前首先应该进行检查，扔掉软的或发霉的球茎。如果不能立即种植球茎，则应在下列温度下保存：

郁金香	预冷球茎的保存温度是9℃ 普通球茎的保存温度是17℃
水仙	预冷球茎的保存温度是9—10℃ 普通球茎的保存温度是13—16℃
风信子	预冷球茎的保存温度是9—13℃ 普通球茎的保存温度是17—20℃

球茎的种植间距约为2.5厘米，只有球茎的尖端露出盆栽基质。3棵郁金香球茎应该种植在直径10厘米的花盆中，6—7棵郁金香球茎应该种植在直径15厘米的花盆中。1—2棵水仙球茎适合种植在直径10厘米的花盆中，3—4棵水仙球茎适合种植在直径15厘米的花盆中。单个风信子球茎通常分别种植在直径10厘米的花盆中，3棵风信子球茎适合种植在直径15厘米的花盆中。

种植球茎的生长基质由3份沙壤土和1份苔藓泥煤苔，或者3份壤土、1份苔藓泥煤苔和1份沙子组成。然后将花盆放在温度为5—9℃的冷藏箱中，在气候寒冷（但不低于0℃）地区可以放在室外自然冷却。在低温条件下保存5—7周。不需要光照，但生长基质必须保持湿润。

花期 将花盆搬进温室，花盆紧挨在一起摆放在花架上，以便促花。种植郁金香和风信子的温室温度应为16—18℃，种植水仙的温室温度应为16—17℃。可以通过升高或降低温度来加速或减缓植物的生长。

(a)

(b)

(c)

图 20.19 (a) 促花盆栽郁金香，(b) 促花盆栽水仙，(c) 促花盆栽风信子。照片由纽约州布鲁克林区荷兰球根花卉信息中心提供

随着植物的生长，花盆的间隔距离必须不断增加，这样相邻花盆的叶子就不会挨在一起。否则，植物会长得又高又弱。盆栽基质应该始终保持湿润。

这些植物在开花前就要准备好进行出售。当郁金香的花蕾还是绿色的，但已经开始显色和开放时，它们就应该被卖掉。水仙花应该在花蕾处于“铅笔”阶段（花蕾仍垂直）或“鹅颈”阶段（花蕾水平）时出售。风信子应该在有 1/3 到 1/2 的花蕾开放时出售。

如果球茎植物不能立即出售，应该在 0.5—2℃的冷藏室中保存，可以保存数周。

蒲包花和瓜叶菊

蒲包花和瓜叶菊的繁殖方法 蒲包花和瓜叶菊（图 20.20）都是通过种子繁殖的一年生植物，在晚冬或春季开花。它们的生长需求相似，相对容易种植，在 18 周内种植成本不高。

蒲包花和瓜叶菊的种子很小，应该播种在育苗盘中，但不要在上面覆盖任何东西。为了保持基质湿润要经常喷水。种子在 18—21℃的温室里 2—3 周后会发芽。

生长期 当幼苗开始拥挤时，应该将其移植到另一个育苗盘中，种植间距 8 厘米，或种植在直径 6 厘米的花盆中。大约 1 个月后，应该将其单独种植在出售的花盆中，花盆直径通常是 10—15 厘米。

适合种植蒲包花和瓜叶菊的盆栽基质由一份土壤、1 份泥炭土和 1 份珍珠岩组成。也可以由 1 份土壤、1 份沙子和 1 份泥炭土组成。植物应该始终保持湿润，灌溉时采用注射法进行施肥。

两种植物在温室中的最佳生长温度是夜晚 7℃，白天稍微高一些。

(a)

(b)

图 20.20 (a) 蒲包花和 (b) 瓜叶菊是速生一年生盆栽植物。照片由南卡罗来纳州格林伍德公园种子有限公司提供

花期 植物发育完全后，必须保持在 10℃的温度条件下至少 6 周才能形成花芽。花芽形成后，升高温度，但夜晚温度不应超过 16℃，白天温度不能超过 18℃，否则花蕾会停止生长。

盆栽菊花

菊花的繁殖方法 菊花（图 20.21）是利用母株的茎尖扦插繁殖的。如果没有母株，可从供应商订购有根或无根的插条。使用较弱的生根激素，植物将在 2 周内生根。如果在白天

图 20.21 盆栽菊花。照片由俄亥俄州巴伯顿约德兄弟公司提供

时长小于 13 小时的条件下植物开始生根，每晚应该补光 4 小时。否则，插条可能会开花（详见“花期”部分内容）。

生长期 将插条移栽到种植植物的花盆中，花盆中种植的插条数量由不同的种植方法决定。

插条数量			
花盆尺寸	**未打尖**	**一次打尖**	**二次打尖**
8—10 厘米	1—2	1—2	1
13—14 厘米	5—7	4—6	3—4
18—20 厘米	8—10	5—7	3—5

未打尖的菊花在最短的时间内就能够长成小植株。插条很容易移植，营养生长 2 周，然后诱导开花。

一次打尖是菊花最常见的种植方法。盆栽后，插条营养生长大约 2 个星期后摘掉顶芽。这会促进侧芽形成，每一个侧芽都能长出花朵。

二次打尖能够用最少的插条培育出最大的菊花盆栽，但在温室中需要的时间较多。移植后插条营养生长大约 2 个星期。然后打尖，生长超过 2 周后再次打尖，然后诱导植物开花。

当插条第一次种植时，花盆挨在一起摆放。但随着插条的生长，花盆需要间隔一定的距离，这样相邻植物的叶子就不会互相碰触。

温室夜晚温度应该在 17—18℃，白天温度应上升至 21℃。

花期 菊花每晚至少需要 10 小时不间断的黑暗时间才能开花。这就是为什么在自然条件下它们在秋季开花，因为秋季白天越来越短，夜晚越来越长。在商业生产中，需要人为模拟短日照来诱导植物开花，或者用人工照明延长光照时间，防止植物在营养生长阶段开花。

诱导开花所需的短日照周数由所种植的品种决定。可以从该品种的种植户那里了解相关信息。在傍晚用黑布遮住摆放盆栽菊花的架子，并在第二天早晨天亮几小时后取下来，这样就能保证植物有 12 小时的黑暗时间。

应该监控黑色帐篷内的温度，以免温度上升太快。帐篷下聚集的热量会引起“热延迟”，使植物延缓开花。这是夏季需要特别注意的问题，最好的做法是只在日落时遮盖植物，早晨气温较低时取下遮盖物。

如果白天自然光照时间短，就需要增加人工照明，防止植物开花。在植物栽培架上面安装灯光。夜晚利用定时器打开人工照明灯，照明 4 小时。这样整个夜晚的黑暗时间被“分割”成两个较短的黑暗时间，每个不到 10 小时。

使用黑布遮挡植物 1 个月后，植物会长出花蕾。这时植物必须去蕾，即手工摘除除顶部花蕾之外的所有花蕾。这会使花发育得更好，盆栽菊花的外形更加美观。

当有 1/2 至 3/4 的菊花开放时，就可以出售了。

仙客来

繁殖方法 仙客来（图 20.22）的繁殖方法是在夏末或秋季播种种子后，在直径 15 厘米的花盆中种植 12—15 个月。种子种植在由等量沙子与泥炭或较少的水藓泥炭组成的盆栽基质中。种子的种植间距是 3 厘米，种植深度是 1 厘米。在温室夜间温度为 16℃条件下，种子会在 6—8 周内发芽。幼苗或小植株也可以从花卉供应商那里购买。

仙客来的另一种繁殖方法是切分下胚轴，它是位于叶片基部的球状贮存器官。将下胚轴切成几部分，每一部分都有一片或两片叶子，然后放在沙土中生根。利用下胚轴繁殖的仙客来种植时间可缩短约 3 个月。

生长期 在夜晚温度是 11—13℃，白天温度稍高的条件下种植的仙客来品质最好。

当幼苗开始互相碰触时应该进行移栽。应该将其移栽到另一个育苗盘中，种植间距 8 厘米，或单独种植在直径为 6—8 厘米的花盆中。幼苗的种植深度不能太深，因为发育的下胚轴应该生长在土壤上面，以减少腐烂。

用注射器定期施肥能促使植物进入叶片快速生长期。灌溉应保持盆栽基质湿润，但不应潮湿过度。

3—4 个月后进行第二次移栽，植物被种植在直径为 10 厘米的花盆中。3—4 个月后将植物移栽到最终使用的花盆中。

花期 仙客来会在成熟和拥挤的条件下开花，通常是在最后一次移栽 3 个月后开花，最后一次移栽完成后应该停止施肥。为了在特定的节日开花，仙客来可以在指定时间发育成熟。按 3 个月的生长期倒推，可以在预计销售日期之前 3 个月进行最后一次移栽。如果仙客来的花蕾在最后一次移栽前发育，则应将其摘除，这样可以使花朵在销售时显得更加饱满和均匀。

当仙客来的花蕾有 1/3 到 1/2 开放时就可以出售了。每株仙客来至少应该有 10 个甚至更多的处于不同发育阶段的花蕾。

可以通过减少灌溉量和灌溉频率使未出售的植物进入休眠状态。植物叶子会变黄甚至凋亡，重新灌溉之前，植物处于休眠状态。重新灌溉后，植物在 3 个月后开花。

图 20.22 仙客来。照片由 http://philip.greenspun.com/ 提供

复活节百合

繁殖方法 复活节百合（图 20.23）由大型商用球茎生产商繁殖。零售用的球茎是在秋季购买的。购买的球茎是经过预冷处理的，零售种植户也可以自己进行预冷处理。一般来说，在温室经过预冷处理的球茎生长出来的复活节百合品质更好。

因为球茎缺少像水仙花和郁金香那样的保护层，它们很快就会变干。从生产商那里购买

图 20.23　复活节百合。照片由南卡罗来纳州格林伍德公园种子有限公司提供

复活节百合时，温度应该保持在 4—16℃，并在 3 天内进行盆栽。

复活节百合一般每盆只种植一颗球茎。种植深度应该足够深，在球茎顶部覆盖 5 厘米厚的盆栽基质。

生长期　种植百合有两种方法：使用预冷处理过的球茎种植，或者通过控制温度促花。

经过预冷处理的球茎更容易种植。在 11 月下旬或 12 月可以从生产者那里购买到球茎，在复活节之前 120 天进行种植并搬进温室。温室的夜晚温度应为 16℃，白天温度应比夜晚温度高 3—5℃。

通过控制温度促花的球茎在 10 月可以买到。球茎种植后，花盆应该放置在 17℃的环境中保存 3 周。然后将温度下降至 7℃，保存 5—6 周。

不管采用何种种植方法，复活节百合都需要在温室种植 120 天才能开花。大约在复活节前 95 天，球茎上的新芽应长到 5 厘米高。施肥应该使用注射器，加入的标准量是 200ppm。复活节前 85 天，植物会长至 5—10 厘米高，并开始长出花蕾。

最关键的是复活节百合必须在复活节时准时开放。球茎的生长速度不同，那么就必须把它们搬到温室中温度较高或较低的地方，以加快或减慢生长速度。

在复活节前 85 天，如果植物没有长到 5 厘米高，可以使用以下调节方法：

· 将温室的夜晚温度提高至 21℃。

· 每天增加人工照明 5—8 小时。

· 使用温水替代正常的冷水为植物灌溉。

如果植物在复活节前 85 天长到高于 5 厘米，可以使用以下调节方法：

· 降低温室温度，夜晚温度降至 7—10℃，持续 1—2 周。

· 使用黑布遮盖植物数周。

· 当百合长到 15—20 厘米高时，喷洒生长延缓剂，如氯化磷或嘧啶醇。

花期　如果植物花期控制准确，在复活节前 50 天会长出花蕾。在这一发育阶段，只有提高或降低温室温度才能改变植物的开花时间。

复活节前 3 周，最大的花蕾应该长到 10 厘米长，并开始下垂。当白色的花蕾膨胀时，百合就可以出售了。如果花朵没有开放，可以将其放置在黑暗的冷藏室保存 2 个星期。但在出售前 3 天，应该将百合从储存处搬出来，以重新适应有光照的环境。

一株高品质的复活节百合至少有 3 个花蕾，有时多达 10 个。当花朵开放时，用手指去掉花药，防止它们沾染上橙色花粉。

一品红

一品红（图 20.24）的销售旺季是从感恩节过后一直到圣诞节前夕。

繁殖方法　一品红是利用茎尖扦插来繁殖的。通常情况下，一品红种植户从批发商处购买的插条处于无根、已结痂或即将生根的阶

图 20.24 一品红。照片由马里兰州贝尔茨维尔市美国农业部农业研究院影像部提供

段。如果种植户想自己扦插生根，必须在 9 月 15 日前扦插，目的是在圣诞节时长成未打尖的开花植株。一品红可以直接在出售时使用的花盆里生根，也可以在苗床上生根。一品红生根需要 3 周，并且需要使用激素。

营养生长 一品红可通过不打尖或单次打尖的方法进行种植，方法与菊花类似。不打尖的每根插条能长出一朵花。单次打尖的每根插条能长出 2—3 朵花，但需要在温室中培育更多的时间才能开花。此外，扦插必须在 8 月进行，并在 9 月 15 日前打尖。

不同尺寸的花盆中种植的插条数量如下：

花盆尺寸	不打尖法	单次打尖法
10 厘米	1	1
15 厘米	3—4	3

在扦插生根的过程中，夜间温度必须达到 22℃，白天温度需达 27℃。生根后，夜间温度缓慢降低至 18—19℃，白天温度降至 24—27℃。插条结痂后，应定期灌溉施肥。

花期 与菊花相似，当夜晚时长较长，白天时长较短时，一品红会开花。通常情况下，种植户会用黑布遮盖植物，延长黑暗时间，诱导植物准时开花。

20.3 温室中种植的植物

观赏植物

在温室里种植观赏植物很像在家里种植植物。它们需要相同的水、肥料、盆栽基质和管理方法。但是在温室里，植物能获得更好的光照和湿度条件，因此它们生长得更快、更健康。但是不能指望在温室种植植物一定能够成功。在室内成功种植植物的人在温室里可能会更成功，但在室内种植植物遇到问题的人在温室里也会遇到同样的问题。温室不能取代园艺知识和经验。

根据温度不同，温室环境可以分成两种类型。不过，有些植物在两个温度范围内都能够生长。在低温温室里，夜间温度保持在冰点以上，一般在 4—13℃。白天温度最高可达 16℃。在高温或温暖温室里，夜间最低温度是 13℃，白天温度在 18—21℃。促进植物健康生长的一种常用方法是将夜间温度降至较低，减慢植物呼吸作用速率。

由于温室提供了更好的生长条件，很多生长在亚热带气候条件下的开花植物可以种植在温室中，温带气候的园艺师对其中大部分植物都不熟悉。与任何一种未知植物一样，研究植物的特殊种植需求是必要的。

蔬菜和水果

有些人认为温室适合种植错季新鲜作物。有些蔬菜和水果能够在温室中成功种植，虽然温室里的光照强度较弱，日照时间较短，它们的生长速度和味道可能与室外种植的不同。下文列举了能够成功在温室中种植的蔬菜，并简要介绍了它们的种植需求。

豆类

食荚菜豆应该生长在高温温室里，在2月或3月播种在地面苗床上，5月采收。藤蔓豆类种植在格架上，但如果空间有限，可以种植灌木型豆类。

甜菜

甜菜的可食用部位是它们的顶部和根部。它们适合种植在低温温室中，整个冬季都可以进行种植。

胡萝卜

如"Oxheart"或"Short'n Sweet"等短胡萝卜可以种植在地面苗床上，2月播种，早春收获。秋季和冬季食用的胡萝卜很容易采收，地膜覆盖菜园里剩余的胡萝卜，需要时拔出来即可，详见第8章。

黄瓜

黄瓜应该种植在棚架上，如果管理合理的话，整个冬季都可以采收。在11月、1月和3月播种的黄瓜几乎可以持续不断地进行采收。

温室栽培最好使用不需要授粉就能够坐果（称为**单性结实**）的黄瓜品种。为了使黄瓜品质最佳，种植温度应该不低于16℃，最好能达到21℃。

草本植物

一些草本植物在低温或高温温室中全年都能够成功种植，包括薄荷、欧芹、迷迭香、百里香、韭菜、罗勒、鼠尾草。

生菜

"毕比"生菜或散叶莴苣在低温条件下能够茁壮成长。11月播种种子后，冬季持续收获，预计每月可以采收1次。

洋葱

在低温温室里，洋葱很容易播种种植。9月开始播种2—3次，春季就能够采收洋葱。

萝卜

萝卜是一种快速成熟的蔬菜，种子播种后一个月就可以收获，在低温温室里整个冬季都可以种植。

番茄

番茄可以利用种子进行繁殖，也可以剪下花园里植株的枝条进行扦插。番茄种植在大花盆中或地面苗床上。番茄最好种植在温暖的温室里（16℃或更高）。随着植株长高，应该用木桩使其直立起来。人工授粉是必要的，在花期轻轻拍打花簇能够确保坐果良好。选择适合温室栽培的番茄品种能够确保种植成功。

水培园艺

水培园艺是指用液体营养液间歇性地灌溉植物根系，为植物提供水分和矿物质。水培园艺不使用土壤或盆栽基质。相反，植物的根种在由砾石、沙子或类似的惰性材料构成的苗床里，每天水溶液会数次灌满这些惰性材料后再排出。

水培园艺（图20.25）比传统栽培方式复杂得多。但作为一种爱好，最近水培园艺十分流行，甚至在商业中也广泛使用这种方法。许多书介绍了水培的相关知识，并提供了包括营养液配制方法等种植方法说明。

图 20.25 澳大利亚温室里水培的草莓。照片由病虫害综合治理服务部凯西·杰尔曼（Casey Germein）提供

20.4 室内植物种植装置

遮阳棚

遮阳棚（图 20.26）为那些不耐受盛夏充足光照的植物提供了遮阳种植区域。夏季，倒挂金钟、凤仙花、秋海棠、蕨类植物只有在遮阳棚里才能够正常生长，到了冬季光照强度较弱的月份，它们可以在温室全日照条件下正常生长。遮阳棚还可以使移植植株长得更加壮实，是放在室外的室内植物避暑的场所。如果遮阳棚足够大，它可以被用作室外活动区域（详见第 13 章）。

遮阳棚通常是由一个木制框架、覆盖在上面的板条（细窄的木条）或纱纶（一种编织的遮阳布）组成。遮盖物可以覆盖，也可以不覆盖框架的侧面。木条遮阳棚是使用多根板条

图 20.26 家庭花园用的木条遮阳棚。照片由乔治·泰勒（George Taylor）提供

或 25 毫米 ×50 毫米的木条搭建成的美观耐用的结构。板条的间距取决于该地区的光照强度和植物所需的遮阴量。屋顶板条建议南北向搭建，因为在一天内它可以在植物叶片上交替投射光照和阴影。其实方向并不重要，许多园艺师喜欢东西向搭建板条或互相交错搭建出装饰效果。

塑料纱纶或商业遮光布也可以用来覆盖遮阳棚。虽然它们不那么耐用，但能够使整个遮阳棚形成均匀的阴影。遮阳效果由所选择的纱纶决定。

温室窗户

建造温室窗户是扩大室内植物种植面积或培育花园移植植株的一种方法。虽然温室窗户不能像常规温室那样控制温度，但与普通窗户相比，温室窗户的光线更好，湿度更高。

购买或建造温室窗户，一个重要标准是通风。温室窗户的侧边或顶部应该设有通风口，可以使夏季过多的热量从这里散失。除去这一标准之外，应该考虑的是价格和美观程度。一个大的窗户通常不比一个小的窗户价格高，但它会为更多的植物提供宝贵的种植空间，同时它还能为房间增加亮点。

环境可控的种植装置

环境可控的种植装置（图 20.27）是能够持续监测和调节温度、湿度和光照，使植物生长最优化的室内装置。这一装置适用于自然光照不足的家庭和难以在温室外种植的植物。它们对于外来植物或微型植物的展示和养护效果也很好。但对于种植普通室内植物来说，费用通常是较高的。

步入式种植装置被用于商业组织培养实验室和大学研究设施。一个装置可以容纳成千上万的植物。

玻璃容器

使用玻璃容器种植植物的主要好处是保湿能力好，对很多室内植物来说湿度不佳会导致植物出现问题。不过，玻璃虽然保住了水分，但也排除了一部分光，因此玻璃容器适用于种植需光量中等或较少的植物。

几乎任何容器，如水族槽、鱼缸、水坛或水杯，都可作为玻璃容器。窄口的玻璃容器较难种植植物，最好使用由透明的或颜色较浅的玻璃制成的容器。有色玻璃容器会影响光照，种植在有色玻璃容器中的植物最终会死亡。

使用玻璃容器时，先在容器底部铺上一层至少 3 厘米厚的排水材料。如果不小心浇水过多，这层材料能够储存多余的水分。玻璃容器

图 20.27 环境可控的植物培养箱。照片由三洋生物医学欧洲业务部提供

可以使用大多数包装好的或自制的盆栽基质，如有必要，应使其保持微湿的状态。

敞口玻璃容器用手就可以快速组装完成，但窄口的容器需要特殊的工具和更多的时间。排水层和盆栽基质应通过漏斗倒入玻璃容器中，以免弄脏玻璃内部。然后，用一种工具将每层都抹平，这种工具是用一个勺子绑在木制模型、木钉或拉直的金属衣架上制成的。

植物插入玻璃容器时，根部浸湿基质，将叶子向上折叠，将其从容器敞口处滑入容器内。然后用勺子工具和木钉将植物固定。还可以进行无根扦插，因为植物很容易在潮湿的环境下生根。

选用玻璃容器种植的植物光照需求应为中等或较低，生长缓慢。表 20.1 列出了适合在玻璃容器中种植的植物。仙人掌和多肉植物不适合种植在玻璃容器中。对这些植物来说，玻璃容器中空气不流动，光照受限，生长条件较差。

玻璃盆栽容器组装完成后，应该给新的植物浇水，保证植物根部与盆栽基质接触在一起。顺着木钉为每株植物缓慢滴入 10—15 毫升水。缓慢滴水洗去玻璃上的盆栽基质，或者用橡皮筋将湿纸巾绑在木钉上，擦去盆栽基质。

玻璃容器内植物的养护包括修剪和偶尔浇水。不要使用肥料，因为它会刺激植物快速生长，使植物长出容器外。即使不使用肥料，也需要通过修剪来控制生命力旺盛的植物并促使植物长出分枝。如果玻璃容器是敞口的，可以用剪刀修剪，然后将剪掉的枝叶取出丢弃。如果是窄口的玻璃容器，可以将刀片绑在木钉上进行修剪，使用拾取工具取出修剪下来的东西和所有凋亡的叶和花。

植物所需的浇水频率取决于容器开口的尺寸。密封的玻璃容器不会有水散失到外面的空气中，不需要浇水。窄口玻璃容器通过开口损失水量最小，不需要经常浇水，平均每 2—6 个月浇水 1 次。但敞口的玻璃容器在空气交换方面受到的限制较少，需要每 1—4 周浇水 1 次。

在很多情况下，浇水过多导致玻璃容器中的植物死亡，所以浇水要小心谨慎。敞口玻璃容器中的盆栽基质可以用手指检查，要保持轻微潮湿。而对于窄口玻璃容器来说，只有当基质顶部开始变干，玻璃上不再有水汽凝结，卵石储水区没有水时，才可以浇水。建议浇水量是 5 毫升，这样能够减少浇水过多的危险。

花园房

花园房结合了温室和客厅的特点，是一个集种植植物、就餐和休闲放松多项功能于一体的区域。日光浴室、佛罗里达房、中庭、阳光房和暖房是不同形式的花园房。

与温室不同，花园房通常不是全由玻璃建造而成的。全玻璃房白天温度太高，晚上降温太快，不适合人居住。相反，它是部分由玻璃建造的，有的花园房有大窗户，有的有几个天窗。花园房中有通风设备，房中通电，有家具，地板也通常是防水的，还可以选择安装管道和排水设施。

花园房的位置应遵守便利优先原则。家庭使用的大花园房应该设计在最方便进出厨房、起居区域和就餐区的位置。一个更私密的房间可以设置在主卧室或浴室旁。如果有几个地点都适合用作花园房，可以再考虑朝向。一个朝东的花园房早晨阳光充足，白天相对凉爽。朝南的房间适合寒冷或低光环境，因为它全天都能接受阳光直射。朝北的房间更适合温暖地

表 20.1 适用于中小型玻璃容器的植物

常用名	学名	备注
铁线蕨	*Adiantum* spp.	许多品种适合在玻璃容器中栽培
南洋杉	*Araucaria heterophylla*	幼苗是很好的微型树种
秋海棠	*Begonia* spp.	小型种很少，但适合种植在玻璃容器中，如多叶秋海棠
袖珍椰	*Chamaedorea elegans*	几株幼苗通常种植在小花盆里出售，可以分株种植成小树
星点木	*Dracaena surculosa*	原名星点龙血树；灌木，深绿色的叶子上长有不规则的黄色斑点
缎花蔓	*Episcia dianthiflora*	与非洲紫罗兰是相近种，叶子覆有绒毛，白色管状花
薜荔	*Ficus pumila*	小叶爬藤；“Minima”和“Quercifolia”品种叶子较小，但很稀有
小网纹草	*Fittonia verschaffeltii* ‘Minata’	生长缓慢，需光量少；叶片约 2.5 厘米长
豹斑竹芋	*Maranta leuconeura varieties*	需光量少；幼嫩植株是理想选择，但 6 个月后可能会过度生长
圆叶旱蕨	*Pellaea rotundifolia*	生长平缓，长有深蓝绿色的豆形叶子
皱叶椒草	*Peperomia caperata*	一种更小更好看的椒草；一片单叶插入土壤中就能够繁殖
无常用名	*Peperomia rubella*	小叶，茎和叶背面红色；植株可达 15 厘米高
罗汉松	*Podocarpus macrophyllus*	生长缓慢，用作小树；叶深绿色，针形
凤尾蕨	*Pteris* spp.	大多数种都很适合种植在玻璃容器中，有些种叶子是纯绿色，有些种叶子边缘是银白色的
虎耳草	*Saxifraga stolonifera*	小植株容易在玻璃容器中生根，长出有趣的匍匐茎
仙人指属	*Schlumbergera* spp. 栽培种	通常被当作蟹爪兰出售；圣诞仙人掌、感恩节仙人掌、复活节仙人掌；所有的种都适合种植在潮湿的土壤中，在玻璃容器中能够茁壮成长
卷柏属	*Selaginella* spp.	很多种都很适合种植在玻璃容器中，要么匍匐生长，要么长成一团
大岩桐	*Sinningia pusilla*	小型开花植物，花朵直径只有 7 厘米；零星开出粉色花朵
金钱麻	*Soleirolia soleirolii*	亦称“*Helxine soleirolii*”；叶子很小，只有 2 毫米宽，成簇生长；在光照不足的情况下，植株长得细长

区。朝西的房间从中午到日落光照最充足，随后光照逐渐减弱。

装修花园房的费用与装修普通房间的费用大致相同。大多数的花园房都是附加的，需要建筑许可。如果可能的话，建议咨询有花园房设计经验的建筑师，并从杂志或书籍上寻找图片来帮助你说明对花园房设计的想法。

问题与讨论

1. 商用温室使用什么框架材料?
2. 从耐久性、成本和PAR值等方面比较下列玻璃材料:
   a. 玻璃
   b. 乙烯基塑料(PVC)
   c. 塑料薄膜
   d. 玻璃纤维
   e. 亚克力板
3. 商用温室的两种主要加热方式是什么?
4. 解释植物生长限制因素的概念。
5. 如何在商用温室中调控光周期?
6. 在什么情况下二氧化碳可能是一个限制因素?
7. 什么是水培园艺?
8. 除了可以种植喜阴植物外,遮阳棚还有什么用途?
9. 可以使用什么覆盖物来制作遮阳棚?
10. 在温室里对球茎植物进行促花的基本过程是什么?
11. 在温室种植一品红和菊花需要什么特殊装置?
12. 列出两种作为温室作物的一年生花卉。

参考文献

Biondo, R.J., and D.A. Noland. 2000. *Floriculture: From Greenhouse Production to Floral Design*. Danville, Ill.: Interstate Publishers.

Boodley, J.W. 2009. *The Commercial Greenhouse*. 3rd ed. Clifton Park, N.Y.: Delmar Cengage Learning.

Food and Agriculture Organization (FAO) of the United Nations. 1990. *Soilless Culture for Horticultural Crop Production*. Rome: Food and Agriculture Organization of the United Nations.

Greenhouse Gardening. 1976. Menlo Park, Calif.: Lane Pub. Co *Greenhouse Gardening*. 1989. Alexandria, Va.: Time-Life Books.

Martin, T. 1988. *Greenhouses and Garden Rooms*. New York: Brooklyn Botanic Garden.

Nelson, P.V. 2003. *Greenhouse Operation and Management*.6th ed. Upper Saddle River, N.J.: Prentice Hall.

Nicholls, R. 1990. *Beginning Hydroponics: Soilless Gardening: A Beginner's Guide to Growing Vegetables, House Plants, Flowers, and Herbs Without Soil*. Philadelphia: Running Press.

Phillips, R., and M. Rix. 1997. *The Random House Book of Indoor and Greenhouse Plants*. New York: Random House.

Resh, H.M. 2004. *Hydroponic Food Production: A Definitive Guidebook for Soilless Food Growing Methods*. 6th ed. Mahwah, N.J.: Newconcept Press.

Smith, S. 2000. *Greenhouse Gardener's Companion: Growing Food or Flowers in Your Greenhouse or Sunspace*. Golden, Colo.: Fulcrum Publishing.

Williams, T.J., S. Lang, and L. Hodgson. 1991. *Greenhouses*. San Ramon, Calif.: Ortho Books.

Wilmott, P.K. 1982. *Scientific Greenhouse Gardening*. New York: Sterling Pub.

术语表（按汉语拼音排序）

A

矮化砧木 一种砧木，使嫁接在它上面的接穗生长不旺盛。

矮生南瓜 果皮很软且内含的种子没有发育的时候采摘下来的南瓜。

矮生种 小型植物品种。

安全间隔 施用农药之后，法律允许工人进入施用农药区域之前必须间隔的时间。

螯合营养元素 植物生长的基本元素，不会与土壤或栽培基质发生化学反应。

B

白化 阻挡蔬菜的光照能够使其变得更嫩，味道不那么强烈，或者外形更加美观。

白霜 在低温下，湿气冷凝、冻结，在土壤和植物上结霜的冰晶体。

半矮株 介于矮株与标准株（正常尺寸）之间的植物（通常是果树）。

半日照 白天有无光照或斑驳光照的环境。

半透明 光可以透过但不能反射的材料特性。

半硬枝扦插 由部分成熟的木本植物新生枝制成的扦插。

包裹 用纸带或麻布覆盖包裹幼树树干的方法，能够防止晒伤。

苞片 与花瓣功能相似的彩色叶子；花经常长在苞片的叶腋。

孢子 能够发育成植物的单个生殖细胞；通常指真菌和蕨类植物。

孢子囊 蕨类植物叶子背面的褐色斑点，里面含有蕨类植物用来繁殖的孢子。

保护剂 防止真菌孢子萌发的杀真菌剂；参见治疗。

保护区 树枝基部的枝领和树皮脊，修剪树枝时能够起到愈合伤口的作用。

保护心材 死亡的，能够抑制树干内疾病传播的木材。

保湿剂 用于移植植物减缓蒸腾作用并预防叶子灼烧的喷雾剂。

保湿蜡 喷洒在植物、水果或蔬菜上的蜡，以减少蒸腾作用的水分损失和萎蔫。

保卫细胞 肾形相邻细胞，具有开放并关闭气孔的作用。

保温罩 早春时节罩在暖季型蔬菜上的纸或塑料圆顶结构，以防霜冻，并且能够提高白天的种植温度。

曝气 通过除去整个压实土壤的薄片和土核，增加水和空气渗透进入压实土壤的方法。

被子植物 在子房中产生种子的植物。

闭果 成熟后不分裂并释放出种子的果实。

变种 自然发生的种内细分；通常在一个或几个较小的方面与种不同。

标准种 正常大小的植物。

表根 生长在土壤表面的植物（通常是树）根部；也指某些植物的浅根。

表土施用 一种将农业用化学物质（如肥料、除草剂、颗粒）直接施用在土壤表面的方法。

表现型 由基因组成决定的，植物或动物外观所表现出的性状。

病虫害综合治理（IPM） 病虫害防治方法之一，与栽培和生物防治方法不同的是，此方法强调深入了解害虫的生命周期；只有当栽培方法失败时才能使用化学防治方法。

病毒 能够引起疾病的微小生物体，寄生于活的宿主体上吸收营养和繁殖。

病害 由微生物或环境因素引起的植物疾病；由环境因素引起的疾病称为生理病害。

病菌 引发疾病的真菌、细菌、病毒或支原体。

病态建筑 通气不足导致空气质量差的建筑物。

玻璃景观箱 室内植物种植和展示用的透明玻璃容器，容器内湿度较高。

补偿点 光合作用制造的有机物与呼吸作用所消耗的有机物相等，但不生产足够的碳水化合物用于植物生长。

不定根 在初生根组织以外长出来的根，如茎。

不定芽 在植物不形成芽的位置长出来的芽，如叶脉或根部。

不耐寒鳞茎 土壤冻结时会死亡的鳞茎。

不亲和植物 指两种不能嫁接在一起的植物，或嫁接形成的植株很弱，不能正常生长的植物；也指不能异花授粉的植物。

C

残留 留在出售植物、水果或蔬菜上的农药。

残留期 农药具有毒性的残留时间。

草本 不会长出木本结构的植物。

草本切割 切割没有木质结构的植物。

草坪替代品 在草坪区域种植的能够代替草的地被植物，具有耐践踏的特点。

侧墙 温室侧面替代玻璃的混凝土墙或木墙，用于减少热量损失。

侧芽 侧枝长出来的竖直的芽。

层积 解除种子休眠的低温处理。

产量 产出的水果、坚果或蔬菜的数量，丰产意味着产量很高。

长匐茎 通过营养繁殖的自然方式产生的地上茎，如蕨类植物和草莓的茎。茎上长有一株或多株植物，生根，并独立于母株。

长日照植物 每天所需的黑暗期很短的植物。

城市林业 在城市环境中，以树木为主的园艺学分支。

持水能力 生长基质保持水分的能力。

呎烛光 光照强度的旧单位，现为公制单位勒克斯取代。

赤霉素 一种自然产生的植物激素。能够增大花、果、叶的尺寸，并使其伸长；也会影响春化和其他活动。

春化 为了促使或强化植物生长或开花，将植物在低温下处理一段时间。

纯度 种子箱中所购买品种的种子与混合种子的比例。

纯合子 决定植物特定性状的一对基因，要不都是显性的，要不都是隐性的，而不是一个显性和一个隐性基因。

雌蕊（心皮） 花的雌性部分：花柱、柱头和子房。

雌雄同花（完全花） 既有雄性结构也有雌性结构的花。

雌雄异株 雄性器官和雌性器官不长在同一植物上，如冬青、海枣和苦甜藤。

CODIT 树木腐烂隔离化的缩写。

丛枝病 一种疾病症状，表现为树枝长出的枝条呈细长丛生状。

粗团聚体 如沙子或珍珠岩等，由相对较大颗粒组成的物质，添加到盆栽基质中能够改善排水。

促花 通过改变环境条件，特别是温度，使植物提前开花。

脆碎度 土壤中的聚结物，受潮后容易破碎。

村舍花园 将各种花卉、草本植物甚至蔬菜随意地种植在一起的园林风格。

D

打薄 一种适用于灌木的修剪方法，去除老枝，促使植物长出新生枝；选择性地去掉果树上的多余果实，提高保留下来果实的大小和质量；为了使植物生长最佳，去除（通常是拔出）间隔距离过近的多余的幼苗。

打顶 剪短树木的中央领导枝，使顶部丰满，保持树木较矮。不推荐这种修剪方法。

打尖 摘掉植物顶芽，促进分枝。

打破休眠 使植物或种子从休眠状态转变为活跃生长阶段。

大孔隙 土壤颗粒之间较大的孔隙空间。

大量元素 对植物生长来说需求量较大的基本元素：氮、磷、钾、钙、镁、硫。

大型土壤动物 生活在土壤中的大型动物，如地鼠和老鼠等。

单性结实 未受精的卵细胞发育形成不含种子的果实；也指胚败育后继续发育的果实。

单叶 一个叶柄上只生有一个叶片的叶。

单元素肥料 只含有一种植物生长必需元素的肥料；如尿素是单元素肥料。

单子叶植物 被子植物的一大类，胚只有一个单独子叶，大多数叶子是带状平行脉。

氮 植物生长所需 3 种最重要的元素之一。

氮的固定 空气中的氮转化为土壤中的含氮化合物。

等高线种植 按照相同海拔进行种植，种植行是弯曲的，能够减少水的侵蚀。

低养护景观 养护量最小的景观。

滴灌法 室外植物的灌溉方法，在可弯曲的水管上每隔一段距离插入较小的微管，能够将水输送到附近的植物。

底部灌溉 一种盆栽植物的灌溉方法，将水倒入排水槽中，植物利用毛细管作用从排水孔吸收水分。

底土 表层土壤下面的土层，特点是有机物含量低、土壤肥力低。

地被植物 在一个区域成簇生长的低矮植物。

地面苗床 在温室地面上修建的用来种植高大蔬菜或花卉的苗床。

地膜 一层透明或黑色的塑料，用来覆盖蔬菜或观赏植物。

地下灌溉 通过地下管道渗流为某一区域灌溉的方法。

顶端优势 顶芽分泌的生长素抑制茎部下面的侧芽生长。

顶芽 位于茎尖的芽。

定植 根部已经深入土壤的幼苗和其他植物。

冬季灼伤 由于植物在冬季不能吸收足够的水分来保持叶子含水所表现出来的褐化。

冻死 由温度过低或根部损伤导致的冬季耐寒

植物死亡，因为反复冻融会引起土壤冻胀。

杜鹃花盆 宽度大于高度的陶土花盆。杜鹃花盆的作用是提高基质的保湿性。

短日照植物 当日常光周期短于其临界光周期时才能开花的植物。

堆肥 花园里的垃圾堆积后分解，可以用作土壤改良剂。

多年生植物 能够连续生活两年以上的植物；常指草本开花植物。

多肉植物 植物茎叶肥厚，适于保持水分；也指植物幼嫩的新生枝。

E

萼片 通常为绿色，位于花芽外层的叶状结构，对未绽放花蕾起到包裹和保护的作用。

F

发光二极管（LED） 一种低能耗的植物和家居照明灯。

发芽 种子、孢子或花粉粒的萌发。

发芽率 种子在适宜条件下发芽的比例。

繁殖 包括有性繁殖和营养繁殖两种类型。

繁殖力 土壤为植物健康生长提供良好排水条件和充足养分的能力；也指植物有性繁殖的能力。

防护林 起到防风等作用的树木种植区。

放线菌 一种常见的土壤真菌，能够有效分解难以分解的土壤材料，如纤维素（木材）。

放叶 植物叶子落光后重新长出新叶，例如，落叶树每年春天都会放叶。

非选择性除草剂 危害或杀死所有种类植物的除草剂。

肥料盐 可溶性化合物，包括一种或多种植物生长所需的必需元素。

肥料养分分析 列在容器上的肥料中所含必需元素的比例。

肥料灼伤 由于肥料浓度过大而对植物根部造成的伤害；表现为叶缘萎蔫和褐变，是由缺水引起的症状。

肥田作物 草或类似的速生植物，秋季撒在蔬菜园里，春季翻压，为土壤提供有机物。

分界面 孔隙空间数量和尺寸不同的两类生长基质的分界。

分类学 根据生物之间的进化关系进行分类的学科。

分生组织 由快速生长和分裂的植物细胞构成的组织。

分枝 在母株底部生长出来的幼株。对仙人掌和菠萝等其他植物来说，分枝是从植物的顶端长出来的。

分株 一种无性繁殖方法，将植物分成两株或多株，每一株都包含一部分根和地上部分。

分组种植 蔬菜园艺的一种形式，与成行种植相对。

粉蚧 一种破坏性的植物害虫，长 3—6 毫米，成虫体表覆盖有白蜡纤维，形成保护层。

粉虱 类似于小蛾子的白色昆虫，成群聚集在植物叶片下，通过吸取汁液破坏植物。

风寒效应 水从物体表面蒸发时降低潮湿物体温度的效应。

服务区域（生活区域） 在绿化景观中具有储存、安装晾衣绳、宠物玩耍和其他实用用途的区域。

腐烂 植物或动物的分解。

腐烂病 一种专门发生于木本植物的病害，破坏植物局部部位的形成层和维管组织。

腐生植物 指从死亡的植物和动物中获取营养的植物，而寄生虫是从另一个活的生物体获取营养。

腐叶土 由部分腐烂叶子组成的土壤改良剂或

盆栽基质。

腐殖酸 由有机物分解形成的酸。

腐殖质泥炭 一种高度有机的土壤，从寒冷地区的某些地方开采出来，作为花园改良剂或盆栽土壤出售。

附生植物 这类植物的根部附着在树上，尤其是凤梨和兰花。

附着力 液体对固体的吸引力，如水对土壤的吸引力。

复叶 一个叶柄上生有两片或两片以上小叶的叶子。

复叶小叶 复叶上的一个叶状部分。

G

改良剂 一种添加在土壤中的物质，使其更加适合植物生长，如沙子、石灰、堆肥和泥炭土。

干果 含水量很少的果实，如荚果。

干湿循环 一种室内植物的灌溉方法，只在基质表面变干且植物枯萎之前才灌溉。

高温天数 在美国农业部植物耐寒区地图上指定的每年温度超过30℃的天数。

高温延迟 由温度过高导致的菊花等温室花卉花期延迟。

高压喷雾装置 由喷嘴、阀门和控制器组成的喷雾装置，既能够冷却温室，又可以在生根过程中保持扦插湿润，防止萎蔫。

根部给料器 与花园软管相连的长管，为根部提供可溶性肥料。管子插入树木周围的土壤中，水流过软管，能够溶解肥料并将肥料溶液运输到根部周围。

根插 由一段根部制成的扦插。

根粉蚧 植物根部寄生虫，类似叶粉蚧。

根腐病 由于不利的生长条件和微生物引起的植物根部死亡和腐烂。

根冠 根部顶端，由一层细胞组成，可以防止根部在土壤中生长时受损。

根瘤菌 与豆科植物有共生（互利）关系的细菌。它生活在根上，能够把土壤空气中的气态氮转变成植物可以吸收的含氮化合物。

根毛 根部表皮细胞的管状突起，水和溶解的养分通过根毛进入植物。

根区 种有植物根部的土壤或生长基质的区域。

根体积 植物所有根所占据的土壤体积。

根用蔬菜 根部可食用的蔬菜，如萝卜、小萝卜和胡萝卜。

根砧木 在芽接或嫁接的过程中承受接穗根部的植物。

根状茎 肥厚的、横向生长的地下茎。

更新修剪 用于为被忽视的植物恢复原貌的重度修剪；主要用于果树、葡萄、草莓、观赏植物，有时也用于室内植物。

共生关系 植物与植物、植物与动物、植物与微生物之间对双方都有利的关系。

共质体 树木木材和树皮之间的连接细胞网。

骨干枝 树干长出来的主枝。

固着器 攀缘藤蔓植物上的吸盘状结构，能够固定在墙壁和其他表面上。

瓜类蔬菜 具有相似种植要求的暖季型蔬菜，包瓠瓜、黄瓜、南瓜和甜瓜。

观赏园艺 园艺学的一个分支，研究植物美学价值的园艺栽培。包括景观园艺、花卉栽培、室内植物种植等，有时还包括草坪种植。

观赏植物 因其美丽而种植的植物。

冠腐病 植物与土壤接触位置出现的腐烂症状。

管道灌溉 通过重量较轻的管子将水运送到盆栽植物的温室灌溉设备。管子能够将水运送至苗床上的每一株植物。

灌溉不足 灌溉量不足或灌溉频率不够，无法满足植物健康生长的需求。

灌溉过多 灌溉量过多，灌溉次数过于频繁，不利于根系健康生长。

灌木修剪法 将灌木修剪成特定形状的程式化修剪方法。

光合有效辐射（PAR） 植物进行光合作用所利用的光，其波长为400—700纳米。

光合作用 绿色植物在光的作用下制造碳水化合物的化学过程。

光敏色素 与植物光周期反应有关的化学物质。

光照强度 光的亮度。

光照时间 植物每天所接受到的总光照时间。

光周期 一天中的黑暗时间与光照时间的比例。

光周期现象 光照时长与夜晚时长之间的比例影响植物的生长和开花的现象。

光周期植物 由夜晚时长变化而影响开花的植物。

过滤带（缓冲带） 污染源与地表水体之间的植被带，通过阻断径流来过滤水和污染物。

过早开花结籽 植物抽薹开花。

H

寒季型草坪 在北部等夏季凉爽地区长势最好的草坪。

寒季型蔬菜 在白天温度10—18℃的条件下长势最好的蔬菜，耐霜冻；包括豌豆、莴苣、西蓝花和萝卜等。

寒季型一年生植物 在冬季温暖的地区每年秋天种植的一年生植物，冬天开花。

核果 果实的外面是肉质的，里面是坚硬覆盖物包裹的单个种子。

黑霜 在低温下，水汽没有凝结，植物仍会受伤（最初迹象是植物变黑）。

红外线 太阳光发射的电磁波频谱，能够传递热量。

呼吸作用 分解碳水化合物的过程，为植物生长和细胞活动提供能量。

胡萝卜素 橘子、柿子和其他植物着色的橙色植物色素。

护根物 用于覆盖土壤的所有材料，作用是保湿和抑制杂草生长。

花被 无生殖力的花结构。

花道 日式插花。

花店植物 在花店季节性出售的植物种类。

花境 狭长的花坛。

花青素 在许多植物（如樱桃和草莓）的果实中都存在的一种红色色素。

花丝 雄蕊的柄部，起到支撑花药的作用。

花托 位于萼片下面，容纳花朵的膨大结构。

花序 花簇。

花芽形成 在触发植物开花的化学变化发生之后，花朵在微观层次上开始发育。

花药 雄蕊顶部形成花粉的结构。

花艺 花卉栽培和插花的学科和技术。

花柱 雌蕊连接子房和柱头的结构。

化感作用 一种植物通过根部排出有毒物质而对另一种植物造成伤害；黑胡桃具有化感作用。

环剥 环剥能够限制双子叶植物木质部或韧皮部的功能。环剥韧皮部的一部分被用来促进植物开花或慢慢杀死一棵树。环剥还会由冬季吃树皮的啮齿类动物所致。

环根 通常是树的根，在地下缠绕树干，最终会杀死部分或整棵树。

环境园艺学（景观园艺学） 园艺学中有关室外观赏植物的内容。

缓释肥料 化学配方或胶囊状的肥料，里面的营养成分在几周或几个月内缓慢释放出来。

黄化 通过茎部节间的伸长来进行植物生长，但不长出正常间隔的叶子。

灰分含量 土壤改良剂中矿物质的含量。

混栽 在易受害虫侵害的植物旁边种植驱虫植物，以驱除害虫。

活性成分 杀虫剂中起作用的有效成分。其他成分称为惰性成分，如载体或表面活性剂。

火山渣 由磨碎的火山岩制成的粗团聚体。

火疫病 细菌性疾病，表现为枝尖枯萎，然后变黑，就像被火烧焦一样。

J

几丁质 构成某些昆虫（如甲虫）硬壳的主要化合物。

基本元素 植物生长所需的16种微量元素和大量元素。

基础种植 种植在房屋边上的灌木或地被植物。

基因 在细胞中发现的携带遗传物质的最小单位。基因组合在一起形成染色体。

基质势 由土壤基质的吸附力造成的水的势能。

急速生长 植物的急速营养生长期。

寄生植物 通过从另一种活的植物吸收营养来维持自身生长的植物，如槲寄生。寄生植物对寄主植物有害。

蓟马 一种较小、有翅的昆虫，通过刺穿植物叶片表面并取食渗出汁液的方式破坏植物。

家庭园艺 在家庭中种植观赏植物和食用植物。

荚果 植物（如豌豆）干燥且里面含有种子的果实。一个荚果只有一个心皮。

假植 用泥土暂时覆盖植物的根部，在植物种植之前起到防止干燥的作用。

嫁接 把一种植物的嫩苗或芽移植到另一种植物上。

减低树冠 减少树高的修剪技术。

减缓坡度 减缓某地区的土壤坡度。

剪枝 为了控制植物尺寸、外形，保证植物健康而修剪植物结构。

间歇式雾化系统 由定时器、雾化喷嘴、阀门组成的装置，喷雾要么在植物生根的过程中保持植物潮湿并防止干燥，要么在温室中通过蒸发作用使空气降温。

溅蚀 水滴落在土壤上冲击土壤颗粒造成的土壤侵蚀，径流水会将这些土壤带走。

浆果 柔软多汁的肉质果，里面有一个或多个种子。

胶囊肥料 一种球珠形的缓释肥料，外面包裹一层具有渗透性的塑料树脂，水分通过外层进入，溶解肥料，将其释放出来。

角隅种植 种植在房屋角落里的树、灌木或地被植物，用于从视觉上削弱房屋的角。

角质层 茎和叶子外部很薄的蜡质层，能够延缓水分流失。

校准 使用喷雾器或其他类型设备测量农药使用量，确保农药用量正确。

接种菌 为了防治有害生物，添加到土壤和生长基质中的细菌或真菌。

节点 叶子与茎相连接的位置。

节间 植物两个连续的节之间的部分。

结果 形成果实。

结果年龄 植物第一次结果的年龄。

结壳土壤 表面典型特征是光滑，粉土或雨后较常见。

截断中央领导干形修剪法 将中央领导干修剪至最近骨干枝处的修剪方法，以限制树的高度并促进水果收获。

截头 一种适用于落叶植物的常规修剪方法，每年将长出来的枝条修剪至母枝，茬口处能够萌发新的枝条。

解剖学 研究生物体的内部结构的学科。

介壳虫 一种吮吸植物汁液的昆虫，它的背部会分泌一种液体，附着在身体上，变成一层保护层。

浸没补水法 一种适用于盆栽植物的灌溉方法，将花盆放入水中浸泡几分钟后，将水倒掉。

禁止入内期 在施用农药之后，人类不得进入该区域与植物接触的一段时间。

经济阈值 在必须使用化学防治方法以防害虫达到经济危害水平之前，种植者能够接受的植物病虫害的量。

茎段扦插 由一小段长有至少一个节的增厚无叶的茎制成的扦插。

茎尖扦插 由茎顶端制成的扦插。

茎叶剥离 草修剪得太短，影响正常生长。

景观织物 能够抑制杂草生长，同时允许水和空气进入土壤的松软织物。

警示语 印在农药标签上的“危险”“警告”和“小心”，表明了农药对人类的相对危害程度从高至低。

静电喷雾器 电动控制喷雾液滴的喷雾器，能够提高植物喷洒覆盖度并减少飘移。

聚合 土壤颗粒聚集在一起形成大块。

绝缘管洒水装置（水管灌溉装置、滴灌装置） 一种自动灌溉设备，装有可弯曲塑料管并每隔一段距离插入绝缘微管，能够以缓慢的速度给植物灌溉。

蕨叶 蕨类或棕榈植物的叶子。

菌根 与植物根部共生的土壤真菌，对根部和真菌都有益。

K

开花诱导 植物开花的第一步：在植物发生自然变化之前的初始化学反应。

开裂果 成熟时分裂并释放种子的果实。

抗寒性（耐寒性） 植物能存活的最低温度。

抗性 植物对昆虫或疾病的抵抗能力。此外，还指对以前对病虫害防治有效的化学物质的不敏感性。

抗性种群 没有被杀虫剂杀死的种群（杂草、昆虫、病原体），对杀虫剂有抵抗力。

科 植物分类分组单位，下分成属。

颗粒物 空气中的烟尘或灰烬。

可持续农业（替代农业） 减少化学制品使用的耕种方式，考虑到土壤不能年复一年地种植同一种作物，不能一直使用人造肥料施肥和不加选择地使用农药，因为这样会降低土壤肥力。

可见光 太阳发射出来的电磁波谱的可见部分。

克隆 所有从其他植物无性繁殖而来的植物都是亲本植株的克隆。

空气流泄 冷空气从海拔较高处向海拔较低处的运动。

空中压条 植物的枝条或顶端仍然附着在母株上时，使其生根。

枯萎病 发生在植物顶部的细菌或真菌疾病，最终可能会导致整个植物死亡。

快繁 利用植物芽的微小部分来克隆植物。

快速释放肥料 一种颗粒状、粉末状或液体肥料，仅以硝酸盐形式含有氮，植物可以立即利用。

块根 贮藏碳水化合物的肥厚根，可用于繁殖。

块茎 用于储存有机物的膨大地下茎，如马铃薯的茎。

矿油 为了防治介壳虫等昆虫，喷在休眠植物上的轻质油；油覆盖昆虫，排除空气，使虫和虫卵窒息而死。

矿质土壤 主要由沙子或黏土等风化岩石颗粒

组成的土壤；与有机土壤相对。

昆虫生长调节剂（IGRs） 喷洒在昆虫身上，能够破坏它们的自然生命周期并杀死它们的化学物质，与农药的功能相同。

阔叶杂草 双子叶杂草。

L

蓝藻 一种特殊的细菌，具有叶绿素。

LD50 通过动物实验建立的农药毒性指标；是“能杀死一半实验对象的农药剂量”的缩写，单位是毫克/千克。LD50越高，农药毒性越低。

勒克斯（lx） 光照照度的度量单位，1勒克斯相当于1平方米被照面上光通量为1流明时的光照照度。

冷害 热带植物对低温的响应变化。香蕉放在冰箱里会因低温而变黑。

梨果 由含有多个种子的子房发育成熟的果实。

立枯病 由土壤携带的真菌引起的疾病，能够侵染植物根部和幼苗的茎部，压迫茎部，导致植物死亡。

立式割草机 带有垂直刀片的割草机，能够从草坪上剪下茅草。

连续种植 间隔几个星期种植蔬菜种子，以确保植物在不同的时间成熟，连续不断地收获。

莲座形 植物的茎从中心点向外重叠辐射的形状；例如非洲紫罗兰和草莓的茎。

两年生植物 在第一年进行营养生长，第二年开花后死亡的植物；如胡萝卜和欧芹。

裂片 从叶子主体突出来的部分。

临界光周期 满足植物各种反应发生所必需的白天与夜晚比例，特别是在植物开花和萌发时期。

鳞状物 覆盖在凤梨等植物叶子上的白色或银色鳞片。

露石混凝土 铺砌路面设计，在湿混凝土中嵌入砾石，然后冲洗部分混凝土石板，使砾石从表面凸起，但嵌入其中。

绿肥作物 在规划的园艺区域播种的草或类似的速生植物，在它们成熟之前被翻到下面，为土壤提供有机物。

轮作 在同一个地区每年种植不同种植物，防止疾病发生和与特定作物有关的昆虫积累。

裸根植物 地里生长的落叶植物，在休眠时挖出来出售，根部没有土壤。

裸子植物 一类常绿植物，一般叶子针状，球果；包括松树、桧柏、云杉等。

落叶 植物脱落全部或大部分叶子。

落叶植物 一种在冬天落叶的植物；与常绿植物相对。

M

马铃薯种薯 马铃薯块茎的一部分，至少含有一个用来种植马铃薯的芽。

螨虫 一种八条腿的微小的植物害虫，通过吮吸细胞内含物来破坏叶子。

漫灌 连续灌溉，用于从土壤或盆栽基质中冲掉多余的肥料或其他化学物质。

毛细管水 在附着力和凝聚力作用下，在土壤或其他生长基质中运动的水。

毛细管作用 由于水分子与基质黏附在一起，水分子能够从基质向侧面或向上运输的现象。

毛状体 长在植物叶子上面的毛。

茅草 堆积在草皮和土壤表面之间的一层茎根（既有活的植物也有死的植物）。

酶 调节生物体内化学反应的化学物质。

霉病 叶面真菌病，特征是叶子上有一层白色粉末。

孟德尔遗传学 17世纪由孟德尔总结出来的遗

传性状的基本规律。

苗床 为种植而准备的土壤区域。

苗后除草剂 能够杀死定植杂草的除草剂。

磨边机 一种由发动机推动刀片工作的景观维护工具，能够修剪铺砌路面边缘的草皮。

磨种 以机械方式刮擦或破坏种皮，促进水分吸收和种子萌发。

抹头 一种控制灌木大小和形状的修剪技术，通过将后长出来的嫩枝剪至母枝处的方式使新长出来的枝条更接近灌木的中心位置。

母株 获取扦插或分生组织用于繁殖的植物。

木质部 植物维管系统的一部分，水和矿物质从根部被吸收后，通过木质部运输至整个植物。

N

耐旱性 植物在含水量较少的情况下存活的能力或在干旱土壤中吸收少量毛细管水的能力。

内聚力 相同分子间的吸引力，如水分子的内聚力。

内吸杀虫剂 一种能够被植物吸收的农药，只杀死以植物为食的生物。

嫩芽 从树干和树枝长出来的生长旺盛、直立生长的芽，也称为吸芽。

泥炭钵 泥炭土压缩制成的花盆，用于种植植物幼苗，然后植物和泥炭钵一起放入花园的容器中种植。

泥炭土 源于沼泽植物，收获干燥后，用作生长基质组成成分或土壤改良成分。

黏土 3种主要的土壤颗粒中的1种；黏土颗粒是层状的，能够减缓或阻止水流动，很好地保持养分。

农药 用来防治有害生物的化学药品；参见杀菌剂、杀真菌剂、除草剂、杀虫剂、杀螨剂、杀线虫剂。

农业顾问 为如何最好地种植农作物和养殖动物提供建议的人。

暖季型草坪 最适合种植在夏季炎热地区（如南部地区）的草种组成的草坪。

暖季型蔬菜 在白天温度18—32℃的条件下生长最好的蔬菜，包括番茄、茄子、胡椒和玉米等。

P

爬虫 未成熟的介壳虫。

排水 水流穿过土壤或盆栽基质的速率，也包括材料所保留水的比例。排水差，是指水流速度慢，保水率高。排水好，是指水流速度快，保水率低。

泡沫塑料花插 块状泡沫塑料，在插花时用于固定植物茎部。

胚 种子中未发育成熟的植物。

胚根 种子中形成的初生根。

胚乳 种子中储存碳水化合物的部分，能够转化为能量，促使种子发芽。

培养基（生长基质） 用来生根或支撑植物根部的材料。根据功能不同，培养基分为生根培养基、盆栽培养基、播种培养基等。

喷管式喷雾器 从水平管向下喷射的喷雾器，连接在管子上的喷嘴按固定间隔进行安装。

盆景 通过整枝将矮化树木修剪成成年树木的园艺形式。

膨压 植物细胞或器官内部的水压力，能够使细胞和器官像气球一样“丰满”。

pH值 酸碱度，土壤、盆栽基质或液体的酸度或碱度的量度。

平衡肥料 氮、磷、钾比例相等的肥料。

瓶形修剪法 允许从短树干上长出2—5根分枝，去掉中央领导干和其他分枝的果树整枝方法，能够保持树木较矮，更便于收获；“瓶形”

也指所有以这种方式自然生长的树木形态。

坡台 景观中为了营造更好的效果、起遮挡作用而建造的土堆。

瀑布式插花 插花的主线和重点向下延伸的一种插花设计风格。

Q

脐腐病 缺钙引起的番茄果实疾病。

气孔 在气体交换中起作用的保卫细胞之间的开口。

千朵花设计 由许多种类的花混在一起的插花样式。

扦插（接穗） 植物营养结构的一部分，能够生根，形成新植株。

潜热 土壤在一定深度上的相对均匀、高于冰点的温度；半地窖温室的墙壁设计在地面以下能够利用这种潜热。

潜叶虫 一种蠕虫状的昆虫幼虫，钻到叶子上表面和下表面之间，留下杂乱的图案。

嵌花 一种插花风格，花紧密地插在一起，花朵彼此接触。

敲击 把盆栽植物倒过来，轻轻敲击桌子的边缘，使植物根球脱离花盆的去盆方法。

切花花园 专门种植并展示切割花朵的花园。

亲和 两种植物可以异花授粉或者可以嫁接在一起。

轻质土 主要由沙子构成的土壤。

秋季蔬菜园艺 寒季型蔬菜在夏季播种，在秋季成熟收获的园艺方法。

球茎 一种地下储藏器官，由短缩膨大茎和覆盖在其外面被称为鳞片叶的变态叶组成。

驱虫喷雾 一种阻止昆虫食用植物，但不会杀死昆虫的喷剂。

蛆 生活在土壤中的很多甲虫的幼虫。

全覆盖喷雾 覆盖植物所有叶子的农药喷雾。

全雄品种 在有雄性和雌性之分的植物中的雄性植株。

全阴 完全没有阳光直射的阴影区域。

R

壤土 沙子和黏土颗粒含量较多的土壤。

人工基质 不含土壤的培养基。

韧皮部 在植物维管束中向整个植株运输碳水化合物的结构。

日光温室 与房屋或其他建筑物共用一面墙的温室。

日间萎蔫 天气条件导致植物蒸腾的水分多于从根部吸收的水分，出现在白天的萎蔫现象。

容器园艺（盆栽园艺） 种植在容器如罐子或塑料花盆里的园林植物。

容许量 园艺作物出售时法律允许的农药残留量。

溶解桥 测量土壤养分含量的仪器，也可以测量土壤含水量。

肉质根 增厚的根部，用来储存碳水化合物。

肉质果 含有大量水分的果实。

软打尖 为了促进植物侧芽发育，手动摘掉植物顶端新长出来的嫩芽。

软管喷雾器 用于喷洒杀虫剂或肥料的软管附件；喷雾器装有浓缩的化学物质，在使用时通过虹吸管原理用水稀释后喷洒。

软枝扦插 木本植物新生枝制成的扦插。

润湿剂 一种添加到杀虫剂、泥炭土中的化学物质，能够减少土壤表面张力，增加水的黏附性。

S

撒布 通过人工成把抛撒或用机械摊铺将物质（如肥料）播撒在地上。

塞植法 一种草坪建植方法，将小块草皮移植到事先准备好的区域。

杀菌剂 用来控制细菌性疾病的化学药品。

杀螨剂 用来控制螨虫的化学药品。

杀线虫剂 用来防治线虫的化学药品。

杀真菌剂 用来防治真菌引起的病害的化学药品。

纱纶 用于覆盖遮阳棚的塑料材料，能够减少光照。

晒伤 光照时间过长或光照强度的突然增加而对植物造成的伤害。

伤口涂料 涂抹在树木伤口上的密封化合物，防止切口区感染。

伸长区 位于根尖后面的结构，能够使分生组织产生的细胞伸长并使根部伸长。

渗灌 在植物根系的下方灌溉，通过毛细管作用把水分移动到根部。

渗透作用 水穿过膜的运动。

升华 水等物质从冷凝态直接变成气态，而不经过液态的变化过程。

生长度日 达到植物定植所需基准温度的天数，超过这一温度植物才能发育成熟至收获期。

生长活跃期 植物生命周期的一个阶段，其特点是茎的伸长和叶子的形成速度很快，有时开花或结果。

生长素 参与休眠、脱落、生根、块茎形成和其他植物生理过程的植物激素。

生长习性 植物的整体形状，如低垂形或锥形。

生长延缓剂 能够减缓茎部伸长的合成或天然化学物质，使植物更健壮和完整。

生根激素 一种促进扦插生根的植物激素。

生根满盆（盆缚） 是指盆栽植物在花盆里种植时间过长，花盆里的根系过多危害植物健康。

生理病害 由于土壤中缺乏基本元素或某种元素（如钠）过量（有毒）而导致的植物病害。也可能是植物体内水分失衡所致。

生物除草剂 从植物中提取的除草剂。

生物防治 使用另一种生物杀死植物害虫的方法，例如，利用苏云金芽孢杆菌杀死毛毛虫。

生物农药 与天然杀虫剂相似的农药。

狮尾修剪法 去掉树上大量叶子和枝条，只保留枝条顶端叶子的修剪方法。不推荐使用这种修剪方法。

湿度 空气中的水蒸气含量。

湿帘风机冷却 一种温室冷却技术，温室末端安装纤维帘，水滴以很慢的速度流过；安装在温室另一端的风扇将室外空气吸入室内；水通过纤维帘时会蒸发到空气中，在这一过程中吸收热量，降低空气温度。

石灰 用来提高土壤 pH 值的含钙材料。

收获后处理 园艺作物收获后的处理，以延长其销售时间，具体方法包括冷却、使用防腐溶液、水果打蜡等。

收获间隔 使用农药后，园艺师在收割作物之前必须等待的天数。

手剪 单手操作的修剪工具，用来修剪直径为 2 厘米的小树枝。

受精 花粉粒中的雄性细胞与植物子房中的卵细胞结合在一起。

授粉 花粉授到柱头上。

瘦果 种子发育在多汁部分外面的果实类型。

属 亲缘关系很近的一组植物；一个或多个属构成一个科。

鼠妇（潮虫） 与螯虾有亲缘关系的害虫，通过取食破坏植物根系和幼苗。

树杈 两个树枝之间的分枝处。

树干植入法 将杀虫剂胶囊植入树干，使得杀虫剂释放到维管束中去。

树冠 树木的顶部，能够为一块地面遮阴。

树篱 乔木或灌木的扁平化修剪。靠着墙或格子生长，有时有精确的分枝样式。

树木栽培学 园艺学的一个分支，研究树木养护的学科。

树皮脊（肩脊） 在母枝长出树枝的位置凸起的环状树皮。

衰败 以前健康的植物生命力整体下降。

衰老 植物或其所有结构的老化和死亡。

栓皮形成层 在木本植物上形成树皮的细胞层。

双层玻璃窗 有两层玻璃的窗户，能够减少温室空气泄漏并保温。

双顶枝 在一棵树上有两个相互竞争的中央领导枝。

双名法 由卡尔·林奈发明的一种植物命名方法，植物名称由两个部分组成，即属名和种加词。

双子叶植物 被子植物的一个分支，其特征是有两个子叶，叶脉网状等；多数栽培植物都属于双子叶植物。

霜穴 与周围的地区相比，易受霜冻影响的低洼地区。

水冷却 将水果或蔬菜淹没在冷水中的冷却方法。

水培 在由沙子、砾石或类似物质构成的苗床上种植水果、蔬菜和花卉，植物根部从水溶液中吸收营养物质。

spp. 属内所有种（复数）的统称缩写，例如，Quercus spp. 指栎属中所有的栎树。

塑料薄膜 成卷出售的薄塑料，用于覆盖土壤，其上开孔，以便栽种植物。

酸性物质 能使土壤酸化或在分解过程中使土壤酸化的物质，如泥炭土、农业硫和橡树叶。

T

碳水化合物 植物生长和新陈代谢所需的糖和淀粉。

套种 在快速成熟蔬菜生长后期的株行间播种或移栽后季作物的种植方式；快速成熟蔬菜在影响主要作物生长之前采收。

藤条 葡萄、黑莓灌木、玫瑰等长出来的长茎或低垂茎。

田间含水量 土壤在不排水情况下所能容纳的水量。

田间热 白天在光照下，水果、蔬菜或鲜花中积累的热量。

填充 在花卉摆放时增加鲜花和绿叶的过程，在确定插花设计主线之后完成。

填充材料 木屑等添加到肥料中的物质，价格低廉，能够增加体积。

跳虫 一种微小、无害的昆虫，特征是跳跃动作很特别。

庭院树木 为了美观和遮阳，在庭院和阳台附近种植的小型观赏树木。

突变 植物遗传组成的自然改变，例如在绿色植物上的杂色枝芽。

土层 土壤的表层土或底土，可以根据每一层的颜色变化区分。

土球包扎栽植植物 生长在土地里的植物（通常是树），挖出根球并用粗麻布包裹后出售。

土壤板结 土壤表面平坦，有裂纹，阻止水分渗透。

土壤改良剂 添加到土壤中改变其化学组成或结构的物质。

土壤浇灌 在植物根系区域浇灌液体，能够杀死土壤昆虫或治愈根部腐烂或立枯病。

土壤结构三角关系图 图解法表示在自然土壤中三种基本类型（黏土、沙子和淤泥）的比例组合，每个边代表一种土壤类型。

土壤生物学 研究生活在土壤中的植物、动物和微生物的科学。

蜕皮 在昆虫成熟过程中，昆虫外部骨骼的脱落。

托叶 长在腋芽附近叶子底部的凸起部分。

W

外形 植物的整体形状，如瓶形，锥形，或丘形。

外植体 灭菌后的嫩枝分生组织，是组织培养用的主要繁殖材料。

丸粒化种子 涂有可溶解材料的蔬菜种子，播种成活率更高，种子更大。

完全肥料 一种含有氮、磷和钾但比例不同的肥料。

微孔隙 土壤颗粒之间较小的孔隙空间。

微量元素 植物生长所需的基本元素中需求量很少的元素，包括铁、铜、锌、硼、钼、氯、钴。

微生物群 生活在土壤中微小的细菌、真菌、藻类及其他生物。

维管束 维管植物中的维管组织，由木质部和韧皮部成束状排列的结构组成。

维管束形成层 形成木质部和韧皮部细胞的细胞层。

维管系统 在植物体内运输水分、矿物质和碳水化合物的维管组织系统；包括木质部和韧皮部。

萎黄病 通常由于除草剂药害或缺乏营养，叶子持久性变成黄色至白色。

温带 冬季寒冷、夏季炎热的气候带，与热带不同，热带地区不同季节之间的气温变化很小。

温室效应 在阳光下半透明或透明结构加热空气的效应。

纹理 根据植物叶子尺寸大小而产生的景观效果：“粗纹理”植物的叶子较大，“细纹理”植物的叶子较小；也指土壤中沙子、淤泥和黏土的比例。

雾化器 利用压缩空气把液体分成小液滴的器械，如农药雾化器。

X

吸啜式昆虫 通过刺穿叶子并吮吸汁液来破坏植物的昆虫。

吸收 植物或种子对任何物质的吸收，如根部吸收水分或树叶吸收农药。

吸水凝胶颗粒 盆栽基质成分中的吸水凝胶颗粒，能够保存额外的水。

吸芽（徒长枝） 植物基部长出来的生命力强、直立生长的芽，也指在成熟植株的基部周围生长的幼苗。

喜酸性植物 在酸性培养基或土壤中生长得最好的植物。

细胞分裂素 一种自然产生的植物激素。能够促进茎的伸长、芽的形成，打破休眠及促进其他生理活动。

细菌 一个单细胞、无叶绿素的有机体；一些细菌具有分解有机质和固氮的作用，还有一些会导致火疫病等植物病害。

下胚轴 种子萌芽时在幼嫩植物茎部形成的环。

夏季球茎植物 不耐寒的球茎类植物；包括球根秋海棠、美人蕉、唐菖蒲等。

纤维素 组成植物细胞壁的主要化合物，支撑植物茎和其他结构。

纤细 通常由于光线不足导致的茎节间的伸长。

线虫 微小的蠕虫状植物害虫，能够破坏植物根 部，偶尔会在叶子上钻洞。

限制因素 限制植物以最佳生长速率生长的环境因素。

相对湿度 空气中存在的水蒸气总量与在当前温度下空气所能容纳饱和水蒸气总量的百分比。

向光性 激素诱导植物向光倾斜的特性。

硝酸盐 一种含氮化合物，也是大多数植物吸收氮的形式。

小包装 4—8朵花和蔬菜幼苗的塑料包装袋。

小气候 由暴露、海拔和掩蔽结构等因素导致与周围地区气候不同的一个小地区。

小水果 结出的可食用果实尺寸相对较小的植物的统称，包括葡萄、草莓和覆盆子等。

胁迫 影响植物健康生长的不良环境，例如，干旱（水分胁迫）、分根胁迫、高温和低温（温度胁迫）。

信息素 一种由昆虫或其他动物产生的能够吸引同类（通常是交配对象）的化学物质。

性状 生物体内由基因控制的特征。

雄蕊 花的雄性部分，包括花药和花丝。

休克 植物移植过程中根损失导致的叶子萎蔫和脱落。对室内植物来说，光照强度的迅速下降也会引起休克。

休眠 植物生命周期的一个阶段，其特征是植物生长减慢或停止；还有可能出现地上部分落叶和死亡的情况。

锈病 一种真菌病，染病植物的特点是在生命周期中的某个点叶子会长出锈色脓疱。锈病需要两个寄主植物来完成完整生命周期。

需冷量 为了植物正常生长和发育成熟的需要，某些植物需要在寒冷的环境里经历一段时间。

悬钩子 悬钩子属植物果实的统称，如覆盆子、黑莓、露莓和罗甘莓等。

选择性除草剂 一种对某些物种有害但对其他物种无害的除草剂，例如2,4–D能够选择性除去草坪中的双子叶杂草。

选株 从一组植物中去掉某些植物，通常是最不令人满意的，也指为防止病情蔓延去除患病或染病的植物。

穴盘 种植移栽植株的塑料容器，每个移栽植株都有自己的根区。

Y

压实（压紧） 盆栽基质和土壤的过度包装或堆积。

压条法 利用蔓生生长习性或枝条易弯曲的特点来繁殖灌木或藤蔓植物的方法；具体做法是先将枝条弯至地面，用钢丝或石头固定住，然后用土壤覆盖；当其生根后，从母株分出来。

芽 一个未发育成熟的幼苗或花；可能是营养芽（产枝叶），花芽（产花），或混合芽（产枝叶或产花）。

芽接 把一种植物的芽植入另一种植物，使结果的芽具有母株根部母芽的特征。

芽前除草剂 一种除草剂，在植物发芽时能够杀死杂草幼苗，但对已经定植的杂草不起作用。

蚜虫 一种小而软的昆虫，以幼嫩的叶子和芽为食，吮吸植物汁液，导致新长出来的叶子卷曲、变形。

岩石花园 在将岩石和浅层土壤结合的地方种植原产于岩石或高山地区的植物的花园，营造一种自然环境。

盐 可溶于水的固体晶体化合物。

阳离子交换量（CEC） 生长基质或土壤吸收和保持养分的能力。

椰皮纤维 室内植物盆栽基质的组成成分，由椰子外壳组成。

叶柄 叶片与茎相连的叶结构。

叶插 用叶片及其叶柄制成的扦插。

叶端 叶子的尖部。

叶覆盖物 叶片上的所有毛、鳞片或薄膜。

叶基 叶片与叶柄连接的部分。

叶尖灼伤 低湿度环境下，室内植物出现的叶尖死亡与褐化现象。

叶脉 叶中木质部和韧皮部的纹路，可以把叶子朝向光照方向进行观察。

叶螨 通过吮吸叶子汁液来取食的微小的蜘蛛科昆虫。

叶面施肥 给植物提供营养的方法，通过向植物喷洒肥料，利用树叶吸收肥料。

叶面吸收 通过叶子的吸收。

叶片 叶子的扁平部分，大部分的光合作用在这里进行。

叶球 树木叶子茂盛的部位。

叶芽插 长有叶子的短茎扦插；在茎尖被使用后，叶芽插被切下。

叶腋 叶柄与茎部的连接处。

叶缘 叶片的边缘。

腋芽 在叶腋处形成的芽。

一次结实植物 植物营养生长超过一年，只开花一次，然后死亡。

一年生植物 植物从生长到成熟、开花、产生种子直到死亡在一年内完成；通常指畏寒的开花植物。

移植 把植物挖出来种植到另一个地方。

遗传工程 将一种植物的基因整合到一个没有亲缘关系的植物的基因中。

乙烯 由衰老植物或植物结构产生的气体，能够催熟果实；在商业上用于菠萝生产，并且能够 诱导凤梨科植物开花。

异花授粉 一朵花的花粉传播到另一朵花上，并完成授粉。

蚓粪 蚯蚓的排泄物。

印楝素 源自热带印楝树的植物杀虫剂。

营养器官 不涉及有性生殖的植物结构，如叶、茎和根。

营养缺乏症状 植物叶子表现出来的一种或多种必需元素缺乏的症状。

营养元素 植物生长所需的基本元素。

瘿 植物上的异常肿胀；叶、茎、根瘿都是典型的例子。

永久萎蔫点 即使给植物灌溉也不会恢复的萎蔫程度。

有机 在化学上的定义是含有碳原子的化学物质；也指从自然物质中提取的肥料或农药。

有机土壤 主要由腐烂的植物和动物遗骸组成的土壤；与矿质土壤相对。

幼虫 昆虫未成熟的阶段；幼虫通常是蠕虫状，而成虫有翅膀。

幼态 植物发育的第一阶段，在这一阶段里植物完全是营养生长。

诱虫作物 种植在作物附近的诱虫植物，能够使害虫远离作物（未证明有效）。

淤泥 高度有机的土壤类型，从寒冷地区开采出来，作为花园改良剂或盆栽土壤出售。

育苗床 一个特定区域，通常由木材或混凝土凸起建造，用于种植植物。

预冷 在冷藏库对植物进行春化处理，尤其是球茎植物。

愈伤组织 未分化成植物器官的细胞。

园艺疗法 利用种植园艺植物来改善心理健康的一种治疗方法。

运输作用 碳水化合物、水、矿物质和其他物质在植物维管束中的运动。

Z

杂草防治 抑制或杀死能够与植物竞争水和营养物质的杂草。

杂色 叶子上长有的白色或黄色的斑纹，是由基因决定的。

杂种优势 由两个遗传差异很大的亲本杂交产生的后代优点更多。

载果量 植物所承载的果实量。

栽培防治 为了控制病害、虫害和杂草问题，改变植物养护方法（灌溉、施肥等）。

栽培种（栽培品种） 是指人工培育或人工种植的植物品种。

藻类 通常成群生长的单细胞植物。

遮挡植物 用来遮挡景观或分隔房屋或景观的植物。

遮光布 编织尼龙织物，光照透过遮光布后太阳辐射减少，热量和光照强度降低。

遮阳棚 覆盖有塑料或木板条的花园结构，用于种植蕨类植物等阴生植物。

针管给料法 一种为树木等深根植物灌溉施肥的方法。它由一个含有肥料的容器通过尖头与管子相连。橡胶软管接着与管子相连。尖头被推进树木周围的地里，当进水时，溶解的肥料被压入根部周围的土壤中。

针叶植物 肉质的针叶常绿植物，如云杉和松树。

珍珠岩 由膨大火山岩制成的一种粗团聚体。

真菌 一种单细胞或多细胞植物，无叶绿素，腐生（生活在死的有机物上）或寄生（生活在活的植物和其他有机体上）。在花园里腐生真菌很有用，因为它们能够分解堆肥并释放有机物中的养分，但寄生真菌能够引起很多植物病害。

真菌土壤淋洗 向土壤注入化学物质，用来杀死寄生在植物根部的真菌。

真空冷却 园艺作物收获后从封闭包装中除去空气并用冷空气代替的冷却技术。

真叶 幼苗产生的第二组叶子。

砧木 通过繁殖获得的用于嫁接的植物材料。

蒸腾作用 从植物（通常是叶子）中以水蒸气的形式流失水分。

整枝 修剪和捆扎植物的方法，使植物按照特定的大小或形状生长；采用整枝法修剪果树有助于收获果实，采用整枝法修剪观赏植物能够起到更好的装饰效果。

支原体 介于细菌和病毒之间的微生物，能够引起多种植物病害。

枝领（领圈） 树枝基部的树皮组织凸起。

直播 在植物生长成熟的位置进行播种。

直根 土壤中垂直生长的单根，例如，胡萝卜和欧洲防风草的根。

植物冠层 能够在土壤上留下阴影的集生枝叶部分。

植物架 温室中用来种植的凸起的平台。

植物育种 对植物进行人工授粉、培育新品种的科学。

植物园（树木园） 为了科学和教育目的，树木单独种植或与其他植物种植在一起的地方。

植物源农药 来源于植物的杀虫剂，如除虫菊、鱼藤酮和鱼尼丁。

蛭石 由膨胀云母制成的粗团聚体，具有较高的阳离子交换容量。

中间砧 嫁接植物时插入根砧木与接穗之间的一段茎部；中间砧使原本不能交配的砧木和接穗能够结合在一起。

中日照植物 一种不受白天/夜晚比例影响的植物。

中型土壤动物 生活在土壤中的中等大小的动物，如蚯蚓和蛴螬。

中央领导干形整枝法 一种保持中央主枝完整的整枝方法（与截断中央领导干形整枝法和瓶形整枝法相对）。

种 具有很多相同解剖特征的一类个体，通常能够自由交配产生子代。

种加词 植物的名字中的“名”；通常是描述性形容词，用来区别于同属其他植物。

种皮 包裹在种子外面，有助于防止种子受伤和干燥。

种子带 内含蔬菜种子的水溶性塑料带。

重力水 在土壤达到最大蓄水量后流出来的多余的水。

重壤土 主要由黏土颗粒组成的土壤。

主景植物 被用于某一区域吸引人们视线的园林植物，如种植在房屋前门的一株好看的灌木。

柱头 雌蕊圆形的顶部，授粉的结构。

蛀虫 能够钻进植物的茎、根、叶或果实的所有昆虫。

追肥 在植物生长过程中，为补充营养而向土壤表面喷洒肥料的一种施肥方法。

子房 雌蕊的球状基部，含有卵细胞；子房膨大后形成果实。

子叶 胚的一部分，由一个或多个叶状结构组成，在某些情况下起储存作用，如豌豆等豆类。

紫外线 太阳发出的电磁波频谱中能够晒黑皮肤且具有杀菌作用的部分。

自花授粉 同一朵花的花粉授到柱头上。

自交不亲和 同种植物的花粉不能使卵细胞受精。

自交不育 同种植物的花授粉后不能产生子代。

自然资本 在未来提供有价值的产品或服务的地球资源。

自生植物 园林植物天然补种长出来的幼苗。

组织培养 将营养细胞置于凝胶营养培养基上在适宜环境下培养的繁殖方法。

钻孔施肥法 为根部较深的植物如树木施肥的方法，具体做法是从地面打洞直至根部，然后用颗粒肥料进行填充，最后用泥炭土或表土覆盖在上面。

作用方式 农药杀死目标生物的方法，例如，用作胃毒剂，干扰神经系统等。

坐果 植物开花后的果实发育；坐果率低是指结的果实很少，与坐果率高相对。

附录A 园艺组织

一般组织

美国园艺协会（AHS）http://www.ahs.org/

美国植物病理学会 http://www.apsnet.org/

美国植物生活学会 电话 619-447-5333

美国的公共园林协会（APGA）http://www.publicgardens.org/

美国种子贸易协会（ASTA）http://www.amseed.com/

美国农艺学会（ASA）http://www.agronomy.org/

美国园艺科学学会（ASHS）http://www.ashs.org/

加利福尼亚园艺学会 http://www.calhortsociety.org/

商业园艺协会（CHA）http://www.cha-hort.com/

美国农作物科学协会（CSSA）http://www.crops.org/

美国佛罗里达州园艺学会（FSHS）http://www.fshs.org/

园艺研究所（HRI）http://www.anla.org/research/

马里兰州园艺学会 http://www.mdhorticulture.org/

美国水培学会（HSA）http://www.allbusiness.com/membership organizations/membership-organizations/4039514-1.html

伊利诺伊州园艺协会（ISHS）http://www.specialtygrowers.org/horticulture.htm/

国际香草协会 http://www.iherb.org/

国际园艺科学学会（ISHS）http://www.ishs.org/

艾奥瓦州园艺协会（ISHS）http://www.iowahort.org/

灌溉协会（IA）http://www.irrigation.org/

马萨诸塞州园艺学会（MHS）http://www.masshort.org/

密歇根州园艺协会（MSHS）http://www.mihortsociety.org/

明尼苏达州园艺协会（MSHS）http://www.northerngardener.org/

新罕布什尔州植物种植者协会（NHPGA）http://www.nhplantgrowers.org/

纽约州园艺协会（NYSHS）http://www.nyshs.org/

俄勒冈州园艺学会（OHS）http://www.oregonhorticulturalsociety.org/

宾夕法尼亚州园艺学会（PHS）http://www.pennsylvaniahorticulturalsociety.org/home/index.html/

水土保持学会（SWCS）http://www.swcs.org/

美国土壤科学学会 http://www.soils.org/

美国堆肥理事会（USCC）http://www.compostingcouncil.org/

华盛顿州园艺协会（WSHA）http://www.wahort.org/

农业局

美国农场局（AFB）http://www.fb.org/
亚拉巴马州农场局 http://www.alfafarmers.org/
阿拉斯加州农场局 http://akfb.fb.org/
亚利桑那州农场局 http://www.azfb.org/
阿肯色州农场局 http://www.arfb.com/
加州农业局 http://www.cfbf.com/
科罗拉多州农场局 http://www.colofb.com/
康涅狄格州农场局 http://www.cfba.org/
特拉华州农场局 http://www.defb.org/
佛罗里达州农场局 http://www.floridafarmbureau.org/
佐治亚州农场局 http://www.gfb.org/
夏威夷州农场局 http://www.hfbf.org/
爱达荷州农场局 http://www.idahofb.org/
伊利诺伊州农业局 http://www.ilfb.org/
印第安纳州农业局 http://www.infarmbureau.org/
艾奥瓦州农业局 http://www.ifbf.org/
堪萨斯州农业局 http://www.kfb.org/
肯塔基州农业局 http://www.kyfb.com/
路易斯安那州农业局 http://www.lfbf.org/
缅因州农场局 http://www.mainefarmbureau.com/
马里兰州农业局 http://www.mdfarmbureau.com/
马萨诸塞州农场局 http://www.massfarmbureau.com/
密歇根州农业局 http://www.michiganfarmbureau.com/
明尼苏达州农业局 http://www.fbmn.org/
密西西比州农业局 http://www.msfb.com/
密苏里州农业局 http://www.mofb.org/
蒙大拿州农业局 http://www.mfbf.org/
内布拉斯加州农业局 http://www.nefb.org/
内华达州农场局 http://nvfb.fb.org/
新罕布什尔州农场局 http://www.nhfarmbureau.org/
新泽西州农业局 http://www.njfb.org/
新墨西哥州农业局 http://www.nmfarmbureau.org/
纽约州农业局 http://www.nyfb.org/
北卡罗来纳州农业局 http://www.ncfb.org/
北达科他州农场局 http://www.ndfb.org/
俄亥俄州农业局 http://www.ofbf.org/
俄勒冈州农业局 http://www.oregonfb.org/
宾夕法尼亚州农业局 http://www.pfb.com/
罗得岛州农业局 http://rifb.fb.org/
南卡罗来纳州农场局 http://www.scfb.org/
南达科他州农场局 http://sdfb.fb.org/
田纳西州农场局 http://www.tnfarmbureau.org/
得克萨斯州农业局 http://www.txfb.org/
佛蒙特州农场局 http://www.vtfb.org/
弗吉尼亚州农场局 http://www.vafb.com/
华盛顿州农场局 http://www.wsfb.com/
西弗吉尼亚州农业局 http://www.wvfarm.org/
威斯康星州农业局 http://www.wfbf.com/
怀俄明州农业局 http://www.wyfb.org

花卉组织

花卉全球运输（FTD）http://www.ftd.com/
新鲜农产品和花卉协会 http://www.fpfc.org/
国际切花种植者协会（ICFG）http://www.rosesinc.org/
农产品营销协会（PMA）http://www.pma.org/
美国花卉种植者协会 http://www.safnow.org/
批发花商 & 花店供应商协会（WF&FSA）http://www.wffsa.org/

水果和坚果组织

美国果树学会 http://americanpomological.org/
美国葡萄园基金会（AVF）http://avf.org/
后院果农（BYFG）http://www.sas.upenn.edu/~dailey/byfg.html/
宾州大学蓝莓理事会 l http://www.bcblueberry.com/

国际葡萄与葡萄酒组织（OIV）http://www.oiv.int/uk/accueil/index.php/

美国酒庄协会 http://www.wineamerica.org/

加利福尼亚州水果组织

美国食品安全与质量理事会（加利福尼亚干果协会）http://agfoodsafety.org/

苹果山种植者协会 http://applehill.com/

加利福尼亚苹果委员会 http://www.calapple.org/index.php?n=1&id=1

加利福尼亚酿酒葡萄种植者协会（CAWG）http://www.cawg.org/

加利福尼亚酪梨委员会 http://www.avocado.org/

加利福尼亚鳄梨协会（CAS）http://www.californiaavocadosociety.org/

加利福尼亚桃罐头协会（CCPA）http://www.calpeach.com/

加利福尼亚樱桃咨询委员会 http://www.calcherry.com/

加利福尼亚日期管理委员会 http://www.datesaregreat.com/

加利福尼亚梅干委员会 http://www.californiadriedplums.org/

加利福尼亚无花果咨询委员会 http://www.californiafigs.com/

加利福尼亚鲜杏委员会 http://www.califapricot.com/

加利福尼亚猕猴桃委员会 http://www.kiwifruit.org/index.php?n=1&id=1

加利福尼亚油橄榄产业 http://www.calolive.org/

加利福尼亚橄榄油理事会（COOC）http://www.cooc.com/

加利福尼亚梨咨询委员会 http://www.calpear.com/

加利福尼亚石榴协会 http://www.pomegranates.org/home.shtml/

加利福尼亚稀有水果种植公司（CRFG）http://www.crfg.org/

加利福尼亚草莓委员会 http://www.calstrawberry.com/

加利福尼亚葡萄委员会 http://www.tablegrape.com/

加利福尼亚木本果树协会 http://www.eatcaliforniafruit.com/

柑橘研究会 http://www.citrusresearch.org/

葡萄干管理委员会 http://www.raisins.org/

新奇士种植公司 www.sunkist.com

加利福尼亚太阳-少女种植公司 http://www.sun-maid.com/

日光干果公司 http://www.sunsweet.com/sub/dryers.asp

无花果种植公司 http://www.valleyfig.com/

加利福尼亚杏仁协会 http://www.almondboard.com/

加利福尼亚阿月浑子委员会（CPC）http://www.pistachios.org/

加利福尼亚核桃委员会 http://www.walnuts.org/

科德角蔓越莓种植者协会（CCCGA）http://www.cranberries.org/

康科德葡萄协会 http://www.concordgrape.org/

钻石核桃种植公司 http://www.diamondnuts.com/

佛罗里达州草莓种植协会（FSGA）http://www.flastrawberry.com/

家庭果园协会 http://www.homeorchardsociety.org/

国际果树协会（IFTA）http://www.ifruittree.org/

缅因州蔓越莓种植协会 http://www.umaine.edu/umext/cranberries/

纳雄耐尔西瓜推广委员会（NWPB）http://www.watermelon.org/

纽约苹果村 http://www.nyapplecountry.com/

纽约州蔬菜种植协会 http://www.hort.cornell.edu/grower/nysvga/

纽约葡萄酒与葡萄基金会 http://www.newyorkwines.org/

北美水果探险组织 http://www.nafex.org/

北美树莓和黑莓协会 http://www.raspberryblackberry.com/

北美草莓种植者协会（NASGA）http://www.nasga.org/

北方坚果种植协会（NNGA）http://www.icserv.com/nnga/

美国西北地区樱桃/华盛顿州水果委员会 http://www.nwcherries.com/

海洋喷雾蔓越莓公司 http://www.oceanspray.com/

安大略州浆果种植协会 http://www.ontarioberries.com/

俄勒冈蓝莓委员会 http://www.oregonblueberry.com/

俄勒冈蓝莓种植协会 http://www.getoregonblueberries.com/

俄勒冈树莓和黑莓委员会 http://www.oregon-berries.com/

俄勒冈草莓委员会 http://www.oregon-strawberries.org/

俄勒冈葡萄酒委员会 http://www.oregonwine.org/Home/

普吉特湾葡萄酒种植协会 http://www.pswg.org/

国际珍稀水果协会 http://www.rarefruit.org

南部地区水果协会 http://www.nafex.org/sff.htm

美国高丛蓝莓理事会 http://www.blueberry.org/

核桃委员会 http://www.walnutcouncil.org/

华盛顿酿酒葡萄种植协会（WAWGG）http://www.wawgg.org/

华盛顿红树莓委员会 http://www.red-raspberry.org/

华盛顿州葡萄协会（WSGS）http://www.grapesociety.org/

华盛顿葡萄酒委员会（WWC）http://www.washingtonwine.org/

美国野生蓝莓协会（WBANA）http://www.wildblueberries.com/

葡萄酒协会 http://www.wineinstitute.org/

威斯康星州蔓越莓种植协会（WSCGA）http://www.wiscran.org/

女子葡萄酒知性联盟 Women for WineSense（WWS）http://womenforwinesense.org/

园林苗圃/树木协会

美国苗圃和景观协会（ANLA）http://www.anla.org/

美国树木栽培咨询协会（ASCA）http://www.asca-consultants.org/

美国高尔夫球场设计师协会（ASGCA）http://www.asgca.org/

美国灌溉顾问协会（ASIC）http://www.asic.org/

美国景观设计师协会（ASLA）http://www.asla.org/

亚利桑那州景观承包商协会 http://www.azlca.com/

美国相关景观承包商（ALCA）http://www.alca.org/

科罗拉多相关景观承包商（ALCC）http://www.alcc.com/

专业景观设计师协会（APLD）http://www.apld.org/

比格艾兰园艺师协会（BIAN）http://hawaiiplants.com/

加利福尼亚景观承包商协会（CLCA）http://www.clca.org/

佛罗里达州景观维护协会（LMA）http://www.floridalma.org/

佛罗里达州苗圃种植者和景观协会（FNGLA）http://www.fngla.org/

佐治亚州绿色产业协会（GGIA）http://www.ggia.org/

伊利诺伊景观承包商协会（ILCA）https://www.ilca.net/index.aspx

国际树木学会（ISA）http://www.isa-arbor.com/

景观承包商协会 MD-DC-VA http://www.lcamddcva.org/

新南威尔士景观承包商协会 http://www.lcansw.com.au/
安大略景观 http://www.landscapeontario.com/
路易斯安那园林苗木协会 http://www.lan.org/
马萨诸塞州景观专业人士协会 http://www.mlp-mclp.org/
马萨诸塞州苗圃和景观协会（MNLA）http://www.mnla.com/
新泽西景观承包商协会（NJLCA）http://www.njlca.org/
北卡罗来纳景观协会 http://www.nclandscape.org/
北卡罗来纳苗圃和景观协会（NCNLA）http://www.ncan.com/
俄亥俄苗圃和景观协会（ONLA）http://www.buckeyegardening.com/
安大略园艺学会（OHA）http://www.gardenontario.org/index.php
俄勒冈景观承包商协会（OLCA）http://www.oregonlandscape.org/
南部地区苗圃协会（SNA）http://www.sna.org/
树木养护行业协会（TCIA）（原国家园艺师协会）http://www.treecareindustry.org/index.aspx
威斯康星景观承包商协会（WLCA）http://www.findalandscaper.org/

植物学会

美国非洲紫罗兰学会 http://www.avsa.org/
加拿大非洲紫罗兰学会 http://www.avsc.ca/
加拿大不列颠哥伦比亚省高山花园俱乐部 http://www.agc-bc.ca/index.asp
美国竹子学会 http://www.americanbamboo.org/
美国秋海棠学会 http://www.begonias.org/
美国盆景学会 http://www.absbonsai.org/
美国黄杨木学会 http://www.boxwoodsociety.org/
美国茶花学会 http://www.camellias-acs.com/
美国针叶树学会 http://www.conifersociety.org/
美国水仙学会 http://www.daffodilusa.org/
美国大丽花学会 http://www.dahlia.org/
美国蕨类植物学会 http://amerfernsoc.org/
美国倒挂金钟学会 http://www.americanfuchsiasociety.org/
美国葫芦学会 http://americangourdsociety.org/
美国萱草学会 http://www.daylilies.org/
美国草药学会 http://www.ahaherb.com/
美国木槿学会 http://www.americanhibiscus.org/
美国玉簪学会 http://www.americanhostasociety.org/
美国绣球学会 http://www.americanhydrangeasociety.org/
美国鸢尾学会 http://www.irises.org/
美国常春藤学会 http://www.ivy.org/
美国兰花学会 http://www.orchidweb.org/
美国钓钟柳学会 http://www.penstemon.org/
美国牡丹学会 http://www.americanpeonysociety.org/
美国玫瑰学会 http://www.ars.org/
美国紫罗兰学会 http://www.mericanvioletsociety.org/
美国柳树种植者协会 http://www.englishbasketrywillows.com/ Welcome/AWGN.htm/
国际假种皮学会 http://www.arilsociety.org/
美国杜鹃花学会 http://www.azaleas.org/
国际盆景俱乐部 http://www.bonsai-bci.com/
国际凤梨科植物学会 http://www.bsi.org/
美国仙人掌和多肉植物学会 http://www.cssainc.org/
加拿大秋海棠学会 http://www.begonias.ca/
加拿大菊花和大丽花学会 http://www.mumsanddahlias.com/
加拿大天竺葵学会 http://www.cdngeraniums.com/
加拿大草本学会电话 604-224-0457
加拿大鸢尾学会 http://www.cdn-iris.ca/
加拿大兰花学会 http://www.canadianorchidcongress.ca/

加拿大牡丹学会 http://www.peony.ca/
加拿大大草原百合学会 http://www.prairielily.ca/
加拿大玫瑰学会 http://www.canadianrosesociety.org/
姬凤梨学会 http://fcbs.org/cryptanthussociety/
苏铁学会 http://www.cycad.org/
美国兰花学会 http://www.cymbidium.org/
新斯科舍大丽花学会 http://www.dahlianovascotia.com/
美国矮鸢尾学会 http://www.zyworld.com/disoa/index.htm
美国昙花学会 http://www.epiphyllumsociety.org/
园林管理 http://www.gardenconservancy.org/
苦苣苔科植物学会（包括苦苣苔科杂交植物学会）http://www.gesneriadsociety.org/
多伦多水景园林 & 园艺协会 http://www.onwatergarden.com/
耐寒蕨类植物基金会 http://www.hardyferns.org/
耐寒植物学会 http://www.hardyplant.org/
俄勒冈耐寒植物学会 http://www.hardyplantsociety.org/
国际蝎尾蕉学会 http://www.heliconia.org/
美国草本植物学会 http://www.herbsociety.org/
传统玫瑰基金会 http://www.heritagerosefoundation.org/
传统玫瑰组织 http://www.heritagerosegroup.org/
鸢尾保护协会 http://www.hips-roots.com/
美国冬青学会 http://www.hollysocam.org/
国际天南星学会 http://www.aroid.org/
国际球茎学会 http://www.bulbsociety.org/
国际茶花学会 http://camellia-ics.org/
国际食虫植物学会 http://www.carnivorousplants.org/
国际铁线莲学会 http://www.clematisinternational.com/
国际天竺葵学会 http://www.intgeraniumsoc.com/
国际球兰协会 http://www.international-hoya.org/
国际丁香学会 http://www.internationallilacsociety.org/
国际橡木学会 http://www.internationaloaksociety.org/
国际夹竹桃学会 http://www.oleander.org/
国际棕榈学会 http://www.palms.org/
国际醋栗学会 http://www.cce.cornell.edu/columbia/stevemckay/tira/
国际睡莲和水生园艺学会 http://www.iwgs.org/
木兰学会 http://www.magnoliasociety.org/
全国菊花学会 http://www.mums.org/
北美洲石竹学会 电话 615-353-1092
北美唐菖蒲协会 http://www.gladworld.org/
北美欧石楠学会 http://www.northamericanheathersoc.org/
北美百合学会 http://www.lilies.org/
北美本土兰花联盟 http://dir.gardenweb.com/directory/nanoa/
北美岩石园艺学会 http://www.nargs.org/
东北欧石楠学会 http://www.rockspray.com/society.htm
西北倒挂金钟学会 http://www.nwfuchsiasociety.com/
西北多年生植物联盟 http://www.northwestperennialalliance.org/
安大略黄花菜学会 http://www.ontariodaylily.on.ca/
安大略飞燕草俱乐部 http://www.ondelphiniums.com/
安大略草药协会 http://www.herbalists.on.ca/
安大略特有百合学会 http://www.orls.ca/
安大略岩石园艺学会 http://www.onrockgarden.com/
太平洋西北部百合学会 http://www.pnwls.org/
太平洋西北部棕榈和外来植物学会 http://www.hardypalm.com/
国际西番莲学会 http://www.passiflora.org/
豆瓣绿和外来植物学会　堪萨斯州 67501 哈钦森第 11 街 311 E
多年生植物协会 http://www.perennialplant.org/

先锋植物学会　得克萨斯州 77868 纳瓦索塔荷兰街 708 号
美国鸡蛋花学会 http://www.theplumeriasociety.org/
罕见针叶植物基金会　加利福尼亚州 95469-0100 波特瓦利邮箱 100
再开花鸢尾学会 http://www.rebloomingiris.com/
加拿大尼亚加拉地区杜鹃花学会 http://www.rhodoniagara.org/
杜鹃花基金会 http://www.rhodygarden.org/
杂交玫瑰学会 http://www.rosehybridizers.org/hybridizers
萨斯喀彻温省多年生植物学会 http://www14.brinkster.com/saskperennial/
日本鸢尾学会 http://www.socji.org/
路易斯安那州鸢尾学会 http://www.louisianas.org/
太平洋海岸本土鸢尾学会 http://www.pacificcoastiris.org/
西伯利亚鸢尾学会 http://www.socsib.org/
南安大略兰花学会 http://www.soos.ca/index.htm
北美洲鸢尾组织 http://www.badbear.com/newsigna/index.pl
假鸢尾学会 http://www.spuriairis.com/
得克萨斯玫瑰爱好者组织 http://texasroserustlers.com/
多伦多仙人掌和多肉植物俱乐部 http://torontocactus.tripod.com/
多伦多苦苣苔科植物学会 http://www.torontogesneriadsociety.org/
热带观花树木学会 http://www.tfts.org/
世界南瓜联合会 http://www.backyardgardener.com/wcgp/wpc/

草坪协会

亚拉巴马州草坪协会（ATA）http://www.alaturfgrass.org/
美国高尔夫球场设计师协会（ASGCA）http://www.asgca.org/
魁北克高尔夫管理者协会 http://www.asgq.org/
大西洋高尔夫管理者协会（AGSA）http://www.agsa.ca/
大西洋草坪研究基金会（ATRC）http://www.turfgrass.ca/
加拿大高尔夫球场管理者协会（CGSA）http://www.golfsupers.com/
科罗拉多运动场草坪管理者协会（CSTMA）http://www.cstma.org/index.html
佛罗里达州草坪协会（FPGA）http://www.ftga.org/
佐治亚州高尔夫球场管理者协会（GGCSA）http://www.ggcsa.com/sites/courses/layout9.asp?id=571&page=29802
佐治亚草坪协会（GTA）http://www.turfgrass.org/
美国高尔夫球场建筑商协会（GCBAA）http://www.gcbaa.org/
美国高尔夫球场管理者协会（GCSAA）http://www.gcsaa.org/
伊利诺伊草坪基金会（ITF）http://www.illinoisturfgrassfoundation.org/
印第安纳高尔夫球场管理者协会（IGCSA）http://www.igcsa.com/
国际草坪学会（ITS）http://www.uoguelph.ca/gti/itsweb/
草坪和花园经销商协会（LGDA）http://www.lgda.com/
密歇根草坪基金会（MTF）http://www.michiganturfgrass.org/
中大西洋高尔夫球场管理者协会（MAAGCS）http://www.maagcs.com/
亚拉巴马州草坪协会（ATA）http://www.alaturfgrass.org/
中西部地区草坪基金会（MRTF）http://www.

agry.purdue.edu/turf/mrtf/index.htm

密西西比州草坪协会（MTA）http://www.msstate.edu/org/mta/

新泽西草坪协会（NJTA）http://www.njturfgrass.org/

北得克萨斯高尔夫球场管理者协会（NTGCSA）http://www.ntgcsa.org/

安大略苗圃种植者协会（NSGA）http://www.nsgao.com/ SOD

安大略高尔夫球场管理者协会（OGSA）http://golfsupers.on.ca/

安大略市公园协会（OPA）http://www.opassoc.on.ca/

宾夕法尼亚草坪委员会 http://www.paturf.org/

专业土地管理学会 http://www.pgms.org/

专业土地保护网络（PLANET）[以前的美国相关景观承包商（ALCA）和美国专业草坪养护协会（PLCAA）] http://www.landcarenetwork.org/

落基山地区草坪协会（RMRTA）http://www.rmrta.org/

加拿大皇家高尔夫协会（RCGA）http://www.rcga.org/

南得克萨斯高尔夫球场总监协会（STGCSA）http://www.stgcsa.org/

运动场草坪协会 http://www.sportsturfassociation.com/

运动场草坪管理者协会（STMA）http://www.stma.org/

得克萨斯州草坪协会（TTA）http://www.texasturf.com/

北卡罗来纳草坪委员会（TCNC）http://www.ncturfgrass.org/

国际草坪生产商（TPI）http://www.turfgrasssod.org/

美国高尔夫协会绿色组织 http://www.usga.org/home/index.html

蔬菜栽培组织

世界蔬菜中心（AVRDC）http://www.avrdc.org/

加利福尼亚菜蓟咨询委员会（CAAB）http://www.artichokes.org/

佛罗里达水果和蔬菜协会（FFVA）http://www.ffva.com/

爱达荷州马铃薯委员会 http://www.idahopotatoes.com/

绿叶蔬菜委员会 http://www.leafy-greens.org/

密歇根芦笋咨询委员会（MAAB）http://www.asparagus.org/

密歇根州立大学 IPM 资源蔬菜作物咨询小组 www.msue.msu.edu/ipm/vegcat.htm

明尼苏达水果和蔬菜种植者协会（MFVGA）http://www.mfvga.org/

美国辣椒协会 电话 954-565-4972

美国洋葱协会（NOA）http://www.onions-usa.org/

美国马铃薯委员会（NPC）http://www.nationalpotatocouncil.org/

北卡罗来纳州立大学温室食品生产 http://www.ces.ncsu.edu/depts/hort/greenhouse_veg/

北卡罗来纳蔬菜种植者协会（NCVGA）http://www.ncvga.com/

安大略农产品营销协会（OPMA）http://www.opma-assn.com

美国马铃薯协会（USPB）http://www.uspotatoes.com/

帝国马铃薯种植公司 http://www.empirepotatogrowers.com/

缅因大学合作推广计划 http://www.umaine.edu/umext/potatoprogram/

明尼苏达大学中西部蔬菜 IPM 资源 http://www.vegedgeumn.edu/

蔬菜和水果改良中心 http://vfic.tamu.edu/

西部种植者协会（WG）http://www.wga.com/

威斯康星马铃薯和蔬菜种植者协会 http://www.wisconsinpotatoes.com/

注意：以上网址可能无法通过所有浏览器打开。如果网址打不开，使用另一个浏览器搜索。

附录B 园艺类专业与贸易期刊

园艺学报 http://www.actahort.org/

农业、生态系统和环境 http://www.elsevier.com/locate/agee

农学杂志 http://agron.scijournals.org/

美国果农 http://www.americanfruitgrower.com/

美国园艺师 http://www.ahs.org/publications/the_american_gardener/index.htm

美国非传统农业杂志 http://eap.mcgill.ca/MagRack/AJAA/ajaa_ind.htm

美国葡萄与葡萄酒 http://www.ajevonline.org/

美国苗圃工人 http://www.amerinursery.com/

应用草坪科学
http://www.plantmanagementnetwork.org/ats/

园艺栽培杂志 http://www.trees.org.uk/journal.php

树木栽培与城市林业 http://joa.isa-arbor.com/

园艺师新闻 http://www.isa-arbor.com/publications/arbnewsmain.aspx

澳大利亚农业研究学报 http://www.publish.csiro.au/nid/40.htm

澳大利亚实验农业杂志 http://www.publish.csiro.au/nid/72.htm

生物循环 http://www.jgpress.com/biocycle.htm

生物农业与园艺：国际期刊
http://www.bahjournal.btinternet.co.uk/

生物学与土壤肥力学 http://www.springerlink.com/content/100400/

加拿大森林研究杂志 http://pubs.nrc-cnrc.gc.ca/rp-ps/journalDetail.jsp?jcode=cjfr&lang=eng

加拿大植物病理学杂志 http://pubs.nrc-cnrc.gc.ca/tcjpp/plant.html

加拿大植物科学杂志 http://pubs.nrc-cnrc.gc.ca/aic-journals/cjps.html

加拿大土壤科学杂志 http://pubs.nrc-cnrc.gc.ca/aic-journals/cjss.html

土壤科学与植物分析通信 http://www.tandf.co.uk/journals/titles/00103624.asp

作物保护 http://www.elsevier.com/wps/find/journaldescription.cws_home/30406/description#description

作物科学 http://crop.scijournals.org/

经济植物学 http://www.economicbotany.org/

环境昆虫学 http://www.entsoc.org/pubs/periodicals/ee/index.htm

欧洲森林病理学杂志 http://www.springerlink.com/content/100265/

欧洲土壤科学杂志 http://www.blackwellpublishing.com/journal.asp?ref=1351-0754

实验农业 http://journals.cambridge.org/action/displayjournal?jid=EAG

园林设计 http://www.gardendesign.com/

优秀果农 http://www.goodfruit.com/issues.php?article214&issue=8

温室种植者 http://www.greenhousegrower.com/

温室管理和生产 http://www.greenbeampro.com/index.php?option=com_content&task=view&id=124&Itemid=261

庭院养护 http://www.grounds-mag.com/

种植者研讨 http://www.ballpublishing.com/growertalks/default.aspx

种植边缘 http://www.growingedge.com/

园艺评论 http://www.pubhort.org/hr/

园艺学 http://www.hortmag.com/generalmenu/

园艺科学 http://ashs.org/index.php?option=com_wrapper&view=wrapper&Itemid=161

园艺科技 http://ashs.org/index.php?option=com_wrapper&view=wrapper&Itemid=162

科学灌溉 http://www.springerlink.com/content/0342-7188

农业和食品化学杂志 http://pubs.acs.org/journals/jafcau/

农业和城市昆虫学杂志 http://entweb.clemson.edu/scesweb/jaue.htm

应用园艺杂志 http://www.horticultureworld.net/journalhorticulture.htm

经济昆虫学杂志 http://www.entsoc.org/pubs/periodicals/jee/index.htm

环境质量杂志 http://jeq.scijournals.org/

食品科学杂志 http://members.ift.org/ift/pubs/journaloffoodsci/

园艺科学与生物技术杂志 http://www.jhortscib.com/

“中华” 病理学杂志 http://www.elsevier.com/wps/find/journaldescription.cws_home/622883/description#description

农药科学杂志 http://www.jstage.jst.go.jp/browse/jpestics

植物病理学报（病理学杂志）http://www.blackwellpublishing.com/ journal.asp ? ref=0931-1785

水土保持 http://www.swcs.org/en/journal_of_soil_and_water_conservation/

美国果树学会杂志 http://americanpomological.org/journal.html

美国园艺学会杂志 http://journal.ashspublications.org/

果树生产杂志 http://www.haworthpress.com/store/product.asp?sku=J072

热带农业杂志 http://www.jtropag.in/index.php/ojs

风景园林 http://www.asla.org/nonmembers/lam.html

园林杂志 http://www.wisc.edu/wisconsinpress/journals/journals/lj.html

苗圃专家 http://www.horticulturist.com/mastermag10/toc10.htm

新西兰农作物和园艺科学杂志 http://www.rsnz.org/publish/nzjchs/

苗圃管理和生产 http://www.greenbeampro.com/content/view/125/262/

农田生态系统养分循环 http://www.springerlink.com/content/100322/

有机园艺 http://www.organicgardening.com/

太平洋园艺 http://www.pacifichorticulture.org/

南方山核桃 http://www.tpga.org/cgi-bin/public.cgi？ actionmagazines

农药生物化学和生理学 http://www.elsevier.com/wps/find/journaldescription.cws_home/622930/ description#description

植物生理与分子生物学 http://www.elsevier.com/wps/find/journaldescription.cws_home/622932/ description#description

植物病菌学 http://www.springer.com/life+sci/plant+sciences/journal/12600

植物病理学 http://www.apsnet.org/phyto/

植物保护 https://library.usask.ca/ejournals/view/954925434419

植物和土壤 http://www.springerlink.com/content/100326/

植物育种 http://www.blackwellpublishing.com/journal.asp?ref=0179-9541

植物育种研究 http://www.pubhort.org/pbr/

植物病害 http://apsjournals.apsnet.org/loi/pdis？cookieset=1

植物生理生化 http://www.elsevier.com/wps/find/journaldescription.cws_home/600784/description#description

植物科学 http://www.elsevier.com/wps/find/journaldescription.cws_home/506030/description#description

收获后生物学和技术 http://www.elsevier.com/wps/find/journaldescription.cws_home / 503313/description#description

可再生农业和食品系统（前身为美国非传统农业杂志）http://journals.cambridge.org/action/displayjournal?jid=EAF

园艺学报 http://www.elsevier.com/wps/find/journaldescription.cws_home/503316/description#description

种子科学研究 http://journals.cambridge.org/action/displayjournal?jid=SSR

小水果研究 http://www.haworthpress.com/store/product.asp?sku=J301&sid=H8PMSF1M925T8NDMSMQ9TQ66HWXE1CM0&

土壤学 http://journals.lww.com/soilsci/pages/default.aspx

土壤学和植物营养 http://www.blackwellpublishing.com/journal.asp?ref=0038-0768

美国土壤科学学会杂志 http://soil.scijournals.org/

土壤利用与管理 http://www.blackwellpublishing.com/journal.asp?ref=0266-0032&site=1

运动场草坪 http://www.sportsturfonline.com/ME2/Audiences/Default.asp?AudID=374222F1A4794C91A8E3D4464352DF70

树木资讯 http://www.treenews.org.uk/

树木生理学 http://heronpublishing.com/tphome.html

葡萄园和酒厂管理 http://www.vwm-online.com/

Weed Research

杂草研究 http://www.blackwellpublishing.com/journal.asp?ref=0043-1737

杂草科学学报 http://www.wssa.net/WSSA/Pubs/WeedSci.htm

杂草科技 http://wssa.allenpress.com/perlserv/?request=get-toc&issn=0890-037X

葡萄与葡萄酒 http://www.winesandvines.com/

附录C 推广服务组织

(http://www.urbanext.uiuc.edu/netlinks/ces.html)

亚拉巴马州

亚拉巴马州推广系统

奥本大学

奥本，Al 36849

http://www.aces.edu/

阿拉斯加州

阿拉斯加大学合作推广部

费尔班克斯，AK 99775-6180

http://www.uaf.edu/coop-ext/

亚利桑那州

亚利桑那州合作推广部

亚利桑那大学

图森，AZ 85721-0036

http://ag.arizona.edu/extension/

阿肯色州

阿肯色大学合作推广服务部

费耶特维尔，AR 72701

http://www.uark.edu/depts/aeedhp/aeed/index.htm

加利福尼亚州

加利福尼亚大学合作推广

戴维斯，CA 95616

http://ucanr.org/index.cfm

科罗拉多州

科罗拉多州立大学推广

柯林斯堡，CO 80523

http://www.ext.colostate.edu/

康涅狄格州

康涅狄格合作推广系统

康涅狄格大学

斯托斯，CT 06269-4134

http://www.cag.uconn.edu/ces/ces/index.html

特拉华州

特拉华合作推广部

德拉瓦大学

纽瓦克，DE 19716

http://ag.udel.edu/extension/

佛罗里达州

佛罗里达合作推广服务部
佛罗里达大学
盖恩斯维尔，FL 32611
http://solutionsforyourlife.ufl.edu/

佐治亚州

佐治亚合作推广服务部
佐治亚大学
阿森斯，GA 30602
http://www.caes.uga.edu/extension/

关岛

关岛大学合作推广服务部
关岛大学
曼基劳，Guam 96923
http://www.uog.edu/dynamicdata/ CNASANR.aspx?SiteId = 2&P = 371

夏威夷

夏威夷大学合作推广服务部
火奴鲁鲁，HI 96822
http://www.ctahr.hawaii.edu/site/extprograms.aspx

爱达荷州

爱达荷大学推广部
莫斯科，ID 83844
http://www.extension.uidaho.edu/index.asp

伊利诺伊州

伊利诺伊大学推广部
厄巴纳，IL 61801
http://web.extension.uiuc.edu/state/index.html

印第安纳州

普渡大学推广部
西拉斐特，IN 47907-2053
http://www.ces.purdue.edu/index.shtml

艾奥瓦州

艾奥瓦州立大学推广部
埃姆斯，IA 50011-2046
http://www.extension.iastate.edu/

堪萨斯州

堪萨斯州立大学研究与推广部
曼哈顿，KS66502
http://www.oznet.ksu.edu/desktopdefault.aspx

肯塔基州

肯塔基大学合作推广部
莱克星顿，KY 40546-0091
http://ces.ca.uky.edu/ces/

路易斯安那州

路易斯安那合作推广处
路易斯安那州立大学
巴吞鲁日，LA 70803
http://www.lsuagcenter.com/

缅因州

缅因大学推广部
奥罗诺，ME 04469-5741
http://www.umext.maine.edu/

马里兰州

马里兰州合作推广部
马里兰大学

科利奇帕克，MD 20742
http://extension.umd.edu/

马萨诸塞州
麻州大学推广部
阿默斯特，MA 01003
http://www.umassextension.org/

密歇根州
密歇根州立大学推广部
东兰辛，MI 48824-1039
http://www.msue.msu.edu/portal/

明尼苏达州
明尼苏达大学推广
圣保罗，MN 55108-6068
http://www.extension.umn.edu/garden/

密西西比州
密西西比州立大学推广部
密西西比州，MS 39762
http://msucares.com/

密苏里州
密苏里堪萨斯大学推广部
哥伦比亚，MO 65211
http://extension.missouri.edu/index.htm

蒙大拿州
蒙大拿州立大学推广部
博兹曼，MT 59717-2230
http://extn.msu.montana.edu/

内布拉斯加州
内布拉斯加大学林肯扩展部
林肯，NE 68583-0703
http://www.extension.unl.edu/home

内华达州
内华达大学合作推广部
里诺，NV 89557
http://www.unce.unr.edu/

新罕布什尔州
新罕布什尔大学合作推广部
达勒姆，NH 03824
http://extension.unh.edu/

新泽西州
罗格斯大学新泽西农业试验站
新不伦瑞克，NJ 08901-8525
http://njaes.rutgers.edu/extension

新墨西哥州
新墨西哥州立大学拓展与拓展部
拉斯克鲁塞斯，NM88003-8001
http://extension.nmsu.edu/

纽约州
康奈尔大学合作推广部
伊萨卡，NY 14853
http://www.cce.cornell.edu/

北卡罗来纳州
北卡罗来纳合作推广处
罗利，NC 27695
http://www.ces.ncsu.edu/

北达科他州
北达科他州立大学推广服务

法戈，ND 58105

http://www.ag.ndsu.edu/extension/

俄亥俄州

俄亥俄州立大学推广部

哥伦布，OH43210

http://extension.osu.edu/

俄克拉何马州

俄克拉何马合作推广处

斯蒂尔沃特，OK 74078

http://www2.dasnr.okstate.edu/extension

俄勒冈州

俄勒冈州立大学推广部

科瓦利斯，OR 97331

http://extension.oregonstate.edu/

宾夕法尼亚州

宾州合作推广局

尤尼弗西蒂帕克，PA16802

http://www.extension.psu.edu/

罗得岛

罗得岛大学合作推广服务部

金斯顿，RI02881

http://www.uri.edu/ce/index1.html

南卡罗来纳州

克莱姆森大学合作推广服务部

克莱姆森，SC 29634

http://virtual.clemson.edu/groups/extension/

南达科他州

南达科他州合作推广处

布鲁金斯，SD 57007

http://sdces.sdstate.edu/

田纳西州

田纳西大学推广部

诺克斯维尔，TN37996

http://www.utextension.utk.edu/

得克萨斯州

得克萨斯农业推广服务部

学院站，TX 77843

http://texasextension.tamu.edu/

犹他州

犹他州立大学推广

洛根，UT 84321

http://extension.usu.edu/

佛蒙特州

佛蒙特大学推广系统

科尔切斯特，VT 05446

http://www.uvm.edu/extension/

弗吉尼亚州

弗吉尼亚合作推广部

布莱克斯堡，VA 24061

http://www.ext.vt.edu/

华盛顿州

华盛顿州立大学推广部

普尔曼，WA99164

http://ext.wsu.edu/

西弗吉尼亚州

西弗吉尼亚大学推广服务部

摩根敦，WV26506

http://www.wvu.edu/~exten/

威斯康星州

威斯康星大学推广部

麦迪逊，WI 53706

http://www.uwex.edu/

怀俄明州

怀俄明大学合作推广服务部

拉勒米，WY82071

http://ces.uwyo.edu/